"十三五"国家重点出版物出版规划项目

能源化学与材料丛书　总主编　包信和

氧还原电催化

魏子栋　著

科学出版社

北　京

内 容 简 介

本书主要由电催化氧还原反应机理、氧还原电催化剂设计、贵金属催化剂、过渡金属氧化物类催化剂、碳基氧化还原催化剂和氧还原气体多孔电极等几部分组成。首先，从基础研究开始介绍氧还原电催化的相关机理。接着分别介绍了贵金属催化剂和过渡金属氧化物类催化剂的研究现状，重点突出低铂催化剂在提高铂利用率、提高活性和稳定性的前提下降低铂使用量的方法与策略；非贵金属催化剂重点介绍过渡金属氧化合物和杂原子掺杂类碳基催化剂活性位结构的确认、活性提升及"大孔-介孔-微孔"多级孔结构对改善催化层传质与反应效率等方面的代表性工作，为进一步理性设计、开发高活性和高稳定性的催化剂提供参考。最后，本书就低铂和非贵金属催化面临的挑战进行了分析和总结，对氧还原催化剂的发展进行了展望。

本书通过追根溯源，将提高氧还原催化剂的本征活性和稳定性的实验策略和相关理论关联起来，为读者提供了一个从根本的化学原理理解氧还原催化剂的发展脉络，为该领域研究生提供研究思路，同时适合从事材料、表界面科学和新能源等交叉学科领域的科技工作者参考。

图书在版编目（CIP）数据

氧还原电催化/魏子栋著. —北京：科学出版社，2022.10
（能源化学与材料丛书 / 包信和总主编）
"十三五"国家重点出版物出版规划项目
ISBN 978-7-03-073297-2

Ⅰ. ①氧… Ⅱ. ①魏… Ⅲ. ①电催化-氧化还原反应-研究 Ⅳ. ①O643.3

中国版本图书馆 CIP 数据核字（2022）第 179051 号

丛书策划：杨　震
责任编辑：李明楠　高　微 / 责任校对：杜子昂
责任印制：吴兆东 / 封面设计：蓝正设计

科学出版社 出版
北京东黄城根北街 16 号
邮政编码：100717
http://www.sciencep.com

北京建宏印刷有限公司 印刷
科学出版社发行　各地新华书店经销

*

2022 年 10 月第 一 版　开本：720×1000 B5
2023 年 7 月第二次印刷　印张：29
字数：585 000
定价：198.00 元
（如有印装质量问题，我社负责调换）

丛书编委会

顾　　问：曹湘洪　赵忠贤

总　主　编：包信和

副总主编：（按姓氏汉语拼音排序）

何鸣元　刘忠范　欧阳平凯　田中群　姚建年

编　　委：（按姓氏汉语拼音排序）

陈　军　　陈永胜　成会明　丁奎岭　樊栓狮

郭烈锦　李　灿　李永丹　梁文平　刘昌俊

刘海超　刘会洲　刘中民　马隆龙　苏党生

孙立成　孙世刚　孙予罕　王建国　王　野

王中林　魏　飞　魏子栋　肖丰收　谢在库

徐春明　杨俊林　杨学明　杨　震　张东晓

张锁江　赵东元　赵进才　郑永和　宗保宁

邹志刚

丛 书 序

　　能源是人类赖以生存的物质基础，在全球经济发展中具有特别重要的地位。能源科学技术的每一次重大突破都显著推动了生产力的发展和人类文明的进步。随着能源资源的逐渐枯竭和环境污染等问题日趋严重，人类的生存与发展受到了严重威胁与挑战。中国人口众多，当前正处于快速工业化和城市化的重要发展时期，能源和材料消费增长较快，能源问题也越来越突显。构建稳定、经济、洁净、安全和可持续发展的能源体系已成为我国迫在眉睫的艰巨任务。

　　能源化学是在世界能源需求日益突出的背景下正处于快速发展阶段的新兴交叉学科。提高能源利用效率和实现能源结构多元化是解决能源问题的关键，这些都离不开化学的理论与方法，以及以化学为核心的多学科交叉和基于化学基础的新型能源材料及能源支撑材料的设计合成和应用。作为能源学科中最主要的研究领域之一，能源化学是在融合物理化学、材料化学和化学工程等学科知识的基础上提升形成，兼具理学、工学相融合大格局的鲜明特色，是促进能源高效利用和新能源开发的关键科学方向。

　　中国是发展中大国，是世界能源消费大国。进入 21 世纪以来，我国化学和材料科学领域相关科学家厚积薄发，科研队伍整体实力强劲，科技发展处于世界先进水平，已逐步迈进世界能源科学研究大国行列。近年来，在催化化学、电化学、材料化学、光化学、燃烧化学、理论化学、环境化学和化学工程等领域均涌现出一批优秀的科技创新成果，其中不乏颠覆性的、引领世界科技变革的重大科技成就。为了更系统、全面、完整地展示中国科学家的优秀研究成果，彰显我国科学家的整体科研实力，提升我国能源科技领域的国际影响力，并使更多的年轻科学家和研究人员获取系统完整的知识，科学出版社于 2016 年 3 月正式启动了"能源化学与材料丛书"编研项目，得到领域众多优秀科学家的积极响应和鼎力支持。编撰本丛书的初衷是"凝炼精华，打造精品"。一方面要系统展示国内能源化学和材料资深专家的代表性研究成果，以及重要学术思想和学术成就，强调原创性和系统性及基础研究、应用研究与技术研发的完整性；另一方面，希望各分册针对特定的主题深入阐述，避免宽泛和冗余，尽量将篇幅控制在 30 万字内。

　　本套丛书于 2018 年获"十三五"国家重点出版物出版规划项目支持。希望它的付梓能为我国建设现代能源体系、深入推进能源革命、广泛培养能源科技人才贡献一份力量！同时，衷心希望越来越多的同仁积极参与到丛书的编写中，让本套丛书成为吸纳我国能源化学与新材料创新科技发展成就的思想宝库！

包信和

2018 年 11 月

前　言

在讲述电催化的氧还原反应（oxygen reduction reaction，ORR）之前，有必要先介绍其应用的系统——燃料电池。

以煤、石油、天然气为基础的化石能源给人类活动带来便利的同时，也带来严重的环境污染。尽管石油、煤、天然气并不像人们预测的那样，会很快用完，但积极寻找清洁无污染的可再生替代能源仍然是人类的伟大梦想。基于可再生能源制氢，以氢气的生产、储存、运输及利用为基础的"氢能经济"对于摆脱人类对化石能源的依赖，实现可持续发展具有重要的意义。燃料电池作为将氢能直接转化为电能的洁净发电装置，其转换过程不受卡诺循环定理的限制，理论转换效率在 80% 以上，实际效率在 45% 左右，而且燃料电池的能量转换效率基本不受规模的影响。这与热力发电完全不同，后者功率越小、效率越低。例如，汽车发动机的能量转换效率只有 20%，而大型火力发电厂的能量转换效率高达 40%。因此，燃料电池是替代现有燃油发动机的最佳动力选择。燃料电池不仅可以为现代交通工具提供理想的动力源，还在移动通信、潜艇、航空飞行器等方面具有广阔的应用前景。

燃料电池按使用的电解质不同可分为碱性燃料电池（alkaline fuel cell，AFC）、质子交换膜燃料电池（proton exchange membrane fuel cell，PEMFC）、磷酸燃料电池（phosphoric acid fuel cell，PAFC）、熔融碳酸盐燃料电池（molten carbonate fuel cell，MCFC）和固体氧化物燃料电池（solid oxide fuel cell，SOFC）。由于它们工作的温度不同，负极（阳极）可使用的燃料五花八门，如氢气、硼氢化物、甲醇、甲酸、乙醇、天然气等，甚至可以是易于氧化的金属，如锌、镁和铝等；但正极（阴极）都是空气电极，以空气中的 ORR 来接收负极氧化反应释放出的经外电路流过来的电子。

相对于金属电极、氢电极，空气电极上的氧还原反应更为困难。如图 0-1 所示，以反应电极反应动力学速率的交换电流密度来说，在最好的催化剂上，氢和金属氧化的交换电流密度通常为 $10^{-5} \sim 10^{-3}$ A/cm²，而空气电极氧还原的交换电流密度仅为 10^{-13} A/cm²。即便是在 Pt、Pd、Ag、Ni 等一些常用作催化氧还原的电极上，按氧还原的极化曲线外推求得平衡电势处的电流密度仍不超过 $10^{-10} \sim 10^{-9}$ A/cm²。与氢电极反应速率相比，氧电极反应具有非常高的过电势，几乎无法在热力学平衡电势附近实现氧气快速催化还原。以 H_2-O_2 燃料电池为例，即便在电流密度高达

2 A/cm² 时，氢电极的过电势也不会超过 50 mV。而空气（O_2）电极，即使在小电流密度下，过电势也可达 300~400 mV；当电流密度增大时，即使以铂为催化剂，其过电势也可达 700~800 mV。图 0-2 中给出的 PEMFC 中电压降与电流密度关系表明，电压降主要由欧姆损耗、阳极活性损耗、传质损耗和阴极活性损耗四部分组成。在上述损耗中，阴极活性损耗占总电压损失的 50%以上，说明 PEMFC 中功率主要受限于阴极较慢的动力学反应速率。因此，空气电极中氧还原催化剂活性和稳定性决定了燃料电池、金属-空气电池的效率和寿命，即空气电极是各类电池性能遇到的共同瓶颈。此外，是什么原因导致氧电极无法在近热力学平衡电势附近发生反应，如何才能突破现有氧电极稳定电势的极限（实验测定氧电极稳定电势总在 1 V *vs.* RHE 左右，而不是 1.23 V），这些仍是目前氧电极亟待解决的难题和存在的挑战。

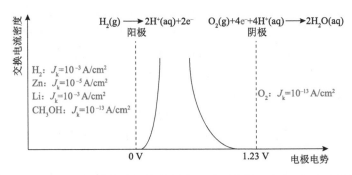

图 0-1　阳极氢氧化、阴极氧还原极化曲线及不同金属对应的交换电流密度

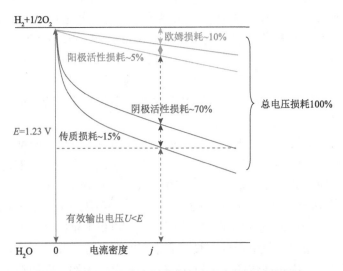

图 0-2　PEMFC 中电压降与电流密度的关系示意图

　　本书从探讨电催化氧还原反应的机理出发，就氧还原电催化剂设计依据、低铂催化剂、非贵金属催化剂、防水淹与多级孔结构的构筑等话题依次展开。首先从基础研究开始介绍氧还原电催化的相关机理，为后续各类催化剂的开发和制备提供理论依据。关于低铂催化剂，重点突出低铂催化剂如何在提高铂利用率、活性和稳定性的前提下降低铂使用量；非贵金属催化剂部分包括过渡金属化合物和杂原子掺杂类碳基催化剂，重点突出活性位结构的确认、活性与稳定性进一步提升的可能途径及防水淹与"大孔-介孔-微孔"多级孔结构对改善催化层传质与反应效率方面代表性工作以及其背后影响活性和稳定性的本质原因，为进一步理性设计、开发高活性和高稳定性的催化剂提供参考。

　　事实上，人类对氧还原一点都不陌生。人类的第一声啼哭，就伴随着氧还原反应；人的身体恰恰如同一只长寿命高效率的燃料电池，伴随我们一生的吃饭和呼吸，是食物中的糖、脂肪和蛋白质与氧气在生物酶的作用下，进行的一系列有条不紊的氧化还原反应，同时释放生命需要的能量（热），使生命充满活力。科学之谜总是有异常的魔力令人前赴后继，勇攀高峰，纵使"力有所不逮，技术有所不及"，面对艰巨的挑战，人类从来都是迎难而上。在深入研究之后揭示大自然隐藏的秘密。

　　受作者的学识、水平和时间所限，本书不妥之处在所难免，恳请读者指正。

作　者

2022 年 8 月

目　录

第 1 章　电催化氧还原反应机理

1.1　机　理　概　述

空气电极上发生的氧还原反应如同所有的电极过程一样，是由一系列性质不同的单元步骤串联组成的复杂过程，对于氧气在电极/溶液界面发生的还原反应，如图 1-1（a）所示，主要包括：①氧气分子扩散，即氧气从溶液本体扩散传质到电极界面区（氧气相对静止空气的扩散）；②氧气与电极作用发生物种的吸附（前置的表面转化步骤）；③吸附活化的氧气分子发生电子和质子转移的还原步骤（电子转移步骤）；④物种或产物从电极表界面的脱附（随后的表面转化步骤）；⑤产物从电极界面区扩散传质到溶液本体（反应后生成水的传质步骤）[1]。上述步骤可以分类为：物质的扩散与传质——步骤①与⑤；电化学反应（包括物种在电极表面的吸脱附）——步骤②与④；电子与质子转移——步骤③。其中氧气的电化学还原步骤涉及多个电子转移，由几个单电子转移步骤串联而成。

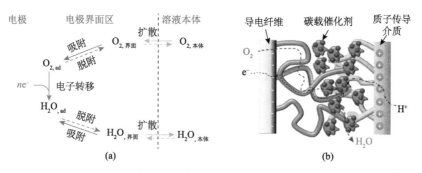

图 1-1　氧气在平板电极/溶液界面（a）和多孔电极/电解质界面（b）的还原反应过程

需要指出的是，图 1-1（a）仅表示的是全浸没平板电极上发生的电催化氧还原过程，而燃料电池中的氧还原电极为多孔电极。多孔电极内部因具有一定的孔隙率，相对于平板电极不仅具有更大的反应面积以及活性位的利用率（比表面积提高了 3～5 个数量级），还因采用固体电解质，电极/电解质界面会呈现非连续、非线性的性质。此时，电极反应在三维空间结构中进行，如图 1-1（b）所示，多孔电极中存在气、液、固三相界面，分别承担着气相、液相、电子以及质子传递的作用。气相的氧气不必如图 1-1（a）所示的那样，经气/液界面溶解，液相扩散到达电极表面，而是从气相直接到达气/液/固三相界面参与电极反应，因而，具有很大的电极反应电流（先进的氧电极，在适当压力和温度下，表观电流密度可以达到 4 A/cm^2）。对全浸没的平板电极而言，由于氧气的溶解度小（$10^{-4} \sim 10^{-3}$ mol/L）、传质速率低，不可能得到这样大的电流密度，此时气体的扩散传质为速度控制步骤。对多孔电极而言，电极中既有供给气体高效传输的气体通道，又有大量覆盖在表面上的连续液膜，并且该液膜厚度从平板电极的 10^{-2} cm 压缩到 $10^{-6} \sim 10^{-5}$ cm，从而能显著强化氧气以及反应产物的迁移速率，大大提高了电极的极限电流密度，减小浓差极化，此时多孔电极上氧还原反应的快慢主要受电化学步骤的控制。当然，如果由于产物水无法排出导致多孔电极中孔道被水全部占据（水淹）造成了电极反应速率下降，此时情况需要另外讨论。总的来说，如图 1-2 所示，燃料电池氧还原电极包括：一个反应、两类导体、三相界面和四条通道。即对氧还原反应而言，电极内应存在电子与质子传导的两类导体；存在含催化剂的固相、产物水的液相和反应物的气相；存在供给气体扩散传输的气体通道、畅通的电子通道、质子传导通道以及供给产物液态水的排出通道。如何有效地优化催化剂性能、构建上述界面和通道是进一步强化反应与传质耦合、提高氧还原反应速率的关键。

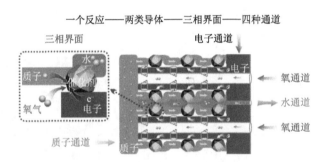

图 1-2 燃料电池中氧气多孔电极结构示意图

　　显然，上述过程中，扩散传质与气体多孔电极的结构有关，有序化的多级孔（微孔-介孔-大孔）分布能更加有效地强化传质效率，促进电极反应的进行（第 5 章中详细介绍）。氧气的吸附、中间物种的吸脱附以及电子转移的快慢则是控制氧还原反应速率的关键步骤。因此，所谓明确氧还原电催化反应机理，就是确定哪一步是最慢的步骤，即反应的速度控制步骤。寻找电催化剂结构（主要是电子结构）与反应机理以及与反应活性间的构效关系，是提高电催化氧还原反应本征活性的关键。鉴于氧还原电化学反应的重要性，本章首先介绍氧还原反应机理，主要对氧气在催化剂表面的吸附、活化、电子转移步骤，中间物种的吸脱附以及电极电势的影响进行介绍和分析。

　　化学催化与电化学催化的主要区别是：后者一定是一个电子参与的化学反应。催化剂必须制备成电极才能有效地催化相应的电极反应，电极反应从外电路接收或向外电路释放电子。在比较不同催化剂制备的电极时，通常是在保持制备过程除催化剂之外其他参数一致的情况下，因而，电极的活性也就完全取决于催化剂的活性。为了叙述方便，本书不再纠结催化剂与电极实质上的不同，很多时候混淆使用。例如，所谓"催化剂表面"，其实就是"电极表面"；所谓催化剂活性好与坏，其实都是通过电极的活性表现出来的。

　　具体地讲，电催化氧还原是个多电子反应，反应机理主要由几个基元步骤组成（图 1-3），其反应途径包括以下几类[2,3]：

　　（1）2 电子（2e⁻）反应途径，即吸附态的氧气接受电子和质子后未发生 O—O 键的断裂，其产物为 H_2O_2；

　　（2）直接 4 电子（4e⁻）反应途径，即吸附态的氧气接受电子、质子的同时发生 O—O 键的断裂，经过后续的电子和质子转移后生成产物为 H_2O（酸介质）或 OH⁻（碱介质），其吸附态的 $^*O$ 和 $^*OH$ 为中间吸附物种，该机理又被称为"解离机理"（dissociative mechanism，DM）；

　　（3）4 电子的连续反应途径又称为"联合机理"（associative mechanism，AM），其氧气经 2 电子还原生成 H_2O_2 或 $^*OOH$ 中间产物，随后发生键的断裂和电子、质子转移，最终生成产物 H_2O；

　　（4）反应途径（1）～（3）联合的平行反应途径；

　　（5）交互式反应途径，其物种可能通过扩散从连续反应途径转到直接反应途径。

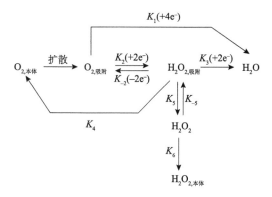

图 1-3　电催化氧还原反应途径示意图[4]

　　上述反应途径中，2 电子反应途径不仅具有较慢的反应动力学，其产生的中间物种 H_2O_2 有强烈的腐蚀破坏性，还会氧化纳米级金属催化剂颗粒，同时，也会腐蚀碳载体，使金属催化剂从碳载体脱落、溶解，再沉积时会长在已有的金属颗粒上，形成大颗粒，就是通常所称的奥斯特瓦尔德熟化（Ostwald ripening）现象[5]。此外，被氧化的碳载体因亲水性增强，促使反应产物水更易积聚在微孔中造成局部水淹。而对非贵金属类催化剂，如掺杂碳基催化剂，因其催化氧还原中2电子还原过程所占比例较大，其对掺杂碳基催化剂表面的活性位点以及缺陷位的腐蚀氧化更为严重，使其在催化应用初期就会出现急剧的活性衰减，难以维持较高的催化活性。因此，对空气电极而言，2电子过程不利于催化剂的活性和寿命的维持和提升，如何抑制2电子过程的发生，或者快速消除2电子还原过程中产生的过氧化氢是提升空气电极活性以及持久性的挑战。当然，鉴于过氧化氢在应用上的重要性和广泛性，也可以利用氧还原中间产生的过氧化氢作为反应物进行有机电合成。

4电子反应途径不仅具有较高的反应动力学，还能有效避免中间物种带来的腐蚀破坏，提高空气电极催化剂的稳定性和寿命。因此，提升ORR催化剂性能的关键就是促使O_2还原按4电子途径进行，也是目前提高ORR催化活性和稳定性的主要策略之一[6,7]。以4电子氧还原反应机理为例，联合机理与解离机理在酸碱性介质中的基元步骤如下：

联合机理为吸附氧气质子化后再发生O—OH的解离：

酸性介质：

$$* + O_2(g) + H^+ + e^- \longrightarrow {}^*OOH \tag{1-1}$$

$$ {}^*OOH + H^+ + e^- \longrightarrow {}^*O + H_2O \tag{1-2}$$

$$ {}^*O + H^+ + e^- \longrightarrow {}^*OH \tag{1-3}$$

$$ {}^*OH + H^+ + e^- \longrightarrow * + H_2O \tag{1-4}$$

碱性介质：

$$* + O_2(g) + H_2O(l) + e^- \longrightarrow {}^*OOH + OH^- \tag{1-5}$$

$$ {}^*OOH + e^- \longrightarrow {}^*O + OH^- \tag{1-6}$$

$$ {}^*O + H_2O(l) + e^- \longrightarrow {}^*OH + OH^- \tag{1-7}$$

$$ {}^*OH + e^- \longrightarrow * + OH^- \tag{1-8}$$

解离机理则是氧气在催化剂上先活化解离成氧原子后再质子化的过程：

酸性介质：

$$* + \frac{1}{2}O_2(g) \longrightarrow {}^*O \tag{1-9}$$

$$ {}^*O + H^+ + e^- \longrightarrow {}^*OH \tag{1-10}$$

$$ {}^*OH + H^+ + e^- \longrightarrow * + H_2O \tag{1-11}$$

碱性介质：

$$* + \frac{1}{2}O_2(g) \longrightarrow {}^*O \qquad (1-12)$$

$${}^*O + H_2O(l) + e^- \longrightarrow {}^*OH + OH^- \qquad (1-13)$$

$${}^*OH + e^- \longrightarrow * + OH^- \qquad (1-14)$$

对比各基元步骤可以发现，催化剂与氧气分子以及中间物种的作用，电子、质子转移的难易程度共同决定着 ORR 的反应速率[8,9]。下面就重点从氧气的吸附与活化，电子、质子的转移，中间物种的吸脱附，以及 ORR 机理的模拟计算、活性与机理的测试与表征等方面进行介绍。

1.1.1　氧气的吸附与活化

无论氧气在催化剂上以何种途径发生电催化还原，氧气的吸附总是反应发生的第一步。氧气在催化剂上的吸附强度、吸附方式以及催化剂与氧气之间的电荷转移决定了氧气中 O—O 键的活化程度，以及后续按照何种途径发生还原反应。以活性较高的金属 Pt 为例，其对氧气的吸附强度较为适中，有利于 O—O 键的活化断裂以及稍后的脱附，其主要发生 4 电子还原途径；对活性较低的金属如 Au 和 Hg 不利于氧气中 O—O 键的活化，其上氧气通常发生 2 电子催化还原，即过氧化氢是主要产物；对过渡金属化合物也是如此，其对氧气直接活化较困难，需发生 2 个质子和电子转移之后，才能促使 O—O 解离。因此，催化剂对氧气的吸附以及活化方式，是决定其反应途径的关键和前提。

物种在固体表面的吸附分为物理吸附和化学吸附。物理吸附的作用力为范德瓦耳斯力（van der Waals force），吸附能小，为 8～20 kJ/mol，一般不超过 40 kJ/mol。被吸附的分子在吸附前后结构变化不大，即不存在分子结构活化。化学吸附的作用则远远大于物理吸附，被吸附分子与固体表面之间有电荷转移发生，被吸附物种的分子结构会发生改变，意味着被吸附物种的分子被活化。与此同时，固体表面的电学性质和化学性质也会发生改变，有时会利用这种表面性质的改变，调剂催化剂的表面特性。氧气有很高的反应活性，在固体催化剂表面主要为化学吸附。根据分子轨道理论，O_2 为同核双原子分子，氧原子通过其原子轨道的重叠形成分子轨道，分子轨道能级的高低，以及电子的填充决定了 O—O 键的强弱。O_2 的电子组态为

$$KK\left(\sigma_{2s}\right)^2\left(\sigma_{2s}^*\right)^2\left(\sigma_{2p_z}\right)^2\left(\pi_{2p_x}\right)^2\left(\pi_{2p_y}\right)^2\left(\pi_{2p_x}^*\right)^1\left(\pi_{2p_y}^*\right)^1$$

其中，$\left(\pi_{2p_x}^*\right)^1\left(\pi_{2p_y}^*\right)^1$ 是两个半充满的反键轨道，又称为单占据分子轨道（single occupied molecular orbit，SOMO），该轨道既可以得到电子也可以给出电子，因此 O_2 具有顺磁性。从 O_2 顺磁性角度分析，可以简单地认为当催化剂具有一定磁性

时可强化氧气的吸附。因此当表面具有一定的磁性（自旋密度）的催化剂，如 Ni、Co、Fe 等加入时，往往能显著提升原催化剂对氧的吸附强度，进而对氧分子结构产生强活化[10]。至于因吸附太强催化剂表面不能及时释放活性位，进而导致催化剂活性下降，则是物极必反的后果。从 O—O 键成键电子组态分析，当氧气在催化剂表面吸附时，其成键轨道上给出电子，或反键轨道上获得电子，都可削弱 O—O 键，使之活化。氧的电负性很强，吸附在固体催化剂表面时，氧通常要捕获催化剂表面（电子给体）的电子成为负离子，是电子的受体，因而，通常是半满的反键轨道上获得电子。负电荷越多，意味着反键轨道上获得的电子越多，O—O 键被削弱的程度越大，因而变得更长，即 O—O 键活化。常见的氧负离子有 O_2^-、O_2^{2-}、O^-、O^{2-} 等。O_2 的 O—O 键键长为 120.7 pm，得到 1 个电子后，O_2^- 的键长为 126 pm；得到 2 个电子后，O_2^{2-} 的键长为 149 pm；当 O_2 失去电子变成 O_2^+ 后，键长缩短为 112.3 pm。因此，氧气键长的活化与催化剂与氧气间轨道的重叠度（对称性、能级差）和相互之间电荷转移的多少有关。

对同一催化剂而言（即电子给体轨道相同），催化剂与氧气间轨道的重叠主要由氧气的吸附方式所决定。氧气在固体催化剂表面的吸附大致有三种形式（图 1-4），即 Griffiths 模式、双中心模式和 Pauling 模式，其中 Griffiths 模式和双中心模型均为桥式吸附，Pauling 模式为端式吸附。在 Griffiths 模式中，氧气分子横向与表面活性位作用，由氧气充满的成键 π 轨道和过渡金属离子的一个空 e_g 原子轨道重叠产生，能减弱 O—O 键，甚至引起 O_2 的解离吸附。双中心模式中，氧分子同时受到两个中心原子的活化而促使分子中两个氧原子均被活化，这种吸附模式要求中心原子具有与氧气键长相适合的空间结构和性质。在 Pauling 模式中，氧分子一侧指向活性部位，此方式中吸附的氧分子中只有一个氧原子受到较强活化，即通过 O_2 的一个 sp^2 杂化轨道和表面金属原子的一个空 e_g 轨道重叠，金属原子的一个充满 t_{2g} 轨道同时和氧的反键 $\pi_{2p_x}^*$ 重叠而成。从吸附方式可以看出两种桥式吸附更易促使 O—O 键的活化解离，利于 4 电子还原中解离机理；端式吸附则更易发生 2 电子还原，或者 4 电子还原中的联合机理，即可通过后续质子吸附和电子转移进一步促进 O—O 的活化解离。对金属类催化剂而言，通常在低覆盖度时，O_2 以桥式吸附为主；高覆盖度时，表面 O_2 以端式吸附为主。这也是即使在以催化 4 电子为主的 Pt 催化剂上，氧还原的电子转移数通常不是 4 的原因。对过渡金属化合物类催化剂，通常认为金属位点为氧气吸附活性位，那么金属原子的配位、间距以及电荷状态则影响着氧气的吸附方式。仅当金属原子间距与 O—O 间匹配时，才更利于氧气的桥式吸附和 O—O 键的活化解离。掺杂碳基催化剂往往是单活性位点，氧气的端式吸附更为常见，这也是此类催化剂上的氧更易发生 2 电子还原的主因。鉴于端式吸附相对单纯，勾连因素少，比较容易阐述清楚，后面主要介绍端式吸附模式下的 O_2 还原机理。

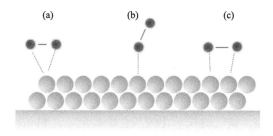

图 1-4　氧分子在固体表面的三种吸附模式：（a）Griffiths 模式（桥式吸附Ⅰ）；（b）Pauling 模式（端式吸附）；（c）双中心模式（桥式吸附Ⅱ）

对不同催化剂而言（即电子给体轨道不同），除吸附方式外，催化剂本身能级（或轨道）的高低，以及能级（或轨道）上填充电子的多少决定了催化剂与氧气间电子转移的程度或 O—O 键活化程度[11]。根据前线分子轨道理论，电子给体——催化剂的最高占据分子轨道（highest occupied molecular orbit，HOMO）与受体 O_2 最低未占分子轨道（lowest unoccupied molecular orbit，LUMO）间分子轨道能级对称性匹配、能量的接近程度、轨道的重叠程度直接影响催化剂与氧气间的电子转移程度。对大部分催化剂而言，其轨道均与氧气的轨道对称性匹配，因此其电子转移主要由催化剂 HOMO 能级的高低决定。在固体能带理论中，电子占据的最高能级（绝对零度下）称为费米能级（Fermi level，FL）；物种轨道电子的占据状态称为态密度。对金属类催化剂而言，通常处于费米能级附近的 d 能带（简称 d 带）对氧气分子轨道成键和反键轨道的态密度具有强烈影响，使 O—O 键变长甚至断裂[12]。图 1-5 给出氧气双原子分子与含 d 能带金属原子作用时其轨道变化图。如图 1-5 所示，金属催化剂在费米能级附近处存在 d 带和 sp 能带（简称 sp 带），其中 d 带态密度更大。当氧气在金属表面未发生吸附时[图 1-5（a）]，呈现自由氧气分子的分子轨道，即能级较低的成键轨道位于费米能级下方，未填充电子的反键轨道能级较高，位于费米能级上方。当氧气发生吸附时，吸附态氧气的分子轨道与金属催化剂能带作用，使轨道重叠并发生电子转移，导致氧气分子的反键轨道因获得电子而能级降低甚至发生能级分裂，形成新的成键轨道与反键轨道。此时催化剂与氧分子之间的相互作用程度就决定了氧气分子反键轨道的宽化或分裂程度。当相互作用不太强时，氧气反键轨道得到电子较少，其部分填充电子，穿过费米能级，呈现半满的状态，如图 1-5（b）所示。当相互作用过强时，如图 1-5（c）所示，氧气反键轨道获得更多电子，能级降低明显，并与之前成键轨道的能级差异变小，成为一对简并的轨道，剩余小部分反键轨道穿过费米能级。

显然，当电子相关的相互作用越强，氧气受到活化的效果越大，表现为活化能越小。虽然金属与氧气相互作用包括了催化剂 d 能带以及 sp 能带与氧气分子轨道的作用，但因 d 能带在费米能级处的态密度更大，所以其对相互作用起到决定性的作用。通常催化剂与物种间的相互作用、催化剂 d 能带的宽度以及 d 能带中电子填充的权重中心（d 带中心）离费米能级的相对位置对氧气键长的活化有直接的影响。当 d 能带宽度相同时，d 带中心越接近费米能级，氧气活化越充分，氧气得到电子而还原的活化能越低；相应地，当 d 能带位置固定时，增加 d 能带与氧气轨道间的耦合程度，氧气键长活化的活化能越低，越易被活化。过渡金属 d 能带所处的状态显然可以通过催化剂表面组分、结构的改变进行调变，第 2 章中则会详细介绍催化剂设计原则。

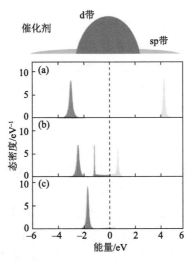

图 1-5　氧气双原子分子与催化剂作用发生解离过程的态密度变化示意图

过渡金属 d 轨道对物种吸附的影响研究由来已久，催化化学中已发展出了许多以 d 轨道某一特征的经验规则描述其对物种吸附强度的影响。①d 带空穴：金属 d 能带总存在一定的空穴，其 d 带空穴越多，表明 d 能带中未被 d 电子占用的轨道（空轨道）越多。相应地，其 d 能带从外界接受电子和吸附物种之间成键的能力就越强。当然，d 带空穴并非越多其催化活性就越大，因为空穴过多时会造成吸附太强，物种或中间物种不易脱附，也是不利于催化反应的。②d 特征百分数（d%）：价键理论认为过渡金属原子以 s、p、d 等原子轨道线性组合而成（spd 或 dsp 杂化）。杂化轨道中 d 原子轨道所占的百分数即为 d 特征百分数。通常金属催化剂中 d 轨道电子填充越多，d 空穴越少，参与杂化 d 轨道所占比例 d% 就越大，其对物种的吸附就越弱。明显地，d 空穴与 d% 是从不同的角度反映金属电子结构的参量，是互为相反的电子结构表征参数。这也就意味着具有全满 d 电子数的过渡金属对氧气的吸附较其他过渡金属更弱。通过调变金属的 d 电子数目也是一个较便捷优化金属催化剂活性的方法。③d 带中心：由 Norskov 团队[13,14]定义并发展，该物化特征参数已广泛应用于描述金属催化剂与反应物种的作用，包括吸附及电子转移等。

然而，对金属化合物类或复合催化剂而言，上述理论并不适用于此类催化剂。其主要源于：金属化合物类催化剂表面同时存在金属与非金属的位点，金属的 d 轨道与非金属 p 轨道的作用在费米能级附近形成了反键轨道与成键轨道。当金属或非金属与反应物种如氧气作用时，不仅其各自轨道与氧气作用，金属与非金属之间电子转移以及轨道的作用也会影响氧气的吸附。这就导致此类催化剂难以采用如金属等催化剂单一的 d 轨道、p 轨道抑或是表面电荷等来描述催化剂与物种之间的相互作用。因此寻找可描述金属化合物类催化剂与物种吸附作用的物化参数仍然是设计此类催化剂的关键与挑战。

1.1.2 电子、质子转移

催化剂对氧气的吸附虽然可以促使 O—O 键的活化，但真正促使 O—O 键解离，与随后发生的电子、质子转移密切相关[15-18]。当然也有研究者认为，其电子、质子的转移与氧气的吸附是同时发生的。例如，在一定的电极电势和溶剂化条件下，催化剂上的电子转移给吸附态氧气，进一步弱化 O—O 键；与此同时，电解质中的质子连接到 O—O 键的另外一端，使 O—O 键进一步发生极化，进而促使 O—O 键解离。在 ORR 机理中，涉及 4 个电子与质子转移，其与氧气活化的程度、O—O 键的解离以及中间物种的脱附共同决定了氧气的电催化反应机理和速度控制步骤。

电子转移机理通常包括外氛型转移机理和内氛型转移机理。当反应物种与电极间无强相互作用时，其间发生的电子转移遵循外氛型电子转移机理（outer sphere charge transfer reaction，OSCTR）。此时，电极仅为电子的供体，反应物种为受体，反应粒子扩散到电极表面附近双电层的外层即可发生电子转移。当反应物种与电极间存在强相互作用时，其发生内氛型电子转移反应（inner sphere charge transfer reaction，ISCTR）[19]。此时，反应粒子扩散运动到双电层内层，与电极发生涉及电子转移的强相互作用，如吸附、成键、键的活化与解离。

根据前面讨论的氧气在电极表面的吸附与活化，氧气在电极上发生的电子转移反应遵循内氛型电子转移机理。如图 1-6（a）所示，氧气在溶液中发生溶剂化；溶剂化氧气扩散到电极表面，吸附的同时发生内氛型电子转移；电荷发生变化时氧气的溶剂层随之变化，伴随一系列电子质子转移后，产物扩散回溶液中。因此，电催化氧还原中的电子、质子转移反应因由反应物种与溶液间的相互作用（溶剂化效应）[20]以及电极表面与 O_2 间的电子转移共同决定。Koper 研究小组[21]曾研究比较了内氛型溶剂化和外氛型溶剂化重组能对氧气还原第一步电子转移活化能的影响。他们发现在无催化剂时，外氛型溶剂化活化能垒高达 85 kJ/mol，内氛型活化能垒仅 10 kJ/mol，由此认为外氛型溶剂化是影响 ORR 第一步电子转移反应的关键因素。如果此结论成立，则意味着 ORR 反应在不同的电极上具有相同的反应速率，这显然与实际不相符。但该研究也证实，内氛型电子转移的确较外氛型电子转移更加快速，加强电极与物种间的相互作用，使其沿内氛型电子转移方式进行，更利于提升电化学催化活性。后续研究发现[22]，在碱性介质中，当催化剂表面被 OH 占据时，此时 ORR 会从内氛型电子转移变为遵循外氛型电子转移机理，如图 1-6（b）所示。其电子转移机理的变化可结合铂电极循环伏安曲线理解。如图 1-6（c）所示，对 Pt 催化剂而言，在 0.1 mol/L NaOH 溶液中，Pt-OH 形成电位为约 0.7 V 到约 0.9 V，在 0.81 V 达到峰值。在此区间溶剂化的 $O_2[O_2(H_2O)_n]$ 与表面的羟基物种（OH_{ads}）通过氢键的方式作用，形成氢键所需的能量（<35 kJ/mol）远小于形成共价键的能量（O_2 在 Pt 上的直接吸附能>300 kJ/mol）。氢键的形成使溶剂化氧气在外亥姆霍兹层稳定存在，并进而促进外氛型电子转移的发生。该现象也存在于其他过渡金属催化剂中。当碱性介质中催化剂表面被 OH 占据后，其 ORR 主要发生外氛型电子转移机理并与催化剂无关。因此，抑制催化剂表面 OH 的形成，避免溶剂化氧气与 OH 占据表面的作用，促使氧气分子直接与催化剂作用，使 ORR 遵循内氛型电子转移是降低电子转移活化能、提高催化活性的关键。

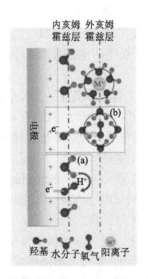
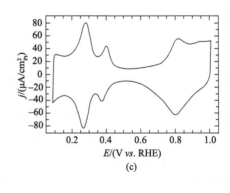

图 1-6　氧气在电极/溶液界面发生电子、质子转移机理：（a）内氛型，（b）外氛型[22]；
（c）Pt 在 0.1 mol/L NaOH 溶液中的循环伏安曲线

电极与氧气间的作用强度与其轨道的重叠和电子转移密切相关，其间的电子转移实质是氧气在催化剂表面发生吸附时就已发生，但通常催化剂 HOMO（费米）能级与氧气的 LUMO 能级相差较大，除非通过电极电势的负移，即阴极极化，使电极上电子的 HOMO（费米）能级与氧气 LUMO 能级相近，方可发生电子转移，使 O—O 键发生部分活化。以 Pt/C 为例，理论计算发现 O$_2$ 的 LUMO 能级约为 -4.5 eV，Pt/C 的 HOMO 能级约为 -5.5 eV，相差约 1 eV。因此，在没有电极极化的情况下，电子在 O$_2$ 分子和 Pt/C 电极上的能量（能级）相差甚远，很难发生从 Pt 电极到氧气的电子转移，实现氧气还原。

电子在电极与反应物之间能否顺利实现电子转移，电子不仅要跃过一定的空间距离，还需要跃过一定的能垒。电子跨越能垒通常有两种可能的方式：一是经典方式，电子从环境获取足够的能量（活化能）从而翻越能垒；另一种方式即隧穿效应（tunneling effect，属量子效应）。电子发生隧穿的必要条件为：电子供体和受体上相同能量能级间的电子隧穿概率最大。即当电子给体 Pt/C 上 HOMO（费米）能级能量与电子受体 O$_2$ 的 LUMO 能级能量相同时，其间电子最易按隧穿方式发生电子的转移。显然，要使催化剂的 HOMO（费米）能级与 O$_2$ LUMO 能级的能量相同，除了改变催化剂自身电子结构（如成分、结构、表面态等）提高 HOMO（费米）能级使之与 O$_2$ LUMO 能级接近外，还可通过外加电极电势直接改变电极催化剂中电子的能级，这也是电化学催化比其他异相催化有利的地方，即除了催化剂本身成分、结构的调整来改善催化活性外，还可以通过改变电极电势得以弥补或加快反应动力学。

电化学反应可以通过调控电极电势改变反应活化能，从而改变反应的方向和速率。反应速率、电极电势和活化能的关系如方程（1-15）～方程（1-17）所示。例如 ORR 的阴极反应，电极电势 E 负移后，阴极反应活化能 $\Delta G_{A,C}$ 降低，随之阴极反应速率 k_E 增大。相应地导致阳极反应的活化能增大，阳极反应受阻。

$$k_c = A_c e^{-\Delta G_{A,C}/RT} \tag{1-15}$$

$$\Delta G_{A,E} = \Delta G_{A,C} - (1-\alpha)F(E-E_0) \tag{1-16}$$

$$k_E = A_E \exp\left(-\Delta G_{A,C}/RT\right)\exp\left[(1-\alpha)F(E-E_0)\right] \tag{1-17}$$

式中，k_c 和 k_E 分别为化学反应和电化学反应速率；$\Delta G_{A,C}$ 为化学反应的活化能；$\Delta G_{A,E}$ 为电化学反应活化能；α 为阴极反应的传递系数。A_c 为化学反应的指前因子，A_E 为电化学反应的指前因子。

如图 1-7 所示，假定电极与溶液间的电势差为零，电极催化剂金属表面电子的初始功函为 Φ（相对于真空），其表示电极表面激发一个电子到真空中所需的最小能量，其实则与费米能级能量高低一致。当金属的功函较小时，表示其费米能级较高，即从电极表面激发一个电子所需的能量较小。当外加电势 V 使电子流入电极（阴极极化）或从电极中移除电子（阳极极化），金属表面电子的功函从 Φ

变为 $\Phi \pm e_0 V$（e_0 为电子的电荷，注入电子时为负值，移除电子时为正值）。此时，电极表面激发出的电子穿过界面或跃过能垒更容易（阴极极化）或更困难（阳极极化）。例如，当溶液中 H^+ 需要获得电子发生还原时，可调节催化剂表面的功函 $|\Phi - e_0 V| = |E_g|$（E_g 为溶液中质子的电子基态能量或 LUMO 能级能量），此时电子可发生隧穿。换句话说，需要提高电极的费米能级，即 $E_F = E_{LUMO}$，使电子可更易从电极转移给质子。相应地，当溶液中的 OH^- 需要给出电子发生氧化时，则可调节催化剂表面的功函 $|\Phi + e_0 V| = |E_g|$（E_g 为溶液中 OH^- 的基态能量或 HOMO 能级能量），费米能级可表现为 $E_F = E_{HOMO}$。

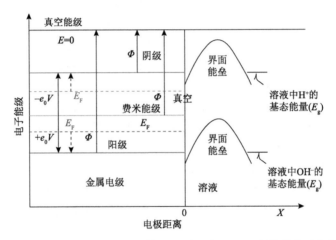

图 1-7 金属电极与溶液中 H^+ 与 OH^- 在电极界面上的势能垒示意图

因此，对阴极催化氧还原反应而言，要真正实现电极与氧气间的电子转移，外加电极电势是促使氧还原反应的必要条件。外加负的电极电势意味着外部注入电子（也可以是从阳极氧化经外电路流过来的电子），整体提高催化剂上电子的能级（费米能级），降低电子给体催化剂与电子受体氧气间的能级差，在进一步增加催化剂 d 能带与氧气分子轨道之间的耦合程度的同时，促进催化剂与氧气之间的电子转移，降低氧还原反应能垒。显然，未加电极电势前催化剂费米能级或功函的高低以及其 d 能带与氧气间耦合程度的大小则决定了阴极极化的程度。因此，在相同电极电势的条件下，调节催化剂的费米能级或功函，改变 d 能带和电子填充的程度，从而促使氧气活化，加快电子转移，尽可能用小的阴极极化获得快速的电子转移速率是电化学催化研究的中心任务。

1.1.3 中间物种的吸脱附

氧气发生前序的吸附与电子、质子转移后，随即生成 $^*OOH$、$^*OH$ 以及 $^*O$ 等中间物种，中间物种生成与脱附的难易会影响 ORR 催化活性[23]。鉴于含氧物种均以氧端与活性位点相互作用，活性位点与氧气吸附越强，意味着中间物种越易生成，相应地就越难以脱附。由此可以推断，各中间物种的吸附强度之间存在一个同强或同弱的关系。许多研究[24,25]也证实，ORR 各中间物种之间的确存在强烈的比例关系（scaling relationship，SR）。如图 1-8 所示，各物种（*OOH，*OH，*O）的吸附能的比例关系为 $\Delta G_2 = A_{1,2}\Delta G_1 + B_{1,2}$（或 $\Delta E_2 = A_{1,2}\Delta E_2 + B_{1,2}$）。其中 ΔG_1 和 ΔG_2 是不同氧物种的吸附能，斜率 $A_{1,2}$ 依赖于吸附原子的价电子数，可以通过电子计数规则（electron-counting rule）中的八电子规则（octet rule）判断；截距 $B_{1,2}$ 同时受到物种价电子数以及邻近位点结构的影响。例如，*OH 与 *OOH 物种都只需要 1 个电子使吸附氧的价电子达到饱和 8 电子，其间的斜率为 1；由于氧需要 2 个电子才能使价电子达到 8，*OH（*OOH）与 *O 间的斜率为 0.5。在金属的低指数晶面上，$\Delta G_{OH} = 0.5\Delta G_O + B_{OH,O}$，斜率约为 1/2，如图 1-8（a）所示。此外，在其他催化剂上，如 fcc 金属及其合金的低指数晶面，金属氧化物表面，M—N—C 表面通常存在 $\Delta G_{OOH} \approx \Delta G_{OH} + 3.2$ eV 的线性关系[图 1-8（b）]。据此，基于比例关系，可以选用某一中间物种作为活性探针，分析催化剂对反应物种的吸附强弱。其中，由于 *O 以及 *OH 吸附能易于测定和计算，大多数研究中主要选用 *O 或 *OH 作为活性探针分子，进一步研究中间物种吸附强度与活性的关系。

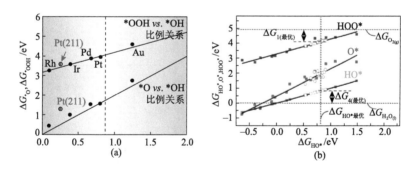

图 1-8 金属、金属化合物以及碳基催化剂上各中间物种之间的线性比例关系图[24]

从前面 ORR 机理分析中可以了解，氧气的吸附以及随后的电子和质子转移，需要电极与物种具有强的相互作用。然而，一旦生成中间产物或最终产物，又需要它们快速脱附。ORR 通常是在同一活性位点上完成上述过程的，这是非常矛盾的要求。氧气的吸附活化、中间物种的生成与相应物种的脱附之间的权衡也促使催化剂对物种的吸附既不能太强也不能太弱。具体的以 *OH 中间物种为例，当 *OH 作为氧气吸附活化、电子质子转移的中间产物时，则希望 *OH 足够稳定，可以促使前序反应顺利进行；当 *OH 作为后续反应的反应物时，又希望 *OH 不能太稳定，可让它能够完全转换成为最终产物。显然，每一个 ORR 中间物种均存在此类情况。

这个现象正是 ORR 催化活性与物种吸附强度存在"火山形"关系的根源[23]。仅催化剂与物种有适当的吸附强度时，才具有最优催化活性。该"火山关系"就是 Sabatier 规则，即对一个特定的催化反应而言，最优的催化剂应与反应物、中间物种和产物之间存在一个适中的相互作用。该规则简洁朴实，可定性地指导研究催化剂。这是一种适度的定性表示法，同时也可通过与中间产物稳定性有关的物理量（吸附强度）作为半定量的表示。

如图 1-9 所示，无论是以$^*O$、$^*OH$ 还是以$^*OOH$ 的吸附强度为指标，其均与 ORR 的催化活性（电流密度或过电势）呈"火山"关系。当催化剂对中间物种吸附强度过弱时，不会使氧气活化，生成中间物种的前序反应难以进行；当催化剂对中间物种吸附过强时，其中间物种因难脱附而占据表面活性位，使催化剂不能及时地释放新鲜表面（活性位），而阻碍 ORR 后续反应的持续进行；只有当催化剂对中间物种的吸附既不太强也不太弱（适中）时，氧气的吸附活化与中间物种的脱附达到平衡，才能展现出最优的催化活性。在 ORR"火山"关系中可以看出 Pt 催化剂在火山曲线左侧，其对中间物种$^*O$ 的吸附强度略强（约 0.2 eV），当 Pt 与 Pd 复合后，其吸附强度减弱，活性提升。因此，$^*O$ 或$^*OH$ 物种的吸附强度就成为可描述 ORR 催化剂活性的最实用的描述符，而如何调控物种吸附达到最优值，使其活性达到火山顶则成为调控催化活性的目标。然而，由于中间物种的多样性，还不能用某一种物种的吸附强度将活性调节到"火山顶"。例如，对$^*OH$ 吸附强度恰好时，对$^*OOH$ 的吸附可能还不足够强。

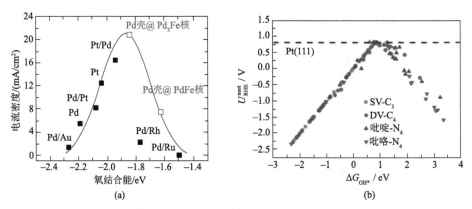

图 1-9　金属、金属化合物、碳基催化剂的催化活性与中间物种吸附强度的关系图——
"火山形"曲线[26,27]

中间物种的吸附强度除了可以定性或半定量地了解 ORR 催化活性外，还可定性地了解其 ORR 按 2 电子或 4 电子机理进行。根据 ORR 机理可以推测，当催化剂对氧气吸附不太强时，即便质子转移和电子转移也不能使 O—O 键解离，此时

ORR 应遵循 2 电子机理；相反，当催化剂对氧气吸附太强，利于 O—O 键解离，此时则应遵循 4 电子机理；当催化剂对物种吸附介于两种极端情况之间时，ORR 的 2 电子和 4 电子步骤均可以发生。

如图 1-10 所示，以 OH 的吸附吉布斯自由能为描述符，分别绘制 2 电子与 4 电子机理活性（反应过电势）与 *OH 吸附能间的变化关系，其均呈现"火山形"关系[28,29]。只是不同机理对应的最优 *OH 吸附强度和"火山"顶点并不相同。对 ORR 的 2 电子反应机理，"火山顶"对应的 OH 最优吸附强度约 1.0 eV（吸附能越正，表示吸附越弱），其极限电极电势约 0.68 V。由于 O_2 吸附质子化（$O_2 \longrightarrow$ *OOH）以及 *OOH 的进一步质子化与脱附之间（*OOH $\longrightarrow H_2O_2$）的权重是 2 电子 ORR 反应持续进行的关键，因此"火山"的右半支代表催化剂对 *OOH 吸附过弱，质子化难以发生；左半支则表示对 *OOH 吸附过强，难以进一步发生质子化或物种的脱附。对 ORR 的 4 电子联合机理而言，"火山顶"对应的 *OH 的最优吸附强度约为 0.86 eV，其极限电极电势约为 0.86 V。说明当催化剂对 *OH 的吸附更强，吸附能小于 1.0 eV 时，才能利于 4 电子的 ORR 机理进行。同样地，"火山"图的右半支表示催化剂对中间物种吸附过弱，此时 ORR 的决速步骤为 O_2 的质子化，产物 *OH 易于脱附；"火山"图的左半支则表示催化剂对中间物种如 *OH 吸附过强，O_2 的吸附和质子化变得更容易，此时 *OH 脱附变得困难，则 *OH 的脱附成为决速步骤。此时 $O_2 \longrightarrow$ *OOH 与 *OH $\longrightarrow H_2O$ 之间的权重成为决定联合机理的关键。可以推测，当催化剂对物种吸附进一步增强促使 ORR 发生 4 电子的解离机理时，其可能存在另一种"火山"关系，即 O_2 的解离（$O_2 \longrightarrow 2^*O$）与氧的质子化和脱附（$^*O \longrightarrow$ *OH）存在权重关系，当上述关系达到平衡时，"火山顶"对应的 *OH 的吸附强度以及极限电极电势为最优解离机理的活性。同样地，左半支表示 O_2 解离困难，右半支表示氧的质子化与脱附是决速步骤。

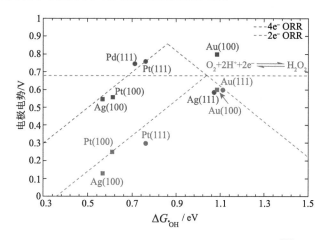

图 1-10　物种吸附强度与 ORR 机理间的关系图[28]

值得注意的是，无论 2 电子还是 4 电子，其"火山顶"对应的反应过电势并不是 0。说明即便中间物种处于最适中的吸附强度时，各反应仍存在一个固有的最小电化学极化。这可能是因为 $^*OOH$、$^*O$、$^*OH$ 等由于分子结构的不同，其在催化剂的吸附总存在一个过强或某一个过弱的情况，因此需要一定的过电势才能克服各物种吸附强度之间存在的差异。

显然，无论哪种 ORR 机理，中间物种的吸附强度成为催化活性以及判断反应机理最直观的表观描述符。如果能将催化剂的电子结构与物种的吸附强度直接关联起来，就可以更加便捷地通过调变电子结构优化催化活性。如何有效地调变电子结构以实现中间物种吸附的最优化，也成为设计和优化 ORR 催化剂的关键，该部分将在第 2 章中详细阐述。

1.1.4　ORR 的速度控制步骤

尽管 ORR 是个多电子转移反应，但每步基元步骤只涉及一个电子和质子转移，因此可将复杂的 ORR 反应，用 4 个单电子转移步骤串联起来，再连同物种的吸附与脱附步骤，逐一研究每步的反应自由能变和活化能，寻找反应进行的可能途径以及潜在的速度控制步骤。由此确认不同种类催化剂对应的反应机理以及速度控制步骤，为进一步调控和优化反应机理提供依据。

Anderson 研究小组[30,31]根据 ORR 的 4 电子反应中联合机理，对未考虑催化剂下的 ORR 提出了以下单电子氧还原机理模型（aq 为水溶液，g 为气相）：

$$O_2 + H^+(aq) + e^- \longrightarrow HOO^*(aq) \tag{1-18}$$

$$HOO^*(aq) + H^+(aq) + e^- \longrightarrow H_2O_2(aq) \tag{1-19}$$

$$H_2O_2(aq) + H^+(aq) + e^- \longrightarrow HO^*(g) + H_2O(l) \tag{1-20}$$

$$HO^*(g) + H^+(aq) + e^- \longrightarrow H_2O(l) \tag{1-21}$$

通过从头算（ab initio）计算上述基元步骤的反应活化能发现：各基元反应的活化能顺序为 $E_{(1-20)} > E_{(1-18)} > E_{(1-19)} > E_{(1-21)}$，这就意味着，没有催化剂催化下的 ORR 的联合机理，H_2O_2 最难分解。因此，若要提高 ORR 的反应速率，需找到利于 H_2O_2 分解的催化剂。但实际上对大部分催化剂而言，如贵金属铂基催化剂、过渡金属化合物类催化剂，均利于 H_2O_2 分解。当催化剂利于 H_2O_2 分解时，联合机理中反应式（1-18）即氧气的第一步电子和质子转移就成为 ORR 的速度控制步骤。然而，就 Pt 基催化剂而言，具体哪一步是速度控制步骤仍没有一个明确的结论。

Anderson 研究小组[32]在非催化氧还原机理的研究基础上，进一步对 Pt 催化 ORR 的单电子氧还原机理进行了系列计算研究。他们发现：在酸性介质中，当

ORR 遵循联合机理时，Pt 上 O_2 的第一步电子转移（*OOH 的形成）为速度控制步骤（rate determining step, RDS）；且 O_2 的解离活化能大于质子和电子转移后形成的 *OOH 的解离活化能，证明了电子和质子转移形成 *OOH 后对 O—O 键解离活化的重要性，并且 4 电子的联合机理优先于解离机理。Norskov 研究小组[29]进一步确认在不同的氧气覆盖度下，Pt 催化氧还原机理会随之发生变化，不同覆盖度其主导的反应机理也不相同。他们发现：低覆盖度时，ORR 易遵循解离机理；高覆盖度下，联合机理则占主导。联合机理中第一步电子和质子转移为速度控制步骤，解离机理的速度控制步骤则为 O—O 键的解离。另外考虑反应过电势，两种反应机理均同时存在。然而，倘若第一步电子转移是速度控制步骤，其就与"火山"关系中 Pt 所处的位置存在一定的矛盾。"火山"关系中，Pt 对中间物种吸附略强，仅当适当弱化其吸附时，可进一步提升其催化活性。显然，弱化对中间物种吸附的同时也会弱化其对 O_2 的吸附，从而增加第一步电子转移的活化能，不利于反应的进行。Adzic 研究小组[33]对 Pt（111）面催化 ORR 的机理进行了实验与动力学模拟分析，他们的 ORR 动力学模拟包括四个基元步骤：①解离吸附（dissociative adsorption，DA）生成 *O；②还原吸附（reductive adsorption，RA）生成 *OH 中间物；③从 *O 到 *OH 的还原转移（reductive transition，RT）；④*OH 的还原脱附（reductive desorption，RD）。他们发现 Pt 催化 ORR 的速度控制步骤不是 RA 步骤，因为 DA 过程在高电势下提供了更为可靠的反应路径。然而，由于 Pt 对氧的强吸附，导致 RT 步骤——氧的进一步质子化形成 *OH（$\Delta G_{RT}^* = 0.50$ eV），以及后续 *OH 的脱附（$\Delta G_{RD}^* = 0.45$ eV）具有非常高的反应活化能，促使物种脱附成为 ORR 活性损失的主因。当表面含氧物种覆盖度增加时，活性显著下降；当电极电势降低氧覆盖度减小时，活性又随之提升。陈胜利课题组[34]在计算 Pt（111）与 Pd（111）催化的 ORR 解离机理中也发现，O_2 的解离步骤并不困难，后续氧的进一步质子化形成 *OH 是速度控制步骤。这个结果也与实验得到的，需要适当弱化中间物种在 Pt 与 Pd 的吸附强度即可提升 ORR 催化活性的观点一致。

与 Pt 催化剂相比，大多数过渡金属化合物、碳基类催化剂对氧气的吸附活化更弱，ORR 中 2 电子机理所占比例增大，而 4 电子的氧还原机理主要遵循联合机理，且第一步电子、质子转移（*OOH 的形成）是速度控制步骤。因此对大多数非贵金属催化剂而言，增强氧气活化以及 O—O 键的解离是提高活性的关键。例如，Li 等[35]对 ORR 在 N 掺杂石墨烯（N-G）、Co 掺杂石墨烯（Co-G）和 Co-N_4掺杂石墨烯（Co-N_4-G）表面上的几何结构和 ORR 路径、机理和动力学进行了系统的理论研究。结果表明，表面结合能较弱的 N-G 难以破坏 O_2 和 *OOH 的 O—O键，导致一系列 2 电子还原过程的发生以及过氧化物的形成。而表面结合能较强的 Co-G 很容易活化 O_2，但是会产生较大的过电势（1.93 eV）。将 Co-N_4 络合物引入石墨烯可有效调节石墨烯表面的活性，促进 O_2 的解离活化和 H_2O 的脱附，得到的 Co-N$_4$-G 表面的 ORR 过电势较小（约 1.00 eV）。

鉴于高覆盖度下贵金属催化剂、过渡金属化合物和碳基催化剂上 ORR 更易遵循联合机理，后续的许多研究将 ORR 反应机理合理地简化为：着重研究联合机理中的 *OOH 中间物种 O—OH 键的活化断裂步骤，以及解离机理中 O_2 的活化解离步骤。

深入分析联合机理中各基元步骤的吉布斯自由能变值可以发现，由于中间物种之间的线性比例关系，以及各中间物种吸附强度存在差异，与中间物种形成与转换相关的基元步骤的吉布斯自由能变也呈现此消彼长的关系。以 *OOH 的形成与 *OH 的脱附步骤为例，当某一催化剂对物种吸附过强，*OOH 的形成反应为热力学自发时，对应该步骤的吉布斯自由能变 $\Delta G_1 < 0$。由于 *OH 在电极表面的吸附强于 *OOH 为（3.2±0.2）eV，此时势必导致 *OH 脱附步骤成为热力学非自发过程 $\Delta G_4 > 0$，即 *OH 的脱附就成为潜在的速度控制步骤。相反，催化剂对物种吸附过弱，就会出现 *OH 脱附为自发过程（$\Delta G_4 < 0$），而 *OOH 的形成为非自发（$\Delta G_1 > 0$）成为潜在的速度控制步骤。显然催化剂对物种具有最适中的吸附强度，就意味着其各自对应的基元步骤具有相同的吉布斯自由能变值或者活化能垒（$\Delta G_1 = \Delta G_4$），如果自由能变值与活化能垒接近于 0，则具有最优 ORR 活性。然而，由于 *OOH 与 *OH 吸附存在的本质差异，无法调节物种的吸附强度同时接近于 0，因此，需要一定的能量来克服各自反应需要的能垒。当进一步考虑氧中间物种吸附时，就需要进一步协调 *OOH 形成、*O 质子化以及 *OH 脱附 3 个基元步骤的自由能变值，相应反应所需固有的能垒就会进一步增加。

鉴于中间物种 1 和中间物种 2 的吸附自由能间存在线性关系 $\Delta G_2 = A_{1,2}\Delta G_1 + B_{1,2}$，其截距可以通过改变活性位的配位数而变化。通常对低晶面指数的金属、合金以及大多数的氧化物表面，包括钙钛矿、尖晶石、金红石等金属，*OOH 与 *OH 之间的吸附自由能差值大致固定在（3.2±0.2）eV。魏子栋课题组 Yang 等[36]曾根据 *OOH 与 *OH 之间的线性关系，不考虑氧吸附强度的影响，假定 $\Delta G_1 = \Delta G_4$ 时，计算出了具有最低过电势的联合机理的理想自由能曲线图[图 1-11（a）]，确认联合机理至少需要克服的能变值为 0.44 eV。显然该值主要由 *OOH 与 *OH 之间的吸附能差值以及斜率决定，可以近似地看作是由氧还原机理固有特性决定。也有研究指出，如果要使 ORR 在平衡电位发生，*OOH 与 *OH 之间的最优吸附自由能差异为 2.46 eV。与大多数催化剂上 *OOH 与 *OH 之间的吸附能之差相比，这或许就是 ORR 总存在 0.2~0.3 V 过电势的原因。因此如果要进一步降低 ORR 反应理论过电势，就需要打破各吸附物种之间的比例关系，减小其吸附能差异，甚至改变反应机理。

根据联合机理的特点，可以推测出解离机理也存在相同的情况。如图 1-11（b）

所示，Pt（111）上解离机理中 O_2 解离为非自发过程，其吉布斯自由能变值最大，其后续*OH 的形成虽需要一定的能量，但脱附为自发过程。显然，由于解离机理涉及的中间物种*O 和*OH 在催化剂表面吸附强度的差异性较小，如果吸附构型相当，有可能同时调节其吸附自由能接近于 0。这或许也是解离机理较联合机理具有更快动力学特征的原因。

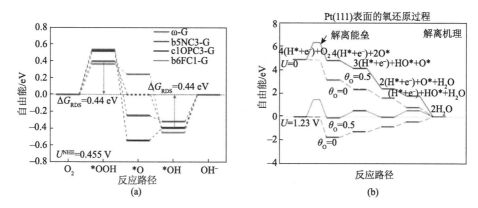

图 1-11　ORR 联合机理（a）[36]、解离机理（b）[23]涉及的中间物种和对应基元步骤的理想自由能变图

综上所述，大致可以对前言中提出的问题做出回答，即导致氧电极无法在近热力学平衡电势附近发生反应（实验测定氧电极稳定电势总在 1 V *vs.* RHE 左右，而不是 1.23 V）的原因可能包括：①电子在电极和氧气上存在的能级差，需要一定过电势使电子在电极上的费米能级达到 O_2 的 LUMO 能级高度，才能发生电子转移；②ORR 中间物种吸附强度的差异性，特别是*OOH 与*OH 差异过大[（3.2±0.2）eV]导致难以同时调节到最优值，要么顾此失彼，要么在它们中间求折中。因此，提升催化电极的 HOMO/费米能级；在优化中间物种吸附强度的同时，减小各中间物种间的吸附强度差异性，抑或是消除某种中间物种，即改变反应途径，是突破现有氧还原反应瓶颈的努力方向。

1.2　氧还原活性与机理的测试与表征

1.2.1　ORR 活性与机理的电化学测试

研究氧还原机理，或者探索氧还原反应的速率，电化学测试是最便利且有效的方法。对 ORR 活性的测试，通常进行稳态极化曲线的测定。稳态法是测定电极过程达到稳态时电流密度（电极反应速率）与电极电势之间的关系，而极化曲线是研究电极过程动力学的最基本最重要的方法。电极过程达到稳态，意味着组成电极过程的各个基本过程，如双电层充电、电化学反应、扩散传质等都达到稳态。此时，电极电势、极化电流、电极表面状态以及电极/溶液界面中浓度的分布，均达到稳态而不随时间变化。这时稳态电流全部由电极反应产生。如果电极上只有一对电极反应 O+ne^- $\Longleftrightarrow$ R，则稳态电流就表示这一对电极反应的净速率。如果电极上有多对电极反应，则稳态电流就是多对电极反应的总结果。如果电极上为一系列连续电极反应，则整个电极过程的速度——稳态电流密度的大小就等于该电极过程中控制步骤的速率。因此，根据极化曲线可以判断电极反应的特征及控制步骤，还可看出给定体系可能发生的反应及最大可能的反应速率，并测定电极反应的动力学参数，如交换电流密度、传递系数、塔费尔斜率以及反应机理等。

从电化学极化到电极过程达到稳态需要一定的时间。双电层充放电达到稳态所需时间一般很短，但扩散过程达到稳态往往需要较长时间。因为只有扩散层延伸到对流区，才能使扩散过程达到稳态。当溶液中只存在自然对流时，稳态扩散层的有效厚度约 10^{-2} cm，此时电极通电后一般在一定的时间才能达到稳态。但通过强制搅拌，使扩散层厚度变薄，达到稳态扩散的时间会大幅缩短。因此测定电极稳态极化曲线，需进行搅拌或用旋转圆盘电极等产生强制对流，以消除浓差极化，获得电极反应的动力学电流密度[37,38]。研究电催化 ORR 性能和机理常采用三电极体系，在旋转圆盘电极上进行相应极化曲线的测定，常用的测定极化曲线的方法是：循环伏安法（cyclic voltammetry，CV）[39,40]和线性扫描伏安法（linear sweep voltammetry，LSV）[41]。

1. 循环伏安法

循环伏安法是通过控制电极电势以一定的速率 v，随时间以三角波一次或多次反复扫描[图 1-12（a）]，电极电势变化区间可使电极上能交替发生不同的还原反应和氧化反应，并记录电流-电势（i-E）曲线，即循环伏安图[图 1-12（b）]。通常电极电势扫描速率可以从每秒数毫伏到 1 V。以等腰三角形的电势扫描信号加在工作电极上，得到的 i-E 曲线包括两个分支。对一个电化学反应 O+ne^- $\Longleftrightarrow$ R，当电极电势向阴极方向扫描时，电化学活性物质在电极上发生还原反应 O+ne^- $\Longleftrightarrow$ R，产生还原峰；当反向扫描时，即电极电势向阳极方向扫描时，还原产物 R 则会重新在电极上发生氧化反应 R $\Longleftrightarrow$ O+ne^-，产生氧化峰。当完成一次三角波扫描，即完成了一个还原和氧化过程的循环。对电化学活性物种的吸附与脱附也可在循环扫描过程中呈现对应的吸脱附峰。显然，在伏安曲线上出现的阳极与阴极电流峰通常对应着活性物种的电化学氧化与电化学还原。如果一些物种包括中间物种的脱附或吸附，也伴随着电子的接受或释放，如反应（1-3），也会有相应的电流。对反应（1-9）因为没有电子参与，则不会有电流。显然，如果扫描速率太快，一些吸脱附步骤来不及完成，就不会有吸脱附电流峰，此时看到的循环伏安图，很可能只是双电层的充电行为。因此，为了看清电极反应过程的各个细节，扫描电位的速度不宜太快。

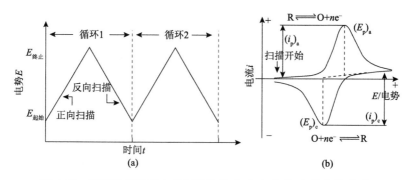

图 1-12　循环伏安法的电势扫描信号（a）与电流-电势曲线（b）

根据循环伏安图中电流随电势的变化曲线，以及电极上产生的氧化和还原峰的高度、宽度、对应的电极电势及峰面积等可以用于研究电极反应的性质、机理和电极过程动力学等参数特性，也可以定量确定反应物浓度、电极表面吸附物的覆盖度、电化学活性面积以及电极反应速率常数、交换电流密度、反应的传递系数等动力学参数，以此实现某电极体系电化学行为及催化性能的研究。

例如，电流峰对应的电势范围可用于帮助判定发生的是什么物种的吸附或脱附以及什么电化学反应，与该反应的平衡电势之间的差值表明了该反应发生的难易程度。一对可逆反应对应的阴阳极电流峰的峰值电势差表明了该反应的可逆程度；而峰值电流则表示给定条件下该反应可能进行的速率。如果不存在干扰的话，对给定的电极体系，在控制电势扫描的情况下，相同的电极反应应该发生在相同的电势下，并以同样的速度进行。在多次的循环伏安扫描过程中，如果电流峰的峰值电势或峰值电流随扫描次数而发生变化则往往预示着电极表面状态在不断变化。如果把 $i\text{-}E$ 曲线转换成电流-时间（$i\text{-}t$）或者电流密度-时间（$j\text{-}t$）关系曲线，则电流峰下覆盖的面积就代表该电化学反应所消耗的电量，由此电量有可能得到电极活性物质的利用率、电极表面吸附覆盖度及电极真实电化学表面积等一系列信息。因此，当研究氧还原电催化剂时，通常先在氮气保护的电解质溶液中进行循环伏安扫描，了解该电催化剂在一定电势范围内水的氧化还原行为，研究电极电化学表面积及电化学稳定性，为后续了解电催化剂的比活性、氧还原机理及耐久性提供信息。氮气保护的目的在于去除溶解氧对循环伏安曲线的影响。

以铂催化剂为例，图 1-13 为多晶铂电极在惰性气体饱和的 0.5 mol/L H_2SO_4 溶液中的循环伏安曲线[42]。循环伏安曲线可分成 3 个部分：氢区（hydrogen region，HR）、双电层区（double layer region，DLR）以及氧区（oxygen region，OR）。如图所示，连接氢区与氧区的中间部分没有法拉第电流，仅有双电层充电电流的称为双电层区。低电势范围的氢区内发生质子的吸脱附过程 $H^+(aq)+e^- + 位点（site）\rightleftharpoons H(ad)$，还原峰 H_c 对应阴极还原反应，发生质子的吸附；与其相对的氧化峰 H_a 对应着吸附氢原子的氧化脱附峰，氢的吸脱附峰之间的峰分离间距很小说明铂电极上 H 的吸脱附具有很好的可逆性。氢的吸脱附峰各自包括 3 个小峰，其中两个趋于合并。正如前文所述，如果扫描速率快，可能只观察到 1 个峰而非 3 个峰。氢区分裂的 3 个峰，传统教科书上归于多晶铂电极暴露出来的不同晶面对氢的吸脱附强度不同。但日本科学家在 3 个单晶铂电极上的实验否定了这一说法，为此还发表了 40 多页的研究论文。事实上，在多晶电极上，晶面、晶界、表面缺陷等各处的配位情况均不相同，足以引起氢在这些吸附位点吸附强度的差异，因而，导致氢的吸附有先后，氢的脱附有难易。电位再负移，将导致析氢，此时电流会很大。高电势范围主要发生铂电极的氧化，称为氧化区。O_a 峰对应着氧的吸附或表面氧化层的形成，O_c 则对应着氧化层的还原。两个峰的峰值电势相差较大说明铂电极表面的氧化与还原反应的可逆性较差。当电极电势进一步增加时，则会发生水的氧化和析氧反应。如图 1-13 中标出的 2 位置就是氧气开始析出的位置。

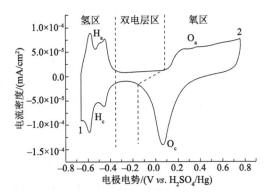

图 1-13　多晶铂电极在 0.5 mol/L H_2SO_4 电解质溶液中的循环伏安曲线（扫描速率 100 mV/s）[42]

　　铂电极上氢区发生的质子吸脱附是单电子转移反应，发生 H 原子的欠电势沉积（underpotential deposition，UPD）H_{UPD}，即氢在比平衡电势更正的电势下还原。所有的欠电势沉积（包括一种金属在另外一种金属上的 H_{UPD}）都是单原子层沉积/吸附。据此可以通过计算氢原子层吸附所需的电量获得氢原子在电极表面的覆盖度，由此测定铂电极的电化学活性面积（electrochemically active surface area，ECSA）以及表面粗糙度 R_f。由于氢的脱附峰容易受到电势扫描转折电位的影响，

因此通常采用 H_{ad} 的吸附峰测定电化学活性面积。如图 1-14 所示，将循环伏安曲线转变为 j（电流密度）-t 曲线，对氢吸附峰面积进行积分就可得到发生 H_{UPD} 吸附的总电量 Q_H。将该电量用理想单电子转移的面积比电荷（210 μC/cm²）进行归一化，就可以得到电极 ECSA 以及表面的粗糙度。电化学活性面积的测定除利用 H_{UPD} 来计算外，还可以通过 CO 溶出（CO striping）实验以及 Cu 的欠电势沉积（Cu_{UPD}）来获得。CO 的溶出和 Cu_{UPD} 是两电子转移过程，其 ECSA 则需通过 j-t 曲线计算的电量并除以 2 电子转移过程对应的面积比电荷（420 μC/cm²）获得。

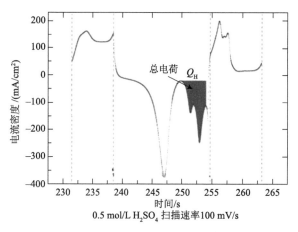

$$0.5\ mol/L\ H_2SO_4\ 扫描速率100\ mV/s$$

图 1-14　Pt 电极上电化学活性面积的测定[42]

对不同的金属或合金类催化剂，可根据情况选择测量 H_{UPD}、CO 溶出或 Cu_{UPD} 评估其电化学活性面积。例如，金电极上不发生 CO 电化学吸附，因此就不能用 CO 吸附来测量金的 ECSA。而对金属 Pd，测量氢的吸脱附峰面积就不可取，因为氢原子很容易渗透进 Pd 的晶格中，Pd 的电化学面积通过测量 PdO 的还原峰面积来获得则更为准确[43]。

因此，当 H 原子的吸附不再是单原子层吸附时，则无法再利用氢区去估算其电化学活性面积。此时可利用循环伏安法中的双电层电容计算电极表面的粗糙度。双电层区间的充放电电流 i_c 包括两个部分：一是电极电势改变时，需要对双电层充电，以改变界面的荷电状态的双电层充电电流，即 $-C_d\dfrac{dE}{dt}$；二是双电层电容改变时，所引起的双电层充电电流，即 $(E_z-E)\dfrac{dC_d}{dt}$。显然，双电层充电电流 i_c 在扫描过程中并非常数，随 C_d 的变化而变化。但是，当控制电势扫描区间不发生表面活性物质的吸脱附或发生电化学反应，且在小幅电势范围内扫描时，在小的电势

范围内双电层电容 C_d 可近似认为保持不变，同时由于扫描速率 $\left(v=\dfrac{\mathrm{d}E}{\mathrm{d}t}\right)$ 恒定，此时双电层充电电流 i_c 恒定不变。此时 i_c 正比于扫描速率 v，即随着扫描速率的增大，i_c 线性增大。因此，可以在一定电势范围内（通常选择没有峰电流的电位区间），测量一系列不同扫描速率的循环伏安曲线，然后用某一电势下的电流密度 j 和扫描速率 v 作图，得到一条直线，该直线的斜率即为双电层电容 C_d，如图 1-15 所示。当催化剂为金属氧化物时，理想光滑氧化物的表面双电层电容为 60 μF/cm²。电化学活性面积为电极的双电层电容与理想光滑氧化物电极的表面双电层的比值，即 $R_f=\dfrac{C_d}{60}$。显然该方法依赖于扫描的电势区间以及选取的理想光滑催化剂表面双电层电容的理论值。

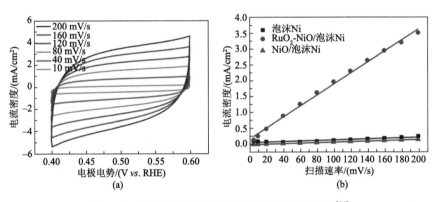

图 1-15　双电层电容法测定电化学比表面积活性[44]

氧区中电极表面含氧物种（ *O， *OH）形成的电势可定性地了解催化剂的电化学抗氧化性以及对含氧物种的吸附强度。通常含氧物种形成的电势值越小，表明电极表面对含氧物种的吸附越强，相应表面也更易发生电化学氧化。若含氧物种的形成电势远低于氧还原平衡电势，说明 ORR 电势范围内，催化剂表面更易被 *O 或 *OH 占据，且对含氧物种的吸附较强；若含氧物种形成电势远高于氧还原平衡电势，则说明催化剂表面难被氧化，其对 *O 或 *OH 的吸附较弱。该电化学性质可以与催化剂本身的抗氧化性以及对 ORR 中间物种的吸附强度关联起来。

据此，循环伏安曲线可以获得电极/溶液界面、电极表面结构、组成等信息。图 1-16 给出了多晶铂电极分别在 0.1 mol/L H₂SO₄ 和 1 mol/L KOH 溶液中的循环伏安曲线。在酸性介质中低于 0.5 V $vs.$ RHE 为 H_{UPD} 区间；高于 0.7 V 形成了含氧物种。酸性介质中铂表面含氧物种 Pt-OH 的形成源于溶剂水的氧化活化，其氧化峰更为平坦；碱性介质中是因为 OH⁻ 物种在电极表面的特性吸附，出现了一个明显的氧化峰，但两者含氧物种的形成的起始电位相同。对比 Pt-OH 物种形成的半波电势（$E_{1/2}$ $vs.$ RHE），0.1 mol/L KOH 中为 0.775 V；1 mol/L H_2SO_4 中为 0.810 V，其差异表明电解质或 pH 的变化会改变电极/溶液界面结构，从而呈现不同的循环伏安曲线。图 1-17 显示了多晶铂电极与纳米线结构的铂电极在 0.5 mol/L H_2SO_4 溶液中的循环伏安曲线。与多晶铂电极相比，纳米线铂电极电流密度提高了约 150 倍，同时，氢区和氧区的峰值电势负移了约 50 mV。氢区中氢的吸脱附峰面积更大，说明其具有更高的比表面积。氢区峰位置的微小变化应该源于纳米颗粒暴露的晶面取向不同。氧区中纳米铂的氧化与还原峰值电位的负移可以认为纳米颗粒表面更易与含氧物种作用，发生氧化。

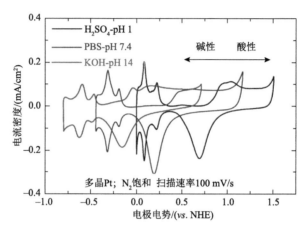

图 1-16　多晶铂电极在不同 pH 电解质溶液中的循环伏安曲线（扫描速率 100 mV/s）[42]

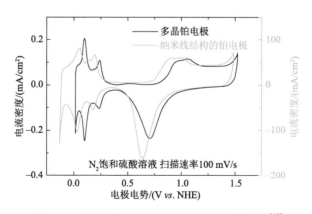

图 1-17　不同电解质及铂电极的循环伏安曲线[42]

2. 线性扫描伏安法

线性扫描伏安法是在一定的电势范围内，如从 E_1 到 E_2 控制电极电势以恒定

的速率变化，即连续线性变化，同时测量通过电极的响应电流，并由此得到电流与电极电势（i-E）的伏安曲线，如图 1-18 所示。电极电势的变化率称为扫描速率（ $v = \left| \dfrac{\mathrm{d}E}{\mathrm{d}t} \right|$ ），常为 0.001～0.1 V/s，改变扫描区间的时间即可改变扫描速率，可单次或多次扫描。j-E 曲线依赖于电子转移速率、电化学活性物种的反应性以及扫描速率。

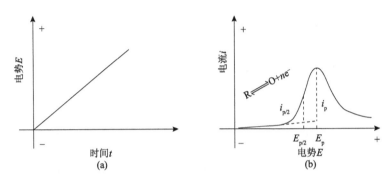

图 1-18　线性扫描法电势扫描信号与电势-电流图

与循环伏安法相同，线性电势扫描过程中的响应电流为电化学反应电流 i_R 和双电层充电电流 i_c 之和。当双电层电容 C_d 在选择的扫描电势范围内，可近似看作不变时，由于扫描速率恒定，可认为双电层充电电流 i_c 恒定。此外，当扫描速率 v 足够慢时，i_c 在总电流中所占比例极低，可以忽略不计，即可认为双电层充电状态不变，充电电流为 0。如果电极表面附近反应物的浓度不变，则电极反应速率也将达到稳定值。这时得到的 i-E 曲线即为稳态极化曲线。通过分析各电极电势对应的极化曲线就可以了解相应电化学反应的动力学特征。

电极极化的产生包括电化学极化、浓差极化以及电阻极化（欧姆极化）。对确定的电化学体系，电阻极化一定，LSV 中 i-E 曲线则主要受到电化学极化与浓差极化的影响。电化学极化是指涉及电化学反应的步骤的反应速率 k 决定着电化学极化的大小，如电极/溶液界面的电荷转移速度为最慢步骤。浓差极化是反应或产物的扩散与传质速率 m 过慢而导致的电极极化。对一特定体系而言，当电极反应较慢，即通过电极的电流密度较小时，体系的极化主要由电化学极化引起，主要体现电化学步骤的特征；当电极反应较快，即通过电极的电流密度较大时，浓差极化逐渐占主导地位，体系以浓差极化为主。对 ORR 的极化曲线，电势从平衡电位开始负扫，可以大致分为电化学动力学区间，电化学动力学-扩散混合控制区间以及扩散控制区间[45]。

如图 1-19 所示，ORR 的 LSV 从 1.1 V $vs.$ RHE 负扫到 0 V，随着电势的变化，

电极的极化越来越大，电化学极化和浓差极化相继出现。酸性介质中 ORR 产生电流的起始电位在 1 V 左右，0.7～1.0 V 为电化学动力学-扩散混合控制区间；当电势低于 0.6 V 时，氧气在电极表面浓度下降为 0，达到了完全浓差极化，扩散电流达到了极限电流密度 J_d。上述区间中，ORR 起始电位体现了电极催化剂催化 ORR 的本征活性，属于电化学步骤控制，电流密度与过电势之间的关系遵循 Bulter-Volmer 公式。在混合控制区间，通常采用电流密度 $j=J_d/2$ 处的半波电位（$E_{1/2}$）来表征 ORR 催化活性。极限扩散电流值则与电极的比表面积、电极结构以及扫描速率、转速等因素有关。显然，当催化活性越高，ORR 中电子与质子转移反应速率越快，电化学极化（ORR 过电势）越小，即 ORR 起始电位和半波电位则越接近于 ORR 平衡电势 1.23 V。另外，可以进一步利用旋转圆盘电极测定一系列不同转速下 ORR 的 LSV 曲线，根据 Koutecky-Levich 方程：$\dfrac{1}{j}=\dfrac{1}{J_k}+\dfrac{1}{J_d}=\dfrac{1}{J_k}+\dfrac{1}{K\omega^{1/2}}$

（$K=0.62nFD_i^{2/3}v^{-1/6}c_i^0$，$F$ 为法拉第常量；n 为每个氧分子转换的电子数；D_i 为氧分子扩散系数；v 为电解质的动力黏滞系数；c_i^0 为氧气在电解质中的溶解度；J_d 为极限扩散电流密度；J_k 为动力学电流密度）中 $\dfrac{1}{j}$ 与 $\dfrac{1}{\omega^{1/2}}$（ω 为旋转圆盘转速）之间的线性关系，计算特定电势下催化剂的电流密度 j、氧分子转换电子数 n 等，然后基于电极上催化剂的载量以及 CV 中得到的 ECSA 计算催化剂的催化 ORR 的质量比活性和比表面积活性。

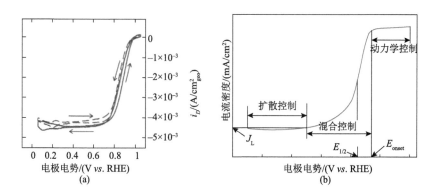

图 1-19　（a）30% Pt/C 在 O_2 饱和的 0.1 mol/L $HClO_4$ 中的极化曲线（纵坐标为几何面积归一化后的电流密度）[22]；（b）ORR 极化曲线的分析示意图[45]

图 1-20 给出了采用旋转圆盘电极测试了不同碳基催化剂与 Pt/C 催化剂在氧气饱和的 0.1 mol/L KOH 溶液中的线性扫描伏安曲线[46]。可以看出 Pt/C 催化剂具有最优的 ORR 起始电位、半波电位和极限扩散电流密度；三种碳基催化剂中

CNT@NC 催化剂具有较其他两种催化剂更高的 ORR 起始电位、半波电位和极限扩散电流密度，说明其具有更接近于 Pt/C 的催化氧还原活性。利用 Koutecky-Levich（K-L）方程计算与催化剂内在本征活性相关的动力学电流密度（J_k）发现：在 0.85 V $vs.$ RHE 下，CNT@NC 催化剂的 J_k 为 9.03 mA/cm^2，分别是 NC+CNT（6.01 mA/cm^2）和 bulk-NC（2.91 mA/cm^2）催化剂的 1.5 倍和 3.1 倍；另一方面，CNT@NC 催化 ORR 的起始电位和半波电位与商业 JM-Pt/C 电极分布仅相差 20 mV 和 25 mV，进一步说明该催化剂活性接近于 Pt/C 催化剂。图 1-20（d）是利用 Koutecky-Levich 方程中，$\dfrac{1}{j}$ 与 $\dfrac{1}{\omega^{1/2}}$ 的线性关系，求得的 CNT@NC 催化氧化还原平均电子数为 3.75，说明催化剂上 ORR 应是 4 电子与 2 电子反应混合过程。

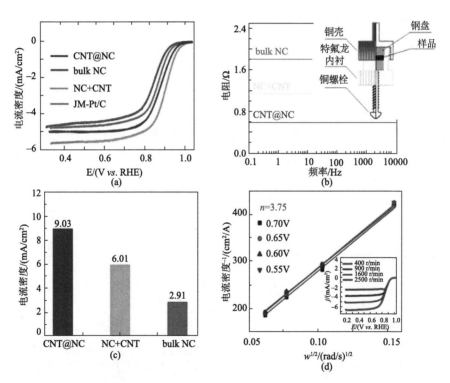

图 1-20　（a）各催化剂在氧气饱和 0.1 mol/L KOH 溶液中 ORR 极化曲线，扫描速率 10 mV/s，催化剂的载量为 0.6mg/cm^2；（b）bulk NC、CNT@NC 和 NC+CNT 的交流阻抗伯德图，开路电位，浮值 5 mV，频率范围 10 mHz～100 kHz；（c）bulk NC、CNT@NC 和 NC+CNT 在 0.85 V 下的动力学电流；（d）CNT@NC 不同转速下的 K-L 曲线，插图为不同转速下的 LSV 曲线[46]

3. 塔费尔曲线的测试及分析

1905 年，塔费尔（Tafel）首次提出了一个过电势（η）与电流密度（j）的经验公式，即塔费尔方程（$\eta = a + b\lg j$），其适用于研究稳态大电流密度情况下的电极反应过程。当电极过程处于电化学反应控制步骤时，电极过程的过电势与电流密度的关系可由 Bulter-Volmer 方程式（B-V 方程）给出：$j = j^0\left[\exp\left(-\dfrac{anF\eta}{RT}\right) - \exp\left(-\dfrac{\beta nF\eta}{RT}\right)\right]$。

在强极化区，即极化电流密度远大于电极的交换电流密度时，逆过程进行的电流密度可以忽略不计，B-V 方程可以简化为半对数形式的塔费尔公式：$\eta = \dfrac{2.303RT}{anF}\lg j^0 - \dfrac{2.303RT}{anF}\lg j$，即过电势与电流密度的对数呈正比关系，其中截距 $a = \dfrac{2.303RT}{anF}\lg j^0$，斜率 b 为 $\dfrac{2.303RT}{anF}$。

塔费尔曲线测试是一种常用的电化学表征手段。根据 LSV 中测得的极化曲线，在强极化区间将过电势对电流密度的对数作图，就可以得到相应的塔费尔曲线，并获得相应的斜率与截距值。塔费尔曲线斜率的值可以揭示催化反应机理和电极反应的速度控制步骤，对于特定的基元反应步骤，可以通过理论计算得到其塔费尔斜率的理论值。结合 B-V 方程，就可在强极化区计算对应电极反应的传递系数（α、β）以及交换电流密度 j^0 的值，从而对催化剂的性能进行评价。氧还原反应中，当第一步电子转移 $*+O_2(g)+H^++e^- \longrightarrow {}^*OOH$ 为速度控制步骤时，其理论塔费尔斜率为 120 mV/dec，当中间物种 ${}^*O$ 的质子化 ${}^*O+H^++e^- \longrightarrow {}^*OH$ 为速度控制步骤时，其理论塔费尔斜率为 24 mV/dec。这样就可以将实验测得的塔费尔斜率值（表 1-1）与氧还原各基元反应的理论塔费尔斜率值进行比对，从而分析目标催化剂催化氧还原遵循的反应机理以及反应的速度控制步骤，并对催化剂催化氧还原反应过程中的本征活性（交换电流密度）进行评价。

表 1-1　ORR 联合机理各基元反应的塔费尔斜率

反应	塔费尔斜率
$*+O_2+H^++e^- \longrightarrow {}^*OOH$	120 mV/dec
${}^*OOH+* \longrightarrow {}^*O+{}^*OH$	60 mV/dec
${}^*O+H^++e^- \longrightarrow {}^*OH$	24 mV/dec
$2\,({}^*OH+H^++e^- \longrightarrow H_2O+*\,)$	40 mV/dec

在利用 LSV 曲线数据绘制氧还原反应的塔费尔曲线时，由于受到强极化区不可忽略的传质阻力的影响，需要利用公式 $J_k = J_d \times j/(J_d - j)$（$J_d$：极限扩散电流密度；$j$：测试电流密度）对测得的电流进行矫正转变为动力学电流密度 J_k 后与过电势进行绘图才能得到准确的塔费尔曲线。由于塔费尔公式的适用范围是在强极化条件下，过电势区间的选取将会直接影响数据的准确性，一般能够作为塔费尔曲

线数据点的过电势 $|\eta| \geqslant 118 / n$(mV)。

例如，Tak 等[47]制备了一种氮掺杂 TiO_2/氮掺杂石墨烯的混合材料作为铂催化剂的载体，并测试了其在 0.5 mol/L H_2SO_4 溶液中的 ORR 性能。通过对在 1600 r/min 转速下测得的 LSV 数据进行电流校正后，得到了对应的塔费尔曲线图[图 1-21(d)]。报道的文献中，在低电流密度区域，Pt/C 催化剂的塔费尔斜率为 60 mV/dec。在这个工作中，Pt/C 和 Pt/NG-TiON 塔费尔斜率在低电流密度区域分别为 75 mV/dec 和 63 mV/dec，Pt/C 的数值与报道的相似，而 Pt/NG-TiON 塔费尔斜率比 Pt/C 要低，这说明 Pt/NG-TiON 的催化氧还原反应的电子转移阻抗更小，因此作者认为，Pt/NG-TiON 比 Pt/C 催化剂表现出更高的催化活性。

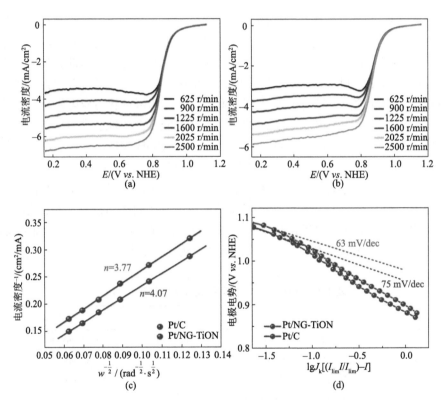

图 1-21 Pt/NG-TiON 的极化曲线及其电子转移数和塔费尔斜率分析[47]

Lee 等[48]制备了一种窄粒径分布的 S 掺杂碳包裹的铂纳米颗粒（Pt/C-S），并探究了其在 0.1 mol/L $HClO_4$ 中的 ORR 性能。作者将材料测出的塔费尔斜率[图 1-22（b）]与文献中报道的 ORR 的基元反应对应的理论塔费尔斜率（对应四个基元反应的值如表 1-1 所示）做了对比。作者认为，Pt/C-S 塔费尔斜率为 61 mV/dec，Pt/C 为 67 mV/dec，塔费尔结果表明 Pt/C-S 催化 ORR 的 RDS 是 ORR 过程中的第

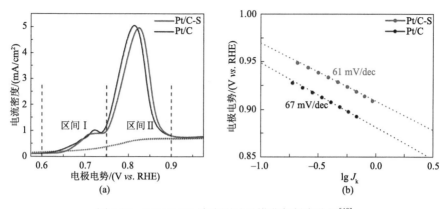

图 1-22　Pt/C-S CO 溶出测试及塔费尔斜率分析[48]

一个反应，对应于 60 mV/dec。此外，作者认为碳负载的 Pt 催化剂的塔费尔斜率随着 Pt 颗粒尺寸从块体减小到 1 nm（在 0.1 mol/L HClO₄ 中为 50～80 mV/dec）而减小，因为颗粒尺寸的减小导致了 Pt 原子表面强吸附氧的增加。

4. 旋转环-盘电极

要进一步分析催化剂催化氧还原机理，可采用旋转环-盘电极（rotating ring-disk electrode，RRDE）来研究其动力学规律，即在盘电极上实现氧的还原过程，用环电极检测（氧化）在盘电极上生成并能进入溶液的中间产物过氧化氢，进一步测试和评价催化剂催化氧还原反应中转移的电子数（n）和过氧化氢产生的百分数（$H_2O_2\%$）。

图 1-23 是采用旋转环-盘电极进行 ORR 测试的示意图，首先在氧气饱和的电解质中测试 RRDE 上的伏安曲线，其电流密度包含法拉第电流和电容电流；然后在氮气饱和的电解质溶液中测得催化剂单独的电容电流，最后在总电流密度中减去电容电流得到氧气还原的法拉第电流密度。ORR 中表观电子转移数 n 与 H_2O_2 产生百分数的计算公式为

$$n = \frac{4I_D}{I_D + I_R / N} \tag{1-22}$$

$$H_2O_2\% = 100 \times \frac{2I_R / N}{I_D + I_R / N} \tag{1-23}$$

式中，I_D 为盘电极上电流；I_R 为环电极上电流；N 为 RRDE 的收集率（收集系数）。收集率 N 的定义为旋转环-盘电极的环电流 I_R 与盘电流 I_D 的比，即

$$N = -\frac{I_R}{I_D} \tag{1-24}$$

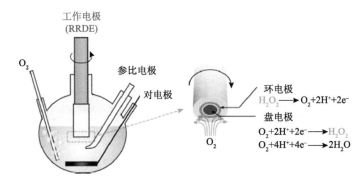

图 1-23　RRDE 测试示意图

理论收集率与环-盘电极的几何参数（盘电极半径，环电极内、外径）有关，对于大多数电极可以根据半径查表得到理论收集率 N。然而理论收集率只适用于盘电极反应的中间产物是稳定的情况。如果中间产物不稳定，如 ORR 中的 H_2O_2，可能参与化学反应或进一步参与电极反应，此时收集率不仅与电极的几何参数有关，还与转速有关。因此，实验中具体的收集率可通过实验具体测出。在 ORR 实验中通常利用 $[Fe(CN)_6]^{3-} + e^- \rightleftharpoons [Fe(CN)_6]^{4-}$ 反应来计算环-盘电极收集率 N_C。

图 1-24 给出了不同载量 20wt% Pt/C 催化剂在 0.1 mol/L KOH 溶液中的环-盘电极极化曲线[49]，其中（a）为盘电极电流，（b）为在 1.2 V $vs.$ RHE 的固定电位下在 Pt 环电极上检测 H_2O_2 电流，（c）为根据（b）计算得到的 H_2O_2 百分数，（d）为根据（a）、（b）结果计算得到的电子转移数。盘电极上极化曲线是典型 Pt/C 催化 ORR 极化曲线，ORR 起始电位与半波电位随着催化剂载量的增加而提高。除低载量 0.6 $\mu g_{Pt}/cm^2$ Pt/C 电极外，其他较高载量的 Pt/C 电极的极限扩散电流密度均接近 4 电子 ORR 的理论极限扩散电流密度（5.5 mA/cm^2 扫描为 1600 r/min）。比较环电流同样发现，除低载量 0.6 $\mu g_{Pt}/cm^2$ Pt/C 电极和玻碳电极有明显的电流密度外，其他较高载量的 Pt/C 环电流密度较低。说明高载量 Pt/C 上主要发生 4 电子的 ORR，而低载量 Pt/C 上更易发生 2 电子的 ORR。ORR 电子转移数和 H_2O_2%分析进一步确认，高载量 Pt/C 上 ORR 电子转移数接近 4，H_2O_2%为 0；超低载量 Pt/C 电子转移数为 3.5～4，随着电极电势的降低，过氧化氢的产率逐渐增加。

掺杂碳基催化剂催化 ORR 中 2 电子机理所占比例较大，如何降低过氧化氢的产率，提高 4 电子机理比例是此类催化剂研究的重点。例如，Sun 等[50]对一系列 M-N-C 催化剂催化 ORR 机理进行了环-盘电极的测试。结果发现 Fe-N-C 上电子转移数接近 3.5，过氧化氢产率最低约 30%；Co-N-C 上更易发生 ORR 的 2 电子机理，电子转移数低于 2.5，过氧化氢产率接近 80%。Jiang 团队[51]探究了 M-CNT 催化剂在 0.1 mol/L KOH 中的 ORR 性能。如图 1-25 所示，以 0.1 mg/cm²、催化剂负

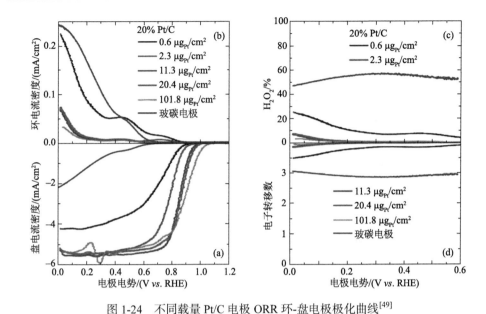

图 1-24　不同载量 Pt/C 电极 ORR 环-盘电极极化曲线[49]

载量在 1600 r/min 和 5 mV/s 的扫描速率下进行线性扫描伏安法（LSV），以及在 1.2 V vs. RHE 的固定电位下在 Pt 环电极上检测 H_2O_2 电流，并计算了电位扫描过程中 H_2O_2 的选择性和电子转移数。最终得出 Fe-CNT 在 0.4~0.7 V vs. RHE 转移电子数接近 2，H_2O_2 选择性约为 90%；而 Mn-CNT 催化剂环电流最小，其 ORR 转移电子数接近 3.5，H_2O_2 选择性最低。

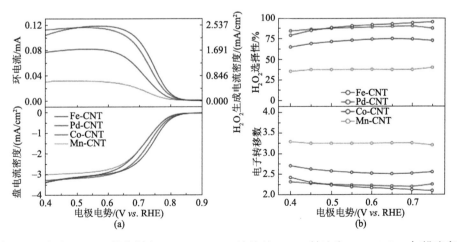

图 1-25　（a）M-CNT 催化剂在 0.1 mol/L KOH 溶液的 LSV，转速为 1600 r/min，扫描速率是 5 mV/s，以及 H_2O_2 生成电流密度，环电极电势为 1.2 V vs. RHE；（b）不同电位下，1600 r/min 下 H_2O_2 的选择性及其电子转移数计算[51]

1.2.2　ORR 机理原位表征

1. 电化学原位红外光谱表征

红外光的辐射能量较低，只能激发分子振-转能级的跃迁。因此，红外光谱属于分子振动光谱或转动光谱。物质产生红外吸收光谱需满足两个条件：第一个条件是从能量角度分析，入射光的能量与分子振动或转动的能级差相等，即物质分子中某个基团的振动频率或转动频率和入射红外光的频率一样时，才能发生分子振动能级跃迁。第二个条件是红外光与分子之间有耦合作用，为了满足这个条件，分子振动时其偶极矩必须发生变化。这实际上保证了红外光的能量能传递给分子，这种能量的传递是通过分子振动偶极矩的变化来实现的。并非所有的振动都会产生红外吸收，只有偶极矩发生变化的振动才能引起可观测的红外吸收，这种振动称为红外活性振动；偶极矩等于零的分子振动不能产生红外吸收，称为红外非活性振动。对于单个独立的分子氧来说，因为其正、负电荷中心重合在一起，O_2 振动时不会发生偶极矩的变化，因此，不具有红外活性。但是对于吸附在电极表面的 O_2 来说，由于存在电荷转移，吸附的 O_2 正、负电荷中心不再重合，O—O 键在振动时偶极矩发生变化，因此，具有红外活性。在原理上，用红外研究电极表面吸附的氧物种是可行的。

传统红外透射测试方法需要待测样品具有红外光通透性。然而，在电化学研究中，电极材料一般不具有红外通透性，无法用传统红外测试方法来研究。1981 年，Bewick 开创了电化学原位红外光谱[52-55]，与传统透射测试法红外光谱相比，其存在如下挑战：①电池溶液（如水）对红外光有强烈吸收；②电极表面吸附物种浓度极低，红外信号非常微弱，比常规透射红外低 3 个数量级。为了避免或者尽量减少溶剂对红外光的吸收、提高信号强度和检测灵敏度，科研人员引入了衰减全反射（attenuated total reflectance，ATR）采样技术[56]，其原理示意图如图 1-26 所示。

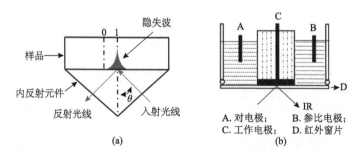

图 1-26　ATR 原理示意图及 ATR-电化学原位池示意图

图 1-26（a）中，ATR 检测原理基于光的内反射。一束光从折射率较大的介质进入折射率较小的介质，当入射角大于临界角时，入射光在两种介质界面处发生全反射。然而，并不是所有的入射光全部被反射回来，有一部分光穿透到介质内一定深度后再返回到界面处，这部分光被称为隐失波（evanescent wave，EW）。ATR 就是利用隐失波来探测电极表面吸附物种。在 ATR 电化学原位池设计中[图 1-26（b）]，表面镀有几十纳米厚度金属薄膜的红外窗片作为工作电极。高折射率的红外窗片作为光密介质，较低折射率的待测金属薄膜作为光疏介质。入射光经过窗片后，在金属薄膜和窗片界面处发生全反射，但红外光的隐失波仍穿透金属薄膜到达溶液界面。ATR 就是利用吸附物种对隐失波的吸收进行检测。ATR 附件与傅里叶变换红外光谱（Fourier transform infrared spectrum，FTIR）的结合，使在原位电化学测试下检测电极表面的吸附物种变得可能。尤其是最近几十年，ATR-FTIR 在电化学领域中大显神威，为研究各种电极反应机理提供了最直接有力的证据。但是，同每种表征手段一样，它也存在优势与不足，ATR-FTIR 的不足之处在于：①待测工作电极的制备较为困难。对于 Pt、Au 电极研究，通常使用电镀或化学镀的方法在 Si 片镀上几十纳米厚度的纳米级多晶金属 Pt 或 Au 薄膜。并不是所有的金属都可以通过这个方法制备工作电极。有一些金属很难被镀在 Si 片表面。这就在很大程度上限制了研究对象的种类。另外，我们很难通过调变参数得到具体的单晶金属薄膜，这就很难与理论计算的单晶模型对应起来。对于其他非金属催化剂，只能通过涂抹的方式固定在金属表面，使得在电化学测试过程中，催化剂很容易从电极表面脱落。②红外峰的归属存在争议。电解液中的离子也存在红外的吸收，很有可能误导我们对谱峰归属的判断。因此，在谱峰归属时需要通过空白试验对比法（溶液中通入饱和的 N_2 或者 Ar）、同位素法，最终确定谱峰的归属。尽管如此，ATR-FTIR 对于研究电极表面的吸附物种及中间物种，具有积极的意义。下面举两个研究实例。

Shao 等[57]在硅片表面镀一层纳米级多晶 Pt 薄膜，用此模拟 Pt/C 电极。在饱和 O_2 的 $NaClO_4$ 和 NaOH 溶液中测试 ORR。在 0.4～–0.5 V 电压内，进行红外扫描。从图 1-27（a）中可知，无论正向扫描，还是反向扫描，在 1005～1016 cm^{-1} 处出现一个宽峰。且随着电压向负方向偏移，该峰强度增加。图 1-27（b）拟合了不同电压下峰的强度，从图中可以得出以下信息：①在 ORR 起始电压 0.2 V 处开始出现吸附峰；②峰的强度与电压有关。这表明该处信号来自于电极表面的吸附物种，而不是溶液中的物质。作者将此吸收峰归属为 Pt 电极表面吸附的 O_2^- 物种，此峰位比气相中单个分子氧在 Pt 上的吸附峰峰位（930 cm^{-1}）高，作者认为是溶剂效应导致的。这种溶剂效应在 Au 表面 O_2^- 的吸附中也有体现。在 pH=1 的 0.1 mol/L $HClO_4$ 溶液中，没有得到吸附峰，酸性溶液中 O_2^- 快速质子化，使得其寿命大大缩短，难以被检测到。O_2^- 中间物种的检测说明 Pt 在碱性溶液中的 ORR 机理为"联合机理"，且反应的第一步为 $O_2+*+e^- \longrightarrow O_2^-$。

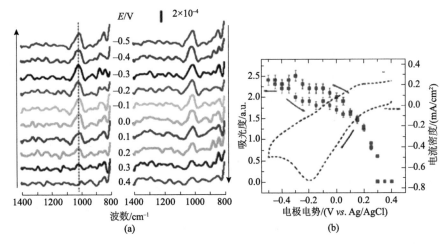

图 1-27 　（a）O_2 饱和下在 0.1 mol/L $NaClO_4$ + NaOH（pH=11）溶液中 Pt 薄膜记录的表面增强红外吸收光谱（SEIRAS）；（b）O_2 中 O—O 拉伸模式的积分强度与 Pt 的电势关系，虚线为 ORR 曲线[57]

Vincent 等[58]研究了 Pt/C 催化剂在酸性溶液中的 ORR 机理。通过与饱和 Ar 溶液，以及无 Pt 催化剂电极对比，发现电极表面有 ClO_4^- 的吸附。作者还借助 ^{18}O 同位素导致的谱峰位移确定：1212 cm^{-1}、1386 cm^{-1} 和 1468 cm^{-1} 处的吸收峰分别为 OOH_{ad} 的 O—O 伸缩振动峰、$HOOH_{ad}$ 的—OOH 弯曲振动峰和 $O_{2,ad}$ 的 O—O 伸缩振动峰，从而根据观察到的中间体判断反应路径一定包含联合机理（图 1-28）。

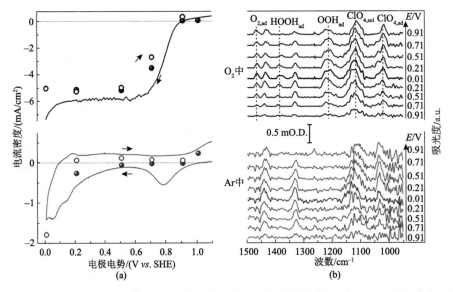

图 1-28 　（a）在 0.1 mol/L $HClO_4$ 中 Pt/C 的伏安曲线（扫描速率为 2 mV/s）及电流对比，灰色为 Ar，黑色为 O_2；（b）为（a）中恒电位测试下记录的原位 ATR-FTIR 光谱[58]

2. 电化学原位拉曼光谱表征

拉曼光谱与红外光谱都属于分子光谱，具有鉴定分子种类的能力。相较于红外光谱，原位拉曼光谱研究 ORR 具有如下优势：①低波数区域检测优势；②溶剂水几乎对拉曼光谱没有影响，非常适合水溶液电解质体系的研究。拉曼光谱是一种散射光谱，由分子振动、固体中光学声子等元激发与激光相互作用产生的非弹性散射。在非弹性碰撞过程中，光子与分子之间发生能量交换，光子不仅改变了运动方向，同时光子的一部分能量传递给分子或分子的振动和转动能量传递给光子，从而改变了光子的频率，这种散射过程称为拉曼散射。拉曼散射效应非常弱，其散射光强度约为入射光强度的 10^{-10}，极大地限制了拉曼光谱的应用和发展。1974 年 Fleischman 小组在对粗糙化的 Ag 电极表面的吡啶进行研究时，第一次观测到表面增强拉曼散射现象，发现其具有巨大的拉曼散射现象，这种与铜、银、金等粗糙表面相关的增强效应称为表面增强拉曼散射（surface-enhanced Raman scattering，SERS）效应[59,60]，对应的光谱称为表面增强拉曼光谱。表面增强拉曼光谱具有极高的表面检测灵敏度，非常适用于对电极表面分子反应产生的中间物种进行监测，提升人们对反应机理的认识，从而为设计更加高效合理的电极材料提供帮助。它可从分子水平研究电化学过程，鉴定电化学过程物种、研究电极表面吸附物种的取向和键接、确定表面膜组成和厚度等。但由于拉曼效应通常很弱，而且只有几种金属具有较强的增强信号能足以分析表面吸附物，因此限制了其应用范围。即使对这几种金属而言，一般还需要通过表面粗糙处理才能获得表面增强信号，因而其行为可能并不代表"正常"的电极表面。

2010 年，李剑锋等[61]建立了名为"壳层隔绝纳米颗粒增强拉曼光谱"（shell-isolated nanoparticle-enhanced Raman spectroscopy，SHINERS）新技术：在 SERS 活性基底 Au 纳米颗粒外层包裹一层 SiO_2 或者 Al_2O_3 之后，将纳米颗粒平铺于待测物质的表层，类似于许多的"针尖"作为 SERS 基底，这使得拉曼信号大大增强。之后其课题组采用原位电化学壳层隔绝表面增强拉曼光谱技术与密度泛函理论（density functional theory，DFT）计算相结合的方法研究三种低指数 Pt（hkl）单晶表面 ORR 反应过程，得到了在酸性和碱性条件下 ORR 中间体的直接光谱证据。SHINERS 技术应用于铂单晶表面 ORR 反应过程的研究，获得了反应中间产物 $^*OH$、HO_2^* 和 O_2^- 的直接光谱证据，阐明了酸性条件和碱性条件下 ORR 的不同反应机理以及单晶面对反应活性的影响。加深了人们对于 ORR 反应机理的理解，为进一步设计 ORR Pt 基催化剂提供了一定的基础。

图 1-29（a）是酸性条件下，0.1 mol/L $HClO_4$ 溶液中 Pt（111）单晶表面 ORR 反应过程电化学 SHINERS 谱图。可以看到，在 1.1～0.85 V 的高电位区域，在 400～1200 cm^{-1} 中只有 933 cm^{-1} 一个拉曼峰，将其归属于高氯酸根的对称伸缩模式 v_s

（ClO_4^-）。随着电位继续降低，从 0.8 V 开始，在 732 cm^{-1} 处出现了一个新的拉曼峰，并且逐渐增强直至稳定。如图 1-29（c）所示，在 D_2O 同位素实验中，732 cm^{-1} 的峰位移到了 705 cm^{-1} 左右。结合 D_2O 同位素取代实验、DFT 计算以及文献中已有报道，732 cm^{-1} 峰归属于 HO_2^* 物种的 O—O 伸缩振动。而在 Pt（110）和 Pt（100）单晶电极上的 ORR 反应过程中，观察到位于 1030 cm^{-1} 和 1081 cm^{-1} 的两个拉曼峰，如图 1-29（b）所示。如图 1-29（d）所示，在 D_2O 同位素实验中，1030 cm^{-1} 的峰并没有明显的移动，而 1081 cm^{-1} 的峰却移动到了 717 cm^{-1}。结合 D_2O 实验、DFT 计算和先前的报道，将 1030 cm^{-1} 处的峰归属于高氯酸分子的—ClO_3 的对称伸缩振动，1081 cm^{-1} 的峰归属于 $^*OH$ 物种在铂单晶表面的弯曲振动（δ_{Pt-OH}）。因此，酸性条件下不同铂单晶表面 ORR 活性的差异与 ORR 过程中不同的反应中间体有关。具体反应过程为：吸附在 Pt 单晶电极表面的 O_2^- 经过质子电子转移形成 HO_2^*，

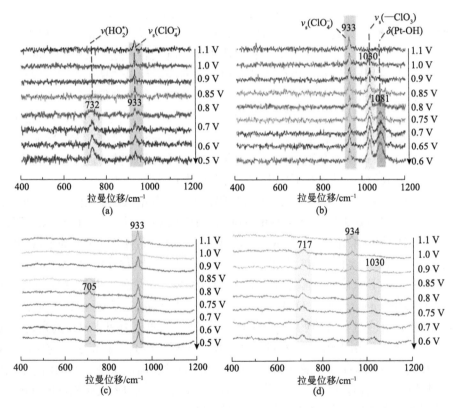

图 1-29　酸性条件下（a）Pt（111）和（b）Pt（110）单晶表面 ORR 过程的原位电化学 SINERS 光谱。0.1 mol/L $HClO_4$ 溶液，O_2 饱和；酸性条件下（c）Pt（111）和（d）Pt（110）单晶表面 ORR 过程的原位电化学 SHINERS 光谱。0.1 mol/L $HClO_4$ 酸性条件下（c）Pt（111）和（d）Pt （110）单晶表面 ORR 过程的原位电化学 SHINERS 光谱。0.1 mol/L $HClO_4$ 溶液（在 D_2O 溶液中），O_2 饱和[57]

然后快速分裂为*OH 和*O。*OH 进一步结合 H 生成 H_2O。在 Pt（111）电极表面，HO_2^* 比较稳定，需要更高的能量进行下一步，而 Pt（110）和 Pt（100）表面，由于 HO_2^* 的吸附能比较低，O—O 键易断裂形成*OH 和*O，生成最终产物 H_2O。

该课题组发展了 SHINERS 卫星结构，将实际应用的催化剂 Pt_3Co 负载到 SHINs 粒子表面形成卫星结构，实现双金属催化剂上 ORR 反应机理的研究，并考察了酸性环境和碱性环境对反应的影响[62]。图 1-30（a）表示的是 0.1 mol/L $HClO_4$ 中 Pt_3Co 催化剂表面 ORR 过程的 ECSHINERS（electrochemical SHINERS）光谱。可以看到，在高电位区域，主要观察到 558 cm^{-1} 处的宽包，归属于 Pt—O 伸缩振动，随着电位降低，Pt—O 键逐渐减弱，在 0.8 V 消失，随后，从 0.7 V 开始，在 697 cm^{-1} 和 860 cm^{-1} 处出现了两个新的拉曼峰。图 1-30（b）表示的是在 D_2O 同位素取代实验中发现 697 cm^{-1} 处的峰位移到 688 cm^{-1}，表明这个峰与 H 相关，而 860 cm^{-1} 处的峰没有发生变化。通过与 DFT 计算相结合，证明这两个峰分别归属于桥式吸附于 Pt 表面的*OOH 和*O_2。图 1-30（c）表示的是在碱性条件下（pH = 10），高电位区域同样观察到 557 cm^{-1} 的 Pt—O 峰，当电位低于 0.7 V 时，在 600～800 cm^{-1} 区域观察到一个带有肩峰的宽包，对其进行分峰拟合，根据酸性环境中的结果，698 cm^{-1} 的峰归属于*OOH 的 O—O 键伸缩振动，另一个 750 cm^{-1} 处的峰，在氘代实验中位移到 657 cm^{-1} 处，如图 1-30（d）所示通过与 DFT 理论计算相结合，将 750 cm^{-1} 这个峰归属于*OH 在 Co 上吸附的结果，表明在碱性条件下，由于 Co 较高的氧亲和力，催化剂表面为 Co 和 Pt 共存的状态。而由于 Co 的偏析导致碱性条件下 Pt_3Co 催化剂的 ORR 活性略低于酸性条件下的活性。这些信息对于 ORR 反应催化剂的设计具有一定的指导意义。

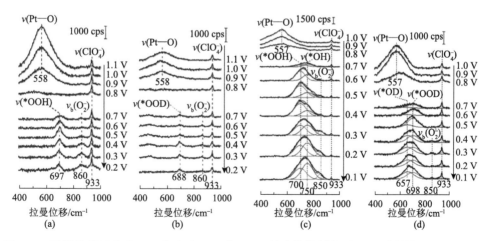

图 1-30　酸性条件下（a）H_2O 和（b）D_2O 中 Pt_3Co 纳米催化剂表面 ORR 过程的 ECSHINERS 光谱，0.1 mol/L $HClO_4$ 溶液，O_2 饱和；碱性条件下（c）H_2O 和（d）D_2O 中 Pt_3Co 纳米催化剂表面 ORR 原位电化学 SHINERS 光谱，0.1 mol/L $NaClO_4$+1 mmol/L NaOH 溶液，O_2 饱和[62]

1.2.3　ORR 机理理论计算

随着计算机和理论计算的发展，ORR 机理的理论研究为深入了解催化反应机理、确定催化剂结构-活性间的构效关系提供了更为有效的研究手段。理论模拟计算不仅避免了实验测试与表征中因实验条件和环境外部因素，如离子、溶液、温度等产生的影响，还可构建理想的反应界面模型，提供原子、分子层面的基元反应图像，以及反应过程动力学信息，弥补实验的复杂性和不可控性的同时，提供理论指导依据。本小节重点总结了目前常用于研究 ORR 机理的理论计算方法，主要包括：基于热力学的反应自由能图的计算；基于动力学的反应过渡态的计算；以及基于统计力学的分子动力学的计算模拟。

1. 热力学模拟

电化学热力学的发展将电化学与热力学关联起来。能斯特方程 $\Delta G = -nEF$ 是联系化学热力学和电化学的主要桥梁，它表明了化学能与电能间的转换关系，是电化学热力学定量计算的基础。等温等压条件下化学反应的吉布斯自由能变 ΔG 可通过理论计算获得，根据吉布斯自由能的判据（$\Delta G < 0$，反应自发进行；$\Delta G = 0$，反应达到平衡态；$\Delta G > 0$，反应不能自发进行），则可方便地判断反应在其平衡电极电势进行的难易程度。

基于热力学计算反应基元步骤吉布斯能变值的方法最先由 Norskov 研究小组建立[23]。他们首先定义标准氢电极（normal hydrogen electrode，NHE）的理论值的计算，作为参比电极，为后续计算氧还原机理提供相对值。氢电极的反应

$$1/2H_2\,(g) \Longrightarrow {}^*H \Longrightarrow H^+\,(aq) + e^- \tag{1-25}$$

${}^*H$ 是吸附在电极表面的 H，当忽略吸附 ${}^*H$ 时，就可以定义 NHE。当 $T = 300$ K，$p\,(H_2) = 1$ bar，pH=0，标准氢电极电势为 0，则上述反应的吉布斯自由能变 ΔG 为 0。换句话说，$1/2H_2\,(g)$ 与 $H^+\,(aq) + e^-$ 的自由能相等，此时定义电极电势 $U = 0$ V。当电极电势变化时，电子的化学势会随电势的变化而变化，以气相的 H_2 为参考，电子的化学势会改变 $-eU$。据此，就可以以 H_2 自由能为相对值，计算出给定电极电势 U 下吸附在催化剂表面 ${}^*H$ 的自由能 $\Delta G\,(U)$：

$$\Delta G(U) = \Delta G_0 + eU \tag{1-26}$$

其中，ΔG_0 是反应 $1/2H_2 \Longrightarrow {}^*H$ 在标准条件下的反应自由能，可直接通过 DFT 以及稳定分子热力学数据计算获得。

$$\Delta G_0 = \Delta E + \Delta ZPE - T\Delta S \tag{1-27}$$

式中，ΔE 和 ΔZPE 为 ${}^*H$ 的吸附能以及反应零点能的变化值；ΔS 为熵的变化值。

当 pH 不为 0 时，H^+的熵值会随之变化，此时可以将上述公式直接减去 $\Delta G_{H^+}(\text{pH})=-k_B T \ln(10) \times \text{pH}$（$k_B$ 是玻尔兹曼常量）的修正值。即式（1-27）改写为

$$\Delta G(U) = \Delta G_0 + eU - \Delta G_{H^+}(\text{pH}) \qquad (1\text{-}28)$$

该公式给出了以标准氢电极为参比电极，与电极电势相关的反应自由能计算方法。该方法充分考虑了电极电位、pH、反应物浓度、物质状态等对反应过程的影响，且已被证明可较好地预测反应机理。以此为标准，则可方便地利用 DFT 计算出与电极电势 U 相关的各类基元反应的反应自由能变，从而研究其反应的机理和潜在决速步骤（potential determining step，PDS）。但该方法并没有考虑催化剂电子导电性的差异，其所得的反应活性是在假定所有催化剂具有同等电子导电性的基础上得到的热力学数据（需要向读者指出的是，H 在不同催化剂上吸附强度的差异属动力学考虑的范畴，热力学是假定反应到达平衡态）。当催化剂导电性差异较大时，则应同时考虑催化剂的热力学活性和导电性。

下面就具体介绍氧还原反应吉布斯自由能变值的热力学计算方法。基于酸性[反应（1-1）～反应（1-4）]和碱性[反应（1-5）～反应（1-8）]介质中的氧还原反应机理的差异，在酸性介质中，ORR 的自由能变是以总反应 H_2O 为参考态，碱性条件下 ORR 自由能变图则是以总反应 OH^- 为参考态，以标准氢电极为参比电极，计算反应物种中间产物吉布斯自由能的变化值。

以碱性介质中 ORR 联合机理为例，首先计算基元反应中各吸附态物质的吉布斯自由能，如 ΔG_{*OOH}、ΔG_{*O} 和 ΔG_{*OH} 等。计算公式如下

$$\Delta G_{*X} = \Delta E_{\text{ads}} + \Delta \text{ZPE} - T\Delta S \qquad (1\text{-}29)$$

式中，ΔE_{ads} 为物种 X 相对于稳定的 H_2O 和 H_2 在催化剂表面的吸附能$\Big($ *+2H_2O $\rightleftharpoons$ *OOH+$\frac{3}{2}H_2$；*+H_2O $\rightleftharpoons$ *O+H_2；*+H_2O $\rightleftharpoons$ OH+$\frac{1}{2}H_2\Big)$，可通过 DFT 计算的单点能得到；ΔZPE 代表吸附物种吸附前后的零点能差，可以通过计算 0 K 下吸附物种振动频率得到；ΔS 为气相分子吸附前后熵值之差，也可以通过查询热力学数据库获得；T 为温度，通常选用 298 K。

根据各物种吸附自由能变，就可以基于基元反应方程式，通过求取反应产物和反应物间的吉布斯自由能差得到每一步反应的吉布斯自由能变 $\Delta_r G$，上述碱性介质中基元反应对应的 $\Delta_r G$ 计算公式如下：

$$\Delta_r G_1 = \Delta G_{*OOH} - 4.92\,\text{eV} - \Delta G_{H^+}(\text{pH}) + eU \qquad (1\text{-}30)$$

$$\Delta_r G_2 = \Delta G_{*O} - \Delta G_{*OOH} - \Delta G_{H^+}(\text{pH}) + eU \qquad (1\text{-}31)$$

$$\Delta_r G_3 = \Delta G_{*OH} - \Delta G_{*O} - \Delta G_{H^+}(\text{pH}) + eU \qquad (1\text{-}32)$$

$$\Delta_r G_4 = -\Delta G_{*OH} - \Delta G_{H^+}(\text{pH}) + eU \qquad (1\text{-}33)$$

$$\Delta_r G_5 = \Delta G_{*O} - 2.46\ eV \qquad (1\text{-}34)$$

$$\Delta_r G_6 = \Delta G_{*OH} - \Delta G_{*O} - \Delta G_{H^+}(\text{pH}) + eU \qquad (1\text{-}35)$$

$$\Delta_r G_7 = -\Delta G_{*OH} - \Delta G_{H^+}(\text{pH}) + eU \qquad (1\text{-}36)$$

U 是施加在工作电极上相对于标准氢电极的电极电位。OH^- 自由能根据 H_2O （l）的电离过程转变为 $\Delta G_{H^+}(\text{pH})$，即 $G_{OH^-} = G_{H_2O(l)} - G_{H^+}$。此时 $\Delta G_{H^+}(\text{pH}) = -k_B T \ln(10) \times \text{pH}$（$k_B$ 是玻尔兹曼常量）。由于高自旋态的 O_2 在 DFT 计算中很难得到准确的能量，故 O_2 的自由能根据反应 $O_2 + 2H_2O + 4e^- \longrightarrow 4OH^-$，当平衡电极电势 $U = 1.23$ V 时，可采用方程 $G_{O_2(g)} = 2G_{H_2O(l)} - 2G_{H_2(g)} + neU$ 计算得到（$n = 4$）。当 pH=14 时，氧气还原的平衡电位为 0.402 V（$vs.$ NHE），此时总反应 $O_2 + 2H_2O + 4e^- \longrightarrow 4OH^-$ 的 $\Delta G = 0$。

根据反应吉布斯自由能变的正负，可以方便地判断该基元反应在相应电极电势下可自发进行还是不能自发进行。由于总反应总是由几个基元反应串联而成，在平衡电势下，当某一基元反应的自由能变为负（＜0），即在平衡电位下可自发进行时，也意味着后续某一基元反应的自由能变为正（＞0），即在平衡电位下难以进行。相应地，具有自由能变值最大值 $\Delta_r G_{ORR}^{\max}$ 的基元反应为潜在决速步骤（PDS，$\Delta_r G_{PDS}$），也最有可能成为反应的速度控制步骤（RDS）。根据能斯特方程和 PDS 的 $\Delta_r G_{ORR}^{\max}$，就可以计算出该反应的过电势值 $U_{ORR}^{\max} = \left(-\dfrac{\Delta_r G_{ORR}^{\max}}{e} \right)$。因此，要使反应顺利进行，各基元反应自由能变值应尽量接近于零，或者 $\Delta_r G_{ORR}^{\max}$ 或 $U_{ORR}^{\max}$ 最小。当基元反应涉及电子转移时，其自由能变值或过电势值则可以通过改变外加电极电势值进行调节。

图 1-31 给出了 Pt（111）面上 O_2 在酸性介质中联合机理的自由能曲线图[63]。当 $U = 1.23$ V（ORR 平衡电势），反应物 O_2 与产物 H_2O 的自由能相等，即 $\Delta G = 0$。此时 *OOH 的形成、*O 的质子化和 *OH 的质子化及脱附为爬坡过程（吸热），说明该三个基元步骤在热力学上为非自发过程。比较上述三个基元步骤自由能变的大小值可以发现，*O 质子化所吸收的热最多，该步骤即为整个反应的潜在决速步骤。该结论也与其他实验研究一致，即 Pt 对中间物种 *O 的吸附略强，致使其脱附成为速度控制步骤。对 Pt（100）面而言，也存在相同的情况，只是氧的质子所需的能量略微降低。另外，该自由能变也反映了催化剂对物种吸附应有一个适宜的范围，仅当 *OOH 的形成、*O 和 *OH 的还原脱附达到平衡时，才能确保整个自由能曲线尽量接近于 0，具有最小爬坡趋势，活性最高。当电极电势 $U = 0$ V 时，此时反应物与产物之间自由能差为 4.92 eV，ORR 的各基元步骤均为下坡过程（放热），

说明在此电极电势下，ORR 可以自发进行。由于 Pt 本身对 ORR 的催化活性较高，因此各基元反应的自由能变差值并不太显著。

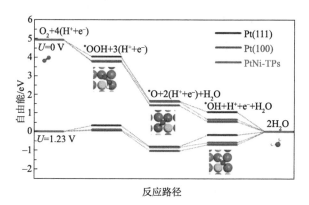

图 1-31　Pt（111）催化 ORR 的热力学自由能变图[63]

对非贵金属催化剂而言，其 ORR 基元反应的自由能变差值更为明显，说明其活性远远低于 Pt。图 1-32 给出了在 $U=1.23$ V 平衡电势下，石墨氮掺杂型石墨烯（graphite nitrogen graphene，GNG）和吡啶氮掺杂型石墨烯（pyridine nitrogen graphene，PNG）上碳位点催化 ORR 的热力学反应自由能曲线[64]。图 1-32 显示，$^*O_2$ 质子化形成 $^*OOH$ 的能变非常高，即 $^*OOH$ 的形成为速度控制步骤。表示碳基催化剂表面 O—O 键需要质子化后才能发生有效的活化与断键。此时，要提高碳基催化剂的活性，增强活性位上 O_2 的吸附强度，利于 O—O 键的解离活化，是利于 $^*OOH$ 形成的

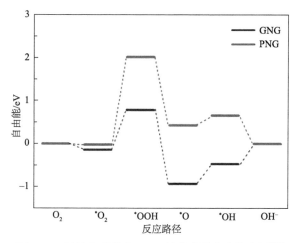

图 1-32　氮掺杂碳催化 ORR 的热力学自由能变图[64]

关键。但与此同时，还必须平衡 *OH 的脱附与 *OOH 形成之间的关系。当 *OOH 形成能变降低时，*OH 的吸附增强，其脱附也会从自发过程变成非自发过程。因此，增强非金属催化剂的催化活性，在增强表面与物种间的相互作用的同时，还应注意调控力度，确保吸附强度处于"火山"的顶端。第 2 章和第 5 章将会对此类催化剂活性的提升提供相应的策略以及实际的案例。

2. 反应动力学模拟——过渡态计算

热力学自由能方法通过能变来判断反应进行的难易程度，将反应能变近似地看作反应能垒（反应活化能 E_a），存在一定的简化处理。如果想更为准确地计算各基元步骤需要克服的能垒、过渡态的构型以及反应的速率（动力学特征），则必须要借助于反应动力学的模拟——搜索、寻找反应过渡态。在 20 世纪 30 年代，由 Eyring 等提出过渡态理论[65]，用于解释反应动力学和反应速率的关系。过渡态理论认为：在由反应物到生成物的过程中，需经过一个形成高能量活化络合物的过渡态状态，而且到达这个过渡态状态，需要一定的活化能。在过渡态理论中，反应速率为活化络合物的浓度和键的频率因子（$k_B T/h$）的乘积，h 是普朗克常量[66]。因此，反应速率常数（k）可通过以下式子得出：

$$k = \frac{k_B T}{h} \exp\left(\frac{\Delta S^*}{k_B}\right) \exp\left(-\frac{\Delta H^*}{k_B T}\right) \tag{1-37}$$

式中，ΔS^* 和 ΔH^* 分别为反应物到活化络合物的标准活化熵和标准活化焓，对应的指前因子 A 为

$$A = \frac{k_B T}{h} \exp\left(\frac{\Delta S^*}{k_B}\right) \tag{1-38}$$

在过渡态理论提出后的一段时间，无法获得反应准确的标准活化熵和标准活化焓，使得科学家们在计算反应的活化能时面对较大的困难。

随着高性能计算机集群的发展和量子计算方法的完善，人们能够利用过渡态理论来研究模型化催化剂和基元反应过程。根据能量最小化原则确定稳定结构和 CI-NEB（climbing image-nudged elastic band）[67,68]等方法来寻找基元反应过渡态，利用量化计算获得其能量和频率信息，最终求得基元反应的活化能（E_a）。对于基元反应而言，其活化能（E_a）与反应热（ΔH）之间存在线性关系，此为 Brønsted-Evans-Polanyi（BEP）关系[69,70]：

$$E_a = E_0 + \alpha \cdot \Delta H \quad (0 < \alpha < 1) \tag{1-39}$$

式中，α 为过渡态的位置参数；E_0 为常数。当忽略熵的影响后，基元反应的活化能（E_a）和其反应热呈现比例关系。例如，随着反应放出热量的增加或者吸收热

量的减少，都表明了反应活化能的降低，反应速率加快，反之亦然。正是如此，BEP 关系成功地构架了反应动力学和热力学之间的桥梁，并在众多的实验中得到验证，这也是热力学计算可成功预测反应机理的原因之一。

前面讲到 Sabatier 规则，结合这里的 BEP 关系，可以系统理解反应热力学与动力学的衔接。具体来说，针对一个基元反应，当物种吸附过强，此时反应放出热量增多，活化能降低，反应速率加快，利于此基元反应。但是，相对而言，此过程不利于其他基元反应，因为前一步放出太多热量，对于一个总的反应，其反应热为一固定值，那么其他基元反应则需吸收更多热量，活化能升高，基元反应速率降低，因而导致总的反应速率降低。显然，只有合适的动力学过程和热力学能量才有利于总反应速率的提升，两者之间的联系也十分紧密。

对于 ORR 而言，在热力学计算中，由于高自旋态的 O_2 在 DFT 计算中很难得到准确的能量，其自由能采取一种平衡求解的方法。因此，获得 O_2 吸附的动力学过程并与其他基元反应对比就显得重要。Hansen 和 Norskov 等[29]利用第一性原理分析 Pt（111）表面 ORR 的微观动力学过程，在考虑溶剂水分子影响的情况下，O_2 的吸附在 ORR 初始反应电位间（约 0.9 V）是反应的速度控制步骤，随后 ORR 的电位依赖性由对应 O_2 质子化物种（$^*OH$）的吸附和覆盖范围决定，在较低的电位下（<0.65 V），反应受到体系中 O_2 扩散的控制。

Wilcox 等[71]研究了含有缺陷的石墨烯负载 Pt_{13} 纳米簇用于 ORR。相比于未负载的 Pt_{13} 纳米簇，其 O_2 的解离活化能由 0.37 eV 降至 0.16 eV，且通过降低 $^*OH$ 的稳定性从而降低速度控制步骤的能垒。Xu 等[72]通过 CI-NEB 寻找 Pt 及其 Pt 基合金表面的 O_2 解离的过渡态，并计算其活化能与吸附能的关系。图 1-33（a）显示了当 O_2 的覆盖度为 1/4 时，Pt_3Co 表面不同吸附位点（彩色线）上 O_2 发生解离的势能面曲线，初始氧气吸附在 t-b-t 位，当 O 原子旋转到邻近的 t-h-b 位时才能

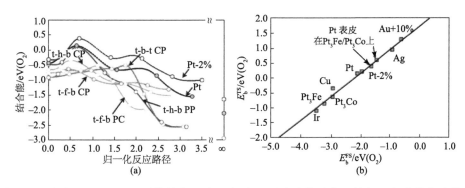

图 1-33　（a）通过 CLNEB 寻找的在 Pt（111）和 Pt 基合金体系表面得出 O_2 解离能垒及其示意图；（b）金属表面 O_2 解离能垒及其与氧物种吸附能的线性关系示意图[72]

发生 O—O 键的断裂。纯 Pt（111）上氧气解离活化能为 0.77 eV，在 Pt₃Co 表面的 Co 位上的氧气解离活化能为 0.24～0.41 eV，更利于氧气活化解离。进一步分析确认金属表面 O₂ 解离活化能与氧物种的吸附能呈线性关系[图 1-33（b）]，这也符合 BEP 关系，为筛选改进氧还原催化剂提供了深层次的理解。

微观动力学模拟既能直观认识反应热力学过程又能结合电化学过程，Hansen 和 Norskov 等[29]利用第一性原理和动力学模拟研究 Pt（111）表面的 ORR 热力学和动力学过程，在利用过渡态理论获得相应基元反应的活化能（E_a），求得速率常数，考虑 O₂ 的扩散和分压，模拟对应的极化过程，得到表面的微观动力学信息。如图 1-34（a）所示，电极电势高于 0.95 V *vs.* RHE 时，表面主要被 *O_A 占据，随后在 0.95～0.75 V 电位被 *OH_A 替换，当电极电势低于 0.75 V 时，表面活性位全都暴露。根据不同电极电势下表面物种的占据情况以及不同的反应自由能变，可以模拟出 Pt（111）对应的极化曲线[图 1-34（b）]，其起始电位位于 0.9 V 附近，半波电位大约为 0.85 V，低电位下极限扩散电流密度接近于 6 mA/cm²，模拟的极化曲线与实验值非常接近。他们将 0.9 V 下模拟的电流密度与 *OH 的吸附自由能关联起来建立的"火山"曲线图证实，ORR 过程中动力学和热力学过程有相似对应关系，若表面 *OH 的结合强度比在 Pt（111）表面减弱 0.2 eV，则是进行 4 电子反应的最佳热力学值，而减弱 0.3 eV，则是进行 2 电子反应的热力学范围。同样地，微观动力学模拟也可以应用于研究其他非金属类催化剂。例如，Zhou 等[73]将微观动力学模型扩展到 Fe-N-C 型催化剂上，发现与 Pt 基催化剂不同的是，Fe-N-C 上存在催化剂的自我内调整机制。如图 1-35（a）所示在较宽的 ORR 反应区间（0.28～1 V *vs.* RHE），Fe-N-C 催化剂表面被 *OH 占据；0.78～1.0 V 时，Fe 位点上发生 *O 与 *OH 的共吸附；当电位低于 0.51 V 时，*OH 还原成水被消除；当电位低于 0.28 V

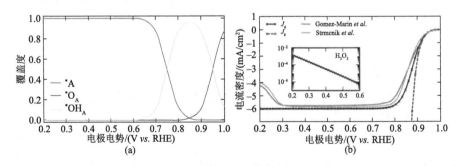

图 1-34　（a）不同电极电势下 Pt（111）表面物种覆盖度的模拟图，0.75～0.95V 之间表面被 *OH 覆盖；（b）微观动力学模拟的 1600 r/min 下 Pt（111）的极化曲线和动力学电流密度与室温下 0.1 mol/L HClO₄ 中 Pt（111）极化曲线对比；插图为低电位下模拟的 H₂O₂ 电流示意图[29]

时，Fe 位点完全暴露。进一步分别模拟 OH 占据前后 FeN₄ 上 ORR 的极化曲线[图 1-35（b）]可以发现，Fe(OH)N₄ 催化 ORR 的起始电位为约 0.95 V，理论半波电位约 0.88 V@ 3 mA/cm²；而 FeN₄ 催化 ORR 的半波电位仅为约 0.51 V，Pt（111）的理论半波电位约 0.86 V。证实 OH 占据后的 FeN₄ 为活性位点[Fe(OH)N₄]，可优化 Fe 位点上的中间物种的键和强度，提升反应活性，改变了传统上认为 FeN₄ 是Fe-N-C 催化剂的活性位点的认识。

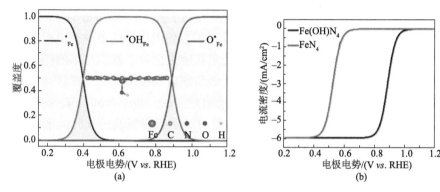

图 1-35　（a）FeN₄ 不同电位下物种覆盖度变化模拟图；（b）基于 FeN₄ 和 Fe(OH)N₄ 微观动力学模拟得到的 ORR 极化曲线[73]

3. 分子动力学模拟

分子动力学（molecular dynamics，MD）模拟[74]是通过结合物理、化学和数学，并用于分析体系内分子或原子运动的综合性方法。在给定的初始状态下，一定时间内，模拟体系的运动过程，并可以获得体系的运动轨迹，通过抽样的方法，在不同运动状态下，计算体系的构型积分，并由此结果进一步计算体系的能量和其他性质。

前面所讲述的热力学和过渡态的计算，是基于稳态或者准平衡态的过程，其空间尺度都在埃（Å）级附近，且不考虑时间范围。化学反应除了在空间和时间尺度上进行，人们还想预测材料或者模拟某种化学反应在某一特定环境下所产生的结果，计算机技术的快速发展为此提供了机遇，1960 年，美国科学家通过分子动力学模拟报道了钴晶体的辐射[75]。

最早的 MD 模拟是以牛顿力学为基础，从经典物理的统计角度出发的模拟方法，它通过对分子或原子间相互作用势函数及牛顿运动方程的求解，分析其分子或原子运动的行为规律，模拟体系的动力学演化过程，给出微观量（如分子或原子的坐标与速度等）与宏观可观测量（如体系的温度、压强、热容等）之间的关系，从而研究复杂体系的平衡态性质和力学性质，是研究材料内部流体行为、通道运输等现象有效的研究手段。其中分子或原子相互作用势函数是关乎动力学模拟结果可靠性和精度的关键因素。最早使用的势函数是基于谐振子模型的伦纳德-琼斯势（Lennard-Jones potential，LJP）或莫尔斯势（Morse potential，MP），将其用来描述分子对或者原子对间的势能关系，这就是经典的"对势"或者"二体势"，它们把体系总势能视为两两对之间的总和，并忽略了多体间相互耦合的作用，但在精度要求不高及超大体系的模拟中能得到很好的结果。后来发展的"多体势"，如用于描述金属及其合金体系的嵌入原子势（embedded atom method，EAM）[76,77]，是将体系每一个原子都视为嵌入在周围原子的组成环境中，因其考虑了周围原子环境对总势能的贡献，在一定程度上提升了模拟结果的精度和可预测性。然而，这些经典的势函数均基于近似值或者实验值，使得其计算精度与目前最新的基于第一性原理的从头算分子动力学（*ab initio* molecular dynamics，AIMD）[78,79]有一定的差距，但是，在数百万原子数量级及较长时间范围内能获得很好的结果，是近年来用于模拟解决大型体如蛋白质、病毒等相关方面的最佳方法。最近，在基于第一性原理参数集拟合而获得的势能参数，如反应力场（ReaxFF）[80]参数，这些势函数既能在模拟精度上获得较大提升，同时，在模拟反应时间和空间尺度上都尽量保持不变，这也是未来的一个发展方向，如有感兴趣的读者，可以阅读相关文献[81]。

上述所讲的经典势函数虽然已经在逐步优化且取得一定进展，但其向更复杂的系统转移仍然受到限制，这是因为其没有考虑到原子间电子相互作用，而许多现象的背后本质都是基于量子力学原理的，这是经典势函数所不能描述的。同时，我们感兴趣的化学反应也都涉及电子转移与构象变化。DFT 的提出，使得我们可以避免之前由求解多粒子体系 Hartree-Fock 方程所带来的"指数墙"烦恼。转而求解只有三维变量的体系电荷密度来描述体系的基态性质，进而获得能量和结构等其他信息，这既保证了计算精度，同时又大大地提升了计算效率。因此，基于 DFT 理论的 AIMD 能在保证精确的电子结构计算的同时，又消除经典势函数所带来的各种限制。同时也应注意到，AIMD 提升精度和预测能力的前提，是建立在大量的计算成本上，得益于计算机技术的快速发展，使得 AIMD 运用得到实现。但目前，AIMD 模拟的时间和空间尺度是其主要的限制瓶颈。

如前文所讨论的那样，氧还原反应涉及界面电子-质子耦合反应[82,83]，还涉及 O_2 物种的传输与界面溶剂水分子的排列分布，这是一个非常复杂的过程。通过 MD 模拟，可以模拟在此过程中，界面在一定时间和空间尺度上反应过程涉及的电子转移和结构变化，从而更好地理解氧还原过程，为针对性地设计 ORR 催化剂提供理论基础。

Wang 等[84]通过 AIMD 模拟 Pt（111）表面在水合质子存在下的氧还原途径。模拟发现，在 O$_2$ 吸附后，质子转移到表面与其结合形成*OOH，这个质子转移过程与初始几何结构、表面电荷及质子水合程度有关。随后*OOH 中 O—O 断裂，以平行或者串联途径进行后续的还原生成 H$_2$O 的过程。Groß 等[85]通过 AIMD 模拟 O$_2$ 在 Pt（111）吸附过程中吸附概率与温度的关系（图 1-36），在考虑色散矫正的因素后，发现较高的温度会降低金属表面捕获氧气的概率，并且氧气吸附后所带来的能量分布影响主要存在于 Pt（111）金属表面。同时，模拟未观察到 O$_2$ 直接解离过程。有趣的是，在 Pt（111）表面存在倾斜构型的 O$_2$ 弱吸附亚稳态结构，其吸附能约 50 meV，这只有在较低温度和 O$_2$ 初始动能较小的情况下才会出现，这表明，O$_2$ 在 Pt（111）表面的吸附受多重因素的影响。De Morais 等[86]在模拟过程中考虑的三个因素包括表面羟基覆盖度、温度和反应压力对铂催化剂表面氧还原过程的影响。基于模拟结果，他们发现，表面羟基覆盖度会影响表面反应途径，同时，界面受溶剂分子和电场影响呈现与传统真空状态下不同的反应过程，该工作强调了电化学条件下，多尺度、多状态模拟的重要性。王阳刚等使用 AIMD 模拟 Mn-N$_4$-C 型催化剂在溶剂存在时催化氧还原过程[87]。如图 1-37 所示，他们构建了气相和含溶剂的催化反应模型，研究不同模型中氧气吸附解离结构演变发现，溶剂的存在弱化 O—O 键强度的同时利于其质子化形成共吸附的 O*OH，并使其吸附强度较气相模型更弱，从而更利于物种的脱附；与此同时，由于界面溶剂环境的存在，加快了其电荷转移，通过周围水分子的氢键网络，可有效提高中间物种（*O、*OH）质子化步骤的反应活性。

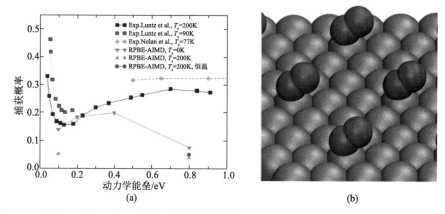

图 1-36　（a）O$_2$ 在 Pt（111）表面的捕获概率与法向方向动能的关系，通过 AIMD 得到的在 90 K 和 200 K 计算结果与在 77 K 下分子束实验的对比；（b）吸附能为+50 meV 的亚稳态氧气吸附结构[85]

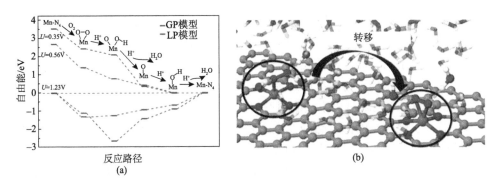

图 1-37　在 Mn-N$_4$-C 催化剂：（a）气相模型与液相模型催化氧气还原自由能曲线；（b）氧还原机理与界面物种转移示意图[87]

　　结合 ReaxFF 反应力场，Ostadhossein 等[88]模拟了功能化 2D MXene 纳米片在锂-氧电池中阴极氧还原过程，他们发现，与未功能化 2D MXene 纳米片相比，功能化能有效加快 $2Li + O_2 \longrightarrow Li_2O_2$ 反应的动力学。如图 1-38 所示，他们比较了无功能化和 O、F 功能化 Ti$_3$N$_2$ 上氧还原过程。对纯的 Ti$_3$N$_2$，氧气在 9.75 ps 发生解离形成吸附态的 O 原子，并在 10.50 ps 与两个 Li 原子形成 Li$_2$O，随后与邻近氧进一步结合生成 Li$_2$O$_2$（17.35 ps），并后续团聚成更大的 Li$_2$O$_2$ 簇（132.5 ps）。对氧封端的 Ti$_3$N$_2$，Li 原子直接扩散到表面氧的中空位形成 Li—O 官能团（1.25 ps），随后与气相中的氧气作用形成 Li$_2$O（2.75 ps），再与 Li 作用形成 Li$_2$O$_2$（3.5 ps）。对 F 封端的 Ti$_3$N$_2$，Li 则与物理吸附的氧气以及体相的氧气作用，主要形成了 Li$_p$O$_q$。显然，MD 对不同表面的催化氧还原提供了非常清晰的量化图像，对理解催化氧还原机理提供了很好的研究手段。Chen 等[89]使用 MD 模拟了 O$_2$ 在 Sr 掺杂的 LaMnO$_3$ 上的还原机制。在 1073 K 下，O$_2$ 首先在表面吸附，随后从吸附到超氧物种转变，再发生解离和迁移的过程，对于此反应过程，氧空位对于氧负离子的本体迁移有着明显的促进作用。结合动力学模拟分析结果显示，氧空位存在时，其扩散能为 0.75 eV，相对于平整表面的扩散能为 2.1 eV，有大幅度的降低，这对整个阴极反应的动力学过程有很大的提升。

　　对于氧还原反应，因其涉及复杂的多质子-电子耦合转移，同时，三相反应界面受到溶剂中电解质离子极化、反应物种 O$_2$ 与水分子的传输、复杂界面外场包括电场、温度等多因素，多层次的影响。未来关于氧还原的模拟将会更加贴近实际反应状态，协调基元反应间耦合关系，在理论上为设计氧还原催化剂提供更为准确的指导依据。

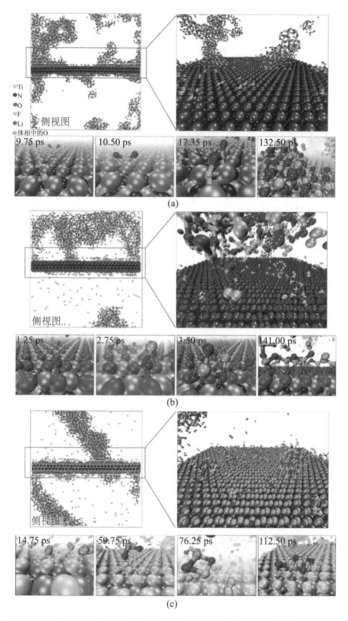

图 1-38　MD 模拟得到的（a）无功能化、（b）O 功能化和（c）F 功能化 2D MXene 纳米片表面氧还原的步骤及其反应快照，T=300 K[88]

参 考 文 献

[1]　Ma R G, Lin G X, Zhou Y, et al. A review of oxygen reduction mechanisms for metal-free carbon-based electrocatalysts[J]. NPJ Computational Materials, 2019, 5(1): 1-15.

[2]　Katsounaros I, Cherevko S, Zeradjanin A R, et al. Oxygen electrochemistry as a cornerstone for sustainable energy conversion[J]. Angewandte Chemie-International Edition, 2014, 53(1): 102-121.

[3]　Koper M T. Theory of the transition from sequential to concerted electrochemical proton-electron transfer[J]. Physical Chemistry Chemical Physics, 2013, 15(5): 1399-1407.

[4]　Jiao Y, Zheng Y, Jaroniec M, et al. Origin of the electrocatalytic oxygen reduction activity of graphene-based catalysts: a roadmap to achieve the best performance[J]. Journal of the American Chemical Society, 2014, 136(11): 4394-4403.

[5]　Li Y G, Lu J. Metal-air batteries: Will they be the future electrochemical energy storage device of choice?[J]. ACS Energy Letters, 2017, 2(6): 1370-1377.

[6]　Zhang T, Anderson A B. Oxygen reduction on platinum electrodes in base: theoretical study[J]. Electrochimica Acta, 2007, 53(2): 982-989.

[7]　Anderson A B, Roques J, Mukerjee S, et al. Activation energies for oxygen reduction on platinum alloys: theory and experiment[J]. Journal of Physical Chemistry B, 2005, 109(3): 1198-1203.

[8]　Markovic N M, Ross P N. Surface science studies of model fuel cell electrocatalysts[J]. Surface Science Reports, 2002, 45(4-6): 121-229.

[9]　Wroblowa H S, Qaderi S B. Mechanism and kinetics of oxygen reduction on steel[J]. Journal of Electroanalytical Chemistry, 1990, 279(1-2): 231-242.

[10]　Ma T, Cao R, Bao X, et al. Selective adsorption of trace H_2O over O_2 on Pt/Fe/Pt(1 1 1) surface of Pt-Fe catalyst[J]. Applied Surface Science, 2019, 476: 387-390.

[11]　Greeley J, Stephens I E L, Bondarenko A S, et al. Alloys of platinum and early transition metals as oxygen reduction electrocatalysts[J]. Nature Chemistry, 2009, 1(7): 552-556.

[12]　Stamenkovic V, Mun B S, Mayrhofer K J J, et al. Changing the activity of electrocatalysts for oxygen reduction by tuning the surface electronic structure[J]. Angewandte Chemie-International Edition, 2006, 45(18): 2897-2901.

[13]　Norskov J K. Electronic factors in catalysis[J]. Progress in Surface Science, 1991, 38(2): 103-144.

[14]　Norskov J K. Chemisorption on metal-surfaces[J]. Reports on Progress in Physics, 1990, 53(10): 1253-1295.

[15]　Bors I, Purgel M, Fehér P P, et al. Unexpected radical mechanism in a [4+1] cycloaddition reaction[J]. New Journal of Chemistry, 2021, 45(19): 8440-8444.

[16]　Bolton J R, Archer M D. Basic Electron-transfer Theory. Electron Transfer In Inorganic, Organic, And Biological Systems[M]. Washington D.C.: The American Chemical Society, 1991: 7-23.

[17]　Mondal P, Ishigami I, Gerard E F, et al. Proton-coupled electron transfer reactivities of electronically divergent heme superoxide intermediates: a kinetic, thermodynamic, and theoretical study[J]. Chemical Science, 2021, 12(25): 8872-8883.

[18]　Celiker T, Suerkan A, Altinisik S, et al. Hollow microspherical carbazole-based conjugated polymers by photoinduced step-growth polymerization[J]. Polymer Chemistry, 2021: 1-7.

[19] Ramaswamy N, Mukerjee S. Influence of inner- and outer-sphere electron transfer mechanisms during electrocatalysis of oxygen reduction in alkaline media[J]. Journal of Physical Chemistry C, 2011, 115(36): 18015-18026.

[20] Zhang Q, Asthagiri A. Solvation effects on DFT predictions of ORR activity on metal surfaces[J]. Catalysis Today, 2019, 323: 35-43.

[21] Hartnig C, Koper M T M. Molecular dynamics simulation of the first electron transfer step in the oxygen reduction reaction[J]. Journal of Electroanalytical Chemistry, 2002, 532(1-2): 165-170.

[22] Ramaswamy N, Mukerjee S. Fundamental mechanistic understanding of electrocatalysis of oxygen reduction on Pt and non-Pt surfaces: acid versus alkaline media[J]. Advances in Physical Chemistry, 2012, 2012: 1-17.

[23] Norskov J K, Rossmeisl J, Logadottir A, et al. Origin of the overpotential for oxygen reduction at a fuel-cell cathode[J]. Journal of Physical Chemistry B, 2004, 108(46): 17886-17892.

[24] Kulkarni A, Siahrostami S, Patel A, et al. Understanding catalytic activity trends in the oxygen reduction reaction[J]. Chemical Reviews, 2018, 118(5): 2302-2312.

[25] Calle-Vallejo F, Martinez J I, Rossmeisl J. Density functional studies of functionalized graphitic materials with late transition metals for oxygen reduction reactions[J]. Physical Chemistry Chemical Physics, 2011, 13(34): 15639-15643.

[26] Shao M H, Liu P, Zhang J L, et al. Origin of enhanced activity in palladium alloy electrocatalysts for oxygen reduction reaction[J]. Journal of Physical Chemistry B, 2007, 111(24): 6772-6775.

[27] Xu H X, Cheng D J, Cao D P, et al. A universal principle for a rational design of single-atom electrocatalysts[J]. Nature Catalysis, 2018, 1(5): 339-348.

[28] Viswanathan V, Hansen H A, Rossmeisl J, et al. Unifying the 2e⁻ and 4e⁻ reduction of oxygen on metal surfaces[J]. Journal of Physical Chemistry Letters, 2012, 3(20): 2948-2951.

[29] Hansen H A, Viswanathan V, Norskov J K. Unifying kinetic and thermodynamic analysis of 2e⁻ and 4e⁻ reduction of oxygen on metal surfaces[J]. Journal of Physical Chemistry C, 2014, 118(13): 6706-6718.

[30] Anderson A B, Albu T V. *Ab initio* determination of reversible potentials and activation energies for outer-sphere oxygen reduction to water and the reverse oxidation reaction[J]. Journal of the American Chemical Society, 1999, 121(50): 11855-11863.

[31] Albu T V, Anderson A B. Studies of model dependence in an *ab initio* approach to uncatalyzed oxygen reduction and the calculation of transfer coefficients[J]. Electrochimica Acta, 2001, 46(19): 3001-3013.

[32] Anderson A B, Cai Y, Sidik R A, et al. Advancements in the local reaction center electron transfer theory and the transition state structure in the first step of oxygen reduction over platinum[J]. Journal of Electroanalytical Chemistry, 2005, 580(1): 17-22.

[33] Wang J X, Zhang J L, Adzic R R. Double-trap kinetic equation for the oxygen reduction reaction on Pt(111) in acidic media[J]. Journal of Physical Chemistry A, 2007, 111(49): 12702-12710.

[34] Ou L H, Chen S L. Comparative study of oxygen reduction reaction mechanisms on the Pd(111) and Pt(111) surfaces in acid medium by DFT[J]. Journal of Physical Chemistry C, 2013, 117(3): 1342-1349.

[35] Li F, Shu H B, Hu C L, et al. Atomic Mechanism of electrocatalytically active Co-N complexes in graphene basal plane for oxygen reduction reaction[J]. ACS Applied Materials & Interfaces, 2015, 7(49): 27405-27413.

[36]　Yang N, Li L, Li J, et al. Modulating the oxygen reduction activity of heteroatom-doped carbon catalysts via the triple effect: charge, spin density and ligand effect[J]. Chemical Science, 2018, 9(26): 5795-5804.

[37]　Stonehart P, Ross Jr. P N. The use of porous electrodes to obtain kinetic rate constants for rapid reactions and adsorption isotherms of poisons[J]. Electrochimica Acta, 1976, 21(6): 441-445.

[38]　Gloaguen F, Andolfatto F, Durand R, et al. Kinetic study of electrochemical reactions at catalyst recast ionomer interfaces from thin active layer modeling[J]. Journal of Applied Electrochemistry, 1994, 24(9): 863-869.

[39]　Villemure G, Pinnavaia T J. Cyclic voltammetry of tris(2, 2'-bipyridyl)ruthenium(Ⅱ) cations adsorbed in electrodes modified with mesoporous molecular sieve silicas[J]. Chemistry of Materials, 1999, 11(3): 789-794.

[40]　Elgrishi N, Rountree K J, Mccarthy B D, et al. A practical beginner's guide to cyclic voltammetry[J]. Journal of Chemical Education, 2017, 95(2): 197-206.

[41]　Hu C G, Hua Y T. Principles of linear sweep voltammetry and interpretations of voltammograms[J]. University Chemistry, 2020, 36(4): 1-7.

[42]　Daubinger P, Kieninger J, Unmussig T, et al. Electrochemical characteristics of nanostructured platinum electrodes: a cyclic voltammetry study[J]. Physical Chemistry Chemical Physics, 2014, 16(18): 8392-8399.

[43]　Xie X H, Nie Y, Chen S G, et al. A catalyst superior to carbon-supported-platinum for promotion of the oxygen reduction reaction: reduced-polyoxometalate supported palladium[J]. Journal of Materials Chemistry A, 2015, 3(26): 13962-13969.

[44]　Zhang L, Xiong K, Chen S G, et al. *In situ* growth of ruthenium oxide-nickel oxide nanorod arrays on nickel foam as a binder-free integrated cathode for hydrogen evolution[J]. Journal of Power Sources, 2015, 274: 114-120.

[45]　Xia W, Mahmood A, Liang Z B, et al. Earth-abundant nanomaterials for oxygen reduction[J]. Angewandte Chemie International Edition, 2016, 55(8): 2650-2676.

[46]　Nie Y, Xie X H, Chen S G, et al. Towards effective utilization of nitrogen containing active sites nitrogen doped carbon layers wrapped CNTs electrocatalysts for superior oxygen reduction[J]. Electrochimica Acta, 2016, 187: 153-160.

[47]　Park C, Lee E, Lee G, et al. Superior durability and stability of Pt electrocatalyst on N-doped graphene-TiO$_2$ hybrid material for oxygen reduction reaction and polymer electrolyte membrane fuel cells[J]. Applied Catalysis B: Environmental, 2020, 268: 118414.

[48]　Ham K, Chung S, Lee J. Narrow size distribution of Pt nanoparticles covered by an S-doped carbon layer for an improved oxygen reduction reaction in fuel cells[J]. Journal of Power Sources, 2020, 450: 227650.

[49]　Zhang G X, Wei Q L, Yang X H, et al. RRDE experiments on noble-metal and noble-metal-free catalysts: impact of loading on the activity and selectivity of oxygen reduction reaction in alkaline solution[J]. Applied Catalysis B: Environmental, 2017, 206: 115-126.

[50]　Sun Y Y, Silvioli L, Sahraie N R, et al. Activity-selectivity trends in the electrochemical production of hydrogen peroxide over single-site metal-nitrogen-carbon catalysts[J]. Journal of the American Chemical Society, 2019, 141(31): 12372-12381.

[51]　Jiang K, Back S, Akey A J, et al. Highly selective oxygen reduction to hydrogen peroxide on transition metal single atom coordination[J]. Nature Communications, 2019, 10(1): 3997.

[52] Bewick A, Mellor J M, Pons B S. Distinction between ECE and disproportionation mechanisms in the anodic-oxidation of methyl benzenes using spectroelectrochemical methods[J]. Electrochimica Acta, 1980, 25 (7): 931-941.

[53] Beden B, Lamy C, Bewick A, et al. Electrosorption of methanol on a platinum electrode. IR spectroscopic evidence for adsorbed co species[J]. Journal of Electroanalytical Chemistry, 1981, 121: 343-347.

[54] Bewick A, Kunimatsu K, Robinson J, et al. IR vibrational spectroscopy of species in the electrode electrolyte solution interphase[J]. Journal of Electroanalytical Chemistry, 1981, 119 (1): 175-185.

[55] Pons S, Davidson T, Bewick A. Vibrational spectroscopy of the electrode electrolyte interface. 4. Fourier-transform infrared-spectroscopy-experimental considerations[J]. Journal of Electroanalytical Chemistry, 1984, 160 (1-2): 63-71.

[56] Bürgi T. Attenuated total reflection infrared (ATR-IR) spectroscopy, modulation excitation spectroscopy (MES), and vibrational circular dichroism (VCD)[J]. Biointerface Characterization by Advanced IR Spectroscopy, 2011: 115-144.

[57] Shao M H, Liu P L, Adzic R R. Superoxide anion is the intermediate in the oxygen reduction reaction on platinum electrodes[J]. Journal of the American Chemical Society, 2006, 128 (23): 7408-7409.

[58] Nayak S, Mcpherson I J, Vincent K A. Adsorbed intermediates in oxygen reduction on platinum nanoparticles observed by *in situ* IR spectros[J]. Angewandte Chemie International Edition, 2018, 57 (39): 12855-12858.

[59] Jeanmaire D L, Vanduyne R P. Surface Raman spectroelectrochemistry[J]. Journal of Electroanalytical Chemistry, 1977, 84 (1): 1-20.

[60] Harraz F A, Ismail A A, Bouzid H, et al. Surface-enhanced Raman scattering (SERS)-active substrates from silver plated-porous silicon for detection of crystal violet[J]. Applied Surface Science, 2015, 331: 241-247.

[61] Li J F, Huang Y F, Ding Y, et al. Shell-isolated nanoparticle-enhanced Raman spectroscopy[J]. Nature, 2010, 464 (7287): 392-395.

[62] Wang Y H, Le J B, Li W Q, et al. *In situ* spectroscopic insight into the origin of the enhanced performance of bimetallic nanocatalysts towards the oxygen reduction reaction (ORR)[J]. Angewandte Chemie International Edition, 2019, 58 (45): 16062-16066.

[63] Chen L Y, Cheng N, Yu S W, et al. $Pt_{1.4}Ni(100)$ tetrapods with enhanced oxygen reduction reaction activity[J]. Catalysis Letters, 2020, 151 (1): 212-220.

[64] 王俊, 李莉, 魏子栋. 不同氮掺杂石墨烯氧还原反应活性的密度泛函理论研究[J]. 物理化学学报, 2016, 32 (1): 321-328.

[65] Eyring H. The activated complex in chemical reactions[J]. Journal of Chemical Physics, 1935, 3 (2): 107-115.

[66] 朱贻安, 周兴贵, 袁渭康. 多相催化微观动力学与催化剂理性设计[J]. 化学反应工程与工艺, 2014, 30 (3): 205-211.

[67] Henkelman G, Uberuaga B P, Jonsson H. A climbing image nudged elastic band method for finding saddle points and minimum energy paths[J]. Journal of Chemical Education, 2000, 113 (22): 9901-9904.

[68] Zarkevich N A, Johnson D D. Nudged-elastic band method with two climbing images: finding transition states in complex energy landscapes[J]. The Journal of Chemical Physics, 2015, 142 (2): 024106.

[69] Bligaard T, Norskov J K, Dahl S, et al. The Bronsted-Evans-Polanyi relation and the volcano curve in heterogeneous catalysis[J]. Journal of Catalysis, 2004, 224(1): 206-217.

[70] Cheng J, Hu P, Ellis P, et al. Bronsted-Evans-Polanyi relation of multistep reactions and volcano curve in heterogeneous catalysis[J]. Journal of Physical Chemistry C, 2008, 112(5): 1308-1311.

[71] Lim D H, Wilcox J. Mechanisms of the oxygen reduction reaction on defective graphene-supported Pt nanoparticles from first-principles[J]. Journal of Physical Chemistry C, 2012, 116(5): 3653-3660.

[72] Xu Y, Ruban A V, Mavrikakis M. Adsorption and dissociation of O_2 on Pt-Co and Pt-Fe alloys[J]. Journal of the American Chemical Society, 2004, 126(14): 4717-4725.

[73] Wang Y, Tang Y J, Zhou K. Self adjusting activity induced by intrinsic reaction intermediate in Fe-N-C single atom catalysts[J]. Journal of the American Chemical Society, 2019, 141(36): 14115-14119.

[74] Car R, Parrinello M. Unified approach for molecular dynamics and density-functional theory[J]. Physical Review Letters, 1985, 55(22): 2471-2474.

[75] Gibson J B, Goland A N, Milgram M, et al. Dynamics of radiation damage[J]. Physical Review, 1960, 120(4): 1229-1253.

[76] Daw M S, Foiles S M, Baskes M I. The embedded-atom method: a review of theory applications[J]. Materials Science Reports, 1993, 9(7-8): 251-310.

[77] Daw M S, Baskes M I. Embedded-atom method: derivation and application to impurities, surfaces and other defects in metals[J]. Physical Review B, 1984, 29(12): 6443-6453.

[78] Truhlar D G. *Ab initio* molecular dynamics: basic theory and advanced methods[J]. Physics Today, 2010, 63(3): 54-56.

[79] Iftimie R, Minary P, Tuckerman M E. *Ab initio* molecular dynamics: concepts, recent developments, and future trends[J]. PNAS, 2005, 102(19): 6654-6659.

[80] Senftle T P, Hong S, Islam M M, et al. The ReaxFF reactive force-field: development, applications and future directions[J]. NPJ Computational Materials, 2016, 2: 15011.

[81] Van Duin A C T, Dasgupta S, Lorant F, et al. ReaxFF_A reactive force field for hydrocarbons[J]. Journal of Physical Chemistry A, 2001, 105(41): 9396-9409.

[82] Darcy J W, Koronkiewicz B, Parada G A, et al. A continuum of proton-coupled electron transfer reactivity[J]. Accounts of Chemical Research, 2018, 51(10): 2391-2399.

[83] Mayer J M, Rhile I J. Thermodynamics and kinetics of proton-coupled electron transfer: stepwise *vs.* concerted pathways[J]. Biochimica et Biophysica Acta, 2004, 1655(1-3): 51-58.

[84] Wang Y X, Balbuena P B. *Ab initio* molecular dynamics simulations of the oxygen reduction reaction on a Pt(111) surface in the presence of hydrated hydronium $(H_3O)^+(H_2O)_2$: Direct or series pathway?[J]. Journal of Physical Chemistry B, 2005, 109(31): 14896-14907.

[85] Groß A. *Ab initio* molecular dynamics simulations of the $O_2/Pt(111)$ interaction[J]. Catalysis Today, 2016, 260: 60-65.

[86] De Morais R F, Franco A A, Sautet P, et al. Interplay between reaction mechanism and hydroxyl species for water formation on Pt(111)[J]. ACS Catalysis, 2015, 5(2): 1068-1077.

[87] Cao H, Xia G J, Chen J W, et al. Mechanistic insight into the oxygen reduction reaction on the Mn-N_4/C single-atom catalyst: the role of the solvent environment[J]. Journal of Physical Chemistry C, 2020, 124(13): 7287-7294.

[88] Ostadhossein A, Guo J, Simeski F, et al. Functionalization of 2D materials for enhancing OER/ORR catalytic activity in Li-oxygen batteries[J]. Communications Chemistry, 2019, 2(1): 95.

[89] Chen H T, Raghunath P, Lin M C. Computational investigation of O_2 reduction and diffusion on 25% Sr-doped $LaMnO_3$ cathodes in solid oxide fuel cells[J]. Langmuir, 2011, 27(11): 6787-6793.

第 2 章　氧还原电催化剂的设计

目前，以铂为主的贵金属仍是催化氧还原反应性能最好的催化剂，然而其自然储量低、价格昂贵等，使氧还原电极面临着成本高的问题。此外，氧还原反应本身较低的动力学反应速率（较氢氧化等低 5～6 个数量级）[1]，以及低成本的非铂催化剂难以与铂基催化剂相媲美，进一步限制了氧还原电极的发展。最为重要的是，在工作条件下，包括强电场条件和采用空气为氧气来源时，均使氧还原电催化剂面临着更为严重的活性、耐久性、抗中毒以及抗腐蚀等问题的考验。因此，如何进行合理设计并开发高活性、高稳定性、高抗毒性、成本低廉的氧还原电催化剂，有效提高氧还原反应性能，是推动相关能源转换装置商业化和大规模应用的关键。本章将从氧还原电催化剂的基本要求出发，梳理目前提高 ORR 电催化剂活性与稳定性的相关要求，总结提高催化性能的设计策略，为设计制备高活性、高稳定性的氧还原电催化剂，提供一定的借鉴。

2.1　氧还原电催化剂的基本要求

根据第 1 章氧还原机理的讨论，高性能的氧还原电催化剂，通常需要满足以下几个基本条件：高导电性、优异的催化活性、选择性和稳定性。具体而言，催化剂需具备较高的本征导电性与高效的电子转移能力；有利于促进反应物种的吸附、活化、中间物种的导向转化和产物的及时脱附，从而保障反应定向进行；在高电场和含杂质的反应气氛下，催化剂应具备抗氧化、抗腐蚀及抗中毒等性能，以确保电催化反应可以持久稳定地发生。其中催化剂的催化活性和抗氧化性能同催化剂与中间物种（含氧物种）的吸附强弱密切相关，抗腐蚀与抗中毒性能与所选催化材料的本性以及对物种吸附的选择性有密切关系。本节将重点从导电性、催化剂与吸附物种间的电子（电荷）转移能力以及物种的吸脱附三个角度阐述氧还原电催化剂需要满足的一般要求。

2.1.1　导电性

电化学催化中，电子是参与电极反应的基本粒子或物质之一，没有电子参与的催化反应就不是电化学催化反应。因此，催化剂的电子传导性（导电性）是其是否适宜电催化反应的首要条件。根据导电性可将催化材料分为绝缘体、半导体和导体。这些材料的导电性差异可由晶体能带理论进行解释。

不同于孤立原子或分子中的电子能级，晶体中的电子能级是由一条条按能量高低顺序密集排列的带状能级，即能带[2]。能带中的电子按能量从低到高的顺序依次占据能级。根据电子的填充程度及能级的高低，可将能带划分为价带（满带）、禁带、导带（图 2-1）[3,4]。价带是价电子填充的能带，其能级较低，当价带被填满时就被称为满带；导带是被价电子部分填充或没有电子填充的能带，能级高于价带；空带则是完全没有电子填充的能带，能级最高。若导带与价带之间没有能带，则把这两者之间的区域称为禁带。

如图 2-1 所示，对于金属、合金类导体而言，其价带和导带重叠或连续而形成一条连续的能带，价电子可以在此能带自由跃迁，因此具有非常高的导电性；而对于半导体，其价带处于填满状态，导带为空，禁带宽度很窄（0.2～3 eV），如果获得外来能量，电子就很容易被激发跃迁到导带中从而使导带中存在可自由移动的电子，且价带中留下带正电荷的空穴，电子和空穴的移动都可促使材料具有导电性，因此半导体的导电性要低于导体；对于绝缘体，其价带与导带间存在禁带且宽度较宽，为 5～10 eV 时，价带中的电子难以激发到导带中，此时因无自由电子和空穴，故不能导电。

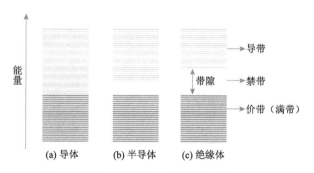

图 2-1　导体、半导体和绝缘体的能带示意图

根据半导体的导电情况，又可将其分为本征半导体、n 型半导体和 p 型半导体（图 2-2）。本征半导体是指禁带中没有杂质能级，其导电性是由导带中的电子导电和价带中的空穴导电共同作用，且激发到导带上的自由电子数量与留在价带中的空穴数量总是成对出现，浓度相等。n 型半导体和 p 型半导体则是指价带与导带之间出现了杂质能级。当杂质能级靠近导带下方，且其上的电子能激发到导带时，该杂质能级称为施主能级，这种以电子导电的半导体就是 n 型半导体。反之，当杂质能级靠近价带上方，且可以接受价带上激发的价电子，使价带产生一

定的空穴, 该杂质能级称为受主能级, 这种以空穴导电的半导体称为 p 型半导体。显然 n 型半导体和 p 型半导体因在禁带中额外引入杂质能级, 在一定程度上减小了禁带宽度, 其较本征半导体更易导电。例如, 在本征半导体纯硅单晶中加入杂质磷或硼可形成 n 型半导体和 p 型半导体。硅单晶的禁带宽度为 1.1 eV, 而磷引入的施主能级与导带之间宽度为 0.044 eV; 硼产生的受主能级与满带间的宽度为 0.045 eV, 即 n 型半导体和 p 型半导体具有较本征半导体更优的导电性。因此半导体经过掺杂, 其导电性显著提高, 不影响其作为电化学催化剂的使用。

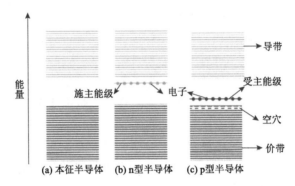

图 2-2 本征半导体、n 型半导体和 p 型半导体的能带示意图

对于导体电催化材料, 如金属、合金和部分金属化合物类催化剂而言, 电子传导能力较强, 导电性对电催化反应性能的影响非常小。然而半导体作为电催化材料时, 如部分过渡金属化合物、非金属材料等, 其导电性较差, 因此需提升这类材料的导电性才可较大程度地提高其电催化性能。催化剂导电性的提升主要取决于两方面: ①提升催化剂颗粒本征的电子传导能力; ②增强催化剂颗粒与颗粒之间的电子传导能力。通过掺杂改性、增加缺陷、改变晶体结构等策略可以对颗粒内部本征导电性进行调节, 从而可以有效地提升催化剂的本征导电性。将催化剂颗粒与高导电性材料(金属纳米颗粒、碳基材料、导电聚合物)等进行混合、包覆、复合或耦合后, 可有效改善催化剂颗粒与颗粒之间的电子传导性能。本小节主要基于材料的相关导电理论, 以过渡金属氧化物为例, 围绕掺杂改性、增加缺陷、晶体结构的调控对半导体型 ORR 催化剂的本征导电性的提升进行探讨。促进催化剂颗粒之间导电性和活性的内容将在本书第 4 章中进行详细综述和分析。

对于本征半导体型氧化物 ORR 催化剂, 要提高其导电性, 可通过引入缺陷(如杂质离子、原子和空位等)在价带与导带之间引入杂质能级, 减小禁带宽度, 形成 n 型或 p 型半导体。当形成 n 型半导体时, 需要调节过渡金属氧化物晶格中电子的数量, 使其晶格中具有较本征氧化物更多的电子则可在禁带中引入施主能级从而改变其导电性。增加晶格中自由电子的方式有：增加过渡金属原子的计量比、形成氧缺陷、高价离子取代晶格中的正离子以及在晶格间隙中掺入电负性更小的杂质原子。例如，魏子栋课题组[5-8]发现，当热分解硝酸锰时，通过提高热解温度或者在煅烧时额外加入 Mn_3O_4，可为 MnO_2 引入 O 空位 OVs。且 O 空位浓度随热解温度的增加而增大。通过计算模拟发现，随着 β-MnO_2 中 OVs 数目的增加，β-MnO_2（110）晶面能带带隙先变窄再变宽（图 2-3），且当 OVs 数量增加到 12 时，β-MnO_2-12OVs（110）具有最窄的带隙宽度，即最好的导电，说明适当地引入 OVs 的数量，可以提升并优化 β-MnO_2 的导电性。陈军课题组[9]也发现 MnO_2 在经过热处理和还原热处理后（氢气气氛下煅烧）其电导率均有所提高，其主要原因是处理过程中 MnO_2 产生了一定的氧缺陷，从而导致其导电性提升。

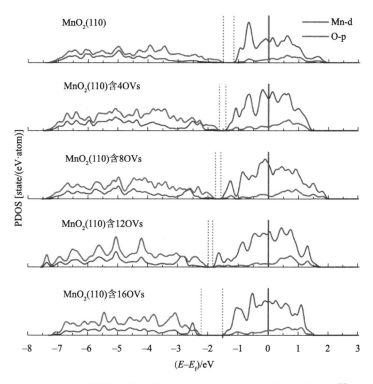

图 2-3　不同氧空位含量的 β-MnO_2（110）面的分态密度图[8]

当形成 p 型半导体时，需要调整半导体材料晶格中缺陷的数量，其晶格中电子减少、空位增多可以在禁带中形成受主能级。以过渡金属氧化物为例，当在过渡金属氧化物中减少过渡金属原子的计量比、以高价离子取代晶格中的正离子、在晶格中掺入电负性更大的间隙原子时，可减小氧化物晶格中的电子数、增加空位浓度，从而形成受主能级。然而由于价带中空穴的迁移速率低于电子在导带中的迁移速率，导致其 p 型半导体的导电性往往较 n 型半导体低，因此如何提高价带中空穴的浓度是提高 p 型半导体材料导电性的关键。以 SnO 为例，其 Sn 的 5s 和 O 的 2p 轨道的显著杂化导致价带中存在较高浓度的空穴，但由于此类 SnO 的热力学稳定性较 SnO$_2$ 低，如何获取具有高空穴浓度的 SnO 是目前研究面临的挑战。Hwang 课题组[10]曾经利用共沉积法制备了含有金属 Sn 的 SnO$_2$ 薄膜，通过金属 Sn 消耗额外的氧气，抑制 SnO$_2$ 的形成，并通过调节 Sn 与 O 之间的比例，获取具有高空穴迁移率的 p 型 SnO。实验结果表明，当 Sn 浓度低于 O 浓度时，其具有较高的空穴迁移率和空穴浓度，其中 Sn/O 比为 55∶45 时具有最高的空穴迁移率 8.8 cm^2/（V·s），空穴浓度可以达到 5.4×10^{18} cm^{-3}。

2.1.2　电子（电荷）转移能力

电化学催化反应的实质是催化剂-反应物种之间的电子（电荷）转移。如第 1 章所述，虽然电极电势可调节催化剂的轨道能级，有利于电子在电极与反应物种之间发生转移，但也正是由于反应物种在不同电势区间发生的吸附、活化、反应与脱附，使整个电极反应远离平衡电势，反应过电势增加。如果能够使催化剂在平衡电势附近实现快速的电化学催化反应，则可以从本质上极大程度地减小电化学极化，降低反应过电势，从而提高催化剂的催化活性。因此，在不考虑外加电极电势的条件下，提升催化剂表面电子逸出能力，则可能提升其电子转移速率，提高催化活性。

催化剂表面电子逸出的难易程度可以通过催化剂前线分子轨道能级中的 HOMO 能级、费米能级或功函高低进行判断[11,12]。通常而言，这三者的趋势基本保持一致，可以针对不同计算条件选择某一参数进行分析。对于固体催化剂而言，常用功函表示，其定义为从固体表面移除一个电子到真空中的最低能级，主要包括电子化学势和表面偶极的贡献。如图 2-4 所示，电子化学势 μ_e 代表相对于真空的费米能级；表面偶极 δ 则表示从固体表面移走电子所需的额外能垒。表面偶极产生的能垒主要由固体表面静电场所产生，其与固体表面吸附的物种、暴露的晶面、表面的粗糙度以及结构的重构等因素有关。如果能保持催化剂表面的结构，影响功函的主要因素则是费米能级。费米能级则可通过构建缺陷、掺杂、复合以及颗粒尺寸等方式进行调节。

对于氧还原反应而言，通常反应物种氧气分子接受电子的轨道高于催化剂电子逸出的轨道（图 2-5），因此催化剂的功函越低或费米能级（HOMO）越高，电子越易逸出，此时需要提升其能级的外加电势（阴极极化）越小。换句话说，如

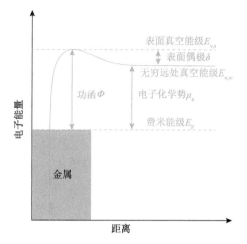

图 2-4　金属电极费米能级示意图

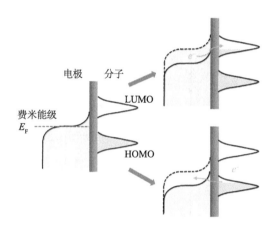

图 2-5　催化剂功函或费米能级调节示意图

果能够有效地调节催化剂的功函或费米能级，则可以调控催化剂与吸附物种间的电子转移的方向与速率。金属催化剂可以通过适当调控其颗粒大小调节功函，颗粒尺寸越小，功函越低。例如 Au 纳米催化剂[13]，当其负载在氧化石墨烯上的颗粒尺寸从 40 nm 减小到 5 nm 时，其功函从 5.76 eV 降低到 5.35 eV。虽然减小催化剂的颗粒尺寸有助于降低功函，但催化剂并非粒径越小氧还原活性越高，其主要原因是颗粒过小容易导致表面暴露更多的边缘或台阶活性位点，从而对物种吸附过强，不利于后续脱附，容易发生活性位被占据中毒。因此需要合理控制催化剂的尺寸大小，平衡催化剂的功函和吸附强度关系，才能有效提高催化剂的氧还原活性。

与金属催化剂相比，金属氧化物功函的调节比金属更为复杂，这是由于氧化物中因缺陷存在多种化学计量比，同时氧化物的晶体结构、离子价态、表面状态也各不相同。通常来说，所有金属氧化物都可以通过增加氧空位，降低氧化物中正离子价态来降低其功函。主要是因为低价正离子具有更低的电负性，降低了氧化物电子的化学势。尤其是当金属氧化物中的氧空位可在带隙中产生施主能级时，其功函则会因费米能级位置的提高而进一步降低。例如，d^0 金属氧化物，如 TiO_2、HfO_2、V_2O_5、ZrO_2、Ta_2O_5、WO_3 和 CrO_3 等[14]的能带均具有较宽的带隙，其价带主要由 O 的 2p 轨道组成，导带主要由金属 d 带组成。当正价离子为全氧化态时，正价离子 d 能带几乎为全空状态。如图 2-6 所示，d^0 金属氧化物的功函通常随着低价正离子的浓度增加而降低，即正价离子的价带对金属氧化物电子的化学势具有决定性的影响。这就意味着氧空位浓度越高，氧化物功函越低。但由于氧化物

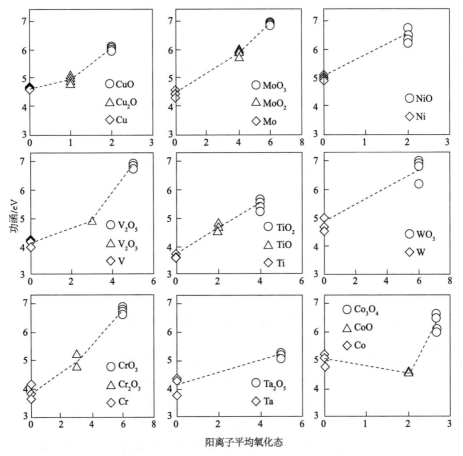

图 2-6　不同氧化物阳离子氧化态与功函的关系[14]

中氧空位浓度过高时，会伴随晶体结构的转变，此时功函的变化会更为复杂。魏子栋课题组[8]发现 β-MnO₂ 中适当氧空位的引入，不仅可以引入杂质能级、降低能隙值、提高导电性，还可以提升费米能级和 HOMO 能级，并且 β-MnO₂ 的费米能级和 HOMO 能级随着氧空位浓度增加而增加，但当氧空位浓度过大时，会因晶体结构的坍塌致使费米能级陡降。由此可见，在保持 β-MnO₂ 晶体结构稳定不变的基础上，适度增加氧空位浓度有助于提升其导电性和费米能级，从而可以有效促使 O—O 键的活化和解离，进而表现出优异的催化活性（图 2-7）。麦立强团队[15]发现在 NiCo₂O₄ 中引入适当的氧空位，可以有效增加费米能级处的态密度，降低功函，提高其催化氧还原活性，降低反应过电势。

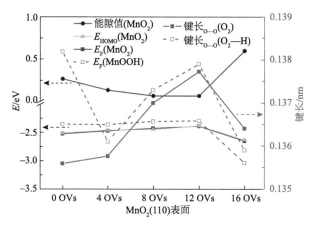

图 2-7　不同氧空位含量的 β-MnO₂（110）面 HOMO 能级与 O—O 键键长的关系图[8]

金属、金属氧化物以及二元复合材料等费米能级与离子的电负性呈线性关系。图 2-8 是金属电负性与费米能级的 Gordy-Thomas 关系图[14]。其中，材料的功函表示从固体移走一个电子所需的最低能量；电负性则表示离子内核吸引价电子的能力。以 Mulliken 电负性为例，根据电负性与费米能级之间的关系，将 Mulliken 电负性[16]定义为：$\chi = 1/2$（IE+EA）；IE 为电离能；EA 为电子亲和势，如图 2-8（a）所示，在固体材料中，价带的顶端表示电离能；导带的底部表示电子亲和势，此时 Mulliken 电负性则位于带隙的中部。对于本征半导体而言，此时带隙中间的能量则表示费米能级。因此，电负性可以近似地表示固体材料的费米能级。

除了氧化物外，二元复合物也可以利用各组分的电负性预测材料的功函。例如，$A_m B_n$ 二元化合物，其材料的功函可表示为

$$E_F = \left(\chi_A^m \chi_B^n \right)^{1/(m+n)} \qquad (2\text{-}1)$$

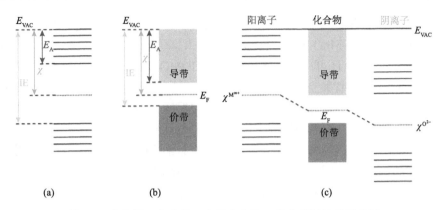

图 2-8　电负性、电离能、电子亲和势、费米能级关系示意图

具体的关系如图 2-8（c）所示。当化合物中非金属元素一定时，金属离子的价态就决定了其电负性的大小，从而影响费米能级。该公式也可以推测，当金属离子确定时，可以通过改变复合非金属元素调控材料的费米能级。此外，非金属元素还会通过其主量子数影响费米能级。例如，利用理论计算研究非金属元素（第二周期和ⅥA 族）修饰镍基催化剂表面的费米能级[17]可以发现，当同一周期的非金属元素吸附在 Ni（100）表面时，X/Ni（100）的费米能级变化非常小；当被同一族的非金属元素吸附后，X/Ni（100）的费米能级则随着主量子数的增加而增加。其主要原因是，同周期非金属元素的价层电子轨道能级变化不大，因此与 Ni 相互作用后不会对其费米能级产生明显的变化；但当非金属元素的主量子数显著变化时，其主要体现在价层电子轨道能级的变化，主量子数越大，价层电子轨道能级越高，最终导致其与 Ni 成键后的轨道能级升高，从而促使材料的费米能级显著提升（图 2-9）。

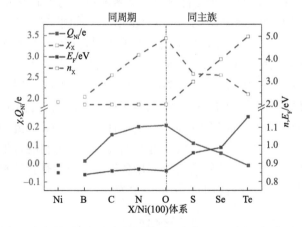

图 2-9　非金属元素 X 电负性（χ_X）和主量子数（n_X）与 X/Ni（100）表面平均电荷（Q_{Ni}）以及费米能级（E_F）的变化关系[17]

2.1.3 物种的吸脱附

根据 Sabatier 规则[18,19]，具有适中的物种吸脱附强度成为指示催化剂催化活性的关键描述符，而物种在催化剂表面的吸附又与催化剂表界面的几何、电子结构密切相关。因此，寻找可直接指示物种吸附强度的催化剂结构参数是更为便捷理性设计催化剂的关键。根据第 1 章氧还原机理的分析，除中间物种 $^*O$ 和 $^*OH$ 吸附强度与催化活性之间的呈现"火山形"曲线关系外，各物种的吸附能之间又存在线性比例关系，由此建立吸附能与活化能、吸附能与催化剂活性间的影响关系，以及可以将决定整个催化反应活性的许多参数映射到代表催化剂几何、电子结构的描述符上。具体地说，通过对催化剂的几何、电子结构、中间物种的吸附强度进行研究，选择一个或几个催化剂结构性质作为关键反应性描述符，与表面吸附能、活化能（或反应能）、活性（质量比活性、比表面积活性、电流密度等）进行关联，进而将一个基于所有基元反应步骤的活化能和反应能的多维动力学模型简化为由一系列低维甚至单一的反应描述符描述的模型，从而根据该描述符预测或评估催化性能[20]。例如，金属表面的反应活性可以用 $^*O$ 或 $^*OH$ 的吸附能描述，也可用金属表面的 d 带中心描述。目前常用于描述 ORR 中间物种吸附强度的描述符有：d 带中心、广义配位数、费米软度及氧化物 e_g 轨道填充度等。

1. d 带中心

催化剂的电子结构对物种的吸脱附强度具有决定作用，其中较为典型的是 Hammer 和 Norskov 提出的 d 带中心（d-band center）理论。Norskov 课题组[21]系统地研究了氧在过渡金属上的吸附，比较了过渡金属表界面性质，如 d 带中心、d 带电子数以及物种轨道与金属 d 带的重叠与氧气 O—O 键解离的关系。研究发现，金属表面 d 带中心离费米能级越近，金属 d 轨道与氧气 2p 轨道的重叠越大，成键轨道越低，吸附能越大（图 2-10）。相反，则不利于氧原子的吸附。该方法适用于预测金属类催化剂对物种的吸附强度。例如，邵敏华课题组[22]就 Pd 基合金对 ORR 的催化活性研究也证明：氧还原反应的中间产物—— O，在合金表面的吸附能与合金表面的 d 带中心呈线性关系，并且催化活性同 d 带中心存在"火山形"关系，如图 2-10（a）和（b）所示。其中，Pd/Pt（111）的 d 带中心处于适中的值，既利于氧气的吸附，又利于中间吸附物种的脱附，从而表现出最佳的 ORR 活性。Eishiro Toyoda 等[23]实验研究发现，随着 Pt 的粒径从 31.4 Å（3 nm）逐渐降低到 6.8 Å，d 带中心持续向费米能级方向移动，即 d 带中心逐渐正移，催化活性则线性降低，从而证明了 Pt 颗粒几何结构与 Pt 的 d 带中心的关联。已有研究表明，d 带中心在描述 Pt 基合金、近表面合金、核壳结构等催化剂的 ORR 中间物种吸附能具有较高的准确性。Norskov 等[24]发现 Pt/M/Pt 夹层式催化剂上氧气的吸附解离依赖于次表层的 M（M 为 3d 过渡金属）对表层 Pt 的电子结构，如 d 带宽度和 d 带电子数（图 2-10）的影响。如 Ti 等会使 Pt 表面 d 带平均能量的降低从而使氧气的解离吸附能降低。

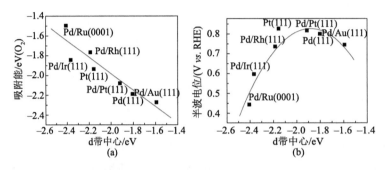

图 2-10　（a）金属上 *O 的吸附能与 d 带中心的线性关系；（b）Pd 基合金中 Pd 的 d 带中心与 ORR 半波电位的"火山"关系图[24]

　　尽管 d 带中心理论在理性设计过渡金属类催化剂以及预测其氧还原催化活性等方面的普适性得到了许多研究工作者的证实和认可，但某些过渡金属催化剂 d 带中心的变化与物种的吸附强度的变化并不一致，因此 d 带中心理论无法适用于所有的过渡金属类催化剂。例如，d 带中心能够较好地预测后过渡金属的物种吸附强度和反应活性，但对前过渡金属、d 带完全填充的金属以及与 *O 或 *OH 具有强结合能力的金属的预测并不准确。Boris V. Merinov 等[14]研究了一系列纯过渡金属 d 带中心与其催化活性之间的关系。他们以 ORR 速度控制步骤（RDS）反应能垒为催化活性的指标，首先确定了氧还原反应的 RDS 反应能垒分别与 *O 或 *OH 的吸附强度具有一定线性关系；其次计算了各类纯金属表面、体相 d 带中心值，并与各类文献计算值和实验值进行比较，发现表面与体相 d 带中心值不一致，相差 0.5 eV 左右，且 d 带中心值很大程度上依赖于计算方法，不同计算方法所得值各不相同，且变化趋势也有差异。如图 2-11 所示，通过研究 d 带中心与 RDS 反应能垒的关系发现，除 Ruban 课题组[25]计算的 d 带中心与活性具有一定的"火山"关系外，其他研究组所得值均与"火山"关系不甚吻合。此外，该团队通过理论计算比较了相同金属不同晶面上 d 带中心值与反应活性之间的关系，结果表明相同金属不同晶面上的活性与 d 带中心存在不吻合的现象。因此，该研究组认为，d 带中心不适用于预测大范围变化的过渡金属的 ORR 催化活性。此外，Norskov 研究组[26]也曾强调 d 带中心只能应用于矩阵元（耦合矩阵）是常数或者近似为常数的金属，大范围变化的金属因耦合矩阵元变化大于 d 带中心，导致 d 带中心与物种吸附之间的线性关系差，无法用于预测金属的催化活性。因此，只有当催化剂的组成差异非常小时，d 带中心的变化值才能与物种的吸附强度具有线性关系。

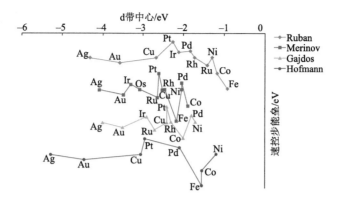

图 2-11　不同课题组计算的纯金属上 ORR 速度控制步能垒和金属 d 带中心的趋势比较，Ruban 课题组[25]理论计算值呈现"N"形变化趋势；Gajdos[27]和 Merinov 课题组[28]展现出锯齿形状；Hofmann[29]实验结果表现出"W"形状

2. 广义配位数

基于 d 带中心理论的局限性，越来越多的研究者开始对 d 带中心理论进行修正或者提出新的预测物种吸附强度的描述符。例如，Calle-Vallejo 等[30]在传统配位数概念的基础上提出的"广义配位数"理论揭示了活性中心的局部结构和化学环境并更方便快捷地预测纯金属表面对物种的吸附强度。传统的配位数 cn 是以表面金属原子为对象，广义配位数 $\overline{\mathrm{CN}}$ 则是以表面的吸附位点为对象对每个位点最邻近的原子的配位数进行加权计算而得。计算广义配位数公式为

$$\overline{\mathrm{CN}}(i) = \sum_{j=1}^{n_i} \mathrm{cn}(j) n_j / \mathrm{cn}_{\max} \qquad (2\text{-}2)$$

式中，$\overline{\mathrm{CN}}(i)$ 为中心原子 i 的广义配位数；n_i 为与 i 原子直接相邻的原子数；n_j 为与 i 原子相连的第 j 个原子；$\mathrm{cn}_{\max}$ 为该晶面最大配位数。例如，如图 2-12 所示，Pt（111）面上的顶位原子，邻近有表层配位数为 9 的 6 个原子和下层配位数为 12

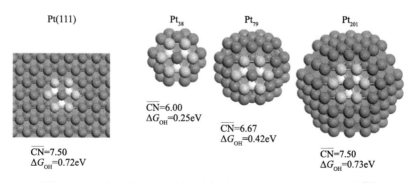

图 2-12　Pt（111）以及不同尺寸簇表面铂原子的广义配位数值[30]

的 3 个原子, 该晶面最大配位数为 12, 计算得活性位点的广义配位数 $\overline{CN} = (9 \times 6 + 12 \times 3)/12 = 7.50$。相同晶面, 随着簇尺寸的减小, 其广义配位数随之降低, 且对物种的吸附会增强。同样的计算方法可以用于桥位 $[\overline{CN} = (10 \times 6 + 12 \times 3)/12 = 8.0]$ 和中空位 $[\overline{CN} = (10 \times 4 + 11 \times 2 + 12 \times 3)/12 = 8.17]$ 的配位数。

该课题组研究了一系列由（111）、（100）晶面以及棱边、台阶、顶点位原子组成的不同大小的 Pt 簇（Pt_{201}、Pt_{79} 和 Pt_{38}）。分析比较 $^*O$、$^*O_2$、$^*OH$、$^*OOH$、H_2O 和 $^*H_2O_2$ 在不同位点上的吸附能与 $\overline{CN}$、cn 以及 d 带中心（ε_d）的关系发现，$\overline{CN}$ 较 cn 和 ε_d 与吸附能的变化更能吻合（图 2-13）。此外，他们还发现不同缺陷

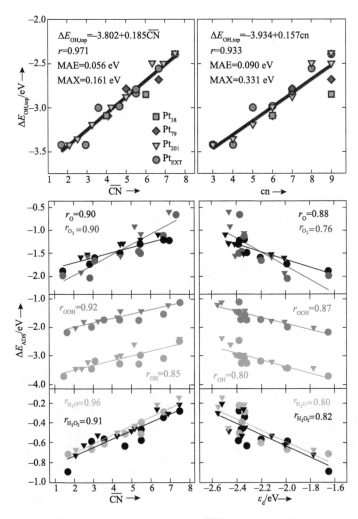

图 2-13　ORR 中间物种在不同位点上的吸附能与 $\overline{CN}$、cn 以及 d 带中心（ε_d）的关系[30,31]

结构的 Pt 颗粒上，其活性中心的广义配位数与理论过电势呈较好的"火山"关系（图 2-14），且预测出最佳的 ORR 催化位点的 $\overline{CN} \approx 8.3$，其对 OH 吸附要比 Pt（111）弱 0.15 eV。因此通过制造有缺陷的 Pt（111）表面可以改善其 ORR 活性。他们认为 ε_d 对于纳米颗粒上表面各类重要活性位没有区分，ε_d 的变化范围较 $\overline{CN}$ 更窄，且 ε_d 的计算依赖于 DFT-GGA 的计算精度以及态密度的计算情况，因此利用 ε_d 预测物种吸附强度存在较多的限制。而 $\overline{CN}$ 则不需要任何电子结构的理论计算，只需要根据表面原子的结构进行数学运算就可以方便快捷地预测纯金属表面物种的吸附强度。然而，由于该方法没有涉及表面原子的电子结构，对合金或表面掺杂的催化剂，当表面原子配位数相同但电子结构不同时，此类方法能否实现对物种吸附强度的预测，抑或是需要加入修正参数，还有待深入研究。

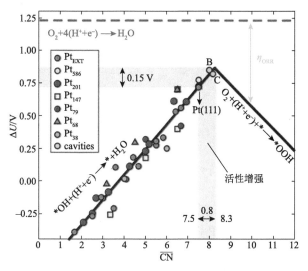

图 2-14　不同缺陷结构的 Pt 颗粒上活性中心的广义配位数与
ORR 理论过电势的"火山"关系图[30]

3. 费米软度

武汉大学庄林教授[32]则在前线分子轨道理论的基础上，提出了一种可表征固体表面前线轨道的新描述符的新的理论方法——费米软度（S_F），可对固体表面的反应性进行较为直观和定量的描述。他们认为，价电子能带中每个能级均具有反应性，但它们对物种吸附（表面成键）的贡献并不相等，且越靠近费米能级贡献越大。这就意味着固体催化剂表面的反应特性，不仅取决于态密度[$g(E)$]，还应取决于各价电子能带的反应性权重[$w(E)$]。据此，他们提出采用有限温度下的费米-狄拉克分布函数的导数 $-f_T'(E-E_F)$ 为反应性权重函数（图 2-15）在费米能级

处出现最大值，且随能级的升高逐渐衰减为零。此时费米软度可表示为

$$S_F = \int g(E)w(E)dE = -\int g(E)f'_T(E - E_F)dE \qquad (2\text{-}3)$$

可用于表示固体催化剂表面全局的平均反应特性。当把全局态密度 $g(E)$ 换成局域态密度 $g(E, r)$ 后，得到了费米软度即为空间的函数 $S_F(r)$，可直接描述固体表面化学反应性的空间分布，从而也可以表示固体表面的定域反应特性。如图 2-15 所示，他们证实，在有限温度下[kT=0.4 eV，k 为玻尔兹曼（Boltzmann）常量，T 为温度]的 S_F 与 ${}^*O$ 的吸附能之间具有良好的相关性（Spearman 相关系数 $r = -0.94$），因此可以利用 S_F 表征固体催化剂的表面反应特性。如同前面所描述的，d 带中心理论主要适用于金属催化剂反应性的描述，但对金属化合物类催化剂并不适用。因此费米软度不仅拓展了固体催化剂电子结构的描述方式，还提供了反应性的空间图像。

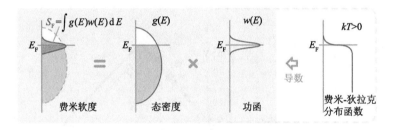

图 2-15　费米软度计算示意图[32]

运用费米软度可以成功地解释 Y 表面的 d 带中心高于 Pt 和 Pt 表面 ${}^*O$ 吸附强度与 d 带中心不一致的现象。Pt$_3$Y（111）表面具有比纯 Pt（111）高 6～10 倍的 ORR 活性。Y 原子的 d 带中心为 0.85 eV，远大于 Pt 的 -2.23 eV，故根据 d 带中心理论，氧在 Y 原子上的吸附能应比在 Pt 原子上的吸附能高，但通过理论计算发现，在 Pt$_3$Y（111）表面，氧原子在 Y 原子上方的吸附能（-2.33 eV）反而低于在 Pt 原子上方的吸附能（-2.82 eV）。他们通过局域 $S_F(r)$ 图像计算表明，Y（001）面最弱的 $S_F(r)$ 区域比 Pt（111）面最强的 $S_F(r)$ 大，如图 2-16 所示，说明 Pt（111）面的反应活性高于 Y（001）面。但在 Pt$_3$Y（111）表面，Pt 原子上方 $S_F(r)$ 的分布明显大于 Y 原子上方，作为对比，体系的不同原子周围的电荷密度则几乎没有区别。这种 $S_F(r)$ 分布状况的巨大差异在一个很大的等值区间内是非常显著的，只有当等值面上的值很小时，Y 原子上方才显露出零星的 $S_F(r)$ 分布。此外，H、C、N 的吸附质在 Pt 原子上的吸附均比在 Y 原子上的吸附更强，说明费米软度预测表面反应性的可靠性。

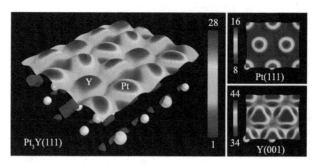

图 2-16 Pt$_3$Y（111）、Pt（111）和 Y（001）面的费米软度空间成像[32]

4. 氧化物 e$_g$ 轨道填充度

除了金属外，金属氧化物，如尖晶石（AB$_2$O$_4$）[33]、莫来石（AB$_2$O$_5$）[34]和钙钛矿（ABO$_3$）[35]，也被广泛应用于 ORR 中。众多研究发现，基于分子轨道理论衍生出的 e$_g$ 轨道填充度也可作为多元金属氧化物的氧还原活性的描述符，即通过判定金属活性位点的 e$_g$ 轨道的电子填充状态便可以判定催化剂的氧还原活性。

1970 年，Matsumoto 等[36,37]提出氧化物电极上 ORR 活性容易受块体过渡金属离子的 e$_g$ 轨道和表面氧的分子轨道之间形成的 σ* 的填充度的影响。近年的研究表明，这些氧化物催化剂的催化性能主要取决于过渡金属的配位环境。这些催化剂的晶体场可以在费米能级附近诱导较强的轨道选择性，导致晶体场中的 d 轨道与氧物种的 2p 轨道之间的最大空间重叠有利于后续的催化反应。这一理论已被广泛应用于多元金属氧化物中。如图 2-17 所示，由于金属氧化物中位于四面体中心的 A 原子和八面体中心的 B 原子的 d 轨道在晶体场中均会分裂成三重态 t$_{2g}$ 轨道（包含 d$_{xy}$、d$_{xz}$、d$_{yz}$ 轨道）和双重态 e$_g$ 轨道（包含 d$_{z^2}$ 和 d$_{x^2-y^2}$ 轨道）。e$_g$ 轨道和 O 原子的 2p 轨道杂化形成的 σ 键和 π 键，σ 和 π 的反键轨道（σ* 和 π*）。当含氧物种吸附在八面体位点 B 上时，O 的原子轨道优先与 B 的 e$_g$ 轨道发生重叠[图 2-18（b）]；当含氧物种吸附在四面体位点 A 上时，e$_g$ 轨道和 t$_{2g}$ 轨道都不能直接与 O 的轨道重叠，即构不成有力的吸附，因而，不可能对氧分子进行催化活化，因此氧气分子在八面体位点的吸附才具有 ORR 催化活性。Shao-Horn 等[38]通过实验研究了 15 种钙钛矿型氧化物的氧还原活性[图 2-18（a）]，并总结了这些钙钛矿催化剂的氧还原活性与其内在金属元素的电子结构的关系。他们发现，在钙钛矿型氧化物的 B 位上的 e$_g$ 轨道的填充状态与其氧还原本征活性之间存在"火山形"关系，其中 e$_g$ 轨道上只有一个电子填充时，钙钛矿型氧化物的氧还原活性最好。在这种情况下，含氧物种在 B 位置的吸附强度适中致使其氧还原反应过程变得容易。

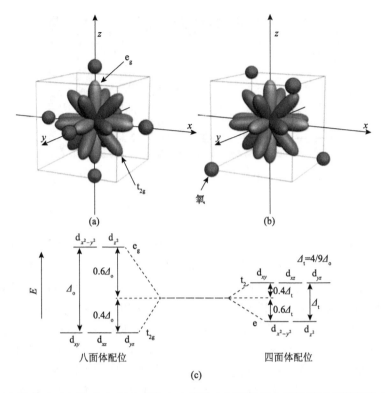

图 2-17　金属-氧在八面体（a）和四面体（b）配位中氧配体的空间排列示意图以及八面体和四面体配位中的简并 d 轨道的能级示意图（c）[32]

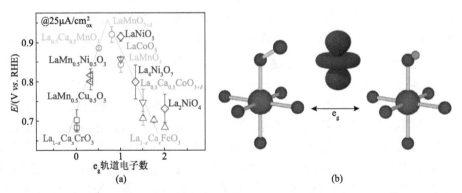

图 2-18　（a）钙钛矿型氧化物的 B 位上的 e_g 轨道电子数与其氧还原本征活性（25 μA/cm² 时的电位）的"火山形"关系图；（b）O_2 和 OH 在八面体金属位点吸附示意图[38]

　　相似的描述符也可用于具有尖晶石结构的过渡金属氧化物的氧还原活性描述上。由于尖晶石型氧化物具有 AB_2O_4 的结构，其中，A 和 B 元素分别处于氧原子构成的四面体和八面体的中心。目前，尖晶石型氧化物催化剂的氧还原活性被认为仅受其八面体位金属的影响，而不会受到四面体位金属的影响。Xu 等[39]研究发现，八面体位金属离子的 e_g 轨道的填充可以调控尖晶石氧化物的 ORR 活性。当 e_g<1 时，O_2 在表面吸附过强即 M—O_2^- 键很强，很难产生 OH^-，而当 e_g>1 时，速度控制步骤为 OOH^-/OH^- 的交换。当轨道上只有一个电子填充时，尖晶石型氧化物也具有最好的氧还原催化活性，这说明电子轨道填充在金属氧化物催化中具有重要的作用。

2.1.4　稳定性

电催化剂的稳定性是保障反应高效持久进行的关键。在长时间的运行过程中，氧还原电催化剂因长时间处在较高电场和氧化性的环境中，即便是贵金属铂碳催化剂也面临着碳载体的腐蚀、铂纳米颗粒氧化、溶解迁移、团聚长大、脱落等一系列问题。特别是当采用空气作为氧气来源时，杂质气体如硫化物、氮化物等会进一步导致催化剂的中毒。上述问题最终导致催化剂活性位的失活或遗失、催化剂结构变形、催化剂逐渐老化、活性及寿命衰减。因此，在保证催化剂具有高活性的同时，还必须考虑其稳定性和耐久性，以确保能源转换装置持续稳定地运行。

氧还原催化剂作为燃料电池的正极，其工作环境复杂且苛刻。在电池启动和停止瞬间，电位在 0.6～1.5 V 范围波动，并且催化剂长期暴露在富含氧气、$^*O$、$^*OH$、$^*OOH$ 及 H_2O 等物种的气氛中。如此大范围的电位波动，加上含氧中间物种的氧化性，势必导致催化剂经历氧—还原—氧化—还原的恶性循环。对负载型金属纳米催化剂，如果纳米颗粒与载体间的作用不强，则不能抵抗如此苛刻的反应条件带来的破坏，导致纳米颗粒在载体上自发地发生溶解、迁移和再沉积，并伴随着纳米颗粒的溶解—沉积—溶解—再沉积的过程，伴随着微小的纳米颗粒消失，形成大颗粒，称为奥斯特瓦尔德熟化。奥斯特瓦尔德熟化不仅极大地减少了活性位的数量，还由于表面原子数减少使得配位数增加，本征活性也降低。对碳载体而言，还面临氧化腐蚀，无法锚定和分散催化剂纳米颗粒，导致其负载的纳米颗粒脱落，严重时还会造成电极结构的坍塌。事实上，对于碳载贵金属催化剂，即便金属是稳定的，因为碳载体在燃料电池使用环境下，总是不稳定的，长远地看，依然是不稳定的。

（1）催化剂本体具有优异的稳定性。稳定的催化剂首先需满足热力学稳定性，即催化剂颗粒需要有较低的表面能以防止其结构变形及团聚。其次，必须满足电化学稳定性。主要是氧还原催化剂本身应具有的抗电化学氧化溶解能力以及在富含氧物种气氛下的抗氧化能力。在酸性介质中，由于 H_2O 的生成及排出，在较高的电位下（0.6～1.23 V），可能催化剂颗粒的电化学氧化、溶解及流失，加上 ORR 过程中大量的具有氧化性能的含氧物种，对氧还原催化剂的电化学稳定性提出了挑战。氧还原催化剂不仅需要利于氧气的吸附还原，其自身还不易被含氧物种氧化占据而失活。如何权衡催化剂活性位的反应活性与抗氧化性是保证其电化学稳定性的关键。此外，催化剂还应具有抗中毒性能，即活性位仅选择性地吸附反应物种，对反应气中的其他杂质气体如 NO_x、CO 或 SO_x 等呈现惰性或弱吸附，以保证反应的持续进行。

（2）催化剂载体具有高的抗腐蚀性。催化剂载体虽不直接参与电化学催化反应，但其对分散催化剂、提高催化剂的利用率，增加活性位密度，提供电子传递通道，搭建气体扩散通道具有非常重要的作用。换句话说，载体是构建具有气、液、电子反应与传递有效三相界面的关键。尽管载体不直接参与反应，但其面临的工况与催化剂本身是完全一样的。因此，催化剂载体应具有高的导电性、抗腐蚀性，并呈现一定的化学惰性。同时，作为催化剂载体，还应该具备价格便宜、加工简单、易回收等特点。

（3）催化剂与载体间的强相互作用。除了提高催化剂的活性组分与载体自身的稳定性外，增强催化剂和载体间的强相互作用也是保证催化剂稳定性的一个重要方面。载体对催化剂的有效锚定，避免其在电化学条件下迁移和团聚长大，使其活性位密度在持续运行中保持一致，减少活性的损失。然而，强电场条件下，什么强相互作用才能缓解或者抑制催化剂的迁移团聚长大，仍然是催化剂设计和研究的重点之一。

2.2　氧还原电催化剂的设计策略

根据上述氧还原电催化剂的基本要求与不同活性描述符可知，氧还原反应的催化性能由诸多因素决定，但归根结底是由催化剂的几何、电子结构共同决定。因此可以通过调节催化剂的几何、电子结构，利用活性描述符设计和优化氧还原催化剂。本节主要从活性与稳定性两个方面介绍如何通过调变催化剂的几何、电子结构，优化和提升其氧还原的催化性能。

2.2.1　催化活性提升策略

根据第 1 章中氧还原机理的介绍，物种的吸附强度与活性之间呈现的"火山形"曲线（Sabatier 规则）和各物种吸附强度之间的比例（scaling）关系是指示催化剂本征活性以及本征活性极限的两个关键规律。

Sabatier 规则[40,41]强调了由一个反应物形成的不稳定的中间产物，该中间产物的"不稳定"程度是指其必须足够稳定，但又不能太稳定，因为它必须能完全转化成最终产物。这是一种适度的定性表示法，同时也可通过与中间产物稳定性有关的物理量（吸附强度）作为半定量的表示。通常催化活性与中间产物吸附强度间存在一个"火山形"关系，仅催化剂与物种有适当的吸附强度时，才具有最优催化活性[42-44]。催化剂对物种吸附强度与其活性间的关系可以通过如何高效掰断塑料哑铃的漫画示意图表示。如图 2-19 所示，A 中小绿人力气太小，不足以掰断哑铃，B 中的莽汉则力气太大，虽然很容易掰断哑铃，但因为执拗却不肯放手，因此无法高效地掰断哑铃；而图 C 中两个睿智的成年人力气恰到好处，且懂得及时放手，因此掰断哑铃的效率最高。同时，图 2-19 还提示，图 A 中的小绿人力气小，若增加小绿人数量则可以实现哑铃的断裂（图 A'），同理，对图 B 中的莽汉进行干扰，如让小朋友对莽汉挠痒痒使其及时放开哑铃（图 B'），也可达到相同的目的。

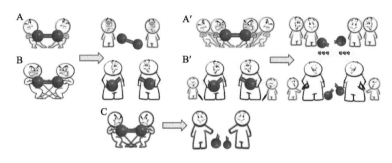

图 2-19　如何掰断塑料哑铃

比例关系定量地给出了氧还原中各反应中间物种的吸附强度成比例地增大和减小（如*OOH 与*OH 之间斜率=1），并且*OOH 与*OH 之间存在的吸附能差异[截取=（3.2±0.2）eV]。该关系既进一步量化了"火山"关系，也阐明了 ORR 无法在近平衡电位附近发生反应的根源。换句话说，只要 ORR 催化剂遵循上述比例关系，其势必存在一个活性极限，最小过电势为（3.2–2.46）eV/2 e≈0.4 V。这也解释了为什么很难单纯地通过调节某一物种的吸附强度，如*O 吸附，使其催化活性达到"火山顶"。即使是比较理想的 Pt 催化剂，过强的*O 吸附使其仍具有约 0.5 V 的过电势[45]。显然，当*OOH 与*OH 之间的吸附能差异减小到 2.46 V 时，此时理论最小过电势为零，则有可能实现催化活性的最优化。

根据上述 Sabatier 规则和比例关系，ORR 催化剂的设计策略和优化原则包括：①调节关键物种吸附强度达到最优；②选择性地强化*OOH 的吸附而弱化*O 或*OH 的吸附，打破线性关系，减小其吸附能的差异；③避免*OOH 中间物种的形成，提高 ORR 4 电子的解离机理发生概率。显然，调节物种的吸附是优化催化活性的关键。由于物种的吸附结构和吸附强度主要受到催化剂表界面的几何、电子结构和表面性质的影响，借助表界面结构与物种吸附强度之间的关系，则可以找到提升催化剂活性的相应策略。例如，表面原子间距的变化会影响氧气的吸附构型，也会因表面原子电子结构包括 d 带中心、表面剩余电荷的变化，从而影响物种的吸附强度[46]。表面异种原子的掺杂不仅会导致几何结构的变化，还会使表面电荷重新分布，从而改变物种吸附行为。对于金属类催化剂，当催化剂中引入缺陷、合金化、与载体复合、界面调控、形貌尺寸调控等时，可以改变催化中心的几何结构（键长、键角、层间距、晶格）和配位结构（配位数、配位原子、配位键长、配位方式）。人们通常把因催化剂（活性中心）配位键长或晶格的变化等几何结构变化引起的电子结构及催化活性的改变称为应变效应[47]；因配位原子种类和数量的变化而引起的电子结构和催化活性的改变称为配位效应[48]。配位效应的作用往往存在于 1~3 个原子层间，是一种短程效应。而应变效应的影响可存在于1~6 个原子层间，是一种长程效应，这两种效应往往同时存在，但因组成及结构的差异，这两种效应所占的权重不一样，如在核壳结构金属催化剂等金属覆盖层型复合催化剂中，应变效应更容易影响催化剂的几何电子结构及催化性能[47,49,50]；而在表面合金、金属单原子催化剂中，配位效应影响更大。因此本节主要从应变效应、配位效应以及中心原子异化效应出发，介绍上述效应产生原理及如何利用这些效应提升 ORR 催化剂活性。

1. 应变效应

通过增加基底、构造核壳结构、施加机械应力等方式可以改变催化剂的晶格或键长从而引入应变效应。如图 2-20 所示，拉伸应变可以使后过渡金属（d 轨道半充满及以上的金属）的 d 带变窄，即能量分布范围更小，局部态密度增大，表现为 d 带中心上移(靠近费米能级)；压缩应变将会导致金属 d 能带间的重叠增强，d 带变宽，即能量分布范围增大，d 带中心下移（远离费米能级）。根据 d 带中心理论，通常 d 带中心越靠近费米能级，金属-吸附物之间的 M-ads 相互作用越强；相反，d 带中心越远离费米能级，M-ads 的相互作用相对更弱，由此认为应变效应与 d 带中心呈现线性关系。因此，对于氧物种吸附过强的催化剂，引入压缩应变可弱化物种的吸附，从而提高催化活性。

诸多研究[51-54]也证实，压缩应变有助于提升 Pt 等贵金属基催化剂表面的 ORR活性。例如，Wang 等[52]通过 DFT 计算证明由于压缩应变引起的 d 带变宽使 d 带中心负移，ORR 物种在压缩应变的 Pt（111）表面上的结合能比在非应变表面上的结合能更弱，且压缩应变下 Pt（111）面的 ORR 决速步骤活化能更低，即压缩应变有助于 Pt（111）面 ORR 活性的提升。Bard 等[55]通过实验考察了应变效应对Pt ORR 活性的影响。他们利用双向形状记忆效应，以 NiTi 形状记忆合金为基底，通过不同的热循环处理，使沉积在表面的 Pt 纳米薄膜得到了三种不同的应变状态：无应变、压缩应变和拉伸应变。研究发现，与无应变 Pt 膜相比，具有压缩应变的Pt 膜表现出更高的 ORR 活性，拉伸应变 Pt 膜的活性最差[图 2-21（a）和（b）]。具体表现为，压缩应变使 Pt 膜上 H_{UPD} 和 OH_{ad} 的覆盖度显著降低，其 ORR 动力

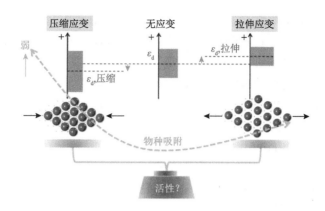

图 2-20 金属催化剂应变效应与 d 带中心、物种吸附的非线性关系示意图

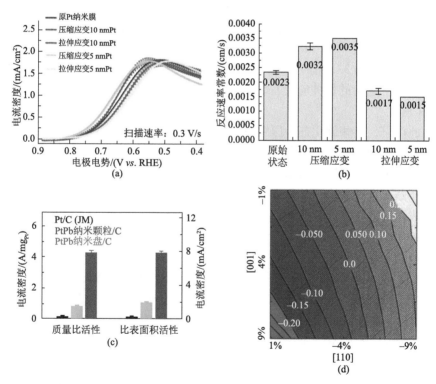

图 2-21 不同应变对催化活性的影响：（a）ORR 极化曲线；（b）动力学速率常数（扫描速率为 0.3 V/s）；（c）比表面积活性和质量比活性比较；（d）氧吸附能随双轴应变的关系图[55]

学速率常数增加了 52%，半波电位正移了 27 mV；拉伸应变 Pt 膜催化 ORR 动力学速率常数降低了 35%，半波电位出现了 26 mV 的负移。以上数据证实了压缩应变和拉伸应变对 ORR 活性的影响与 d 带中心理论的预测一致。Wang 等[56]也发现

Pt 表面分别被压缩和拉伸 5% 时，其 ORR 活性分别增加 90% 和降低 40%。

　　尽管许多研究证实了压缩应变和拉伸应变对 ORR 活性的影响与 d 带中心理论的预测一致，且拉伸应变会增强物种吸附，但近年来的一些研究[57-59]发现拉伸应变也存在弱化中间物种吸附强度的现象。Adzic 等[60]将单层 Pt 沉积到 PtPb、PdPb 和 PdFe 金属间化合物纳米颗粒上，其中 Pt/PdFe 上 Pt 被过度压缩，Pt/PdPb 上 Pt 被过度拉伸，Pt/PtPd 上 Pt 则适当被拉伸。这些催化剂的 ORR 活性顺序为 Pt/PtPd＞Pt/PdFe＞Pt/PdPb，说明具有一定拉伸应变的 Pt 原子层也可以提高 ORR 活性。但值得注意的是，当 Pt 原子层厚度小于 0.6 nm（约 3 个原子层）时，来自基底的配位效应则无法被忽略[61,62]，此时应变效应和配位效应共同决定着表层 Pt 的催化活性。为此，郭少军课题组[59]制备了 Pt 壳约 1 nm 厚的 PtPb/Pt 核壳纳米板催化剂，其 Pt 壳约 4 个原子层厚度，从而可以忽略 PtPb 核对表层 Pt 的配位效应，进而更好地评估应变效应对催化活性的影响。研究结果表明，由于 PtPb 核与 Pt 壳的晶格失配导致该催化剂暴露最多的 Pt（110）面，因此具有较大的双轴拉伸应变（＞7.5%），且这种由 PtPb 核对 Pt 壳造成的拉伸应变使得 Pt 的 ORR 比活性远高于商业 Pt/C（约 33.9 倍）[图 2-21（c）和（d）]。进一步的 DFT 计算也证实在 Pt（110）面上适当的拉伸应变有助于将 Pt—O 结合强度降低到最佳值，从而提高其 ORR 活性。

　　由此可见，某些催化剂中压缩应变和拉伸应变都可能弱化物种吸附，应变效应对其电子结构的调变及提升活性呈现出非线性关系（图 2-20）。基于拉伸应变效应有悖于 d 带中心理论的预测，且存在异常吸附行为的现象，魏子栋课题组[63]对铂的低指数晶面几何电子结构-应变-物种吸附三者的关系进行了深入的研究，并建立了表面应力、表面性质和物种吸附行为之间的整体联系。研究表明，晶面原子密度的大小以及结构决定了表面对应力的相应程度，其导致的价层 5 个 d 轨道在不同应力下变化的差异性是影响物种吸附强度变化的根源。他们以 Pt 低指数晶面[即 Pt（111）、Pt（100）和 Pt（110）]为例，通过 DFT 计算发现，在 Pt（111）和 Pt（100）应变对表面性质及催化活性的影响与 d 带中心理论的预测一致；而对于 Pt（110），其 ε_d 5d 轨道中心以及物种的吸附能随表面应变出现非线性变化。如图 2-22 所示，Pt（110）面上拉伸应力一方面会明显增大层内原子距离从而减小原子间轴向 $d_{x^2-y^2}$ 轨道的重叠使 $d_{x^2-y^2}$ 轨道中心上移，另一方面却缩短层间原子距离从而增加层间 d_{z^2} 轨道的重叠使 d_{z^2} 轨道下移。在压缩应力范围内，d_{yz} 和 d_{xz} 主导了铂-吸附原子间的相互作用，且变化微弱；在拉伸应力范围内，d_{z^2} 在减弱原子吸附中的作用随应力逐渐增强。同理，其他 5d 轨道中心（d_{xy}、d_{xz}、d_{yz}）也表现出类似的趋势。对开放的低原子密度 Pt（110）表面随应变表现出异常吸附行为，主要源于表面原子与层间原子键长变化不一致所导致的 5 个 d 轨道中心的不一致变化。

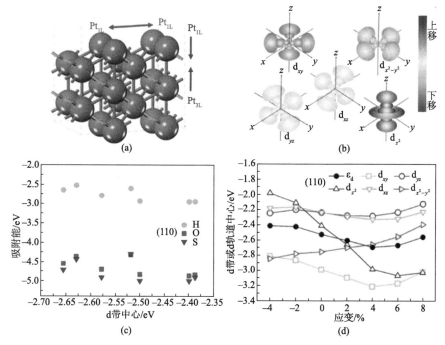

图 2-22　应变诱导的 Pt（110）面[63]：（a）对 Pt（110）结构的影响示意图；（b）Pt（110）5d 轨道中心变化示意图；（c）d 带中心与吸附能关系图；（d）各 d 轨道中心与应变的关系图[63]

上述金属表面对应变的响应行为称为泊松响应（Poisson response）[64,65]。当对金属某一方向施加外部应力时，其会在垂直方向产生相反的应变。例如，当沿金属表面 x 轴方向施加压应力时，相应地 y 轴和 z 轴方向就会产生一定的拉伸应力，从而产生非均向的应变，对物种产生不同的作用力。显然这种应变效应对物种吸附的非线性关系，不仅可以用于调节某一物种吸附前度达到最优，还可以应用于打破各物种吸附之间的比例关系，将催化活性向"火山顶"推进。例如，Peterson 等[66]发现只施加单轴应力时，表面结构产生泊松响应（即各向异性应变）会使吸附于 fcc（100）中空位的初态能量上升，而使吸附于 fcc（100）桥位的过渡态能量降低，从而打破初态与过渡态的比例关系（图 2-23）。

除了贵金属基催化剂外，应变效应还广泛应用于一些金属化合物和非金属催化剂的活性调控中。例如，Rappe 等[67]结合 DFT 计算和机器学习发现对于不同浓度及种类的非金属掺杂的 Ni_3P_2，其 Ni_3-hollow 位（中空位）的 Ni—Ni 键长可以作为 HER 活性描述符，这表明非金属掺杂剂对 Ni_3-hollow 位点产生了一种化学压力效应，并通过压缩和拉伸改变其反应活性。Xue 等[68]发现拉伸应变有助于 $Ni(OH)_2$ 纳米带暴露四配位的 Ni 活性位点从而促进了 OER 活性。Liu 等[69]发现生长于单晶 $SrTiO_3$ 基底上的 $La_{0.7}Sr_{0.3}CoO_{3-\delta}$ 薄膜，因存在压缩应变，可有效降低

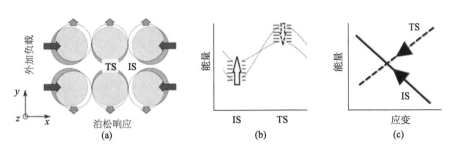

图 2-23　（a）对 fcc（100）表面施加单轴压应力示意图；（b）初态（IS）与过渡态（TS）能量变化；（c）单轴压应变对初态和过渡态能量的影响[66]

氧空穴浓度从而提高 OER 活性。Terakura 等[70]证明拉伸应变可以打破 ORR 中间物种在 N 掺杂石墨烯上的吸附能比例关系。

以上结果均证明应变是一种有效调控催化剂活性的策略，而且应变所引起的 d 带中心的变化，恰恰是 ORR 要求 *OOH、*OH 等在 Pt 表面吸附强度理想的调节力度。在催化剂设计中，可结合催化材料的本征性质（如轨道重叠特征、晶面特征、对中间物种的吸附特性等）通过化学方法[49,50,71,72]（如调节催化剂的组分、复合形式、表界面结构或形貌，或通过改变金属的形状、尺寸、弯曲程度等）或物理方法[71]（如施加或改变外力、电、磁、温度等）引入或调控应变效应，从而对催化剂表界面活性进行调控。

2. 配位效应

在催化剂中，改变催化位点的配位数和配位原子的种类可以引入配位效应。配位效应对电子结构的调节作用也可以通过比较催化剂表面原子的 d 带中心的变化而获得。其中，当金属（M）配位不饱和程度增加时，其原子轨道重叠减小，d 能带向费米能级方向移动，即 d 带中心上升（正移），从而增强了对氧物种的吸附，反之则减弱对氧的吸附。此外，当配位原子使中心金属原子电子增多时，活性中心金属原子的 d 带中心正移，从而增强对物种的吸附；反之亦然。

金属催化剂表面上存在不同配位数的原子，包括：低指数晶面原子[如（111）、（100）、（110）面]，高指数晶面原子，位于台阶位、棱边或顶点位的原子等。其配位不饱和程度按照台阶/棱边原子＞高指数晶面＞低指数晶面的顺序依次降低。改变催化剂的形貌尺寸可以改变金属原子的配位数从而引入配位效应。以金属催化剂为例，不同尺寸的金属纳米颗粒，其表面原子的配位数会因暴露的晶面不同而不同[73]。当尺寸减小时，纳米颗粒中处于低指数晶面的原子会逐渐减少，配位不饱和的原子会逐渐增多，且其顶角原子的配位数也会减小，配位效应的主导地位逐渐显现出来。因此利用配位效应，合理地调变催化剂颗粒尺寸、调节表面原子配位数，可以有效地提升纳米颗粒的 ORR 活性。Norskov 课题组[74]通过比较不同粒径的比表面积活性和质量比活性发现，粒径在 2～4 nm 的 Pt 簇具有最优的催化活性（图 2-24）。随着 Pt 粒径的减小，在（111）和（100）面的 Pt 原子比逐渐减小，而台阶位的原子比逐渐增多。粒径过小时，台阶位上原子比远大于（111）和（100）面，导致对中间物种吸附过强从而使活性降低。邵敏华课题组[23]研究了 1～5 nm Pt 颗粒在 HClO₄ 溶液中的催化活性，发现当粒径为 2.2 nm 时，其质量比活性最高（图 2-25）。计算发现 Pt 粒径从 3 nm 到 1 nm 减小过程中，由于颗粒表面低指数晶面的减少以及配位不饱和的金属位点逐渐增加，使得氧物种在表面的平均吸附强度先略微减小，在 2 nm 处吸附最弱，随即急剧增大。因此，通常所说的催化剂尺寸效应，不排除配位效应在作祟。

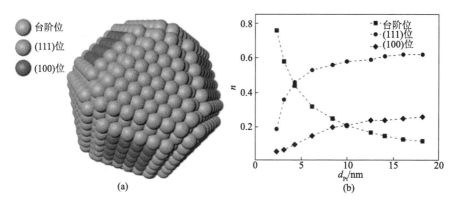

图 2-24　Pt 簇表面 Pt（111）、Pt（100）位点示意图（a）和台阶位原子分数（b）[74]

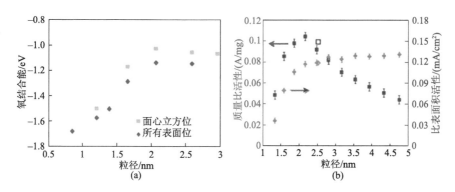

图 2-25　不同粒径 Pt 颗粒的氧结合能（a）及比表面积活性和质量比活性（b）变化[23]

　　改变催化剂的组分，即是改变配位原子的种类和数量，方便适宜地引入配位效应。以合金催化剂为例，将非贵金属（M）与贵金属（如 Pt）形成合金不仅可以提高贵金属的利用率, 还可以有效增强其 ORR 活性和稳定性。但由于不同金属原子半径和电子组态的差异, 必定会产生明显的电荷转移和几何晶格应变, 从而同时引起应变效应和配位效应。因此合金类催化剂表面金属电子结构的变化, 往往取决于应变效应与配位效应的相互协调。但当配位效应占主导时, 可利用配位效应对催化剂的活性进行调节[75]。

　　例如, Pt/Pd 合金中, 表面 Pt 原子受到来自 Pd 的压缩应变可以使其 d 带中心负移, 同时 Pt 从 Pd 获得的电子, 可以使其 d 带中心正移。两者共同作用的结果使 Pt 的 d 带正移, 表明配位效应在表面 Pt 原子电子结构变化中起主要作用。在此基础上, 在表层引入 Au 原子, 利用配位效应的主导地位可以进一步调节表层 Pt 的电子结构。当在表层引入惰性 Au 时, PtAu/Pd 中 Pt 原子从底层 Pd 获得更多电子, d 带中心相对 Pt/Pd 正移了 0.002 eV。当在表层引入 Os 时, 在 PtOs/Pd 中[图 2-26 (d)], 因 Os 也易得电子, 使 Pt 原子从 Pd 获得转移的电荷较少, d 带中心反而相对 Pt/Pd 负移了 0.133 eV。因此, 无论对于 PtAu/Pd 还是 PtOs/Pd, 配位效应相较于应力效应在调节 d 带中心方面发挥了更主导的作用[76]。此外, 由于 Au 原子和 Os 原子分别具有很负和很正的 d 带中心, 因此可以推测 Au 原子对氧物种的吸附能力较弱, 而 Os 原子对氧物种的吸附能力则较强。通过计算发现表面原子对氧气的吸附强度的变化以及催化活性也呈现出与 d 带中心一致的趋势。从而证明了利用配位效应调控催化活性的合理性。再如, Pt_3M 合金能使表面的 Pt 骨架产生拉伸应力, 但相比于应力效应, 电子转移所产生的配位效应作用更显著, 改变 M, 如形成 Pt_3Y、Pt_3Sc 等[77]可以调节配位效应从而使表面 Pt 的 ORR 活性优于纯 Pt 的活性。

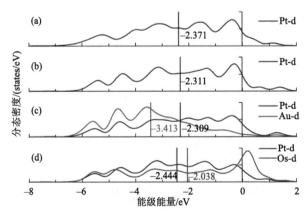

图 2-26　(a) Pt、(b) Pt/Pd、(c) PtAu/Pd 和 (d) PtOs/Pd 表面中各原子的分态密度图[76]

　　除了利用某一种效应的主导地位调节催化活性外, 还可通过平衡两种效应协同增强催化活性。以 PtFe 合金为例[78]，Fe 原子会引起 Pt—Pt 键收缩，从而产生压应力效应，增加原子间轨道的重叠，降低 d 带中心，减弱物种的吸附。但与此同时，Fe 原子还可以将电子转移给 Pt，从而增加 d 带上的电子数，削弱 d 带中心的降低。调节 Fe 原子在合金中的掺杂量和掺杂结构，可调变应变效应和配位效应。如中空 PtFe 合金中 Fe 原子从内部到表层掺杂浓度的梯度性的变化有效地协调了配位效应和应变效应。如图 2-27 所示，Fe 的掺杂缩短了 Pt—Pt 间的距离，引起了压应力增大，轨道重叠，降低 d 带中心；而 Fe 产生的配位效应将电子转移给 Pt，增加 d 轨道上的电子数引起 d 带中心的上升。压应力和配位效应对 d 带中心的一升一降实现了其对电子结构的粗调和微调，使 PtFe 表面对氧的吸附强度较纯 Pt 低约 0.3 eV，有效优化和提高了其催化氧还原活性。与实心 Pt 相比，中空 PtFe 合金催化剂在 0.9 V 下，其质量比活性达到 0.993 A/mg$_{Pt}$，较商业化 Pt/C 催化剂提升了 5.15 倍。

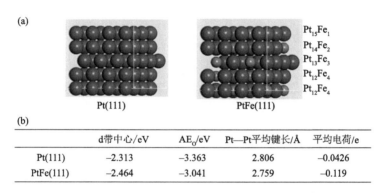

	d带中心/eV	AE$_O$/eV	Pt—Pt平均键长/Å	平均电荷/e
Pt(111)	−2.313	−3.363	2.806	−0.0426
PtFe(111)	−2.464	−3.041	2.759	−0.119

图 2-27　（a）Pt（111）和 PtFe（111）表面结构示意图；（b）d 带中心、氧的吸附能、活性位点的平均 Pt—Pt 键长和平均电荷[56]

理论计算和实验还发现 Pd$_3$Fe 合金会因 Pd 的团聚使表面覆盖一层薄的 Pd 壳层，因 Pd 壳层与作为核的 PdFe 合金晶格失配，表层 Pd 中会产生压缩应力，压缩应力使 Pd$_3$Fe（111）上 Pd—O 结合能减弱 0.1 eV，因 Fe 引入的配位效应又会进一步使 Pd$_3$Fe（111）上的 Pd—O 结合能减弱 0.25 eV，因此应力和配位效应的协同作用是提高 Pd$_3$Fe 合金 ORR 活性的主要因素[51]。当应变效应对催化活性的贡献有限时，可进一步通过调控组分、合金比例等调节配位效应对合金催化剂活性的影响。例如，Pt 与过渡金属形成的 Pt$_3$M 合金因不同的惰性原子对表面金属原子的配位效应不同，可以不同程度地提高 Pt 的 ORR 活性（其中 ORR 活性顺序为 Pt<Pt$_3$Ti<Pt$_3$V<Pt$_3$Ni<Pt$_3$Fe≈Pt$_3$Co）。

由于配位效应是短程效应，而应变效应是长程效应[62]。当覆盖层金属（壳金属）原子层小于 3 时，底层（核）的配位效应占主导地位，且配位效应对表层金属的影响随原子层数的增加而减弱。当原子层数大于 3 时，底层（核）的配位效应对覆盖层金属（壳）的影响较弱，此时因晶格失配所产生的表面应变效应占主导地位，但应变效应也会随着原子层数的增加而减弱。因此可以通过合理的设计催化剂来调节应变和配位效应的相对强弱，以避免或补偿应变或配位效应带来的不利影响。例如，对于表面为纯 Pt 的核壳结构类合金催化剂，可改变表面 Pt 层的厚度来获取配位效应和应变效应的平衡。相同尺寸的 Pt-Cu@Pt 纳米颗粒内部 Cu 对表面 Pt 产生的压应力随 Pt 层厚度的增加而减弱，其削弱氧吸附的能力也随之减弱[61]；nML-Pt/Pt$_{25}$Ni$_{75}$（111）[79]的表面应变和配位效应均随 Pt 壳层厚度的减小而增大，ORR 活性随 Pt 壳层厚度的减小而显著增加，这是因为配位和应变效应同时存在或者配位效应显著时，才能有效提升表层 Pt 的 ORR 催化活性。另外，还可以通过调节晶面、改变催化剂晶体形貌、厚度、载体等方式调节应变效应和配位效应。

3. 中心原子异化效应

在金属催化剂上，可以通过减弱或增强其对 ORR 中间物种*O 或*OH 的吸附强度提高其催化活性。然而对于过渡金属化合物或碳基类 ORR 催化剂而言，除了优化*O、*OH 的吸附外，还需要优化氧气的吸附。在这些催化剂表面上，氧气的吸附比在金属催化剂表面上吸附弱，即氧气难以直接被吸附解离，而是需要质子的帮助，形成*OOH 后，才可能发生 O—O 键的断裂，通常 O_2 的质子化为反应的速度控制步骤。因此对这些催化剂而言，如何调节催化剂表面的局域性质，促使 O—O 键的解离，是提升催化活性的关键。为了促使 O_2 中的化学键活化与解离，可以考虑增加 O—O 键中反键轨道上的电子数，从而弱化成键；改变两个对称氧原子的电荷分布，进一步促使键的活化。由此可以推测，当催化剂的表界面满足以下条件时，可以显著提升 O—O 的活化解离：①促使电子容易转移给 O_2；②具有可供 O_2 桥式吸附的双位点；③双位点对吸附的 O_2 具有不同的电荷转移特性，即存在电荷异化。利用反应位点中心原子电荷异化效应可以实现对氧气吸附活化的优化从而提高其 ORR 活性[64]。

以尖晶石型过渡金属氧化物为例，尖晶石的结构式一般可简写为 AB_2O_4，其中，氧离子形成立方最紧密堆积，A 和 B 两种过渡金属排列在氧离子的间隙当中。当氧的四面体体心和八面体体心分别由 A 和 B 完全占据时，尖晶石具有正式结构，可表示为{A}[B$_2$]O$_4$（其中{}表示氧四面体体心的元素，[ ]表示氧八面体体心的元素）。当{B}[A]比{A}[B]更稳定时，八面体体心的[B]元素的一半将会被四面体体心的{A}元素替代，此时的尖晶石为反式结构，可表示为{B}[AB]O$_4$。对尖晶石型过渡金属氧化物 ORR 催化剂而言，金属位点为氧气反应的活性位点。反式结构的尖晶石的八面体可以同时占据两种不同的金属，此时可调节其掺杂离子的浓度，改变其晶体结构，利用金属元素之间的电子结构的差异引入中心原子电荷异化效应，从而实现氧气吸附活化的调节。

例如，魏子栋等[80]以尖晶石结构的 Co_3O_4 为基础，掺入 Fe 原子，通过调节八面体体心 Fe 原子的浓度（从无到有）制备出 Co_3O_4、$FeCo_2O_4$、$CoFe_2O_4$ 和 Fe_3O_4 催化剂，此时尖晶石结构经历了"正尖晶石-反尖晶石-正尖晶石"结构的循环。氧还原电催化活性测试发现具有反尖晶石结构 $\{Co\}[FeCo]O_4$ 催化剂具有最好的 ORR 催化活性（其半波电位超越商业 JM Pt 将近 42 mV）。他们进一步通过 DFT 计算探究了 ORR 提升的原因，发现 O_2 在尖晶石（110）晶面存在两种吸附模式，一种是双位点吸附，即氧分子中的两个氧同时吸附在两个八面体体心原子上；另一种是三位点吸附，即氧分子同时吸附在两个八面体体心的原子和一个四面体体心的原子上。通过计算 O_2 键长（图 2-28）可以发现，不管是双位点还是三位点吸附，相比 $\{Co\}[Co_2]O_4$ 和 $\{Co\}[Fe_2]O_4$（110）面，反尖晶石结构 $\{Co\}[FeCo]O_4$（110）晶面更容易使 O_2 活化而发生断裂。结合电子结构分析，他们发现反尖晶石结构对氧气的活化行为可以归因于 Co 和 Fe 电负性不同所导致的金属八面体位点电荷异化效应[81]。具体而言，不同于尖晶石结构，反尖晶石结构 $\{Co\}[CoFe]O_4$ 中 Co、Fe 共享八面体位，由于 Fe 较 Co 原子电负性更大，Fe 以晶格中的 O 为桥梁，将 Co 上的电子夺走，促使 Fe 原子附近的电荷密度大于 Co，此时 Fe-Co 原子间出现显著的电荷异化。具体分析如图 2-29 所示，$\{Co\}[Fe_2]O_4$ 结构中 Fe 与 Fe 间的电

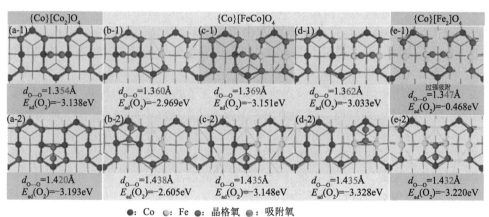

●：Co　○：Fe　●：晶格氧　●：吸附氧
░：反尖晶石结构　▓：正尖晶石结构

图 2-28　吸附氧在 $\{Co\}[Co_2]O_4$（a）、$\{Co\}[FeCo]O_4$（b～d）和 $\{Co\}[Fe_2]O_4$（e）上的 O—O 键键长和吸附能，上层为三位点吸附模式，下层为双位点吸附模式[80]

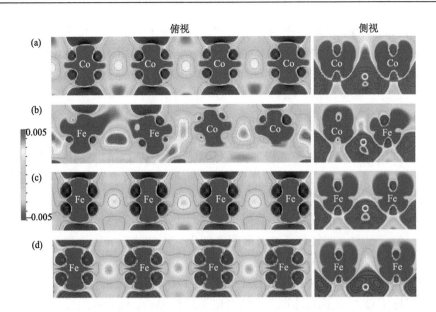

图 2-29　（a）{Co}[Co₂]O₄、（b）{Co}[FeCo]O₄、（c）{Co}[Fe₂]O₄ 和（d）{Fe}[Fe₂]O₄ （110）
晶面八面体占位上的差分电荷密度（红色表示电荷集聚，蓝色表示电荷缺失）[81]

荷集聚程度明显大于 {Co}[Co₂]O₄ 结构中的 Co 与 Co，且 Fe-O 间电荷转移程度也
明显大于 Co-O。Fe 掺杂后 {Co}[FeCo]O₄ 由于 Fe 原子上的电荷密度增大，意味着
其向 O₂ 转移电子的能力增加；并且，Fe-Co 间的电荷异化，可有效地促使 O₂ 中
的氧原子的电荷分离从而活化 O—O 键，促进了 ORR 过程的进行。此外，具有反
式结构 {Co}[FeCo]O₄ 的费米能级的大小位于正式 {Co}[Co₂]O₄、{Co}[Fe₂]O₄ 和
{Fe}[Fe₂]O₄ 之间，即不高也不低，使其可以在满足催化剂与氧气间电子转移的同
时，提高氧气吸附和 O—O 活化程度。

　　异化效应所产生的双活性位点对非极性双原子的活化作用，原理上类似于"受
阻路易斯酸碱对"，即同时提供两个相邻但荷电状态截然不同的位点时，使得与之
作用的对称分子中两个原子分别带正电荷和负电荷，其利于共价键的离子化，进
而提高对分子的活化程度。对于杂原子掺杂碳材料催化剂，其表面也可以通过构
建电荷异化的双碳位点，实现催化氧还原活性的提高。

　　以非金属掺杂碳材料为例，掺入电负性较 C 更大的元素，如 N 掺杂石墨烯
（NG），会使周围碳原子带部分正电荷，从而成为 ORR 的反应活性中心；而掺入
电负性较 C 小的元素，如 P、B 等，则会在周围碳骨架上引入部分负电荷[64]。如
图 2-30（a）和（b）所示，这些元素的掺杂都可以提高碳基材料的催化活性，但
由于周围碳所带电荷微弱，且活性位点的不连续性，只能满足氧气的端式吸附，
且吸附太弱，不能有效地活化 O—O 键，因此此类掺杂碳材料表界面大多数碳位

点（除缺陷位、边界碳位点或具有较大自旋密度位点）上*OOH 的形成为速度控制步骤，且遵循 ORR 的 4 电子联合反应机理。根据电荷异化效应，可以在碳材料表界面掺入分别可引入正电荷和负电荷的掺杂原子，调节界面邻近的碳位点分别带有正、负电荷。此时连续的带异相电荷的碳位点不仅利于氧气的桥式吸附，且电荷的异化也会极大地促进 O—O 键的活化与解离。同时，诸多理论研究也表明[82,83]，非金属杂原子双掺杂碳基材料，其相对掺杂位要足够近（最好是在一个六元环中），但又未成键，才能体现出很好的 ORR 催化活性。

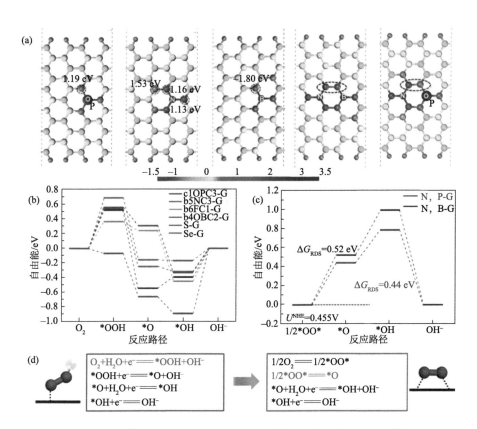

图 2-30 （a）P、N、B 单掺杂以及 N、B 和 N、P 双掺杂碳表面的 Bader 电荷分布以及 ORR 速度控制步骤的吉布斯自由能变（eV）；（b，c）平衡电位下（U^{NHE} = 0.455 V vs. NHE），单掺杂（b）与双掺杂（c）碳表面 ORR 吉布斯自由能曲线；（d）单活性位点与双活性位点氧气吸附示意图与氧还原机理[64]

例如，如图 2-30（a）中所示，N、B 或 N、P 双掺杂可使邻近两个 C 原子分别带正电荷和负电荷，即形成了具有电荷异化特性的双碳活性位点。相比于 N、B、P 单掺杂石墨烯（N-G、P-G 和 B-G）结构的电荷分布图，双掺杂石墨烯结构的表面电荷分布更为多样，且其双碳活性位点的电子分布差异最为明显。理论计算发现，该双碳活性位点利于氧气的桥式吸附，并同时有效地活化 O—O 键的直接解离，其 O—O 键的直接活化能垒与单掺杂 N 上 O_2 的解离活化能（>1.2 eV）相比分别降低到 0.69 eV 和 0.54 eV，接近于 Pt 表面上 O_2 的解离活化能 0.51 eV，氧气的活化程度得到显著提升。通常 O_2 的解离能垒低于 0.75 eV，可认为其在室温下可自发进行。此时可认为此类双掺杂石墨烯催化剂可有效催化 ORR 按照 4 电子解离机理的方式进行。ORR 4 电子解离机理的反应吉布斯自由能曲线表明，双掺杂石墨烯上 ORR 速度控制步骤从单掺杂的氧气质子化活化形成*OOH 步骤变为 O—O 间的直接解离，且反应能变从单掺杂碳材料（P 单掺杂 1.19 eV、N 单掺杂 1.13 eV、B 单掺杂 1.80 eV）降低到了 0.52 eV 和 0.44 eV[图 2-30（c）]，即接近贵金属 Pt 催化（≈0.45 eV）。该结果证实催化剂表界面电荷的异化可有效活化 O—O 键，提高其催化活性。

Dai 等[84]合成的 B、N 共掺杂碳纳米管的 ORR 活性远好于 B 或 N 单掺杂碳纳米管，证实 B、N 的共掺杂产生了协同效应，提升了 CNT 的催化活性。胡征等[85]详细研究了 B、N 掺杂形式对催化活性的影响。他们通过 B、N 的顺序掺杂以及同时掺杂的方式，控制掺杂 N 和 B 的成键方式，合成了不含 B—N 键和含 B—N 键的掺杂碳纳米管。X 射线光电子能谱（XPS）表征发现，两类掺杂 CNT 中 N 的掺杂结构相同，主要是吡啶氮和吡咯氮，但 B 的结构截然不同。当 B、N 顺序掺杂时，B 形成 B—C 以及 O—B—C；而 B、N 同时掺杂时，仅存在 N—B—C 键。氧还原催化活性测试发现，无 B—N 键的掺杂碳纳米管的 ORR 活性随 B 含量的增加而增加；而形成 B—N 键的掺杂碳纳米管的 ORR 活性则随 B 含量的增加而降低。进一步借助理论计算，当 B—N 成键掺杂后，来自 N 上的孤对电子会被缺电子且具有空轨道的 B 原子所中和，此时仅有少量的电子或空轨道与 C 的共轭 π 键耦合，也就是 B—N 成键后电荷的中和不能打破周围碳原子的电中性，从而难活化其共轭的 π 电子并与氧气相互作用。因此，尽管 B 和 N 的分别掺杂可有效提升碳纳米管的催化活性，但如不能有效地使表面的 C 原子发生电荷分离与异化，则不但不会增强活性，还会导致活性的彼此抵消，最终使共掺杂碳纳米管的 ORR 活性低于单掺杂。除碳纳米管外，近期，Dryfe 等[86]采用自下而上的方法制备出具有明确 B、N 掺杂结构的多环芳烃（PAHs）。他们发现双掺杂的 B、N，特别是 B 和 N 原子相差一个或两个 C 原子时，PAHs 具有最优的 ORR 催化活性。

2.2.2 稳定性提升策略

氧还原电催化剂的稳定性是燃料电池等新能源存储转化技术的重要指标之一，决定了其实际应用的使用寿命。以 Pt/C 催化剂为例（图 2-31），催化剂稳定性降低的主要因素有：①Pt 在电池运行下发生纳米颗粒的脱落、迁移和团聚长大；②Pt 纳米颗粒在电池高酸性、高氧化性、高温以及高电压条件下的化学及电化学溶解；③燃料气体以及空气中含有的硫、氮和烃类化合物在 Pt 表面的化学吸附，造成 Pt 催化剂的化学中毒，失去活性；④碳载体本身的电化学稳定性差，容易发生氧化腐蚀，造成 Pt 纳米颗粒从碳载体上发生脱落和流失。因此，除了提升催化剂的本征活性外，提高催化剂的稳定性则是保证反应活性持续进行的前提。根据2.1 节中稳定性的基本要求，本小节将基于负载型纳米催化剂，从催化剂颗粒和载体的角度分析催化剂失活原因并列举相应的稳定性提升策略。

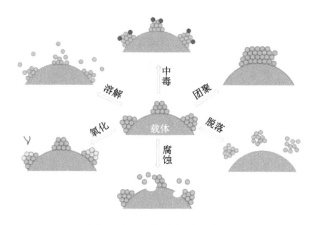

图 2-31　催化剂失活示意图

1. 增强载体的稳定性

催化剂的载体在提高催化剂性能方面起着重要的作用，一方面能使催化剂纳米颗粒在其表面均匀且稳定地高效分散，提高催化剂的利用率和稳定性；另一方面能通过载体与催化剂间的相互作用调控电催化反应，促进催化反应过程中的电子传输。因此，良好的载体不仅本身具有较高的导电性、抗氧化、抗腐蚀稳定性以及一定的催化性能，还能通过与催化剂颗粒间的强相互作用防止纳米颗粒在催化过程中的变形，迁移、团聚和脱落，甚至调变催化剂催化性能。

Pt/C 催化剂面临的稳定性问题可以从轨道相互作用程度窥见一斑。如图 2-32所示，铂与载体碳的相互作用主要源于铂的 5d 轨道与碳的 2p 轨道。从轨道的空间伸展方向来看，其差异性非常大，导致 Pt-C 轨道之间重叠差，Pt 纳米颗粒和碳载体之间的相互作用弱。此外，Pt 纳米颗粒与碳载体间功函接近，传统碳载体的功函约为 5 eV，铂的功函大约是 5.5 eV，致使 Pt 与碳间的电荷转移小，载体对催化剂性能的调变力度不大，也难以有较强的相互作用。这种催化剂活性组分与载体之间的弱相互作用使 Pt 纳米颗粒在氧还原过程中容易发生迁移、团聚，当电极

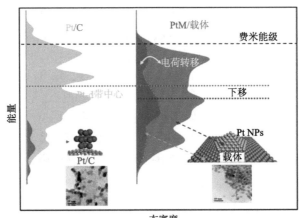

图 2-32　载体提升 Pt 催化剂稳定性示意图[87]

　　受到局部高电压的冲击时，碳载体更容易被氧化和腐蚀，导致 Pt 纳米颗粒从碳载体上脱落，从而使催化剂的稳定性降低，氧还原活性急剧下降。因此，寻求比传统碳更加稳定的新型材料作为 Pt 基催化剂的载体，或对碳材料进行适当地改性，提升金属-载体之间相互作用和电荷转移程度，可以提高 Pt 基催化剂的在催化 ORR 过程中的电化学稳定性。

　　已有研究表明，选用其他的载体，如碳纳米管、B_4C 或金属化合物类，均可增加载体碳与 Pt 粒子之间的强相互作用。Balbuena 等[88]制备了碳纳米管负载的铂催化剂。XPS 表征发现，与 Vulcan 碳负载铂催化剂相比，碳纳米管负载的 Pt 4f 朝低结合能方向移动。其主要认为多壁碳纳米管（MWCNT）表面 π-π 网格储存了更多的电子，利于其向铂转移电子，增加电子密度，从而增强载体与铂之间的相互作用。然而有人认为，载体与铂间电荷转移的增加源于载体与铂之间功函差的增加。多壁碳纳米管的功函为 4.5~4.7 eV，与铂功函差值较传统 Vulcan 碳增加了 0.3~0.5 eV，从而电子更易从载体转移到铂催化剂上，增加其电子密度。如图 2-33 所示，Karamer 等选用具有更低功函的 B_4C（4~4.5 eV）为载体[87]，证实 Pt/BC 催化剂的确较 Pt/C 具有更高的 ORR 催化活性以及稳定性，6000 圈 CV 老化测试后 Pt/BC 活性损失 12%，而 Pt/C 损失 23%。然而，比较 Pt/BC 与 Pt/C 的电子结构发现，尽管 BC 具有更低功函，更易将电子转移给 Pt 增加其电荷密度，但 Pt 4f 的结合能并未朝低能方向移动反而朝着高能方向移动了约 0.6 eV。深入分析可以发现，除电荷转移外，Pt/BC 界面更强的偶极作用，可以增强 Pt 与 BC 轨道的重叠，从而降低成键轨道的能级，使其更为稳定，表现为 Pt 的 4f 结合能正向移动。因此，增强载体与铂之间的相互作用，除增强电荷转移程度外，还需从根本上增强载体与铂轨道的重叠和成键强度。对于非碳载体，如过渡金属化合物载体,因其过渡金属具有与 Pt 相同的 d 轨道,d-d 轨道的重叠远远大于其与碳载体之间的 p-d 轨道的重叠,此时再利用载体-铂之间的功函差增加电荷转移程度,可以有效增强催化剂与载体的相互作用,提升活性和稳定性。如 Ti₃C₂ 载体功函大约 5.1 eV,其与碳载体功函接近,但由于 Ti 的 d 轨道与 Pt 的 d 轨道对称性匹配、能级相当,可以实现轨道的最大有效重叠,不仅 Pt 的 d 轨道朝低能级方向移动(图 2-34),且促进了界面间的电荷转移,使 Ti₃C₂ 与 Pt 具有非常强的相互作用,催化剂的活性和稳定性显著增加[89,90]。虽然选用功函更低的载体可以有效增加催化剂载体之间的相互作用,但功函过低意味着更易失去电子而发生氧化,

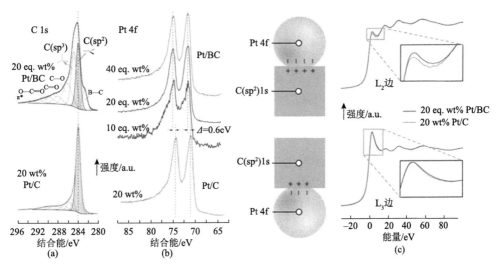

图 2-33　(a)Pt/C 和 Pt/BC 催化剂的 C 1s 和 Pt 4f 的 XPS 精细谱图;(b)负载-催化剂界面电荷转移示意图;(c)催化剂在 744 mV *vs.* NHE 的电化学测试中探测 d 带占据的原位 XANES 的 L₂ 和 L₃ 边谱图[87]

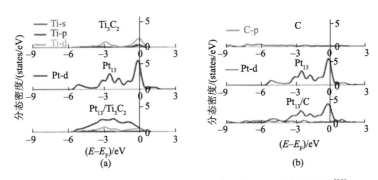

图 2-34　Pt/Ti₃C₂(a)和 Pt/C(b)负载前后的分态密度图[89]

致使材料难以保持其化学和热力学稳定性，因此电催化氧还原反应的载体需同时考虑稳定性、功函、导电性以及与催化剂相互作用等多方面因素。

通过使用石墨化程度更高的结构、缺陷更少的新型碳载体，如石墨烯（G）、碳纳米管（CNT）、碳纳米纤维（CNF）、有序介孔碳（OMC）等，可以有效地缓解碳的腐蚀问题。然而，高度石墨化的碳材料具有一定的表面惰性，缺乏表面活性官能团，没有足够数量的活性或者吸附位点以锚定 Pt 的前驱体或者 Pt 的纳米颗粒。基于此，魏子栋等[91]通过表面共价接枝方法在 CNT 的惰性表面引入稳定基团，成功制备了表面巯基化的碳纳米管（SH-CNTs）。以此作为载体负载 Pt 催化剂（Pt/SH-CNTs），其中，—SH 通过与 CNT 的 π 共轭主体直接作用并有效地降低 Pt 与载体材料之间的接触阻抗。此外，他们还进一步研究了磺酸基官能团化的 CNT 载体（SO₃H-Ar-CNTs）对负载 Pt 催化剂催化稳定性的影响[92]。磺酸基的共价链接方式确保了碳纳米管骨架结构的完整性，进而提高了 Pt/SO₃H-Ar-CNTs 催化剂的抗腐蚀能力。以上研究表明，在碳材料表面引入更加稳定的活性官能团对催化剂的催化稳定性及活性都有增强的作用。

2. 催化剂结构稳固策略

除了优化筛选有利于增强催化剂稳定性的载体外，对催化剂本体进行适当的调控也是提高催化剂颗粒抗团聚、抗溶解、抗中毒、抗氧化的关键。催化剂结构稳固策略主要包括对催化剂进行包覆处理、形成核壳结构、使催化剂合金化。

对催化剂进行包覆处理可增强催化剂电化学稳定性，其原理在于，通过表面包覆限制催化剂纳米颗粒在载体材料上的脱落和团聚。研究结果表明，利用碳层（C shell）[93]、无机物[94]、导电有机聚合物（如聚吡咯和聚苯胺）[95~97]等包覆处理的催化剂均表现出了比无包覆催化剂更高的催化稳定性（图 2-35）。魏子栋等[98]通过原位化学氧化聚合法在 Pt/C 催化剂表面进行了聚苯胺（PANI）包覆处理（Pt/C@PANI），通过电化学稳定性研究发现，以 Pt/C@PANI 为氧还原阴极催化剂的燃料电池系统，在 0~1.2 V 经 5000 次稳定性测试后，其电池输出性能仅仅下降了约 12%；相比较而言，以 Pt/C 为电极催化剂的燃料电池系统的输出性能则下降了约 86%。此外，由于 PANI 结构中含有大量的 N 原子，将构筑的 Pt/C@PANI 催化剂进行高温热处理后可以形成一种氮掺杂石墨碳（NGC）包覆的 Pt/C@NGC 催化剂[99]。高度石墨化的 GNC 包覆层除了具有比 PANI 更高的化学及电化学稳定性外，其本身还具有一定的催化 ORR 活性。因此，NGC 包覆层对催化剂稳定性增强的同时，其对催化剂的催化活性也有一定的增强效果。

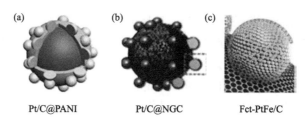

图 2-35　（a）聚苯胺（PANI）包覆 Pt/C（Pt/C@PANI）[98]；（b）氮掺杂石墨碳包覆 Pt/C（Pt/C@NGC）[99]；（c）碳包覆的 Fct-PtFe（Fct-PtFe/C）催化剂[100]

　　形成核壳结构是提升金属类催化剂稳定性和节省贵金属用量的常用策略。ORR 催化剂，特别是贵金属及其合金类催化剂，其组分容易在电位循环以及酸性环境中浸出和溶解，从而导致催化剂结构和组成发生改变，同时溶出的过渡金属可能会沉积在质子交换膜上，污染质子交换膜，造成电池的短路损坏。以 Pt 基贵金属催化剂为例，为了提高其组分抗溶出能力，目前主要的方法是在过渡金属、过渡金属氧化物等纳米颗粒核表面覆盖单层或少层厚度的 Pt 或（PtM）壳，通过核壳间相互作用减轻内部非贵金属的析出溶解以及壳层贵金属的脱落，从而提高其电化学稳定性。Thomas 等报道了通过湿化学合成技术制备了一系列高活性且稳定的碳载 Ru@Pt 核壳纳米催化剂（Ru@Pt/C）[79]。该工作表明，Pt 壳可以提供足够的保护以防止 Ru 核溶解，优化后的 Ru@Pt/C 催化剂展现了优异的氧还原性能。Sasaki[101]通过将 Pt 分散于 Pd 上形成单层 Pt 的核壳结构（Pt_{ML}/Pd/C）。这种超低 Pt 含量的 ORR 电催化剂在 0.7～0.9 V 电位差下运行了 10 万次，且没有观察到 Pt 的显著损失。该催化剂中，Pd 通过诱导 Pt—Pt 键的轻微收缩，使表层 Pt 的 d 带中心下降，使 Pt 对 ORR 中间物种的吸附强度减轻，从而增强了其 ORR 活性。此外，Pd 核通过与 Pt 的相互作用增强了 Pt 单层的稳定性，形成的核壳结构除了可以提高催化剂稳定性、降低贵金属的用量提高其利用率，还能利用核金属对壳层贵金属几何电子构型的调变影响其催化活性[51]。

　　合金化已被广泛应用于催化剂性能的提升策略中，一方面可以利用不同原子间轨道重叠调节活性催化中心金属原子的几何电子结构从而调变其活性，另一方面，组分间强的相互作用可以提高催化剂与载体间的相互作用，或者降低催化剂的表面能，从而提高其热力学和电化学稳定性。如魏子栋等[102]通过对合金催化剂及其载体构成的原子簇运用从头计算和密度泛函分析，发现了 Pt_3Fe/C 合金中 Fe 原子可使 Pt 原子更好的锚定在 C 表面，有效地控制金属催化剂在碳表面的集聚或从碳表面流失，证实了碳表面上通过 M 元素对 Pt 的锚固理论。在利用核壳结构的优势的情况下，还可利用合金化进一步优化催化剂的性能。如 Sasaki[103]在 Pt_{ML}/Pd/C 的基础上，通过对 Pd 进行合金化，制备了一种碳负载的单层 PdAu 合金核-Pt 单层壳结构纳米催化剂（Pt_{ML}/PdAu/C）。在燃料电池测试中，如图 2-36 所示，这种极低铂含量的电催化剂在 0.6～1.0 V 的电势下的 100000 次循环中，活性衰减仅 8%。通过 DFT 计算发现，Au 原子通过迁移至铂单层中的缺陷位，对缺陷位点进行修补，从而降低催化剂的表面能。Au 的修补作用不仅有效阻止核内 Pd 的溶解，还抑制了表面 Pt 原子的氧化、溶解，从而提高催化剂的稳定性和铂单分子层的耐久性。对合金进行掺杂，还可以进一步提升其稳定性。如 Strasser 等[104]发现，在 Pt-Ni 八面体纳米颗粒近表面掺杂少量的 Rh，可以抑制表面铂原子的迁移。在 Rh 含量在 3%及以上时，纳米颗粒的八面体形状在 3000 个电位循环后依旧可以保持，而未掺杂 Rh 的纳米颗粒在经过 8000 个周期后，由于铂在表面的迁移，八面体形状已经完全消失，证明了掺杂对稳定性的提升作用。

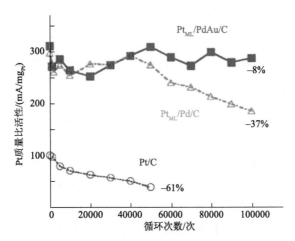

图 2-36　Pt_{ML}/PdAu/C、Pt_{ML}/Pd/C、Pt/C 催化剂质量比活性与循环次数关系[103]

无序合金有序化也是合金性能优化的有效策略。无序合金由于其具有不确定的表面组成和随机原子排布，合金中非贵金属组分容易溶出，相比而言，有序合金具有确定的表面组成和有序的原子排布，具有更稳定的结构和更低的表面能，组分不易流失。因此形成有序的合金化更有利于防止组分流失。Wang 等[105]采用传统的湿化学方法制得 Pt/NiCoO$_x$ 核壳结构催化剂，再通过后续的高温热处理将无序三元 Pt/NiCoO$_x$ 核壳结构催化剂转变为结构有序的三元 $L1_0$-Pt-Ni-Co 合金纳米颗粒（图 2-37）。其中，低温下形成的金属氧化物壳可以防止纳米颗粒在高温过程中烧结，同时，高温处理过程中原位形成的氧空位可以促进 Pt 原子和 Ni 原子的扩散，实现 $L1_0$-Pt-Ni-Co 纳米颗粒的有序化。稳定性测试发现，通过调节合金组分可以进一步调节催化剂的稳定性。

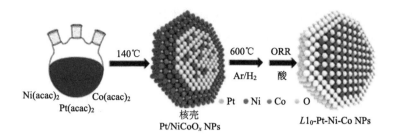

图 2-37　有序 $L1_0$-Pt-Ni-Co 纳米颗粒的合成[105]

　　除了非贵金属组分溶出外，纳米颗粒在载体表面的迁移、团聚也容易使其失活。针对这一问题，可以将上述包覆法与合金有序化耦合，增强纳米颗粒的抗迁移团聚能力。Taeghwan 等[100]通过对聚多巴胺包覆的 PtFe 纳米颗粒热退火，获得了尺寸约为 6.5 nm 的有序 fct-PtFe 催化剂。多巴胺包覆层原位形成的氮掺杂碳壳可以有效地防止纳米颗粒在高温退火过程中的迁移、团聚和烧结。氮掺杂碳层（NC）包覆的 fct-PtFe/C 纳米催化剂的质量比活性和比表面积活性比商业 Pt/C 催化剂高 11.4 倍和 10.5 倍，经过 100 h 的循环，催化剂的活性没有显著的损失，展现了优异的稳定性，为实际应用提供了良好的保障。

　　基于上述策略，针对不同种类的 ORR 催化剂，还可以通过调变催化剂中的原子排列、组分种类和比例、界面组成及结构、壳覆盖度、原子层厚度、颗粒形状和尺寸等进一步提升催化剂的稳定性。具体的策略将在后续章节中涉及，在此不再赘述。

2.3　设计面临的挑战

　　近几十年来，研究者通过上述策略优化调控催化剂的导电性、活性和稳定性，取得了显著的研究进展。但在催化剂设计上仍面临着一些挑战。

　　（1）催化机理的准确深入认识。对于某些催化剂，其含氧物种中间体的吸附不一定具有非常强的比例关系，此时需要更加深入的结构认识和机理分析，并通过一定的修正建立更加可靠的比例关系。由于打破 *OH 和 *OOH 之间的吸附能比例关系后，并不能保证电催化性能的提高，进一步优化活性，则需要在催化剂的几何电子结构和催化活性之间建立新的构效关系。

　　（2）确定普适的活性描述符。虽然目前已存在很多关于氧还原活性的描述符，但各类描述符的使用均具有一定的局限性，而且对于一些复杂的催化剂，单个描述符可能无法合理地描述其活性趋势，甚至会因为催化剂化学键、组成和结构的复杂性变化而变得相互矛盾，因此需要构建一个或多个更为普遍、准确和可测量的描述符。此外，活性描述符是基于催化剂本体的电子性质和几何结构的参数，这些参数的准确获得以及反应机理的认识，都强烈依赖于可靠的理论计算模型、计算方法以及精密的仪器表征和测量。

（3）活性提升策略的选择。利用应变效应、配位效应可以从原子、分子层面降低因固有的吸附能差异导致的理论活性极限。但如何从实验角度平衡这些效应，并选择适当的策略对催化剂进行理性设计仍是一大挑战。

（4）催化剂活性和稳定性的平衡。太活泼的催化剂容易强烈吸附中间物种及杂质物种而发生催化剂中毒，而非常稳定的催化剂又不足以使中间物种得以活化。通过合理引入的应变效应和配位效应，虽然会提高催化剂的活性，但因为催化剂配位结构及配位数的改变，也会增加其表面能而造成催化剂稳定性的变化，因此在催化剂设计中需要平衡好催化剂活性和稳定性的关系。

（5）活性位点活性与密度。在完成催化剂活性的有效调控和优化后，并不能保证所有高活性位点得到有效的利用，此时还需综合考虑活性位点的本征活性提高和活性位点密度提高之间的平衡以提高催化剂整体的催化性能。

总的来说，电化学催化剂的理性设计需要从理论计算出发构建更接近真实条件的模型体系，结合现场原位谱学技术实时监测催化剂实际反应历程，深入理解并揭示其催化构效关系和调控机制，运用创造性的思路提高催化剂的本征活性和稳定性，从而为高性能催化剂的开发提供新思路。

参 考 文 献

[1]　Bockris J O, Srinivasan S. Fuel Cells: Their Electrochemistry[M]. New York: McGraw-Hill, 1969.

[2]　谢希德. 固体物理学: 上册[M]. 上海: 上海科学技术出版社, 1961.

[3]　王桂茹. 催化剂与催化作用[M]. 大连: 大连理工大学出版社, 2007.

[4]　沈培康, 孟辉. 材料化学[M]. 广州: 中山大学出版社, 2012.

[5]　Wei Z D, Huang W Z, Zhang S T, et al. Carbon-based air electrodes carrying MnO_2 in zinc-air batteries[J]. Journal of Power Sources, 2000, 91(2): 83-85.

[6]　Li L, Wei Z D, Li L L, et al. *Ab initio* study of the first electron transfer of O_2 on MnO_2 surface[J]. Acta Chimica Sinica, 2006, 64(4): 287-294.

[7]　Wei Z D, Ji M B, Hong Y, et al. MnO_2-Pt/C composite electrodes for preventing voltage reversal effects with polymer electrolyte membrane fuel cells[J]. Journal of Power Sources, 2006, 160(1): 246-251.

[8]　Li L, Feng X H, Nie Y, et al. Insight into the effect of oxygen vacancy concentration on the catalytic performance of MnO_2[J]. ACS Catalysis, 2015, 5(8): 4825-4832.

[9]　Cheng F Y, Zhang T R, Zhang Y, et al. Enhancing electrocatalytic oxygen reduction on MnO_2 with vacancies[J]. Angewandte Chemie International Edition, 2013, 52(9): 2474-2477.

[10]　Lee S J, Jang Y, Kim H J, et al. Composition, microstructure, and electrical performance of sputtered SnO thin films for p-type oxide semiconductor[J]. ACS Applied Materials & Interfaces, 2018, 10(4): 3810-3821.

[11]　Fukui K, Yonezawa T, Shingu H. A molecular orbital theory of reactivity in aromatic hydrocarbons[J]. Journal of Chemical Physics, 1952, 20(4): 722-725.

[12]　Fukui K, Yonezawa T, Nagata C, et al. Molecular orbital theory of orientation in aromatic, heteroaromatic, and other conjugated molecules[J]. Journal of Chemical Physics, 1954, 22(8): 1433-1442.

[13]　Khoa N T, Kim S W, Yoo D H, et al. Size-dependent work function and catalytic performance of gold nanoparticles decorated graphene oxide sheets[J]. Applied Catalysis A: General, 2014, 469: 159-164.

[14]　Greiner M T, Chai L, Helander M G, et al. Transition metal oxide work functions: the influence of cation oxidation state and oxygen vacancies[J]. Advanced Functional Materials, 2012, 22(21): 4557-4568.

[15]　Yuan H, Li J T, Yang W, et al. Oxygen vacancy-determined highly efficient oxygen reduction in NiCo$_2$O$_4$/hollow carbon spheres[J]. ACS Applied Materials & Interfaces, 2018, 10(19): 16410-16417.

[16]　Mulliken R S. A new electroaffinity scale; together with data on valence states and on valence ionization potentials and electron affinities[J]. Journal of Chemical Physics, 1934, 2(1): 782-793.

[17]　Zheng X Q, Peng L S, Li L, et al. Role of non-metallic atoms in enhancing the catalytic activity of nickel-based compounds for hydrogen evolution reaction[J]. Chemical Science, 2018, 9(7): 1822-1830.

[18]　Sabatier P. La Catalyse en Chimie organique[M]. Paris: Nouveau Monde, 1913.

[19]　Sabatier P. Hydrogénations et déshydrogénations par catalyse[J]. Berichte der deutschen chemischen Gesellschaft, 1911, 44: 1984-2001.

[20]　Zhao Z J, Liu S, Zha S J, et al. Theory-guided design of catalytic materials using scaling relationships and reactivity descriptors[J]. Nature Reviews Materials, 2019, 4(12): 792-804.

[21]　Norskov J K, Bligaard T, Rossmeisl J, et al. Towards the computational design of solid catalysts[J]. Nature chemistry, 2009, 1(1): 37-46.

[22]　Shao M H, Huang T, Liu P, et al. Palladium monolayer and palladium alloy electrocatalysts for oxygen reduction[J]. Langmuir, 2006, 22(25): 10409-10415.

[23]　Toyoda E, Jinnouchi R, Hatanaka T, et al. The d-band structure of Pt nanoclusters correlated with the catalytic activity for an oxygen reduction reaction[J]. The Journal of Physical Chemistry C, 2011, 115(43): 21236-21240.

[24]　Kitchin J R, Norskov J K, Barteau M A, et al. Modification of the surface electronic and chemical properties of Pt(111) by subsurface 3d transition metals[J]. Journal of Chemical Physics, 2004, 120(21): 10240-10246.

[25]　Ruban A, Hammer B, Stoltze P, et al. Surface electronic structure and reactivity of transition and noble metals[J]. Journal of Molecular Catalysis A: Chemical, 1997, 115(3): 421-429.

[26]　Norskov J K. Chemisorption on metal-surfaces[J]. Reports on Progress in Physics, 1990, 53(10): 1253-1295.

[27]　Gajdos M, Eichler A, Hafner J. CO adsorption on close-packed transition and noble metal surfaces: trends from *ab initio* calculations[J]. Journal of Physics-Condensed Matter, 2004, 16(8): 1141-1164.

[28]　Yu T H, Hofmann T, Sha Y, et al. Finding correlations of the oxygen reduction reaction activity of transition metal catalysts with parameters obtained from quantum mechanics[J]. Journal of Physical Chemistry C, 2013, 117(50): 26598-26607.

[29]　Hofmann T, Yu T H, Folse M, et al. Using photoelectron spectroscopy and quantum mechanics to determine d-band energies of metals for catalytic applications[J]. Journal of Physical Chemistry C, 2012, 116(45): 24016-24026.

[30] Calle-Vallejo F, Tymoczko J, Colic V, et al. Finding optimal surface sites on heterogeneous catalysts by counting nearest neighbors[J]. Science, 2015, 350(6257): 185-189.

[31] Calle-Vallejo F, Martinez J I, Garcia-Lastra J M, et al. Fast prediction of adsorption properties for platinum nanocatalysts with generalized coordination numbers[J]. Angewandte Chemie International Edition, 2014, 53(32): 8316-8319.

[32] Huang B, Xiao L, Lu J T, et al. Spatially resolved quantification of the surface reactivity of solid catalysts[J]. Angewandte Chemie International Edition, 2016, 55(21): 6239-6243.

[33] Zhao Q, Yan Z H, Chen C C, et al. Spinels: controlled preparation, oxygen reduction/evolution reaction application, and beyond[J]. Chemical Reviews, 2017, 117(15): 10121-10211.

[34] Liu J Y, Yu M, Wang X W, et al. Investigation of high oxygen reduction reaction catalytic performance on Mn-based mullite $SmMn_2O_5$[J]. Journal of Materials Chemistry A, 2017, 5(39): 20922-20931.

[35] Hong W T, Risch M, Stoerzinger K A, et al. Toward the rational design of non-precious transition metal oxides for oxygen electrocatalysis[J]. Energy & Environmental Science, 2015, 8(5): 1404-1427.

[36] Mats. umoto Y, Yoneyama H, Tamura H. New catalyst for cathodic reduction of oxygen-lanthanum nickel-oxide[J]. Chemistry Letters, 1975(7): 661-662.

[37] Matsumoto Y, Yoneyama H, Tamura H. Influence of nature of conduction-band of transition-metal oxides on catalytic activity for oxygen reduction[J]. Journal of Electroanalytical Chemistry, 1977, 83(2): 237-243.

[38] Suntivich J, Gasteiger H A, Yabuuchi N, et al. Design principles for oxygen-reduction activity on perovskite oxide catalysts for fuel cells and metal-air batteries[J]. Nature chemistry, 2011, 3(7): 546-550.

[39] Wei C, Feng Z X, Scherer G G, et al. Cations in octahedral sites: a descriptor for oxygen rlectrocatalysis on transition-metal spinels[J]. Advanced Materials, 2017, 29(23): 1606800.

[40] Kuo D Y, Paik H, Kloppenburg J, et al. Measurements of oxygen electroadsorption energies and oxygen evolution reaction on RuO_2(110): a discussion of the sabatier rrinciple and its role in electrocatalysis[J]. Journal of the American Chemical Society, 2018, 140(50): 17597-17605.

[41] Ooka H, Huang J, Exner K S. The sabatier principle in electrocatalysis: basics, limitations, and extensions[J]. Frontiers in Energy Research, 2021, 9: 654460.

[42] Exner K S. Activity-stability volcano plots for the investigation of nano-sized electrode materials in lithium-ion batteries[J]. ChemElectroChem, 2018, 5(21): 3243-3248.

[43] Exner K S, Sohrabnejad-Eskan I, Over H. A universal approach to determine the free energy diagram of an electrocatalytic reaction[J]. ACS Catalysis, 2018, 8(3): 1864-1879.

[44] Pande V, Viswanathan V. Computational screening of current collectors for enabling anode-free lithium metal batteries[J]. ACS Energy Letters, 2019, 4(12): 2952-2959.

[45] Seh Z W, Kibsgaard J, Dickens C F, et al. Combining theory and experiment in electrocatalysis: Insights into materials design[J]. Science, 2017, 355(6321): eaad4998.

[46] Linnemann J, Kanokkanchana K, Tschulik K. Design strategies for electrocatalysts from an electrochemist's perspective[J]. ACS Catalysis, 2021, 11(9): 5318-5346.

[47] Wang X S, Zhu Y H, Vasileff A, et al. Strain effect in bimetallic electrocatalysts in the hydrogen evolution reaction[J]. ACS Energy Letters, 2018, 3(5): 1198-1204.

[48] Li X, Chen Q, Wang M Y, et al. Coordination effect assisted synthesis of ultrathin Pt layers on second metal nanocrystals as efficient oxygen reduction electrocatalysts[J]. Journal of Materials Chemistry A, 2016, 4(34): 13033-13039.

[49] Luo M C, Guo S J. Strain-controlled electrocatalysis on multimetallic nanomaterials[J]. Nature Reviews Materials, 2017, 2(11): 17059.

[50] Xia Z H, Guo S J. Strain engineering of metal-based nanomaterials for energy electrocatalysis[J]. Chemical Society Reviews, 2019, 48(12): 3265-3278.

[51] Shao M H, Chang Q W, Dodelet J P, et al. Recent advances in electrocatalysts for oxygen reduction reaction[J]. Chemical Reviews, 2016, 116(6): 3594-3657.

[52] Kattel S, Wang G F. Beneficial compressive strain for oxygen reduction reaction on Pt (111) surface[J]. Journal of Chemical Physics, 2014, 141(12): 124713.

[53] Moseley P, Curtin W A. computational sesign of strain in core-shell nanoparticles for optimizing catalytic activity[J]. Nano Letters, 2015, 15(6): 4089-4095.

[54] Li M F, Zhao Z P, Cheng T, et al. Ultrafine jagged platinum nanowires enable ultrahigh mass activity for the oxygen reduction reaction[J]. Science, 2016, 354(6318): 1414-1419.

[55] Du M S, Cui L S, Cao Y, et al. Mechanoelectrochemical catalysis of the effect of elastic strain on a platinum nanofilm for the ORR exerted by a shape memory alloy substrate[J]. Journal of the American Chemical Society, 2015, 137(23): 7397-7403.

[56] Wang H T, Xu S C, Tsai C, et al. Direct and continuous strain control of catalysts with tunable battery electrode materials[J]. Science, 2016, 354(6315): 1031-1036.

[57] Sakong S, Gross A. Dissociative adsorption of hydrogen on strained Cu surfaces[J]. Surface Science, 2003, 525(1-3): 107-118.

[58] Liu F Z, Wu C, Yang G, et al. CO oxidation over strained Pt(100) surface: a DFT study[J]. Journal of Physical Chemistry C, 2015, 119(27): 15500-15505.

[59] Bu L Z, Zhang N, Guo S J, et al. Biaxially strained PtPb/Pt core/shell nanoplate boosts oxygen reduction catalysis[J]. Science, 2016, 354(6318): 1410-1414.

[60] Ghosh T, Vukmirovic M B, Disalvo F J, et al. Intermetallics as novel supports for Pt monolayer O_2 reduction electrocatalysts: potential for significantly improving properties[J]. Journal of the American Chemical Society, 2010, 132(3): 906-907.

[61] Zhang X, Lu G. Computational design of core/shell nanoparticles for oxygen reduction reactions[J]. Journal of Physical Chemistry Letters, 2014, 5(2): 292-297.

[62] Back S, Jung Y. Importance of ligand effects breaking the scaling relation for core-shell oxygen reduction catalysts[J]. ChemCatChem, 2017, 9(16): 3173-3179.

[63] Zheng X Q, Li L, Li J, et al. Intrinsic effects of strain on low-index surfaces of platinum: roles of the five 5d orbitals[J]. Physical Chemistry Chemical Physics, 2019, 21(6): 3242-3249.

[64] Yang N, Li L, Li J, et al. Modulating the oxygen reduction activity of heteroatom-doped carbon catalysts via the triple effect: charge, spin density and ligand effect[J]. Chemical Science, 2018, 9(26): 5795-5804.

[65] Yang S, Li S, Zhang G X, et al. Surface strain-lnduced collective switching of ensembles of molecules on metal surfaces[J]. Journal of Physical Chemistry Letters, 2020, 11(6): 2277-2283.

[66] Khorshidi A, Violet J, Hashemi J, et al. How strain can break the scaling relations of catalysis[J]. Nature Catalysis, 2018, 1(4): 263-268.

[67] Wexler R B, Martirez J M P, Rappe A M. Chemical pressure-driven enhancement of the hydrogen evolving activity of Ni_2P from nonmetal surface doping interpreted via machine learning[J]. Journal of the American Chemical Society, 2018, 140(13): 4678-4683.

[68] Wang X P, Wu H J, Xi S B, et al. Strain stabilized nickel hydroxide nanoribbons for efficient water splitting[J]. Energy & Environmental Science, 2020, 13: 229-237.

[69] Liu X, Zhang L, Zheng Y, et al. Uncovering the effect of lattice strain and oxygen deficiency on electrocatalytic activity of perovskite cobaltite thin films[J]. Advanced Science, 2019, 6(6): 1801898.

[70] Xie Y, Wang Z W, Zhu T Y, et al. Breaking the scaling relations for oxygen reduction reaction on nitrogen-doped graphene by tensile strain[J]. Carbon, 2018, 139: 129-136.

[71] Yang S C, Liu F Z, Wu C, et al. Tuning surface properties of low dimensional materials via strain engineering[J]. Small, 2016, 12(30): 4028-4047.

[72] Wang X, Orikasa Y, Takesue Y, et al. Quantitating the lattice strain dependence of monolayer Pt shell activity toward oxygen reduction[J]. Journal of the American Chemical Society, 2013, 135(16): 5938-5941.

[73] Qin R X, Liu K L, Wu Q Y, et al. Surface coordination chemistry of atomically dispersed metal catalysts[J]. Chemical Reviews, 2020, 120(21): 11810-11899.

[74] Tritsaris G A, Greeley J, Rossmeisl J, et al. Atomic-scale modeling of particle size effects for the oxygen reduction reaction on Pt[J]. Catalysis Letters, 2011, 141(7): 909-913.

[75] Huang D H, He N, Zhu Q H, et al. Conflicting roles of coordination number on catalytic performance of single-atom Pt catalysts[J]. ACS Catalysis, 2021, 11(9): 5586-5592.

[76] Wang J, Liu D F, Li L, et al. Origin of the enhanced catalytic activity of PtM/Pd (111) with doped atoms changing from chemically inert Au to active Os[J]. Journal of Physical Chemistry C, 2017, 121(16): 8781-8786.

[77] Greeley J, Stephens I E, Bondarenko A S, et al. Alloys of platinum and early transition metals as oxygen reduction electrocatalysts[J]. Nature Chemistry, 2009, 1(7): 552-556.

[78] Wang Q M, Chen S G, Shi F, et al. Structural evolution of solid Pt nanoparticles to a hollow ptfe alloy with a Pt-skin surface via space-confined pyrolysis and the nanoscale kirkendall effect[J]. Advanced Materials, 2016, 28(48): 10673-10678.

[79] Asano M, Kawamura R, Sasakawa R, et al. Oxygen reduction reaction activity for strain-controlled Pt-cased model alloy catalysts: surface strains and direct electronic effects induced by alloying elements[J]. ACS Catalysis, 2016, 6(8): 5285-5289.

[80] Wu G, Wang J, Ding W, et al. A strategy to promote the electrocatalytic activity of spinels for oxygen reduction by structure reversal[J]. Angewandte Chemie International Edition, 2015, 54: 1-6.

[81] Yang N, Wu G, Chen S, et al. Density functional theoretical study on the effect of spinel structure reversal on the catalytic activity for oxygen reduction reaction[J]. Scientia Sinica (Chimica), 2017, 47(7): 882-890.

[82] Chen J F, Mao Y, Wang H F, et al. Theoretical study of heteroatom doping in tuning the catalytic activity of graphene for triiodide reduction[J]. ACS Catalysis, 2016, 6(10): 6804-6813.

[83] Chai G L, Qiu K, Qiao M, et al. Active sites engineering leads to exceptional ORR and OER bifunctionality in P, N co-doped graphene frameworks[J]. Energy & Environmental Science, 2017, 10(5): 1186-1195.

[84] Xue Y H, Yu D S, Dai L M, et al. Three-dimensional B, N-doped graphene foam as a metal-free catalyst for oxygen reduction reaction[J]. Physical Chemistry Chemical Physics, 2013, 15(29): 12220-12226.

[85] Zhao Y, Yang L J, Chen S, et al. Can boron and nitrogen Co-doping improve oxygen reduction reaction activity of carbon nanotubes?[J]. Journal of the American Chemical Society, 2013, 135(4): 1201-1204.

[86] Kahan R J, Hirunpinyopas W, Cid J, et al. Well-defined boron/nitrogen-doped polycyclic aromatic hydrocarbons are active electrocatalysts for the oxygen reduction reaction[J]. Chemistry of Materials, 2019, 31(6): 1891-1898.

[87] Jackson C, Smith G T, Inwood D W, et al. Electronic metal-support interaction enhanced oxygen reduction activity and stability of boron carbide supported platinum[J]. Nature Communications, 2017, 8: 15802.

[88] Ma J, Habrioux A, Morais C, et al. Spectroelectrochemical probing of the strong interaction between platinum nanoparticles and graphitic domains of carbon[J]. ACS Catalysis, 2013, 3(9): 1940-1950.

[89] Xie X H, Xue Y, Li L, et al. Surface Al leached Ti_3AlC_2 as a substitute for carbon for use as a catalyst support in a harsh corrosive electrochemical system[J]. Nanoscale, 2014, 6(19): 11035-11040.

[90] Xie X H, Chen S G, Ding W, et al. An extraordinarily stable catalyst: Pt NPs supported on two-dimensional $Ti_3C_2X_2$ (X = OH, F) nanosheets for oxygen reduction reaction[J]. Chemical Communications, 2013, 49(86): 10112-10114.

[91] Chen S G, Wei Z D, Guo L, et al. Enhanced dispersion and durability of Pt nanoparticles on a thiolated CNT support[J]. Chemical Communications, 2011, 47(39): 10984-10986.

[92] Guo L, Chen S G, Wei Z D. Enhanced utilization and durability of Pt nanoparticles supported on sulfonated carbon nanotubes[J]. Journal of Power Sources, 2014, 255: 387-393.

[93] Xu N, Cao G X, Gan L Y, et al. Carbon-coated cobalt molybdenum oxide as a high-performance electrocatalyst for hydrogen evolution reaction[J]. International Journal of Hydrogen Energy, 2018, 43(52): 23101-23108.

[94] Ghiaci M, Ghazaie M. Modification of a heterogeneous catalyst: sulfonated graphene oxide coated by SiO_2 as an efficient catalyst for Beckmann rearrangement[J]. Catalysis Communications, 2016, 87: 70-73.

[95] Jiang K Z, Jia Q M, Xu M L, et al. A novel non-precious metal catalyst synthesized via pyrolysis of polyaniline-coated tungsten carbide particles for oxygen reduction reaction[J]. Journal of Power Sources, 2012, 219: 249-252.

[96] Aydın R, Doğan H Ö, Köleli F. Electrochemical reduction of carbondioxide on polypyrrole coated copper electro-catalyst under ambient and high pressure in methanol[J]. Applied Catalysis B: Environmental, 2013, 140-141: 478-482.

[97] Hyun K, Lee J H, Yoon C W, et al. Improvement in oxygen reduction activity of polypyrrole-coated PtNi alloy catalyst prepared for proton exchange membrane fuel cells[J]. Synthetic Metals, 2014, 190: 48-55.

[98] Chen S G, Wei Z D, Qi X Q, et al. Nanostructured polyaniline-decorated Pt/C@PANI core-shell catalyst with enhanced durability and activity[J]. Journal of the American Chemical Society, 2012, 134(32): 13252-13255.

[99] Nie Y, Chen S G, Ding W, et al. Pt/C trapped in activated graphitic carbon layers as a highly durable electrocatalyst for the oxygen reduction reaction[J]. Chemical Communications, 2014, 50(97): 15431-15434.

[100] Chung D Y, Jun S W, Yoon G, et al. Highly durable and active PtFe nanocatalyst for electrochemical oxygen reduction reaction[J]. Journal of the American Chemical Society, 2015, 137(49): 15478-15485.

[101] Sasaki K, Naohara H, Cai Y, et al. Core-protected platinum monolayer shell high-stability electrocatalysts for fuel-cell cathodes[J]. Angewandte Chemie International Edition, 2010, 122(46): 8784-8789.

[102] Wei Z D, Yin F, Li L L, et al. Study of Pt/C and Pt-Fe/C catalysts for oxygen reduction in the light of quantum chemistry[J]. Journal of Electroanalytical Chemistry, 2003, 541: 185-191.

[103] Sasaki K, Naohara H, Choi Y, et al. Highly stable Pt monolayer on PdAu nanoparticle electrocatalysts for the oxygen reduction reaction[J]. Nature Communications, 2012, 3: 1115.

[104] Beermann V, Gocyla M, Willinger E, et al. Rh-doped Pt-Ni octahedral nanoparticles: understanding the correlation between elemental distribution, oxygen reduction reaction, and shape stability[J]. Nano Letters, 2016, 16(3): 1719-1725.

[105] Wang T Y, Liang J S, Zhao Z, et al. Sub-6 nm fully ordered $L_1(0)$-Pt-Ni-Co nanoparticles enhance oxygen reduction via Co doping induced ferromagnetism enhancement and optimized surface strain[J]. Advanced Energy Materials, 2019, 9(17): 1803771.

第 3 章 贵金属催化剂

金属铂（Pt）由于其出众的催化效果，是目前 ORR 电催化剂应用中最主要的催化剂。然而，由于贵金属 Pt 价格高昂、资源稀缺，很大程度上限制了以 ORR 为阴极反应的能源转换设备（如燃料电池、金属-空气电池等）的大规模商业化应用。因此，在提高阴极 ORR 电催化剂活性和稳定性的同时降低阴极催化剂 Pt 的用量是实现先进能源转换设备商业化的关键与难点。除 Pt 以外，一些储量更加丰富、价格更为低廉的贵金属如钯（Pd）、钌（Ru）、铱（Ir）、铑（Rh）、金（Au）和银（Ag）等也吸引众多研究者的目光，以这些非 Pt 类贵金属为基础的 ORR 催化剂也逐渐被研发应用。本章将首先重点介绍铂基 ORR 催化剂，而后简要介绍其他非铂类贵金属 ORR 催化剂。

3.1 铂催化剂概述

3.1.1 铂催化剂面临的挑战

从图 3-1 可看出，Pt 作为 ORR 电催化剂，其活性明显高于其他金属，同时在酸性条件下的活性以及稳定性是一些非 Pt 金属催化剂无法比拟的。Pt 金属储量非

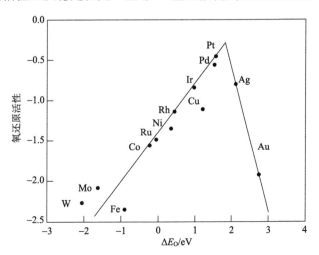

图 3-1　氧还原活性的趋势与氧结合能的函数图

常稀少，价格非常昂贵，高达约 300 元/g，为提高利用率、降低用量，目前主流采用的 Pt 催化剂是以纳米级颗粒的形式高度分散在高比表面积的无定形碳上（最常用的载体为 XC-72 系列炭黑载体）。目前已实现 Pt/C 催化剂大规模生产的国外公司有 3M、JM、ETEK/BASF、TKK、Umicore、N.E.ChemCat 等，国内上海交通大学和中国科学院大连化学物理研究所也实现了 Pt/C 催化剂的小规模化生产。这种高分散负载型 Pt/C 催化剂在 ORR 工作条件下仍面临活性和耐久性的考验。

（1）活性。以在燃料电池中阴极应用为例，主流 Pt/C 催化剂在典型的 H_2/O_2 燃料电池测试条件下，其质量比活性和比表面积活性分别为 $0.1\sim0.12$ A/mg$_{Pt}$ 和 $0.15\sim0.2$ mA/cm^2（电压为 0.9V）。这与美国能源部 2017 年的目标：质量比活性达到 0.44 A/mg$_{Pt}$，比表面积活性达到 0.7 mA/cm$^2_{Pt}$，仍有较大的距离。

（2）耐久性。在 ORR 工作条件下，Pt 的电化学活性表面积（ESCAs）会逐渐减少，使起催化作用的 Pt 活性位逐渐减少。目前普遍认为，造成 Pt/C 催化剂活性衰减的原因如下（图 3-2）：

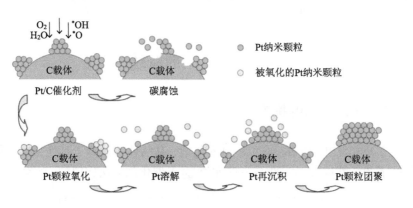

图 3-2　Pt 比表面积活性衰减机理[1]

①Pt 颗粒迁移、团聚长大。Pt 纳米颗粒比表面能很高、不稳定，且金属铂的电子结构与载体碳的电子结构存在较大差异，它们之间只能依靠很弱作用力黏附在一起，使得 Pt 纳米催化剂粒子在燃料电池工作过程中很容易在载体表面迁移、团聚长大，造成催化剂活性比表面积降低，进而导致性能逐渐下降。

②Pt 溶解、再沉积。Pt 催化剂会在长时间运行过程中表面发生氧化最终导致溶解，且高电位下溶解的 Pt 离子会在低电位时再次沉积到其他的 Pt 纳米颗粒上，从而会改变整个催化剂的形貌和结构，造成 Pt 催化剂的活性降低。

③Pt 中毒。考虑到成本和来源等问题，由于 ORR 发生场所提供的不是纯氧气，而是空气，由于空气污染，空气中通常会含有微量的 SO_x、NO_x 和烃类等杂质，它们会强烈吸附在 Pt 催化剂表面，覆盖 Pt 的活性点，使铂催化剂中毒。

④碳载体的腐蚀。Pt/C 催化剂的载体为高比表面积的无定形碳，其表面含有大量的缺陷和不饱和键，在 0.207 V *vs.* NHE 左右的低电位下，碳表面就会形成中间氧化物，这种氧化物在高电位下（0.6~0.9V *vs.* NHE）及有水的情况下，进一步生成新的缺陷位，增加了表面氧官能团如—COOH、—OH 等的含量，这些官能团会增加电极的亲水性和阻抗，升高气体传质阻力，降低电极的扩散传质性能。与此同时，这些表面缺陷位点在 80℃左右、潮湿及 Pt 助催化作用下，很容易被进一步氧化生成 CO、HCOOH 及 CO_2，造成碳载体的含量减少和 Pt 颗粒的脱落，严重时还会导致电极的坍塌。此外，当电位低于 0.55 V *vs.* NHE 时，CO 和类 CO 产物会稳定地吸附在 Pt 催化剂的表面，引起 Pt 中毒。

3.1.2　铂催化剂性能提升方法

综上可知，Pt/C 催化剂的活性和稳定性仍面临挑战，因而通过进一步优化 Pt 基催化剂结构、组成和形貌，确保高活性和高稳定性前提下最大限度降低铂载量，制备高性能的低铂催化剂一直是科研工作者不懈奋斗的目标[2-4]。通常，降低 Pt 载量、提高 Pt 催化活性的途径有两种：①提高 Pt 本征活性；②提高 Pt 原子利用率。其中，提高 Pt 本征活性的方法主要围绕调变、优化 Pt 本身电子和几何结构或暴露更为优异的催化活性位点展开，而合金化或晶面调控则是最为常用的手段。由于 ORR 发生在三相界面，只有暴露在三相界面区的 Pt 原子才能起到催化作用，那些包覆在催化剂/层内部的 Pt 原子并不起到催化作用，造成了催化剂颗粒/层内部"Pt 浪费"。因而，使催化位点尽可能多地暴露于催化剂表面可显著提升 Pt 原子的利用率。显然，通过构筑核壳结构、空心结构可有效减少内部未被利用的 Pt 原子数目；若能进一步制造稳定 Pt 单原子催化剂则可实现 Pt 利用率最大化。提升 Pt 在 ORR 工作条件下，尤其是酸性介质中的稳定性也是亟须解决的问题。

3.2　铂本征活性提升

3.2.1　合金化

相比于纯铂催化剂而言，Pt 基合金催化剂凭借其独特的优势在电催化 ORR 领域展现出巨大的应用潜力。引入一系列非贵金属与 Pt 形成合金，不仅可以降低 Pt 的用量，提高 Pt 的利用率，同时合金化产生的协同效应能够有效增强 ORR 活性、稳定性以及抗中间体毒化能力。由于其他金属的加入会产生电荷转移效应（配体效应）和几何晶格应变（几何效应），这种配体效应和几何效应又将进一步导致 Pt 的 d 带中心位置上升或者下降。这种 d 带中心的位移变化趋势又将直接影响表面吸附物与 Pt 之间所形成的键的强度，从而导致反应物、中间体和产物的化学吸附能发生改变，最终改变催化剂的整体电催化性能[5]。

　　Pt 基合金的 ORR 性能很大程度上依赖于 3d 过渡金属的种类，不同过渡金属的引入会使得 Pt 的电子结构（d 带中心）发生不同程度的变化，从而改变 Pt 表面对含氧中间物种的吸附特性[6-14]。一系列 Pt 与 3d 过渡金属 M 多晶合金薄膜催化剂的表面电子结构（d 带中心）和 ORR 的活性之间呈现出"火山形"线性关系[15]，如图 3-3 所示。该"火山形"趋势表明一个好的 ORR 催化剂应具有适度的氧物种吸附能，且应比纯 Pt 低 0.2 eV 左右[5, 16, 17]。Huang 等[18]建立了一种可用于解释 Pt$_3$M 型催化剂电催化活性趋势的模式，指出最大催化活性是由反应中间体的吸附能和反应物种表面覆盖度之间的平衡决定的。根据第 2 章的知识，优异的 ORR 电催化剂应当是比 Pt 具有更弱的含氧物种结合能力，以提高含氧中间体的去除率，减少覆盖度，暴露更多的活性位点。

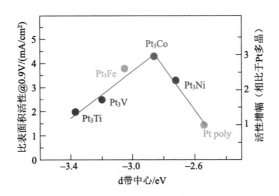

图 3-3　ORR 活性-d 带中心"火山形"关联图

　　大多数报道的 Pt 合金纳米颗粒催化剂都是富铂 Pt$_3$M 形式，其中 Pt 整体含量高（Pt 原子比例达到 75%），这是由于高的 Pt 含量是形成表面 Pt 覆盖层（overlayer structure）的必要条件，而 Pt 覆盖层的生成不仅提高了表面 Pt 的利用率和催化剂的稳定性，还显著优化了 Pt 的电子结构（通过应变和 M 原子的配体效应）。但如此高含量的 Pt 无疑增加了催化剂的成本。为了在降低 Pt 总含量的同时保持纳米颗粒的稳定性和高活性，武汉大学陈胜利教授团队[19]成功将 5d 金属 W 与 Pt 合金化，形成了贫铂合金 PtW$_2$。该合金催化剂的 Pt 原子比例仅为 33%，但其同样能具有较强的 Pt 表面偏析倾向并产生特殊的 W-Pt 电子效应，从而使其也容易形成稳定高效的富 Pt 催化表面。ORR 电化学测试结果显示，PtW$_2$ 合金在 0.9 V 的

ORR 质量比活性相比于纯 Pt 催化剂提高近 4 倍，相比富铂对照合金 Pt₃W 提高近 2.7 倍；经过氧化条件下 30000 次电位循环老化后（循环电位 0.6～1.1V），PtW₂合金活性几乎无衰减，而纯 Pt 催化剂活性仅在 10000 次电位循环后就损失了 50%（图 3-4）。

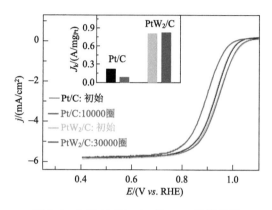

图 3-4　PtW₂/C 和 Pt/C 的 ORR 性能比较

　　纳米颗粒的尺寸大小对催化剂的活性有着显著影响[20-23]。纳米颗粒具有较高的 ECSA，因此具有较高的质量比活性。已有研究指出，Pt 催化剂催化 ORR 的质量比活性会在颗粒尺寸为 3 nm 时达到最大[22]。这告诉我们，在制备 Pt 基纳米合金颗粒催化剂时，催化剂颗粒并不是越小越好，而是应控制纳米颗粒尺寸大小在 3 nm 左右。一般来说，制备 Pt 基纳米催化剂主要有两种体系，即含有表面活性剂的体系和不含表面活性剂的体系。前者通常使用油酸、油酸胺或两者同时控制晶面，后者通常使用 N, N-二甲基甲酰胺（DMF）作为溶剂。与含表面活性剂的体系相比，在不含表面活性剂的体系中可以获得相对干净的纳米结构表面。合成后处理是获得高性能铂基 ORR 催化剂的关键，如高温煅烧或去合金化。煅烧可以提高催化剂的结晶度、去除有机残留物，使催化剂表面充分暴露。

　　常见的合成方法总结如下：

　　浸渍还原法（impregnation-reduction method，IPM）：该方法是一种比较传统的催化剂制备方法，分为过量浸渍法、等量浸渍法、喷涂浸渍法、流动浸渍法等。通常是将载体浸渍在一定的溶剂（如水、乙醇、异丙醇及其混合物等）中分散均匀，加入一定量的贵金属前驱体（如 H₂PtCl₆、RuCl₃等），通过搅拌、超声等分散使其浸渍到载体表面或孔内，调节合适 pH，在一定温度下用过量的还原剂（如 HCHO、HCOOH、H₂、NaBH₄、CH₃OH 或 H₂ 等）还原金属。由于盐类的分解和还原，沉积在载体上的即催化剂的活性组分。Chetty 等[24]以多壁碳纳米管（MWCNT）为载体，H₂PtCl₆ 和 RuCl₃ 为金属前驱体，用 IPM 法制备出高活性的燃料电池阳极催化剂 PtRu/CNTs。其中，350℃下还原的该催化剂具有最大的电化学比表面积和最高的甲醇电催化氧化活性。IPM 的优点是操作方便，过程较简便，可在水相中反应，适合制备从一元到多元的担载型电催化剂；缺点是所得的催化剂分散性较差，采用的还原剂大多有毒，且还原反应速率较快，粒径不易控制。对于多组分复合催化剂，各组分分布不均匀的问题更为显著。

　　电化学沉积法（electrochemical deposition method，EDM）：该方法是一种制备电催化剂的新方法，包括恒电位法、循环伏安法、方波扫描法、脉冲电沉积法、欠电位沉积法等。该法通常是在含有可溶性贵金属盐的电解液两端加一定的电压，使贵金属离子得到电子，还原沉积到扩散层、电解质膜或扩散层与膜的界面上，而得到催化剂，因此，该方法可同时完成催化剂的制备和电极制备过程。魏子栋采用调制脉冲电流电沉积技术对聚合物电解质膜燃料电池电极进行了铂化处理[25]。该方法既保留了电沉积铂电极的优点，又规避其缺点。实验结果证实调制脉冲电流电沉积的铂沉积电流效率达到 69.9%，远高于直流电沉积的电流效率（13%）。魏子栋团队还通过离子交换-电化学沉积法将 Pt 沉积到碳与质子交换膜形成的三相界面上，从而达到提高催化剂利用率、降低 Pt 载量的目的[26]。具体过程如下（图 3-5）：首先在碳载体上引入 Nafion，然后通过离子交换将 Pt 阳离子与 Nafion 磺酸基的质子交换，最后再将 Pt 阳离子电化学还原成 Pt。交换过程中只有带有磺酸基的才能交换到 Pt 阳离子，而电还原过程中则只有接触到碳载体的 Pt 阳离子才能还原成 Pt。因此每个 Pt 纳米颗粒同时具有了质子、电子传递的通道构筑，

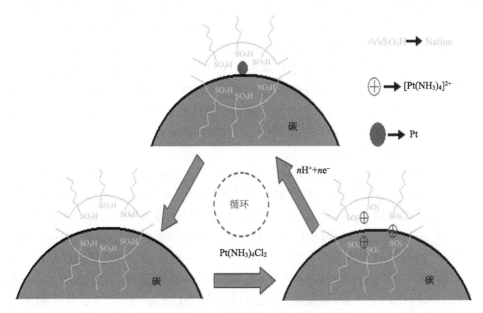

图 3-5　离子交换-电化学沉积过程示意图

具有完整电子通道、气体通道和质子通道，从而解决了传统 PEMFC 催化层结构存在的催化剂利用率不高的缺点。Kim 等[27]用 EDM 法将 Pt-Ru 沉积到载体上得到了平均粒径为 3～8 nm 的催化剂，金属载量可以通过沉积时间来控制。然而，较大面积的制备技术尚未见报道，且性能不够高，多元金属均匀地沉积及各组分金属含量的控制等问题也都还难以解决。

共沉淀法（co-precipitation method）：该方法是制备含有两种及以上金属元素的复合氧化物超细粉体的重要方法。通常将两种或多种阳离子均相混合于溶液中，加入沉淀剂，使前驱体同时沉淀，经热处理后得到成分均一的催化剂。ORR 催化剂制备时常用的前驱体为 K_2PtCl_4、$Na_6Ru(SO_3)_4$、$Na_6Pt(SO_3)_4$、$NiCl_2·6H_2O$ 等，沉淀剂均为 NaOH，还原剂可以是甲醛、水合肼等。Lee 等[28]以碳粉为载体，$Pt(acac)_2$ 和 $Ru(acac)_3$ 为前驱体，用共沉淀法制备了具有很好的氧化甲醇活性、高度单分散的 PtRu（1∶1）/C 催化剂。共沉淀法的优点是成本低，可一次性同时获得几个活性组分且分布较均匀；但是共沉淀条件难以控制，重现性较差。

有机溶胶-凝胶法（organic sol-gel method，OSGM）：该方法常用于制备负载型单金属及合金催化剂，也称为胶体法。通常是在有机溶剂（如 EG）中将前驱体还原成金属溶胶，并均匀稳定地分散在溶剂中，然后加入载体进行吸附，从而得到负载胶体金属的催化剂，经洗涤、干燥后，在低温下还原即可得超细的纳米金属催化剂。Kowal 等[29]以 H_2PtCl_6、$RhCl_3$ 和 SnO_2 为前驱体，EG 为有机溶剂，C 为载体，用 OSGM 制备对乙醇氧化有很好的催化活性的 Pt-Rh-SnO_2催化剂。OSGM 可制得高分散、小粒径、对两个电极都有较高电催化活性的催化剂，但是该法制备过程较复杂，反应中大量使用有机溶剂，不利于环保。

气相还原法：该方法与 IPM 法类似，首先将金属前驱体浸渍或沉淀在载体上，然后干燥，在还原气氛下高温热处理还原，获得一元或多元的复合催化剂。前驱体可以分为多分子源和单分子源，多分子源是指采用两种以上前驱体分子，如 H_2PtCl_6 和 $RuCl_3$；单分子源指前驱体含有双金属，如 Pt-Ru 有机大环化合物分子。

固相法（solid state method，SSM）：该方法是传统的制粉工艺，按配方把金属盐或金属氧化物充分混合、研磨后，煅烧发生固相反应，从而直接得到或再研磨后得到超细粉。Zhu 等[30]用改进的 SSM，在低温（180℃）下合成了平均粒径为（3.0±1.5）nm 的 PtW/C、PtSi/C 和 PtMoSi/CNTs 催化剂，这些催化剂对甲醇氧化均具有较高的电催化活性。SSM 法中，由于粒子在固相体系中相互碰撞概率较低，因此所得金属颗粒粒径小，不易团聚，催化性能较好，并且制备工艺简单，适合大规模的制备。但该法有能耗大、效率低、易混入杂质等突出缺点。

其他方法：上述的催化剂制备方法是目前研究较多的，除此之外，还有许多其他方法，如反胶束法、气相沉积法、预沉淀法、喷雾热解法、微波法、组合法、辐照法、羰基簇合物法等，每种方法各有利弊及其应用。如反胶束法（reverse micellar method，RMM），又称油包水微乳法，常用于制备负载型 Pt 合金催化剂。Qian 等[31]用 RMM 制备了 PtM/C（M=Co，Cr，Fe）催化剂。该催化剂比用浸渍法制备的催化剂粒径更小、分布更均匀，且氧还原反应活性较好。RMM 应用范围十分广泛，设备简单，制备的催化剂粒径小、分散均匀、尺寸可控。但是其工艺复杂，需进一步改进。微波辐射法（microwave irradiation method，MIT）是一种能使反应物快速均匀受热的方法。Bayrakçeken 等[32]用 MIT 制备了抗 CO 中毒的 Pt/C 和 PtRu/C 催化剂，金属粒子的平均粒径是 2～6 nm。Xue 等[33]首次用离子液体法合成了 Pt-Ru/C 催化剂，由于离子液体性质特别，金属粒子不易聚集，平均粒径约 3 nm。另外，离子液体可循环使用，成本低，且基本无污染。Ordóñez 等[34]用羰基簇合物法合成了高度分散的 PtMo 催化剂。该催化剂抗 CO 中毒能力较好，比表面积和分散度也较高，且制备过程简单，但是用贵金属羰基化合物为前驱体成本高，且羰基化合物毒性较大。

以上不同的催化剂制备方法，各有利弊，如胶体法水解过程的工艺条件难以控制，插层化合物合成法和 Bonneman 法反应条件相当苛刻，目前仅适合规模较小的实验室研究。碳载铂催化剂的规模化制备技术尚未公开，研究者尚需在上述方案的基础上进一步完善。

3.2.2 晶面调控

从原子水平看催化，高指数晶面原子稀疏、原子配位数低，更有利于催化，低指数晶面则相反。同样是低指数晶面，因原子间距和原子分布的不同，其催化效果也有差异。因此，通过控制合成过程中 Pt 纳米晶体的晶面生长，以暴露对 ORR 最具活性的晶面，可以显著调控纳米晶体的催化性能[35-38]。Wang 等[39]研究发现，以（100）晶面包围的 7 nm 左右 Pt 纳米立方体，在 1.5mol/L H_2SO_4 溶液中显示出比其他晶面包围的纳米晶体更好的 ORR 活性，且它的面积是混合晶面 Pt/C 催化剂的 2 倍。相对于低指数晶面，一些高指数晶面由于具有大量的原子阶梯位、边缘位和扭角位，可以表现出显著增强的催化活性[40-43]。目前，高指数晶面包围的纳米晶体的制备取得了很大的进展。例如，厦门大学孙世刚院士团队[42]研究发现由高指数晶面（730）、（210）、（520）包围的 Pt 二十四面纳米晶体比由低指数晶面（100）、（111）等包围的 Pt 纳米晶体具有更高的催化活性；华盛顿大学夏幼南教授团队[43]制备了由（510）、（720）和（830）包围的 Pt 凹面纳米立方体，其 ORR 比表面积活性是商业化 Pt/C 催化剂的 3.6 倍。虽然这些具有高指数晶面 Pt 纳米晶体具有很高的催化活性，特别是比表面积活性，但其催化机制仍未完全探究清楚。此外，由于这些以完全生长的高指数晶面包围的纳米晶体颗粒尺寸通常较大（＞10 nm），他们的质量比活性远低于商业化铂碳催化剂。更重要的是，在实际氧还原工作条件下，这些由高指数晶面构成的纳米晶体由于表面能太高，会逐渐失去原有形貌，最终退化为球形，从而造成催化性能的衰减。

在合金化的基础上，再辅以晶面调控，可以进一步增强合金催化剂的本征活性。2007 年，Stamenkovic 等[44]发现直径约为 6 mm 的 Pt₃Ni（111）单晶的 ORR 的比表面积活性相比于 Pt（111）表面约高一个数量级，是传统 Pt/C 催化剂的 90 倍（图 3-6），且远高于其他低指数面[Pt₃Ni（100）和 Pt₃Ni（110）]。理论计算指出 Pt₃Ni（111）高催化活性的关键因素是中间物种 OH_{ads} 在其表面的吸附较 Pt 更弱，OH_{ads} 更易脱附，便于 ORR 后续反应的进行，从而使其催化活性得到提高。这个发现给研究者带来极大的兴趣，如果能够制备全为（111）暴露的纳米尺度晶体，那就有望将比表面积活性相较于 Pt/C 催化剂提高两个数量级。

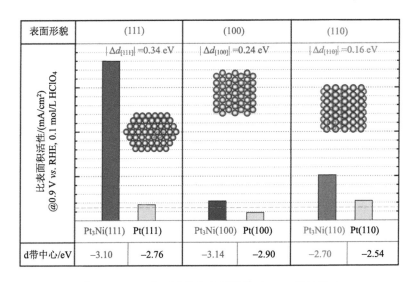

图 3-6　Pt₃Ni 表面形貌和电子结构对 ORR 活性影响

制备以（111）晶面暴露的纳米级颗粒已取得很多研究进展[45-48]。例如，美国佐治亚理工大学夏幼南等[45]使用乙酰丙酮铂[Pt(acac)₂]和乙酰丙酮钴[Co(acac)₂]作为前驱体，以及从 Mn₂(CO)₁₀ 分解而来的 CO 分子和 Mn 原子分别作为还原剂和（111）晶面定向剂，合成 Pt-Co 八面体纳米晶体（TONs），当负载在碳上时，4 nm Pt-Co TONs 在液体半电池中，在 0.85 V 时的质量比活性为 310 A/g_{Pt}，在 30000 次 MEA（膜电极组件）循环测试后的损失为 24%，作者将活性的增强归因于小而均匀的大小和结构明确的（111）面的组合。Xia 等[46]报道了一系列具有可控晶面的 Pd@Pt-Ir 纳米晶体催化剂。该系列催化剂的壳层为平均厚度 1.6 个原子层的 Pt₄Ir

合金，该合金纳米晶可分别可控合成为立方体、八面体、二十面体形貌，分别暴露 Pt-Ir（100）、（111）、（111）孪晶界。相比于商业 Pt/C 和 Pd@Pt 催化剂，Pd@Pt-Ir 的 ORR 性能不仅表现出晶面依赖性，而且显示了显著提高的活性与耐久性。其中，Pd@Pt-Ir 二十面体的性能最优，在 0.9 V 下，其质量比活性为 1.88 A/mg$_{Pt}$，是商业 Pt/C 催化剂性能的 15 倍。DFT 计算结果表明，与洁净的 Pd@Pt 表面相比，Pd@Pt-Ir 纳米晶体的高活性及其活性的晶面依赖性主要来源于在相当的 *OH 覆盖度下，其上 *O 和 *OH 更容易质子化。此外，DFT 计算还表明，Ir 原子掺入 Pt 晶格会破坏表面的 OH-OH 相互作用，从而提高了 Pt 的氧化电势，极大增加了其催化耐久性能。Carpenter 等[47]以 N,N 二甲基甲酰胺为溶剂，在水热条件下合成了粒径为 9.5 nm 的 PtNi 八面体，其比表面积活性高达 3.14 mA/cm²$_{Pt}$，是商业化 Pt/C 催化剂的 10 倍。

尽管含有特殊晶面的 Pt 合金纳米颗粒已被证明具有较高的 ORR 电催化活性，但它们具体催化机理（特别是高指数晶面）至今仍未探究清楚，而且，由于含有特殊晶面的 Pt 纳米颗粒的粒径较大，因此其 ORR 质量比活性相对较低。此外，在氧还原的实际工况下，这些具有特定晶面的 Pt 纳米颗粒，尤其含有高指数晶面的 Pt 纳米颗粒，由于含有较多的不饱和 Pt 原子和台阶原子，长期工作后形貌容易趋于球形化，从而导致其催化活性降低。因此，该类催化剂如何在使用时保持其结构和活性，仍待进一步研究。

3.3　铂原子利用率提升

3.3.1　核壳结构

在实际催化反应中，通常只有表界面几个原子层的催化剂参与电化学反应，起到催化的作用，而大部分内核的贵金属催化剂并未被利用。近年来，许多研究致力于构筑 Pt 壳-非 Pt 金属核的核壳型催化剂，在此结构中，Pt 原子聚集在纳米颗粒外部，可大力提高 Pt 的利用率，节约 Pt 使用量；同时外部富铂壳层可以保护内部非 Pt 贱金属核，有效缓解合金中非贵金属的溶解问题。此外，核壳结构能够在 PtM 合金的基础上进一步调节合金中 Pt—Pt 键长、优化铂的几何构型、电子构型及 d 带中心，从而提高催化活性。

核壳结构催化剂中外壳金属电子结构的调节由内核金属产生的应变效应和配位效应共同协同作用。大多数过渡金属的原子半径和电负性均小于 Pt 原子，这促使外层 Pt 壳产生压应力使 d 带中心负移，而内核金属向外层 Pt 的电子转移又会适当促使 d 带中心正移。这一正一负，以及应变效应的长程作用和配位效应的短程作用，就可以非常精确地调节 d 带中心，从而实现催化剂活性的精准调控。通过调节外层金属覆盖度、厚度以及核的组成、粒径和形状等关键参数来实现对 PtM 催化剂氧还原性能的进一步调控和优化[49-53]。2016 年，黄小青、郭少军等[51]报道了一种铂-铅/铂（PtPb/Pt）"核壳"纳米盘催化剂（图 3-7），表现出大的双轴应变。PtPb 纳米盘稳定的 Pt[110]面具有高的 ORR 活性，在 0.9 V（相对于可逆氢电极 RHE）下，比表面积活性达到 7.8 mA/cm^2，质量比活性为 4.3 A/mg$_{Pt}$。密度泛函理论计算揭示：边缘 Pt 和顶部（底部）-Pt[110]面经历大的拉伸应变，这有助于优化 Pt—O 键强度。PtPb 纳米核盘表面均匀的四层 Pt 壳保证了这些催化剂的高耐久性，其经历 50000 次电压循环后几乎无活性衰减，并且没有明显的结构和组成变化。

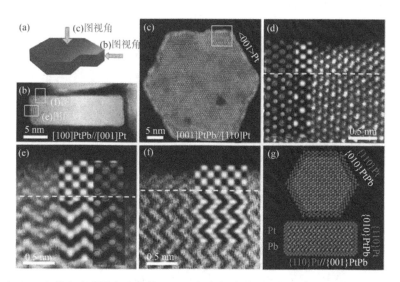

图 3-7 （a）一个单六边形纳米盘的模型；（b）来自前视图的高角环形暗场扫描透射电子显微镜（HAADF-STEM）图像；（c）来自俯视图的 HAADF-STEM 图像；（d）来自（c）中的选择区域的高分辨率 HAADF 图像，密排六方原子排布；（e，f）来自（b）中的选择区域的高分辨率 HAADF 图像，模拟的 HAADF 图像以及原子模型叠加在实验图像，立方排布；（g）显示顶界面{110}Pt//{010}PtPb 和侧界面{110}Pt//{001}PtPb 的纳米盘的原子模型

在 ORR 研究中，最早提出核壳结构催化剂的当属章俊良和 Adzic。他们制备核壳粒子的电化学方法主要是欠电势沉积（UPD）法[图 3-8（a）][54-62]。欠电势沉积法也就是说，当 Cu 用作牺牲层时，Pt 单层可以通过电化学置换反应沉积在不同的金属纳米颗粒上[60]。这成为降低质子交换膜燃料电池 Pt 载量的一个重要方向。Pt 单层催化剂中 Pt 原子利用率为 100%（因为这些 Pt 原子都在表面上），而且还可以通过改变基底金属组分与结构来调整表层 Pt 的活性与稳定性。Adzic 等[63]

开发出了一系列 $Pt_{ML}/Pd/C$、$Pt_{ML}/$空心 Pd/C、$Pt_{ML}/$纳米 $PdAu$、$Pt_{ML}/Pd_9Au_1/GDL$ 以及 $Pt_{ML}/Pd/WNi/GDL$ 单层铂催化剂。其中，$Pt_{ML}/Pd/C$ 在 H_2/O_2 燃料电池条件下表现出高活性，其在 0.9 V 电压下质量比活性为 $0.4\ A/mg_{PGM}$（PGM：Pt 族贵金属）以及 $0.9\ A/mg_{Pt}$。经 2000 次循环后 H_2/O_2 电池以及 $H_2/$空气电池性能没有发生衰减。对于 $Pt_{ML}/Pd_9Au_1/C$ 纳米催化剂，在经过 200000 圈电位扫描后，其质量比活性只降低了 30%，而商业化 Pt/C 在经过不到 50000 圈电位扫描后活性已完全丧失。他们认为 $Pt_{ML}/Pd_9Au_1/C$ 催化剂稳定性高的原因是 Pd_9Au_1/C 核升高了 Pt 壳层的氧化电位。需要指出的是：Adzic 等开发的 $Pt_{ML}/Pd/C$、$Pt_{ML}/Pd_9Au_1/GDL$ 以及 $Pt_{ML}/Pd/WNi/GDL$ 单层铂催化剂，在使用过程中，受表面能的驱使，单原子层的 Pt 原子会重新排布，在某些地方团聚成堆，难免在某些地方露出基底，理想的单原子层平铺状态并不能保持始终。

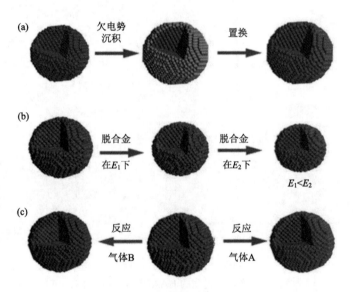

图 3-8　（a）欠电势沉积法制备 Pt 单层催化剂示意图；（b）电化学去合金化；
（c）吸附物（气体）诱导偏析

"脱合金（dealloying）"也是常用的制造 Pt 壳层结构的方法[图 3-8（b）]，该方法通过化学法（酸处理）或电化学法溶解合金表面的 M 金属，一般会得到"Pt-skeleton（Pt 骨架）"型核壳结构催化剂。所谓"Pt-skeleton"结构是指表面粗糙且表面 Pt 原子配位数低或无配位。通过热处理，可以使"Pt-skeleton"结构近表面区域原子重排，减少表面低配位原子数，形成表面组成震荡（第一单层和第三单层为富 Pt 层，第二单层为富 M 层）的"Pt-skin（Pt 表皮）"结构[64]。"Pt-skin"和"Pt-skeleton"结构可以在纳米尺度上进行调控，它们的形成和相互转化如图 3-9 所示。

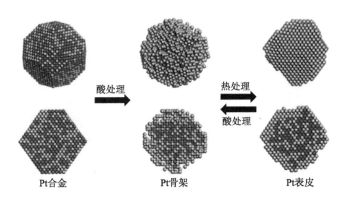

图 3-9　Pt-skin 和 Pt-skeleton 结构的形成和相互转化示意图

　　吸附物诱导偏析（adsorbate-induced segregation）法也是一种特别构筑核壳型催化剂的方法[图 3-8（c）]。例如，对于 Pt_3Au/C 合金，由于 Pt 和 Au 在不同气氛中的表面偏析能不同，将产生不同的催化剂表面。例如，若暴露在还原性气体 CO 中时，Pt 将向催化剂表层迁移偏析，使得催化剂表面富含 Pt；若暴露于惰性 Ar 气体中时，则 Pt 将会转移到核中，此时催化剂表面会富含 Au[65]。

　　液相胶体法也常用来制备核壳型催化剂，即在保护剂存在下制备种子胶体溶液，然后加入另一种金属化合物在种子表面还原生成壳。其中，保护剂吸附在种子表面，通过静电或空间位阻的作用避免粒子间的直接接触，使胶体粒子能稳定的存在于溶液中[56, 59, 66-69]。Thomas 等[70]通过湿化学合成技术制备了一系列高活性且稳定的碳载 Ru@Pt 核壳纳米催化剂（Ru@Pt/C）。该工作充分研究了各种合成参数对最终催化剂结构和组成的影响，包括 Pt 与 Ru 原子比和退火温度等。得益于 Pt 壳可以提供足够的保护以防止 Ru 核溶解，优化后的 Ru@Pt/C 催化剂展现了优异的氧还原性能。Christopher 等[68]报道了通过种子诱导生长的方法可控合成 NiPt 纳米颗粒和单分散核壳 NiFePt 纳米颗粒（图 3-10）。同时，研究指出防止 Ni 种子的表面氧化是制备均匀 FePt 壳生长的必要条件。这些 NiFePt 核壳纳米颗粒具有约 1 nm 的 FePt 壳，这种壳层可以通过乙酸洗涤转化为 NiPt，组分的转变有利于进一步增强催化剂的 ORR 性能。电化学测试表明，在 0.9 V 的电位下优化后的 NiFePt 纳米颗粒比表面积活性和质量比活性达到 1.95 mA/m^2 和 490 mA/mg_{Pt}，远远高于商业的 Pt/C 催化剂（0.34 mA/cm^2 和 92 mA/mg_{Pt}）。得益于形貌和结构的良好保持，电催化剂在 0.66~1.06 V 电位区间内经过老化测试后氧还原活性并没有发生任何变化。以上结果也进一步说明与传统的 Pt/C 催化剂相比，所制备的催化剂具有优异的电催化活性和稳定性。

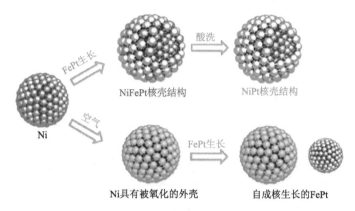

图 3-10　NiFePt 核壳结构合成示意图

核壳结构催化剂虽然有很多优点，但事实上这些核壳结构材料本质上属于亚稳态结构，在电化学循环或退火过程中会由于核壳金属元素的浸出或迁移而失效。核壳结构的不稳定性会导致活性表面积和催化性能随时间的推移而迅速下降，严重限制了内核-外壳结构催化剂在工业领域中的广泛使用。因为在工业应用中，材料的性能稳定性是至关重要的，燃料电池技术尤其如此，其商业化应用一直受到 ORR 催化剂耐久性较差的制约。过渡金属碳化物（TMCs）和氮化物（TMNs）是理想的核壳结构的核芯材料，因为它们具有优异的热稳定性和化学稳定性、出色的导电性和低成本，以及固有的与贵金属牢固结合的同时仍然不与其混溶的能力[71]。麻省理工学院 Román-Leshkov 等[72, 73]将贵金属盐和过渡金属氧化物包覆在 SiO$_2$ 壳层内，而后进行高温热处理，之后将 SiO$_2$ 除去，即得到了一系列以碳化钛钨（Pt@TiWC）和氮化钛钨（Pt@TiWN）为核芯材料的 Pt 核壳催化剂（图 3-11）。其中，2 个原子层厚度 Pt 包覆的 TiWC NPs 在高温 O$_2$ 饱和的电解质

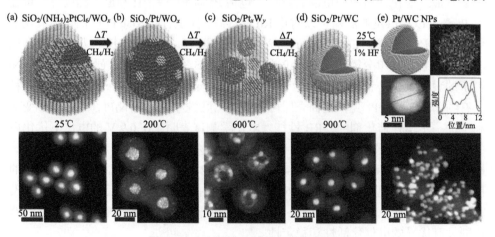

图 3-11　Pt/TiWC 的制备和电镜表征图

中，超过 10000 次循环的加速老化实验后，其核壳结构或原子组成没有明显变化，这种独特的稳定性来自于贵金属外壳和 TMC 核之间的相互稳定作用。

3.3.2　中空结构

近年来，Pt 基中空结构催化剂由于其特殊的中空结构以及高活性表面积成为研究热点[74-80]。一方面，中空的内部几何结构可减少掩埋活性 Pt 原子的可能性，提高催化剂可利用 Pt 原子的数目；另一方面，异常的几何结构引起的特殊几何效应和原子配位效应还会进一步改变活性位的电子结构，为优化催化剂的性能提供了新的途径和策略。

2014 年，杨培东和 Stamenkovic 等[81]通过对多面体 $PtNi_3$ 颗粒的腐蚀得到 Pt_3Ni 纳米框架（Pt_3Ni nanoframes），而后将其负载在碳上，得到了一种比表面积活性很高的催化剂（Pt_3Ni/C nanoframes）[图 3-12（a）]，该催化剂在浸渍 IL 后在 0.95 V 下 ORR 质量比活性及 ORR 比表面积活性分别是传统 Pt/C 催化剂的 36 倍和 22 倍

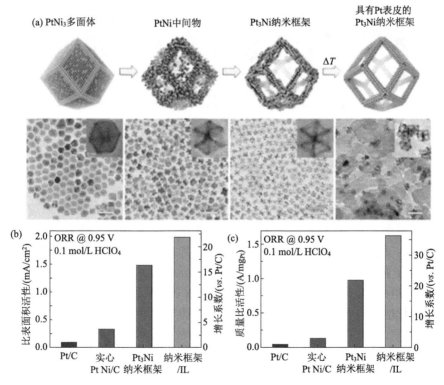

图 3-12　（a）Pt_3Ni/C nanoframes 制备过程中的 TEM 表征结果；
（b，c）Pt_3Ni 纳米框架的电化学性质

[图 3-12（b）和（c）]，且其 0.9V 下的质量比活性数值（5.7 A/mg_Pt）几乎高于 2017 年 DOE 目标（0.44 A/mg_Pt）一个数量级以上。Pt₃Ni/C nanoframes 的稳定性也很好，在 0.6～1.0 V 范围内循环 10000 次后比表面积活性几乎没有变化。

通常中空结构的获得需采用模板导向法，金属 Co、Ag、Cu、硅球（硬模板）和一些表面活性剂（软模板）是常见生成中空结构的模板[74-76, 78, 82-85]。例如，Liang 等[86]在室温下通过原位电流置换法在均相溶液中将 Co 纳米颗粒作为牺牲模板成功合成大规模 Pt 中空纳米球。随后，通过简单改变柠檬酸钠的浓度，将此种方法扩展到制备中空 PtAu 纳米催化剂上。Zhang 等[87]利用精氨酸和十六烷基三甲基氯化铵（CTAC）充当结构-导向剂和稳定剂，通过一锅溶剂热法合成了具有高度开放的三维（3D）结构双金属 PtCu 多孔中空合金纳米笼催化剂（图 3-13）。

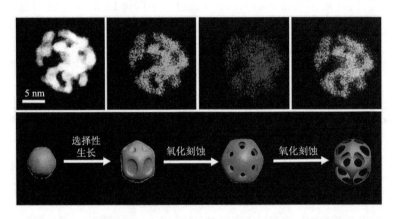

图 3-13　PtCu 纳米笼的合成示意图以及所对应的各制备阶段的元素分布图

然而，传统模板导向法大多还是用于制造单金属空心 Pt 纳米颗粒，该方法用于制备双金属的中空 PtM（M=Fe，Co，Ni，Cu）合金仍比较困难，这是因为从动力学的角度来看，空心 PtM 合金的形成不仅要求过渡金属的向外扩散速率比 Pt 向内扩散速率更快，而且还需要较高的吉布斯形成能使 Pt 与过渡金属合金化，而常规的液相反应条件由于其温和的反应温度很难提供较高的吉布斯形成能以及较大的净扩散速率差，不利于中空 PtM 合金的形成。此外，制备过程中为稳定金属模板并控制颗粒形态，通常需要使用大量的有机表面活性剂或无机封端剂，而这些没有催化活性的有机物需要在颗粒变得具有催化活性之前仔细清洗。这些复杂的去除步骤和清洗程序无形中增加了催化剂的制备成本，并使这些技术在经济上不可能实现商业化。因此，为了克服这些巨大的挑战，迫切需要探索一种简单且具有成本效益的方法来制造中空 PtM 合金。

基于传统模板导向法存在的问题，魏子栋等[88]发展了一种基于"空间限域"

和"柯肯德尔（Kirkendall）效应"的催化剂合成方法，实现了"从实心 Pt 到中空 PtFe 合金"的可控转化，提高了贵金属 Pt 的利用率、活性和稳定性。为了实现"实心 Pt—中空 PtFe 合金"的结构转变，他们构建了两个限域的空间：一是在商业 Pt/C 催化剂表面原位包覆一层对 Fe^{3+} 具有极强吸附能力的聚多巴胺（PDA）；二是用二氧化硅溶胶再度封装。在高温作用下，利用二氧化硅的空间限域作用，抑制 Pt 纳米颗粒的高温烧结长大以及 PDA 的损失（图 3-14），保证最终催化剂的高比表面积活性；在 H_2 辅助高温热解作用下，能形成高的吉布斯自由能和净原子扩散速率，即 Fe^{3+} 还原成 Fe，而还原后的 Fe 原子与内侧 Pt 原子在高温驱动下迁移速率加快，Fe 会逐渐迁移进入原有 Pt 晶格内形成 PtFe 合金，实现"合金化"。由于内侧 Pt 原子向外扩散的速率大于外侧 Fe 原子向内扩散的速率，会使得原有的 Pt 颗粒内部开始出现小孔洞（柯肯德尔效应）；而随着迁移过程不断进行，颗粒内部孔洞数目增多、尺寸变大，最终会形成一个大的空洞，从而实现"空心化"。最后，蚀刻掉表面的二氧化硅层后，可以获得氮掺杂碳（NC）壳覆盖的中空 PtFe 合金催化剂（H-PtFe/C@NC）。

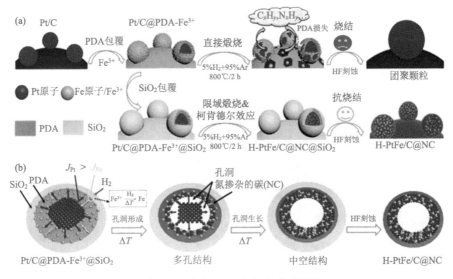

图 3-14　中空 PtFe 合金合成示意图

高分辨透射电镜（HRTEM）分析结果证实，在有 SiO_2 限域保护的情况下，所制备的催化剂纳米颗粒均匀地分散在碳载体上，平均粒径约为 3.9 nm[图 3-15（b）]，略大于新鲜商业的 Pt/C 催化剂（3.0 nm）；当没有 SiO_2 保护时，催化剂纳米颗粒在碳载体上出现了明显的团聚和长大现象，平均粒径约为 9 nm[图 3-15（a）]。单个 PtFe 颗粒 HRTEM 图和 HAADF-STEM 图清晰显示了纳米颗粒边缘和中心的亮度存在明显的差异[图 3-15（c）、（d）、（f）]，证实了纳米级中空结构的形成。Pt 和 Fe 元素的电子能量损失谱线扫描图[图 3-15（i）]显示中空的 PtFe 纳米颗粒的表面表现出较强的 Pt 原子富集，这归因于热处理过程中发生的纳米级 Kirkendall 效应的结果。电化学测试结果证实，H-PtFe/C@NC 催化剂在 0.9 V 下的比表面积活性为 1.350 mA/cm^2，是商业的 Pt/C（0.268 mA/cm^2）催化剂的 5.04 倍[图 3-15（j）]。H-PtFe/C@NC 催化剂的质量比活性为 0.993 A/mg$_{Pt}$，是美国能源部 2017 年目标（0.440 A/mg$_{Pt}$）的 2.26 倍[图 3-15（k）]。除了高活性之外，H-PtFe/C@NC 催化剂也表现出高稳定性。经在 O$_2$ 饱和的 0.1 mol/L HClO$_4$ 中、电位为 0.6～1.2 V 循环扫描 20000 次后，H-PtFe/C@NC 催化剂的 ORR 半波电势仅负移了 7 mV，质量比活性相比于初始值只降低了 27.3%，且纳米颗粒不仅未观察到明显的团聚与长大，还保持其空心结构；而商业 Pt/C 催化剂的 ORR 半波电势在 20000 次伏安循环后显示了 49 mV 的负移，老化后质量比活性降低了 63.2%。H-PtFe/C@NC 增强的稳定性归因于合金化、N 引入后 NC 对周围金属原子的锚定作用以及中空结构在结构力学上的稳定效应等三重效应叠加的结果。该工作的巧妙性在于在未使用任何模板、助剂的情况下，仅凭借高温限域体系内的 Kirkendall 迁移过程，即可将合金元素 Fe 引入至 Pt 内发生合金化并形成中空结构，为空心结构的制造和纳米结构精确调变提供了新的思路。

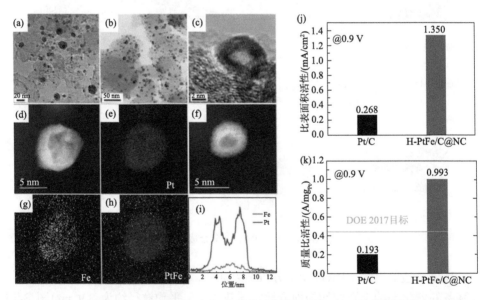

图 3-15　（a）没有二氧化硅包覆和（b）二氧化硅包覆 H-PtFe/C@NC 催化剂的 TEM 图；（c）中空 PtFe 纳米颗粒的 HRTEM 图；（d，f）中空 PtFe 纳米颗粒的 HAADF-STEM 图；（e，g，h）中空 PtFe 纳米颗粒的 EDX 元素分布图；（i）中空 PtFe 纳米颗粒电子能量损失谱线扫图；（j，k）分别为 H-PtFe/C@NC 和 Pt/C 催化剂在 0.9 V 下的比表面积活性和质量比活性

在上述工作基础之上，魏子栋、陈四国等进一步发现，通过精确地控制吸附金属离子的量和煅烧温度，沉积能和化学有序能主导的结构转变就能精确控制，从而能实现产品从中空无序 Pt 合金到实心有序 Pt 合金的相互转变[图 3-16（a）][89]。图 3-16（b）和（c）是 PtFe-X-T（X 代表吸附金属盐与 Pt 的比例，T 代表不同的热处理温度）催化剂不同吸附金属盐浓度下以及不同热处理温度下的 XRD 图。当 X=0.5 时，得到的是有序的面心立方 Pt_3Fe（fcc-PtFe）；当 X=2，3，4 时，得到的是有序的面心四方 PtFe（fct-PtFe）；随着吸附金属 Fe^{3+} 含量的进一步增加，有序的 110 特征衍射峰消失，并且峰位置相较于 Pt/C，偏移程度也较低，说明形成的是无序的 PtFe 金属催化剂。对于不同热处理温度而言，PtFe-6 在 400℃（PtFe-6-400）

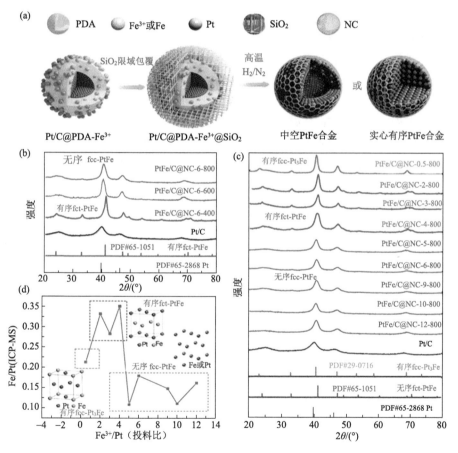

图 3-16　（a）Pt 演变为实心有序 PtFe 或中空无序 PtFe 的过程；（b）PtFe-6 在不同温度下的 XRD 图；（c）PtFe 不同吸附金属盐浓度下的 XRD 图以及标准卡片；（d）初始吸附的 Fe^{3+}/Pt 与最终催化剂中 Fe/Pt 的关系曲线图

表现出了有序金属间结构，为有序面心四方 PtFe 合金，而在 600℃和 800℃（PtFe-6-600 和 PtFe-6-800）却是无序结构。而 PtFe-4 在 800℃时能形成有序结构（PtFe-4-800），但在 400℃时（PtFe-4-400）却不能。

基于以上结果，Pt 向 PtFe 金属转变的机理推测如下：从单质 Pt 向合金 PtFe 的转变分为两个阶段：第一阶段，在高温热处理条件下，吸附的 Fe^{3+} 被 H_2 还原成 Fe 原子并向 Pt 原子内部扩散迁移形成有序的金属间化合物，并且这个有序的 PtFe 相有两种不同的组成，$fcc-Pt_3Fe$ 和 $fct-PtFe$。第二阶段，对于已经形成的有序相，随后的相转变过程主要受化学有序能和元素偏析能的影响，如果偏析能不能战胜金属间化合物的化学有序能，如 PtFe-0.5-800、PtFe-2-800、PtFe-3-800 和 PtFe-4-800，化学有序能将阻止后续的元素偏析过程，因此能保持有序结构。如果元素偏析能能克服化学有序能，如 PtFe-5-800、PtFe-6-800、PtFe-9-800、PtFe-10-800 和 PtFe-12-800，那么具有更低表面能的元素就容易偏析至表面，从而破坏有序结构。对于 PtFe 系统，在氢气气氛中，Pt 和 Fe 的表面能分别为 2.489 J/mol^2 和 2.475 J/mol^2，这样看来具有更低表面能的 Fe 更易于偏析至催化剂表面。但另一方面，Pt（1.39Å）的原子半径比 Fe（1.27Å）大，而大尺寸的 Pt 原子更倾向于表面富集以最大程度减小 PtFe 金属间化合物内部由于 Pt 晶格收缩引起的能量升高。因此，有序 PtFe 合金中的 Pt 原子向外迁移，在迁移过程中，实心有序 PtFe 金属间化合物逐渐转变为中空无序 PtFe 合金。电化学测试结果指出，有序 PtFe 和无序 PtFe 的半波电位为 0.933 mV、0.930 mV，高于 Pt/C 的 0.905 mV。有序 PtFe 合金和无序 PtFe 合金的质量比活性在 0.9 V 下分别为 1.48 A/mg_{Pt} 和 1.47 A/mg_{Pt}，分别是 Pt/C（0.22 A/mg_{Pt}）的 6.73 倍和 6.68 倍。稳定性测试中，有序 PtFe 合金因其有序的原子排布，在 0.6~1.1 V 循环扫描 30000 圈之后（O_2 饱和的 0.1 mol/L $HClO_4$ 中），其质量比活性只衰减了 20.64%，而无序 PtFe 合金和 Pt/C 衰减分别高达 42.59%和 62.79%。

3.3.3 Pt 单原子催化剂

单原子催化由张涛、李隽及刘景月等于 2011 年共同提出，相关文章发表量逐年增加，已成为一个相当热门的催化前沿领域。单原子催化和单位点催化是有所区别的：单原子催化即活性金属以单个原子的形式负载于载体表面，并主要是通过与异原子键合方式连接在载体表面，金属原子的配位环境可能不完全一致 [图 3-17（a）区域]；而单位点催化强调的是活性位点配位及电荷环境完全一致，且不仅包括单个原子，也包含完全相同的团簇[图 3-17（b）区域]。当每一个单分散的活性金属原子配位环境完全一致时，单原子催化也是单位点催化[图 3-17（c）

区域]。单原子催化剂并不是指单个零价的金属原子是活性中心，单原子也与载体的其他原子发生电子转移等配位作用，往往呈现一定的电荷性，金属原子与周边配位原子协同作用是催化剂高活性的主要原因。

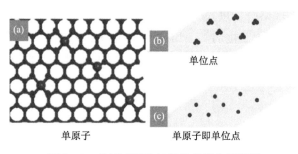

单原子　　　　　　　　单原子即单位点

图 3-17　单原子催化与单位点催化示意图

单原子催化剂将金属尺寸缩小到原子水平，大大增加了原子的利用率，即大大增加了催化剂暴露的活性位点。因此，单原子型催化剂其活性很高，又因其结构单一且分散均匀，所以选择性很高[66, 90, 91]。目前 Pt 单原子催化剂有以下制备方法：

湿化学合成法：将活性金属前驱体溶解在水溶液中并与催化剂载体混合，再将混合物干燥并煅烧以除去溶液中的挥发性组分，从而将金属沉积在催化剂表面。当金属的负载量降低到一定的水平时，可获得单原子催化剂。Lee 等[92]使用 TiN 纳米颗粒作为载体，并通过湿润浸渍法获得了 Pt 单原子。Sun 等[93]在氮含量为0.4%的 N 掺杂炭黑上成功地制备了 Pt 单原子。在此制备中，炭黑、尿素和 H_2PtCl_6 分别用作载体的 N 源和 Pt 前驱体，然后将混合粉末在 950℃的温度下热解 1 h，即得到负载的 Pt 单原子。Li 等[94]制备了具有大量空位缺陷的 $Ni(OH)_x$ 以稳定 Pt 单原子，其 Pt 负载量可以达到 2.3 wt%。Choi 等[95]使用 S 掺杂碳的沸石模板作为载体来制备负载量更高（5 wt%）的 Pt 单原子催化剂。

原子层沉积法：除了传统的湿化学制备方法外，原子层沉积（ALD）也是制备单原子催化剂的有效方法，它能够精确控制单个原子和纳米团簇的沉积。2013 年，Sun 等[96]首先通过 ALD 在石墨烯纳米片载体的表面上制备了 Pt 的单原子和亚纳米簇。如图 3-18 所示，在 ALD 过程中，Pt 前驱体（甲基环戊二烯基）-三甲基铂（MeCpPtMe₃）首先与石墨烯表面的吸附氧反应生成含 Pt 单层物质[图 3-18（b）]以及 CO_2、H_2O 和碳氢化合物碎片。之后，在氧气气氛中，O_2 会将含 Pt 单层物质转化为 Pt 的含氧物质[图 3-18（c）]，从而在 Pt 表面上形成新的吸附氧层。然后又将 MeCpPtMe₃ 前驱体引入[图 3-18（d）]，重复上述过程，即可实现 Pt 的第二层负载。该方法通过调整上述 ADL 过程循环次数，就可以精确控制 Pt 的负载量和粒径。作者发现，在 50 个 ALD 循环后，可获得分布在石墨烯纳米片上的 Pt

单原子。随着 ALD 循环次数增加到 100 和 150，Pt 沉积物则从单个原子尺度分别增加到 1～2 nm 和 4 nm。

空间限域法：在多孔材料（如沸石、MOF 等）的辅助下分离并封装合适的单核金属前驱体来实现单原子催化剂的制备[97-99]。例如，KLTL 沸石的分子尺度孔仅可以让$[Pt(NH_3)_4]^{2+}$络合物进入，然后将$[Pt(NH_3)_4]^{2+}$/KLTL 沸石在 633 K 温度下氧化则可获得 Pt 单原子催化剂[98]。Li 等[99]首先在 ZIF-8 纳米晶体上生长 Pt 纳米颗粒以得到 Pt@ZIF-8 复合材料，然后将其在 900℃下加热 3 h，成功获得 Pt 单原子催化剂。

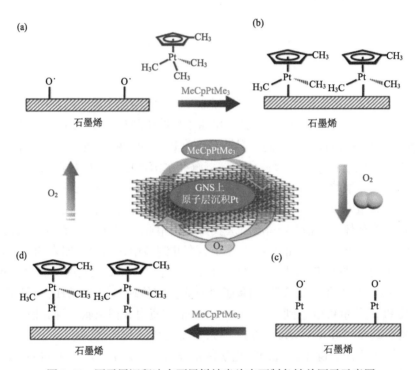

图 3-18　原子层沉积法在石墨烯纳米片表面制备铂单原子示意图

3.4　铂催化剂稳定性提升

3.4.1　金属间化合物

依本书第 1 章、第 2 章的基本理论，合金化是改善单金属催化剂催化活性的重要方法，而某些合金元素的加入也可以提高 Pt 催化剂的稳定性[100-113]。Stamenkovic[114]指出，合金元素 Au 的引入可促进 Pt 表面原子向（111）结构的有序化，而表面 Au 则选择性地保护了低配位的 Pt 位。研究人员将这种缓解策略应用于 3 nm Pt$_3$Au/C 纳米颗粒催化剂，从而在高达 1.2 V 的扩展电位范围内，消除了 Pt 在液体电解质中的溶解。与 3 nm Pt/C 电催化剂相比，其耐久性提高了 30 倍（图 3-19）。

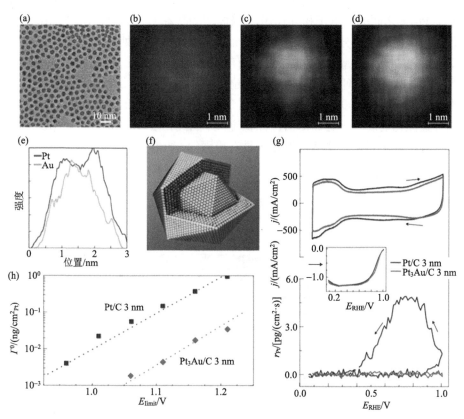

图 3-19　（a）3nm Pt$_3$Au/C 纳米颗粒的 TEM 图；（b~d）Pt、Au 和 PtAu 的元素分布图；（e）EDX 线扫图；（f）Pt$_3$Au 颗粒的示意图；（g）Pt/C 和 Pt$_3$Au/C 的循环伏安曲线；（h）Pt/C 和 Pt$_3$Au/C 本征溶解度[Γ^0（ng/cm$_{Pt}^2$）]对比

但通常情况下，大多数合金催化剂通常呈无序固溶体（disordered solid solution），这使得它们在 ORR 高电压工作条件下易发生"脱合金"过程，该过程可使催化剂比表面积增大，对催化剂的活性或许有正面促进作用，但对稳定性肯定是有害的[115]。特别是在全电池的工作环境下，溶解脱出的非贵金属离子会与质子交换膜中的 H$^+$产生"质子交换膜的阳离子效应"，导致膜的质子传导能力下降，引起电池性能的衰减。相比于无序的固溶体合金，有序的金属间化合物（ordered intermetallic compound）中金属原子按特定化学计量比有序互化，具有更强的 Pt-M

原子间相互作用，因而可展现出更为优异的化学稳定性和结构稳定性[116-120]。孙守恒等[116, 117]对有序和无序 PtFe 纳米颗粒在酸性条件下 Fe 的耐受性进行对比研究，发现在 0.5 mol/L H$_2$SO$_4$ 中浸泡 1 h 后，有序面心四方 fct-PtFe 中 Fe 含量仅降低 3.3%，而无序面心立方 fcc-PtFe 中 Fe 含量衰减高达 36.5%，且前者的 ORR 活性显著高于后者。他们认为该活性的提升归功于保存下来的更高 Fe 含量以及有序化相中 Pt-Fe 之间的强电子相互作用。干林等[121]制备了三种（PtCo$_3$、PtNi$_3$、PtFe$_3$）担载在碳载体上的单分散合金纳米颗粒而后进行高温退火处理。对比发现，PtCo$_3$ 转变为有序 PtCo$_3$ 金属间化合物，且没有明显的颗粒烧结；PtFe$_3$ 催化剂虽然能实现有序化，但在热处理过程中易发生颗粒烧结；而 PtNi$_3$ 不仅颗粒烧结最严重，并且难以实现有序化转变（图 3-20）。所得到的有序 PtCo$_3$ 金属间化合物电催化剂比其他合金催化剂展现出更高的活性和稳定性。因此，在 ORR 催化中，相比于无序合金，有序金属间化合物纳米催化剂具有更强的实际应用性。

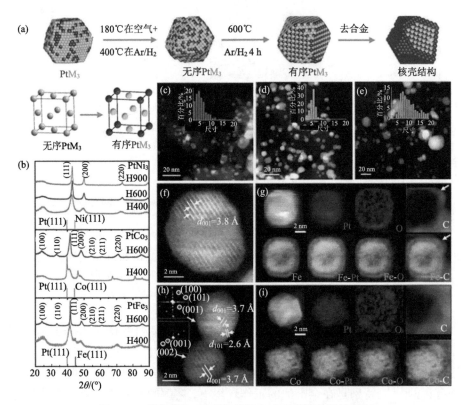

图 3-20　碳负载 PtM$_3$ 催化剂的合成示意图及结构表征

　　然而，合成"有序化"的金属间化合物催化剂比合成"无序化"的合金催化剂更难。对于有序 PtM 合金的合成而言，目前的方法主要还是集中于传统的湿化学方法（包括胶体法、溶胶凝胶法、浸渍法、共还原法等）上。在这些传统的制备方法中，由于不同的金属具有不同的还原电势，需要额外加入一些有机表面活性剂、离子稳定剂、封端剂、还原剂等来克服这种还原电势的差异。另外，由于湿化学法的反应制备一般为低温制备，所制备的合金大部分需要进一步的高温热处理提高催化剂的合金度和元素的均匀性，而高温后处理过程不可避免地带来纳米颗粒的二次团聚、长大。由于起始合金粒子尺寸是纳米级，比表面能很高，在高温过程中极易发生烧结、团聚的现象，因此高温之后颗粒粒径可能会由初始的几纳米增加至一百纳米甚至几百纳米，严重降低了催化剂的活性比表面积。

为了抵制催化剂的聚集，大量的研究工作集中在设计合成策略制备结构优化粒径合适的金属间化合物，目前常见的方法有：①选择合适的碳载体，利用碳载体的高比表面积和官能团与金属颗粒相互作用使其均匀分散；②添加金属氧化物、单质硫、盐等减缓金属原子在高温下的扩散迁移，缓解烧结现象，再将添加物除去，不影响催化剂的催化活性；③试图在煅烧前将无序合金粒子表面包覆一层保护壳层，如 MgO、SiO_2 等[89, 122]。然而，氧化物类保护壳在高温有序化过程后必须经酸刻蚀除去，这将增加后处理流程的复杂性、时间和成本。以氯化钾、氯化钠等无机盐作为高温保护基质也可以获得高分散 Pt 基金属间化合物纳米颗粒[123]，而且这些无机盐通过水洗即可轻易除去，克服了传统保护层去除以及催化剂分离困难等问题。

3.4.2　载体增强

1. 碳基载体

目前广泛用于氧还原的催化剂载体是 Cabot 公司的 Vulcan XC-72 炭黑（比表面积 250 m^2/g，平均粒径在 30 nm），Cabot 公司的 Black Pearl BP 2000（比表面积 1000～2000 m^2/g）以及 Ketjen 公司的 Ketjen Black（比表面积 1000 m^2/g）等也可用于氢燃料电池的催化剂载体。但实验表明这些广泛使用的碳载体表面含有大量的缺陷和不饱和键以及—OH，—COOH 和—C=O 等含氧官能团，在燃料电池实际工况下会产生氧化腐蚀，从而导致载体与催化剂的作用力减弱或者催化剂流失与聚集，表现为催化剂活性降低[124-126]。研究发现对普通炭黑进行石墨化稳定处理后，减少了碳载体的缺陷位点，增加炭黑的稳定性。同时 π 位点（碳的 sp^2）也得以增强。但炭黑的石墨化过程也会减少碳表面的缺陷和活性位，导致金属催化剂与炭黑表面相互作用减弱，分散度下降。因此，炭黑的石墨化这种"杀敌一千，自损八百"的方法并不在 ORR 催化中采用。

一些具有不同纳米结构的高程度石墨化碳材料，如碳纳米管、碳纳米球、石墨纳米纤维、富勒烯、石墨烯、有序介孔碳（OMC）、碳纳米卷（CNC）和碳纳米角（SWNH）等[127-132]，由于其具有特别的结构和性质，在一定程度上提高了催化剂的抗氧化腐蚀和反应活性。然而这些石墨化程度高碳材料由于表面呈现化学惰性，因此没有足够数量的活性位点用以锚定 Pt 的前驱体或者 Pt 颗粒，这就需要增加催化剂与载体的相互作用基团，从而提高催化剂的分散度，弱化聚集效应。一般是通过强酸氧化处理在石墨化碳载体表面引入—COOH、—OH 等官能团，成为 Pt 沉积的活性位，增强 Pt 与载体间的结合力。但这些官能团与 Pt 的结合力并不足够强到使 Pt 保持较长的寿命，而且碳基材料会沿着这些含氧官能团继续氧化腐蚀降解，从而降低了催化剂的稳定性。

为了强化 Pt 与石墨化程度高的 CNT 之间的结合力，魏子栋等[133]通过表面共价接枝手段在原始 CNT 的惰性表面经酸煮、羟基化、溴基化和巯基化之后，成功制备了表面链接巯基的新型巯基化碳纳米管 SH-CNTs，如图 3-21 所示。碳纳米管上引入 SH—后，SH—充当 Pt 前驱体或者 Pt 纳米颗粒的锚定中心，不但可以提高 Pt 的分散性，还有助于减少 Pt 的溶解、奥斯瓦尔德熟化效应和 Pt 纳米颗粒的团聚。经过 1500 圈 CV 加速老化后，Pt/初始-CNTs 和 Pt/COOH-CNTs 催化剂的 ECSA 分别下降了 48.1%和 81.3%，而 Pt/SH-CNTs 催化剂的 ECSA 仅减少了 22.3%，即这三种催化剂的稳定性顺序依次为：Pt/SH-CNTs＞Pt/初始 CNTs＞Pt/COOH-CNTs。对比三种催化剂的循环伏安曲线发现[图 3-22（a）]，在 Pt 的氧化/还原电位区间（0.6～1.0 V）出现明显的区别，其中 Pt/COOH-CNTs 和 Pt/初始-CNTs 中 Pt 的氧化电位相似（0.75 V 左右），而 Pt/SH-CNTs 催化剂的 Pt 氧化起始电位出现了明显正移，说明 Pt/SH-CNTs 催化剂上的 Pt 相比较前两种催化剂在相同的条件下更难以氧化。进一步分析三种催化剂 Pt 4f 峰可知[图 3-22（b）]，Pt/SH-CNTs 催化剂 Pt $4f_{7/2}$ 峰的电子结合能明显高于 Pt/COOH-CNTs 和 Pt/初始-CNTs，说明 Pt 与 SH-CNTs 载体之间的相互作用更强。

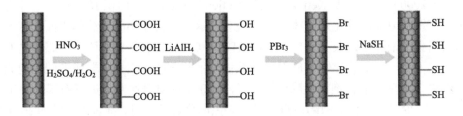

图 3-21　巯基化碳纳米管制备流程图

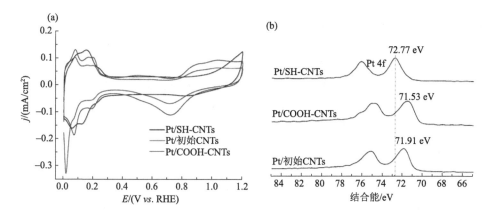

图 3-22　Pt/SH-CNTs、Pt/初始 CNTs、Pt/COOH-CNTs 催化剂的（a）循环伏安曲线和（b）Pt 4f峰

魏子栋等[133]还研究了磺酸化碳纳米管（SO₃H-Ar-CNTs）对 Pt 催化剂稳定性的影响。通过在碳纳米管上先引入羧基，再用对氨基苯磺酸钠作为苯磺酸前驱体，可得到磺酸化碳纳米管，如图 3-23 所示。结果表明，磺酸基能成功地链接在碳纳米管上，制备的 Pt/SO₃H-Ar-CNTs 催化剂具有比直接将 Pt 负载在羧基化的碳纳米管催化剂 Pt/COOH-CNTs 有更高的电化学稳定性。此外，碳纳米管上引入的磺酸基不仅是作为 Pt 纳米颗粒的锚定位点，还增加了催化剂表面质子含量，客观上增加了"电子/质子"两种载流子交汇界面，对于减少 Nafion 膜的用量、提高催化剂的利用率有很大的意义。

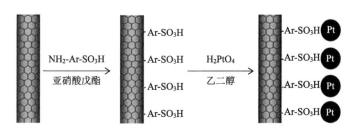

图 3-23　Pt/SO₃H-Ar-CNTs 制备示意图

2. 金属氧化物载体

金属氧化物（metal oxide，MO），如钢锡氧化物（ITO）、氧化铌（NbO₂）、氧化钨（WO$_x$）、氧化钛（TiO$_x$）、氧化铈（CeO₂）等[134-141]都是 ORR 研究中广泛尝试的催化剂载体材料。相比于传统的 C 材料，金属氧化物普遍具有耐酸碱性、耐腐蚀性以及高的耐氧化性，并与负载金属纳米颗粒有更强的"金属-载体"相互作用。魏子栋等[141]以廉价易得的蒙脱土（MMT）作为 Pt 催化剂载体[如图 3-24（a）]。

MMT 是一种 Si 和 Al 的层状共氧化物，层间通过 Na$^+$等阳离子连接，经化学剥离后的多孔蒙脱土（e-MMT）具有较高的表面能和丰富的表面未饱和键，因而表现出很高的化学反应活性，能与外来物质发生强烈的反应，可以使负载金属催化剂纳米颗粒牢牢地锚定在 e-MMT 表面上。因此本工作中利用 e-MMT 与铂纳米颗粒的强相互作用抑制其迁移和团聚，提高 Pt 粒子稳定性；同时通过 Pt-载体相互作用调变铂电子结构提高其催化活性。MMT、商业化 JM Pt/C 以及 Pt/e-MMT 的 XPS 谱图[图 3-24（b）]显示，商业化 JM Pt/C 中出现了明显的 Pt 4f$_{5/2}$峰（74.4 eV）和 Pt 4f$_{7/2}$峰（71.1 eV），与结合能数据表中 Pt 元素的 Pt 4f$_{5/2}$峰（74.4 eV）和 Pt 4f$_{7/2}$峰（71.0 eV）基本一致，这说明碳载体与 Pt 结合能非常弱，仅靠范德瓦耳斯力结合；在 Pt/e-MMT 的 XPS 谱图中，同时出现了 Al 2p 峰（74.4 eV）、Pt 4f$_{5/2}$峰以及 Pt 4f$_{7/2}$峰，这是由于同时存在 Pt 和 MMT 两种物质。Pt 的 Pt 4f$_{5/2}$峰和 Al 2p 峰轨道电子出现了一定程度的叠加，其中 Al 2p 位置与纯蒙脱土中的基本一致，但相比于 Pt/C 催化剂，Pt/e-MMT 催化剂中 Pt 4f$_{5/2}$峰和 Pt 4f$_{7/2}$峰的结合能都有向高结合能的化学位移，这说明在蒙脱土载体中获得了结合能更高的 Pt 催化剂，从而提高了催化剂的稳定性。

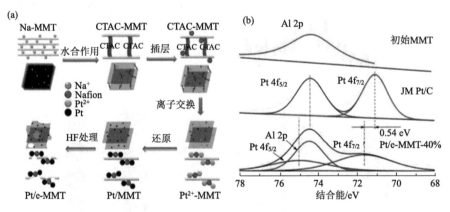

图 3-24　（a）Pt/e-MMT 催化剂合成示意图；（b）MMT、JM Pt/C 以及 Pt/e-MMT 的 XPS 谱图

金属氧化物在作为电催化剂载体材料最大的缺点就是导电性能不足，虽然已有很多文献报道指出这一缺点可以通过对金属氧化物进行掺杂（如在 TiO$_2$ 中掺入 Mo、In、Sn 等）[142-144]以及在后续电极制备中通过加入导电的 C 予以改进，但对于应用于燃料电池的催化剂，特别是对工作在 1～2 A/cm^2 电流密度下的氢-空气（氧）质子交换膜燃料电池，有氧化物半导体载体所引起的欧姆压降是不可接受的。文献中声称的 Pt/MO 比 Pt/C 活性好往往是在水溶液电解质中小电流密度时单电极的测试结果，还没有到大电流密度下工作的电池层面。

3. 金属碳化物或氮化物载体

金属碳化物也是一种经常报道的催化剂载体,其中碳化钨因具有高机械强度、高化学稳定性以及对 Pt 强的锚定效应等特征而在催化剂载体材料方面得到了广泛地开发和应用。沈培康实验室是国内乃至国际上最早研究碳化钨纳米晶体在 ORR 方面应用的,他们在 2005 年采用间歇式微波加热(IMH)法制备了碳化钨纳米晶和铂纳米晶复合电催化剂(Pt-W2C/C),首次探究了碳化钨对 Pt 电催化氧还原的增强作用[145]。实验结果表明,碳化钨纳米晶促进的 Pt/C 电催化剂对 ORR 具有很高的活性,在室温下的起始电位为 1.0 V *vs.* SHE,比传统的 Pt/C 电催化剂高出 100 mV。2006 年沈培康团队进一步改良制备方案,结合交替微波加热法和硼氢化钠现场还原法制备了碳化钨增强 Pt 的复合型催化剂[146],此催化剂表现出碳化钨和 Pt 的协同作用,在酸性环境中对 ORR 有很好的催化活性,其 ORR 起始电位相比于商业 Pt/C 有 150mV 的正移,且交换电流密度提高了 3 个数量级。之后许多研究团队也陆续提出了不同制备方法合成高比表面积的碳化钨负载铂催化剂用于电催化氧还原,取得了不错的效果[147-149]。

近年来,过渡金属氮化物作为载体担载金属提升了催化剂活性,但到目前为止,氮化物在 ORR 方面的应用较少。在众多的氮化物中,氮化钛(TiN)受到的关注较多,研究已指出 TiN 负载 Pt 催化剂(Pt/TiN)的 ORR 活性及稳定性较商业化 Pt/C 催化剂得到了增强[150, 151]。非金属氮化物中的氮化硼(BN)也是具有潜质的催化剂载体候选者之一。它与石墨烯类似,具有六方晶系结构,因其在 1000℃以内热稳定、耐强酸、耐氧化,已被尝试作为 ORR 催化剂载体[152-154]。

4. 二维 MXenes 载体

MXenes 是一类二维(2D)无机化合物,是由几个原子层的过渡金属碳化物、氮化物或碳氮化物组成的材料。Ti3C2 是第一个 2D 层状 MXene,类似于石墨烯结构,于 2011 年被分离出来[从 3D 的体材料 MAX 相(Ti3AlC2)里面衍生而来]。从那时起,材料科学家根据各种过渡金属(如 Ti、Mo、V、Cr 及其与 C 和 N 的合金)的组合,确定或预测了多于 200 种不同 MXenes 的稳定相。$M_{n+1}AX_n$ 的结构中,M 为过渡元素(如 Ti、Sr、V、Cr、Ta、Nb、Zr、Mo),A 为ⅢA 和ⅣA族中的某些元素(如 Al、Ga、In、Si、Ge、Sn、Pb),X 为 C 或 N,n=1、2、3。典型的 MAX 211 相、312 相和 413 相,即 M_2AX、M_3AX_2 和 M_4AX_3 中,M 和 X 以强共价键的方式结合,A 与 M 之间为弱共价键形式的结合,A 表现出一定的化学活性,能够与酸性或者碱性的物质发生反应。因此把其中的 A 原子层刻蚀后,即得到二维 MXenes 纳米片,如 M_2X、M_3X_2 和 M_4X_3。二维 MXenes 纳米片兼具金属材料和陶瓷材料的优良性质,在具有类似金属材料的高导热性、高电子导电性、抗热震性和可加工性的同时，还具有类似陶瓷材料的高抗氧化性、高耐腐蚀性、耐高温性等。

魏子栋通过 HF 或浓 NaOH 对三重层状碳化物 Ti_3AlC_2 中的 Al 刻蚀，可作为 Pt 的优异载体材料[155, 156]。当采用 HF 刻蚀时，Al 原子层会与 HF 酸发生化学反应而被完全刻蚀掉，化学性质更加稳定的 Ti_3C_2 层状结构则不与 HF 酸发生反应而得以保留。剩余的 Ti_3C_2 结构因失去 Al 层，在 Ti 表面形成大量悬空键，此时溶液中含有的 OH—和 F—将占据这些悬空键，使 Ti_3C_2 发生官能团化，因而最后产物的表面将含有大量的—OH 和—F（故命名 $Ti_3C_2X_2$，X=OH、F）。图 3-25（a）为未经 HF 酸刻蚀处理的 Ti_3AlC_2，其形貌为几百纳米大小且结构致密的颗粒物质，其特有的 Ti_3C_2-Al-Ti_3C_2-Al-Ti_3C_2 交互型层状结构可以从图 3-25（b）中直接地观察到。经过 HF 酸刻蚀处理后，所得到的产物 $Ti_3C_2X_2$ 的形貌和结构与 Ti_3AlC_2 完全不同[图 3-25（c）和（d）]，其具有与二维石墨烯相类似的层状结构。电化学测试表明，$Pt/Ti_3C_2X_2$ 催化剂比商业 Pt/C 催化剂更稳定，在经历 10000 次循环伏安老化（0.6～1.1 V）后，$Pt/Ti_3C_2X_2$ 催化剂的 ESCA 损失为 15.7%，而 Pt/C 则损失了 40.8%。老化后的 $Pt/Ti_3C_2X_2$ 催化剂氧还原的半波电位没有发生明显的变化，

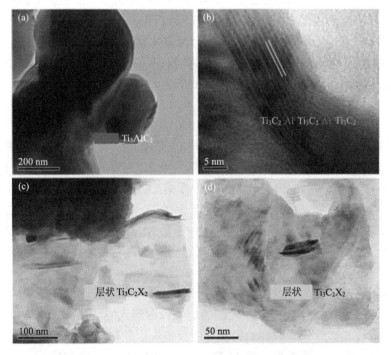

图 3-25　（a，b）未经 HF 刻蚀 Ti_3AlC_2 的透射电镜照片；
（c，d）刻蚀之后 $Ti_3C_2X_2$ 的透射电镜照片

而 Pt/C 催化剂则损失了 21 mV。XPS 分析结果显示 Pt/Ti$_3$C$_2$X$_2$ 催化剂中 Pt 的 4f
轨道结合能相对于 Pt/C 催化剂发生了负移[图 3-26（a）和（b）]，这种改变主要
是由于 Pt 与 Ti$_3$C$_2$X$_2$ 载体间产生了电子转移效应，使得 Pt 与 Ti$_3$C$_2$X$_2$ 之间的结合
比 Pt 与 C 之间的结合更加牢固。此外，Pt/Ti$_3$C$_2$X$_2$ 中 Pt 4f 结合能的负向移动，也
会使 Pt 的 d 带中心（d-band center，ε_d）低于费米能级（Fermi energy，ε_F），这意
味着 Pt 的 d 轨道与其表面吸附 O$_{ads}$ 和 OH$_{ads}$ 的 sp 轨道有更少的重叠[图 3-26(c)]，
从而使得 Pt 表面更加难以形成 Pt-O$_{ads}$ 和 Pt-OH$_{ads}$，进而有效阻止 Pt 通过氧化形
成 Pt—O 键而发生离子形式的电化学溶解，这可能就是 Pt/Ti$_3$C$_2$X$_2$ 催化剂稳定性
增强的原因。

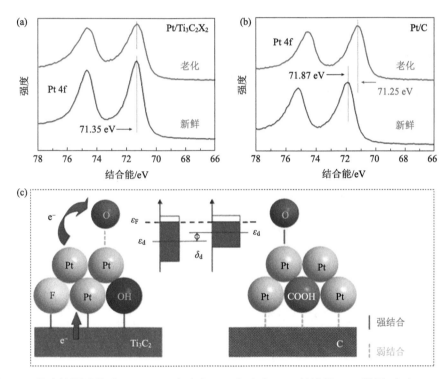

图 3-26　稳定性测试前后 Pt/Ti$_3$C$_2$X$_2$（a）和 Pt/C（b）中 Pt 4f 轨道的 XPS 谱图；（c）Pt/Ti$_3$C$_2$X$_2$
　　　　相对于 Pt/C Pt d 带中心发生移动的示意图

当采用 NaOH 作为 Ti$_3$AlC$_2$ 刻蚀剂时，Ti$_3$AlC$_2$ 只有表层结构被部分刻蚀掉，
其内部的 Ti$_3$AlC$_2$ 结构仍然保持完整，所得到的产物 Ti$_3$C$_2$Y$_2$（Y=OH—）表面上
具有类蝉翼（cicada wing like）的絮状结构（图 3-27）。之后在 Ti$_3$C$_2$Y$_2$ 上负载的
Pt 纳米颗粒分布均匀、粒径较小（2～5 nm）。

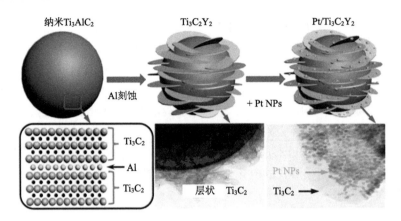

图 3-27 NaOH 刻蚀 Ti_3AlC_2 得到 $Ti_3C_2Y_2$ 过程示意图及相应物质的电镜图

    $Pt/Ti_3C_2Y_2$ 同样也展现出优异的稳定性，在 0～1.2 V，1500 次循环伏安扫描后其 ORR 半波电位和电化学比表面积活性几乎无任何变化。DFT 理论计算揭示了 $Pt/Ti_3C_2Y_2$ 高稳定性的原因。如图 3-28（a）所示为经过优化过后 Pt_{13} 簇在

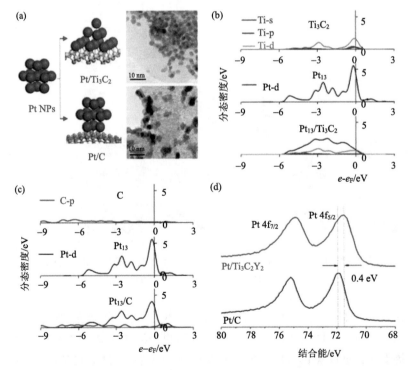

图 3-28 （a）Pt_{13} 簇在 Ti_3C_2 和 C 上的优化稳定结构；（b）Pt/Ti_3C_2 以及（c）Pt/C 负载前后的
分态密度图；（d）$Pt/Ti_3C_2Y_2$ 以及 Pt/C 的 Pt 4f XPS 谱图

Ti$_3$C$_2$ 及 C 载体上的稳定结构。计算结果显示，Pt$_{13}$ 簇在 Ti$_3$C$_2$ 结构上的结合能为 5.499 eV，而在 C 结构上的结合能则为 3.363 eV，表明 Pt$_{13}$ 簇与 Ti$_3$C$_2$ 之间具有比 Pt$_{13}$ 簇与 C 之间更强的结合力。Pt$_{13}$ 簇在与载体结合前后的分态密度结果显示，在与 Ti$_3$C$_2$ 结合以后，Pt 的 d 电子带和 Ti$_3$C$_2$ 中 Ti 的 d 电子带在费米能级附近有很大一部分的重叠[图 3-28（b）]，意味着电子能够在重叠的能带里发生自由移动并形成 Pt—Ti 键。比较而言，Pt/C 模型中 Pt-d 和 C-p 之间则只有细微的重合[图 3-28（c）]，说明 Pt 与 C 之间的结合力不如 Pt 与 Ti$_3$C$_2$ 之间结合力强。此外，Pt/Ti$_3$C$_2$Y$_2$ 中 Pt 4f$_{7/2}$ 轨道结合能相对于 Pt/C 中 Pt 4f$_{7/2}$ 轨道结合能也发生了负向偏移，进一步说明 Pt 与 Ti$_3$C$_2$Y$_2$ 间具有更强的作用力。这种强的相互作用力的结果使 Pt 纳米颗粒在 Ti$_3$C$_2$Y$_2$ 上呈扁平结构分布，而 Pt 与 C 之间弱的相互作用力使 Pt 在 C 上呈垂直分布[图 3-28（a）]。

3.4.3　自支撑催化剂

上述 Pt 基催化剂均以零维纳米颗粒形式负载在高比表面碳载体上，由于零维纳米颗粒表面能高，因而极易发生迁移、团聚和长大；此外，碳类载体的腐蚀也严重危害了催化剂的稳定性。开发各向异性的自负载型催化剂（如纳米薄膜、纳米线、纳米管、多枝纳米花以及纳米树枝）可有效缓解这些问题[157-159]。同时，这些开放式的纳米构型赋予催化剂大的比表面积，可大大增加催化活性位点的利用率。美国 3M 公司开发的纳米薄膜催化剂（NSTF）[160]在电池中的比表面积和电池性能衰减速率与 Pt/C 相比几乎可以不计。

2016 年黄昱博士与加利福尼亚大学洛杉矶分校段镶锋教授、加利福尼亚州理工学院 Goddard Ⅲ 教授等[161]合作，通过合成一维的 Pt-Ni 双金属纳米结构，以此为前驱催化剂，进行循环伏安扫描。一般来说，在扫描伏安曲线时，活性面积都是逐渐降低的，因为催化剂会慢慢地失活。但是在这个体系中，作者观察到随着循环伏安圈数的增加，催化剂电化学活性面积在不断地提高，最后达到约 120 m^2/g$_{Pt}$。作者对活化后的 Pt-Ni 纳米线进行了表征，发现催化剂中的 Ni 几乎都流失了，然后形成了锯齿状的 Pt 纳米线（图 3-29）。这种锯齿状 Pt 纳米线在 ORR 反应中表现出非常优异的性能，其质量比活性高达 13.6 A/mg$_{Pt}$，将以前的质量比活性记录提高了一倍，远远超过了过去两年在这个方向上最好的催化剂性能。北京大学郭少军教授团队报道了一种 Z 字形具有高指数晶面和 Pt 表面富集的 Pt$_3$Fe 纳米线（Pt-skin Pt$_3$Fe z-NWs）[162]。这种独特的纳米线结构以及暴露的高指数晶面赋予了 Pt-skin Pt$_3$Fe z-NWs 催化剂优异的电化学性能，在 0.9 V 下，其质量比活性和比表面积活性分别高达 2.11 A/mg 和 4.34 mA/cm^2。除了高活性，Pt-skin Pt$_3$Fe z-NWs 还保持高耐久性，在 50000 次电位循环后，其比表面积活性和质量比活性仅分别下降了 26.7%和 24.6%。与此形成鲜明对比的是,在相同的循环稳定性测试条件下,商业的 Pt/C 在比表面积活性(96.7% 损失)和质量比活性(93.3%损失)中遭受了严重衰退。

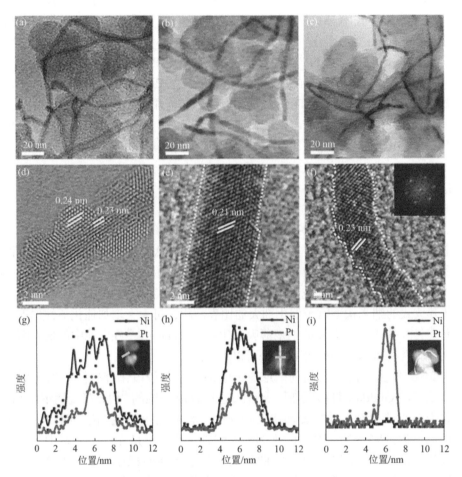

图 3-29　　(a, d, g)液相合成的具有核壳结构的 Pt-NiO 纳米线;(b, e, h)经过氢气还原后的 Pt-Ni 合金纳米线;(c, f, i)Ni 溶解后形成的锯齿状 Pt 纳米线

华中科技大学夏宝玉教授团队联合南洋理工大学楼雄文教授等[163]通过溶剂热和后期刻蚀的方法,成功合成了一种一维的中空串珠状 PtNi 合金 (图 3-30)。表征结果显示该合金的表面是一层 Pt,体相是 Pt-Ni。该催化剂表现出 3.52 A/mg$_{Pt}$ 的质量比活性,是商业 Pt/C(60 wt$_{Pt}$%)活性的 16.8 倍,且在 50000 次循环测试中活性下降小于 1.5%。实验结果和理论计算都表明,应变效应和配体效应导致的强键合 Pt—O 位点较少,非常利于 ORR 活性提升。

湖南大学余刚教授、美国中密歇根大学 Petkov 和宾汉姆顿大学钟传建教授等[164]合作提出了一种制备具有可控双金属成分的纳米线型 PtFe 合金催化剂（TNWs）的无表面活性剂合成方法。具有最优约 24% Pt 初始组分的 PtFe TNWs 表现出最高的质量比活性（3.4 A/mg$_{Pt}$，高于商业 Pt 催化剂 20 倍）和耐久性（在 40000 个周期后仅有小于 2%的活性损失和在 120000 个周期后仅有小于 30%的活性损失）。

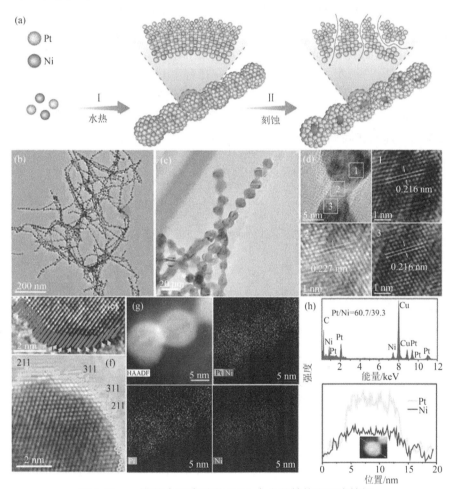

图 3-30 一维的中空串珠状 PtNi 合金的结构和组成特征

3.4.4 表面修饰

1. 表面修饰金属团簇或金属薄膜

对于氧还原界面反应而言，催化剂表面或近表面的原子组成和排布影响至关重要,近表面区域的每一个原子的位置和性质都会显著影响催化剂的催化行为。将某些金属原子或金属团簇修饰于 Pt 表面可有效达到调控 Pt 表面原子组成和排布的目的,从而实现活性或稳定性质的飞跃。2007 年,Adzic 等[165]在 *Science* 上发表工作指出,仅以少量的 Au 团簇修饰于 Pt 表面[图 3-31(a)和(b)]即可显著提升 Pt 的抗溶解能力。经 30000 次电位循环后,金修饰的铂催化剂的氧还原特性及比表面积活性相比于初始状态没有明显降低[图 3-31(c)和(d)],但是未经修饰的铂催化剂的氧还原电位和比表面积活性却出现了明显衰减[图 3-31(e)和(f)]。作者认为金簇修饰会提高 Pt 的起始氧化电位,从而降低铂氧化物的生成,有力地稳定了铂催化剂。Au 的修饰增强作用之后也被 Gatalo 等[166]证实,他们通过置换反应在有序 PtCu 纳米合金颗粒表面掺入了极少量的 Au 原子(原子百分比<1at%)。实验结果分析表明,这些极少量的 Au 原子有效抑制了 ORR 工作条件下 Pt 的溶解以及 Cu 的溶出,甚至还缓解了碳载体的腐蚀(即便在高温下也能起到保护作用),因而极大限度提高了 PtCu 合金的稳定性。

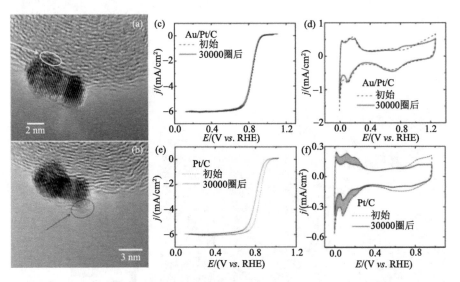

图 3-31　(a,b)金簇修饰的铂催化剂的透射电子显微镜图;(c,d)金簇修饰的铂催化剂老化测试前后 LSV 曲线(c)和循环伏安曲线(d);(e,f)未经金簇修饰的铂催化剂老化测试前后 LSV 曲线(e)和循环伏安曲线(f)

除 Au 之外,采用其他金属原子修饰 Pt 基催化剂表面的工作也陆续被报道。例如,2015 年,美国加利福尼亚大学的研究人员[167]利用"一锅法"在工业炭黑上制备高度分散 Pt_3Ni 八面体,同时,在其表面掺杂了各种过渡金属得到

M-Pt₃Ni/C，其中 M=V、Cr、Mn、Fe、Co、Mo、W、Re。掺杂后的氧还原反应催化剂同时具有高反应活性和高耐久性，特别是其中的 Mo-Pt₃Ni/C，其比表面积活性为 10.3 mA/cm²，质量比活性为 6.98 A/mgₚₜ，分别是商用 Pt/C 催化剂的 81 倍和 73 倍（图 3-32），得到了超过前文提及的 Pt₃Ni 纳米框架的性能，刷新了当年 ORR 催化剂质量比活性的记录。理论计算结果显示，在真空条件下 Mo 倾向于聚集于颗粒边缘的次表层，而在氧化性介质中，倾向于位于表面顶点和边缘位，这将有助于促进 Pt₃Ni 的稳定性大幅度提升。无定形金属薄膜修饰于 Pt 表面也可增强氧还原催化反应，例如，以 PtNi₃ 纳米八面体为基础，通过改良的化学刻蚀法在 Pt-Ni 合金表面构建一层超薄的无定形 Ni-B 合金薄膜，可到 PtNi/Ni-B 催化剂（图 3-33）[168]。在该工作中，无定形 Ni-B 合金薄膜可作为电子受体，起到了调控 Pt-Ni 催化剂表面电子结构的作用；DFT 理论计算结果表明无定形 Ni-B 薄膜的修饰使含氧中间物种吸附能降低 0.2 eV 左右，完全符合 Norskov 等提出的好的 Pt 基 ORR 催化剂含氧物种吸附能标准。正因为特殊的晶体金属-无定形合金界面的设计，PtNi/Ni-B 催化剂表现出优异的 ORR 性能，其 ORR 半波电位比商业化 Pt/C 催化剂正移了 52 mV，0.9 V 下的质量比活性和比表面积活性分别是商业化 Pt/C 的 27 倍和 32 倍。

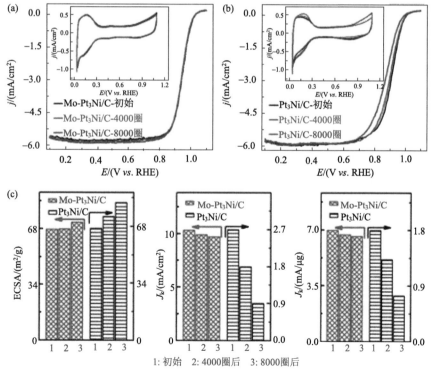

图 3-32　Mo-Pt₃Ni/C 的 ORR 活性、稳定性

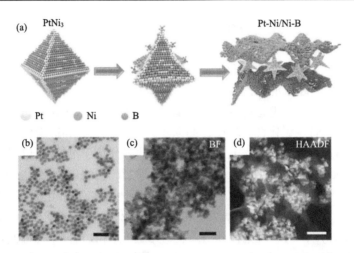

图 3-33　（a）PtNi/Ni-B 催化剂合成示意图；（b）初始 PtNi₃ 纳米八面体的透射电子显微镜图；
（c）PtNi/Ni-B 的透射电子显微镜图；（d）PtNi/Ni-B 的高角环形暗场图，
所有标尺均为 50nm

2. 表面修饰有机物

过去认为，有机"封端剂"将覆盖金属表面活性位点，使其整体催化活性
降低[169-174]。但某些有机物的修饰也可调变金属催化剂表面的电子特性、亲/疏
水特性等[175-181]，从而达到增强催化性能的目的。例如，经氯苯基修饰的 Pt 纳
米颗粒（Pt-ArCl）在 0.9 V 下的质量比活性是未经修饰的 Pt/C 催化剂的 2.8 倍[175]；
经辛胺（OA）/嵌二萘（PA）修饰后的 Pt 催化剂 ORR 活性和稳定性均优于商业
化 Pt/C，而且随着表面嵌二萘的吸附比例增加，OA/PA-Pt/C 的氧还原活性呈现
升高趋势[176]。

除了上述有机分子/混合物和离子液体，一些具有优异特性的有机高分子聚合
物也适合用来修饰 Pt 催化剂表面，提升 Pt 的 ORR 稳定性和活性。魏子栋团队首
创性地将导电聚苯胺用于修饰 Pt/C 催化剂[183]，制备了一种具有高稳定性和催化
活性的 Pt/C@PANI 核壳结构催化剂。该方法首先通过原位化学吸附在 Pt/C 催化
剂的碳载体表面吸附一层苯胺单体，然后采用过硫酸铵（APS）将苯胺聚合，形
成如图 3-34（a）所示的 Pt/C@PANI 核壳结构催化剂。采用导电聚苯胺修饰 Pt/C
催化剂具有以下优点：①聚苯胺特有的共轭大 π 键与 Pt 纳米颗粒间的强相互作用
可以有效地抑制 Pt 纳米颗粒在载体表面的迁移、团聚长大，提高 Pt 纳米颗粒的
稳定性；②聚苯胺的物理化学性质十分稳定，将聚苯胺覆盖在碳载体表面可以在
一定程度上避免碳载体直接暴露在燃料电池三相反应界面上，阻止碳载体在燃料
电池工作环境下的氧化，提高碳载体的稳定性；③聚苯胺本身是优良的质子和电
子导体且具有优异的氧气渗透能力，将聚苯胺覆盖在碳载体表面可以增加 Pt 纳

颗粒暴露在燃料电池三相反应界面的概率，提高催化剂的利用率。氧还原活性测试结果证实，经过聚苯胺修饰的 Pt/C@PANI 催化剂具有更高的 ORR 催化活性，其半波电位为 0.829 V，相比商业化 Pt/C 催化剂的半波电位 0.812 V 正移了 17 mV；Pt/C@PANI 催化剂的质量催化活性是 Pt/C 催化剂的 1.6 倍，比表面催化活性是 Pt/C 催化剂的 1.8 倍。由于聚苯胺在酸性溶液中对氧还原没有催化活性，而如此程度的活性增强可以归于聚苯胺与 Pt/C 催化剂协同催化效应。另一方面，PANI 的修饰作用显著提升了 Pt/C 催化剂的稳定性。加速老化实验（0～1.2 V，1500 次）后，Pt/C@PANI 的 ECSA 损失约仅为 30%，而相同条件下 Pt/C 的 ECSA 损失高达 83%。Pt/C@PANI 也具备优异的单电池稳定性，以 Pt/C@PANI 为阴极的单电池在 0～1.2 V 循环扫描工作 5000 圈后其电流密度仅衰减了 24%[图 3-34（c）]，而未经修饰的 Pt/C 催化剂在相同测试条件下电流衰减高达 86%[图 3-34（d）]。XPS 分析[图 3-34（e）]和 DFT 理论研究发现[184]，PANI 与 Pt/C 之间的电子转移是造成其活性和稳定性提高的根源。PANI 将电子转移给 Pt/C 后，自身部分氧化、空穴增加、导电性得以提升；同时 Pt/C 得到电子后，Pt 纳米颗粒的 HOMO 能级升高，d 带中心下降，利于与 O_2 的 LUMO 能级间的电子转移；且氧物种在 Pt 纳米颗粒的吸附减弱，脱附变易，释放活性位点速率加快，从而使活性和稳定性提升。

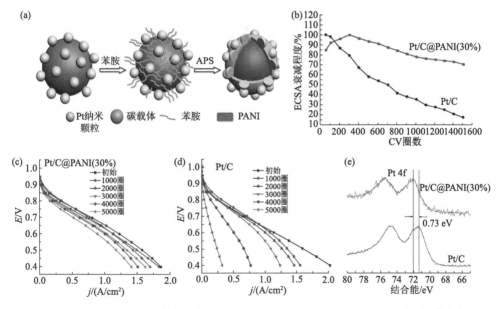

图 3-34　（a）Pt/C@PANI 制备示意图；（b）Pt/C@PANI 和 Pt/C 的 ECSA 随循环伏安扫描
圈数的变化曲线；（c）Pt/C@PANI 和（d）Pt/C 单电池老化测试前后性能比较；
（e）Pt/C@PANI 和 Pt/C 的 Pt4f 峰对比

3. 表面修饰硅基和碳基壳层

　　将硅基壳层包覆在 Pt 表面可有效防止金属颗粒的溶解、迁移和团聚,从而提高催化剂的稳定性。Takenaka 等对此做了一系列研究工作[185-188]。他们最初通过连续水解 3-氨丙基-三乙氧基硅烷(APTES)和四乙氧基硅烷(TEOS)成功在 Pt/CNT 表面包覆了一层多孔硅,得到了 SiO_2/Pt/CNT 催化剂,并将其与未经任何表面修饰的 Pt/CNT 催化剂进行稳定性比较,发现经过 1300 圈循环扫描后,Pt/CNT 的 ECSA 衰减高达 83%,Pt 颗粒尺寸明显增大;而 SiO_2/Pt/CNT 的 ECSA 衰减仅为 18%左右,Pt 颗粒尺寸及分布无显著变化,说明 SiO_2 层的引入显著提升了 Pt/CNT 的稳定性。虽然电化学稳定性有所增强,但通过该方法所得到的硅壳层孔隙太小,在实际 ORR 过程中会影响反应物及产物的传质,不利于 ORR 活性提高。基于此考虑,Takenaka 等改变硅源,通过水解 APTES 和甲基三乙氧基硅烷(MTEOS)得到了具有更大孔隙尺寸且更加疏水的硅层所包覆的 SiO_2/Pt/CNTs-MTEOS 催化剂[189][图 3-35(a)和(b)],并将其 ORR 性能与以 APTES 和 TEOS 为硅源制备得到的 SiO_2/Pt/CNTs-TEOS 催化剂进行比较。研究结果表明 SiO_2/Pt/CNTs-MTEOS 不仅保持了 SiO_2/Pt/CNTs-TEOS 在稳定性方面的优势,其 ORR 活性还得到明显增强。

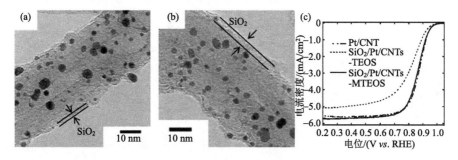

图 3-35　(a, b)SiO_2/Pt/CNTs-MTEOS 的透射电子显微镜图;(c)Pt/CNT、SiO_2/Pt/CNTs-TEOS、SiO_2/Pt/CNTs-MTEOS 的 ORR 极化曲线

　　虽然硅基壳层的修饰对碳载 Pt 催化剂稳定性提升效果明显,但硅氧化物导电性差,它们的引入会影响催化剂的电子传输能力,从而影响这类催化剂的实际应用性。为了达到抑制 Pt 纳米颗粒迁移、团聚的目的,同时又不影响催化剂传质能力和导电能力,科学家们更倾向于用多孔碳基壳层修饰 Pt 催化剂。魏子栋团队将上述 Pt/C 表面原位包覆了聚苯胺的 Pt/C@PANI 进行 900℃高温处理,得到了多孔氮掺杂石墨化碳(NGC)层修饰的 Pt/C@NGC 核壳型结构催化剂[190]。该 NGC 修饰层具有以下优点:①NGC 可与 Pt 颗粒之间产生电子相互作用,优化 Pt 的电子结构,提高 Pt 的抗氧化性,同时可有效抑制 Pt 纳米颗粒在 ORR 工况下的迁移、团聚和溶解现象,从而提高 Pt 纳米颗粒的稳定性;②具有一定石墨化程度的 NGC

可避免无定形碳载体直接暴露在燃料电池反应三相界面上，缓解碳载体在酸性
环境下的氧化、腐蚀和由其造成的 Pt 颗粒脱落问题，提高碳载体的稳定性；
③通过特殊电子相互作用，NGC 的修饰可提高 Pt 自身催化 ORR 能力。此外，得
益于前驱体聚苯胺的"限域保护作用"，Pt 纳米颗粒在高温碳化过程的烧结、长大
现象可有效被抑制，从而确保目标催化剂中 Pt 的高比表面积活性。图 3-36（a）
为高温处理前 Pt/C@PANI 前驱体的 HRTEM 图，可清晰看出一层厚度约为 11 nm
的无定形聚苯胺修饰层均匀地覆盖在 Pt/C 催化剂的表面。图 3-36（b）为最终产
物 Pt/C@NGC 催化剂的 HRTEM 图，可看出具有不同晶格条纹方向的 Pt 纳米颗粒
以及大量无定形的碳载体，同时催化剂边缘具有一层可与周围的无定形碳载体明
显区分、厚度约为 3 nm 的碳层，即为 PANI 层碳化后产物；该碳层具有方向一致

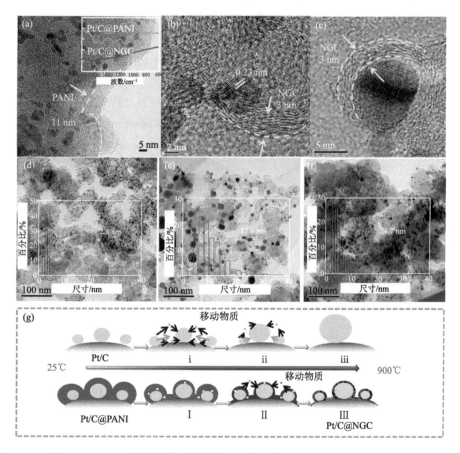

图 3-36 （a）Pt/C@PANI 的高分辨透射电镜图，插图为 Pt/C@PANI 和 Pt/C@NGC 的傅里叶
变换红外光谱；（b，c）Pt/C@NGC 的高分辨透射电镜图；（d）Pt/C、（e）Pt/C-900℃、（f）Pt/C@NGC
的 Pt 颗粒粒径统计分布图；（g）聚苯胺在热处理中提升催化活性的机理图

的晶格条纹，说明其具有一定的石墨化程度，但条纹并不连续，表明内部存在缺陷。图 3-36（c）为催化剂边缘的 Pt 纳米颗粒，可见该颗粒明显被一层具有一定石墨化程度的碳壳包覆，清晰表明 Pt/C@NGC 的核壳结构。此外，傅里叶变换红外光谱（FT-IR）分析可进一步说明 Pt/C 催化剂表面修饰层在高温处理前后的转变。如图 3-36（a）中插图所示，在聚苯胺修饰后，Pt/C@PANI 催化剂在 823 cm^{-1}、1135 cm^{-1}、1310 cm^{-1}、1500 cm^{-1} 和 1590 cm^{-1} 五处有很明显的吸收峰，分别对应于聚苯胺苯环的面内弯曲振动、面外弯曲振动，芳香胺 Ar—N 的吸收振动，苯式结构（N-Ar-N）的特征吸收振动，醌式结构（N=Ar=N）的特征吸收振动，这表明 PANI 成功引入至 Pt/C 催化剂表面；而在高温处理之后，这 5 个特征峰全部消失，说明在高温热处理过程中 PANI 发生分解、碳化。

此外，由于 PANI 的限域保护作用，Pt/C@NGC 催化剂相比于未经 PANI 包覆、直接高温热处理的 Pt/C-900℃催化剂，粒径得到有效的控制，其平均粒径大小相比于初始 Pt/C 催化剂只增加不到 2 nm[图 3-36（f）]；而 Pt/C-900℃的 Pt 纳米颗粒的平均尺度从初始时的 2.8 nm[图 3-36（d）]增加到了 12.6 nm，且粒径分布明显变宽[图 3-36（e）]。聚苯胺在热处理过程中抑制 Pt 颗粒迁移、长大的机理如图 3-36（g）所示。通常纳米颗粒的表面能很大，在高温过程中，容易烧结长大。烧结的机制有两种：一是奥斯特瓦尔德熟化（Ostwald ripening），即小颗粒向大颗粒靠近，并释放出原子或原子簇等可移动物质（mobile species）而后又沉积在大颗粒上，使得小颗粒越来越小、大颗粒越来越大，最终体系中小颗粒全部消失，只剩下大尺寸颗粒；二是颗粒迁移聚集（particle migration and coalescence）。这种由高温烧结引起的颗粒长大会造成催化剂活性比表面积的严重损失，从而降低催化剂活性。此外，NGC 前驱体 PANI 对 Pt 纳米颗粒的包覆可有效减少颗粒之间相互接触、碰撞的机会，且抑制了 Pt 颗粒表面的可移动物质的释放[图 3-36（g）下排]，从而有效避免高温处理过程中 Pt 颗粒的团聚、长大，确保最终催化剂中 Pt 颗粒的活性比表面积不会严重损失。电化学测试结果表明具有多孔性质的 NGC 修饰层不会影响氧气传输至内部 Pt 催化位点，且相比于未经修饰的 Pt/C 催化剂，Pt/C@NGC 的 ORR 催化活性和稳定性得到了显著增强，其半波电位为 0.923 V，相比于初始商业化 Pt/C 正移 32 mV；其在 0.9 V 下的质量比活性为 163 mA/mg$_{Pt}$，是 Pt/C 催化剂（92 mA/mg$_{Pt}$）的 1.7 倍，Pt/C@NGC 的比表面积活性为 0.308 mA/cm^2，是 Pt/C 催化剂（0.123 mA/cm^2）的 2.5 倍。经过 1500 圈 CV 加速老化测试后，Pt/C@NGC 催化剂的 ECSA 仅衰减了 8%，氧还原极化曲线的半波电位仅负移了 16 mV；而未经修饰的 Pt/C 催化剂 ECSA 衰减了 41%，氧还原极化曲线的半波电位负移了 61 mV，表明 Pt/C@NGC 催化剂相比于 Pt/C 具有更优异的稳定性。

魏子栋团队还将上述氮掺杂碳层修饰法扩展应用到 PtNi 合金体系，以进一步提升负载型纳米合金催化剂在 ORR 工况下的电化学性能,获得具有更低铂载量的高稳定 PtNi/C@NC 催化剂[图 3-37(a)和(b)][191]。通过改变碳氮前驱体的投料比,制备了一系列具有不同厚度氮掺杂碳修饰层的 PtNi/C@NC 催化剂,并利用电化学方法分析了它们的 ORR 活性差异,发现当苯胺加入量为 60wt%时,所得催化剂 PtNi/C@NC-60%活性最优,其 ORR 极化曲线半波电位与商业化 JM-Pt/C 相比提高了 45 mV,相比于初始未经修饰的 PtNi/C 提高了 23 mV[图 3-37(c)]。稳定性测试结果表明经 NC 修饰后的 PtNi/C 催化剂的电化学稳定性相比于未经修饰的 PtNi/C 有显著提升,其 ECSA 在加速老化实验后只衰减 6%,氧还原半波电位只衰减了 22 mV[图 3-37(e)],而相同老化条件下 PtNi/C 催化剂的 ECSA 衰减了 37%,氧还原半波电位负移 58 mV[图 3-37(d)]。通过对修饰前后的 PtNi/C 催化剂的 Pt4f 峰图谱分析发现[图 3-37(f)],相比于 PtNi/C,PtNi/C@NC-60% 的 Pt4f 电子结合能正移了 0.71 eV,说明 PtNi/C@NC-60%中 Pt 与外部 NC 修饰层之间发生了电子相互作用,这种特殊的电子相互作用优化了 Pt 表面含氧中间物种化学吸附特性,使得 Pt 更难吸附含氧中间物种,从而提高了 Pt 的稳定性和活性。

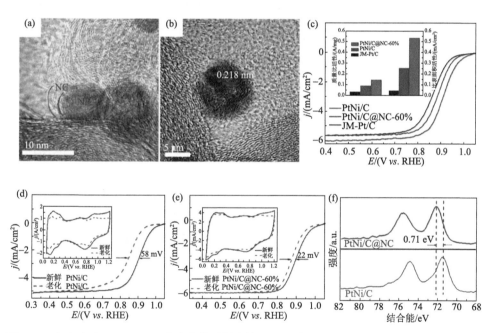

图 3-37　(a)、(b)PtNi/C@NC 的高分辨透射电镜图;(c)商业化 JM-Pt/C、PtNi/C、PtNi/C@NC-60%催化剂的 ORR 极化曲线,插图为 0.9 V 下的质量比活性和比表面积活性;(d)PtNi/C 和(e)PtNi/C@NC-60%在氧气饱和 0.1 mol/L HClO$_4$ 溶液中经过 1500 圈老化前后的 LSV 曲线,扫描速率 10 mV/s,插图为相应催化剂在氮气饱和 0.1 mol/L HClO$_4$ 溶液中经过 1500 圈老化前后的循环伏安曲线,扫描速率 50 mV/s;(f)PtNi/C 和 PtNi/C@NC 催化剂的 Pt 4f XPS 谱图

通常，碳壳层的引入都是通过高温碳化处理有机聚合物壳层。这些聚合物壳层对 Pt 纳米颗粒的包覆可有效减少高温过程中颗粒之间相互接触、碰撞的机会，且抑制了 Pt 颗粒表面的可移动物质的释放，因而有效避免了 Pt 颗粒的高温严重烧结。这一特点不仅确保了碳壳层表面修饰 Pt 基催化剂的策略可行性，还可用来辅助制备其他微观结构多样的 Pt 基纳米颗粒，如空心颗粒和金属间化合物纳米颗粒。本书 3.3.2 节详细分析了利用碳包覆制造高分散空心颗粒和金属间化合物纳米颗粒，此处不再赘述。

通过调变 Pt 基催化剂的形貌、组成和电子结构、几何结构，进一步增强 Pt 基氧还原催化剂的活性和耐久性一直是科研工作者不懈奋斗的目标。相较于热门的晶面调控或合金化等手段，用金属团簇、金属薄膜、离子液体、有机高分子聚合物、无机硅基壳层、碳基壳层等对 Pt 表面进行功能化修饰的研究工作还是相对较少，但这种方式对 Pt 近表面电子结构、界面性质以及吸附特性的优化作用已被证实，甚至还能让 Pt 催化剂的活性和耐久性产生质的飞跃。但另一方面，基于表面修饰法增强 Pt 基催化剂性能易造成一个不可避免的问题，即表面修饰物的引入易造成 Pt 纳米颗粒表面活性位点被覆盖，使其整体催化活性降低。因此如何在催化剂制备过程中精确调控修饰物壳层的含量、厚度、孔隙渗透结构等因素，使得表面修饰增强效应和活性位点利用率达到平衡，变得尤为重要。

3.5　其他非铂贵金属催化剂

如前文所述，在阴极氧还原反应方面，因其无论在酸性还是在碱性介质中的反应机理都比较复杂而往往会产生较多的含氧中间物种（如 O_{ads}、OH_{ads}、OOH_{ads}），ORR 的反应速率在受到 OOH_{ads} 的形成速率影响同时，还会受到吸附物种 OH_{ads} 的脱附速率的影响。含氧物种在金属表面的吸脱附强弱与金属类型呈"火山形"（图 3-1），催化剂的吸附能力太强或者太弱都不利于催化 ORR。除 Pt 以外，其他的 Pt 族贵金属包括钯（Pd）、铱（Ir）等以及非 Pt 族贵金属如银（Ag）等，因对含氧物种具有与 Pt 相近的吸脱附能，因此能够表现出较高的 ORR 活性。而且这些金属相对于 Pt 的自然储量更加丰富、开发价格相对便宜，也成为 ORR 催化剂开发和研究的一个方向。接下来，将简要介绍 Pd、Ir、Ag 基 ORR 催化剂。

3.5.1　钯基催化剂

Pd 为 Pt 系金属之一，与 Pt 具有相似的晶体结构和电子特性，对 ORR 反应具有较高的催化活性。此外，与 Pt 相比，Pd 自然储量更加丰富，开发价格相对便宜（Pd：654.1 美元/盎司，1 盎司≈28.35 克）价格较低，成本是 Pt 的 1/2～1/4，被视为 Pt 的最理想替代金属[64, 192-195]。结构调控与合金化策略已经广泛用于 Pd 基催化剂的表面电子性质的调控，从而期望获得与 Pt 基催化剂相当的催化活性，甚至性能更优。

1. Pd 基合金催化剂

与调控 Pt 基催化剂类似，合金化也是常见调节 Pd 电子结构，提高其本征活性的常用方法[196-206]。研究人员已成功制备了多种活性组分的高分散钯基合金催化剂，如 PdFe、PdNi、PdAu、PdRu、PdCu、PdTi、PdAg 等[207-214]，它们在催化 ORR 中显示了可与铂基催化剂相媲美的效果。例如，郭少军教授课题组[215]制备了一种高度卷曲、亚纳米厚的双金属钯钼（PdMo）合金纳米片材料，它在碱性电解质中催化 ORR 时，在 0.9 V $vs.$ RHE 电位下可实现 16.37 A/mg$_{Pd}$ 的质量比活性，这个数值分别是工业 Pt/C 和 Pd/C 催化剂的 78 倍和 327 倍，且其活性在 30000 次循环后几乎没有衰减。

2. Pd 基单原子层催化剂

调节原子配位特征的一个最有力策略就是构建金属单原子层结构，其所有原子在一维方向上没有配位，而在其他二维方向上保持金属晶体的高配位。然而，构建金属单原子层结构具有相当大的挑战性，因为金属原子在三维方向上倾向于形成密堆积的颗粒，这阻碍了自支撑单原子层材料的形成。研究人员发现在单层石墨烯上的小穿孔（小于 3nm×3nm）可以通过铁原子密封形成一个原子层晶体补丁，但这个铁补丁在低电压电子辐照下只能维持几分钟，之后便会坍塌成原子簇。在实际应用中，合成原子层厚度的金属薄层通常需要强有力的化学稳定剂，但几乎所有的金属薄层是异质结外延结构，其金属原子与下面的基底结合成键；或者是少原子层结构，其中的金属原子和强烈的化学配体相键合。然而，这些强键合的化学稳定剂将屏蔽大多数表面原子，限制反应物自由进入活性位点，甚至有的会部分或完全抑制催化金属核。更重要的是，由于稳定剂完全或部分地与薄膜原子配位，形成核壳或层状配位结构，导致薄膜金属原子失去了本质上的二维配位特征，掩盖了它们真正的优势。

针对上述问题，魏子栋课题组在蒙脱土（MMT）层状结晶的埃级夹层空间中，合成稳定且独立的 Pd 单原子层（SAL）催化剂[216]。Pd SAL 在 Na-MMT 层之间合成，其层间空间为 5.3 Å，可确保 Pd 仅在 MMT 层内平面生长[图 3-38（a）]。对于 2D 尺寸大于 30 nm 的 SAL 纳米片，强烈的晶格收缩会导致部分波纹结构的形成，当 Pd SAL 从 MMT 层间的束缚中释放出来后，仍然可保持其平面状态[图 3-38（b）和（e）]，而原子层所产生的高表面能通过晶格收缩和褶皱得以释放。相比之下，较小的 SAL 结构仅在 MMT 层间保持其平面状态，但去除 MMT

之后，会由于晶格的收缩产生原子从平面内挤出形成不同于褶皱的赝单层结构，如图 3-38（c）和（f）所示。通过横断面 TEM 表征，还可发现 2D 尺寸在 50 nm 左右，由 5～6 层 Pd 纳米片自组装的堆积体，如图 3-38（d）和（g）所示，其中，两个 SAL 纳米片之间的距离为约 1 nm，几乎是 Pd—Pd 键长的 3 倍多（约 0.3 nm），表明两个 SAL 纳米片之间 Pd 原子没有化学成键。此外，通过横断面图还可检测到单原子层的厚度为 0.38 nm。原子力显微镜（AFM）是最直观证明单原子层厚度

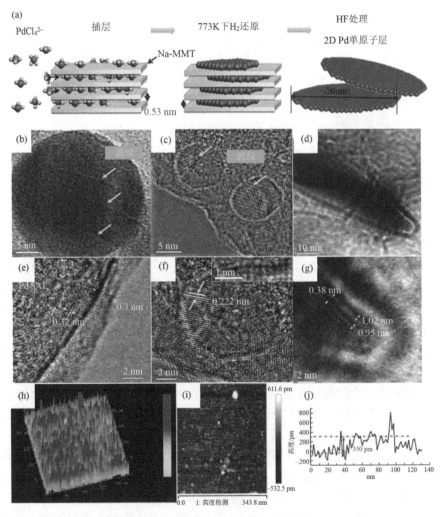

图 3-38　（a）Pd 单原子层催化剂合成过程示意图；（b）Pd SAL 的 HRTEM 图；（c）Pd n-SAL 的 HRTEM 图；（d）Pd SAL 的横断面 TEM 图；（e）Pd SAL 的侧视图；（f）Pd n-SAL 的 HRTEM 图；（f）中插图为一个原子层的厚度展示；（g）为（d）图中局部放大的横断面 TEM 图；（h）Pd SAL 的 3D 高度分析图；（i）Pd SAL 点击模式的 AFM 图；（j）沿图（i）中标线的高度图

的检测手段。图 3-38（h）～（j）显示，一个相对大的 Pd SAL（20×60 nm）的准确厚度为约 350 pm，这与上述横断面 TEM 结果非常吻合。电化学测试结果表明 Pd 单原子层催化剂催化 ORR 的半波电位为 0.901 V vs. RHE，较商业化 Pt/C 提高了 12 mV，而且质量比活性达到 0.257 A/mg，分别是 Pt/C 和 Pd/C 催化剂的 1.8 倍和 10 倍。

3. 载体增强 Pd 基催化剂

由于 Pd 与过渡金属氧化物载体之间会产生金属-载体强相互作用（SMSIs），因此以过渡金属氧化物作为 Pd 催化剂载体已经引起了广泛研究兴趣[217, 218]。SMSIs 主要是改变金属的吸附性能，不同氧化态的载体通过影响金属的电子结构进而影响载体与金属间的吸附性能。这种强吸附性能不仅可以提高催化稳定性，还可以提高活性[219, 220]。例如，将 Pd NPs 负载到介孔 Mn$_2$O$_3$ 上，制得 Pd-Mn$_2$O$_3$ 复合材料表现出可与商业化 Pt/C 媲美的 ORR 活性，这归因于介孔 Mn$_2$O$_3$ 的纳米结构特征和 Pd NPs 与载体之间的协同作用。魏子栋团队[221, 222]利用剥离蒙脱土片（ex-MMT）负载纳米 Pd 金属颗粒，通过 Pd 与 ex-MMT 之间的电子相互作用优化了 Pd 电子结构，显著提升了 Pd 催化 ORR 性能。分态密度（PDOS）分析显示 Pd 的 d 电子轨道与 MMT 载体中的 O（AlO$_6$）-p 电子轨道的能量相匹配，使得 Pd 与 ex-MMT 之间更加容易发生电子的转移和成键，形成了 Pd-O（AlO$_6$）结构（图 3-39），这增强了 ex-MMT 对 Pd 纳米颗粒的锚定作用，从而提高了催化剂的稳定性。

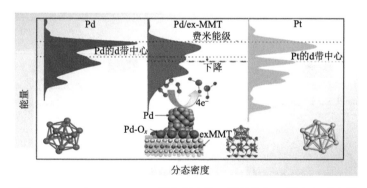

图 3-39　Pd 和 Pd/ex-MMT 催化剂中的 d 带结构与 d 带中心对比图

魏子栋团队还通过硼氢化钠（NaBH$_4$）的化学共还原方法，制备一种还原杂多酸（reduced-POM，rPOM）负载的 Pd 催化剂（Pd/rPOM），并希望通过 rPOM 与负载 Pd 纳米颗粒之间的相互作用力以及 rPOM 本身所具有的一定催化作用来调整 Pd 在碱性溶液（0.1 mol/L KOH）中对 ORR 的催化活性[223]。POM 是一种过渡金属氧化物的纳米团簇，因其具有高效的导质子和导电子能力以及高的催化活性，在催化领域已经得到了非常广泛的应用。然而，POM 本身在溶液条件下具有很高的溶液不稳定性，易溶于高 pH 的溶剂中，从而限制了其在电催化领域的进一步应用。魏子栋团队发现，通过对 POM 进行一定的化学还原，其化学和电化学稳定性可以得到很大提高，即使在碱性溶液中也具有很高的稳定性，从而让其作为载体得以应用。图 3-40（a）为 Pd/rPOM 上的 ORR 示意图。在 ORR 过程中，Pd 纳米颗粒最先对 O_2 进行吸附和活化，并将 O_2 反应为 O_{ads}。之后 O_{ads} 可以通过溢流的方式迁移到 Pd 附近的 rPOM 上并在 rPOM 上发生进一步的还原反应，最后生成 OH^-。rPOM 具有的还原 O_{ads} 的作用可以通过 RDE 测试来得到证实。如图 3-40（b）所示，rPOM 在 0.1 mol/L KOH + 0.1 mol/L H_2O_2 溶液中的催化还原电流比在 0.1 mol/L KOH 溶液中产生的催化还原电流有明显的增加且其催化还原的起始电位也要更正，说明 rPOM 对 H_2O_2 有一定的还原作用。此外，Pd/rPOM 催化

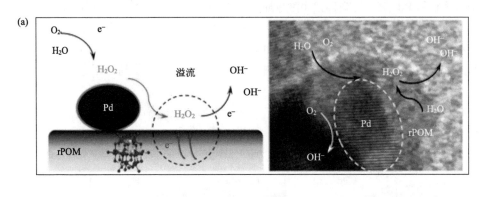

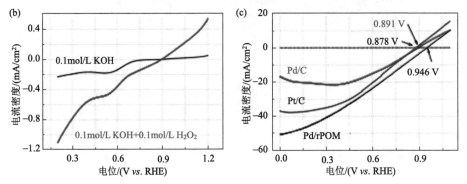

图 3-40　（a）Pd/rPOM 催化剂表面的 ORR 及其协同催化作用示意图；（b）rPOM 在 0.1 mol/L KOH 和 0.1 mol/L KOH + 0.1 mol/L H_2O_2 溶液中的还原极化曲线，扫描速率：10 mV/s，电极旋转速度：1600r/m；（c）Pd/rPOM、Pd/C 以及 Pt/C 在 0.1 mol/L KOH + 0.1 mol/L H_2O_2 溶液中的还原极化曲线扫描速率：10 mV/s，电极旋转速度：1600r/min，催化剂金属载量：10 µg

剂在 0.1 mol/L KOH+0.1 mol/L H_2O_2 溶液中的极化曲线起始电位为 0.946 V [图 3-40（c）]，比 Pd/C（0.891 V）和 Pt/C（0.878 V）的催化起始电位分别正了约 0.055 V 和 0.068 V，说明 rPOM 增强了 Pd 对 H_2O_2 的还原活性。

3.5.2　铱基催化剂

铱（Ir）是铂族金属中在酸性条件下最稳定的金属之一，对于 ORR 的酸性工作体系有很好的耐蚀性，其成本也低于铂，在 ORR 催化剂应用上具有较大潜力。早期研究指出，在酸性介质中 Ir 电极的 ORR 催化机制应与 Pt 类似。但是，纯 Ir 却表现出较差的实际 ORR 活性，这是由于其对 OH 或 O 物种有很强的吸附力，使得表面容易被含氧物种覆盖。虽然 IrO_2 在酸性介质中能拥有较为可观的 ORR 活性，但它在实际器件应用中（如氢氧燃料电池）的性能与商用 Pt/C 相比仍有很大的差距。

纯 Ir 的活性可通过合金化手段进行提升。大量研究报道指出，Ir 基合金催化剂特别是 IrM（M=V，Mn，Fe，Co，Ni）等二元合金催化剂体系由于 Ir 的电子结构被优化，在电催化 ORR 中展现出很好的催化活性[192, 224-227]。而且合金化不仅具有显著的助催化作用，而且能有效地降低催化剂成本，提高贵金属利用率。与其他类型纳米颗粒合成一样，粒径控制是需要重点考虑的一个问题。为了能获得高分散且粒径单一的 Ir 基合金纳米颗粒，通常需加入表面活性剂用于稳定纳米颗粒，而这些表面活性剂在后处理中很难去除，这使得制备过程变得烦琐复杂。针对这一问题，科学家们致力于开发简易制备单分散 Ir 基合金的方法。例如，在氧化石墨烯（GO）存在下，用乙二醇将 $IrCl_3$ 和 NH_4VO_3 前驱体还原形成 2 nm 左右 IrV 纳米团簇，该过程未添加任何表面活性剂[227]。所制备的 Ir_2V/rGO 在碱性条件下展示出较好的 ORR 活性和极好的甲醇耐受性。但 Ir_2V/rGO 的起峰电位与商业化 Pt/C 相比仍落后 150 mV。事实上，大多数已报道的 Ir 基合金催化剂的 ORR 性能相比纯 Ir 会有所提升，但仍无法与 Pt 相当或是超越 Pt。但在一些阳极电极上（氢氧化、氧析出等），Ir 基合金催化剂能够表现出优异的催化活性，故 Ir 基催化剂阳极电极上的研究与应用要更为普遍[228]。

前文已提及，单原子催化剂能使催化效率最大化。目前 Ir 基单原子催化剂制备已取得突破性进展。2019 年加拿大滑铁卢大学陈忠伟院士课题组联合温州大学王舜教授课题组、美国布鲁克海文国家实验室苏东博士课题组、美国阿贡国家实验室吴天品博士课题组[229]，基于理论计算指导，设计 ZIF-8 封装法制备了一种均匀分散的单原子 Ir-N-C（Ir-SAC）高效 ORR 催化剂（图 3-41）。高角环形暗场扫描透射电子显微镜 HAADF-STEM 结合 X 射线吸收精细结构谱（XAFS）表征证实了 Ir 的单原子分散，且是与四个 N 原子及 1 个 O 原子结合配位形成稳定的

Ir-N$_4$-O 结构。电化学测试表明，该催化剂在酸性条件下表现出十分优异的催化活性和稳定性，其半波电位高达 0.864 V，循环 5000 圈后性能几乎无衰减。进一步分析表明，该催化剂拥有超高的质量比活性（12.2 A/mg$_{Ir}$），远高于文献报道的其他单原子催化剂以及商业 Pt/C 催化剂。DFT 计算结果表明 Ir-N$_4$ 的特定结构修饰了 Ir 的电子结构，使得 ORR 中间物种在 Ir 的吸附能适中，从而使其具有最优的催化性能。

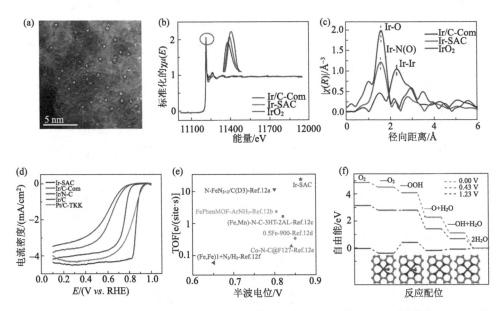

图 3-41　（a）单原子 Ir-N-C（Ir-SAC）TEM 图像；（b）Ir L$_3$-边的 XANES 图谱；（c）Ir L$_3$-边的 EXAFS 数据；（d）各催化剂的氧还原 LSV 曲线；（e）Ir-SAC 和其他单原子催化剂上的 TOF 数值和 ORR 半波电位数值；（f）在 IrN$_4$ 上 ORR 吉布斯自由能图

3.5.3　银基催化剂

金属银（Ag）的价格便宜（约为 1 美元/g）是贵金属 Pt 的 1/70，由于在碱性介质中有极好的稳定性，对 ORR 具有理想的 4 电子催化反应过程等优点，被视为是碱性 ORR 催化中潜在的替代金属催化剂[230-234]。然而，Ag 催化剂的半波电位仍然要比 Pt 催化剂低了约 200 mV，比表面积活性比 Pt 低了一个数量级，使其无法满足大规模商业化的使用要求。同样，合金化能够提高 Ag 的活性，例如，Holewinski 等[235]制备了 AgCo 合金，其活性相比于纯 Ag 提高了 5 倍，他们指出活性提升是源于 Co 掺入后引起的配位效应（ligand effect）。

进一步调控 Ag 的纳米形貌，如引入多孔结构，可进一步促进其 ORR 催化。

魏子栋课题组以还原磷钼酸铵[(NH$_4$)$_3$PMo$_{12}$O$_{40}$]（rPOM）的阴离子为还原剂和络合剂，硝酸银（AgNO$_3$）为 Ag 源，通过水热转换两者反应生成的中间络合物[rPOM-Ag（Ⅰ）]，制备了一种具有多孔结构的 Ag 纳米催化剂材料（nanoporous Ag，np-Ag）[236]。选择 rPOM 作为参与反应的还原剂和络合剂的主要原因有以下三点：①rPOM 阴离子团簇是一种绿色且高效的还原剂，在一定条件下，可以快速地对其他物质进行还原；②rPOM 阴离子团簇作为一种无机络合物模板，对 Ag 及含Ag 物种具有很强的络和作用，并能够引导 rPOM-Ag 络合物生长为一定的形貌结构；③rPOM 能够通过与 Ag$^+$之间的络合作用将 Ag$^+$限域下来，从而限制 Ag$^+$在还原为 Ag 原子时发生迁移，并最终限制 Ag 纳米颗粒的过度生长和团聚的发生。如图 3-42（a）所示，rPOM-Ag（Ⅰ）的 TEM 照片显示了 rPOM 纳米团簇结构的存在，其粒径大小主要为 3～5 nm，且 rPOM 在 rPOM-Ag（Ⅰ）复合物中分散均匀。图 3-42（b）所示为 np-Ag 催化剂的形成机理图。np-Ag 通过 rPOM-Ag（Ⅰ）的自还原反应和本身结构的降解所形成。在自还原的过程中，rPOM-Ag（Ⅰ）结构中会出现两种方向相反的作用力，一种是朝向 rPOM 纳米团簇中心的 rPOM 对 Ag$^+$的静电吸引力，另一种是 Ag$^+$经过还原生成致密结构 Ag 原子后所产生的背向 rPOM纳米团簇中心的压应力或收缩力。rPOM 纳米团簇在 rPOM-Ag（Ⅰ）发生自还原的过程中本身被氧化，并在以上两种作用力下从结构中脱离出来，形成多孔的结构。此外，由于 rPOM 纳米团簇对 Ag$^+$具有络合限域的作用，Ag$^+$的还原方式主要为类原位（pseudo-*in-situ*）还原；且 Ag 纳米颗粒的生长主要为非平面的缺陷和低配位

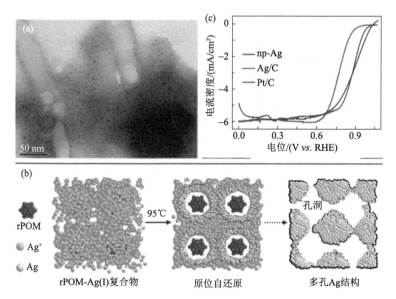

图 3-42　（a）rPOM-Ag（Ⅰ）的高分辨 TEM 照片；（b）np-Ag 催化剂的形成机理图；
（c）0.1 mol/L O$_2$ 饱和 KOH 溶液中催化剂的 ORR 极化曲线

数晶面上的生长，这种生长模式将使得 Ag 纳米颗粒具有多重的晶面结构和丰富的表面缺陷。ORR 活性测试结果表明 np-Ag 催化剂相对于 Ag/C 催化剂的催化 ORR 活性有很大的提高：在 0.9 V 时，np-Ag 催化剂的质量比活性和比表面积活性分别为 6.90 mA/mg$_{Ag}$ 和 0.068 mA/cm$^2_{Ag}$，相比于 Ag/C 催化剂（0.425 mA/mg$_{Ag}$，0.0045 mA/cm$^2_{Ag}$）分别提高到 16.2 倍和 15.1 倍。尽管 np-Ag 的质量比活性相对于 Pt/C 催化剂还很低（约 1/20），其比表面积活性却与 Pt/C 相当。

3.6 未来挑战

氧还原反应（ORR）动力学过程缓慢，贵金属 Pt 是目前最主要的 ORR 催化剂。基于先进的表征技术和理论模拟，对于铂基催化剂氧还原机制和特性的研究越来越深入，可以通过操控原子结构、调控表面原子组成、调变表面电子结构、控制几何形貌等手段对催化剂的本征活性、原子利用率等进行提升优化。其中，合金化是最常用的提高本征活性的方法，铂合金催化剂也是目前研究最为广泛的铂基催化剂。近几年对于铂基合金催化剂的研究已取得重大进展，相关研究工作主要集中于开发先进合成方法、探究合金组成和结构与性能之间的构效关系。但总的来说，当前大多数 Pt 合金催化剂的制备还是停留在实验室小批量合成阶段，如何开发通用、高效的宏量制备方法以满足日后商业化需求仍需探索。

在本征活性提升的基础上调控催化几何形貌，使 Pt 尽可能暴露于催化剂表面则可进一步加强催化效率。就这点而言，Pt 基核壳型、中空型和单原子型催化剂的构筑可以极大程度提高铂利用率，降低铂担载量，具有很大应用前景。但是开发简易、可控制备流程的工艺技术，实现这类具有特殊构型的催化剂的大批量制造生产仍存在一定困难。此外，这些催化剂在长期 ORR 工作条件下容易失去原有构型（如空心结构坍塌、单原子聚集），因此，如何长时间稳定这类催化剂的构型是一个难题。可以借助其他手段如表面修饰法来提升这些构型催化剂结构稳定性。

另外，Pt 基催化剂的稳定性仍面临很大挑战。以最常用的碳载 Pt 合金 ORR 催化剂来说，非贵金属溶出、纳米颗粒团聚长大，碳载体的腐蚀问题等始终限制其使用寿命，尤其是在酸性介质中。而且，通常催化剂的稳定性测试都是在实验室半电池条件下，在实际器件中由于工况更为严苛（如燃料电池），催化剂的稳定性问题则更为突出。目前稳定性提升策略主要包括制备有序结构金属间化合物纳米颗粒，利用载体增强，构筑无碳载体的自负载型催化剂。这些策略在实验室阶段已取得喜人的效果，但它们鲜有在实际器件中进行稳定性评估，因此它们的实际应用仍有待考察。

其他高效非 Pt 贵金属如 Pd、Ir、Ag，由于具有与铂相似的催化性质，且储量远高于 Pt，因而开发基于这些金属的催化剂是替代 Pt、降低商业化成本的有效途径。然而，迄今为止，在酸性条件下，这些金属基催化剂的活性和稳定性很难与铂基催化剂相当。此外，由于需求/价格波动的关系，用这些金属催化剂完全替代 Pt 不能从根本上摆脱贵金属的资源限制。

未来，贵金属催化剂制备首先仍需强有力的理论指导，对于氧还原反应机理仍需要深入研究，采用更加精确的理论模型模拟氧还原动力学过程，以获得影响催化活性的关键因素。其次，提高催化剂在实际器件中的催化活性和利用率。目前，氧还原催化剂在溶液条件下、半电池测试中性能优异，但是实际器件操作条件下其性能远不能达到要求，极大限制了先进能源存储及转换设备的大规模商业应用。因此，基于不同贵金属催化剂的特性，合理设计实际电极组件的结构是将催化剂进行实际应用的基础。最后，贵金属催化剂在实际器件中长期运转的稳定性不足，且性能衰退机理的研究也非常有限，仍需要国内外科研工作者不懈的努力。

参 考 文 献

[1] Li L, Hu L P, Li J , et al. Enhanced stability of Pt nanoparticle electrocatalysts for fuel cells[J]. Nano Reaseach, 2015, 8: 418-440.

[2] Nie Y, Li L, Wei Z D. Recent advancements in Pt and Pt-free catalysts for oxygen reduction reaction[J]. Chemical Society Reviews, 2015, 44(8): 2168-2201.

[3] Shao M, Chang Q, Dodelet J P, et al. Recent advances in electrocatalysts for oxygen reduction reaction[J]. Chemical Reviews, 2016, 116(6): 3594-3657.

[4] Wu J B, Yang H. Platinum-based oxygen reduction electrocatalysts[J]. Accounts of Chemical Research, 2013, 46(8): 1848-1857.

[5] Stamenkovic V R, Mun B S, Arenz M, et al. Trends in electrocatalysis on extended and nanoscale Pt-bimetallic alloy surfaces[J]. Nature Materials, 2007, 6(3): 241-247.

[6] Greeley J, Stephens I E L, Bondarenko A S, et al. Alloys of platinum and early transition metals as oxygen reduction electrocatalysts[J]. Nature Chemistry, 2009, 1(7): 552-556.

[7] Stephens I E L, Bondarenko A S, Grønbjerg U, et al. Understanding the electrocatalysis of oxygen reduction on platinum and its alloys[J]. Energy & Environmental Science, 2012, 5(5): 6744-6762.

[8] Wu J F, Shan S Y, Cronk H, et al. Understanding composition-dependent synergy of ptpd alloy nanoparticles in electrocatalytic oxygen reduction reaction[J]. Journal of Physical Chemistry C, 2017, 121(26): 14128-14136.

[9] Yu D, Liu Y W, Chen S L. Pt-W bimetallic alloys as CO-tolerant PEMFC anode catalysts[J]. Electrochimica Acta, 2013, 89: 744-748.

[10] Mukerjee S, Srinivasan S, Soriaga M, et al. Role of structural and electronic properties of Pt and Pt alloys on electrocatalysis of oxygen reduction[J]. Journal of the Electrochemical Society, 1995, 142: 1409.

[11] Oezaslan M, Hasche F D R, Strasser P. Oxygen Electroreduction on PtCo$_3$, PtCo and Pt$_3$Co Alloy nanoparticles for alkaline and acidic PEM fuel cells[J]. Journal of the Electrochemical Society, 2012, 159(4): B394-B405.

[12] Paulus U A, Wokaun A, Scherer G G, et al. Oxygen reduction on carbon-supported PtNi and PtCo alloy catalysts[J]. Journal of Physical Chemistry B, 2002, 106(16): 4181-4191.

[13] Takako T, Hiroshi I, Hiroyuki U, et al. Enhancement of the electroreduction of oxygen on Pt alloys with Fe, Ni, and Co[J]. Journal of the Electrochemical Society, 1999, 146(10): 3750-3756.

[14] Wang C, Markovic N M, Stamenkovic V. Advanced platinum alloy electrocatalysts for the oxygen reduction reaction[J]. ACS Catalysis, 2012, 2(5): 891-898.

[15] Stamenkovic V, Mun B S, Mayrhofer K J J, et al. Changing the activity of electrocatalysts for oxygen reduction by tuning the surface electronic structure[J]. Angewandte Chemie International Edition, 2006, 118(18): 2963-2967.

[16] Viswanathan V, Hansen H A, Rossmeisl J, et al. Universality in oxygen reduction electrocatalysis on metal surfaces[J]. ACS Catalysis, 2012, 2(8): 1654-1660.

[17] Zhou W P, Yang X, Vukmirovic M B, et al. Improving electrocatalysts for O_2 reduction by fine-tuning the Pt−Support interaction: Pt Monolayer on the surfaces of a $Pd_3Fe(111)$ single-crystal alloy[J]. Journal of the American Chemical Society, 2009, 131(35): 12755-12762.

[18] Huang Y, Zhang J L, Kongkanand A, et al. Transient platinum oxide formation and oxygen reduction on carbon-supported platinum and platinum-cobalt alloy electrocatalysts[J]. Journal of the Electrochemical Society, 2014, 161(1): F10-F15.

[19] Dai Y, Ou L H, Liang W, et al. Efficient and superiorly durable Pt-lean Electrocatalysts of PtW alloys for the oxygen reduction reaction[J]. Journal of Physical Chemistry C, 2011, 115 (5) 2162-2168.

[20] Aoki H, Yoshida H, Kamijo T, et al. Relationship between ORR activity and particle size of Pt/C catalysts based on electronic and local structural analysis of Pt by using *in-situ* XAFS[J]. ECS Meeting Abstarct, 2008, MA2008-02: 881.

[21] Inaba M, Zana A, Quinson J, et al. Particle size effect vs. particle proximity effect: systematic study on ORR activity of high surface area Pt/C catalysts for polymer electrolyte membrane fuel cells[J]. ECS Meeting Abstarct, 2018, MA2018-02: 1472.

[22] Levecque P, Conrad O. Effect of Pt particle size and shape on ORR activity and catalyst durability[J]. ECS Meeting Abstarct, 2013, MA2013-02: 1242.

[23] Savadogo O, Essalik A. Effect of platinum particle size on the oxygen reduction reaction on 2% Pt-1% H_2WO_4 in phosphoric acid[J]. Journal of the Electrochemical Society, 1996, 143(6): 1814.

[24] Choi C H, Park S H, Woo S I. Phosphorus-nitrogen dual doped carbon as an effective catalyst for oxygen reduction reaction in acidic media: effects of the amount of P-doping on the physical and electrochemical properties of carbon[J]. Journal of Materials Chemistry, 2012, 22(24): 12107.

[25] Wei Z D, Chen S G, Liu Y, et al. Electrodepositing Pt by modulated pulse current on a nafion-bonded carbon substrate as an electrode for PEMFC[J]. Journal of Physical Chemistry C, 2007, 111(42): 15456-15463.

[26] Chen S G, Wei Z D, Li H, et al. High Pt utilization PEMFC electrode obtained by alternative ion-exchange/electrodeposition [J]. Chemical Communications, 2009, 46(46): 8782-8784.

[27] Hyuck C C, Wook C M, Sung P, et al. Additional doping of phosphorus and/or sulfur into nitrogen-doped carbon for efficient oxygen reduction reaction in acidic media[J]. Physical Chemistry Chemical Physics, 2013, 15(6): 1802-1805.

[28] Lu W, Dong H, Guo Z, et al. Potential application of novel boron-doped graphene nanoribbon as oxygen reduction reaction catalyst[J]. Journal of Physical Chemistry C, 2016, 120(31): 17427-17434.

[29] Sun X J, Zhang Y, Ping S, et al. Fluorine-doped carbon blacks: highly efficient metal-free electrocatalysts for oxygen reduction reaction[J]. Acs Catalysis, 2013, 3(8): 1726-1729.

[30] Wang S Y, Zhang L P, Xia Z H, et al. BCN graphene as efficient metal-free electrocatalyst for the oxygen reduction reaction[J]. Angewandte Chemie International Edition, 2012, 51(17): 4209-4212.

[31] Zhang J T, Dai L M. Nitrogen, phosphorus, and fluorine tri-doped graphene as a multifunctional catalyst for self-powered electrochemical water splitting[J]. Angewandte Chemie, 2016, 128(42): 13490-13494.

[32] Zhang L P, Niu J B, Li M T, et al. Catalytic mechanisms of sulfur-doped graphene as efficient oxygen reduction reaction catalysts for fuel cells[J]. Journal of Physical Chemistry C, 2014, 118(7): 3545-3553.

[33] Zhang M L, Song Y L, Tao H C, et al. Lignosulfonate biomass derived N and S co-doped porous carbon for efficient oxygen reduction reaction[J]. Sustainable Energy & Fuels, 2018, 2: 1820-1827.

[34] Ordóñez L C, Roquero P, Sebastian P J, et al. CO oxidation on carbon-supported PtMo electrocatalysts: Effect of the platinum particle size[J]. International Journal of Hydrogen Energy, 2007, 32(15): 3147-3153.

[35] Gómez-Marín A M, Feliu J M. Oxygen reduction on nanostructured platinum surfaces in acidic media: promoting effect of surface steps and ideal response of Pt(1 1 1) [J]. Catalysis Today, 2015, 244: 172-176.

[36] Kuzume A, Herrero E, Feliu J M. Oxygen reduction on stepped platinum surfaces in acidic media[J]. Journal of Electroanalytical Chemistry, 2007. 599(2): 333-343.

[37] Maciá M D, Campia J M, Herrero E, et al. On the kinetics of oxygen reduction on platinum stepped surfaces in acidic media[J]. Journal of Electroanalytical Chemistry, 2004, 564: 141-150.

[38] Markovic N M, Adzic R R, Cahan B D, et al. Structural effects in electrocatalysis: oxygen reduction on platinum low index single-crystal surfaces in perchloric acid solutions[J]. Journal of Electroanalytical Chemistry, 1994, 377(1-2): 249-259.

[39] Wang C, Daimon H, Lee Y, et al. Synthesis of monodisperse Pt nanocubes and their enhanced catalysis for oxygen reduction[J]. Journal of the American Chemical Society, 2007, 129(22): 6974-6975.

[40] Lin G, Cui C H, Heggen M, et al. Element-specific anisotropic growth of shaped platinum alloy nanocrystals[J]. Science, 2014, 346(6216): 1502-1506.

[41] Najam T, Shah S S A, Ding W, et al. Role of P-doping in antipoisoning: efficient MOF-derived 3d hierarchical architectures for the oxygen reduction reaction[J]. Journal of Physical Chemistry C, 2019, 123(27): 16796-16803.

[42] Tian N, Zhou Z Y, Sun S G, et al. Synthesis of tetrahexahedral platinum nanocrystals with high-index facets and high electro-oxidation activity[J]. Science, 2008, 316 (5825): 732-735.

[43] Yu T, Kim D Y, Zhang H, et al. Platinum concave nanocubes with high-index facets and their enhanced activity for oxygen reduction reaction[J]. Angewandte Chemie International Edition, 2011, 50(12): 2773-2777.

[44] Stamenkovic V R, Fowler B, Mun B S, et al. Improved oxygen reduction activity on Pt$_3$Ni (111) via increased surface site availability[J]. Science, 2007, 315(5811): 493-497.

[45] Shen M, Xie M H, Slack J, et al. Pt-Co truncated octahedral nanocrystals: a class of highly active and durable catalysts toward oxygen reduction[J]. Nanoscale, 2020, 12: 11718-11727.

[46] Xie S, Choi S I, Lu N, et al. Atomic layer-by-layer deposition of Pt on Pd nanocubes for catalysts with enhanced activity and durability toward oxygen reduction[J]. Nano Letters, 2014, 14(6): 3570-3576.

[47] Carpenter M K, Moylan T E, Kukreja R S, et al. Solvothermal synthesis of platinum alloy nanoparticles for oxygen reduction electrocatalysis[J]. Journal of the American Chemical Society, 2012, 134(20): 8535-8542.

[48] Zhang J, Yang H Z, Fang J Y, et al. Synthesis and oxygen reduction activity of shape-controlled Pt₃Ni nanopolyhedra[J]. Nano Letters, 2010, 10(2): 638-644.

[49] Huang X, Cao L, Chen Y, et al. High-performance transition metal-doped Pt₃Ni octahedra for oxygen reduction reaction[J]. Science, 2014, 48 (6240): 1230-1234.

[50] Huang X, Zhu E B, Chen Y, et al. A facile strategy to Pt₃Ni nanocrystals with highly porous features as an enhanced oxygen reduction reaction catalyst[J]. Advanced Materials, 2013, 25(21): 2974-2979.

[51] Bu L Z, Zhang N, Guo S J, et al. Biaxially strained PtPb/Pt core/shell nanoplate boosts oxygen reduction catalysis[J]. Science, 2016, 354 (6318): 1410-1414.

[52] Zhao X, ChenS, Fang Z C, et al. Octahedral Pd@Pt₁.₈Ni core-shell nanocrystals with ultrathin PtNi alloy shells as active catalysts for oxygen reduction reaction[J]. Journal of the American Chemical Society, 2015, 137(8): 2804-2807.

[53] Oh A, Baik H, Choi D S, et al. Skeletal octahedral nanoframe with cartesian coordinates via geometrically precise nanoscale phase segregation in a Pt@Ni core-shell nanocrystal[J]. ACS Nano, 2015, 9(3): 2856-2867.

[54] Lang X Y, Han G F, Xiao B B, et al. Mesostructured intermetallic compounds of platinum and non-transition metals for enhanced electrocatalysis of oxygen reduction reaction[J]. Advanced Functional Materials, 2015, 25(2): 230-237.

[55] Tian X L, Wang L J, Deng P L, et al. Research advances in unsupported Pt-based catalysts for electrochemical methanol oxidation[J]. Journal of Energy Chemistry, 2017, 26(6): 1067-1076.

[56] Liu P P, Ge X B, Wang R Y, et al. Facile fabrication of ultrathin Pt overlayers onto nanoporous metal membranes via repeated Cu UPD and *in situ* redox replacement reaction[J]. Langmuir the ACS Journal of Surfaces & Colloids, 2009, 25(1): 561-567.

[57] Ammam M, Easton E B. Oxygen reduction activity of binary PtMn/C, ternary PtMnX/C (X = Fe, Co, Ni, Cu, Mo, and Sn) and quaternary PtMnCuX/C (X = Fe, Co, Ni, and Sn) and PtMnMoX/C (X = Fe, Co, Ni, Cu and Sn) alloy catalysts[J]. Journal of Power Sources, 2013, 236: 311-320.

[58] Mukerjee S, Urian R C, Lee S J, et al. Electrocatalysis of CO tolerance by carbon-supported PtMo electrocatalysts in PEMFCs[J]. Journal of the Electrochemical Society, 2004, 151(7): A1094-A1103.

[59] Santiago E I, Camara G A, Ticianelli E A. CO tolerance on PtMo/C electrocatalysts prepared by the formic acid method[J]. Electrochimica Acta, 2003, 48(23): 3527-3534.

[60] Yang H. Platinum-based electrocatalysts with core-shell nanostructures[J]. Angewandte Chemie International Edition, 2015, 50(12): 2674-2676.

[61] Yang Z H, Yu X X, Zhang Q. Remarkably stable CO tolerance of a PtRu electrocatalyst stabilized by a nitrogen doped carbon layer[J]. RSC Advances, 2016, 6(115): 114014-114018.

[62] Zhang S, Hao Y Z, Su D, et al. Monodisperse core/shell Ni/FePt nanoparticles and their conversion to Ni/Pt to catalyze oxygen reduction[J]. Journal of the American Chemical Society, 2014, 136(45): 15921-15924.

[63] Sasaki K, Naohara H, Cai Y, et al. Core-protected platinum monolayer shell high-stability electrocatalysts for fuel-cell cathodes[J]. Angewandte Chemie International Edition, 2010, 122(46): 8784-8789.

[64] Tao F, Grass M, Zhang Y W, et al. Reaction-driven restructuring of Rh-Pd and Pt-Pd core-shell nanoparticles[J]. Science, 2008, 322(5903): 932-934.

[65] Fu G T, Wu K, Lin J, et al. One-pot water-based synthesis of Pt-Pd alloy nanoflowers and their superior electrocatalytic activity for the oxygen reduction reaction and remarkable methanol-tolerant ability in acid media[J]. Journal of Physical Chemistry C, 2013, 117(19): 9826-9834.

[66] Ju H K, Giddey S, Badwal S P S. The role of nanosized SnO$_2$ in Pt-based electrocatalysts for hydrogen production in methanol assisted water electrolysis[J]. Electrochimica Acta, 2017, 229: 39-47.

[67] Qiao B T, Wang A Q, Yang X F, et al. Single-atom catalysis of CO oxidation using Pt$_1$/FeO$_x$[J]. Nature Chemistry, 2011. 3(8): 634-641.

[68] Zhang S, Hao Y Z, Su D, et al. Monodisperse core/shell Ni/FePt nanoparticles and their conversion to Ni/Pt to catalyze oxygen reduction[J]. Journal of the American Chemical Society, 2014, 136(45): 15921-15924.

[69] Norskov J, Barteau M, Chen J, et al. Role of strain and ligand effects in the modification of the electronic and chemical properties of bimetallic surfaces[J]. Physical Review Letters, 2004. 93(15): 156801.

[70] Sasaki K, Naohara H, Choi Y M, et al. Highly stable Pt monolayer on PdAu nanoparticle electrocatalysts for the oxygen reduction reaction[J]. Nature Communications, 2011, 3: 1115.

[71] Garg A, Milina M, Ball M, et al. Transition-metal nitride Core@noble-metal shell nanoparticles as highly CO tolerant catalysts[J]. Angewandte Chemie International Edition, 2017, 56(30): 8828-8833.

[72] Hunt S T, Román-Leshkov Y. Principles and methods for the rational design of core-shell nanoparticle catalysts with ultralow noble metal loadings[J]. Accounts of Chemical Research, 2018, 51(5): 1054-1062.

[73] Gar A, Milina M, Ball M, et al. Transition-metal nitride core@noble-metal shell nanoparticles as highly CO tolerant catalysts[J]. Angewandte Chemie International Edition, 2017, 56(30): 8828-8833.

[74] Li W P, Li C, Qi J, et al. Hollow PtNi nanochains as highly efficient and stable oxygen reduction reaction catalysts[J]. Chemistry Select, 2019, 4(3): 963-971.

[75] Sun M M, Dong J C, Lv Y, et al. Pt@h-BN core-shell fuel cell electrocatalysts with electrocatalysis confined under outer shells[J]. Nano Research, 2018, 11(6): 3490-3498.

[76] Tristan A, Raphal C, Marie F, et al. A Review on recent developments and prospects for the oxygen reduction reaction on hollow Pt-alloy nanoparticles[J]. ChemPhysChem, 2018, 19(13): 1549.

[77] Wang J X, Ma C, Choi Y, et al. Kirkendall effect and lattice contraction in nanocatalysts: a new strategy to enhance sustainable activity[J]. Journal of the American Chemical Society, 2011, 133(34): 13551-13557.

[78] Wang M, Zhang W M, Wang J Z, et al. PdNi hollow nanoparticles for improved electrocatalytic oxygen reduction in alkaline environments[J]. ACS Applied Materials & Interfaces, 2013, 5(23): 12708-12715.

[79] Wang X Q, Sun M L, Xiang S, et al. Template-free synthesis of platinum hollow-opened structures in deep-eutectic solvents and their enhanced performance for methanol electrooxidation[J]. Electrochimica Acta, 2020, 337: 135742.

[80] Yang K, Jiang P, Chen J T, et al. Nanoporous PtFe nanoparticles supported on N-doped porous carbon sheets derived from metal-organic frameworks as highly efficient and durable oxygen reduction reaction catalysts[J]. ACS Applied Materials & Interfaces, 2017, 9(37): 32106-32113.

[81] Chen C, Kang Y J, Hua Z Y, et al. Highly crystalline multimetallic nanoframes with three-dimensional electrocatalytic surfaces[J]. Science, 2014, 343(6177): 1339-1343.

[82] Chattot R, Asset T, Drnec J, et al. Atomic-Scale snapshots of the formation and growth of hollow PtNi/C nanocatalysts[J]. Nano Letters, 2017, 17(4): 2447-2453.

[83] Fu T, Huang J X, Lai S B, et al. Pt skin coated hollow Ag-Pt bimetallic nanoparticles with high catalytic activity for oxygen reduction reaction[J]. Journal of Power Sources, 2017, 365: 17-25.

[84] He L Q, Liu X Q, Meng F F, et al. Opening the cobalt/platinum hollow nanospheres by photoelectrocatalysis to efficiently utilize the inside and outside for HER[J]. ACS Applied Energy Materials, 2019, 3(1): 158-162.

[85] Jana S, Chang J W, Rioux R M. Synthesis and modeling of hollow intermetallic Ni-Zn nanoparticles formed

by the kirkendall effect[J]. Nano Letters, 2013, 13(8): 3618-3625.

[86] Taekyung Y, Do Y K, Zhang H, et al. Platinum concave nanocubes with high-index facets and their enhanced activity for oxygen reduction reaction[J]. Angewandte Chemie International Edition, 2011, 123(12): 2825-2829.

[87] Zhang X F, Wang A J, Zhang L, et al. Solvothermal synthesis of monodisperse PtCu dodecahedral Nanoframes with enhanced catalytic activity and durability for hydrogen evolution reaction[J]. ACS Applied Energy Materials, 2018, 1(9): 5054-5061.

[88] Wang Q M, Chen S G, Shi F, et al. Structural evolution of solid Pt nanoparticles to a hollow PtFe alloy with a Pt-skin surface via space-confined pyrolysis and the nanoscale kirkendall effect[J]. Advanced Materials, 2016, 28(48): 10673-10678.

[89] Zou X, Chen S G, Wang Q M, et al. Leaching-and sintering-resistant hollow or structurally ordered intermetallic PtFe alloy catalysts for oxygen reduction reactions[J]. Nanoscale, 2019, 11(42): 20115-20122.

[90] Cheng N C, Shao Y Y, Liu J, et al. Electrocatalysts by atomic layer deposition for fuel cell applications[J]. Nano Energy, 2016, 29: 220-242.

[91] Yang X F, Wang A Q, Qiao B, et al. Single-atom catalysts: a new frontier in heterogeneous catalysis[J]. Accounts of Chemical Research, 2013, 46(8): 1740-1748.

[92] Yang S, Kim J, Tak Y J, et al. Single-atom catalyst of platinum supported on titanium nitride for selective electrochemical reactions[J]. Angewandte Chemie International Edition, 2016, 55(6): 2058-2062.

[93] Liu J, Jiao M G, Lu L L, et al. High performance platinum single atom electrocatalyst for oxygen reduction reaction[J]. Nature Communications, 2017, 8: 15938.

[94] Zhang J, Wu X, Cheong W C, et al. Cation vacancy stabilization of single-atomic-site $Pt_1/Ni(OH)_x$ catalyst for diboration of alkynes and alkenes[J]. Nature Communications, 2018, 9: 1002.

[95] Choi C H, Kim M, Kwon H C, et al. Tuning selectivity of electrochemical reactions by atomically dispersed platinum catalyst[J]. Nature Communications, 2016, 7: 10922.

[96] Sun S H, Zhang G X, Gauquelin N, et al. Single-atom catalysis using Pt/graphene achieved through atomic layer deposition[J]. Scientific Reports, 2013, 3: 1775.

[97] Li T F, Liu J J, Song Y, et al. Photochemical solid-phase synthesis of platinum single atoms on nitrogen-doped carbon with high loading as bifunctional catalysts for hydrogen evolution and oxygen reduction reactions[J]. ACS Catalysis, 2018, 8(9): 8450-8458.

[98] Kistler J D, Chotigkrai N, Xu P H, et al. A single-site platinum CO oxidation catalyst in zeolite KLTL: microscopic and spectroscopic determination of the locations of the platinum atoms[J]. Angewandte Chemie International Edition, 2014, 53(34): 8904-8907.

[99] Wei S J, Li A, Liu J C, et al. Direct observation of noble metal nanoparticles transforming to thermally stable single atoms[J]. Nature Nanotechnology, 2018, 13: 856.

[100] Antolini E. Formation of carbon-supported PtM alloys for low temperature fuel cells: a review[J]. Materials Chemistry & Physics, 2003, 78(3): 563-573.

[101] Chen G, Waraksa C C, Cho H, et al. EIS studies of porous oxygen electrodes with discrete particles[J]. Journal of the Electrochemical Society, 2004, 151(5): L1.

[102] Lim B, Jiang M, Camargo P H C, et al. Pd-Pt bimetallic nanodendrites with high activity for oxygen reduction[J]. Science, 2010, 40(33): 1302-1305.

[103] Liu G, Zhang H M, Zhai Y F, et al. Pt_4ZrO_2/C cathode catalyst for improved durability in high temperature

PEMFC based on H_3PO_4 doped PBI[J]. Electrochemistry Communications, 2007, 9(1): 135-141.

[104] Savadogo O, Beck P. Five percent platinum-tungsten oxide-based electrocatalysts for phosphoric acid fuel cell cathodes[J]. Journal of the Electrochemical Society, 1996, 143(12): 3842.

[105] Shim J, Lee C R, Lee H K, et al. Electrochemical characteristics of Pt-WO_3/C and Pt-TiO_2/C electrocatalysts in a polymer electrolyte fuel cell[J]. Journal of Power Sources, 2001, 102(1-2): 172-177.

[106] Mukerjee S, Srinivasan S. Enhanced electrocatalysis of oxygen reduction on platinum alloys in proton exchange membrane fuel cells[J]. Journal of Electroanalytical Chemistry, 1993, 357(1-2): 201-224.

[107] Guilminot E, Corcella A, Charlot F, et al. Detection of Pt^{z+} Ions and Pt nanoparticles inside the membrane of a used PEMFC[J]. Journal of the Electrochemical Society, 2006, 154(1): B96.

[108] Honji A, Mori T, Tamura K, et al. Agglomeration of platinum particles supported on carbon in phosphoric acid[J]. Journal of the Electrochemical Society, 1988, 135(2): 355.

[109] Kinumoto T, Inaba M, Nakayama Y. Durability of perfluorinated ionomer membrane against hydrogen peroxide[J]. Journal of Power Sources, 2006, 158(2): 1222-1228.

[110] Krausa M, Vielstich W. Study of the electrocatalytic influence of Pt/Ru and Ru on the oxidation of residues of small organic molecules[J]. Journal of Electroanalytical Chemistry, 1994, 379(1-2): 307-314.

[111] Watanabe M, Motoo S. Electrocatalysis by ad-atoms: Part II. Enhancement of the oxidation of methanol on platinum by ruthenium ad-atoms[J]. Journal of Electroanalytical Chemistry & Interfacial Electrochemistry, 1975, 60(3): 267-273.

[112] Okada T, Ayato Y, Satou H, et al. The effect of impurity cations on the oxygen reduction kinetics at platinum electrodes covered with perfluorinated ionomer[J]. Journal of Physical Chemistry B, 2001, 15(29): 8490-8496.

[113] Tseung A C C, Dhara S C. Loss of surface area by platinum and supported platinum black electrocatalyst[J]. Electrochimica Acta, 1975, 20(9): 681-683.

[114] Lopes P P, Li D G, Lv H F, et al. Eliminating dissolution of platinum-based electrocatalysts at the atomic scale[J]. Nature Materials, 2020, 19: 1207-1214.

[115] Gan L, Heggen M, Malley R, et al. Understanding and controlling nanoporosity formation for improving the stability of bimetallic fuel cell catalysts[J]. Nano Letters, 2013, 13(3): 1131-1138.

[116] Kim J, Lee Y, Sun S. Structurally ordered FePt nanoparticles and their enhanced catalysis for oxygen reduction reaction[J]. Journal of the American Chemical Society, 2010, 132(14): 4996-4997.

[117] Kim J, Rong C, Lee Y, et al. From core/shell structured FePt/Fe_3O_4/MgO to ferromagnetic FePt nanoparticles[J]. Chemistry of Materials, 2015, 20(23): 7242-7245.

[118] Liu C, Wu X W, Klemmer T, et al. Reduction of sintering during annealing of FePt nanoparticles coated with iron oxide[J]. Chemistry of Materials, 2005, 17(3): 620-625.

[119] Luo M C, Sun Y J, Wang L, et al. Tuning multimetallic ordered intermetallic nanocrystals for efficient energy electrocatalysis[J]. Advanced Energy Materials, 2017, 7(11): 1602073.

[120] Yamamoto S, Morimoto Y, Ono T, et al. Magnetically superior and easy to handle L_10-FePt nanocrystals[J]. Applied Physics Letters, 2005, 87(3): 2537.

[121] Wang Z X, Yao X Z, Kang Y Q, et al. Structurally ordered low-Pt intermetallic electrocatalysts toward durably high oxygen reduction reaction activity[J]. Advanced Functional Materials, 2019, 29(35): 1902987.

[122] Kim J, Lee Y, Sun S. Structurally ordered FePt nanoparticles and their enhanced catalysis for oxygen reduction reaction[J]. Journal of the American Chemical Society, 2010, 132(14): 4996-4997.

[123] Hao C, Wang D L, Yu Y C, et al. A surfactant-free strategy for synthesizing and processing intermetallic platinum-based nanoparticle catalysts[J]. Journal of the American Chemical Society, 2012, 134(44): 18453-18459.

[124] Hao T, Qi Z G, Ramani M, et al. PEM fuel cell cathode carbon corrosion due to the formation of air/fuel boundary at the anode[J]. Journal of Power Sources, 2006, 158(2): 1306-1312.

[125] Meier J C, Galeano C, Katsounaros I, et al. Degradation mechanisms of Pt/C fuel cell catalysts under simulated start-stop conditions[J]. ACS Catalysis, 2012, 2(5): 832-843.

[126] Shao-Horn Y, Sheng W C, Chen S, et al. Instability of supported platinum nanoparticles in low-temperature fuel cells[J]. Topics in Catalysis, 2007, 46(3-4): 285-305.

[127] Kundu S, Nagaiah T C, Chen X X, et al. Synthesis of an improved hierarchical carbon-fiber composite as a catalyst support for platinum and its application in electrocatalysis[J]. Carbon, 2012, 50(12): 4534-4542.

[128] Matsumoto S, Ohtaki A, Hori K. Carbon fiber as an excellent support material for wastewater treatment biofilms[J]. Environmental Science & Technology, 2012, 46(18): 10175-10181.

[129] Moralesacosta D, Sanchezpadilla N M, Rodriguezvarela F J. Synthesis of ordered mesoporous carbon as support for Pt-Co alloys: evaluation as an alcohol-tolerant ORR catalyst for direct oxidation fuel cells[J]. ECS Transactions, 2014, 61(29): 39-47.

[130] Kosaka M, Kuroshima S, Kobayashi K, et al. Single-wall carbon nanohorns supporting Pt catalyst in direct methanol fuel cells[J]. Journal of Physical Chemistry C, 2009, 113(20): 8660-8667.

[131] Sano N, Kimura Y, Suzuki T. Synthesis of carbon nanohorns by a gas-injected arc-in-water method and application to catalyst-support for polymer electrolyte fuel cell electrodes[J]. Journal of Materials Chemistry, 2008, 18(13): 1555-1560.

[132] Polymeros G, Baldizzone C, Geiger S, et al. High temperature stability study of carbon supported high surface area catalysts—Expanding the boundaries of *ex-situ* diagnostics[J]. Electrochimica Acta, 2016, 211: 744-753.

[133] Chen S G, Wei Z D, Guo L, et al. Enhanced dispersion and durability of Pt nanoparticles on a thiolated CNT support[J]. Chemical Communications, 2011, 47(39): 10984-10986.

[134] Carrier X, Lambert J F, Che M, et al. The support as a chemical reagent in the preparation of WO_x[J]. Journal of the American Chemical Society, 1999, 121: 3377-3381.

[135] Chhina H, Campbell S, Kesler O. An oxidation-resistant indium tin oxide catalyst support for proton exchange membrane fuel cells[J]. Journal of Power Sources, 2006, 161(2): 893-900.

[136] Park K W, Ahn K S, Choi J H , et al. Pt-WO_x electrode structure for thin-film fuel cells[J]. Applied Physics Letters, 2002, 81(5): 907-909.

[137] Sun J, Sun W, Du L, et al. Tailored NbO_2 modified Pt/graphene as highly stable electrocatalyst towards oxygen reduction reaction[J]. Fuel Cells, 2018, 18(4): 360-368.

[138] Liu Y, Mustain W E. High stability, high activity Pt/ITO oxygen reduction electrocatalysts[J]. Journal of the American Chemical Society, 2013, 135(2): 530-533.

[139] Senevirathne K, Hui R, Campbell S, et al. Electrocatalytic activity and durability of Pt/NbO_2 and Pt/Ti_4O_7 nanofibers for PEM fuel cell oxygen reduction reaction[J]. Electrochimica Acta, 2011, 59: 538-547.

[140] Vieira N, Fernandes E, de Queiroz A A A, et al. Indium tin oxide synthesized by a low cost route as SEGFET pH sensor[J]. Materials Research, 2013, 16(5): 1156-1160.

[141] Li W, Ding W, Nie Y, et al. Enhancing the stability and activity by anchoring Pt nanoparticles between the

layers of etched montmorillonite for oxygen reduction reaction[J]. Science Bulletin, 2016, 61: 1435-1439.

[142] Gao Y, Hou M, Shao Z G, et al. Preparation and characterization of $Ti_{0.7}Sn_{0.3}O_2$ as catalyst support for oxygen reduction reaction[J]. Journal of Energy Chemistry, 2014, 23(3): 331-337.

[143] Ho V T T, Pan C J, Rick J, et al. Nanostructured $Ti_{0.7}Mo_{0.3}O_2$ support enhances electron transfer to Pt: high-performance catalyst for oxygen reduction reaction[J]. Journal of the American Chemical Society, 2011, 133(30): 11716-11724.

[144] Ho V T T, Dinh T P. Advanced nanostructure $Ti_{0.7}In_{0.3}O_2$ support enhances electron transfer to Pt: used as high performance catalyst for oxygen reduction reaction[J]. Molecular Crystals and Liquid Crystals, 2016, 635(1): 25-31.

[145] Meng H, Shen P K. Tungsten carbide nanocrystal promoted Pt/C electrocatalysts for oxygen reduction[J]. Journal of Physical Chemistry B, 2005, 109(48): 22705-22709.

[146] Nie M, Shen P K, Wu M, et al. A study of oxygen reduction on improved Pt-WC/C electrocatalysts[J]. Journal of Power Sources, 2006, 162(1): 173-176.

[147] Chhina H, Campbell S, Kesler O. High surface area synthesis, electrochemical activity, and stability of tungsten carbide supported Pt during oxygen reduction in proton exchange membrane fuel cells[J]. Journal of Power Sources, 2008, 179(1): 50-59.

[148] Liu Y, Mustain W. Structural and electrochemical studies of Pt clusters supported on high-surface-area tungsten carbide for oxygen reduction[J]. ACS Catalysis, 2011, 1(3): 212-220.

[149] Lori O, Gonen S, Kapon O, et al. Durable Tungsten carbide support for Pt-based fuel cells cathodes[J]. ACS Applied Materials & Interfaces, 2021, 13(7): 8315-8323.

[150] Avasarala B, Murray T, Li W, et al. Titanium nitride nanoparticles based electrocatalysts for proton exchange membrane fuel cells[J]. Journal of Materials Chemistry, 2009, 19(13): 1803-1805.

[151] Pan Z C, Xiao Y H, Fu Z G, et al. Hollow and porous titanium nitride nanotubes as high performance catalyst support for oxygen reduction reaction[J]. Journal of Materials Chemistry A, 2014, 2(34): 13966-13975.

[152] Chen Y P, Cai J Y, Li P, et al. Hexagonal boron nitride as a multifunctional support for engineering efficient electrocatalysts towards oxygen reduction reaction[J]. Nano Letters, 2020, 20(9): 6807-6814.

[153] Li Q L, Li L L, Yu X F, et al. Ultrafine platinum particles anchored on porous boron nitride enabling excellent stability and activity for oxygen reduction reaction[J]. Chemical Engineering Journal, 2020, 399: 125827.

[154] Li Q L, Zhang T R, Yu X F, et al. Isolated Au atom anchored on porous boron nitride as a promising electrocatalyst for oxygen reduction reaction (ORR): a DFT study[J]. Frontiers in Chemistry, 2019, 7: 674.

[155] Xie X H, Chen S G, Ding W, et al. An extraordinarily stable catalyst: Pt NPs supported on two-dimensional $Ti_3C_2X_2$ (X = OH, F) nanosheets for oxygen reduction reaction[J]. Chemical Communications, 2013, 49(86): 10112-10114.

[156] Xie X H, Xue Y, Li L, et al. Surface Al leached Ti_3AlC_2 as a substitute for carbon for use as a catalyst support in a harsh corrosive electrochemical system[J]. Nanoscale, 2014, 6(19): 11035-11040.

[157] Jing S C, Guo X L, Tan Y W. Branched Pd and Pd-based trimetallic nanocrystals with highly open structures for methanol electrooxidation[J]. Journal of Materials Chemistry A, 2016, 4(20): 7950-7961.

[158] Kim Y, Kwon Y, Hong J W, et al. Controlled synthesis of highly multi-branched Pt-based alloy nanocrystals with high catalytic performance[J]. Crystengcomm, 2016, 18(13): 2356-2362.

[159] Wang Z J, Lv J J, Feng J J, et al. Enhanced catalytic performance of Pd-Pt nanodendrites for ligand-free suzuki cross-coupling reactions[J]. RSC Advances, 2015, 5(36): 28467-28473.

[160] Bu L Z, Guo S J, Zhang X, et al. Surface engineering of hierarchical platinum-cobalt nanowires for efficient electrocatalysis[J]. Nature Communications, 2016, 7: 11850.

[161] Li M F, Zhao Z P, Cheng T, et al. Ultrafine jagged platinum nanowires enable ultrahigh mass activity for the oxygen reduction reaction[J]. Science, 2016, 354(6318): 1414-1419.

[162] Luo M C, Sun Y J, Zhang X, et al. Stable high-index faceted pt skin on zigzag-like PtFe nanowires enhances oxygen reduction catalysis[J]. Advanced Materials, 2018, 30(10): 1705515.

[163] Tian X L, Zhao X, Su Y Q, et al. Engineering bunched Pt-Ni alloy nanocages for efficient oxygen reduction in practical fuel cells[J]. Science, 2019, 366(6467): 850-856.

[164] Kong Z, Maswadeh Y, Vargas J, et al. Origin of high activity and durability of twisty nanowire alloy catalysts under oxygen reduction and fuel cell operating conditions[J]. Journal of the American Chemical Society, 2020, 142(3): 1287-1299.

[165] Zhang J, Sasaki K, Sutter E, et al. Stabilization of platinum oxygen-reduction electrocatalysts using gold clusters[J]. Science, 2007, 315(5809): 220-222.

[166] Gatalo M, Jovanovic P, Polymeros G, et al. Positive effect of surface doping with Au on the stability of Pt-based electrocatalysts[J]. ACS Catalysis, 2016, 6(3): 1630-1634.

[167] Huang X Q, Zhao Z P, Cao L, et al. High-performance transition metal-doped Pt_3Ni octahedra for oxygen reduction reaction[J]. Science, 2015, 348(6240): 1230-1234.

[168] He D P, Zhang L B, He D S, et al. Amorphous nickel boride membrane on a platinum-nickel alloy surface for enhanced oxygen reduction reaction[J]. Nature Communications, 2016, 7: 12362.

[169] Escuderoescribano M, Michoff M E, Leiva E P, et al. Quantitative study of non-covalent interactions at the electrode-electrolyte interface using cyanide-modified Pt(111) electrodes[J]. Chemphyschem, 2011, 12(12): 2230-2234.

[170] Genorio B, Subbaraman R, Strmcnik D, et al. Tailoring the selectivity and stability of chemically modified platinum nanocatalysts to design highly durable anodes for PEM fuel cells[J]. Angewandte Chemie International Edition, 2011, 50(24): 5468-5472.

[171] Hoshi N, Nakamura M, Hitotsuyanagi A. Active sites for the oxygen reduction reaction on the high index planes of Pt[J]. Electrochimica Acta, 2013, 112(12): 899-904.

[172] Jinnouchi R, Kodama K, Yu M. DFT calculations on H, OH and O adsorbate formations on Pt(111) and Pt(332) electrodes[J]. Journal of Electroanalytical Chemistry, 2014, 716(3): 31-44.

[173] Strmcnik D, Escudero-Escribano M, Kodama K, et al. Enhanced electrocatalysis of the oxygen reduction reaction based on pattering of platinum surfaces with cyanide[J]. Nature Chemistry, 2010, 2(10): 880-885.

[174] Tong Y J. Unconventional promoters of catalytic activity in electrocatalysis[J]. Chemical Society Reviews, 2012, 41(24): 8195-8209.

[175] Zhou Z Y, Kang X, Song Y, et al. Enhancement of the electrocatalytic activity of Pt nanoparticles in oxygen reduction by chlorophenyl functionalization[J]. Chemical Communications, 2012, 48(28): 3391-3393.

[176] Miyabayashi K, Nishihara H, Miyake M. Platinum nanoparticles modified with alkylamine derivatives as an active and stable catalyst for oxygen reduction reaction[J]. Langmuir, 2014, 30(10): 2936-2942.

[177] Izumi R, Yao Y, Tsuda T, et al. Electrocatalyst: Ptkm anoparticle log supported carbon electrocatalysts functionalized with a protic ionic liquid and organic salt[J]. Advanced Materials Interfaces, 2018, 5(3):

1701123.

[178] Izumi R, Yao Y, Tsuda T, et al. Platinum nanoparticle-supported electrocatalysts functionalized by carbonization of protic ionic liquid and organic salts[J]. ACS Applied Energy Materials, 2018, 1(7): 3030-3034.

[179] Snyder J, Fujita T, Chen M W, et al. Oxygen reduction in nanoporous metal-ionic liquid composite electrocatalysts[J]. Nature Materials, 2010, 9(11): 904-907.

[180] Zhang G R, Munoz M, Etzold B J. Accelerating oxygen-reduction catalysts through preventing poisoning with non-reactive species by using hydrophobic ionic liquids[J]. Angewandte Chemie International Edition, 2016, 55(6): 2273-2273.

[181] Snyder J, Livi K, Erlebacher J. Oxygen reduction reaction performance of [MTBD][beti]-encapsulated nanoporous NiPt alloy nanoparticles[J]. Advanced Functional Materials, 2013, 23(44): 5494-5501.

[182] Zhang G R, Munoz M, Etzol B. Inside back cover: accelerating oxygen-reduction catalysts through preventing poisoning with non-reactive species by using hydrophobic ionic liquids[J]. Angewandte Chemie International Edition, 2016, 55(6): 2273.

[183] Chen S G, Wei Z D, Qi X Q, et al. Nanostructured polyaniline-decorated Pt/C@PANI core-shell catalyst with enhanced durability and activity[J]. Journal of the American Chemical Society, 2012, 134(32): 13252-13255.

[184] Li L, Xue Y, Xia M R, et al. Density functional theory study of electronic structure and catalytic activity for Pt/C catalyst covered by polyaniline[J]. Scientia Sinica Chimica, 2013, 42(11): 1566-1571.

[185] Matsumori H, Takenaka S, Matsune H, et al. Preparation of carbon nanotube-supported Pt catalysts covered with silica layers; application to cathode catalysts for PEFC[J]. Applied Catalysis A: General, 2010, 373(1-2): 176-185.

[186] Takenaka S, Goto M, Masuda Y, et al. Improvement in the durability of carbon black-supported Pt cathode catalysts by silica-coating for use in PEFCs[J]. International Journal of Hydrogen Energy, 2018, 43(15): 7473-7482.

[187] Takenaka S, Matsumori H, Arike T, et al. Preparation of carbon nanotube-supported Pt metal particles covered with silica layers and their application to electrocatalysts for PEMFC[J]. Topics in Catalysis, 2009, 52(6-7): 731-738.

[188] Takenaka S, Miyazaki T, Matsune H, et al. Highly active and durable silica-coated Pt cathode catalysts for polymer electrolyte fuel cells: control of micropore structures in silica layers[J]. Catalysis Science & Technology, 2015, 5(2): 1133-1142.

[189] Takenaka S, Miyamoto H, Utsunomiya Y, et al. Catalytic activity of highly durable Pt/CNT catalysts covered with hydrophobic silica layers for the oxygen reduction reaction in PEFCs[J]. Journal of Physical Chemistry C, 2014, 118(2): 774-783.

[190] Nie Y, Chen S G, Ding W, et al. Pt/C trapped in activated graphitic carbon layers as a highly durable electrocatalyst for the oxygen reduction reaction[J]. Chemical Communications, 2014, 50(97): 15431-15434.

[191] Nie Y, Deng J H, Chen S G, et al. Promoting stability and activity of PtNi/C for oxygen reduction reaction via polyaniline-confined space annealing strategy[J]. International Journal of Hydrogen Energy, 2019, 44(12): 5921-5928.

[192] Ramos-Sanchez G , Yee-Madeira H , Solorza-Feria O. PdNi electrocatalyst for oxygen reduction in acid

media[J]. International Journal of Hydrogen Energy, 2008, 33(13): 3596-3600.

[193] Yu D, Peng Y, Sun H K. Pd-W alloy electrocatalysts and their catalytic property for oxygen reduction[J]. Fuel Cells, 2016, 16(2): 165-169.

[194] Yan Y C, Zhan F W, Du J S, et al. Kinetically-controlled growth of cubic and octahedral Rh-Pd alloy oxygen reduction electrocatalysts with high activity and durability[J]. Nanoscale, 2015, 7: 301-307.

[195] Zhang L, Lee K, Zhang J. The effect of heat treatment on nanoparticle size and ORR activity for carbon-supported Pd-Co alloy electrocatalysts[J]. Electrochimica Acta, 2007, 52(9): 3088-3094.

[196] Wei Y C, Liu C W, Wang K W, et al. Improvement of oxygen reduction reaction and methanol tolerance characteristics for PdCo electrocatalysts by Au alloying and CO treatment[J]. Chemical Communications, 2011, 47(43): 11927-11929.

[197] Jun Y J, Park S H, Woo S I. Combinatorial high-throughput optical screening of high performance Pd alloy cathode for hybrid Li-air battery[J]. ACS Combinatorial Science, 2014, 16(12): 670-677.

[198] Lee K R, Woo S I. Promoting effect of Ni on PdCo alloy supported on carbon for electrochemical oxygen reduction reaction[J]. Catalysis Today, 2014, 232: 171-174.

[199] Long K, Yu X, Wang S Z, et al. Au-Pd alloy and core-shell nanostructures: one-pot coreduction preparation, formation mechanism, and electrochemical properties[J]. Langmuir, 2012, 28(18): 7168-7173.

[200] Sarkar A, Murugan A V, Manthiram A. Low cost Pd-W nanoalloy electrocatalysts for oxygen reduction reaction in fuel cells[J]. Journal of Materials Chemistry, 2008, 19: 159-165.

[201] Ke X, Cui G F, Shen P K. Stability of Pd-Fe alloy catalysts[J]. Acta Physico-Chimica Sinica, 2009, 25(2): 213-217.

[202] Xu L, Luo Z M, Fan Z X, et al. Triangular Ag-Pd alloy nanoprisms: rational synthesis with high-efficiency for electrocatalytic oxygen reduction[J]. Nanoscale, 2014, 6(20): 11738-11743.

[203] Zhang L, Lee K, Zhang J J. Effect of synthetic reducing agents on morphology and ORR activity of carbon-supported nano-Pd-Co alloy electrocatalysts[J]. Electrochimica Acta, 2007, 52(28): 7964-7971.

[204] Dai Y, Yu P, Huang Q, et al. Pd-W alloy electrocatalysts and their catalytic property for oxygen reduction[J]. Fuel Cells, 2016, 16(2): 165-169.

[205] Kondo S, Nakamura M, Maki N, et al. Active sites for the oxygen reduction reaction on the low and high index planes of palladium[J]. Journal of Physical Chemistry C, 2009, 113(29): 12625-12628.

[206] Xiao L, Zhuang L, Liu Y, et al. Activating Pd by morphology tailoring for oxygen reduction[J]. Journal of the American Chemical Society, 2009, 131(2): 602-608.

[207] Shao M, Yu T, Odell J H, et al. Structural dependence of oxygen reduction reaction on palladium nanocrystals[J]. Chemical Communications, 2011, 47(23): 6566-6568.

[208] Lei Z, Lee K, Zhang J J. The effect of heat treatment on nanoparticle size and ORR activity for carbon-supported Pd-Co alloy electrocatalysts[J]. Electrochimica Acta, 2007, 52(9): 3088-3094.

[209] Long K, Yu X, Wang S Z, et al. Au-Pd alloy and core-shell nanostructures: one-pot coreduction preparation, formation mechanism, and electrochemical properties[J]. Langmuir, 2012, 28(18): 7168-7173.

[210] Lopez-Chavez E, Garcia-Quiroz A, Gonzalez-Garcia G, et al. Dissociative mechanism of oxygen reduction reaction (ORR) on Pd-Cu disordered binary alloy metal surfaces: a theoretical study[J]. International Journal of Hydrogen Energy, 2016, 41(48): 23281-23286.

[211] Oliveira M C, Rego R, Fernandes L, et al. Evaluation of the catalytic activity of Pd-Ag alloys on ethanol oxidation and oxygen reduction reactions in alkaline medium[J]. Journal of Power Sources, 2011, 196(15):

6092-6098.

[212] Luo M, Sun Y, Qin Y, et al. Nanoporous Pd-Ir alloy catalyst on carbon support for oxygen reduction reaction in polymer electrolyte membrane fuel cells[J]. Materials Today Nano, 2018, 1: 29-40.

[213] Yan Y C, Zhan F W, Du J S, et al. Kinetically-controlled growth of cubic and octahedral Rh-Pd alloy oxygen reduction electrocatalysts with high activity and durability[J]. Nanoscale, 2015, 7: 301-307.

[214] Shao M H, Sasaki K, Adzic R R. Pd-Fe nanoparticles as electrocatalysts for oxygen reduction[J]. Journal of the American Chemical Society, 2006, 128(11): 3526-3527.

[215] Luo M C, Zhao Z L, Zhang Y L, et al. PdMo bimetallene for oxygen reduction catalysis[J]. Nature, 2019, 574(7776): 81-85.

[216] Jiang J X, Ding W, Li W, et al. Freestanding single-atom-layer Pd-based catalysts: oriented splitting of energy bands for unique stability and activity[J]. Chem, 2020, 6(2): 431-447.

[217] Wang Y J, Wilkinson D, Neburchilov V, et al. Ta and Nb co-doped TiO_2 and its carbon-hybrid materials for supporting Pt-Pd alloy electrocatalysts for PEM fuel cell oxygen reduction reaction[J]. Journal of Materials Chemistry A, 2014, 2(32): 12681-12685.

[218] Liang J, Jiao Y, Jaroniec M, et al. Sulfur and nitrogen dual-doped mesoporous graphene electrocatalyst for oxygen reduction with synergistically enhanced performance[J]. Angewandte Chemie International Edition, 2012, 51(46): 11496-11500.

[219] Choi M, Han C, Kim I T, et al. Effect of the Nanosized TiO_2 particles in Pd/C catalysts as cathode materials in direct methanol fuel cells[J]. Journal of Nanoence & Nanotechnology, 2011, 11(7): 6420-6424.

[220] Maheswari S, Sridhar P, Pitchumani S. Pd-TiO_2/C as a methanol tolerant catalyst for oxygen reduction reaction in alkaline medium[J]. Electrochemistry Communications, 2013, 26: 97-100.

[221] Ding W, Xia M R, Wei Z D, et al. Enhanced stability and activity with Pd-O junction formation and electronic structure modification of palladium nanoparticles supported on exfoliated montmorillonite for the oxygen reduction reaction[J]. Chemical Communications, 2014, 50: 6660-6663.

[222] Xia M R, Ding W, Xiong K, et al. Anchoring effect of exfoliated-montmorillonite-supported Pd catalyst for the oxygen reduction reaction[J]. Journal of Physical Chemistry C, 2013, 117(20): 10581-10588.

[223] Xie X H, Nie Y, Chen S G, et al. A catalyst superior to carbon-supported-platinum for promotion of the oxygen reduction reaction: reduced-polyoxometalate supported palladium[J]. Journal of Materials Chemistry A, 2015, 3(26): 13962-13969.

[224] Cho J, Jang I, Park H S, et al. Computational and experimental design of active and durable Ir-based nanoalloy for electrochemical oxygen reduction reaction[J]. Applied Catalysis B Environmental, 2018, 235: 177-185.

[225] Kusada K, Wu D, Yamamoto T, et al. Emergence of high ORR activity through controlling local density-of-states by alloying immiscible Au and Ir[J]. Chemical Science, 2019, 10(3): 652-656.

[226] Meku E, Du C Y, Wang Y J, et al. Concentration gradient Pd-Ir-Ni/C electrocatalyst with enhanced activity and methanol tolerance for oxygen reduction reaction in acidic medium[J]. Electrochimica Acta, 2016, 192: 177-187.

[227] Zhang R Z, Chen W. Non-precious Ir-V bimetallic nanoclusters assembled on reduced graphene nanosheets as catalysts for the oxygen reduction reaction[J]. Journal of Materials Chemistry A, 2013, 1(37): 11457-11464.

[228] Antolini E. Iridium as catalyst and cocatalyst for oxygen evolution/reduction in acidic polymer electrolyte

membrane electrolyzers and fuel cells[J]. ACS Catalysis, 2014, 4(5): 1426-1440.

[229] Xiao M L, Zhu J B, Li G R, et al. A single-atom iridium heterogeneous catalyst in oxygen reduction reaction[J]. Angewandte Chemie International Edition, 2019, 131(28): 9742-9747.

[230] Bhandary N, Basu S, Ingole P P. Rudimentary simple, single step fabrication of nano-flakes like AgCd alloy electro-catalyst for oxygen reduction reaction in alkaline fuel cell[J]. Electrochimica Acta, 2016, 212: 122-129.

[231] Dai Y, Chan Y Z, Jiang B J, et al. Bifunctional Ag/Fe/N/C catalysts for enhancing oxygen reduction via cathodic biofilm inhibition in microbial fuel cells[J]. ACS Applied Materials & Interfaces, 2016, 8(11): 6992.

[232] Ma W Q, Chen F Y, Zhang N, et al. Oxygen reduction reaction on Cu-doped Ag cluster for fuel-cell cathode[J]. Journal of Molecular Modeling, 2014, 20(10): 1-8.

[233] Wu X Q, Chen F Y, Zhang N, et al. Engineering bimetallic Ag-Cu nanoalloys for highly efficient oxygen reduction catalysts: a guideline for designing Ag-based electrocatalysts with activity comparable to Pt/C-20%[J]. Small, 2017, 13(19): 1603876.

[234] Zhang Y, Huang N, Zhou F, et al. Research on the oxygen reduction reaction (ORR) mechanism of G-C$_3$N$_4$ doped by Ag based on first-principles calculations[J]. Journal of the Chinese Chemical Society, 2018, 65(12): 1431-1436.

[235] Holewinski A, Idrobo J C, Linic S. High-performance Ag-Co alloy catalysts for electrochemical oxygen reduction[J]. Nature Chemistry, 2014, 6(10): 941.

[236] Xie X H, Wei M X, Du L, et al. Enhancement in kinetics of the oxygen reduction on a silver catalyst by introduction of interlaces and defect-rich facets[J]. Journal of Materials Chemistry A, 2017, 5(29): 15390-15394.

第4章　过渡金属氧化物类催化剂

氧还原催化剂发展至今，除了贵金属基催化剂被广泛重视之外，非贵金属催化剂也得到了非常多的关注。非贵金属催化剂，由于具备稳定的结构、低廉的价格以及较高的催化性能，相比于贵金属催化剂，其对于实现燃料电池的商业化应用有着更为重要的现实意义。非贵金属催化剂发展至今，过渡金属氧化物类材料和碳基材料两类非贵金属催化剂最值得研究。

过渡金属氧化物类催化剂，顾名思义，是以过渡金属氧化物为代表的一类过渡金属化合物催化剂，包含了氧化物、硫属化合物、碳化物以及氮化物等。这类物质往往有许多符合氧还原催化剂的特性，使之成为商业化氧还原催化剂的重要"候选者"。

从原子水平上看，过渡金属氧化物中金属离子的 3d 空轨道与氧气分子及氧还原过程的中间物种能够产生强相互作用，使得这类催化剂具备了催化氧还原过程的初动力。而从物质结构本身出发，同一过渡金属类氧化物呈现不同的晶体结构，为催化氧还原过程提供了更多的可能性。例如 TiO_2，除无定形结构，其还具有金红石型以及锐钛矿型两类晶体结构。这些不同的晶体结构赋予了 TiO_2 不同的表面特性，因此可以表现出不同的催化活性。

另外，即便在同一晶体结构下，过渡金属氧化物类催化剂的结构仍然具有很大的可调整性。一方面，多种阳离子可共存的特性使得金属氧化物类催化剂具有了更大的结构优化空间。另一方面，由于在实际氧化物类晶体中几乎不会具有完全理想的有规则的空间结构，其具有各种不完全性，即晶格缺陷，如氧缺陷、阳离子缺陷等，这些晶格缺陷的存在，不仅能够调变金属氧化物催化剂的能带结构、改变催化剂的导电性，还能够影响这些物质对氧气分子及中间物种的吸附强度。因此，调整金属氧化物的各类缺陷也是有效改善其催化活性的重要方法。例如，在这个领域中最常见的结构之一是尖晶石晶格结构，其每个晶胞内都包含一种以上类型的阳离子，且这些阳离子还可能处于不同的配位环境中（八面体位及四面体位），所以调整这些阳离子数量以及所处的配位环境还可以实现尖晶石由正式结构向反式结构的转变。事实证明，尖晶石结构内部大量的无序阳离子以及氧空位对催化氧还原反应的电子转移是非常有益的。更为重要的是，由于过渡金属氧化物中金属原子 d 轨道电子可多可少，氧原子也可以非化学计量存在。换言之，其含有一定数量的氧空位，使其形成一种以上的阳离子氧化状态，能够在复杂的电化学体系下进行氧化态与还原态之间的转换，使得它们能够耐受电极反应中的氧化和还原过程，从而具有非常优异的稳定性。因此，基于上述优势，过渡金属氧化物类材料作为 ORR 催化剂得到了广泛的关注与研究。

4.1　过渡金属氧化物的结构特性

众所周知，物质的结构决定了性质。因此，在深入了解过渡金属氧化物类催化剂的发展现状之前，非常有必要了解这类物质的结构性质。因此，本节将以过渡金属氧化物的结构为代表对这类物质的共性结构问题进行详细阐述。

4.1.1　典型过渡金属氧化物氧还原催化剂晶体结构

相比于无定形结构，物质更多的是以更为稳定的晶体形式存在。同样地，对于金属氧化物而言，由于金属原子与氧原子之间较大的电负性差异，除了极少数以范德瓦耳斯力为主要凝聚力的分子晶体（如 RuO_4、Sb_4O_6 等）外，其他的晶体均以离子键和共价键作为主要凝聚力。当金属原子与氧原子的电负性差异很大时，金属氧化物就会形成离子晶体；而金属原子与氧原子的电负性差异较小时（如 SiO_2），其就会形成共价晶体。事实上，在真实的金属氧化物的体系中既不存在纯粹的离子晶体也不存在纯粹的共价晶体，通常都是处于两者的中间状态。也就是说，真实的金属氧化物中金属与氧原子的键既包含离子键成分也包含共价键成分，使其结构十分复杂。

即便如此，目前人们已经对各类金属氧化物的晶体结构有了较为充分的认识。从单金属元素组成到多元金属元素组成，各种晶体类型的氧化物也得到开发。尖晶石类氧化物、钙钛矿类氧化物以及锰氧化物在 ORR 中受到了广泛的关注及研究。因此，这里将针对这三类氧化物的晶体结构进行详细描述。

1. 尖晶石类氧化物

尖晶石类氧化物是指以尖晶石晶体为结构基础的一类金属氧化物。典型的尖晶石氧化物一般具有 AB_2O_4 的结构（A = Mg、Mn、Zn、Co、Cu、Ni、Fe 等；B = Al、Mn、Fe、Co、Ni 等）[1]。如图 4-1 所示，金属离子 A 占据四面体配位中心，金属离子 B 则占据八面配位中心，而氧负离子则位于多面体顶点与金属离子进行配位（对于正式尖晶石）。通常，四面体的间隙比八面体的间隙小，因此，半径较小的阳离子更喜欢占据 A 位点，而半径较大的阳离子更喜欢占据 B 位点。在 AB_2O_4 式中，阳离子 A 的价态一般为+2 价或者+4 价，而相应的阳离子 B 的价态则为+3

价或者+2 价，即可表示为 $A^{2+}B_2^{3+}O_4^{2-}$ 和 $A^{4+}B_2^{2+}O_4^{2-}$。而当尖晶石结构中的氧被其他元素如硫、硒、氮等取代形成硫化物、硒化物、氮化物等物质时，也能够维持着尖晶石结构。

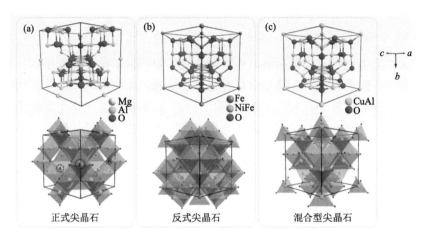

图 4-1　（a）具有正式结构的 $MgAl_2O_4$ 尖晶石；（b）具有反式结构的 $NiFe_2O_4$ 尖晶石；（c）具有混合结构的 $CuAl_2O_4$ 尖晶石。绿色多面体和紫色多面体分别对应八面体和四面体配位

　　在尖晶石中，A、B 两种阳离子可以随机地分布在四面体及八面体配位中心中。根据这两种阳离子分布情况，尖晶石可以分为三种类型：正式、反式以及混合型。具体来说，当 A 阳离子全部填充入四面体配位中心而 B 阳离子全部填充入八面体配位中心时，即为正式尖晶石结构；相反，当四面体配位中心全部由 B 阳离子填充，而八面体配位中心由 A、B 两种阳离子填充时，即为反式尖晶石结构；而当 A、B 两种离子均随机分布在四面体和八面体配位中心时，即为混合型尖晶石结构。如图 4-1（a）所示，在正式尖晶石 $MgAl_2O_4$ 的结构中，A 阳离子即 Mg^{2+} 占据四面体配位场的中心，而 B 阳离子即 Al^{3+} 占据八面体配位场的中心。相反，如图 4-1（b）所示，反式尖晶石 $NiFe_2O_4$，一半的 Fe^{3+}（B 阳离子）全部占据了四面体配位场的中心，而 Ni^{2+}（A 阳离子）和剩下的一半 Fe^{3+}（B 阳离子）则随机分布在八面体配位场的中心，可以表示为 $Fe(NiFe)O_4$。对于混合型尖晶石，其结构更为复杂，如图 4-1（c）所示，Cu^{2+} 和 Al^{3+} 都部分占据了八面体配位场和四面体配位场的位置。

　　除了上述阳离子大小会决定尖晶石中各种元素的分布情况外，八面体位置优先能（octahedral site preference energy，OSPE）也是决定其阳离子分布的重要因素之一。具体来说，对于过渡金属元素离子来说，其在这八面体及四面体晶体场中的晶体稳定化能有所差异，而这种差异即两个晶体稳定化能的差值就被称为该过渡金属元素离子的 OSPE。它代表了该离子位于八面体晶体场中与处于四面体晶体场中能量变化的程度。显然，对于在同一晶体中同时存在四面体配位场以及八面体配位场时，金属阳离子的 OSPE 值越大，它优先选择进入晶格中八面体配位的位置的趋势越强，具体详细内容会在 4.1.2 节讨论。

2. 钙钛矿类氧化物

钙钛矿类氧化物结构包括简单钙钛矿结构、双钙钛矿结构和低维钙钛矿结构三种。简单钙钛矿氧化物一般是指具有类似于钛酸钙（$CaTiO_3$）晶体结构的一类氧化物，其分子式为 ABO_3[2]。如图 4-2 所示，其简单晶胞属于正交晶系，具有 $Pm\overline{3}m$ 的空间群对称结构，A 位离子通常是具有较大离子半径的稀土或者碱土金属元素离子，它与 12 个氧离子进行配位，形成最密立方堆积，是钙钛矿类氧化物的骨架；而 B 位离子一般则为离子半径较小的过渡金属元素离子（如 Mn、Co、Fe 等），它与 6 个氧离子进行配位，占据立方密堆积中的八面体中心，B 位上的过渡金属元素对于钙钛矿类氧化物的催化活性有着重要的影响。

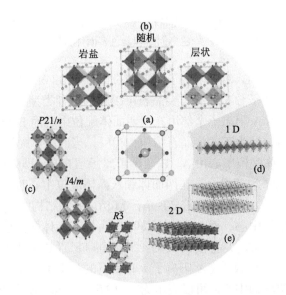

图 4-2　从单晶胞立方钙钛矿（（a）区）到各类堆叠方式形成的结构（（b）区），通过[BO_6]八面体转动，立方体相可以转换为不同的倾斜相（（c）区）以及在[BO_6]八面体大幅转动的情况下，八面体的三维连接会被破坏，从而产生一维和二维钙钛矿衍生物（（d）和（e）区）

双钙钛矿氧化物是指由两种不同阳离子占据 A 或 B 位的钙钛矿氧化物，其分子式为 $A'A''B_2O_6$（双 A 位）或 $A_2B'B''O_6$（双 B 位）。由于 A 位阳离子通常作为钙钛矿氧化物的结构基础，而 ABO_3 钙钛矿氧化物的物理性质高度依赖于 B 位阳离子，因此双钙钛矿氧化物通常表示双 B 位钙钛矿氧化物。双钙钛矿 $A_2B'B''O_6$ 的晶体结构是由 B 亚晶格中的 B′和 B″阳离子排列决定的。根据 B′和 B″相对空间位置的不同，双钙钛矿氧化物可以形成岩盐（rock-salt）、层状（layered）以及随机（random）三种不同的排列方式。同时，由于 B 离子的差异，双钙钛矿的晶体对称性较对应的单钙钛矿有所降低，就会形成 $P21/n$、$I4/m$ 以及 $R\bar{3}$ 等空间群分布。

低维钙钛矿结构是由上述两类钙钛矿结构转变而来。当八面体的转动变得更为剧烈后，B—O 键就会发生断裂，由此，上述两种钙钛矿结构就会由三维变成二维、一维甚至零维钙钛矿衍生物。上述两种钙钛矿结构均为三维钙钛矿结构，它们属于共顶点[BO_6]八面体网络结构。而低维钙钛矿则是共棱、共面甚至不共任何点、棱、面的[BO_6]八面体结构。在一维钙钛矿中，[BO_6]八面体可以共享角、共享边或共享面，形成线形或锯齿形的一维纳米线。二维钙钛矿则由层叠层组成，主要为共边八面体结构。

3. 锰氧化物

锰氧化物作为一种非常重要的催化剂被广泛地研究。它具有非常多的晶体结构，同时锰离子在氧化物中会以+2、+3 和+4 的不同价态或其混合价态的形式存在。图 4-3 显示了与氧还原最相关的锰氧化物的晶体结构[3]。$\beta\text{-}MnO_2$ 具有最稳定的热力学结构，其晶体结构为 1×1 的隧道结构，属于 $P42/mnm$ 空间群。当晶体结构中的隧道变为 1×2 后，其空间群转变为 $Pmna$，被称为 Ramsdelite-MnO_2，即 R-MnO_2。当隧道持续变大至 2×2 后，MnO_2 的空间群就转变为 $I4/mmm$，即 $\alpha\text{-}MnO_2$。除了具有隧道结构的 MnO_2，另一种常被研究的锰氧化物是褐铁矿型二氧化锰，即 $\delta\text{-}MnO_2$。它由空间群 $C2/m$ 的八面体锰层组成，层间含有一定程度的+1 价阳离子，并将部分锰还原为+3 价，如 K-MnO_2。

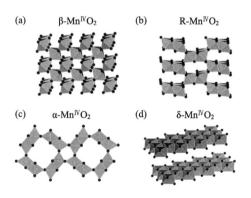

(a) $\beta\text{-}Mn^{IV}O_2$　　(b) R-$Mn^{IV}O_2$

(c) $\alpha\text{-}Mn^{IV}O_2$　　(d) $\delta\text{-}Mn^{IV}O_2$

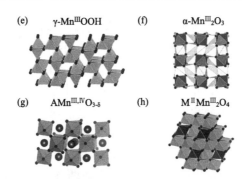

图 4-3　几种常见的锰氧化物的晶体结构：锰用灰色的八面体表示，过渡金属用黑色的四面体表示，氧用黑色的小圆球表示，Ⅱ族/镧系阳离子（用"A"表示）用黑色的大圆球表示。两个结晶性的锰位置的核 α-Mn^{Ⅲ}$_2$O$_3$ 显示不同的灰色阴影

　　除了 MnO$_2$ 以外，锰的氧化物还存在完全由 Mn^{3+}组成的 γ-MnOOH，Mn^{3+}被一半 O 和一半 OH 配体的共边八面体包围，其具有类似于 β-MnO$_2$ 的 1×1 隧道结构，属于 $P21/C$ 空间群。而当 Mn^{3+} 与氧负离子配位形成共角八面体后，由于 Jahn-Teller 扭曲，其中一些顶端键被拉长，就会形成 $Pcab$ 斜方空间群，这类氧化物被称为 α-Mn$_2$O$_3$。此外，Mn 离子同样也可以参与形成钙钛矿型结构以及尖晶石型结构，这里就不再赘述。

4.1.2　过渡金属氧化物晶体配位状态

　　对于过渡金属氧化物类氧还原催化剂而言，通常利用晶体场理论解释催化剂的活性中心的催化能力，并通过晶体场理论建立相关描述符用于指导相关催化剂的设计以及构筑。而对于过渡金属氧化物类氧还原催化剂，八面体晶体场内部的过渡金属离子通常被认为是催化活性中心，因此本小节将针对八面体晶体场的相关晶体场知识进行阐述。

1. 八面体配位场能级分裂

　　晶体场理论是基于价键理论发展形成的用于解释一系列过渡元素化合物晶格中无法用经典静电理论解释的正负离子之间相互作用的理论。晶体场理论认为中心金属阳离子与周围配体之间只存在纯粹的静电相互作用，即金属阳离子与配体之间靠离子键连接，且配体都被作为点电荷来看待。该理论将晶体的排列方式用不同的晶体场来表示，所谓晶体场是指晶格中由阳离子（配位中心）与阴离子或偶极分子（配体）所形成的一个静电势场，其中，阳离子就处于该势场的中心。对于过渡金属氧化物来说，阳离子就是过渡金属元素离子，而配体则为氧负离子。

对于这些过渡金属而言，其电子结构最主要的特点是几乎都存在未填满的 d 电子层（个别过渡金属除外，如 Au、Ag，它们的 d 轨道电子是填满的）。d 电子层中有五个 d 轨道，它们的电子云在空间的分布如图 4-4 所示，其中沿坐标轴方向伸展的为 $d_{x^2-y^2}$ 和 d_{z^2} 轨道；剩下三个沿坐标轴对角线方向伸展的则分别为 d_{xy}、d_{xz}、d_{yz} 轨道。每个轨道中都最多只能容纳自旋相反的一对电子。在球形对称的势场中，过渡金属元素离子的五个 d 轨道的能量相同，即五重简并态。因此，电子占据任一轨道的概率均相同，但按洪德规则分布，即对于能量状态相同的轨道，其上的电子，将尽可能分占不同的轨道，且自旋平行，以便使整个体系处于最低的能量状态。但是，在晶体场中则有所不同，当一个过渡金属元素离子进入晶格中的配位位置时，即处于一个晶体场中时，过渡金属元素离子本身的电子层结构将受到配位体的影响而发生变化，使得原来能量状态相同的五个 d 轨道发生分裂，导致部分 d 轨道的能量状态降低而另外部分 d 轨道的能量状态升高，其分裂的具体情况将随晶体场的性质、配位体的种类和配位多面体形状的不同而异。这种过渡金属元素离子中原来是五重简并的 d 轨道，在晶体场中发生能量上的变化而分裂的现象，称为晶体场分裂。

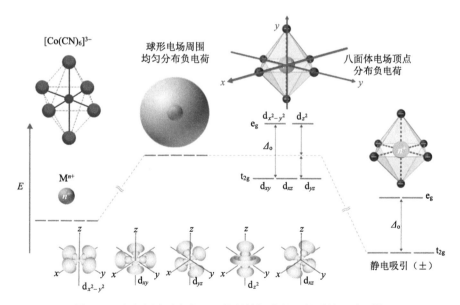

图 4-4　过渡金属元素在八面体晶体场中的 d 轨道能级分裂情况

以八面体晶体场为例，当六个带负电荷的配位体（对于氧化物则为 O^{2-}）分别沿坐标轴 $\pm x$、$\pm y$ 和 $\pm z$ 三个方向向中心过渡金属阳离子接近，最终形成正八面体配合物时，中心离子沿坐标轴方向伸展的 d_{z^2} 和 $d_{x^2-y^2}$ 轨道便与配位体处于迎头相碰的位置，这两个轨道上的电子，将受到带负电荷的配位体的排斥作用，因而能量增高；而沿着坐标轴对角线方向伸展的 d_{xy}、d_{xz} 和 d_{yz} 轨道，它们因正好插入配位体的间隙之中而能量较低。这样，原来能量相等的五个 d 轨道，在晶体场中便分裂成为两组：一组是能量较高的 d_{z^2} 和 $d_{x^2-y^2}$ 轨道组，称为 e_g 组轨道；另一组是能量较低的 d_{xy}、d_{xz} 和 d_{yz} 轨道组，称为 t_{2g} 组轨道。对于晶格中位于配位八面体中的过渡金属离子来说，它所处的情况如图 4-4 所示。

2. 八面体位置优先能

对于八面体晶体场而言，e_g 轨道中的每个电子所具有的能量 $E(e_g)$ 与 t_{2g} 轨道中每个电子的能量 $E(t_{2g})$ 的差，称为晶体场分裂间隔。在正八面体场中，将它记为 $\varDelta_o$。

$$\varDelta_o = E(e_g) - E(t_{2g}) \tag{4-1}$$

d 轨道在晶体场中能量上的分离，服从于所谓的"重心"规则，即 d 轨道在晶体场的作用下发生分裂的过程中，其总能量保持不变。如果以未分裂时 d 轨道的能量，也就是说以离子处于球形场中时 d 轨道的能量作为 0，则应有

$$4E(e_g) + 6E(t_{2g}) = 0 \tag{4-2}$$

那么 $\qquad\qquad E(e_g) = 3/5\varDelta_o,\ E(t_{2g}) = 2/5\varDelta_o \tag{4-3}$

也就是说，在八面体晶体场中，t_{2g} 组轨道中的每一个电子将使离子的总静电能降低 $2/5\varDelta_o$，即离子的稳定程度增加 $2/5\varDelta_o$；而 e_g 组轨道中的每一个电子，使离子的总能量增高 $3/5\varDelta_o$，从而使稳定程度减少 $3/5\varDelta_o$。因此，当一个过渡金属元素离子从 d 轨道未分裂的状态进入八面体配位位置中时，它的总静电能将改变

$$\varepsilon_o = 2/5\varDelta_o \times N(t_{2g}) + 3/5\varDelta_o \times N(e_g) \tag{4-4}$$

式中，$N(t_{2g})$ 和 $N(e_g)$ 分别为 t_{2g} 组和 e_g 组轨道内的电子数目。对于任何其他的晶体场，由于 d 轨道的能级分裂，d 轨道的电子需重新分布，使体系能量降低，即给配合物带来了额外的稳定化能。因此，过渡元素离子从 d 轨道未分裂的球形场中进入到晶体场中时，其总静电能改变的负值称为晶体场稳定化能，缩写为 CFSE。在数值上，CFSE = $|\varepsilon|$。它代表位于配位多面体中的过渡金属离子与处于球形场中的同种离子相比，d 电子进入分裂轨道比处于未分裂轨道总能量降低值，是晶体场所给予离子的一种额外稳定化作用的表现形式。

但是事实上，对于某一种特定过渡金属元素离子来说，它都可以存在于不同结构形式的晶体场中。如对于尖晶石结构，过渡金属阳离子既可以存在于四面体配位场中又可以存在于八面体配位场中。为了明确过渡金属阳离子更加容易以哪一种方式存在于两类晶体场中，将某一过渡金属元素阳离子在这两种晶体场中

CFSE 的差值定义为该过渡金属元素阳离子的八面体位置优先能，记为 OSPE，并以此代表该过渡金属阳离子位于八面体晶体场中时，与处于四面体晶体场中时的情况相比，能量的变化程度。因此，离子的 OSPE 值越大，它优先选择进入晶格中八面体配位位置的趋势越强。以 Mn_3O_4 尖晶石为例子，Mn^{3+}（95.2 kJ/mol）的 OPSE 绝对值高于 Mn^{2+}（0 kJ/mol），说明 Mn^{3+} 更倾向于占据八面体晶体场，而 Mn^{2+} 更倾向于占据四面体晶体场。结果表明 Mn_3O_4 属于正式尖晶石，表示为 $Mn^{2+}(Mn^{3+})_2O_4$。相反，在 Fe_3O_4 中 Fe^{2+} 的 OPSE（16.7 kJ/mol）高于 Fe^{3+} 的 OPSE（0 kJ/mol），Fe^{2+} 将占据八面体晶体场，所以 Fe_3O_4 为反式尖晶石结构，表示为 $Fe^{3+}(Fe^{3+}Fe^{2+})O_4$。所以通过对过渡金属元素的 OPSE 的了解，可以更好地判断过渡金属氧化物的结构，并在此基础上进行活性中心研究与分析。

四面体晶体场在晶体场能级分裂后，$E(t_{2g}) < E(e_g)$。经过计算可知，四面体的分裂能 $\Delta_t = E(e_g) - E(t_{2g}) \approx 4/9 \Delta_o$。最终计算就可以得到具有不同 d 电子数的过渡金属元素的 OSPE，如表 4-1 所示。

表 4-1　不同 d 电子数的过渡金属元素的 OSPE

d 电子数	八面体位		四面体位		OSPE
	电子分布	CFSE	电子分布	CFSE	
d^0	t_{2g}^0	$0\,\Delta_o$	e_g^0	$0\,\Delta_t$	$0\,\Delta_o$
d^1	t_{2g}^1	$-2/5\,\Delta_o$	e_g^1	$-3/5\,\Delta_t$	$-6/45\,\Delta_o$
d^2	t_{2g}^2	$-4/5\,\Delta_o$	e_g^2	$-6/5\,\Delta_t$	$-12/45\,\Delta_o$
d^3	t_{2g}^3	$-6/5\,\Delta_o$	$e_g^2 t_{2g}^1$	$-4/5\,\Delta_t$	$-38/45\,\Delta_o$
d^4	$t_{2g}^3 e_g^1$	$-3/5\,\Delta_o$	$e_g^2 t_{2g}^2$	$-2/5\,\Delta_t$	$-19/45\,\Delta_o$
d^5	$t_{2g}^3 e_g^2$	$0\,\Delta_o$	$e_g^2 t_{2g}^3$	$0\,\Delta_t$	$0\,\Delta_o$
d^6	$t_{2g}^4 e_g^2$	$-2/5\,\Delta_o + P$	$e_g^3 t_{2g}^3$	$-3/5\,\Delta_t + P$	$-6/45\,\Delta_o$
d^7	$t_{2g}^5 e_g^2$	$-4/5\,\Delta_o + 2P$	$e_g^4 t_{2g}^3$	$-6/5\,\Delta_t + 2P$	$-12/45\,\Delta_o$
d^8	$t_{2g}^6 e_g^2$	$-6/5\,\Delta_o + 3P$	$e_g^4 t_{2g}^4$	$-4/5\,\Delta_t + 3P$	$-38/45\,\Delta_o$
d^9	$t_{2g}^6 e_g^3$	$-3/5\,\Delta_o + 4P$	$e_g^4 t_{2g}^5$	$-2/5\,\Delta_t + 4P$	$-19/45\,\Delta_o$
d^{10}	$t_{2g}^6 e_g^4$	$0\,\Delta_o$	$e_g^4 t_{2g}^6$	$0\,\Delta_t$	$0\,\Delta_o$

3. Jahn-Teller 效应

1937 年，Hermann Arthur Jahn 和 Edward Teller 根据实验事实经过推理得出：如果非线性分子电子态的轨函数部分是简并的，那么分子不可能保持稳定，该分子必定发生畸变，使对称性下降，从而消除简并度。人们把这种现象称为 Jahn-Teller 形变（畸变）或称为 Jahn-Teller 效应。

对于实际过渡金属氧化物晶体而言，过渡金属阳离子所在配位多面体的结构往往都低于正八面体或正四面体的对称性。在这样的晶体场中，原本发生能级分裂后的轨道将再次发生分裂，在能量上可能分裂成为三组、四组乃至五组彼此分开的轨道。以具有六配位的八面体配位场为例，由于中心金属阳离子在 t_{2g} 轨道或 e_g 轨道上电子分布不均，中心金属阳离子 d 电子结构存在着简并态（能量相同而电子分布不同的状态），使得中心金属阳离子受配体的静电排斥作用具有明显差异。如此一来，中心金属阳离子的能级将进一步分裂，即发生 Jahn-Teller 效应。对应的晶体场结构就会发生相应的畸变，形成"拉长"或者是"压扁"的八面体场（图 4-5）。而由于 t_{2g} 轨道的能级较低，能级变化小，因此轨道上电子排布不均匀引起的畸变较小，称为"小畸变"。相反，由于 e_g 轨道的能级较高，能级变化大，其轨道上电子排布不均匀引起的畸变较大，称为"大畸变"。

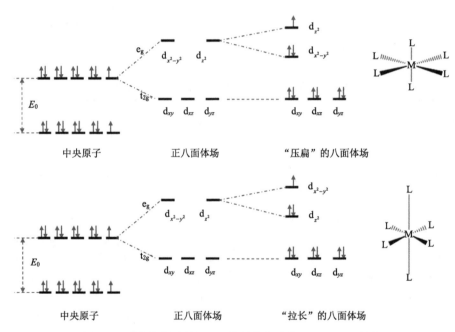

图 4-5　过渡金属元素在八面体晶体场中的 Jahn-Teller 效应

由此，在八面体晶体场中，当中心金属元素阳离子的 t_{2g} 轨道或 e_g 轨道处于全充满、半充满或全空状态，达到在同一简并轨道中能量和电子数均匀分布时，获得的氧化物应是理想的正八面体；否则，就会发生 Jahn-Teller 效应得到非正八面体（表 4-2）。所以，具有 d^0、d^3、d^8、d^{10} 电子构型的过渡金属阳离子以及高自旋排布的 d^5 和低自旋排布的 d^6 的电子构型，就满足 t_{2g} 轨道或 e_g 轨道处于全充满、半充满或全空状态，符合正八面体的 O_h 对称，因此它们在正八面体配位位置中是稳定的，不会发生 Jahn-Teller 效应。

表 4-2　八面体配合物发生畸变的 d 电子结构

几何构型	d 电子构型		
理想八面体	d^0, d^3, d^8, d^{10}	d^5 高自旋排布	d^8 低自旋排布
			d^6 低自旋排布
小畸变	d^1, d^2	d^6 高自旋排布	d^4 低自旋排布
		d^7 高自旋排布	d^5 低自旋排布
大畸变	d^9	d^4 高自旋排布	d^7 低自旋排布

但其他离子，特别是 d^9 电子构型，高自旋排布 d^4 电子构型以及低自旋排布 d^7 电子构型，在 e_g 轨道上的电子数分布不均匀，其 d 轨道壳层电子云的空间分布不符合 O_h 对称，因而会发生构型"大畸变"。而对于 d^1、d^2，高自旋排布的 d^6 和 d^7 以及低自旋排布的 d^4 和 d^5，在 t_{2g} 轨道上的电子数分布不均匀，其 d 轨道壳层电子云的空间分布也不符合 O_h 对称，但由于 t_{2g} 能级较低，则会发生构型"小畸变"。

4.1.3　过渡金属氧化物表面原子状态及氧物种吸附性质

氧还原反应是发生在三相界面上的反应，那么了解催化剂的表面状态对于催化氧还原反应非常重要。对于过渡金属氧化物，其表面状态十分复杂。在完美的晶体结构内部，金属离子的配位环境几乎完全一样。然而对于不同晶面来说，其边缘终止面上的金属离子都处于配位不饱和的状态，形成更为活泼的阶梯原子。实际上，世界上并没有完美结晶的金属氧化物类物质，缺陷是始终存在的。如此一来，就会使金属氧化的表面不可避免地存在着缺陷和悬空键，如果不是保存在真空中，金属氧化物表面的缺陷和悬空键还将吸附环境中的各种杂质。

1. 过渡金属氧化物表面原子状态

TiO_2 的表面性质已经得到广泛研究，图 4-6 为 TiO_2（110）表面的原子结构。在理想情况下，其完美的表面包含两种不同的离子：Ti^{4+} 阳离子以及 O^{2-} 阴离子[4]。然而，实际各种原子所处的配位环境又有所差别。一方面，对于 O^{2-} 阴离子，就同时存在两种不同的配位环境。在体相内，O^{2-} 阴离子与 3 个 Ti^{4+} 阳离子配合，这类氧处于配位饱和状态，不会影响到金属氧化物对反应气体分子的吸附。而在边缘位点上，O^{2-} 阴离子与 2 个 Ti^{4+} 阳离子配合，相比于体相环境中的 Ti^{4+} 丢失了一个键，成配位不饱和状态，从而会影响金属氧化对反应气体分子的吸附。另一方面，对于 Ti^{4+} 阳离子同样也存在类似的情况。处于边缘位点的 Ti^{4+} 阳离子和体相内部的 Ti^{4+} 具有不同的配位环境。体相内的 Ti^{4+} 阳离子处于八面体晶体场的中心，呈现六配位结构，而边缘的 Ti^{4+} 则由于缺少一个 O^{2-} 阴离子则处于五配位的结构。类似的情况同样存在于其他的金属氧化物的表面，甚至其他金属氧化物的表面结构更为复杂。此外，由于过渡金属氧化物不同晶面暴露的不同，还会造成其表面过渡金属阳离子和 O^{2-} 阴离子配位环境的不同。比如高指数晶面，表面的过渡金属阳离子就会表现出更低的配位数，也更为活泼。同时，在实际金属氧化物晶体的表面必然存在各类缺陷，如阳离子缺陷和阴离子缺陷，这些缺陷的存在也会造成过渡金属氧化物的表面性质大为不同。

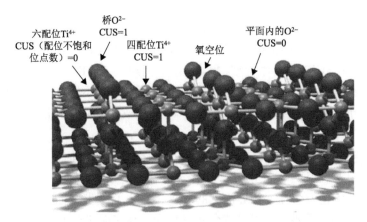

图 4-6　TiO_2（110）表面原子结构。钛原子是带正电的路易斯酸位点，氧原子是带负电的路易斯碱位点。只有具有非零配位不饱和的原子参与吸附过程

2. 过渡金属氧化物表面氧物种吸附

因为过渡金属氧化物表面原子状态的复杂性，所以其表面上的化学吸附要比在纯金属表面上更为复杂，精准研究更为困难。首先，过渡金属氧化物表面包含两种不同类型的离子（金属阳离子与 O^{2-} 阴离子），并且它们的相对量及其空间排布随晶面不同而变化，造成了同一吸附物种在过渡金属氧化物表面吸附时吸附位点的不确定性。其次，在实际电化学体系中，由于电场的存在，过渡金属氧化物内部的晶格氧是否会脱离表面并且参与到氧还原反应中未可知，故对其吸附反应机制的动态研究也十分困难。最后，目前用于氧还原催化剂的过渡金属氧化物往往为二元以上的复合氧化物，其表面组成很难确定，这也增加了研究其表面化学吸附氧物种的困难。

对于过渡金属氧化物而言，其催化氧还原反应被认为主要采用联合机理[6]。主要包括四个步骤：①表面 *OH 物种的取代；②表面 *OOH 物种的形成；③表面 *O 物种的形成；④表面 H_2O 的形成。其氧还原过程主要与表面金属离子有关，所有的氧还原反应的基元步骤都是依托金属离子的价态变化来实现电荷转移。但是

目前针对电化学还原过程氧物种在过渡金属氧化物上的吸附特性的研究尚少，而热催化中对这部分内容却有较为深刻的认识。我们希望热催化中过渡金属氧化物表面吸附氧物种的研究成果能够对氧气的电催化氧化研究有所启发。

金属氧化物上吸附氧的种类主要包含 O_2、O_2^-、O^- 以及 O^{2-}。对于分子态吸附物种 O_2 主要有两种吸附方式：端连接型（end-on 型或者 peroxy 型）和侧连接型（side-on 型）。氧化物基本都是侧连接型。然而根据氧化物的不同，这些氧物种在氧化物表面上的吸附性质也有所不同。根据固体导电性能的差异可将它们分成半导体和绝缘体两类。一般而言，过渡金属氧化物属于半导体氧化物。

对于半导体氧化物，其阳离子具有明显可调变的氧化态。吸附发生时往往伴随着相当数量的电子在其表面与吸附质之间传递。当这些过渡金属氧化物在空气中受热时，有的可能会失去氧，阳离子氧化态降低直至变成原子态。这类物质依靠与金属原子相结合的电子进行传导。由于电子带负电，所以这类氧化物被称为 n 型半导体氧化物。例如，ZnO 受热失去晶格氧变为原子 Zn，其导电就依靠与 Zn 原子相结合的电子。相反，另外一些过渡金属氧化物会受热捕获氧，阳离子的氧化态会升高，造成晶格中正离子的缺位，形成正空穴。依靠这种正空穴传递而导电的氧化物，称为 p 型半导体氧化物。例如，NiO 吸附氧气后受热，Ni^{2+} 被氧化形成 Ni^{3+}，对应于一个 O_2 分子可以使 4 个 Ni^{2+} 变成 Ni^{3+}，并引入 2 个 O^{2-}，如此便造成了 Ni^{2+} 空穴。

当吸附 O_2 或其他氧化性气体时，对于 p 型半导体氧化物来说，电子从氧化物表面传递到吸附质氧上，金属离子的氧化数升高。如上述的 NiO，表面形成氧离子覆盖层。对于 n 型半导体氧化物来说，可分为两种情况：当表面组成恰好满足化学计量关系（一般很少如此）时，则不发生化学吸附氧；若不满足化学计量关系，而又缺少氧时（一般会是如此），会有较小程度的吸附，以补偿氧空位，并将阳离子再氧化以满足化学计量关系。

由于过渡金属氧化物的表面复杂性，对于其表面能的化学吸附研究，缺乏类似于金属化学吸附那样的定量结果。并且在电化学体系下，由于外加电场的存在，其传导电子有了外加驱动力，会使其表面吸附氧物种的特性变得更为复杂。但是，此处讨论的原则和过程，对较好地理解过渡金属氧化物催化氧还原过程中氧化物种在其表面的吸附特性有一定的指导作用。

4.2 过渡金属氧化物类催化剂的分类

过渡金属氧化物类催化剂发展至今，以氧化物为代表的各类催化剂被开发利用作为氧还原催化剂。其中，过渡金属氧化物在所有过渡金属化合物中被研究得最多，包括尖晶石类氧化物、钙钛矿类氧化物及锰氧化物等物质相继被开发利用作为氧还原催化剂。而对于其他过渡金属化合物，根据阴离子的不同，过渡金属化合物类催化剂可以分为以下几种：过渡金属硫化物、过渡金属碳化物、过渡金属氮化物、过渡金属磷化物等。

4.2.1 尖晶石类氧化物

尖晶石类氧化物，是过渡金属氧化物类催化剂中最有潜力的氧还原催化剂之一。由于其在碱性溶液中出色的催化活性和稳定性，加上其丰富、廉价易得的原材料，已获得越来越多的关注。尖晶石类氧化物按照 B 位金属种类的不同，可以分为钴基尖晶石（MCo_2O_4）、锰基尖晶石（MMn_2O_4）以及铁基尖晶石（MFe_2O_4）。

1. 钴基尖晶石（MCo_2O_4）

在 MCo_2O_4 尖晶石中，M 可以被 Co^{2+}、Ni^{2+}、Mn^{2+}、Fe^{2+} 等阳离子填充占据四面晶体场中心，而 Co^{3+} 阳离子位于八面体晶体场中心，为正式尖晶石；而 Co^{3+} 阳离子占据四面体位，上述阳离子和 Co^{3+} 阳离子同时占据八面体晶体场中心，则为反式尖晶石，从而形成 Co_3O_4、$NiCo_2O_4$、$MnCo_2O_4$、$FeCo_2O_4$ 等具有尖晶石结构的氧化物。近年来，尖晶石型 Co_3O_4 在氧还原催化中也被广泛关注。Co_3O_4 具有活性高、成本低、制备简单、稳定性好等特点。但是 Co_3O_4 同其他金属氧化物类似，其导电性相对较低，需要复合导电载体才能用作氧还原催化剂。自从戴宏杰课题组利用氮掺杂石墨烯负载 Co_3O_4 发现其具有可观的氧还原催化活性之后，有关 Co 基尖晶石结构的催化剂被大量开发与运用[5]。

赵天寿院士团队利用溶剂热方法在不同的溶剂条件下合成了一系列 $Co(OH)_2$ 前驱体，由此制备了一系列 Co_3O_4 催化剂[6]。从图 4-7 中可以看出，在水溶液中，制备的钴氧化物大致呈现纳米棒结构。Co_3O_4-10 样品中 Co_3O_4 纳米棒的平均尺寸为 30 nm，直径为 4.0 nm。在水与二甲基甲酰胺（DMF）的比例为 3∶1 的混合溶剂中，也得到了 Co_3O_4 纳米棒，其平均尺寸长为 22 nm，直径为 4.7 nm。进一步地将混合溶剂中 DMF 的比例提高，获得的 Co_3O_4-11 纳米棒的尺寸持续减小至长度为 12 nm、直径为 5.1 nm。而当 DMF 作为主体溶剂时，则不能获得纳米棒状的 Co_3O_4。活性测试证明了在低电位区，Co_3O_4-11 纳米线比贵金属钯基催化剂表现出更高的电流密度[图 4-7（e）]。并且他们发现通过改变表面暴露 Co^{3+} 的数量，能够改变 Co_3O_4 催化剂的催化活性，即八面体晶体场内的 Co^{3+} 阳离子的表面暴露数量会影响催化剂的氧还原活性。

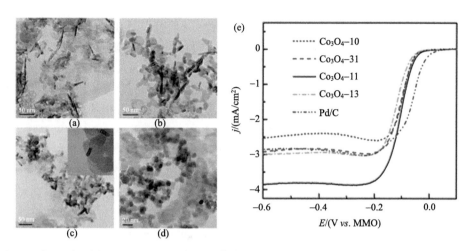

图 4-7　（a～d）不同 H_2O 和 DMF 比例下所合成的 Co_3O_4 催化剂；（e）在转速为 2400 r/min 下、
含氧饱和的 1.0 mol/L KOH 溶液中不同形貌的 Co_3O_4 的催化活性

（a）Co_3O_4-10（H_2O：DMF=1：0）；（b）Co_3O_4-31（H_2O：DMF=3：1）；（c）Co_3O_4-11（H_2O：DMF=1：1）；

（d）Co_3O_4-13（H_2O：DMF=1：3）

　　改变 A 位上的金属元素，是调控 AB_2O_4 尖晶石性能的另一种重要方法。因此，其他的钴基尖晶石被相继开发。具有反式尖晶石结构的 $NiCo_2O_4$ 也是氧还原领域热门的催化剂，关注度甚至高于 Co_3O_4。由于其具有反式尖晶石结构，Ni 阳离子占据八面体晶体场的中心，而 Co 阳离子分别占据四面体及八面体晶体场的中心。普遍认为，$NiCo_2O_4$ 内部金属离子的价态是混合价态，即 Ni^{2+}/Ni^{3+} 以及 Co^{2+}/Co^{3+} 共存于 $NiCo_2O_4$。苏州大学杨瑞枝教授课题组采用了一种简便的无模板共沉淀路线制备了有序的 $NiCo_2O_4$ 尖晶石纳米线阵列[7]。BET 结果表明，合成的 $NiCo_2O_4$ 尖晶石纳米线阵列具有约 8 nm 的介孔结构和 124 m^2/g 的比表面积，能比较好地暴露催化剂的活性中心。该尖晶石纳米线阵列在 0.1 mol/L KOH 溶液中具有优异的氧还原催化性能，其极限扩散电流密度与商业 Pt/C 催化剂相当，并且该催化剂催化氧还原过程主要倾向于直接 4 电子途径，说明 $NiCo_2O_4$ 反尖晶石纳米线阵列是一种很有前途的 ORR 催化剂。魏子栋课题组以 Fe 取代 Co 获得的 $FeCo_2O_4$ 反尖晶石纳米颗粒表现出更优异的 ORR 催化活性，将在 4.3.2 节详细介绍。

　　当 A 位上的金属元素为 Mn 时，可以获得 $MnCo_2O_4$ 尖晶石。由于 Mn 阳离子的 OSPE 高，其非常容易形成八面体晶体场，所以其表面元素价态就十分复杂，包括 $Co^{2+}[Co^{2+}Mn^{4+}]O_4$、$Co^{3+}[Mn^{2+}Co^{3+}]O_4$ 等。因此，作为一种多价氧化物，$Mn_xCo_{3-x}O_4$ 作为氧还原催化剂具有更多因素的可调控性。陈军院士团队对 $MnCo_2O_4$ 尖晶石进行了一系列的研究，他们发现 $MnCo_2O_4$ 尖晶石的晶体结构和组成对其氧还原催化活性均有显著影响，这部分内容将在 4.3.2 节进行详细讨论[8]。

Kwon 等也合成了一系列 $Mn_xCo_{3-x}O_4$ 纳米颗粒，并研究了其在碱性介质中的 ORR 活性。他们发现，Mn 取代 Co_3O_4 中的 Co 后，样品的性质会随着成分的变化而变化。首先，如表 4-3 所示，当 Mn 含量较低时（$0.0 \leqslant x \leqslant 1.4$），$Mn_xCo_{3-x}O_4$ 呈现出立方相，而当 Mn 含量较高时（$x=1.9$ 和 3.0）可以得到四方相。在四个立方相样品中，随着 Mn 含量的增加（因为 Mn^{3+} 尺寸大于 Co^{3+}），立方相的晶格参数从 $a=0.815$（$x=0.0$）逐渐增加到 $a=0.828$ nm（$x=1.4$）。而利用 Scherrer 方程对制备的 $Mn_xCo_{3-x}O_4$ 进行晶粒尺寸计算表明：随着 Mn 含量增加至 $x=1.9$，晶粒尺寸总体呈下降趋势，$x=3.0$ 的样品的晶粒尺寸略有上升。如图 4-8 所示，活性测试表明，当 $x<2.0$ 时，八面体位置的 Co^{3+} 和 Mn^{3+} 发生内部氧化还原反应，产生 Co^{2+} 和 Mn^{4+}

表 4-3　$Mn_xCo_{3-x}O_4$ 的晶粒结构与催化性质

催化剂	晶粒大小/nm	晶格参数/nm	催化性质	
			电流大小@ 0.77 V（vs. RHE）/（mA/cm^2）	电流维持率/%
$x=0.0$	17.2	$a=0.815$	−1.10	80.3
$x=0.4$	17.0	$a=0.820$	−2.77	87.1
$x=0.8$	14.7	$a=0.825$	−2.32	75.9
$x=1.4$	11.0	$a=0.828$	−1.89	72.5
$x=1.9$	7.2	$a=0.578$，$c=0.912$	−2.09	65.5
$x=3.0$	11.8	$a=0.577$，$c=0.949$	−0.22	75
Pt/C	—	—	−4.15	62.6

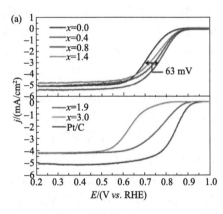 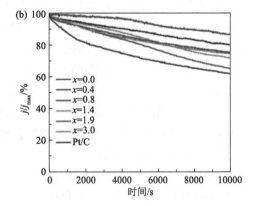

图 4-8　（a）在 O_2 饱和的 0.1 mol/L KOH 溶液中的 $Mn_xCo_{3-x}O_4$ 样品 LSV 曲线（扫描速率：10 mV/s，旋转圆盘电极转速为 1600 r/min）；（b）在 O_2 饱和的 0.1 mol/L KOH 溶液中的 $Mn_xCo_{3-x}O_4$ 样品在 0.47 V 时的计时电流曲线（旋转圆盘电极转速为 1600 r/min）

对，具有最高的导电性。而样品中 $x = 0.4$ 的样品却具有最高的 ORR 活性及稳定性。这种活性的变化，他们还认为与 $Mn_xCo_{3-x}O_4$ 晶体结构的变化有关，Mn^{3+} 的掺入使得 $Mn_xCo_{3-x}O_4$ 的晶体结构发生对催化氧还原有利的 Jahn-Teller 畸变，从而带来催化活性离子电子结构的改变，并且这种改变是影响其催化活性变化的主要原因之一[9]。

2. 锰基尖晶石（MMn_2O_4）

MMn_2O_4（M=Mn，Co，Li，Ca，Cu，Ni 等）是最令人感兴趣的复合氧化物之一，因为锰有许多优点，包括低成本、高丰度、低毒、多价和突出的 Jahn-Teller效应。MMn_2O_4 是氧还原催化等领域研究最活跃的催化剂之一。对于单一元素而言，Mn_3O_4 属正式尖晶石。由于其属于锰基氧化物的一种，其内容将在 4.2.3 节详细讨论。类似于钴基尖晶石，锰基尖晶石上的 A 位上金属元素也可以发生改变，形成双金属尖晶石氧化物。以 $CoMn_2O_4$ 为例，当 Co^{2+} 阳离子进入到 MMn_2O_4 会形成 $CoMn_2O_4$ 尖晶石。一般情况下，该尖晶石呈正式结构，即 Co^{2+} 与 Mn^{3+} 阳离子分别会占据晶格中的四面体晶体场中心和八面体晶体场中心。而一些氧原子则可以从原来的位置转移到其他原子的间隙，或者完全离开晶体，产生氧空位，即 $CoMn_2O_{4-x}$ 结构。He 等将 $CoMn_2O_4$ 尖晶石纳米颗粒负载到 N、P 双掺杂石墨烯气凝胶（$CoMn_2O_4$/NPGA）作为氧还原催化剂[10]。研究发现，所获得的 $CoMn_2O_4$/NPGA 在碱性介质中表现出极好的 ORR 活性，可与 Pt/C 催化剂相媲美。同纯 MnO_2 催化剂相比，该 $CoMn_2O_4$ 催化剂具有更好的催化活性，说明尖晶石结构有利于氧还原反应的发生。南开大学程方益研究员课题组控制合成了具有不同颗粒大小的 $CoMn_2O_4$ 量子点（$CoMn_2O_4$ QDs，CMO）并研究了其大小对电催化氧还原和析氧反应的影响规律[11]。如图 4-9 所示，制备的 $CoMn_2O_4$ QDs 的尺寸大约为 2.0 nm、3.9 nm 及 5.4 nm。平均粒径为 3.9 nm 的 $CoMn_2O_4$ QDs 的 SAED 模式进一步证实了它们的正方尖晶石相。将合成的 $CoMn_2O_4$ QDs 负载到多壁碳纳米管后进行电化学分析，结果表明它们在碱性溶液中的氧还原和析氧催化性能有很强的尺寸依赖性。其中，具有 3.9 nm 中等纳米尺度的 $CoMn_2O_4$ QDs 表现出了最佳的氧还原与析氧性能，分别可与基准 Pt/C 和 RuO_2 催化剂相媲美（图 4-10）。并且，该尖晶石量子点催化氧还原过程还表现出了良好的四电子选择性以及稳定性，说明其在碱性燃料电池和金属-空气电池中的实用性。

3. 铁基尖晶石（MFe_2O_4）

MFe_2O_4 尖晶石中最简单的尖晶石即为 Fe_3O_4。Fe_3O_4 是立方反式尖晶石，其属于 $Fd\bar{3}m$ 空间群。其四面体晶体场中心被 Fe^{3+} 阳离子占据，而八面体晶体场中心则被 Fe^{2+} 和 Fe^{3+} 随机占据。冯新亮等将 Fe_3O_4 纳米颗粒负载到三维氮掺杂石墨烯

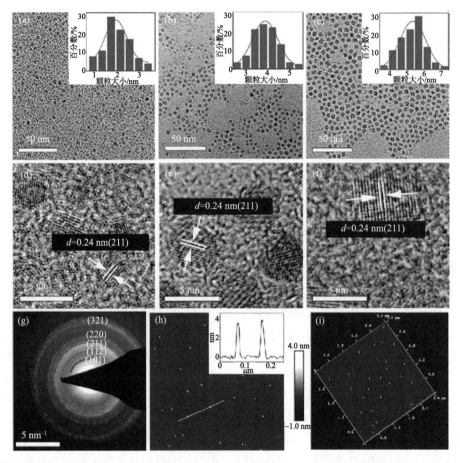

图 4-9　CoMn$_2$O$_4$ QDs 的 TEM（a～c）和 HRTEM（d～f）图像，平均粒径为 2.0 nm（a，d）、3.9 nm（b，e）和 5.4 nm（c，f）；（a～c）的插图为统计至少 100 个颗粒的粒径分布；（g）3.9 nm 的 CoMn$_2$O$_4$ QDs 的 SAED 图谱；（h）3.9 nm CoMn$_2$O$_4$ QDs 二维 AFM 图像，插图显示了沿图中标记的白线收集的高度剖面；（i）3.9 nm QDs 的 3D AFM 图像

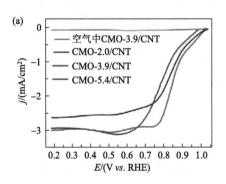

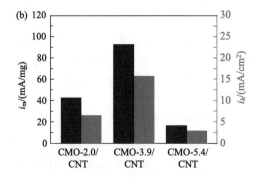

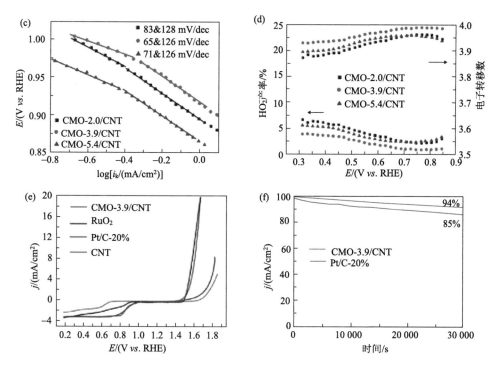

图 4-10 CMO-2.0/CNT、CMO-3.9/CNT、CMO-5.4/CNT 的电催化活性。（a）在电位扫描速率为 5 mV/s、转速为 400 r/min 的 O_2 或 Ar 饱和 0.1 mol/L KOH 电解液中 ORR 极化曲线；（b）在 0.8 V 下，i_m（基于氧化物质量的动态电流密度）和 i_k（基于电极几何面积的动态电流密度）；（c）极化曲线导出的 Tafel 图（三条线段每条都为两段 Tafel 拟合，如 83 mV/dec & 128 mV/dec 分别对应大电流和小电流的 Tafel 斜率）；（d）各种电势下的 HO_2^- 产率和电子转移数；（e）比较 CMO-3.9/CNT、原始 CNT、Pt/C-20% 和 RuO_2 的 ORR/OER 双功能催化活性；（f）CMO-3.9/CNT 和 Pt/C-20% 在 O_2 饱和的 0.1 mol/L KOH 溶液中的计时电流曲线

气凝胶（N-GA），并将其作为氧还原催化剂研究了催化活性。沉积在 N-GA 表面的 Fe_3O_4 纳米颗粒增强了界面接触，抑制了纳米颗粒的溶解/团聚，从而表现出更好的电催化活性和稳定性[12]。同时，由于 Fe_3O_4 纳米颗粒和 N-GA 之间还存在协同效应，因此最终获得的催化剂表现出了相当优异的氧还原催化性能。如图 4-11 所示，采用 N-GA 作为载体合成的 Fe_3O_4/N-GAs 催化剂相比采用其他载体所得催化剂（Fe_3O_4/N-GSs 和 Fe_3O_4/N-CB）表现出更低的 HO_2^- 产率及更接近于 4 的电子转移数。而之所以这三者样品表现出不同的催化活性主要是源于 N-GA 载体的大孔隙。这种大孔隙的存在严重影响电解液的扩散速率以及活性中心的暴露程度。进一步地，他们还分析了 Fe_3O_4 颗粒负载量对 Fe_3O_4/N-GAs 催化剂的催化活性的影响规律。从图 4-11（d）可以看出，随着 Fe_3O_4 的负载量从约 4.1 wt%增加到 46.2 wt%，HO_2^- 的产率下降，整体电子转移数从 2.9 增加到 3.8。然而，随着 Fe_3O_4

负载量进一步提高至 63.3 wt%，HO_2^- 的产率又开始增加，这是 Fe_3O_4 的弱导电性与其催化活性之间博弈的结果，一个电化学反应不能一味地忽视催化剂的导电性。当少量 Fe_3O_4 负载到载体之上后，其催化活性受到导电性的提升以及 Fe_3O_4 与载体之间的相互作用的影响而提升，而过多的 Fe_3O_4 则会减弱催化剂的导电性，使得氧还原按照 2 电子过程进行。Wang 等通过裂解赖氨酸和 Fe_3O_4-CN_x 的混合物，制备了 $Fe_3O_4@CN_x$ 纳米颗粒。通过测试研究发现该催化剂在碱性介质中具有良好的催化活性[13]。MFe_2O_4 尖晶石中，M 也可以是 Co、Ni 等其他过渡金属元素。类似于钴基和锰基氧化物，当两种金属元素离子同时共存于铁基尖晶石中，其催化活性一般情况下都会展现出相比于 Fe_3O_4 更为优异的氧还原催化活性。

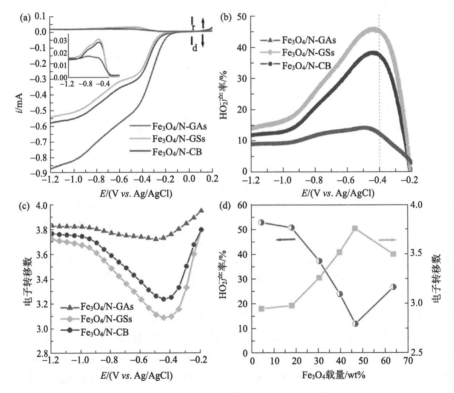

图 4-11　（a）在 O_2 饱和的 0.1 mol/L KOH 中，转速为 1600 r/min，Fe_3O_4/N-GAs、Fe_3O_4/N-GSs 及 Fe_3O_4/N-CB 催化剂的 RRDE 测试结果。插图显示了环电流的放大图。Fe_3O_4/N-GAs、Fe_3O_4/N-GSs 及 Fe_3O_4/N-CB 催化剂的 HO_2^- 产率（b）以及不同电位下的电子转移数（c）。（d）在 O_2 饱和的 0.1 mol/L KOH 中，0.4 V 下，负载不同量的 Fe_3O_4 的催化剂，使用 RRDE 测试所得 HO_2^- 产率（b）以及电子转移数

4.2.2 钙钛矿类氧化物

早在 1970 年，人们就提出了用钙钛矿材料作为燃料电池中的 ORR 电催化剂的构想。但是其过高的欧姆电阻、较小的比表面积以及容易团聚等缺点极大地限制了其应用发展。为了尽量减少催化剂晶粒的大小及团聚程度并提升其导电性，研究者们通常将钙钛矿材料与碳基材料组合以形成钙钛矿-碳纳米复合材料。Savinova 等利用 Vulcan-XC72 碳、La 和 Mn-甘氨酸前驱体通过原位烧结路线合成了晶态的 $LaMnO_{3+\delta}$-Vulcan 复合催化剂[14]。通过比较图 4-12（a）～（d）中的粒径，原位烧结法能获得比溶胶-凝胶法更小的颗粒。从图 4-12（e）～（h）可以看出，钙钛矿氧化物的团聚度可以通过形成纳米复合材料而被显著抑制，从而使得其 ORR 活性有 2.4 倍的增强。更重要的是，通过研究 $LaCoO_3$/C 和 $La_{0.8}Sr_{0.2}MnO_3$/C 复合材料可以发现碳载体除了具有提高材料导电性的能力，其本身还具有将 O_2 催化转化为 H_2O_2 的作用[15]。因此，当碳载体与钙钛矿复合，可促进钙钛矿催化氧还原按照 4 电子反应进行。Fabbri 等报道了由 $Ba_{0.5}Sr_{0.5}Co_{0.8}Fe_{0.2}O_3$（BSCF）钙钛矿氧化物和乙炔黑（AB）制成的复合电极在碱性介质中的氧还原活性及选择性。无论是活性还是选择性，都与 BSCF 和 AB 的组成比例呈现出"火山"关系[16]。BSCF 和 AB 质量比为 1.25 时，通过旋转环盘电极技术测量到的 HO_2^- 产率下降到 28%。而单纯的 BSCF 和 AB 的 HO_2^- 产率分别约为 60% 和 70%。因此，与单一材料相比，复合电极的电子转移数更接近于 4，约为 3.5。通过测量 BSCF 对 HO_2^- 还原的电催化活性，他们成功地证明了该催化剂催化氧还原反应的过程，即氧气在 AB 上先还原为 OH_2^-，然后 BSCF 再电还原为 OH^-。除了具有过氧化氢电还原的活性外，BSCF 还能够催化过氧化氢歧化反应。虽然具有一定的催化活性，但钙

图 4-12 扫描电镜（a）和透射电镜（b）记录的 LaMn-AC（煅烧法获得的 $LaMnO_{3+\delta}$）图像；LaMn-SG（溶胶凝胶法获得的 $LaMnO_{3+\delta}$）的扫描电镜（c）和透射电镜（d）图像；LaMn-AC 与 Vulcan XC72 以 1：1 的质量比手动混合的扫描电镜（e）；50-LaMn-ISAC-Vulcan 的扫描电镜（f）和透射电镜（g，h）图

钛矿氧化物分解速率较低。这些结果可能表明，两种材料之间的配体效应在增强复合电极的 ORR 活性中发挥了重要作用。

因此，钙钛矿类氧化物作为氧还原催化剂一般都需要和碳材料混合形成复合材料才能够发挥其作用。利用杂原子掺杂后的碳材料作为载体负载钙钛矿类氧化物也被提出用于协同地提高其催化活性。在这种情况下，复合催化剂中的碳不仅作为导电载体，而且还能作为活性 ORR 催化剂组分。例如，Stevenson 等开发了复载于氮掺杂碳上的纳米钙钛矿催化剂（nsLaNiO3/NC）[17]，当其作为空气阴极时表现出来优于 Pt/C 催化剂的催化活性。在此基础上，他们进一步研究了碳载体对钙钛矿的影响规律。电化学测试结果表明，功能化 NC 载体有效地提高了钙钛矿的 ORR 催化活性。陈忠伟课题组通过电纺丝的方法合成制备了一种由多孔纳米钙钛矿 $La_{0.5}Sr_{0.5}Co_{0.8}Fe_{0.2}O_3$（LSCF-PR）与掺杂氮的还原氧化石墨烯（NrGO）复合的催化剂[18]。该复合催化剂表现出明显的氧还原催化活性。透射电镜图显示，LSCF-PR 很好地嵌入 NRGO 薄片之间，形成了一个高效的 LSCF-PR/NrGO 复合形貌。在碱性介质中 LSCF-PR/NrGO 复合材料的电化学测试表现出了可与先进的 Pt/C 催化剂相媲美的氧还原催化活性和析氧催化活性，同时还具有更好的耐久性（图 4-13）。

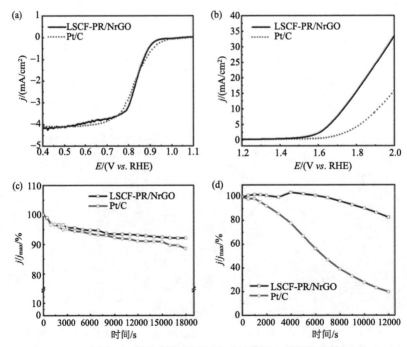

图 4-13　LSCF-PR/NrGO 和 Pt/C 催化剂的氧还原（a）及析氧（b）极化曲线；（c）LSCF-PR/NrGO 和 Pt/C 催化剂在 900 r/min 和–0.4 V（vs. SCE）下的计时电流曲线；（d）LSCF-PR/NrGO 和 Pt/C 催化剂在 0.8 V（vs. SCE）的计时电流曲线，（c）和（d）中电流都转换成电流保持率

4.2.3　锰氧化物

锰氧化物作为一类非常重要的氧化物在氧还原领域受到了广泛的关注与研究。由于 Mn 阳离子的价态非常多，在氧化物内可以是+2、+3、+4 三种价态。因此锰氧化物也包含多种类型，如 MnO、MnO_2、Mn_2O_3、Mn_3O_4 尖晶石等。

在众多的锰氧化物中，MnO_2 受到了极大的关注。魏子栋等在 270～450℃下直接煅烧浸渍硝酸锰溶液后的炭黑颗粒用于制备 MnO_2/C 催化剂[19]。结果表明，在碱性电解液中，340℃加热的浸渍催化剂具有最佳的氧还原催化活性。通过 XRD 分析，在 340℃下获得 MnO_2/C 催化剂在 2θ 为 33.3°处出现了晶面间距为 2.72Å 的新的衍射峰。之后在热解获得 MnO_2 的时候加入了 Mn_3O_4，获得的催化剂在此处的衍射峰峰强进一步增加，活性也同步提升[20]。Suib 等合成了 α-、β-、δ-和非晶态 MnO_2，并发现只有 α-MnO_2 可以催化 4 电子传输机制 ORR 反应，这与其他 MnO_2 催化 2 电子传输的 ORR 结果相反[21]。在另一项工作中，Selvakumar 等通过水热法制备不同类型的 α-MnO_2 纳米结构，并发现 ORR 活性遵循纳米线>纳米棒>纳米管>纳米颗粒>纳米花的规律（图 4-14）[22]。尽管纳米管拥有更高的

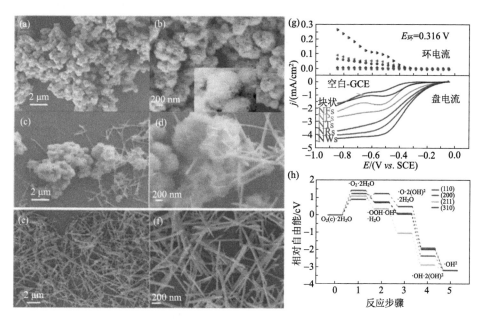

图 4-14　银耳状 δ-MnO_2（a，b）的 SEM 图，银耳和短带状 α-MnO_2（c，d）以及长带状 α-MnO_2（e，f）的 SEM 图像。（g）5 种不同的 MnO_2 纳米催化剂在 0.14 mg/cm^2 载量下于 0.1 mol/L KOH 溶液中的旋转环盘电极响应的比较；扫描速率为 5 mV/s，电极转速为 1600 r/min，环电位保持恒定为 0.316 V（$vs.$ SCE）。（h）α-MnO_2·$0.25H_2O$ 化合物不同的晶面上 ORR 反应所涉及中间步骤所需的自由能

比表面积，α-MnO$_2$ 纳米线却表现出了更优异的电化学活性，具有最高的起始电位和最高极限扩散电流。动力学研究表明，α-MnO$_2$ 纳米线的塔费尔斜率值为 65 mV/dec，其上发生的氧还原反应为 4 电子转移过程，而其他形状的催化剂为 2 电子转移过程。α-MnO$_2$ 纳米线优异的 ORR 活性归因于其具有沿着 Mn—Mn 的两个缩短 Mn—O 键，这满足了吸附氧的桥梁模式的要求，促进了氧气直接 4 电子还原。这种结构性现象源于纳米几何效应。

此外，具有尖晶石结构的 Mn$_3$O$_4$ 也是能够高效催化 ORR 的催化剂。在 Mn$_3$O$_4$ 的晶体结构中，Mn^{2+} 位于四面体晶体场中心，Mn^{3+} 位于八面体晶体场中心。乔世璋等通过溶剂热法制备了氮掺杂石墨烯上的 Mn$_3$O$_4$ 纳米颗粒，并首次研究了其作为 ORR 催化剂的应用[23]。Xu 等后续通过一步溶液法在还原氧化石墨烯上制备了 4～6 nm 大小的 Mn$_3$O$_4$ 颗粒。所开发的催化剂内 Mn$_3$O$_4$ 颗粒和还原氧化石墨烯之间具有非常强的协同作用，可以协同催化 ORR[24]。为了提升这种协同作用，在室温下，Papakonstantinou 等通过简单的电沉积，可以在导电的氮掺杂还原氧化石墨烯（NrGO）上直接生长出 Mn$_3$O$_4$，形成具有三维分层结构的 Mn$_3$O$_4$/NrGO 催化剂[25]。该催化剂在碱性条件下具有明显的 4 电子 ORR 反应特征。Mn$_3$O$_4$/NrGO 催化剂催化性能的改善归功于以下两个因素：①Mn$_3$O$_4$ 直接生长于 NrGO 上，使两种催化剂之间具有很强的耦合性，两者能够协同地催化氧还原过程，从而提高性能。此外，这种强耦合作用也降低了界面电阻，提高了电子输运能力。②电沉积所获得 Mn$_3$O$_4$ 具有高密度的表面缺陷，这些缺陷可能作为氧吸附的活性位点，促进 ORR 活性。

过渡金属氧化物的金属元素包含复杂的组成及表面价态，对于锰基氧化物更是如此。那么金属氧化物不同的价态是否会对其催化活性有影响呢，Rossmeisl 等利用 DFT 研究了 Mn$_2$O$_3$ 催化剂的氧还原催化特性[26]。图 4-15 描述了一般情况下的 MnO$_x$ pourbaix 图。图中清楚地显示了 MnO$_x$ 电极在不同电位和 pH 下呈现出不同的表面吸附态，从而显示出的氧化态也有差别。从 0.69 V 至 0.98 V（ORR 的起始电势区域），MnO$_x$ 催化剂被氧化成 1/2 ML HO* 覆盖的 Mn$_2$O$_3$（110），这是催化剂表面活化的一个迹象。这说明，在动态电催化过程中，元素的表面价态会随之变化。而从图 4-15（b）中可以看出，单就 ORR 的活性而言，Mn$_3$O$_4$（001）、Mn$_2$O$_3$（110）和 MnO$_2$（110）互相之间差异很小，这也就意味着，与大多数贵金属和金属-N$_x$ 电催化剂不同，ORR 可能对锰氧化物起始氧化态并没有那么敏感，即锰元素的价态在锰氧化物中对氧还原反应的催化活性的影响较小。但实际上，这三种锰氧化物的活性还会受到晶体结构、暴露晶面情况以及表面缺陷程度的影响。因此，在实际测试中，三种锰氧化物的活性也会有所差别。Geng 等合成了这三种锰氧化物，发现三种锰氧化物的氧还原活性顺序为 Mn$_2$O$_3$＞MnO$_2$＞Mn$_3$O$_4$[27]。因此，在实际分析这类催化剂的活性时，还需要考虑更多的因素。

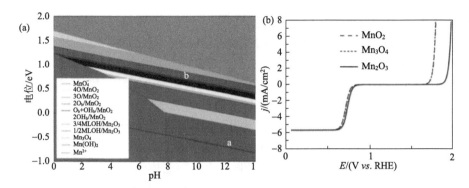

图 4-15 （a）一般情况下的 MnO_x pourbaix 图。与可逆氢电极（RHE）相比，催化剂表面的氧化态以及 ORR 和 OER 势是恒定的。a 和 b 分别代表 RHE 线和 O_2/H_2O 平衡线。（b）三种锰氧化物的（Mn_3O_4、Mn_2O_3 和 MnO_2）作为氧电极的理论电流密度

4.2.4 其他氧化物类似物

1. 硫族化合物

过渡金族硫属化合物[MX，M 为过渡金属元素，X 为硫族元素（S，Se，Te）]也被广泛地作为氧还原催化剂研究[28, 29]。过渡金属硫族化合物催化剂由于其良好的 ORR 活性和抗甲醇特性，成为酸性介质中 Pt 基电催化剂的一类重要替代材料，并且在过去二三十年中被大量研究。人们已经开发了一些具有新的物相组成和结构的过渡金属硫族化合物催化剂，对 ORR 有很好的催化效果，其在酸性介质中的活性与稳定性尤其值得重视。

以钴基硫化物为代表，其反应机理以及结构控制得到了详细的研究。Alonso-Vanteet 等对 Co_9S_8 的表面活性位进行了研究，他们发现这类催化剂在酸性条件下能够按照 4 电子过程进行反应，并且具有与 Pt/C 催化剂相当的活性[30]。而且他们发现 Co_9S_8 中不仅仅 Co 可以作为活性位点催化氧还原反应，S 也可以与氧还原中间物种结合从而催化氧还原反应，即在 Co_9S_8 中 Co 和 S 位点均能够作为 ORR 反应的活性中心。Xu 等利用蜂窝状的多孔碳负载 Co_9S_8 纳米颗粒 [Co_9S_8@CNST（T 代表合成温度）]作为 ORR 催化剂[31]。如图 4-16 所示，Co_9S_8 纳米颗粒被均匀地负载在蜂窝状的多孔碳上，并且有些 Co_9S_8 纳米颗粒还被封装在石墨化碳层之内。电化学测试结果如图 4-17（a）所示，与在 N_2 饱和溶液中循环伏安曲线相比，Co_9S_8@CNS900 在 O_2 饱和溶液中氧还原的阴极峰均清晰可见，并且出现该峰的位置与商业 Pt/C 催化剂相当。图 4-17（b）和（c）显示，900℃下合成的样品 Co_9S_8@CNS900 拥有最佳的氧还原催化活性，其起效电位为 0.05 V *vs.* Ag/AgCl，半波电位为 0.17 V *vs.* Ag/AgCl，与 Pt/C 非常接近。相比之下，单独的 Co_9S_8 纳米颗粒以及单独的蜂窝状碳的氧还原催化活性均较差，说明在 Co_9S_8@CNS900 中两种活性物种之间具有协同效应，能够协同提升其氧还原催化性能。图 4-17（d）为不同温度下合成的样品的氧还原电子转移数（n）和动力学电流密度（J_k）。Co_9S_8@CNS900 在 -0.45 V 时的 J_k 为 27.3 mA/cm²，是所测催化剂中最高的，甚至高于 Pt/C 催化剂，也说明了其具有非常优异的氧还原催化活性。同时 3.97 的电子转移数说明 Co_9S_8@CNS900 催化氧还原是 4 电子过程。王双印课题组和张俊彦课题组分别使用 NaS 和硫脲等含硫前驱体作为还原剂，通过溶剂热策略制备了尖晶石类型双金属 $NiCo_2S_4$/rGO 催化剂[32, 33]。所合成的硫掺杂催化剂具有更多的八面体催化活性位 Co^{3+}，其 ORR 活性与 Pt/C 相近，且比尖晶石 $NiCo_2O_4$/rGO 催化剂具有更好的耐久性和抗甲醇性能。Dai 等结合水热反应以及煅烧方法，制备了 $Co_{1-x}S$ 纳米颗粒与还原氧化石墨烯的复合催化剂[34]。他们合成的催化剂具有较小尺寸的 $Co_{1-x}S$ 纳米颗粒，并且这些 $Co_{1-x}S$ 纳米颗粒具有非常好的分散性，这使得该催化剂表现出非常好的 ORR 催化性能。

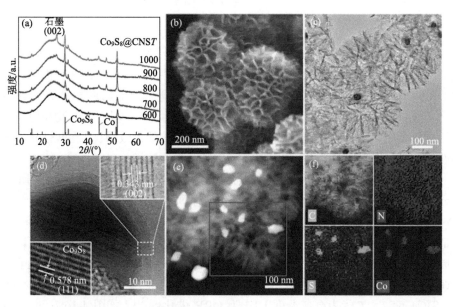

图 4-16　（a）不同温度下合成的 Co_9S_8@CNS*T* 的 PXRD 谱图；（b）Co_9S_8@CNS900 的 SEM 图像显示蜂窝样纳米结构的形成；（c）Co_9S_8 纳米颗粒分布在蜂窝状的多孔碳中的 TEM 图像；（d）Co_9S_8 纳米颗粒被石墨化碳层包裹结构的 HRTEM 图像，右上角插图：表面的石墨化碳层的 HRTEM 图像，左下角：Co_9S_8 纳米颗粒的 HRTEM 图像；（e）Co_9S_8@CNS900 的 HAADF STEM 图像；（f）C、N、S 及 Co 的元素分布图

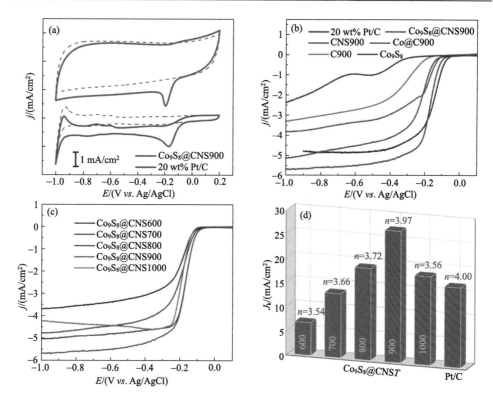

图 4-17　（a）Co₉S₈@CNS900 和 Pt/C 分别在 O₂（实线）和 N₂（虚线）饱和的 0.1 mol/L KOH 溶液中的循环伏安曲线，扫描速率为 50 mV/s；（b，c）Co₉S₈@CNST 及对照组催化剂在转速为 1600 r/min 时的 LSV 曲线，扫描速率为 10 mV/s；（d）Co₉S₈@CNST 在–0.45 V vs. Ag/AgCl 时氧还原动力学电流密度及电子转移数

除了钴基硫化物以外，Cu_9S_8 也被用于催化 ORR。Chang 等通过一步湿化法制备了 Cu_9S_8/CNT 纳米复合材料，并证明了其存在一定的 ORR 催化活性以及对 MeOH 和 CO 的耐受性。遗憾的是，Cu_9S_8/CNT 稳定性较差。催化剂表面上的 Cu（Ⅱ）可能与 OH⁻反应在表面形成了羟基，削弱了 Cu—S 键，使 S 原子最终脱落，催化剂原有的结构遭受破坏[35]。事实上，在有氧环境下，所有硫化物都存在类似 Cu_9S_8 的问题，即这些过渡金属硫化合物中的硫离子通常在使用过程中会被含氧物种取代，使得其具有较差的稳定性。因此，硫化物在电化学条件下的稳定性还有进一步提升的空间。魏子栋课题组提出通过双阴离子（OH⁻和 S²⁻）配位 Co、Ni 过渡金属化合物，以促进其硫化物的稳定性的研究，在改善硫化物稳定性的同时，还不影响其催化活性。究其原因，在于：①在 $Co_3(SOH)_x$ 中，Co—OH 和 Co—S 反键轨道处于同一个能级，使得 Co—OH 空的反键轨道能够接收来自 Co—S 反键轨道的电子；②反键轨道上电子的转移，使 Co—OH 键稍微削弱变长

（2.04 Å 到 2.08 Å）但仍不失其稳定性，而使 Co—S 键得以加强变短（2.30 Å 到 2.18 Å）获得了稳定性[36]。

　　除了硫化物以外，硒化物也得到了广泛的研究。戴志晖等通过使用自组装方法分别在 220℃ 和 280℃ 下，合成了四方型和立方型 Cu_2Se 纳米线[37]（图 4-18）。动力学研究表明，ORR 催化反应途径与催化剂的结构密切相关。四方型 Cu_2Se NWs 上的 ORR 反应遵循 4 电子机制，立方型 Cu_2Se 的 ORR 反应同时包含 2 电子和 4 电子双路径传输机制。然而，类似的研究[38]都未给出更深入的催化作用机理解析。

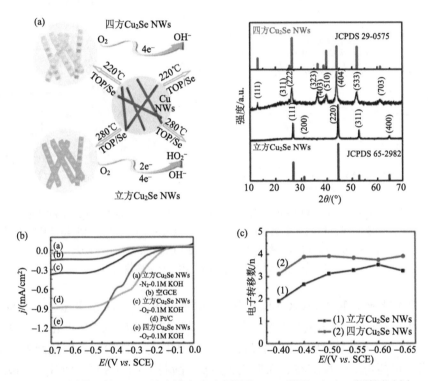

图 4-18　（a）不同晶型的 Cu_2Se 纳米线合成示意图及 XRD 谱图；（b）不同催化剂在 O_2 饱和的 0.1 mol/L KOH（mol/L 简写为 M）中 ORR 极化曲线；（c）不同晶型的 Cu_2Se 纳米线催化剂 ORR 反应的电子转移数图

2. 碳化物

　　通常情况下，由于加入金属盐作为催化剂，高温煅烧获得的高活性碳基材料不仅具有大量金属-N_x/C 催化组分，还在石墨化碳层中不可避免地包覆了非常多的金属碳化物。长期以来，金属碳化物对 ORR 的催化未被重视。直到最近，金属碳化物相在 ORR 中的重要作用才引起人们的注意。邢巍等将氰胺和二茂铁的混合物放入高压釜中，并在 700～800℃下对密封的原材料进行热解[39]。当高压釜内的压力达到 600 bar（1 bar=10^5 Pa）时，形成由均匀石墨层包裹的 Fe_3C 纳米颗粒（图 4-19），而不是 Fe-N 分子。高温高压得到的 Fe_3C/C 催化剂经热酸浸后，无论是在酸性条件下还是在碱性条件下均具有极好的氧还原催化活性。并且该催化剂由于 Fe_3C@C 结构的存在，在酸性条件下也具有很好的稳定性。经过长时间酸煮，该催化剂的结构依然没有变化，Fe_3C 颗粒依旧能够得以保留，使得其催化活性依然不会发生变化，进一步地说明其具有非常好的稳定性。通过球磨破坏碳保护层，加酸溶解 Fe_3C 纳米颗粒，发现 Fe_3C@C 催化剂的活性发生了明显衰退，说明虽然 Fe_3C 纳米颗粒被包覆在碳层内部，但通过影响表面碳层的电子结构，增强了其作为氧还原催化剂的活性。郭少军等将 PEG-PPG-PEG Pluronic P123 加入三聚氰胺和硝酸铁的混合物中，在 800℃常压下热解，成功制备出竹节状碳纳米管包覆 Fe_3C 纳米颗粒的催化剂（PMF-800）[40]。PMF-800 催化剂的 ORR 半波电位与 20%的 Pt/C 催化剂相比正移了 49 mV，说明其具有更好的氧还原催化活性。之所以当 Fe_3C 被封装在碳层内部时具有很好的氧还原催化活性，可能是因为当 Fe_3C 纳米颗粒被包裹在碳层内部时，Fe_3C 可以调整表面碳层的局部功函数，改变了其对氧气及氧还原中间物种的吸附性质，从而使得其具有非常好的催化活性。同时由于碳层的保护作用，该类催化剂无论是在酸性条件下还是碱性条件下均获得了免受环境腐蚀的效果，从而增加了稳定性。对此类催化剂存在的疑问是：包覆碳层不超过多少层时，这种电子效应才会起作用；包覆碳超过多少层时，其对壳内组分的保护才会足够严实。

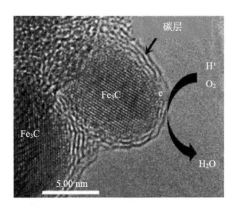

图 4-19　Fe_3C/C-700 上的氧还原过程

除了 Fe_3C@C 这种结构被研究作为氧还原催化剂，其他过渡金属碳化物（如碳化钛[41-43]、碳化钨[44, 45]、碳化钒[46]及碳化钼[47, 48]等）也被用作氧还原催化剂。Sampath 等采用一步水热法合成了碳化钛纳米线，其交换电流密度比碳化钛粉体样品提高了一倍[49]。与预期一样，一维的碳化钛催化剂也表现出很好的稳定性和抗甲醇性能。冯新亮等控制合成了氮掺杂层状多孔碳负载的均匀分布的超细 α-MoC 纳米颗粒（α-MoC/NHPC），并采用其作为氧还原催化剂。该催化剂在 0.1 mol/L KOH 水溶液中表现出优异的氧还原能力[50]。此外，碳化钨由于具有与 Pt 类似的电子结构，也通常作为氧还原催化剂被研究。为了进一步提升其催化活性，对碳化钨进行掺杂是一种有效的方式。Fe、Ta、Co 等都被掺杂进入 WC 中形成双元金属碳化物用于催化氧还原反应[51, 52]。Ota 等研究了钽（Ta）添加碳化钨（WC）后形成的复合物（WC+Ta）在酸性电解液中氧还原反应的稳定性和电催化活性。与纯 WC 相比，钽的加入能够明显提高碳化钨的稳定性及催化活性[52]。Wang 等在氢气和氩气的作用下，采用还原碳化法合成了 CoWC@C 双元金属催化剂[53]。与 WC@C 和 Co@C 相比，CoWC@C 双金属催化剂具有更高的催化活性，这是由于形成了 Co_3W_3C 相作为 ORR 的活性中心。所以，发展复合碳化物可能是开发高效碳化物氧还原催化剂的方向。

3. 氮化物

一般而言，过渡金属氮化物由于其合成条件较为苛刻，合成的物质都具有较大的颗粒尺寸，所以过渡金属氮化物通常作为催化剂载体。但实际上，由于其本身具有非常好的导电性和耐腐蚀能力，也作为氧还原催化剂被研究。过渡金属在形成氮化物以后，过渡金属的电子结构会发生一定的改变，其 d 带电子会发生收缩，从而有利于含氧物种的吸附[54-58]。因此，有效地调控氮化物的组成，可能会有利于氧还原过程的进行。前不久，研究者们发现 MoN 相比于 Mo_2N 具有更好的氧还原催化性能[59]。然而利用 Co 原子取代一部分 Mo_2N 中的 Mo 原子，则可以使其催化性能大幅提升，甚至超越 Mo_2N 的氧还原催化活性（图 4-20）。夏定国等用钴掺杂的氮化钼进行阴离子掺杂，合成了小颗粒的金属氮氧颗粒 $Co_3Mo_2O_xN_{6-x}$，发现该催化剂具有和 Pt/C 催化剂相类似的氧还原催化活性[60]。Miura 等同样也合成了 MnON 化合物用于氧还原反应，说明氧化物被部分氮化后其氧还原活性会有一定的提升[61]。研究发现，氮化后，氧化物中的金属元素的 e_g 轨道的占据情况有所调整，使得其更加接近于一个电子占据的情况，使这类催化剂表现出更好的催化活性。同时，这个结果也间接地说明了氮化物的氧还原活性的描述可以用 e_g 轨道上的电子数表示。Khalifah 等同样也合成了氮氧化钴钼这种催化剂（$Co_xMo_{1-x}O_yN_z/C$）[62]。该催化剂在酸性条件下 ORR 活性适中，在碱性条件下 ORR 活性明显变好，与 Pt/C 催化剂的性能相差仅 0.1 V。成分为 $Co_{0.50}Mo_{0.50}O_yN_z/C$ 的样品经 823 K 处理后表现出最佳的活性（在碱中氧还原起始电位 E_{onset}=0.918 V，在酸中氧还原起始电位 E_{onset}=0.645 V），在两种介质中 ORR 均表现出 4 电子或近 4 电子 ORR 反应过程。通过 XPS 和 EXAFS 表征可以发现，虽然一些金属钴纳米颗粒在合成过程中不可避免地会形成，但钴离子被证明可以进入到 MoN 的晶体结构之内并形成具有纳米结构的双金属钴钼氧氮化物。

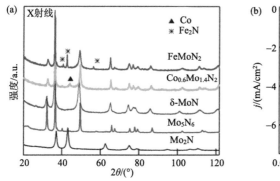 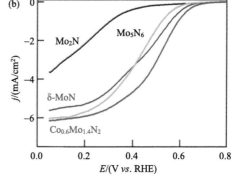

图 4-20　（a）合成的氮化物的 XRD 谱图；（b）合成的氮化物在 O₂ 饱和的 0.1 mol/L KOH 中的氧还原 LSV 曲线

此外，氮化物形貌对其氧还原的活性及选择性等的影响也得到了广泛的研究。Takanabe 等采用 mpg-C₃N₄ 模板，通过湿化学和煅烧法制备了具有不同粒径分布的 TiN 纳米颗粒，并在 0.1 mol/L 的 NaOH 中进行了 ORR 测试，其直径分别为 7 nm、12 nm 以及 23 nm。ORR 电流的大小随着粒径的减少而增大，且 TiN 纳米颗粒的比表面积大小顺序一致。然而，在最佳的 TiN-7 nm 催化剂上，ORR 产物的过氧化氢含量超过 50%，表明电极表面发生的是一个 2 电子转移过程[63]。此外，人们发现采用化学气相沉积方法，通过形成 TiN/TiCN 分层结构，可以显著提高 TiN 的 ORR 选择性[41]。如图 4-21（a）和（b）所示，TiN 和 TiCN 层之间的界面被认为是活性氧吸附层。从图 4-21（c）来看，采用去除镍模板的 TiN/TiCN 样品（TNTCNHS-1）作为阴极催化剂在单电池中进行了研究，其显示出比 Pt/C 催化剂更高的开路电势以及相当的最大功率密度。Attfield 等采用 urea-glass 法制备出了一种粒径约为 45 nm 的氮化锆（ZrN）催化剂，在 0.1 mol/L 的 KOH 溶液中，ZrN 纳米颗粒和商用 Pt/C 具有相同的半波电势（$E_{1/2}$=0.80 V），且保持了更高的稳定性，为替代甚至超过 Pt 基催化剂提供了可能性[64]。除了ⅣB 到ⅥB 族的过渡金属以外，后过渡金属（如铜）也被用于合成金属氮化物作为碱性条件下的 ORR 电催化剂。中国科学院长春应用化学研究所陈卫等在非水体系中通过程序升温在 250℃温度下制备了氮化铜纳米立方体[65]，其平均大小为（26.0±5.6）nm，在 0.1 mol/L KOH 中表现出适宜的 ORR 电催化活性。

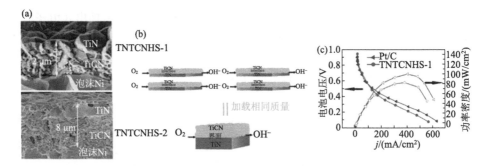

图 4-21　（a）去除镍模板前，氮化钛/碳氮化钛分层结构（TNTCNHS-1 和 TNTCNHS-2）的扫描电镜图像；（b）TNTCNHS 活性界面示意图；（c）分别负载 4 mg/cm² 和 2 mg/cm² 的 TNTCNHS-1 及商用 Pt/C 作为阴极催化剂的单电池试验，阳极催化剂都是碳载铂（m_{Pt} 约为 0.4 mg/cm²）

4. 磷化物及磷酸化物

金属磷化物在磁性材料、超级电容器、催化等多个领域都具有较为广泛的应用。而作为电催化剂，磷化物则通常被用于催化电解水反应。其对析氢反应（HER）和析氧反应（OER）均表现出了不俗的催化性能。这也引发了喜欢取巧的研究者探索其作为 OER 逆反应的 ORR 催化剂的兴趣。首先，金属磷化物氧还原活性不佳的一个主要原因是其本身的半导电性严重阻碍了表面/界面 ORR 催化反应中的电子转移。同样省力的办法是通过掺入导电石墨以提高其导电性能。但这仅仅是降低了金属磷化物颗粒之间的接触电阻，不能解决金属磷化物自身释放电子的能力。夏宝玉等开发了一种高产出低成本的 Metal-P/N-C 电催化剂的制备工艺，将合成的 Co_2P 纳米颗粒和 N 掺杂的中空碳棒（Co_2P/N-HCRs）进行球磨，再进行简单的热处理即可得到石墨碳包覆金属磷化物催化剂[66]。Co_2P/N-HCRs 的形貌和组成可由调整 Co/C 前驱体的添加量来控制。由于 Co_2P 与 N—C 之间的协同作用和高比表面积的中空管状结构，Co_2P/N-HCRs 表现出了与 Pt/C 电极相匹敌的氧还原催化性能。

但事实上，在常用的碱性测试环境中，磷化物表面的状态可能会发生变化形成氧化物层。Murray 等合成了单分散的 Co_2P 纳米棒，并研究了其氧还原催化特性[67]。电化学测试结果表明，所合成的碳载 Co_2P 纳米棒在碱性环境下具有较好的氧还原催化性能，其半波电位为 –0.196 V *vs.* Ag/AgCl，电子转移数为 3.98～4.18，且其稳定性与传统铂催化剂相比更好。进一步对其表面结构进行分析发现，在 Co_2P 纳米棒表面有一层薄的非晶态 CoO 层，表明其优异的催化活性可能来自表面的非静态 CoO 层。这显然是一个不太令人信服的研究，ORR 的电子转移数怎么能过超过 4 呢？某些电催化研究，姑且听之，不能太当真。

除金属磷化物外，金属磷酸盐也被报道具有良好的 ORR 催化性能。理论研究

表明，磷酸根基团在质子传输过程中起着至关重要的作用，这对质子交换膜以及
ORR 催化都具有重要意义。此外，杂原子（如氮和/或磷、硼、硫）掺杂纳米碳材
料由于具备良好的导电性和耐久性，常用于金属化合物的载体而形成杂原子掺杂
碳复合催化材料。然而，这些催化材料活性位点的本质仍不清楚。乔世璋等通过
热解石墨烯氧化物和磷酸盐基金属有机骨架（MOF）混合物的方法[68]，制备了一
种钴磷酸盐/石墨烯杂化物 $Co_3(PO_4)_2C$-N/rGOA，在碱性介质中具有与 Pt/C 催化剂
相当的半波和起波电位，以及较小塔费尔斜率和长时间的稳定性。该催化剂的 Co
K-edge X 射线吸收近边结构（XANES）和扩展 X 射线吸收精细结构（EXAFS）
光谱，如图 4-22（a）所示。该催化剂的整体光谱显然不同于通过相同的程序热解
钴酞菁获得的金属钴和 CoN_4C，表明 $Co_3(PO_4)_2C$-N/rGOA 催化剂没有明显金属钴的
存在。相反地，$Co_3(PO_4)_2C$-N/rGOA 的 Co K-edge XANES 谱与 $Co_3(PO_4)_2$ 参考物相
似，特别是与磷酸盐基 MOF 前驱体（SH_3LCo）几乎相同，说明这些钴物种具有
相同的氧化态和相似的配位环境。此外，与 $Co_3(PO_4)_2$ 参考物相比，$Co_3(PO_4)_2C$-
N/rGOA 和 SH_3LCo 在约 7709 eV 时均表现出更高的前边缘吸收，可能与低对称性有
关。同时，低对称性导致的结构扭曲，使 $Co_3(PO_4)_2C$-N/rGOA 和 SH_3LCo 的主
边缘峰更弱更宽，而这种低对称性推测是由其中部分 Co 原子嵌入到碳骨架中与

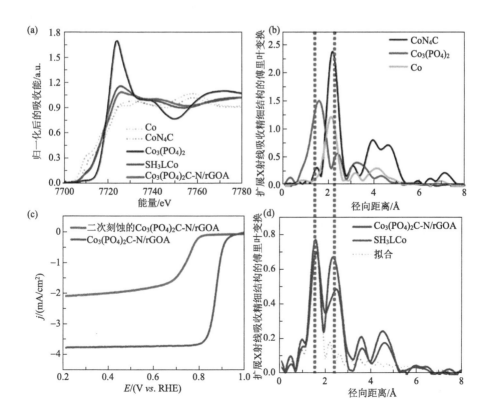

(e)

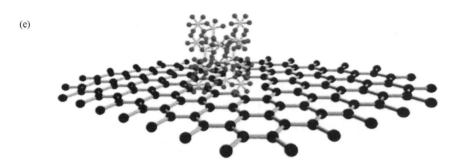

图 4-22　（a）$Co_3(PO_4)_2C$-N/rGOA 和参考样品的归一化 Co K-edge XANES 谱；
（b，d）$Co_3(PO_4)_2C$- N/rGOA 及比较物的 Co K-edge EXAFS-FT 谱及其拟合曲线；
（c）$Co_3(PO_4)_2C$-N/rGOA 及二次酸处理样品在 1.0 mol/L KOH 中的 LSV 曲线；
（e）$Co_3(PO_4)_2C$-N/rGOA 结构模型

氮原子保持配位所导致的。利用傅里叶变换（FT）k^3 加权 EXAFS 谱进一步确定了 Co 原子的配位原子主要有 Co-N、Co-O、Co-Co-Co[图 4-22（b）和（d）]。此外，通过酸煮去掉 $Co_3(PO_4)_2C$-N/rGOA 中大部分磷酸钴物种后（除去的可能不仅仅是磷酸钴，能被酸溶掉的纳米颗粒，没有检测到的、对催化 ORR 有贡献的物质都可能被除去），所得催化剂的 ORR 活性显著下降[图 4-22（c）]。基于以上观察，如图 4-22（e）所示，推测氮配位的磷酸钴的存在可能是 $Co_3(PO_4)_2C$-N/rGOA 具有卓越的 ORR 催化能力的主要原因。磷酸基不仅能稳定 Co-N 中心，还能传递质子加速质子耦合电子转移，促进 ORR 过程。原位形成的 N 掺杂石墨碳不仅可以直接作为提高内在活性的活性位点，还可以为 ORR 过程中金属活性位点的锚定提供强有力的支撑，从而增强抗氧化攻击能力。

4.3　提高过渡金属氧化物类催化剂活性策略

过渡金属氧化物类化合物，大多数情况下是半导体，其导电性难以满足作为电催化剂的需求。因此，当将其作为氧还原催化剂时，如何提高其导电能力是提高过渡金属氧化物类催化剂氧还原活性所要面临的一大关键问题。而对于催化剂而言，即便改善了导电性，其较低的初始活性以及较少的活性中心才是制约其表观催化活性的关键。所以，如何优化其本征活性并暴露更多的活性中心是提高过渡金属氧化物类催化剂氧还原活性更为重要的关键问题。因此，这一节将从三个方面对提升过渡金属氧化物类催化剂活性的影响因素进行梳理，并由此总结出一些提高过渡金属氧化物类催化剂活性的方法。

4.3.1　催化剂的导电性提升

如前所述，过渡金属氧化物类化合物大多为半导体，其较差的导电性往往会带来非常大的欧姆极化，从而使得其在催化氧还原反应的过程中表现出非常差的催化活性。所以，增强该类催化剂的导电性具有重要的现实意义。而提升该类催化剂的导电性的方法主要可以从两个方面入手，第一是通过和导电物质的复合构建导电网络以提升颗粒间的导电性，从而降低催化剂在制作成催化层时的欧姆电阻；第二是通过从原子或者分子尺度上调控催化剂电子结构，从而实现其自身的本征导电性的改善，达到催化剂自身能够容易释放电子的目的。因此，在这一小节中，我们将针对这两类方法进行探讨和总结。

1. 与导电物质复合，提升催化剂颗粒间的导电性

目前，已经有非常多的方法被开发用于提高这些催化剂的导电性。将过渡金属化合物与金属纳米颗粒[69, 70]、碳基材料[71-73]、导电聚合物[74-76]等各种具有优越导电性的材料相复合被视为一种有效提高导电性的方法。石墨烯就是被广泛应用的导电性材料之一。戴宏杰课题组将 Co_3O_4 纳米颗粒负载到氮掺杂的石墨烯基底上作为氧还原催化剂（Co_3O_4/N-rmGO）[5]。如图 4-23 所示，相比于没有负载到石墨烯上的 Co_3O_4 纳米颗粒（Co_3O_4），其催化活性明显改善。该催化剂的半波电位为 0.83 V *vs.* RHE，相比于 Pt/C 催化剂仅有 30 mV 的差距。而且其具有非常低的（约 6%）HO_2^- 产率，说明其具有非常好的氧还原催化活性以及选择性。一方面由于石墨烯的加入，大大提升了 Co_3O_4 纳米颗粒之间的导电性，加快了电子转移，使得 ORR 的动力学反应速率得以提升。另一方面，Co_3O_4 纳米颗粒与石墨烯之间存在相互作用，协同地催化氧还原反应，提高 Co_3O_4 纳米颗粒的催化活性。除活性之外，由于石墨烯的强锚定作用，Co_3O_4 催化剂的稳定性在形成 Co_3O_4 与氮掺杂石墨烯复合物后也同样地得到了提高。该课题组后来又将 CoO 和氮掺杂碳纳米管、$MnCo_2O_4$ 和氮掺杂石墨烯复合，它们的活性相较于单独的金属氧化物都得到了进一步提高，进一步地说明了通过复合碳材料可以明显地改变金属氧化物的导电性，并产生一定的协同效应，从而有利于氧还原过程的进行[77, 78]。不仅是金属氧化物，金属硫化物、氢氧化物等也被观察到同石墨烯复合时，催化性能出现了显著提升。除了作为催化剂导电载体，在金属化合物表面包覆碳层也可以有效地加速电子转移[79]。如图 4-24 所示，Lambert 等在 MnO_2 纳米线外包覆了一层薄的碳层材料形成了 C-MnO_2，使得催化剂的导电性提高了 5 个数量级，从 3.2×10^{-6} S/cm 到 0.5 S/cm[80]。在氧还原测试中，C-MnO_2 催化剂比 α-MnO_2 催化剂的半波电位高出 30 mV。

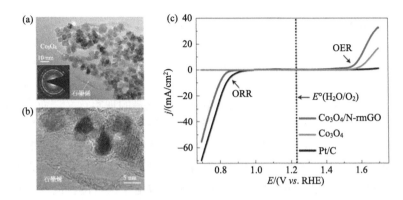

图 4-23　（a），（b）Co₃O₄/N-rmGO（氮掺杂石墨烯）催化剂的透射电镜图；
（c）Co₃O₄/N-rmGO 和 Co₃O₄ 的氧还原活性图

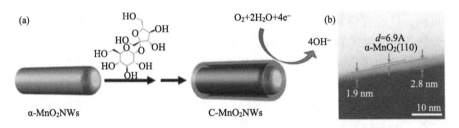

图 4-24　（a）C-MnO₂ 催化剂的合成示意图；（b）C-MnO₂ 催化剂的透射电镜图

　　除了碳材料之外，导电聚合物也能显著地提升过渡金属氧化物（TMOs）的导电性。PEDOT[聚（3，4-乙烯二氧噻吩]电导率在 $1\times10\sim1\times10^2$ S/cm，被 Lambert 用于提升 MnO_x 的导电性[75]。如图 4-25 所示，当 PEDOT 与 MnO_x 复合后，MnO_x/PEDOT 复合物催化剂的 ORR 催化性能明显地高于两者单独作为 ORR 催化

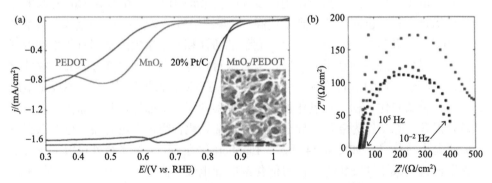

图 4-25　（a）不同催化剂的 ORR 极化曲线图以及 MnO_x/PEDOT 催化剂 SEM 图；
（b）不同催化剂的 Nyquist 图（蓝色为 MnO_x/PEDOT 催化剂，黑色为 Pt/C 催化剂，
红色为 PEDOT 催化剂，绿色为 MnO_x 催化剂）

剂时的活性。阻抗分析表明 MnO_x/PEDOT 复合催化剂的反应阻抗与 Pt/C 催化剂相当，且明显低于单独 MnO_x 催化剂的反应阻抗[图 4-25（b）]。

此外，通过构建金属/金属化合物复合催化剂也被认为是一种可以提高金属化合物导电性的方法。而且这种方法不仅仅能够提高导电性，金属颗粒和金属化合物之间还存在一定的协同作用，使得其氧还原性能也得到相应的提高。王永刚等利用 Zn-MOFs 作为前驱体控制合成了具有 Co@Co_3O_4 封装在氮掺杂石墨化碳内结构的催化剂[81]。他们认为由于内部的金属纳米颗粒核的存在，该催化剂的导电能力可以得到提升，由此该催化剂才表现出了非常好的 ORR 催化活性和 4 电子选择性。但实际上，当金属纳米颗粒被包覆在导电性较差的氧化物内部时，其导电能力的提升非常有限，还需要借助石墨化碳提供的连续导电网络。因此，这种金属和金属氧化物形成的复合结构可能较小程度地提高导电性，其活性的提升可能主要来源于这种结构存在时金属和金属氧化物的协同作用。Lee 等提出通过水热的方法制备 3D 多孔石墨烯负载的 Ni/MnO 催化剂用于氧还原反应（Ni-MnO/rGO气凝胶）[82]。Ni-MnO/rGO 气凝胶电极的氧还原起始电位和半波电位分别为 0.94 V $vs.$ RHE 和 0.78 V $vs.$ RHE，说明其相比于 MnO/rGO 和 Ni/rGO 催化剂具有更好的催化活性。不仅如此，该电极同样表现出了优良的氧还原 4 电子选择性，所以同MnO/rGO 和 Ni/rGO 催化剂相比，其产生的 HO_2^- 的量更低。因此，构建具有金属/金属化合物结构甚至更为复杂的多元结构的复合催化剂也是可以进一步提升此类催化剂导电性的方法，同时为发展高性能过渡金属化合物催化剂提供了新的方向。

另一方面，由于过渡金属化合物颗粒的尺寸往往都比较大，即便是利用良好的载体，也不能达到氧还原催化性能的目标[83]。减小过渡金属化合物的颗粒尺寸，以减少电子在过渡金属化合物颗粒内部的艰难传递，增加过渡金属化合物颗粒与导电材料之间的接触面积，使电子传递尽可能抄近路沿导电材料传递，即可进一步地提高这类催化剂的催化活性。当然，如果大颗粒催化剂内部没有和电解质接触，也没有氧气可以到达的通路，发生在"催化剂/电解质"界面的氧还原反应也就无从谈起。刘兆清等报道了过渡金属氧化物量子点修饰氮掺杂碳纳米管可以作为氧还原催化剂[84, 85]。他们发现过渡金属氧化物量子点和氮掺杂碳纳米管之间存在强耦合作用，可以极大地增强接触界面上的电子转移，碳纳米管能够高效地促进过渡金属氧化物活性位点上的电子传输。因此，这些含有氧化物量子点的催化剂具有非常好的氧还原催化活性。但是，当过渡金属化合物的颗粒尺寸变小后，虽然导电性在一定程度上提高了，但是这些纳米量子点由于其自身高的比表面能，使用过程中会发生颗粒团聚，进而导致催化行为的衰退。因此，如何克服量子点催化剂的团聚尚有一段不短的路要走。任何依靠纳米化增加催化剂导电性的方法，都会面临表面能驱动下的颗粒团聚引起的非纳米化的困扰。

尽管报道了各种各样的方法用于解决 TMOs 催化剂导电性问题，但这些方法的作用仍然是非常有限的。首先，这些导电物质在高电位下的稳定性仍然需要关注。例如，由于碳材料在使用过程中容易被腐蚀，因此可能造成 TMOs 纳米颗粒的脱落，导致其不能长时间被使用。减小过渡金属化合物的颗粒尺寸以增加过渡金属化合物颗粒与导电材料之间的接触面积，一定程度上可以提高这类催化剂的催化活性。但事实上，当 TMOs 的颗粒的尺寸变小后，特别是到纳米尺度，通常所说的尺度效应抑或量子效应就会显现，如带隙变宽、本征导电性变差、表面能升高、颗粒团聚等问题。

2. 提升本征导电性，提高颗粒内部电子传递能力

虽然通过引入导电物质的方式可以增强其导电性，但是，该方法只能改善 TMOs 颗粒之间的导电性，其自身的本征导电性并未得到提升。因此，除了通过引入导电物质和减小颗粒尺寸的方式用于增强过渡金属氧化物类催化剂的活性外，通过掺杂和引入氧空位等方式改变催化剂的电子结构的方法被提出也可用于提升其导电性[86-89]。

对于过渡金属氧化物而言，通过引入氧缺陷，可能使其从半导体变成类金属导体，从而带来其氧还原催化活性的飞跃。在 4.2 节，我们介绍了魏子栋等有关 MnO_2 的工作，他们发现直接热解硝酸锰得到的 MnO_2，在不同温度下，有不同的 ORR 催化活性，尤其以热解硝酸锰时额外加入的 Mn_3O_4 活性最好[19, 20]。高活性的 MnO_2 在 XRD 谱图上，在 2θ 为 33.3° 处会出现一个特别强的衍射峰，该峰越强，活性越好。进一步计算模拟揭示，该新出现的衍射峰与 β-MnO_2 中的氧空位缺陷（OVs）密切相关[91]。如图 4-26 所示，随着 β-MnO_2 中 OVs 数目的增加，该衍射峰的强度也随之增加。更重要的是，随着 β-MnO_2 中 OVs 数目的增加，β-MnO_2 的带隙不断收窄，当 OVs 数量增加到 12 时，达到最窄。此时，意味着 β-MnO_2-12OVs 有最好的导电性。然而，继续增加 OVs 数量，当 OVs 数量增加到 16 时，β-MnO_2 的带隙将再次变宽，如图 4-27（a）所示。相应的分子轨道图表明，带隙的降低源于 d_z^2 轨道的能级的降低。随 OVs 数量增加，表面 Mn 原子的 d_z^2 轨道重叠越大，相应的能级就越低；当 OVs 增加到 16 时，Mn-Mn 间距的陡增弱化了 d_z^2 轨道的重叠，使其能级反而上升，呈现出更宽的带隙。这也更好地解释了早期发现为什么只有在合适的煅烧温度下，MnO_2 才能表现出最好的氧还原活性。除此之外，随着氧空位缺陷的浓度的增加，该催化剂的费米能级、吸附氧气后的 O—O 的键长也表现出了跟随导电性的变化规律。该规律证实适当浓度的氧空位可有效提高 MnO_2 催化剂的导电性和费米能级，从而利于氧气与催化剂之间轨道的重叠和电子转移；氧空位还可促使 MnO_2 晶体发生 Jahn-Teller 效应，诱发 MnO_2 表面 Mn—Mn 键收缩或拉伸，使活性中心与 O—O 键长呈最优匹配，利于 O_2 的活化解离；而过高氧空穴浓度不仅导致导电性变差，还会使 MnO_2 基础晶格坍塌。因此，引

入 OVs 不仅能够改变催化剂的导电性，也能一定程度上改变其本征活性，协同地实现其催化活性的提升。

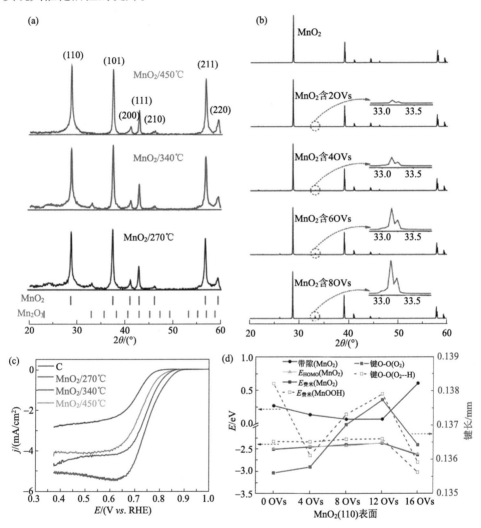

图 4-26　（a）不同温度下煅烧 MnO$_2$ 所得样品的 XRD 谱图；（b）计算模拟具有不同氧空位缺陷的 MnO$_2$ 的 XRD 谱图；（c）不同温度下煅烧 MnO$_2$ 所得样品的 ORR 极化曲线；（d）各个计算参数随着氧空位缺陷浓度的变化曲线

陈军课题组也报道称通过对 MnO$_2$ 的热处理，即可引入氧空位缺陷，提升其作为 ORR 催化剂的活性[90]。进一步地，他们将 MnO$_2$ 在氢气气氛下煅烧一段时间，发现其电导率从原来的 0.0781 S/m 增加到 0.260 S/m，即是说与没有经过氢气还原热处理的 MnO$_2$ 相比，热处理后得到的 MnO$_2$ 具有更好的导电性[91]。虽然他们认为在氢气处理后，氢掺入 MnO$_2$ 的晶体结构之中，导致晶格膨胀，使得其更有利于氧还原催化，但实际上，煅烧后 MnO₂ 均会产生一定的氧空穴，也会导致其导电性的提升。

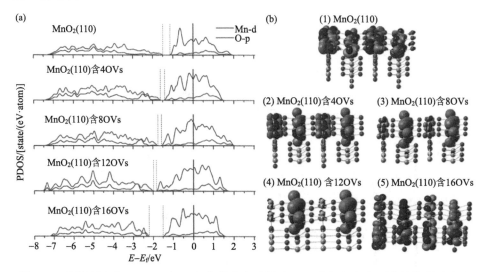

图 4-27　不同氧空位 β-MnO₂（110）的分态密度图（PDOS）(a) 与表面分子轨道图（b）

另外，类似的研究结果也被观察存在于钙钛矿氧化物中。陈军课题组及魏子栋课题组均报道了，在 Ca-Mn-O 钙钛矿氧化物引入适当数量的氧空位缺陷可以明显提高其导电性以及氧还原催化活性[92, 93]。通过进行 DFT 计算发现氧空位缺陷浓度与其导电性之间的火山关系。如图 4-28 和表 4-4 所示，同样地，随着 Ca-Mn-O

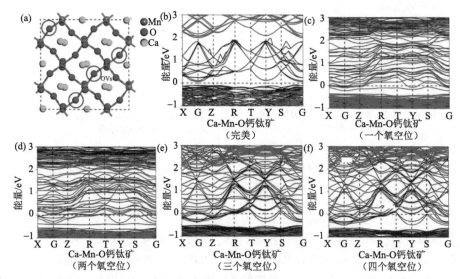

图 4-28　（a）氧空穴在 Ca-Mn-O 钙钛矿超晶胞中的位置；（b～f）完美的 Ca-Mn-O 和拥有不同浓度氧空位缺陷的 Ca-Mn-O 钙钛矿的能带图

表 4-4　完美的和拥有不同浓度的氧空位缺陷的 Ca-Mn-O 钙钛矿的带隙和导电性

	带隙/eV		导电性
	自旋向上	自旋向下	
完美 Ca-Mn-O 钙钛矿	0.167	2.19	半导体
有 1 个 O 空位的 Ca-Mn-O 钙钛矿	0.0	0.0	金属
有 2 个 O 空位的 Ca-Mn-O 钙钛矿	0.0	0.0	金属
有 3 个 O 空位的 Ca-Mn-O 钙钛矿	0.0	1.24	半金属
有 4 个 O 空位的 Ca-Mn-O 钙钛矿	0.0	0.931	半金属

钙钛矿氧化物中的 OVs 的数量的增加，其带隙先变小后变大（见表 4-4）。特别的是，本征 Ca-Mn-O 钙钛矿氧化物为半导体，而当其中引入一定量的 OVs 后，表现出类金属性（半金属性），导电性好于原始的 Ca-Mn-O 钙钛矿氧化物。也就是说，可以通过有效的 OVs 的控制调节，使得 Ca-Mn-O 钙钛矿氧化物的导电性发生巨大的改变，从半导体变为半金属。

除此之外，金属原子替代即是说合成具有两种或者两种以上的阳离子的金属化合物，也被认为是可以有效地提升导电性的方式。Lambert 等通过在 MnO_2 纳米线中掺杂 Ni^{2+} 和 Cu^{2+}，将 MnO_2 纳米线的电阻从 $10^9\ \Omega$ 分别减小至 $10^8\ \Omega$ 和 $10^7\ \Omega$[89]。同时，当掺杂其他金属离子后，MnO_2 纳米线的 ORR 催化活性也相应地提高。不仅是阳离子，阴离子的掺杂也同样可以改善金属氧化物的导电性。Devi 等通过在氨气中煅烧，将氮原子掺杂引入到具有氧空穴的 $Ca_2Fe_2O_5$ 中获得 CFO-N 催化剂[88]。掺杂后，CFO-N 的带隙宽度为 2.147 eV，明显窄于未掺杂的 $Ca_2Fe_2O_5$（2.224 eV），说明掺杂 N 阴离子进入 $Ca_2Fe_2O_5$ 可以明显提升其电导率，使之拥有更好的导电性。然而无论是引入额外的金属阳离子还是阴离子，合成的材料对氧气及中间物种的吸附都会发生很大的变化。特别是引入金属阳离子后，会带来本征催化活性的提升。因此，相比于导电性的提升，其本征活性的提升可能对于氧还原催化性能的提升更为重要。

4.3.2　催化剂本征活性提升

1. e_g 轨道描述符的应用

一般认为，过渡金属氧化物类 ORR 催化剂中的金属元素都处于由过渡金属和配体阴离子组成的晶体场内。因此，该类氧还原催化剂的活性也必然与之相关。以钙钛矿为例，其拥有复杂的 ABO_3 结构式，A 和 B 两位点上还可以被部分代替形成 $AA'BB'O_3$[94]。因此，为进一步研究过渡金属氧化物复杂的组成以及结构，洞察其活性位点对氧还原催化反应的影响规律，对于了解催化剂的性能提升方法有指导作用。Shao-Horn 等通过实验研究了 15 种钙钛矿氧化物的氧还原活性，并总结了这些钙钛矿活性与其内在金属元素的电子结构的关系，较好地利用分子轨道理论，以 e_g 轨道作为钙钛矿氧化物 ORR 活性的描述符[95][图 4-29（a）和（b）]。过渡金属的 d 轨道和氧原子的 2p 轨道成键，形成了 σ 键和 π 键，σ 和 π 的反键轨道（σ^* 和 π^*），它们在晶体场中分别被视为 e_g 和 t_{2g} 轨道。一般情况下，e_g 轨道的轨道能级高于 t_{2g} 轨道的轨道能级。由于对于不同过渡金属，其 e_g 轨道的电子数略有不同，如 Cr^{3+}、Mn^{3+}、Fe^{3+}、Co^{3+} 和 Ni^{3+}，其相应的 e_g 轨道填充数分别为 0、1、2、1、1，所以他们认为通过判定 e_g 轨道的电子填充状态，即可以判定催化剂的 ORR 活性。他们发现，在钙钛矿型氧化物的 B 位上的 e_g 轨道的填充状态与其氧还原本征活性之间存在火山形关系，发现当 e_g 轨道上只有一个电子填充时，钙钛矿型氧化物的活性最好。在这种情况下，含氧物种在 B 位置的吸附不是很强也不是很弱，致使氧还原反应过程变得容易。在此基础上，徐梽川等进一步地研究了尖晶石型氧化物的氧还原描述符[96][图 4-29（c）]。由于尖晶石型氧化物具有和钙钛矿型氧化物不同的结构，所以在钙钛矿型氧化物上所发现的规律并不能直接运用于尖晶石型氧化物。尖晶石型氧化物具有 AB_2O_4 的结构，其 A、B 元素分别处于具有氧原子构成的四面体和八面体的中心。而尖晶石型氧化物的 ORR 活性被认

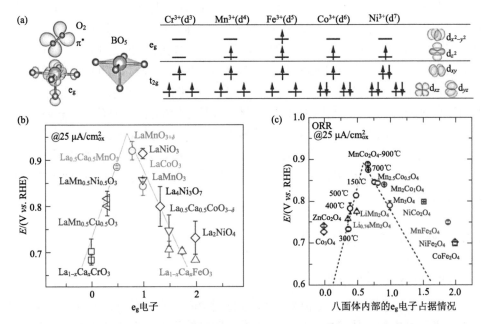

图 4-29　（a）O_2 的 π^* 轨道向空的 e_g 轨道贡献电子和不同金属元素在 BO_5 结构中的相关电子结构；（b）钙钛矿氧化物 B 位上金属元素 e_g 轨道电子数对其 ORR 催化活性的影响；（c）尖晶石氧化物中八面体位中的金属元素 e_g 轨道电子数对其 ORR 催化活性的影响

为仅受其八面体位金属的影响，而不会受到四面体位金属的影响。研究发现，通过改变八面体位金属离子的 e_g 轨道的填充状态，可以调控尖晶石氧化物的 ORR 活性。然而，由于在晶体场理论中，完全将 M—O 当作离子键进行处理，所以会导致一些结果偏离该理论。这主要归因于 M—O 内部的共价键的成分的增加，即是说 M—O 键的杂化程度的增加[97]。一般来说，M—O 键的杂化随着金属离子 d 电子数的增加而增加。也就是说，在同一周期内，随着具有同一价态的过渡金属的原子序数增加，过渡金属元素的 d 轨道的能级与 O 2p 轨道的能级越接近，导致 M—O 键内的共价成分越多[98]。如此一来，金属离子表面的 OH 物种的脱附，O_2^- 的吸附都会变得更为容易，说明这种 M—O 键内的共价成分的提升对 ORR 活性有积极作用。

由此可见，通过引入空位、掺杂等方式进行表界面化学组分方式调变改善八面体催化活性阳离子 e_g 轨道上平均电子占据数或者是改变 M—O 键内的共价成分，是调整过渡金属氧化物类催化剂本征活性的一个重要方法。例如，钙钛矿金属氧化物中同时存在 A 位和 B 位，调节 A、B 位上的元素组成以及比例可使得其中 B 位点上的过渡金属元素的 e_g 轨道的电子填充数接近 1，进而具有最佳的氧还原催化活性。Ciucci 等通过对 $Pr_{0.5}Ba_{0.5}MnO_{3-\delta}$ 的 H_2 处理，使得其表面引入氧缺陷[99]，获得具有高氧空位的高性能层状 $PrBaMn_2O_{5+\delta}$，实现了 B 位锰离子的 e_g 轨道电子填充数的优化。采用碘滴定法推导出锰离子的电子构型位为 $t_{2g}^3 e_g^{0.87}$。e_g 轨道填充数接近于 1，因此其在电化学测试下氧还原活性表现出了极大的提升。Luo 等通过引入 A 位缺陷并同时对 B 位点进行 Ir 掺杂，获得$(La_{0.8}Sr_{0.2})_{1-x}Mn_{1-x}Ir_xO_3$，有效提高了该钙钛矿氧化物的氧还原催化活性，优化后的催化剂的氧还原性能明显提升，且只与商业 Pt/C 催化剂相差 30 mV[100]。Liu 等通过提高 Co—O 键内的共价键成分有效地提高了 Co_3O_4 纳米颗粒的催化活性[101]。他们采用的方法是，在酸处理的炭黑上，直接成核并生长锂钴氧化物。与未掺杂 Co_3O_4/C 相比，锂掺杂 Co_3O_4 与碳载体界面形成的 O═C—O—Co^{3+}—O 键内共价含量显著增加，达到了调控八面体晶体场中心 Co^{3+} 与 O^{2-} 间的共价成分的目的。如此一来，Co^{3+} 更容易被氧化成 Co^{4+}，大大促进了表面 OH 物种的脱附，从而提高了氧还原活性。研究显示，当 Li/Co 原子比为 5%时，活性最好，比未掺杂的 Co_3O_4/C 的活性高 3.3 倍。

2. 催化剂晶体结构的转变

除去前面介绍的两类氧化物，其他类型的氧化物，如锰氧化物，虽然并没有形成描述符用于描述其活性变化规律。但是，由于锰离子的多价态属性和锰氧化物非常多的晶体结构，通过调整锰离子的价态和锰氧化物的晶体结构，也能很好地实现对其本征催化活性的调控[102-104]。因此，合成具有特定晶体结构及组成的过渡金属化合物，对于实现其本征活性的提升有非常重要的意义。对于过渡金属化合物，其氧还原活性与晶体的结晶度、晶型以及暴露晶面密切相关。Driess 等合成了非晶态以及晶态的钴铁氧化物，并对他们的氧还原催化性能进行了研究[105]。结果发现，具有特定晶体结构的钴铁氧化物的氧还原催化活性明显低于非晶态的钴铁氧化物，这可能是由于非晶态的过渡金属化合物往往包含表面缺陷较多，因此表现出较好的催化活性。然而，这些非晶态物质的稳定性较差，导致其制备相对困难，而且在使用过程中，随着其转变为结构更为稳定的晶体结构，其活性也随之衰减。除了结晶度，过渡金属化合物的晶体相也会对其催化活性有重要的影响。实际上包含各种类型的晶相结构，会在很大程度上影响其氧还原催化性能。Suib 等针对不同晶相的氧化锰的氧还原催化活性进行了研究，他们发现这些氧化锰的氧还原活性遵循 α-MnO$_2$＞β-MnO$_2$＞δ-MnO$_2$ 的顺序[21]。如图 4-30 所示，α-MnO$_2$ 由于其独特的（2×2 隧道）结构，使得其相比于 β-MnO$_2$（1×1 隧道）和 δ-MnO$_2$（层状结构）具有更大的孔隙结构，使反应物和电解质能更好地被传输到催化活性位点附近进行反应。α-MnO$_2$ 中大的孔道结构，使其不仅仅表面的金属活性位点可以被利用，晶体结构内部的金属活性位点也有可能被利用。

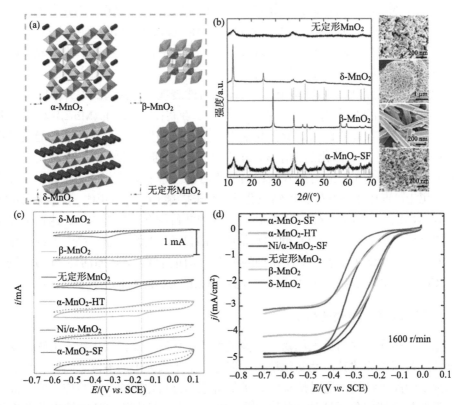

图 4-30　（a）MnO$_2$ 的结构示意图；（b）不同结构的 MnO$_2$ 的 XRD 和 SEM 图；（c）不同结构的 MnO$_2$ 在 0.1 mol/L KOH 中的循环伏安曲线；（d）不同结构的 MnO$_2$ 的氧还原活性

陈军院士课题组也发现 Co-Mn-O 尖晶石 ORR 催化性能与其晶相结构有关[8]。如图 4-31 所示,在 ORR 测试中,具有立方晶系结构的 Co-Mn-O 尖晶石(CoMn-P)的氧还原催化活性明显高于具有正方晶系结构的 Co-Mn-O 尖晶石(CoMn-B)。通过 XPS 和 TPD 分析可知,由于两者不同的晶体结构,使得氧气在其表面上的吸附能力不同。在 CoMn-P 催化剂上,氧气的吸附能力明显强于 CoMn-B。DFT 模拟计算表明,氧分子在立方晶系结构的(113)晶面上的吸附相比于其在正方晶系结构的(121)晶面的吸附更加稳定,同样说明了 CoMn-P 的氧还原催化活性要高于 CoMn-B 的氧还原催化活性。虽然上述结论有实验与理论计算支持,但是实际上,CoMn-P 并不是纯相,其中还包括质量分数为 37%的单斜晶相。在进一步优化合成条件,合成了具有不同 Co、Mn 元素比的纯相 CoMn-P 尖晶石,优化后的 CoMn-P 催化剂具有与 Pt/C 催化剂相当的 ORR 活性,排除了杂相的因素,再次证

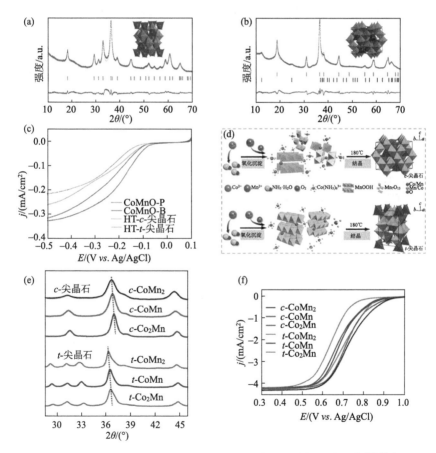

图 4-31 (a)CoMnO-B 的 XRD 图;(b)CoMnO-P 的 XRD 图;(c)不同结构的 CoMn 氧化物的氧还原催化活性;(d)获得 CoMnO-B 和 CoMnO-P 的示意图;(e)不同结构不同组成的 CoMn 氧化物的 XRD 图;(f)不同结构不同组成的 CoMn 氧化物的氧还原催化活性

明了 CoMn-P 是一种优异的 ORR 催化剂[106]。此外，他们还发现，不同的 Co、Mn 元素比，也会影响氧气分子的活化程度以及活性位数目及活性位点的数量，这表明其本征活性还与其组成有关。魏子栋课题组采用水热合成方法制备了一种碳载碱式碳酸钴（CCH/C）的双功能催化剂[107]。催化剂的氧还原半波电位和商业化 Pt/C 相比仅相差 24 mV。此外，他们发现延长水热反应的时间，所制备的催化剂由正交相的碱式碳酸钴转化为由单斜相和正交相组成的混合相的碱式碳酸钴，前者的 ORR 催化活性明显高于后者，这说明，仅靠花更多的实验时间和保持无厘头的耐性是不能提高催化剂质量的。

基于晶体结构对电催化性能的影响现象，还可在同一晶体结构下进行微调。例如，过渡金属尖晶石氧化物$[(A_{1-\lambda}B_\lambda)_{四面体位点}[A_\lambda B_{2-\lambda}]_{八面体位点}O_4]$，随着尖晶石结构中的 λ 的变化，其结构也会从正式结构（$\lambda=0$）转变为（$0<\lambda<1$）的混合结构，最后转变为（$\lambda=1$）的反式结构。当八面体位上的金属元素不止一种，且 e_g 轨道的占据情况不一致时，还需要其他的理论支撑来进行解释。因此，调变 A 和 B 两种过渡金属元素在不同晶体场中的数量，即可实现晶体结构的微调，最终达到改善氧还原催化性能的目的。魏子栋课题组通过调控 Co-Fe 尖晶石氧化物中铁的含量，实现了正式结构的$[\{Co\}[Co_2]O_4$ 和 $\{Co\}[Fe_2]O_4]$，以及反式结构$[\{Co\}[FeCo]O_4]$的可控合成[108, 109]。研究发现，$\{Co\}[Co_2]O_4$、$\{Co\}[Fe_2]O_4$ 和 $\{Co\}[FeCo]O_4$ 都具有良好的氧还原催化活性，只是具有反式结构的 $\{Co\}[FeCo]O_4$ 尖晶石 ORR 催化活性最好。DFT 计算表明，八面体晶体场中心金属原子是氧还原的催化活性位点。当八面体中心位上占据不同元素的时候，氧气分子的活化（其特征是 O—O 键变长）相比于单一金属元素更为明显。如图 4-32（a）所示，与 $\{Co\}[Co_2]O_4$、$\{Co\}[Fe_2]O_4$ 相比，氧气在 $\{Co\}[FeCo]O_4$ 上吸附后，O=O 键会变长，使得 O=O 键断裂所需能量变低。在 $\{Co\}[FeCo]O_4$ 上导致 ORR 能垒降低，一方面，源于随着八面体晶体场中心金属 Fe^{3+} 含量的增加，尖晶石从半导体向半金属转变，即处于介尺度区域的反尖晶石型 $\{Co\}[FeCo]O_4$ 呈现半金属性，具有更好的导电性；另一方面，反尖晶石型 $\{Co\}[FeCo]O_4$ 因结构反转促使居于八面体体心的 Fe、Co 间出现明显的电荷转移，使 Fe 富电子而 Co 缺电子，造成 Fe-Co 元素间的电荷出现差异，即"异化效应"。如图 4-32（b）和（c）所示，该效应不仅促进了 O=O 键的活化，还利于 OH 的脱附（速控步）从而提高了 ORR 活性。正如陈军院士指出的："异化效应"的提出为过渡金属氧化物类催化剂的设计从晶体结构微观调变方面提供了新的思路，同时也为 e_g 轨道理论难解释的双元素活性中心提供了补充[1]。

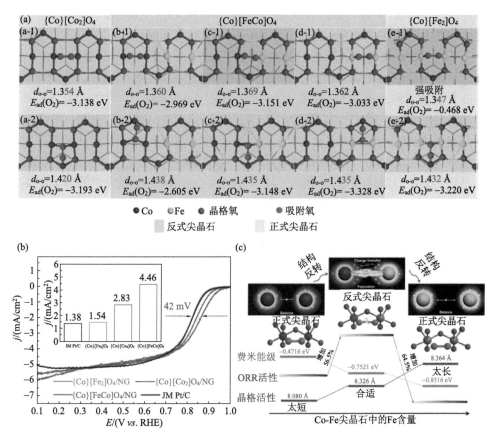

图 4-32　（a）O—O 键的键长在{Co}[Co₂]O₄、{Co}[Fe₂]O₄、{Co}[FeCo]O₄ 上的变化；（b）{Co}[Co₂]O₄、{Co}[Fe₂]O₄、{Co}[FeCo]O₄ 的氧还原催化活性对比；（c）随着结构变化，尖晶石的氧还原活性，晶格常数以及费米能级的变化趋势

3. 催化剂暴露晶面的调控

由于催化反应是一种表面反应，对于化学成分相同但暴露面不同的材料，由于原子排列和电子结构不同，其表现出来的性能也会不同。因此，过渡金属氧化物类催化剂暴露晶面是决定其本征活性的另一个重要因素[110-112]。魏子栋课题组通过 DFT 理论计算，研究了不同晶面对 MnO₂ 的氧还原活性的影响[113]。他们发现氧还原发生第一个电子转移过程中的催化活性顺序为 MnO₂(001)<MnO₂(111)<MnO₂(110)。因此，MnO₂(110) 面具有最佳的氧还原活性。而高指数晶面相比于低指数晶面具有更多的低配位原子、台阶原子以及边缘原子。所以，这些具有高指数晶面的化合物会具有更好的 ORR 催化活性。同样，他们对具有高指数晶面 MnO₂ 的研究表明[114]，MnO₂($2\overline{2}\overline{1}$) 晶面比 MnO₂(211) 晶面具有更高的导

电性以及 HOMO 能级，因此 MnO_2（$2\bar{2}\bar{1}$）晶面提高电子在吸附 O_2 和 MnO_2 催化剂之间的电子转移，使得（$2\bar{2}\bar{1}$）晶面比（211）晶面具有更好的氧还原催化性能。

　　不同形貌的氧化物，因为其暴露的晶面不同，其催化 ORR 的效果也不一样，因此不同形貌的氧化物也已经被成功合成用于研究晶面对其氧还原活性的影响。Guo 等报道三种不同的 Co_3O_4 催化剂[115]，如图 4-33 所示，这些 Co_3O_4 催化剂包括纳米棒（NR）、纳米立方体（NC）以及纳米八面体（OC）的形貌，分别对应于暴露的（110）、（100）以及（111）晶面。实验证明 Co_3O_4 纳米晶体的氧还原催化活性遵循 Co_3O_4-OC＞Co_3O_4-NC＞Co_3O_4-NR 的顺序，表明 Co_3O_4（111）晶面具有最好的氧还原催化活性。邓意达等同样也报告了三种 Co_3O_4 催化剂[116]。如图 4-34 所示，这三种催化剂分别具有立方结构（NC）、八面体结构（NTO）以及多面体结构（NP），同样对应于暴露的（001）、（001）＋（111）和（112）晶面。具有多面体结构的 Co_3O_4-NP 负载到还原氧化石墨烯上后展现出最佳的氧还原催化活性。因此，综合上述结果，可以得出以下结论：Co_3O_4 的活性顺序遵循（112）＞（111）＞（100）＞＞（110）。乔世璋等通过形貌控制的方式，利用离子交换的方法合成了 Co(II)O 纳米棒单晶[117]。当这种材料用于催化氧还原反应时，其表现出非常好的活性及稳定性。研究表明这种氧化物纳米棒单晶活性改善源自 CoO(111)晶面上的氧空位缺陷。具有氧空位缺陷的 CoO(111)晶面相比于其他晶面具有更好的氧还原催化性质，其活性顺序为：CoO(100)＜CoO(110)＜CoO(111)-Ov。

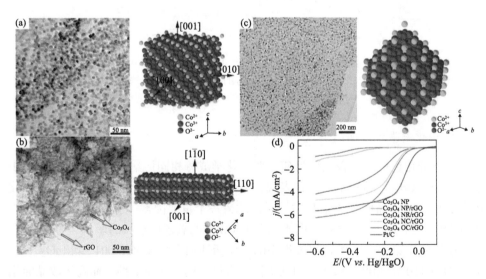

图 4-33　Co_3O_4 纳米棒（NR）（a）、纳米立方体（NC）（b）和纳米八面体（OC）（c）的透射电镜以及结构图；（d）Co_3O_4-OC、Co_3O_4-NC、Co_3O_4-NR 的氧还原催化活性

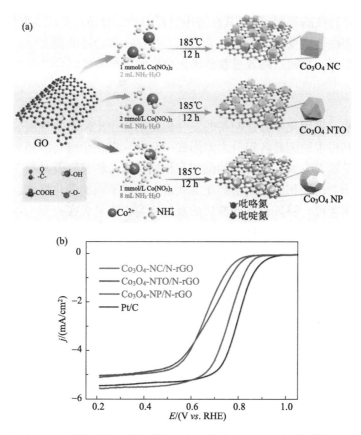

图 4-34 （a）Co_3O_4 催化剂的合成示意图：立方结构（NC）、八面体结构（NTO）以及
多面体结构（NP）；（b）Co_3O_4 催化剂的氧还原活性：立方结构（NC）、八面体结构
（NTO）以及多面体结构（NP）

此外，Lin 和 Wang 等还对 Cu_2O 的氧还原催化活性与形貌以及它们之间的关系进行了研究[118, 119]。总体而言，O_2 在 Cu_2O 表面的吸附偏弱，因而，对氧分子具有更高吸附强度的 Cu_2O（100）晶面比 Cu_2O（111）对氧分子的活化作用更强，所以 Cu_2O（100）晶面的 ORR 活性高于 Cu_2O（111）晶面。Sun 等也通过控制晶体形态，合成了优先暴露（001）或（101）晶面的 Mn_3O_4 纳米晶体[120]。拥有（001）晶面的 Mn_3O_4 纳米薄片的氧还原活性比拥有（101）晶面的 Mn_3O_4 纳米棒高出 1 个数量级。进一步的 DFT 计算表明，第一个电子转移过程是 Mn_3O_4 催化氧还原的速控步骤，而该过程在（001）晶面比在（101）晶面上更加容易发生。

然而，即便是了解了具有最佳氧还原活性的晶面，要控制合成具有这样晶面结构的催化剂也是一个很大的挑战。不仅如此，通常情况下，具有特定晶面的纳米颗粒的粒径总是很大，其能暴露的活性位点总是十分有限。活性高的表面，通常总是表面能较高的表面，所以其在使用过程中非常容易转变成表面能低的晶面，形貌也会由多面体转变为球形颗粒。因此，构建一个合适的稳定结构，并且具有最佳的暴露晶面，是构造高效过渡金属化合物催化剂需要综合考虑的因素。

4. 界面构筑

研究证实，采用化学方法制备的复合催化剂往往比简单物理混合具有更高的催化性能，其根本原因是各组分之间形成了存在一定化学键合的相界面。各组分相界面间化学键合方式、组分间的强相互作用、电荷转移以及晶格不匹配产生的应变作用等均会诱导相应的复合催化剂展现出截然不同的催化性能。对于金属氧化物类催化剂来说，将具有不同性质的氧化物类物质复合在一起，可以有效地构建相界面，使得这些复合物展现出更为优异的氧还原催化性质。例如，魏子栋课题组通过使 NiO 与 Ni$_3$S$_2$ 的化学复合，合成 NiO/Ni$_3$S$_2$ 复合催化剂（图 4-35）。由透射电镜图可知，在该催化剂中形成了很好的 NiO 和 Ni$_3$S$_2$ 复合界面。在 NiO 与 Ni$_3$S$_2$ 的界面上，XPS 谱发现了原子价态既不同于 NiO 本体的 O、Ni，也不同于 Ni$_3$S$_2$ 本体的 S、Ni，而是一个全新的 Ni、O、S 价态的催化界面层。该催化剂表现出了比单纯 NiO 或 NiS 更优异的催化活性[121]。

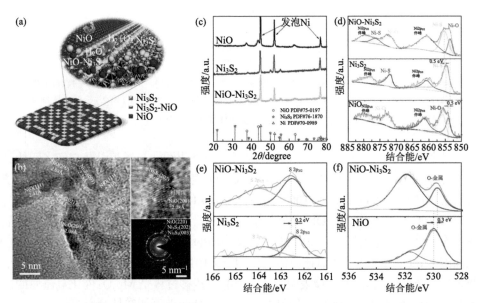

图 4-35　（a）NiO/Ni$_3$S$_2$ 复合催化剂的示意图；（b）NiO/Ni$_3$S$_2$ 复合催化剂的透射电镜图及相应的选区电子衍射谱图；（c）NiO/Ni$_3$S$_2$ 复合催化剂的 XRD 图谱；（d～f）NiO/Ni$_3$S$_2$ 复合催化剂的 XPS 谱图：（d）Ni 2p；（e）S 2p；（f）O 2p

　　东华大学刘天西等控制合成了具有分层结构的 ZnCo$_2$O$_4$@NiCo$_2$O$_4$ 核壳纳米线[122]。如图 4-36（a）～（c）所示，随着反应时间的延长，NiCo$_2$O$_4$ 薄片在 ZnCo$_2$O$_4$ 表面上不断沉积，最终形成 ZnCo$_2$O$_4$@NiCo$_2$O$_4$ 的核壳纳米结构。同时 mapping 图显示了 ZnCo$_2$O$_4$@NiCo$_2$O$_4$ 复合材料中各元素均匀地分布在其中。TEM 图像进一步地表明 NiCo$_2$O$_4$ 纳米片均匀地生长在了 ZnCo$_2$O$_4$ 纳米棒上[如图 4-36（e）]。通过电化学测试发现，作为氧还原催化剂，ZnCo$_2$O$_4$@NiCo$_2$O$_4$ 催化剂无论是在起效电位还是极限电流密度方面均优于单一的 ZnCo$_2$O$_4$ 和 NiCo$_2$O$_4$ 催化剂[如图 4-36（f）]。这种核壳结构是使得 ZnCo$_2$O$_4$@NiCo$_2$O$_4$ 更具优越 ORR 活性的原因，首先在于 NiCo$_2$O$_4$ 的高导电性和丰富的氧化还原化学价态，可以作为导电线路促进氧

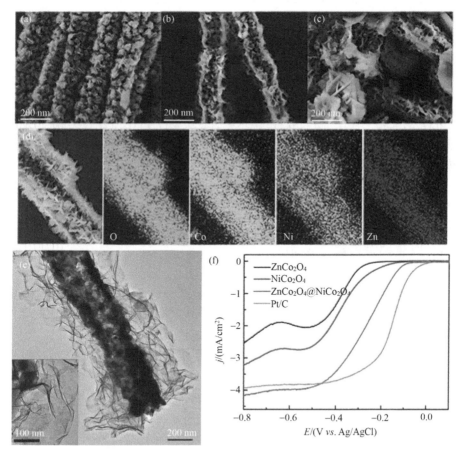

图 4-36　（a）～（c）不同水热时间合成的 ZnCo$_2$O$_4$@NiCo$_2$O$_4$ 核壳纳米线的 SEM 图像（a:2 h；b:4 h；c:6 h）；（d）ZnCo$_2$O$_4$@NiCo$_2$O$_4$ 核壳纳米线的 SEM 图像及相应的 mapping 图；（e）ZnCo$_2$O$_4$@NiCo$_2$O$_4$ 核壳纳米线的 TEM 图像；（f）ZnCo$_2$O$_4$，NiCo$_2$O$_4$，ZnCo$_2$O$_4$@NiCo$_2$O$_4$ 以及 Pt/C 催化剂在 O$_2$ 饱和的 0.1 mol/L KOH 溶液中的氧还原测试 LSV 曲线

还原反应的发生，同时表面的 $ZnCo_2O_4$ 具有非常高的电催化活性。如此一来，核壳结构的建立能够充分地利用两类物质的优势。其次，在两种物质的接触的界面产生出更高催化活性的界面结构。最后，多孔的核壳结构还为电解液/电子扩散提供了快速通路，并为催化氧还原提供了更多的活性位点。Manthiram 等也报道了通过 MnO_2 和 Co_3O_4 的选择性电沉积制备的分级结构的 MnO_2-Co_3O_4 电极也表现出满意的氧还原催化活性[123]。当然，除了结构优势之外，这种催化剂中所存在的不同氧化物之间的协同作用，也被认为是一个造成其具有较高氧还原催化活性的原因。该现象也同时在钙钛矿氧化物上得到了体现，$Ce_{0.75}Zr_{0.25}O_2$ 同 $La_{0.7}Sr_{0.3}MnO_3$ 的复合结构相比于单一钙钛矿氧化物具有更好的氧还原催化活性[124]。

金属/金属化合物复合物是目前研究较多的一类复合电催化剂。金属与化合物间的化学键合产生的强相互作用可导致各组分具有与纯组分截然不同的几何电子结构，从而使其呈现出较纯组分更优的催化活性。因此，大量的研究工作被投入到这方面。Kim 等通过电沉积的方法在 Mn_3O_4 纳米颗粒表面沉积了 Pt 纳米颗粒[125]，将 Pt 纳米颗粒均匀地固定在 Mn_3O_4 纳米颗粒表面。与普通 Pt/C 催化剂相比，纳米 Pt/Mn_3O_4 具有更高的比活性和耐久性。其活性的稳定性提升归功于 Pt 与 Mn_3O_4 的强相互作用。高分散 Ag 纳米颗粒也类似于 Pt 纳米颗粒类似，和 Mn_3O_4 纳米颗粒进行复合。王峰等通过在高温下对 $AgNO_3$ 和 $Mn(NO_3)_2$ 前驱体进行简单的热解，将 Ag 纳米颗粒和 Mn_3O_4 纳米颗粒均匀地负载在炭黑上[126]。在碱性溶液中的氧还原测试表明，Ag-Mn_3O_4/C 复合材料的电催化活性显著提高，且耐久性也较 Ag/C 催化剂进一步增强。

4.3.3　形貌构筑暴露活性中心

尽管过渡金属化合物的本征活性能够通过一些方式得以改善，但由于其比表面积较低，有效暴露的活性位点的较少，使得其很难表现出优异的氧还原催化性能。低维材料在提高比表面积方面有不可忽视的优势。

一维结构，通常被构筑用于过渡金属氧化物催化剂[127-130]。中国科学院长春应用化学研究所张新波等利用电纺丝结合高温热处理，合成制备钙钛矿基多孔 $La_{0.75}Sr_{0.25}MnO_3$ 纳米管。由于其中空的一维结构，使得其在氧还原性能测试中显示出良好的氧还原活性[130]。乔世璋等报道了利用金属有机骨架前驱体制备的多孔 Co_3O_4/C 纳米线阵列作为氧还原催化剂[131]。该催化剂具有较高的比表面积（$251~m^2/g$）。因此，该催化剂表现出非常好的氧还原活性以及 4 电子选择性。此外，为了进一步增加管状结构中暴露的活性位数量，董安钢等巧妙地利用多孔阳极化氧化铝（AAO）模板作为合成由空心 Mn_3O_4 纳米八面体组成的纳米管（h-Mn_3O_4-TMSLs）[132]。如图 4-37（a）所示，SEM 图像显示了独立的 h-Mn_3O_4-

TMSLs 垂直阵列结构，完美地复制了原始 AAO 模板的多孔结构。高分辨率扫描电镜显示，纳米管壁是由单层的八面体组成[图 4-37（b）]。利用 TEM 进一步检测了 h-Mn$_3$O$_4$-TMSLs 的形貌，发现八面体都具有中空结构[图 4-37（c）]，并且该中空的八面体的平均壳层厚度约为 3 nm[图 4-37（d）]。该中空结构的存在为催化剂提供了更大的电极-电解质的固液接触面积，从而确保了较短的反应物扩散距离。HRTEM 图像进一步证实了具有八面体的物质的晶格条纹间距为 0.487 nm，对应于

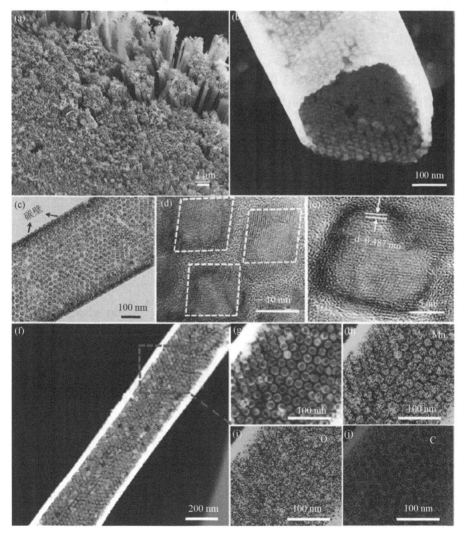

图 4-37　（a，b）h-Mn$_3$O$_4$-TMSLs 的低倍 SEM 和 HRSEM 图像；（c，d）h-Mn$_3$O$_4$-TMSLs 的 TEM 和 HRTEM 图像；（e）单个中空 Mn$_3$O$_4$ NC 的 HRTEM 图像；（f）h-Mn$_3$O$_4$-TMSLs 的 STEM 图像；（g）为（f）所示区域的高倍放大图，（h~j）对应的元素分布图

Mn₃O₄ 的（101）晶面，说明具有八面体结构的物质为 Mn₃O₄。STEM 图像和对应的元素分布图表明，在 Mn、O、C 三种元素均匀地分布，说明在 Mn₃O₄ 的间隙还存在碳物种，有利于其导电性的提升。因此，如图 4-38 所示与商业化 Pt/C 催化剂相比，该催化剂具有相当的氧还原催化活性及稳定性。图 4-38（a）显示了 h-Mn₃O₄-TMSLs 在 N₂ 饱和的 0.1 mol/L KOH 和在 O₂ 饱和的 0.1 mol/L KOH 溶液中的循环伏安曲线图。在 O₂ 饱和的 0.1 mol/L KOH 溶液中明显可以观察到一个位于 0.79 V vs. RHE 的阴极峰，对应于 O₂ 的还原，证明了其催化氧还原反应的能力。LSV 曲线进一步证实了 h-Mn₃O₄-TMSLs 与 Pt/C 催化剂相当的氧还原催化活性。其半波电位位于 0.84 V（vs. RHE），仅比 Pt/C 的 0.85 V vs. RHE 负移 10 mV [如图 4-38（b）]。在不同转速下测试了该催化剂的电子转移数，其平均电子转移数为 3.91，证明了 h-Mn₃O₄-TMSLs 催化氧还原过程是准 4 电子过程。最后的稳定性测试表明，其比 Pt/C 拥有更为优异的耐久性，说明了其代替 Pt/C 的可行性。

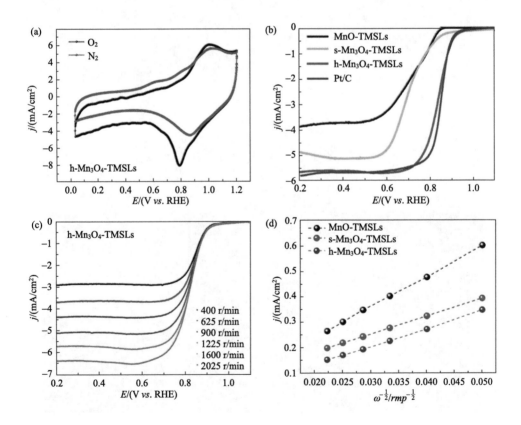

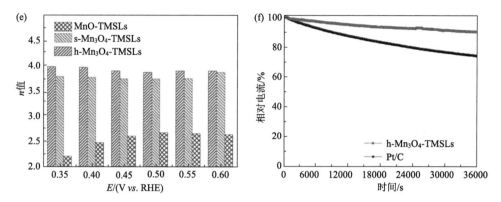

图 4-38　（a）h-Mn₃O₄-TMSLs 分别在 N₂ 和 O₂ 饱和的 0.1 mol/L KOH 溶液中的循环伏安曲线；（b）MnO-TMSLs、s-Mn₃O₄-TMSLs、h-Mn₃O₄-TMSLs 及 Pt/C 催化剂在 1600 r/min 转速下的 LSV 曲线；（c）h-Mn₃O₄-TMSLs 在不同转速下的 LSV 曲线；（d）在 0.4 V 时 MnO-TMSLs、s-Mn₃O₄-TMSLs 及 h-Mn₃O₄-TMSLs 的 K-L 图（vs. RHE）；（e）MnO-TMSLs、s-Mn₃O₄-TMSLs 和 h-Mn₃O₄-TMSLs 在不同电位下的电子转移数；（f）h-Mn₃O₄-TMSLs 和 Pt/C 催化剂的计时电流曲线

　　二维纳米结构同样由于其高比表面积和丰富的边缘位点而受到广泛关注，具有广泛的应用前景。Odedairo 等将 Co₃O₄ 纳米薄片与石墨烯片堆叠，形成了 Co₃O₄/NG 片对片的异质结构（Co-S/G-3）[133]。如图 4-39 所示，随着该催化剂载量的提升，该催化剂表现出了优于商用 Pt/C 催化剂的催化活性，并在碱性溶液中表现出来优异的耐久性。经过 5000 圈循环测试，其半波电位仅仅下降了 12 mV。这种优异的性能源于石墨烯向 Co₃O₄ 纳米薄片的电荷转移，促进了整个结构的电子传递过程。理论计算表明，之所以 Co₃O₄/NG 具有高增强氧还原活性和优异耐久性是源于该催化剂优异的二维堆叠结构。如图 4-40 所示，石墨烯片在 Co₃O₄（110）表面上发生了明显的弯曲，说明其在两者界面处产生了非常强的电子耦合作用，使得该催化剂具有非常优异的活性与稳定性。

　　除了这些低维结构之外，三维多孔材料因为提高丰富的传输通道和暴露更多的外表面，同样受到重视[134-138]。吴宇平等报道了一种具有三维分级多孔结构的 NiCo₂O₄ 催化剂，该催化剂相比于没有分级多孔结构的 NiCo₂O₄ 催化剂具有更大的三相（固-液-气相）接触面积，因此表现出更为出色的氧还原催化性能[139]。沈建权等利用自发气泡模板法，一步碳化法制备了金属聚合物框架衍生的多级多孔碳/Fe₃O₄ 纳米杂化物。制备的纳米杂化物具有三维互通的网络结构，分布均匀的 Fe₃O₄ 纳米颗粒被碳层包裹，使其在磷酸盐缓冲溶液中具有显著的 ORR 活性[140]。然而大多数情况下，过渡金属氧化物类催化剂三维结构的构筑都会依靠如多孔碳等载体。单纯的过渡金属氧化物类催化剂构建三维结构还是十分困难的，并且由于构建的结构颗粒尺寸很大，也不会有活性优势。因此，在形貌调控方面，过渡金属氧化物类催化剂还有很大的发展空间。

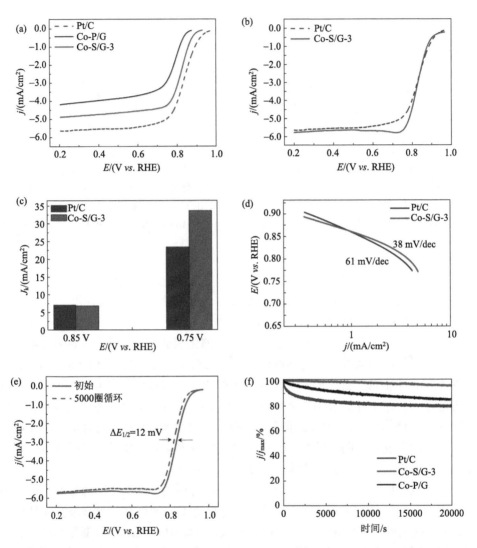

图 4-39　（a）Co-S/G-3、Co-P/G 和 20% Pt/C 在 O_2 饱和的 0.1 mol/L KOH 溶液中的 LSV 曲线，Co-S/G-3、Co-P/G 载量为 0.08 mg/cm²；（b）Co-S/G-3 和 20% Pt/C 1600 r/min 时的 LSV 曲线，Co-S/G-3 载量为 0.32 mg/cm²，Pt/C 催化剂的载量为 32 μg/cm²$_{Pt}$；（c）不同电位下 Co-S/G-3 和 20% Pt/C 的动力学电流密度（J_k）；（d）Co-S/G-3 和 Pt/C 的塔费尔曲线；（e）Co-S/G-3 催化剂在 O_2 饱和的 0.1 mol/L KOH 溶液中 5000 次循环测试前后的 LSV 曲线；（f）Co-S/G-3、Co-P/G 和 Pt/C 在 O_2 饱和的 0.1 mol/L KOH 溶液中的计时电流曲线

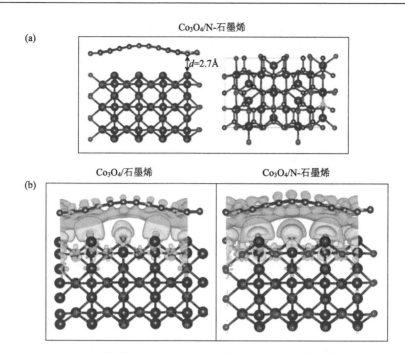

图 4-40 Co-S/G-3 的 DFT 计算研究。（a）（左）优化的 Co_3O_4 纳米片/氮掺杂石墨烯复合材料界面的侧面视图和（右）顶部视图；（b）（左）石墨烯片与 Co_3O_4 层和（右）氮掺杂石墨烯片与 Co_3O_4 层之间界面的 3D 电子密度差图侧视图。黄色和青色等表面代表三维空间中电荷的积累和消耗，等表面值为 $0.004\ e/Å^3$。棕色、蓝色、红色和绿色的球分别代表 C、Co、O 和 N 原子

4.4 总结与展望

过渡金属氧化物类催化剂作为一类被广泛关注的电催化剂，不仅种类繁多，还具有廉价易得、稳定性高等优势。但要实现 ORR 催化剂的实用化，还需多方面的优化。首先，导电性差是所有过渡金属氧化物类催化剂的通病，在大多数情况下，其导电性低于 ORR 需要的水平，必须以某种方式提高。其次，对于这类催化剂的本征活性，必须从催化剂的结构出发，充分了解催化剂活性中心的电子结构，在原子水平上进行催化剂的结构优化，实现其本征催化活性的提升。最后，保证高效的传质效率以及充分的活性位点暴露，也是过渡金属氧化物所必须面对的另一大活性提升的措施。

然而，即便已经有很多的策略被用来解决上述问题，但是仍与实际需求有很大的差距。首先，对于导电性方面，引入碳材料是最常见的改善导电性的手段，但已有的证据明确显示，在 ORR 环境下，碳材料不稳定、容易被腐蚀。由此引起过渡金属氧化物类纳米颗粒脱落、团聚，同时也会伴随着催化剂的活性下降。因

此在提升其导电性的同时，提高其耐用性也是对这类催化剂的发展要求。

其次，对于过渡金属化合物存在的颗粒尺寸较大、缺乏活性中心的问题，应开发新的方法减小颗粒尺寸，并寻找一些对氧化物类纳米颗粒具有强相互作用的导电载体用于稳定这些小纳米颗粒，或者开发一些限域方法实现这些小纳米颗粒的稳定性。在纳米技术时代，获得小颗粒原本不是多么难的事情、但是，要赋予过渡金属氧化物特定的形貌、特定的暴露晶面和晶型，很多的时候都必须要高温退火操作才能够实现，而高温下的烧结、团聚就是难以杜绝的事情。

最后，基于原子层次观测过渡金属氧化物类催化剂的氧还原过程，对于理解其活性位点以及反应途径对于指导进一步优化设计催化剂也是非常重要的。因此，将来在探究这类催化剂的活性位和反应途径方面，开发更高精度的观测手段和一些原位反应表征手段具有非常重要的现实意义。而在理论计算方面，通过计算预测高活性催化位点，结合实验设计制备高性能的过渡金属氧化物类催化剂也是需要继续努力的方向。

参 考 文 献

[1] Zhao Q, Yan Z H, Chen C C, et al. Spinels: controlled preparation, oxygen reduction/evolution reaction application, and beyond[J]. Chemical Reviews, 2017, 117(15): 10121-10211.

[2] Yin W J, Weng B, Ge J, et al. Oxide perovskites, double perovskites and derivatives for electrocatalysis, photocatalysis, and photovoltaics[J]. Energy & Environmental Science, 2019, 12(2): 442-462.

[3] Stoerzinger K A, Risch M, Han B, et al. Recent insights into manganese oxides in catalyzing oxygen reduction kinetics[J]. ACS Catalysis, 2015, 5(10): 6021-6031.

[4] Parkinson G S, Diebold U. Adsorption on metal oxide surfaces[J]. Surface and Interface Science: Solid-Gas Interfaces II, 2016, 6: 793-817.

[5] Liang Y Y, Li Y G, Wang H L, et al. Co_3O_4 nanocrystals on graphene as a synergistic catalyst for oxygen reduction reaction[J]. Nature materials, 2011, 10(10): 780-786.

[6] Xu J B, Gao P, Zhao T S. Non-precious Co_3O_4 nano-rod electrocatalyst for oxygen reduction reaction in anion-exchange membrane fuel cells[J]. Energy & Environmental Science, 2012, 5(1): 5333-5339.

[7] Jin C, Lu F L, Cao X C, et al. Facile synthesis and excellent electrochemical properties of $NiCo_2O_4$ spinel nanowire arrays as a bifunctional catalyst for the oxygen reduction and evolution reaction[J]. Journal of Materials Chemistry A, 2013, 1(39): 12170-12177.

[8] Cheng F Y, Shen J, Peng B, et al. Rapid room-temperature synthesis of nanocrystalline spinels as oxygen reduction and evolution electrocatalysts[J]. Nature chemistry, 2011, 3(1): 79-84.

[9] Lee E, Jang J H, Kwon Y U. Composition effects of spinel $Mn_xCo_{3-x}O_4$ nanoparticles on their electrocatalytic properties in oxygen reduction reaction in alkaline media[J]. Journal of Power Sources, 2015, 273: 735-741.

[10] Guo W H, Ma X X, Zhang X L, et al. Spinel $CoMn_2O_4$ nanoparticles supported on a nitrogen and phosphorus dual doped graphene aerogel as efficient electrocatalysts for the oxygen reduction reaction[J]. RSC advances, 2016, 6(99): 96436-96444.

[11] Shi J J, Lei K X, Sun W Y, et al. Synthesis of size-controlled $CoMn_2O_4$ quantum dots supported on carbon

nanotubes for electrocatalytic oxygen reduction/evolution[J]. Nano Research, 2017, 10(11): 3836-3847.

[12] Wu Z S, Yang S, Sun Y, et al. 3D nitrogen-doped graphene aerogel-supported Fe_3O_4 nanoparticles as efficient electrocatalysts for the oxygen reduction reaction[J]. Journal of the American Chemical Society, 2012, 134(22): 9082-9085.

[13] Yang H J, Wang H, Ji S, et al. Synergy between isolated-Fe_3O_4 nanoparticles and CN_x layers derived from lysine to improve the catalytic activity for oxygen reduction reaction[J]. International Journal of Hydrogen Energy, 2014, 39(8): 3739-3745.

[14] Kéranguéven G, Royer S, Savinova E. Synthesis of efficient Vulcan-$LaMnO_3$ perovskite nanocomposite for the oxygen reduction reaction[J]. Electrochemistry Communications, 2015, 50: 28-31.

[15] Poux T, Napolskiy F S, Dintzer T, et al. Dual role of carbon in the catalytic layers of perovskite/carbon composites for the electrocatalytic oxygen reduction reaction[J]. Catalysis Today, 2012, 189(1): 83-92.

[16] Fabbri E, Mohamed R, Levecque P, et al. Composite electrode boosts the activity of $Ba_{0.5}Sr_{0.5}Co_{0.8}Fe_{0.2}O_{3-\delta}$ perovskite and carbon toward oxygen reduction in alkaline media[J]. ACS Catalysis, 2014, 4(4): 1061-1070.

[17] Hardin W G, Slanac D A, Wang X, et al. Highly active, nonprecious metal perovskite electrocatalysts for bifunctional metal-air battery electrodes[J]. Journal of Physical Chemistry Letters, 2013, 4(8): 1254-1259.

[18] Park H W, Lee D U, Zamani P, et al. Electrospun porous nanorod perovskite oxide/nitrogen-doped graphene composite as a bi-functional catalyst for metal air batteries[J]. Nano Energy, 2014, 10: 192-200.

[19] Wei Z D, Huang W Z, Zhang S T, et al. Carbon-based air electrodes carrying MnO_2 in zinc-air batteries[J]. Journal of Power Sources, 2000, 91(2): 83-85.

[20] Wei Z D, Huang W Z, Zhang S T, et al. Induced effect of Mn_3O_4 on formation of MnO_2 crystals favourable to catalysis of oxygen reduction[J]. Journal of Applied Electrochemistry, 2000, 30(10): 1133-1136.

[21] Meng Y T, Song W Q, Huang H, et al. Structure-property relationship of bifunctional MnO_2 nanostructures: highly efficient, ultra-stable electrochemical water oxidation and oxygen reduction reaction catalysts identified in alkaline media[J]. Journal of the American Chemical Society, 2014, 136(32): 11452-11464.

[22] Selvakumar K, Senthil Kumar S M, Thangamuthu R, et al. Physiochemical investigation of shape-designed MnO_2 nanostructures and their influence on oxygen reduction reaction activity in alkaline solution[J]. Journal of Physical Chemistry C, 2015, 119(12): 6604-6618.

[23] Duan J J, Zheng Y, Chen S, et al. Mesoporous hybrid material composed of Mn_3O_4 nanoparticles on nitrogen-doped graphene for highly efficient oxygen reduction reaction[J]. Chemical Communications, 2013, 49(70): 7705-7707.

[24] Li Q, Xu P, Zhang B, et al. One-step synthesis of Mn_3O_4/reduced graphene oxide nanocomposites for oxygen reduction in nonaqueous Li-O_2 batteries[J]. Chemical Communications, 2013, 49(92): 10838-10840.

[25] Bikkarolla S K, Yu F, Zhou W, et al. A three-dimensional Mn_3O_4 network supported on a nitrogenated graphene electrocatalyst for efficient oxygen reduction reaction in alkaline media[J]. Journal of Materials Chemistry A, 2014, 2(35): 14493-14501.

[26] Su H Y, Gorlin Y, Man I C, et al. Identifying active surface phases for metal oxide electrocatalysts: a study of manganese oxide bi-functional catalysts for oxygen reduction and water oxidation catalysis[J]. Physical Chemistry Chemical Physics, 2012, 14(40): 14010-14022.

[27] Wang W H, Geng J, Kuai L, et al. Porous Mn_2O_3: a low-cost electrocatalyst for oxygen reduction reaction in alkaline media with comparable activity to Pt/C[J]. Chemistry-A European Journal, 2016, 22(29): 9909-9913.

[28] Gao M R, Jiang J, Yu S H. Solution-based synthesis and design of late transition metal chalcogenide

materials for oxygen reduction reaction (ORR)[J]. Small, 2012, 8(1): 13-27.

[29] Feng Y J, Alonso-Vante N. Carbon-supported cubic CoSe$_2$ catalysts for oxygen reduction reaction in alkaline medium[J]. Electrochimica Acta, 2012, 72: 129-133.

[30] Sidik R A, Anderson A B. Co$_9$S$_8$ as a catalyst for electroreduction of O$_2$: quantum chemistry predictions[J]. Journal of Physical Chemistry B, 2006, 110(2): 936-941.

[31] Zhu Q L, Xia W, Akita T, et al. Metal-organic framework-derived honeycomb-like open porous nanostructures as precious-metal-free catalysts for highly efficient oxygen electroreduction[J]. Advanced Materials, 2016, 28(30): 6391-6398.

[32] Liu Q, Jin J T, Zhang J Y. NiCo$_2$S$_4$@graphene as a bifunctional electrocatalyst for oxygen reduction and evolution reactions[J]. ACS Applied Materials & Interfaces, 2013, 5(11): 5002-5008.

[33] Wu J H, Dou S, Shen A L, et al. One-step hydrothermal synthesis of NiCo$_2$S$_4$-rGO as an efficient electrocatalyst for the oxygen reduction reaction[J]. Journal of Materials Chemistry A, 2014, 2(48): 20990-20995.

[34] Wang H L, Liang Y Y, Li Y G, et al. Co$_{1-x}$S-graphene hybrid: a high-performance metal chalcogenide electrocatalyst for oxygen reduction[J]. Angewandte Chemie International Edition, 2011, 123(46): 11161-11164.

[35] Periasamy A P, Wu W P, Lin G L, et al. Synthesis of Cu$_9$S$_8$/carbon nanotube nanocomposites with high electrocatalytic activity for the oxygen reduction reaction[J]. Journal of Materials Chemistry A, 2014, 2(30): 11899-11904.

[36] Peng L, Wang J, Nie Y, et al. Dual-ligand synergistic modulation: a satisfactory strategy for simultaneously improving the activity and stability of oxygen evolution electrocatalysts[J]. ACS Catalysis, 2017, 7(12): 8184-8191.

[37] Liu S L, Zhang Z S, Bao J J, et al. Controllable synthesis of tetragonal and cubic phase Cu$_2$Se nanowires assembled by small nanocubes and their electrocatalytic performance for oxygen reduction reaction[J]. Journal of Physical Chemistry C, 2013, 117(29): 15164-15173.

[38] Feng Y J, He T, Alonso-Vante N. Carbon-supported CoSe$_2$ nanoparticles for oxygen reduction reaction in acid medium[J]. Fuel Cells, 2010, 10(1): 77-83.

[39] Hu Y, Jensen J O, Zhang W, et al. Hollow spheres of iron carbide nanoparticles encased in graphitic layers as oxygen reduction catalysts[J]. Angewandte Chemie International Edition, 2014, 126(14): 3749-3753.

[40] Yang W X, Liu X J, Yue X Y, et al. Bamboo-like carbon nanotube/Fe$_3$C nanoparticle hybrids and their highly efficient catalysis for oxygen reduction[J]. Journal of the American Chemical Society, 2015, 137(4): 1436-1439.

[41] Jin Z, Li P, Xiao D. Enhanced electrocatalytic performance for oxygen reduction via active interfaces of layer-by-layered titanium nitride/titanium carbonitride structures[J]. Scientific Reports, 2014, 4: 6712.

[42] Kiran V, Srinivasu K, Sampath S. Morphology dependent oxygen reduction activity of titanium carbide: bulk vs. nanowires[J]. Physical Chemistry Chemical Physics, 2013, 15(22): 8744-8751.

[43] Liu H, Wang F, Zhao Y, et al. Mechanically resilient electrospun TiC nanofibrous mats surface-decorated with Pt nanoparticles for oxygen reduction reaction with enhanced electrocatalytic activities[J]. Nanoscale, 2013, 5(9): 3643-3647.

[44] KangáShen P. The beneficial effect of the addition of tungsten carbides to Pt catalysts on the oxygen electroreduction[J]. Chemical Communications, 2005, (35): 4408-4410.

[45] Liang C, Ding L, Li C, et al. Nanostructured WC$_x$/CNTs as highly efficient support of electrocatalysts with low Pt loading for oxygen reduction reaction[J]. Energy & Environmental Science, 2010, 3(8): 1121-1127.

[46] Pang M, Li C, Ding L, et al. Microwave-assisted preparation of Mo$_2$C/CNTs nanocomposites as efficient electrocatalyst supports for oxygen reduction reaction[J]. Industrial & Engineering Chemistry Research, 2010, 49(9): 4169-4174.

[47] Hu Z, Chen C, Meng H, et al. Oxygen reduction electrocatalysis enhanced by nanosized cubic vanadium carbide[J]. Electrochemistry Communications, 2011, 13(8): 763-765.

[48] Fan X, Liu Y, Peng Z, et al. Atomic H-induced Mo$_2$C hybrid as an active and stable bifunctional electrocatalyst[J]. ACS Nano, 2017, 11(1): 384-394.

[49] Kiran V, Srinivasu K, Sampath S. Morphology dependent oxygen reduction activity of titanium carbide: bulk vs. nanowires[J]. Physical Chemistry Chemical Physics, 2013, 15(22): 8744-8751.

[50] Chen G, Wang T, Liu P, et al. Promoted oxygen reduction kinetics on nitrogen-doped hierarchically porous carbon by engineering proton-feeding centers[J]. Energy & Environmental Science, 2020, 13(9): 2849-2855.

[51] Song L, Wang T, Wang Y, et al. Porous iron-tungsten carbide electrocatalyst with high activity and stability toward oxygen reduction reaction: from the self-assisted synthetic mechanism to its active-species probing[J]. ACS Applied Materials & Interfaces, 2017, 9(4): 3713-3722.

[52] Lee K, Ishihara A, Mitsushima S, et al. Stability and electrocatalytic activity for oxygen reduction in WC+Ta catalyst[J]. Electrochimica Acta, 2004, 49(21): 3479-3485.

[53] Zhong G, Wang H, Yu H, et al. A novel carbon-encapsulated cobalt-tungsten carbide as electrocatalyst for oxygen reduction reaction in alkaline media[J]. Fuel Cells, 2013, 13(3): 387-391.

[54] Giordano C, Antonietti M. Synthesis of crystalline metal nitride and metal carbide nanostructures by sol-gel chemistry[J]. Nano Today, 2011, 6(4): 366-380.

[55] Liu B, Huo L, Si R, et al. A general method for constructing two-dimensional layered mesoporous mono-and binary-transition-metal nitride/graphene as an ultra-efficient support to enhance its catalytic activity and durability for electrocatalytic application[J]. ACS Applied Materials & Interfaces, 2016, 8(29): 18770-18787.

[56] Huang T, Mao S, Zhou G, et al. Hydrothermal synthesis of vanadium nitride and modulation of its catalytic performance for oxygen reduction reaction[J]. Nanoscale, 2014, 6(16): 9608-9613.

[57] Lei M, Wang J, Li J R, et al. Emerging methanol-tolerant AlN nanowire oxygen reduction electrocatalyst for alkaline direct methanol fuel cell[J]. Scientific Reports, 2014, 4: 6013.

[58] Cao B, Veith G M, Diaz R E, et al. Cobalt molybdenum oxynitrides: synthesis, structural characterization, and catalytic activity for the oxygen reduction reaction[J]. Angewandte Chemie International Edition, 2013, 125(41): 10953-10957.

[59] Cao B, Neuefeind J C, Adzic R R, et al. Molybdenum nitrides as oxygen reduction reaction catalysts: structural and electrochemical studies[J]. Inorganic Chemistry, 2015, 54(5): 2128-2136.

[60] An L, Xia Z H, Chen P K, et al. Layered transition metal oxynitride Co$_3$Mo$_2$O$_x$N$_{6-x}$/C catalyst for oxygen reduction reaction[J]. ACS Applied Materials & Interfaces, 2016, 8(43): 29536-29542.

[61] Miura A, Rosero-Navarro C, Masubuchi Y, et al. Nitrogen-rich manganese oxynitrides with enhanced catalytic activity in the oxygen reduction reaction[J]. Angewandte Chemie International Edition, 2016, 128(28): 8095-8099.

[62] Cao B, Veith G M, Diaz R E, et al. Cobalt molybdenum oxynitrides: synthesis, structural characterization, and catalytic activity for the oxygen reduction reaction[J]. Angewandte Chemie International Edition, 2013,

125(41): 10953-10957.

[63] Ohnishi R, Katayama M, Cha D, et al. Titanium nitride nanoparticle electrocatalysts for oxygen reduction reaction in alkaline solution[J]. Journal of the Electrochemical Society, 2013, 160(6): F501.

[64] Yuan Y, Wang J C, Adimi S, et al. Zirconium nitride catalysts surpass platinum for oxygen reduction[J]. Nature Materials, 2020, 19(3): 282-286.

[65] Wu H B, Chen W. Copper nitride nanocubes: size-controlled synthesis and application as cathode catalyst in alkaline fuel cells[J]. Journal of the American Chemical Society, 2011, 133(39): 15236-15239.

[66] Wang H T, Wang W, Xu Y Y, et al. Ball-milling synthesis of Co$_2$P nanoparticles encapsulated in nitrogen doped hollow carbon rods as efficient electrocatalysts[J]. Journal of Materials Chemistry A, 2017, 5(33): 17563-17569.

[67] Doan-Nguyen V V T, Zhang S, Trigg E B, et al. Synthesis and X-ray characterization of cobalt phosphide (Co$_2$P) nanorods for the oxygen reduction reaction[J]. ACS Nano, 2015, 9(8): 8108-8115.

[68] Zhou T H, Du Y H, Yin S M, et al. Nitrogen-doped cobalt phosphate@ nanocarbon hybrids for efficient electrocatalytic oxygen reduction[J]. Energy & Environmental Science, 2016, 9(8): 2563-2570.

[69] Guo Z, Wang F, Xia Y, et al. *In situ* encapsulation of core-shell-structured Co@Co$_3$O$_4$ into nitrogen-doped carbon polyhedra as a bifunctional catalyst for rechargeable Zn-air batteries[J]. Journal of Materials Chemistry A, 2018, 6(4): 1443-1453.

[70] Liu X X, Zang J B, Chen L, et al. A microwave-assisted synthesis of CoO@Co core-shell structures coupled with N-doped reduced graphene oxide used as a superior multi-functional electrocatalyst for hydrogen evolution, oxygen reduction and oxygen evolution reactions[J]. Journal of Materials Chemistry A, 2017, 5(12): 5865-5872.

[71] Bag S, Roy K, Gopinath C S, et al. Facile single-step synthesis of nitrogen-doped reduced graphene oxide-Mn$_3$O$_4$ hybrid functional material for the electrocatalytic reduction of oxygen[J]. ACS Applied Materials & Interfaces, 2014, 6(4): 2692-2699.

[72] Jin S, Li C, Shrestha L K, et al. Simple fabrication of titanium dioxide/N-doped carbon hybrid material as non-precious metal electrocatalyst for the oxygen reduction reaction[J]. ACS Applied Materials & Interfaces, 2017, 9(22): 18782-18789.

[73] Singh S K, Kashyap V, Manna N, et al. Efficient and durable oxygen reduction electrocatalyst based on CoMn alloy oxide nanoparticles supported over N-doped porous graphene[J]. ACS Catalysis, 2017, 7(10): 6700-6710.

[74] Cao S, Han N, Han J, et al. Mesoporous hybrid shells of carbonized polyaniline/Mn$_2$O$_3$ as non-precious efficient oxygen reduction reaction catalyst[J]. ACS Applied Materials & Interfaces, 2016, 8(9): 6040-6050.

[75] Vigil J A, Lambert T N, Eldred K. Electrodeposited MnO$_x$/PEDOT composite thin films for the oxygen reduction reaction[J]. ACS Applied Materials & Interfaces, 2015, 7(41): 22745-22750.

[76] Lee D G, Kim S H, Joo S H, et al. Polypyrrole-assisted oxygen electrocatalysis on perovskite oxides[J]. Energy & Environmental Science, 2017, 10(2): 523-527.

[77] Liang Y, Wang H, Diao P, et al. Oxygen reduction electrocatalyst based on strongly coupled cobalt oxide nanocrystals and carbon nanotubes[J]. Journal of the American Chemical Society, 2012, 134(38): 15849-15857.

[78] Liang Y, Wang H, Zhou J, et al. Covalent hybrid of spinel manganese-cobalt oxide and graphene as advanced oxygen reduction electrocatalysts[J]. Journal of the American Chemical Society, 2012, 134(7): 3517-3523.

[79] Cheng H, Xu K, Xing L, et al. Manganous oxide nanoparticles encapsulated in few-layer carbon as an efficient electrocatalyst for oxygen reduction in alkaline media[J]. Journal of Materials Chemistry A, 2016, 4(30): 11775-11781.

[80] Vigil J A, Lambert T N, Duay J, et al. Nanoscale carbon modified α-MnO$_2$ nanowires: highly active and stable oxygen reduction electrocatalysts with low carbon content[J]. ACS Applied Materials & Interfaces, 2018, 10(2): 2040-2050.

[81] Guo Z Y, Wang F M, Xia Y, et al. *In situ* encapsulation of core-shell-structured Co@Co$_3$O$_4$ into nitrogen-doped carbon polyhedra as a bifunctional catalyst for rechargeable Zn-air batteries[J]. Journal of Materials Chemistry A, 2018, 6(4): 1443-1453.

[82] Fu G T, Yan X X, Chen Y F, et al. Boosting bifunctional oxygen electrocatalysis with 3D graphene aerogel-supported Ni/MnO particles[J]. Advanced materials, 2018, 30(5): 1704609.

[83] Zhao A, Masa J, Xia W, et al. Spinel Mn-Co oxide in N-doped carbon nanotubes as a bifunctional electrocatalyst synthesized by oxidative cutting[J]. Journal of the American Chemical Society, 2014, 136(21): 7551-7554.

[84] Cheng H, Li M L, Su C Y, et al. Cu-Co bimetallic oxide quantum dot decorated nitrogen-doped carbon nanotubes: a high-efficiency bifunctional oxygen electrode for Zn-air batteries[J]. Advanced Functional Materials, 2017, 27(30): 1701833.

[85] Liu Z Q, Cheng H, Li N, et al. ZnCo$_2$O$_4$ quantum dots anchored on nitrogen-doped carbon nanotubes as reversible oxygen reduction/evolution electrocatalysts[J]. Advanced Materials, 2016, 28(19): 3777-3784.

[86] Liu H, Long W, Song W, et al. Tuning the electronic bandgap: an efficient way to improve the electrocatalytic activity of carbon-supported Co$_3$O$_4$ nanocrystals for oxygen reduction reactions[J]. Chemistry-A European Journal, 2017, 23(11): 2599-2609.

[87] He L, Wang Y, Wang F, et al. Influence of Cu$_2^+$ doping concentration on the catalytic activity of Cu$_x$Co$_{3-x}$O$_4$ for rechargeable Li-O$_2$ batteries[J]. Journal of Materials Chemistry A, 2017, 5(35): 18569-18576.

[88] Jijil C P, Lokanathan M, Chithiravel S, et al. Nitrogen doping in oxygen-deficient Ca$_2$Fe$_2$O$_5$: a strategy for efficient oxygen reduction oxide catalysts[J]. ACS Applied Materials & Interfaces, 2016, 8(50): 34387-34395.

[89] Lambert T N, Vigil J A, White S E, et al. Understanding the effects of cationic dopants on α-MnO$_2$ oxygen reduction reaction electrocatalysis[J]. Journal of Physical Chemistry C, 2017, 121(5): 2789-2797.

[90] Cheng F Y, Zhang T R, Zhang K, et al. Enhancing electrocatalytic oxygen reduction on MnO$_2$ with vacancies[J]. Angewandte Chemie International Edition, 2013, 125(9): 2534-2537.

[91] Zhang T R, Cheng F Y, Du J, et al. Efficiently enhancing oxygen reduction electrocatalytic activity of MnO$_2$ using facile hydrogenation[J]. Advanced Energy Materials, 2015, 5(1): 1400654.

[92] Du J, Zhang T R, Cheng F Y, et al. Nonstoichiometric perovskite CaMnO$_{3-\delta}$ for oxygen electrocatalysis with high activity[J]. Inorganic Chemistry, 2014, 53(17): 9106-9114.

[93] Wang J, Liu D F, Qi X K, et al. Insight into the effect of CaMnO$_3$ support on the catalytic performance of platinum catalysts[J]. Chemical Engineering Science, 2015, 135: 179-186.

[94] Hwang J, Rao R R, Giordano L, et al. Perovskites in catalysis and electrocatalysis[J]. Science, 2017, 358(6364): 751-756.

[95] Suntivich J, Gasteiger H A, Yabuuchi N, et al. Design principles for oxygen-reduction activity on perovskite oxide catalysts for fuel cells and metal-air batteries[J]. Nature Chemistry, 2011, 3(7): 546.

[96] Wei C, Feng Z X, Scherer G G, et al. Cations in Octahedral Sites: a descriptor for oxygen electrocatalysis on transition-metal spinels[J]. Advanced Materials, 2017, 29(23): 1606800.

[97] Grimaud A, Diaz-Morales O, Han B, et al. Activating lattice oxygen redox reactions in metal oxides to catalyse oxygen evolution[J]. Nature Chemistry, 2017, 9(5): 457-465.

[98] Suntivich J, Hong W T, Lee Y L, et al. Estimating hybridization of transition metal and oxygen states in perovskites from Ok-edge x-ray absorption spectroscopy[J]. Journal of Physical Chemistry C, 2014, 118(4): 1856-1863.

[99] Chen D J, Wang J, Zhang Z B, et al. Boosting oxygen reduction/evolution reaction activities with layered perovskite catalysts[J]. Chemical Communications, 2016, 52(71): 10739-10742.

[100] Yan L T, Lin Y, Yu X, et al. $La_{0.8}Sr_{0.2}MnO_3$-based perovskite nanoparticles with the A-site deficiency as high performance bifunctional oxygen catalyst in alkaline solution[J]. ACS Applied Materials & Interfaces, 2017, 9(28): 23820-23827.

[101] Liu J J, Liu H C, Wang F, et al. Composition-controlled synthesis of $Li_xCo_{3-x}O_4$ solid solution nanocrystals on carbon and their impact on electrocatalytic activity toward oxygen reduction reaction[J]. RSC Advances, 2015, 5(110): 90785-90796.

[102] Tominaka S, Ishihara A, Nagai T, et al. Noncrystalline titanium oxide catalysts for electrochemical oxygen reduction reactions[J]. ACS Omega, 2017, 2(8): 5209-5214.

[103] Petrie J R, Cooper V R, Freeland J W, et al. Enhanced bifunctional oxygen catalysis in strained $LaNiO_3$ perovskites[J]. Journal of the American Chemical Society, 2016, 138(8): 2488-2491.

[104] Lee D, Jacobs R, Jee Y, et al. Stretching epitaxial $La_{0.6}Sr_{0.4}CoO_{3-\delta}$ for fast oxygen reduction[J]. Journal of Physical Chemistry C, 2017, 121(46): 25651-25658.

[105] Indra A, Menezes P W, Sahraie N R, et al. Unification of catalytic water oxidation and oxygen reduction reactions: amorphous beat crystalline cobalt iron oxides[J]. Journal of the American Chemical Society, 2014, 136(50): 17530-17536.

[106] Li C, Han X, Cheng F, et al. Phase and composition controllable synthesis of cobalt manganese spinel nanoparticles towards efficient oxygen electrocatalysis[J]. Nature Communications, 2015, 6(1): 7345.

[107] Wang Y, Ding W, Chen S, et al. Cobalt carbonate hydroxide/C: an efficient dual electrocatalyst for oxygen reduction/evolution reactions[J]. Chemical Communications, 2014, 50(98): 15529-15532.

[108] Wu G, Wang J, Ding W, et al. A strategy to promote the electrocatalytic activity of spinels for oxygen reduction by structure reversal[J]. Angewandte Chemie International Edition, 2016, 55(4): 1340-1344.

[109] Yang N, Wang J, Wu G, et al. Density functional theoretical study on the effect of spinel structure reversal on the catalytic activity for oxygen reduction reaction[J]. Scientia Sinica Chimica, 2017, 47(7): 882-890.

[110] Kostuch A, Gryboś J, Indyka P, et al. Morphology and dispersion of nanostructured manganese-cobalt spinel on various carbon supports: the effect on the oxygen reduction reaction in alkaline media[J]. Catalysis Science & Technology, 2018, 8(2): 642-655.

[111] Kuo C H, Mosa I M, Thanneeru S, et al. Facet-dependent catalytic activity of MnO electrocatalysts for oxygen reduction and oxygen evolution reactions[J]. Chemical Communications, 2015, 51(27): 5951-5954.

[112] Pei D N, Gong L, Zhang A Y, et al. Defective titanium dioxide single crystals exposed by high-energy {001} facets for efficient oxygen reduction[J]. Nature Communications, 2015, 6(1): 8696.

[113] Li L, Wei Z, Li L, et al. *Ab initio* study of the first electron transfer of O_2 on MnO_2 surface[J]. Acta Chimica Sinica-Chinese Edition, 2006, 64(4): 287.

[114] Li L, Wei Z, Chen S, et al. A comparative DFT study of the catalytic activity of MnO$_2$ (2 1 1) and (2-2-1) surfaces for an oxygen reduction reaction[J]. Chemical Physics Letters, 2012, 539: 89-93.

[115] Xiao J W, Kuang Q, Yang S H, et al. Surface structure dependent electrocatalytic activity of Co$_3$O$_4$ anchored on graphene sheets toward oxygen reduction reaction[J]. Scientific Reports, 2013, 3: 2300.

[116] Han X P, He G W, He Y, et al. Engineering catalytic active sites on cobalt oxide surface for enhanced oxygen electrocatalysis[J]. Advanced Energy Materials, 2018, 8(10): 1702222.

[117] Ling T, Yan D Y, Jiao Y, et al. Engineering surface atomic structure of single-crystal cobalt(II) oxide nanorods for superior electrocatalysis[J]. Nature Communications, 2016, 7: 12876.

[118] Zhang X F, Zhang Y, Huang H D, et al. Electrochemical fabrication of shape-controlled Cu$_2$O with spheres, octahedrons and truncated octahedrons and their electrocatalysis for ORR[J]. New Journal of Chemistry, 2018, 42(1): 458-464.

[119] Li Q, Xu P, Zhang B, et al. Structure-dependent electrocatalytic properties of Cu$_2$O nanocrystals for oxygen reduction reaction[J]. Journal of Physical Chemistry C, 2013, 117(27): 13872-13878.

[120] Liu J, Jiang L H, Zhang T R, et al. Activating Mn$_3$O$_4$ by morphology tailoring for oxygen reduction reaction[J]. Electrochimica Acta, 2016, 205: 38-44.

[121] Peng L, Shen J, Zheng X, et al. Rationally design of monometallic NiO-Ni$_3$S$_2$/NF heteronanosheets as bifunctional electrocatalysts for overall water splitting[J]. Journal of Catalysis, 2019, 369: 345-351.

[122] Huang Y P, Miao Y E, Lu H Y, et al. Hierarchical ZnCo$_2$O$_4$@NiCo$_2$O$_4$ core-sheath nanowires: bifunctionality towards high-performance supercapacitors and the oxygen-reduction reaction[J]. Chemistry-A European Journal, 2015, 21(28): 10100-10108.

[123] Kim G P, Sun H H, Manthiram A. Design of a sectionalized MnO$_2$-Co$_3$O$_4$ electrode via selective electrodeposition of metal ions in hydrogel for enhanced electrocatalytic activity in metal-air batteries[J]. Nano Energy, 2016, 30: 130-137.

[124] Xue Y J, Miao H, Li B H, et al. Promoting effects of Ce$_{0.75}$Zr$_{0.25}$O$_2$ on the La$_{0.7}$Sr$_{0.3}$MnO$_3$ electrocatalyst for the oxygen reduction reaction in metal-air batteries[J]. Journal of Materials Chemistry A, 2017, 5(14): 6411-6415.

[125] Kim K W, Kim S M, Choi S, et al. Electroless Pt deposition on Mn$_3$O$_4$ nanoparticles via the galvanic replacement process: electrocatalytic nanocomposite with enhanced performance for oxygen reduction reaction[J]. ACS nano, 2012, 6(6): 5122-5129.

[126] Liu J J, Liu J Z, Song W W, et al. The role of electronic interaction in the use of Ag and Mn$_3$O$_4$ hybrid nanocrystals covalently coupled with carbon as advanced oxygen reduction electrocatalysts[J]. Journal of Materials Chemistry A, 2014, 2(41): 17477-17488.

[127] Li L Y, Shen L F, Nie P, et al. Porous NiCo$_2$O$_4$ nanotubes as a noble-metal-free effective bifunctional catalyst for rechargeable Li-O$_2$ batteries[J]. Journal of Materials Chemistry A, 2015, 3(48): 24309-24314.

[128] Li P X, Ma R G, Zhou Y, et al. *In situ* growth of spinel CoFe$_2$O$_4$ nanoparticles on rod-like ordered mesoporous carbon for bifunctional electrocatalysis of both oxygen reduction and oxygen evolution[J]. Journal of Materials Chemistry A, 2015, 3(30): 15598-15606.

[129] Wang X J, Li Y, Jin T, et al. Electrospun thin-walled CuCo$_2$O$_4$@C nanotubes as bifunctional oxygen electrocatalysts for rechargeable Zn-air batteries[J]. Nano letters, 2017, 17(12): 7989-7994.

[130] Xu J J, Xu D, Wang Z L, et al. Synthesis of perovskite-based porous La$_{0.75}$Sr$_{0.25}$MnO$_3$ nanotubes as a highly efficient electrocatalyst for rechargeable lithium-oxygen batteries[J]. Angewandte Chemie International

Edition, 2013, 52(14): 3887-3890.

[131] Ma T Y, Dai S, Jaroniec M, et al. Metal-organic framework derived hybrid Co_3O_4-carbon porous nanowire arrays as reversible oxygen evolution electrodes[J]. Journal of the American Chemical Society, 2014, 136(39): 13925-13931.

[132] Li T T, Xue B, Wang B W, et al. Tubular monolayer superlattices of hollow Mn_3O_4 nanocrystals and their oxygen reduction activity[J]. Journal of the American Chemical Society, 2017, 139(35): 12133-12136.

[133] Odedairo T, Yan X, Ma J, et al. Nanosheets Co_3O_4 interleaved with graphene for highly efficient oxygen reduction[J]. ACS Applied Materials & Interfaces, 2015, 7(38): 21373-21380.

[134] Boppella R, Lee J E, Mota F M, et al. Composite hollow nanostructures composed of carbon-coated Ti_3^+ self-doped TiO_2-reduced graphene oxide as an efficient electrocatalyst for oxygen reduction[J]. Journal of Materials Chemistry A, 2017, 5(15): 7072-7080.

[135] Devaguptapu S V, Hwang S, Karakalos S, et al. Morphology control of carbon-free spinel $NiCo_2O_4$ catalysts for enhanced bifunctional oxygen reduction and evolution in alkaline media[J]. ACS Applied Materials & Interfaces, 2017, 9(51): 44567-44578.

[136] Moni P, Hyun S, Vignesh A, et al. Chrysanthemum flower-like $NiCo_2O_4$-nitrogen doped graphene oxide composite: an efficient electrocatalyst for lithium-oxygen and zinc-air batteries[J]. Chemical Communications, 2017, 53(55): 7836-7839.

[137] Bikkarolla S K, Yu F, Zhou W, et al. A three-dimensional Mn_3O_4 network supported on a nitrogenated graphene electrocatalyst for efficient oxygen reduction reaction in alkaline media[J]. Journal of Materials Chemistry A, 2014, 2(35): 14493-14501.

[138] Manivasakan P, Ramasamy P, Kim J. Use of urchin-like $Ni_xCo_{3-x}O_4$ hierarchical nanostructures based on non-precious metals as bifunctional electrocatalysts for anion-exchange membrane alkaline alcohol fuel cells[J]. Nanoscale, 2014, 6(16): 9665-9672.

[139] Liu L L, Wang J, Hou Y Y, et al. Self-Assembled 3D foam-like $NiCo_2O_4$ as efficient catalyst for lithium oxygen batteries[J]. Small, 2016, 12(5): 602-611.

[140] Cao C, Wei L L, Su M, et al. "Spontaneous bubble-template" assisted metal-polymeic framework derived N/Co dual-doped hierarchically porous carbon/Fe_3O_4 nanohybrids: superior electrocatalyst for ORR in biofuel cells[J]. Journal of Materials Chemistry A, 2016, 4(23): 9303-9310.

第5章 碳基氧还原催化剂

5.1 引　　言

铂是世界上储量最为稀少的贵金属之一，全球已探明的铂储量约为 7 万 t，全球年产量 250 t（主要产自南非）。而铂金属每年在首饰、化工工业、玻璃制造、汽车行业等领域的销量就高达 200～300 t/a。若燃料电池等新能源技术的大范围推广，即使按照 0.125 g_{Pt}/kW 的技术水平（DOE 2025 年目标），全球预计会消耗掉 900 t(Pt)/a，是现有铂产量的 3～4 倍，全球将面临铂资源极度短缺的状态。因此，除了开发超低担载量 Pt 催化剂技术，如本书第 3 章所述，开发低成本、高活性且稳定的非贵金属燃料电池催化剂，摆脱或减轻对贵金属铂的依赖，对于燃料电池规模化应用至关重要（图 5-1）。

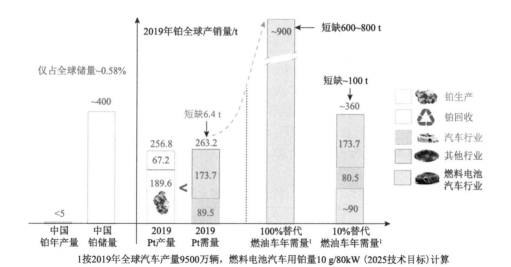

图 5-1　铂储量与燃料电池汽车铂需求量分析

碳材料具有优异的导电（热）性、高比表面积和耐酸碱性，廉价易得，广泛用于电化学能源物质转换等领域。例如，具有高强度、透光性和导电性的石墨烯碳材料是制造可弯曲和超高速电子器件的理想材料；商业化锂离子电池常采用碳粉作为电池负极材料。在燃料电池催化电极中，碳材料占比达到 70%～90%，被作为集流体、支撑基底、催化剂载体、气体扩散介质等多功能材料，是燃料电池中不可或缺的重要材料。碳基材料是如此重要，其应用是如此广泛，以致国际学术界于 1963 年创办了一本杂志——*CARBON*，专门研究碳及其衍生物。2019 年温州大学王舜教授又创刊了一本杂志——*CARBON ENERGY*。

1964 年，日本科学家 Jasinski 发现具有 Metal-N4 结构的酞菁含硝化合物具有在室温碱性氧还原催化活性[1]，开辟了氧还原催化剂非贵金属化的新方向。随后，科学家陆续发现 Fe 和 Co 为中心的卟啉、卡洛以及邻菲咯啉等金属大环结构具有氧还原催化活性[2]。然而，此类大环化合物电导率低、稳定性极差，催化过程中本身易发生分解，不具备实用性。1989 年，Yeager 等在 800℃的高温氩气环境中热解金属盐和含氮聚合物/小分子，制备获得具有高活性的金属氮碳类催化剂，大幅度提升了催化剂的导电性和氧还原的催化稳定性[3]。此后，Dai 等于 2009 年开发了一种垂直阵列结构的氮掺杂碳纳米管催化剂，氮掺杂碳（NC）材料 ORR 催化剂引起世界范围的研究热，至今兴盛不衰。目前，NC 催化剂在碱性介质中表现出与商业 Pt/C 媲美的活性与稳定性；Zelenay 等于 2011 年通过聚苯胺与铁钴的共热解，制备出酸性介质中催化氧还原半波电位仅落后 Pt/C 催化剂 60 mV 的金属氮碳催化剂，再次引起了燃料电池学界的广泛关注，激起了碳基燃料电池催化剂的研究热潮。

与此同时，美国能源部（DOE）发布的碳基燃料电池催化剂的发展指标，如表 5-1 所示[4]。2007 年，DOE 将体积（催化）活性列为碳基催化剂的主要指标，计划 2020 年体积电流密度达到 300 A/cm^3@0.8 V$_{IR\text{-}free}$。2015 年，碳基催化剂便提前实现了该目标，体积电流密度达到 450 A/cm^3@0.8 V$_{IR\text{-}free}$[5]。2016 年，DOE 将催化剂性能指标修改为面积电流密度（电池），并将其提高到 0.044 A/cm^2 @0.9 V$_{IR\text{-}free}$，即相同条件下 Pt 催化剂 2020 年活性目标的十分之一。

表 5-1　美国能源部 PGM-free 电催化剂的质子膜燃料电池测试标准和活性目标

年份	指标	单位	状态	目标
2007	体积电流密度	A/cm^3@0.8 V$_{IR\text{-}free}$	450（2015 年）	>130（2010 年） >300（2020 年）
2016	面积电流密度	A/cm^2@0.9 V$_{IR\text{-}free}$	0.027（2019 年）	0.044（2020 年）

5.2　碳基催化剂的分类

根据目前国内外碳基催化剂的研究现状来看，按照掺杂原子的不同或者形成活性中心结构的不同，碳基氧还原催化剂通常可分为非金属杂原子掺杂碳基催化剂与过渡金属掺杂类碳基催化剂。其中非金属原子包括与 C 电负性相差较大的 N、O、F、P 等，或者与 C 电负性相近的 S、Se 等；过渡金属则主要包括 Fe、Co、Mn 等。

1. 非金属杂原子掺杂碳基催化剂

实验和理论的研究表明，用杂原子（如 N，B，O，P，S，Cl，Se，Br 和 I）掺杂石墨烯基会引起电子的调制，进而调节 ORR 催化活性[6]。通常，掺杂原子会通过改变局部电子密度来形成催化活性中心[7]。众多掺杂元素中，氮元素具有比碳元素更强的电负性，可大幅度提高碳基材料的 ORR 的催化能力。氮掺杂碳中主要有五种掺杂类型，分别为石墨氮、吡啶氮、吡咯氮、腈氮和氧化氮。其中石墨氮、吡啶氮和吡咯氮最为普遍，石墨氮是以 sp^3 杂化取代石墨烯内部碳原子（键合三个碳原子）的方式掺杂，吡啶氮和吡咯氮是在石墨烯的边缘或内部碳缺陷边缘（键合两个碳原子）进行掺杂[8]。

2. 过渡金属掺杂类碳基催化剂

含过渡金属的氮掺杂碳材料一般统称为过渡金属氮掺杂碳催化剂（M-N-C），是通过热解各种过渡金属、碳源及氮源前驱体而得到的，过渡金属 M 可以是 Fe、Co、Mn、Ni、Cu 等。M-N-C 作为氧还原催化剂，始于对大环化合物的研究，它们具有共同的特征，即都含有金属-氮配位结构（M-N_x，x = 2 或 4）[9-11]。M-N-C 催化剂具有原料来源丰富、价格便宜、比表面积大、抗甲醇、在酸性条件下催化活性高等优点，但要完全取代贵金属 Pt 实现燃料电池商业化，尚需满足以下几个条件：①足够高的体积活性（大于 Pt 的十分之一）；②良好的传质性能；③工作条件下足够好的稳定性。前两个条件具有一定的相互依赖性，即只有足够高的体积活性，才能降低催化层的厚度，从而实现足够好的传质性能。同时它们也有独立的要求。其中，足够高的体积活性意味着 M-N-C 材料应具有以下两个特点：①单个活性位点的本征活性足够高。理论计算表明单个 Fe-N_x 活性位点的活性与贵金属 Pt 相当，从这个角度来说，M-N-C 材料完全具有达到与 Pt 相当活性的潜力[12,13]。②单位体积内具有足够多的可利用活性位点。这可以从两个方面来实现：第一，增大碳材料比表面积，为反应提供足够数目的活性位；第二，增大单位面积上的活性位密度[14]。

过渡金属掺杂类碳基催化剂的突破是在 20 世纪 70 年代，当时发现对金属 N_4 大环（负载在碳上）进行热处理不仅可以提高其对 ORR 的活性，还可以提高其在酸性电解质中的稳定性[15]。之后 Gupta 等[3]通过在惰性气体中对与过渡金属盐和高面积碳混合的聚丙烯腈（polyacrylonitrile，PAN）进行热处理制备出 PAN 基催化剂，在碱性和酸性电解质中表现出了相当可观的 ORR 活性。

5.3　碳基催化剂发展现状

目前碳基催化剂在氧还原方面的研究已经取得了巨大突破，在酸性和碱性溶液中已具有与铂基催化剂相当的氧还原催化活性。在碳基氧还原催化剂中，M-N-C（M=Fe、Co、Mn）在酸性介质中表现出最优的活性和稳定性。特别是，含原子分散 FeN_4 基团的 Fe-N-C 催化剂在水溶液中表现出接近于 Pt 的活性，并且在质子交换膜燃料电池（PEMFCs）中也表现出与 Pt 相当的活性。

在质子交换膜燃料电池中，早在 2011 年 Zelenay 团队用聚苯胺作为碳氮模板的前驱体高温合成了含有铁和钴的催化剂 PANI-FeCo-C，此催化剂具有出色的稳定性（在 0.4 V 的燃料电池电压下，连续运行了 700 h）和 4 电子选择性（过氧化氢收率<1.0%）[16]。后来，他们课题组用双氮源的方法合成了多级孔结构的 Fe-N-C 催化剂，在 H_2/空气燃料电池中功率密度达到 0.39 W/cm^2，在 H_2/O_2 燃料电池中功率密度可以达到 0.94 W/cm^2[17]。Proietti 等[18]通过使用金属有机框架作为铁和氮前驱体的主体合成的非贵金属催化剂，具有增大的体积活性和增强的传质性能，在 0.6 V 时的功率密度为 0.75 W/cm^2，与同状态下的铂基催化剂相当。近几年，M-N-C 催化剂在燃料电池中的功率密度取得了突破性的进展，李亚栋团队合成的双金属活性位的（Fe,Co)/N-C 催化剂在 H_2/O_2 燃料电池中的功率密度达到 0.98 W/cm^2，H_2/空气燃料电池中功率密度达到 0.50 W/cm^2 并且可以稳定运行 100 h[19]；孙世刚团队合成了 S 掺杂的 Fe-N-C 催化剂，其在 H_2/O_2 燃料电池中的功率密度达到 1.05 W/cm^2[20]；武刚等研究了高活性原子分散的 Fe-N-C 催化剂在 H_2/O_2 条件、0.87 $V_{IR-free}$ 电压下，其电流密度达到 0.044 A/cm^2，与 DOE 制定的标准 0.9 V 只相差 30 mV，此催化剂在 H_2/空气燃料电池中功率密度达到 0.36 W/cm^2[21]。后来，武刚课题组相继合成出了具有高活性原子分散的 Co-N-C 催化剂和 Mn-N-C 催化剂，在 H_2/O_2 燃料电池中功率密度可以分别达到 0.87 W/cm^2 和 0.46 W/cm^2[22]。值得注意的是，该 Co-N-C 稳定性要显著优于 Fe-N-C 催化剂。魏子栋课题组用 Fe-N-C 催化剂作为空气阴极 ORR 催化剂，在 H_2/O_2 质子交换膜燃料电池中功率密度已经超过 1.1 W/cm^2[23]。水江澜等合成了一种高活性位密度的 Fe-N-C 催化剂，其在 H_2/O_2 燃料电池中功率密度可以达到 1.18 W/cm^2，H_2/空气燃料电池中功率密度达到 0.42 W/cm^2[24]。

在阴离子交换膜燃料电池中，碳基催化剂同样也取得了一些进展，但是由于目前碱性膜的应用还不成熟，在碱性介质中碳基催化剂的 ORR 过程比在酸性中快，所以关于碳基催化剂在碱性燃料电池中的研究较少。目前碳基氧还原催化剂在碱性溶液中的 ORR 活性普遍高于 Pt/C，但是其在阴离子交换膜中活性和稳定性都还难以让人满意。Joo 等用 SiO$_2$ 保护法合成了 Fe-N-C 催化剂，其在碱性 H$_2$/O$_2$ 燃料电池中的功率密度为 0.38 W/cm^2[25]；张新波等合成了一种具有介孔碳微球结构的 Fe-N-C 催化剂，电池功率密度达到 0.506 W/cm^2[26]；庄林课题组用 Fe-N-C 催化作为阴极，电池功率密度达到 0.485 W/cm^2；[27]魏子栋课题组用 Fe-N-C 催化剂作为阴极氧还原催化剂，其在阴离子交换膜燃料电池中功率密度已经超过 1 W/cm^2[28]。最近，美国南卡罗来纳大学 Mustain 等开发了 Fe-N-C 阴极，在阴离子交换膜燃料电池（AEMFC）的 H$_2$/O$_2$ 峰值功率密度超过 2 W/cm^2，在 H$_2$/空气达到 1 W/cm^2，并且在 0.1 A 条件下工作时间超过 150 h[29]；魏子栋课题组所开发的非贵金属阴极碱性膜电极，输出功率同样取得了 H$_2$/空气峰值功率大于 1.1 W/cm^2 的突破。

总体来说，对于目前碳基催化剂在燃料电池中的功率密度已经能与铂基催化剂相媲美，而在燃料电池中稳定性成为制约其实际应用的瓶颈。目前，需要重点研究碳基催化剂在燃料电池中的衰减机理，解决碳基催化剂在燃料电池中的稳定性和耐久性问题。

5.3.1　主要科学问题和技术瓶颈

碳基催化剂的研究虽然已经取得了巨大突破，但在催化机理理解、活性位点调控、高活性催化剂的制备和应用等方面仍存在许多挑战。碳基氧还原催化剂由于活性位的产生依赖于掺杂原子和缺陷位的数量，且自身的比表面积大，活性位点主要聚集在催化剂表面的微孔中，故存在活性不高、活性位密度低以及利用率低等缺点。杂原子掺碳催化剂组成的膜电极，为了满足燃料电池一定的输出功率，势必提高催化剂的载量并导致催化层厚度过厚，其厚度约为 100 μm，为铂碳催化层厚度的 10 倍，严重影响膜电极传质能力[30-34]。

存在的挑战具体有：

（1）低的活性位点密度、不充分的稳定性以及不良的三相界面是碳基催化剂面临的最大挑战[35]。

（2）碳基催化剂含有多种碳相和金属物质，限制对其活性成分的研究和理解。

（3）碳基催化剂的合成一般需经历高温热处理，这使得其化学结构难以控制、纳米结构不均一，影响其在 MEA 中的活性[36,37]。

（4）M-N-C 催化剂在实际 MEAs 中的性能与商业 Pt/C 相比仍有很大差距，尽管活性和稳定性得到了提高，但在酸性 MEAs 中，尚没有任何一种碳基催化剂在 0.9 $V_{IR-free}$ 条件下面积电流密度超过 0.044 A/cm^2 的 DOE 活性目标[20,38]。

（5）有限的耐久性对于 M-N-C 催化剂仍然是一个巨大的挑战，对衰减机理的理解是解决稳定问题的基础。目前，已经有 M-N-C 催化剂在燃料电池中 0.4 V 条件可稳定运行 700 h，然而，在更实用的电压（大于 0.6 V）条件下，其性能会发生快速的衰减[16,18]。

（6）碳基催化剂催化层较厚，导致低效的传质和电荷传输，限制了它们在MEAs 中的活性和稳定性[39]。如何构造催化剂有效多级孔结构十分重要，即将主要产生活性位的微孔，与利于气、液传质的介孔和大孔贯通，提高微孔中活性位的利用率、优化强化催化层中的气、液传质效率[40]。

目前，提升碳基催化剂性能的策略包括：

（1）构建具有最优活性的活性位结构；

（2）构筑具有高密度的微孔，提高活性位的数量与密度；

（3）同步构筑介孔和大孔，形成分级结构，强化传质的同时提高微孔中活性位的利用率。

本章将从催化剂的活性位结构的角度，围绕过渡金属氮碳催化剂、氮掺杂碳基催化剂以及其他掺杂类碳基催化剂，重点讨论分析活性位的确认、活性机理探究、活性位可控制备策略以及稳定性失活机理。通过设计多级孔结构全面优化活性位结构、密度以及匹配强化扩散传质，提升碳基催化剂多孔电极催化效率将在第 6 章中重点讨论。碳基氧还原催化剂在燃料电池中的应用已经取得了一些进展，催化剂在燃料电池中的功率密度达到 1 W/cm^2 以上了，但是要最终实现商业化，提高稳定性是首要的任务。

5.3.2　碳基催化剂活性中心认识

碳基氧还原催化剂的研究，主要集中在确定活性位结构、增加活性位数量或密度、提高活性位的利用率、构建多级孔结构提升传质效率以及增强耐腐蚀性和稳定性等几个方面。其中确定催化剂的有效活性中心的结构，是理性设计和制备催化剂的关键。通过热解 M、N、C 前驱体方法制备金属氮碳类催化剂，其热解条件、前驱体类型及其不可控的热解重构，均导致产物形貌、结构、性能的差异。由多种掺杂结构和活性位中心的共同存在，导致催化机理尚不十分明确。

碳骨架中引入任何杂原子，总会不同程度地提高其催化活性，但决定活性高低以及其产生活性不同的本质原因还并不清楚。许多研究致力于探究杂原子掺杂产生 ORR 活性的机制，以期更好地指导制备出具有更高活性的掺杂碳基催化剂。

目前大多数碳基催化剂都存在氮掺杂，无金属掺杂的 N 掺杂碳材料中主要存在吡啶氮（pyridinic N）、吡咯氮（pyrrolic N）和石墨氮（graphite N）三种掺 N 形式，另外还有少量的腈氮（nitrile N）和氧化氮（oxide N）。其中季铵氮（QN）和平面氮（PN）被认为是活性中心。后来又有人观察到，碳基材料中缺陷也是 ORR 的活性位点，缺陷活性位点的研究成为碳基催化剂研究的热点。对于有金属的氮掺杂催化剂，大多数人认为活性位点是 FeN_x，但是哪种 N 的配位数是真正的活性位点，存在很多争议，目前大多数人证明了 FeN_4 是活性位点，但是还需要进一步证实。而对于催化剂活性的调控，魏子栋、李莉等提出调控 ORR 催化活性的"三重效应联合调控"理论[41]。他们揭示：最有效的调节是同时具备"电荷、配位和自旋"三重效应的边沿位掺杂。

为进一步研究碳基催化剂的活性位点结构和性质，可采用的检测手段包括：像差校正的扫描透射电子显微镜（aberration-corrected scanning transmission electron microscopy，AC-STEM）、电子能量损失谱（electron energy-loss spectroscopy，EELS）、X 射线吸收光谱（X-ray absorption spectroscopy，XAS）、穆斯堡尔谱（Mössbauer spectroscopy）、核共振振动光谱（nuclear resonance vibrational spectroscopy，NRVS）、高能电子探测的 EXFAS、飞行时间二次离子质谱（TOF-SIMS）以及离子/分子探针（CN—，SCN—）等。这些方法均是表征材料体相或近表面信息的有效手段，可有效了解催化剂的表界面结构信息。其中常用到的穆斯堡尔谱是材料体相检测技术，通过探究[57]Fe 原子核能量微小变化分析 Fe 的配位类型和价态；XAS 可用于检测材料的体相和表面性质；NRVS 则可以探测特定单元如 Fe 掺杂单元的振动模式。

1. N 掺杂碳基催化剂活性位点认识

碳基 ORR 催化剂中氮掺杂是目前研究最广泛的掺杂方式，这不仅是由于氮掺杂过程简单易行，还因为氮掺杂碳材料活性和稳定性都较高。氮原子因具有一对孤对电子、较大的电负性及适当的原子半径（与碳原子半径相似），适用于碳材料的掺杂。一般来说，N 掺杂碳材料中主要存在吡啶氮、吡咯氮和石墨氮三种掺 N 形式，另外还有少量的腈氮和氧化氮，它们各自的结构如图 5-2 所示（以氮掺杂石墨烯为例）。其中，吡啶氮和吡咯氮是在石墨烯边缘或者内部缺陷进行 C 的取代，使一个 N 与两个 C 相连，差别在于前者属于六元环，后者属于五元环，这两种掺氮形式的结构相似。石墨氮则是在石墨烯内部进行 C 的取代，使一个 N 与三个 C 相连。根据 C—N 的形成结构和杂化形式可以发现吡啶氮和吡咯氮属 sp^2 杂化，具有平面结构；而石墨氮则为 sp^3 杂化，具有一定凸起的三维结构。

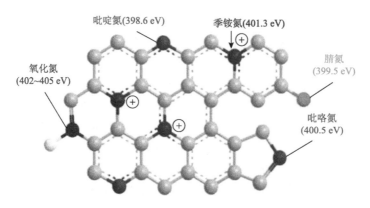

图 5-2　氮在石墨烯结构中掺入位置以及相应的结合能数据

Gong 等[42]采用高温热解酞菁亚铁的方法制备氮掺杂碳纳米管阵列（VA-NCNT），碱性条件下其半波电位与 Pt/C 相当，却远高于未掺杂的碳纳米管（VA-CCNT），且前者表现为 4 电子的过程，后者则为 2 电子过程。他们认为氮掺杂以后，由于 N 与 C 原子间电负性差异，导致电负性较大的 N（3.04）抢夺电负性小的 C（2.55）的电子，因此带正电的碳成为氧气的吸附位点。掺杂前后，O—O 键的键和方式也发生了改变：从端式的强吸附变为桥式吸附；同时这样增加了 4 电子步骤的选择性。因此，相比于未掺杂时的碳纳米管，VA-NCNT 展现了与 Pt/C 类似的氧还原活性。关于 N 掺杂以后吸附位点的确定，许多课题组也做了相关的理论计算，Zhang 等[43]认为只有 C 原子上所带正电荷大于 0.15 时才有可能成为 O_2 的吸附位点，这意味着只有邻近 N 的 C 才有可能成为反应活性位点，而离 N 较远的 C 受 N 的影响较小，所带电荷较少，仍然表现为化学惰性。

氮掺杂碳材料在氧还原反应中表现出很高的电催化活性。然而，关于 N 掺杂以后吸附位点的争论一直存在，一种观点认为活性位点主要是吡啶氮，另外一种则认为是石墨氮。Matter 等[44]认为吡啶氮可以促进掺杂碳纳米结构边缘位的暴露，从而提高其 ORR 活性。通过理论计算，Zhang 等[43]认为，吡啶氮掺杂可以在石墨烯中引入正的自旋密度和非对称的电荷密度，这是其具有高 ORR 催化活性的原因。另一种观点认为石墨氮才能有效提高掺杂石墨烯的氧还原活性。Ikeda 团队[45]通过密度泛函理论计算比较了 O_2 在不同 N 掺杂石墨烯上的吸附强度发现：O_2 易于在石墨氮掺杂石墨烯（GNG）上发生吸附，而在吡啶氮掺杂石墨烯（PNG）上难以吸附，由此得到 GNG 的活性更高。此外，Boukhvalov 等[46]构建了 GNG 模型，对不同氮掺杂浓度的石墨烯的 ORR 活性进行探究，得出低浓度掺杂石墨烯（约 4 at%）具有比 Pt 表面更低的反应能垒。

基于上述争论，魏子栋课题组[47]采用密度泛函理论对不同掺杂量的 PNG 和

GNG 的氧还原活性进行理论研究,通过考察两类材料的导电性和催化氧还原的热力学性质确定其催化氧还原活性。通过能带结构分析表明, 石墨氮掺杂石墨烯（GNG）的导电性随掺 N 量的增加而降低；吡啶氮掺杂石墨烯（PNG）的导电性则随掺 N 量的增加先提高后降低, 当 N 掺杂浓度达到 4.2%（原子百分数）时, PNG 具有最优导电性, 且当 N 掺杂浓度大于 1.4%时, PNG 的电导率总是高于 GNG。氧还原自由能阶梯曲线发现 O_2 的质子化是整个氧还原过程的潜在控制步骤。在同等氮掺杂浓度下, O_2 的质子化自由能变在 GNG 上低于在 PNG 上, 意味着若在同等电子传输能力的情况下, GNG 具有比 PNG 更优异的催化活性。进一步分析发现：当 N 掺杂浓度低于 2.8%时, GNG 和 PNG 导电性差异小, 其催化 ORR 活性由 O_2 质子化反应难易程度决定, GNG 的催化活性优于 PNG；当 N 掺杂浓度高于 2.8%时, 氮掺杂石墨烯的电子传输性能（导电性）成为决定催化剂 ORR 活性的主要因素, 因此 PNG 表现出较 GNG 更高的活性。魏子栋等注意到, 不同的结构形式会对不同类型的氮产生特异性影响。例如, 吡啶氮和吡咯氮具有平面结构, 仍然保持 sp^2 杂化, 因而氮掺杂没有改变石墨烯离域大 π 键结构, 电子在吡啶氮和吡咯氮平面内是离域化的, 任何活性中心需要的电子, 整个平面内自由电子都可送达；而石墨氮为三维（3D）结构, 电子是局域化的, 活性中心只能接收局域内的电子, 而不能接收局域外的电子。因此, 具有平面结构的吡啶氮和吡咯氮更有利于电子的传输。同时, 他们提出二维限域空间调控分子构型策略（图 5-3）, 通过二维层间材料的层距限域效应, 在高温碳化时 3D 结构的石墨氮转化为 2D 结构的高吡啶氮和吡咯氮平面氮掺杂的构型, 具有更高的 ORR 活性, 并进一步揭示了"氮掺杂石墨烯的分子结构、金属配位-电导率-电催化活性"间的内在关系[48]。此外, Su 团队提出对比其他类型氮基修饰的碳纳米管, 吡啶氮修饰的碳纳米管位点具有最强的路易斯碱度[49]。Nakamura 团队通过密度泛函理论（DFT）和局部扫描隧道显微镜/光谱（STM-STS）阐明了吡啶氮配位的碳原子在靠近费米能级下存在一定的局域电子态密度[50], 因此, 由于电子对的赠予, 该配位的碳原子可以表现为路易斯碱性。之后, Nakamura 团队设计了具有明确 π 共轭和精确控制含量的氮掺杂的石墨烯（高取向热解石墨, HOPG）模型催化剂来表征不同的 ORR 活性位点, 如吡啶氮位点, 石墨氮位点等。研究发现吡啶氮是生成 ORR 活性位点的主要原因, 在半电池测试中吡啶氮型氧还原活性显著高于石墨氮型（图 5-4）。通过对反应前后的催化剂进一步表征, 推断氧还原活性位点为吡啶氮毗邻的碳原子[34]。因此, 氮掺杂材料氧还原活性位点是邻近吡啶氮具有路易斯碱性的碳原子。然而, 与氮毗邻的碳原子是贫电子状态, 且氮原子的路易斯碱性或更强于碳原子。或者说, 路易斯酸碱理论并不适合 ORR 机理的解释。

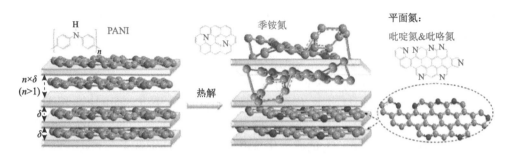

图 5-3　NG 合成过程在 MMT 层间/外选择性生长

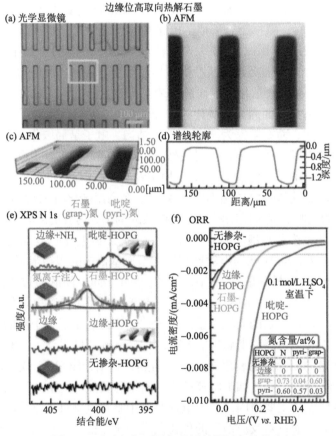

图 5-4　吡啶氮与石墨氮的活性测试与性能表征

　　一般来说，半金属和半导体材料的电子传输能力可以由导电性来表征，而导电性又与能带结构的带隙密切相关，即材料具有的带隙越大，导电性越低，反之则导电性越高。因此，可以通过分析能带结构的带隙来判断这些材料的导电性。

图 5-5 为典型的石墨烯能带结构，石墨烯价带和导带间没有发生重叠却相交于狄拉克点，表现出无带隙的特征，这表明石墨烯具有半金属性质。该能带结构是由于石墨烯中 C 原子的两个 p 轨道和一个 s 轨道通过 sp^2 杂化形成二维平面上无限延展的骨架结构，剩余的 p_z 轨道相互重叠形成大的离域 π 轨道和相应的 π^* 轨道，p_z 轨道上的未成对的电子则填充于 π 轨道上，π^* 轨道刚好形成空带。图 5-5（b）

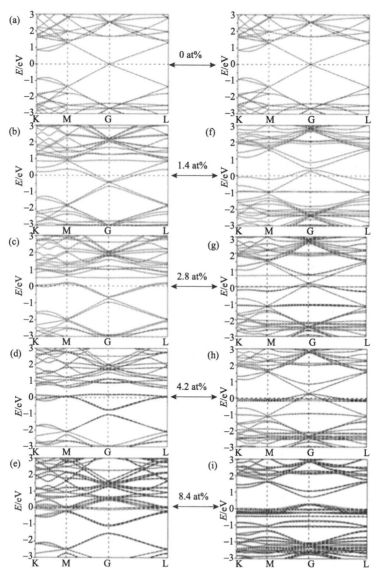

图 5-5　本征石墨烯（a）和具有不同掺 N 含量的 GNG（b）～（e）和 PNG（f）～（i）的能带结构图

和（f）分别为本征石墨烯中掺入 1.4 at% 的石墨氮（GNG）和吡啶氮（PNG）后的能带结构，与本征石墨烯的能带结构相比都发生了较大的变化。图中可以看到 GNG 的费米能级上移穿越导带，为 n 型掺杂，但并未出现带隙。PNG 正好相反，其费米能级下移穿越价带，为 p 型掺杂，且此时能带结构被打开，出现了带隙，该结果与已有报道一致。上述差异是由于掺杂 N 原子所处环境不同造成的。GNG 中 N 原子以 sp^3 杂化与周围 C 原子成键，其相比于 C 多出的一个电子填充到 π^* 轨道，使电子成为多数载流子。PNG 中，N 原子也与邻近 C 原子成键，且形成一对孤对电子，多出的一个未成对电子填充到 π 轨道，而由于缺陷位中 C 原子的缺失以致 π 电子的减少，使空穴成为多数载流子。随着 N 含量的增加，其能带结构变化如图 5-5（c）～（e）和（g）～（i）所示，图中黑色曲线表示自旋向上的能带，红色曲线表示自旋向下的能带。GNG 能带结构中费米能级附近的能带随着 N 含量的增加逐渐被打开，带隙增加，导电性降低。从能带结构还可以发现石墨 N 掺杂除了增加了石墨烯带隙值外，对其电子结构影响并不显著。即石墨 N 掺杂后，其自旋向上和自旋向下的能带仍保持基本重合，仅当 N 含量达到 8.4 at% 时，才在费米能级附近出现了并不完全重合的能级，这是由于 N 上较多的未成对电子引起的。对于 PNG 而言，带隙先随 N 含量的增加而逐渐减小；在 N 含量约为 4.2 at% 时具有最小值（接近 0），即导电性最高；随后带隙随着 N 含量的增加而增加。值得注意的是当 N 含量为 2.8 at% 时，PNG 费米能级附近就开始出现自旋向上和自旋向下不完全重叠的能级，这表明吡啶氮对石墨烯电子结构的影响更大。带隙值随 N 含量变化曲线显示，与本征石墨烯相比，N 原子的掺杂会打开石墨烯的带隙，降低导电性。但 GNG 的导电性随 N 含量的增加而降低；而 PNG 导电性则随 N 含量的增加呈现先提升后降低的趋势。比较 PNG 和 GNG 导电性可以发现 N 含量小于 2.8 at% 时，GNG 导电性高于 PNG；当 N 含量大于 2.8 at% 后，PNG 则具有较 GNG 更高的导电性。

　　不考虑催化剂导电性质的催化氧还原反应的本征活性可以通过热力学计算氧还原反应基元步骤获得。如图 5-6 所示，平衡电位下，O_2 的质子化和氧物种的质子化在 PNG 和 GNG 上的自由能变化均表现阶梯向上，为非自发过程；且 O_2 的质子化自由能变要明显大于氧物种的质子化自由能变。具有最大自由能变的基元反应是潜在控制步骤，也是电催化反应的速度控制步骤，据此可以认为 O_2 的质子化步骤是整个 ORR 过程的速度控制步骤，且可以通过比较 GNG 和 PNG 上 O_2 的质子化过程的自由能变来判断其催化 ORR 的能力。如图 5-7 所示，GNG 上 O_2 质子化自由能变为 0.921 eV，低于 PNG 上该过程的自由能变（2.037 eV），说明若 GNG 和 PNG 在同等电子传输能力的情况下，GNG 具有较 PNG 更高的 ORR 活性。

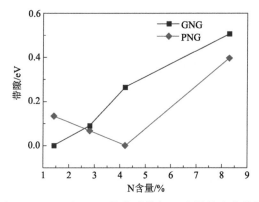

图 5-6　GNG 和 PNG 的能隙值与 N 含量的变化曲线

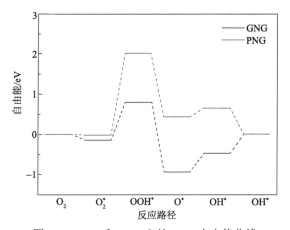

图 5-7　GNG 和 PNG 上的 ORR 自由能曲线

　　分别分析 GNG 和 PNG 的导电性和氧还原热力学数据发现了两种截然不同的结论。导电性分析发现，N 含量高于 2.8 at%时，PNG 的导电性要高于 GNG；热力学氧还原自由能曲线发现若 GNG 与 PNG 具有相同的电子传输能力，GNG 的 ORR 活性要高于 PNG。上述两个矛盾的结论或许是对于不同的掺氮形态在 ORR 过程中所起的作用存在争论的直接原因。如图 5-8 所示，不同 N 含量下，N 掺杂石墨烯的导电性与其本身催化 ORR 能力对其催化活性的影响大小不同。当 N 含量低于 2.8%时，GNG 和 PNG 导电性差异小，其催化 ORR 活性由 O_2 质子化反应难易程度决定，GNG 的催化活性优于 PNG；当 N 含量高于 2.8%时，GNG 和 PNG 的导电性差异变大，N 掺杂石墨烯的电子传输性能成为决定其 ORR 活性的主要因素。由于高 N 含量下，PNG 的导电性高于 GNG，因此 PNG 具有更高的催化活性。当 N 含量进一步增大，掺杂石墨烯的电子传输性能会急剧下降，导电性对其 ORR 活性的影响将更加明显。

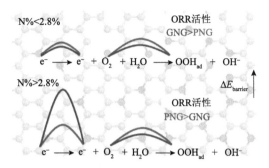

图 5-8　GNG 和 PNG 相对氧还原活性随 N 含量的变化示意图

上述结论也得到了文献实验的印证。表 5-2 列出了近年来关于活性位点的争论的相关文献，可以发现大多数认为石墨氮掺杂具更优催化活性的文献，其 N 含量都较低。其中，Niwa 等[51]采用 X 射线吸收谱观察到含石墨氮（低于 1 at%）较多的掺 N 石墨烯具有比含吡啶氮（约 1.2 at%）较多的掺 N 石墨烯更高的氧还原活性。Geng 等发现不同温度下进行气相沉积（CVD）法制备的掺 N 石墨烯，其石墨氮含量与其 ORR 活性间呈正相关关系。然而其石墨氮最高含量仅为 0.39 at%。相比而言，认为吡啶氮具更优的催化活性的文献，其 N 含量都较高。Rao 等合成不同 N 含量的碳纳米管，发现吡啶氮（5.2 at%）掺杂纳米管的 ORR 活性要高于石墨氮（5.7 at%）掺杂纳米管。

表 5-2　各氮掺杂碳材料中氮掺杂形式的分布和相应的活性氮形式

	催化剂名称	PN[a] 的含量	GN[b] 的含量	总氮含量	活性氮位点	参考文献
1	CoPc-ph-900	—	—	0.80	GN	[86]
2	NCNT-800	～2.00	～0.70	～3.00	GN	[87]
3	PDI-900	0.56	1.40	1.98	GN	[88]
4	N-graphere (900)	2.41	0.39	2.80	GN	[89]
5	CNT$_{PMVI}$	5.60	2.80	8.40	PN	[90]
6	rGS	2.01	1.93	4.70	PN	[81]
7	VA-NCNT	—	—	4.00～6.00	PN	[87]
8	NG@MMT	4.24	0.46	4.7	PN	[80]

a 平面氮含量，原子百分数；b 石墨氮含量，原子百分数。

魏子栋等采用蒙脱土作为限域模板合成含 N 量为 4.5 at%左右的 N 掺杂石墨烯，其中吡啶氮占总氮含量 90 at%以上，其表现出来的 ORR 活性要远远高于总含氮量相近（4.6 at%）却含有较高石墨氮（占总氮约 40 at%）的掺杂石墨烯的活性。Guo 等[34]研究者则采用模型催化制备了总氮含量相近，吡啶氮和石墨氮

分别占 95%和 82%的吡啶氮掺杂和石墨氮掺杂的高度有序的热解石墨烯催化剂
（pyri-HOPG，grap-HOPG）。同时制备了无掺杂以及具有外边缘且无 N 掺杂的石
墨烯催化剂（clean-HOPG，edge-HOPE）进行比对确认。酸性介质中 ORR 活性
测试发现，扣除电极的几何表面积影响后，无氮掺杂的石墨烯催化剂活性最低；
pyri-HOPG 的催化氧还原活性最高，且远高于具有相同氮含量的 grap-HOPG。证
实吡啶氮较石墨氮更能降低 ORR 的反应过电势，产生更多的反应活性位。该研
究进一步发现了吡啶氮含量与催化剂氧还原活性之间的现象关系。如图 5-9 所
示，催化剂的电流密度 j 与制备方法无关，仅随吡啶氮的含量的增加而增加，且
催化剂石墨氮的含量对氧还原活性无影响。据此，可以认为吡啶氮是促使石墨
化催化剂产生活性的关键。该研究还采用 $ex\ situ$ post-ORR XPS 测试确认了吡啶
氮掺杂产生 ORR 活性位位置。ORR 测试后，N 1s 峰位置位于 398.4 eV 的吡啶
氮浓度从 54%减少到 38%，而位于 400.1 eV 的吡咯氮/吡啶氮的浓度则从 11%增
加到 29%（图 5-4）。上述两种 N 的总量在 ORR 反应前后均保持在 65%~67%，
这证实了 N 含量的变化是由于活性位点与氧还原反应中间产物发生相互作用而
引起的[34]。

从氮掺杂最优活性位结构的争论中可以发现，吡啶氮因可诱导附近碳位点上
多的电荷密度以及更高的电子导电性，从而利于反应物种的吸附而具有更高的催
化活性。由此可以预测，无论哪种掺杂或结构，要有效地调节其催化氧还原活性，
则必须同时满足两个条件：一是足够的电子导电性，利于催化剂与反应物间的电
子转移；二是足够的催化活性，与反应物种间的相互作用可降低反应能垒，提高
其催化活性。根据上述原则，则有可能调节除吡啶氮以外的其他掺杂或缺陷结构
同时满足上述两个条件而成为最优活性位结构。

戴黎明等[52]发现除吡啶氮外，石墨烯边界形成的碳五元环缺陷也是催化氧还
原的有效活性位，且其活性还高于吡啶氮。他们采用等离子体在石墨烯表面刻蚀
出均匀分布的沟壑结构，再在氨气气氛中高温热解生成 N-HOPG，进一步在氮气
气氛中，高温退火去除掺杂 N 原子，形成具有五元环缺陷的 D-HOPG。他们通过
比较五元环缺陷与双空穴缺陷的形成能，并结合高角环形暗场扫描透射电子显微
镜（high-angle annular dark field scanning transimission electron microscopy，
HAADF-STEM）确认：掺杂 N 的去除更易形成五元环缺陷。进一步催化剂的定
域功函数以及 ORR 活性测试发现，D-HOPG 具有比 N-HOPG 和无 N 掺杂的
Ar-HOPG 更低的功函数和更高的 ORR 催化活性。功函数表示催化剂电子逸出或
转移的难易程度，功函数越低，电子逸出越容易。据此可以认为，D-HOPG 因五
元环缺陷的存在使得催化剂表面或者催化剂的费米能级附近具有更多剩余电子，
其更利于电子的转移，从而有效降低了氧还原的过电势。如图 5-10 所示，当
N-HOPG 中 N 的含量增加时，相对应催化剂的活性变化并不显著。当将 N-HOPG

转变为 D-HOPG 时，其氧还原的起始电位随着缺陷的增加而增加，说明五元环缺陷浓度与氧还原活性呈正比关系。

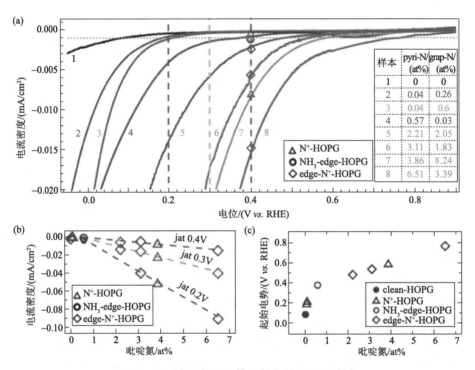

图 5-9　不同类型氮含量模型催化剂的 ORR 性能

尽管氧还原活性与五元环浓度有线性关系，但该活性到底是直接由五元环缺陷引起，还是因五元环附近的碳位点产生？戴黎明等将微电化学测试方法与理论计算相结合，证实了五元环中处于边缘位的碳位点是催化氧还原的主要活性位点。如图 5-10 所示，他们首先确定了 D-HOPG 表面的三类典型的反应位点，即分别位于顶部和底部的碳位点以及处于表界处的碳位点。发现仅处于边界的位点具有更低的功函数以及更正 ORR 起始电位。理论计算也证实，边界处的五元环碳位点具有更低的催化 ORR 自由能垒。比较 N-HOPG 以及 D-HOPG 的活性以及反应机理可进一步发现：碳位点的定域电子密度以及费米能级的高低和 ORR 活性有直接关系，费米能级越高或者功函数越低，电子转移越容易；与此同时碳位点上过剩的电荷密度则又越利于物种的吸附反应。因此在后续测试碳基类催化剂活性时，定域电荷密度以及定域功函数是关联其本征催化活性的关键物化参数。

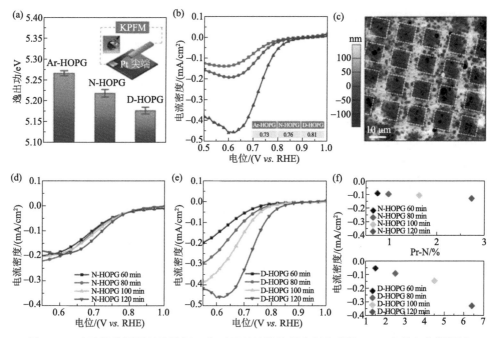

图 5-10 功函数分析图以及掺氮、含五元环缺陷的催化剂在酸性 ORR 中的电化学测试

上述结论证明吡啶氮和五元环缺陷被证实是产生氧还原活性的最优结构，但在催化剂实际的制备过程中，各类氮的掺杂结构并不是完全独立存在，且其掺杂位点的分布环境也各不相同，如锯齿边界的石墨烯因易引入自旋而具有比扶手石墨烯更高的催化活性，因此掺杂环境以及不同掺杂结构之间，不可避免地会对氮掺杂的电子结构产生不同的影响，这些影响势必会改变各类氮掺杂结构本征的催化活性。单就吡啶氮掺杂石墨烯催化活性为例，周期结构的吡啶氮催化剂因消除了边界的影响，ORR 反应机理中，其中热力学数据最大的反应自由能变往往大于 1.2 eV，并未体现出更优的催化活性。但将吡啶氮构建在非周期的石墨烯中时，特别是考虑到扶手和锯齿边界时，同样的吡啶氮，其 ORR 各步骤中，热力学数据的最大反应自由能变可减小 0.6 eV 左右。这些研究结果的差异从另一方面说明各类掺杂结构以及掺杂环境对掺杂位点活性的影响与其本征活性同样重要。因此在后续碳基类材料的制备中，除有效地制备出特定的掺杂结构外，还应重视掺杂环境的可控构筑，以便实现活性的有效提升。值得注意的是，酸性和碱性环境下氧还原过程存在显著差异，明确氮活性中心仍需进一步考虑酸碱性环境引起的双电层差异。

除了高电负性的 N，研究者们还对低电负性的 B 和 P 原子，与 C 原子电负性相近的 S 或 Se 原子以及双原子共掺杂等进行了研究。B 和 P 原子掺杂的催化剂，虽然其氧还原活性不如商业的 Pt/C 催化剂，但比 Pt/C 催化剂有更强的稳定性和抗 CO 中毒的能力。N 和 B 原子共掺杂，N 和 P 原子共掺杂等双原子共掺杂经研究证明也有较高的 ORR 催化活性。

2. 过渡金属氮碳催化剂（MNC）活性位认识

相比于非金属碳基催化剂，由于引入了金属，过渡金属氮碳催化剂的结构更为复杂，活性位点的研究更为困难，其表界面可能存在以下掺杂结构：①氮的直接掺杂 NC；②含氮基团与金属配位的掺杂结构，如 M-N_x；③金属 Fe 与 C 反应形成的渗碳体结构 Fe_3C；④金属配体还原成金属团簇等。为了更有效地提升金属氮碳类催化剂的电催化 ORR 活性，势必需要精确地确定各活性中心对催化氧还原的贡献，指导制备出具有更高活性的催化剂。大量的实验发现，尽管过渡金属掺氮催化剂中不可避免地同时存在 M-N_x 结构和 N 掺杂结构，但含微量金属的掺杂碳基类催化剂往往较非金属的掺 N 催化剂具有更高的催化活性。因此 M-N_x 配位结构对调节氧还原催化活性具有不可忽略的重要作用。通常 M-N_4 型结构单元的活性受过渡金属的种类、配体 N 的数量、环境、活性位所处的几何和电子结构（如缺陷位或边缘位，平面或非平面，低自旋或高自旋）、其他物种（如 Fe 金属颗粒、Fe_3C 颗粒等）以及活性位点对环境中杂质气体的耐久性等的影响。

1）配体 N 数量对 ORR 活性的影响

以 Fe-N-C 催化剂为例，理论上 Fe 可以与 6 个 N 形成配体——FeN_x（$x=1\sim6$）（图 5-11）。通常热解获得 Fe-N-C 催化剂表界面同时存在着多种 Fe-N_x 配体，主要包括如 FeN_4、FeN_3、FeN_2 以及 Fe-N 等结构。例如，Dodelet 等[53]通过飞行时间二次离子质谱（TOF-SIMS）发现：分别在 H_2、NH_3、Ar 气氛中，400～1000℃下热解乙酸铁或卟啉铁、PTCDA（perylenetetracarboxylic dianhydride）获得的催化剂同时存在 FeN_4 和 FeN_2 两种活性结构，且结构单元的数量与催化剂的活性呈正相关。Kiefer 等[54]结合 N 1s XPS 能谱和 DFT 计算的形成能确定了非贵金属碳基材料中存在 M-N_3（M=Fe, Co）单元，并预测存在两种结构：双空位缺陷（double vacancy defect, DV）型催化剂 DV-MN_3 和单空位缺陷（single vacancy defect, SV）型催化剂 V-MN_3。各结构单元在石墨化碳材料中的形成能顺序为 DV-MN_4 ≫ DV-MN_3 > V-MN_3 > DV-M-N_2，即 MN_4 热力学最稳定，其次为 MN_3，说明热解条件下，多种 FeN_x 结构单元同时存在。苏党生等[55]通过热解聚合的 o,m,p-二苯酚、氯化铁和炭黑获得了 Fe/N/S 修饰的碳基催化剂，他们结合电子显微镜和穆斯堡尔光谱确认，催化剂中 FeN_6 结构单位为 ORR 真实的活性位。FeN_6 结构单元中 Fe^{III}分别与 4 个吡咯氮和 2 个吡啶氮配位，因具有更短的 Fe—N 键长，在酸性介质中较 FeN_4 具有更高的耐受性和稳定性。其他 M-N-C 催化剂的制备中，如 Co-N-C

也存在着上述活性结构。Zitolo 等[56]采用原位 X 射线吸收近边结构光谱确认，Co-N-C 存在三种结构的活性位：CoN_4C_{12}、CoN_3C_{10}、CoN_2C_5，它们在酸性介质中均对 ORR、OER 以及 HER 具有一定的催化活性。但由于 CoN_x 中 Co 位对氧气的吸附过弱，相比传统的 FeN_x 催化剂活性较差。

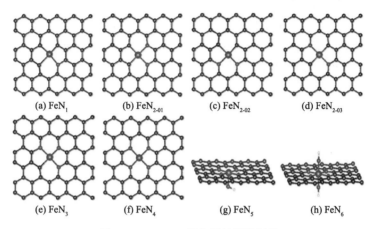

(a) FeN_1　　(b) FeN_{2-01}　　(c) FeN_{2-02}　　(d) FeN_{2-03}

(e) FeN_3　　(f) FeN_4　　(g) FeN_5　　(h) FeN_6

图 5-11　Fe-N-C 催化剂的配位结构

在 $M-N_x$ 的多种结构单元中，如果能确定出最优活性结构，则可指导实验制备出更高含量的最优活性位结构，从而极大提高碳基催化剂的活性。由于碳基催化剂热解反应往往在非平衡态下发生，制备方法的不同、催化剂结构的不可控以及表征技术的不同，导致研究人员对 $M-N_x$ 最优 ORR 活性位的认识还存在一定的差异[57]。以 FeN_2 和 FeN_4 两种结构单元为例，主要的分歧包括：① 认为 FeN_2 是 ORR 最优活性位。Dodelet 等[53]证实其制备的 Fe-N-C 催化剂同时存在两种 ORR 催化活性位：FeN_4 和 FeN_2。通过改变前驱体以及热解温度，他们发现在 700～900℃ 可以获得主要含 FeN_2 位点的 FeNC 催化剂，且 FeN_2 位点的活性高于 FeN_4。他们推测 FeN_2 具有更高活性的主要原因是，FeN_2 比 FeN_4 更易进入石墨片层或其边缘，由此与石墨片具有更好的电子接触。庄林等[58]研究了不同 FeN_x 活性位点在酸性介质中的催化 ORR 活性，发现其活性顺序为 $FeN_2 > FeN_4 > Fe_4N > NC > Fe_4C > \equiv C$。其中，$FeN_2$ 具有最优活性主要源于 FeN_2 位于石墨烯边缘，更利于氧气的吸附活化与解离。郭少军等[59]采用硬模板法，以 $FeCl_3$、乙二胺和 CCl_4 分别为 Fe 源、N 源和 C 源，900℃ 下热解制备出由 FeN_2 结构单元为主要分散的多孔碳基催化剂。他们发现含本征 FeN_2 结构单元的催化剂具有最高的 ORR 性能，甚至优于 Pt/C。他们认为：与 FeN_4 相比，FeN_2 高活性源于两个方面：一是更利于 ORR 速控步*OH 的脱附[图 5-12（b）]，理论过电势降低了约 0.12 eV[图 5-12（c）和（d）]；二是电子传导性更好，具有与本征石墨烯接近的传导系数。② FeN_4 为 ORR 的最优活性位点。水江澜等[60]利用 FeN_x 结构单元形成与热解温度的关系，分别在 300℃、500℃和 1000℃下煅烧吸附 Fe^{3+} 的 ZIF-8，制备出了分别含有 FeN_1、FeN_3 和 FeN_4 结构单元的 FeNC 催化剂。结合理论计算，同时考虑掺杂结构单元的热稳定性与活性，发现：FeN_x（$x=1～5$）与其形成能呈"反火山"关系，与 ORR 活性呈"火山"关系[图 5-12（a）]；ORR 活性顺序为：$FeN_4 > FeN_3 > FeN_2 > FeN_1 > FeN_5$，即 FeN_4 同时具有最高热稳定性和 ORR 催化活性。鉴于 FeN_4 在热解过程中更易产生，大量的研究工作主要围绕 FeN_4 结构单元的 FeNC 催化剂进行，大多数研究者也更倾向认为 FeN_4 为 ORR 的最优活性位。

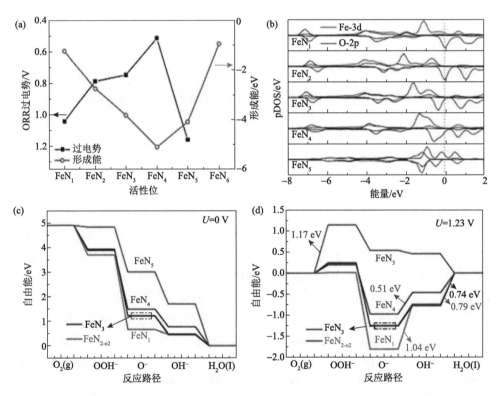

图 5-12　（a）不同配位结构的 FeN_x 的 ORR 活性和 DFT 计算的形成能；（b）不同配位结构 FeN_x 的 Fe-3d 和 O-2p 对 *OH 吸附的 pDOS 图；（c，d）不同配位结构的 FeN_x 在 0 V 和 1.23 V 下的自由能曲线

2）活性位配位环境对 ORR 活性的影响[N 的类型，吡啶或吡咯；主体碳的结构，高自旋（D3）或低自旋（D1）等、平面或非平面；缺陷或边缘位；其他物种如 Fe_3C、FeN 以及 Fe 簇，豆荚型结构的影响等]

当 N 的配位数相同时，FeN_x 活性位所处环境对其本征活性有着很大的影响。

Dodelet 等[61,62]结合穆斯堡尔谱和扩展 X 射线近边精细结构发现 FeNC 催化剂的表界面主要存在 FeN_4 单元和 Fe 的氮化物颗粒等物质。FeN_4 单元存在三种结构：具有低自旋的 FeN_4（D1）、中等自旋的 FeN_{2+2}（D2）和高自旋的 $N\text{-}FeN_{2+2}$（D3）（图 5-13）。其中，仅 D1 和 D3 结构单元才具有催化 ORR 活性，主要原因是 Fe 位点利用其 $3d_{z^2}$ 轨道与端式（end-on）吸附的 O_2 作用成键，$3d_{z^2}$ 轨道未被占据的 D1（自旋态 $S=0$）和只填充单个电子的 D3（自旋态 $S=2$）结构才可以有效地吸附 O_2，发生电子的转移。D2 结构中，因 Fe 的 $3d_{z^2}$ 轨道上有 2 个电子完全占据，使其无法接受氧气上的电子而成为有效的活性位。值得注意的是，对非活性的 D2 以及 Fe 氮化物等颗粒可以通过酸洗的方式去除，D1 比 D3 具有更好的耐酸性。通常惰性气体气氛中热解制备的催化剂的活性位主要是 D1 结构的 FeN_4；当催化剂在氨气氛中热解制备时，可产生 D3 活性位；而当催化剂二次热解气氛为 $Ar+NH_3$ 时，其不仅能促使催化剂产生更多 D1 和 D3 活性位，还能使各活性位主要在催化剂内部孔道表面产生，极大地提高催化剂活性位的利用率和质量比活性。这也解释了为什么催化剂在氨气氛中的二次热解往往具有更高的催化活性。

Jaouen 等[63]进一步利用穆斯堡尔谱和 X 射线吸收近边精细结构谱确认，在惰性气氛和氨气氛中，热解得到催化剂具有相同的 FeN_4 单位，该单元为类似卟啉结构 FeN_4，即配体 4 个 N 与 12 个 C 相连成键——FeN_4C_{12} 结构。他们认为氨气氛下热解得到的催化剂活性更高的原因是：产生了更多的 N 掺杂。Mukerjee 和 Jia 结合非原位的穆斯堡尔谱和原位与非原位的 X 射线吸收近边精细结构谱图对 D1 的 FeN_4 催化氧还原的结构进行了解析[64]。发现：D1 位点为平面高自旋 $Fe^{3+}N_4$，而不是非平面低自旋 $Fe^{2+}N_4$。他们认为非平面低自旋 $Fe^{2+}N_4$ 的活性中心 Fe 位会因含氧物种的吸附而被毒化，从而很快失去活性。原位表征分析证实在氧还原过程中，电极电势低于 $Fe^{2+/3+}$ 的还原电势时，D1 结构就从初始的非平面的 $Fe^{2+}N_4$ 结构逐渐转换为平面的 $Fe^{3+}N_4$ 结构。即活性位的催化氧还原活性取决于 FeN_4 位点中 $Fe^{2+/3+}$ 的还原电势。正由于 D1 较 D2 结构具有更弱的 Fe-O 结合能以及更高的 $Fe^{2+/3+}$ 的还原电势，D1 表现出较 D2 结构更高的本征活性。Jaouen 等[65]采用 DFT 与穆斯堡尔谱结合分析，发现 FeN_4 存在低自旋 Fe^{2+} 和高自旋 Fe^{3+} 两种状态，自旋态 $S=1$ 的 Fe^{2+} 仅少量存在。其中 D1 对应于高自旋的 $Fe^{3+}N_4C_{12}$ 结构单元（自旋态 $S=5/2$），D2 对应于低自旋和中等自旋的 $Fe^{2+}N_4C_{10}$ 结构单元（自旋态 $S=0$）。碳基催化剂热解制备过程中，D1 更易在碳基催化剂表界面产生，为主要活性贡献位点。

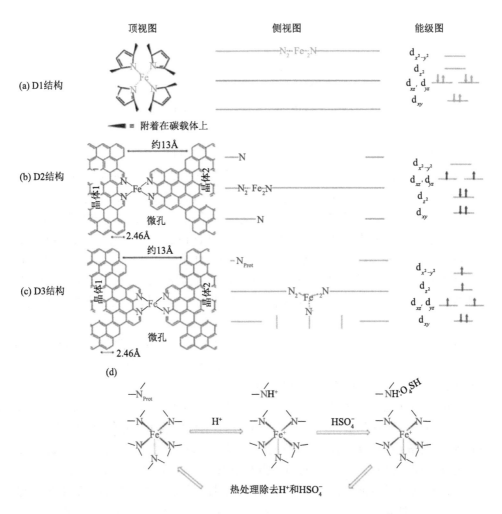

图 5-13　几种不同配位结构 FeN₄ 的能量轨道图

　　鉴于对 FeN₄ 活性的认识，研究者认识到可以通过改变配体 N 的掺杂形式、与 MN₄ 相连的 C 结构和数量、MN₄ 掺杂几何结构等对活性位的本征活性进行调变。吴长征等[66]证实改变 FeN₄ 中与 N 配位的 C 原子数可有效调节 Fe 位点的 ORR 活性。他们采用氨气辅助方法，去除吡啶型 FeN₄ 中与氮结合的碳原子，将吡啶型 FeN₄ 转化为高纯度的吡咯型 FeN₄ 结构（图 5-14）。该高纯度的吡咯型 FeN₄C 催化剂在酸性介质中，ORR 起始电位为 0.95 V vs. RHE，半波电位达 0.80 V vs. RHE，远高于吡啶型 FeN₄C 催化剂（起始电位：0.86 V vs. RHE，半波电位：0.71 V vs. RHE），接近于 Pt/C 催化剂。此外，质子交换膜燃料电池单池测试中高纯的吡咯型 FeN₄ 催化剂开路电压可达 1.01 V，峰值功率密度超过 700 mW/cm²。他们认为：

①吡咯型 FeN_4 中 Fe 位具有更多缺失电子，不利于 H_2O_2 的产生，而更利于 $^*OH$ 的脱附，降低了 ORR 的理论过电势，因此，吡咯型 FeN_4 具有更高的 ORR 本征活性；②吡咯型 FeN_4 更利于 O_2 的吸附并发生 4 电子反应；③催化剂中丰富的介孔提供了活性位的利用率。王嘉诚等[67]则采用模板法制备出了主要在边缘位（edge）掺杂的 FeN_4 碳基催化剂（E-FeNC），边缘位的 FeN_4 与邻近边缘的碳位点的协同作用为氧气的桥式吸附提供了双位点，从而更利于 O—O 键的断裂，提高其催化活性。该 E-FeNC 催化剂 ORR 半波电位为 0.875 V，高于 Pt/C（0.859 V）。

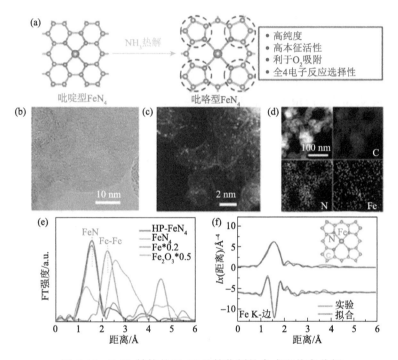

图 5-14　FeN_4 结构的 Fe-N-C 催化剂的合成和价态分析

3）其他组分对 FeN_x 活性位的影响

含铁、氮、碳前驱体在热解过程中会生成多种结构的产物，除 FeN_x、氮掺杂碳等结构外，还存在其他含 Fe 无机物种，如 Fe 的氧化物、渗碳体 Fe_3C 以及金属态 Fe 纳米颗粒等。碳基催化剂因形貌、结构以及组分的复杂性，其催化活性往往是多种因素共同作用的结果。这种复杂性阻碍了人们对这类催化剂催化机理的认识，特别是 Fe 基无机物种在催化氧还原中的作用还存在诸多争论。

一是 Fe 基无机物种不仅没有电催化活性，还会因阻碍活性位的裸露而抑制催化活性。通过酸洗去除 Fe 基无机物种而提高活性是这一说法的主要证据为：

Jaouen 和 Kramm 等观察到晶体铁的存在与 ORR 活性无关。他们分别用控制 NH_3 气氛处理时间和还原气氛热处理-酸洗的方法，制备出无晶态铁存在的 Fe/N/C 催化剂，表现出很好的氧还原活性。Choi 等通过电化学在线电感耦合等离子体质谱（ICP-MS）和微分电化学质谱（DEMS）观察到，在低电位（<0.7 V）时 Fe 发生溶解，但活性并未衰减；在高电位（>0.9 V）时，部分碳发生氧化，活性衰减。

二是 Fe 基无机物种虽不是主要活性中心，但可以通过协同作用增强活性位的活性，提高氧还原催化活性。胡劲松等在氮掺杂碳材料中引入碳层包覆的 Fe/Fe$_3$C 纳米晶（Fe@C），获得了 ORR 催化性能优于 Pt/C 的 Fe@C-FeNC 催化剂，其在 0.1 mol/L KOH 电解液中的 ORR 半波电位为 0.899 V，比 Pt/C 催化剂还要高 15 mV。通过球差校正透射电子显微镜、同步辐射 EXAFS 等技术证实所得催化剂中，在 Fe@C 附近存在 FeN$_x$ 催化活性位点。通过设计对比实验与理论计算，确定 FeN$_x$ 是这类 Fe-N-C 催化剂的 ORR 催化主要活性位点，且 Fe@C 的存在会进一步增强 FeN$_x$ 位点的 ORR 催化活性，而酸洗除去 Fe 基无机物种，则导致催化剂 ORR 活性下降。

包信和等将二茂铁和叠氮化钠在氮气中 350℃热处理，制备出豆荚状碳纳米管包覆晶态铁的复合催化剂（Pod-Fe），如图 5-15 所示。将晶态铁包裹在碳壳中可有效避免活泼的铁被酸腐蚀，并且有效地阻止了二氧化硫等中毒，同时 Fe 还能够向外层碳原子提供电子，促进氧分子活化。在碳外壳的保护下，该催化剂在 $10×10^{-6}$（体积分数）的 SO_2 环境中，仍能稳定工作 200 h。DFT 结果表明铁纳米颗粒的电子转移可使碳纳米管的局部功函数降低，具备催化 ORR 的能力，在碳的晶格中掺杂 N 原子能进一步降低局部功函数，提高氧还原反应活性。在随后的研究中，Zelenay 等在竹节状碳纳米管包裹铁颗粒（N-Fe-CNT/CNP）中观察到优异的氧还原活性。

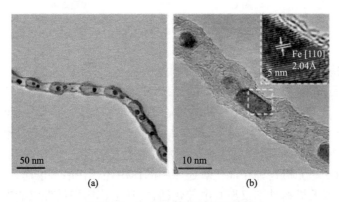

图 5-15　Pod-Fe 催化剂的形貌图

Fe 基无机物种作用出现争议的主要原因是各研究团队的制备条件、方法不尽相同，导致最终催化剂的形貌与结构也不同。魏子栋等[68]、邢巍等[69]分别研究了在不同结构的碳基催化剂中金属颗粒影响催化活性的原因。他们发现金属颗粒能否增强催化剂活性与催化剂几何结构和电子作用有关。如图 5-15 所示，当金属核被金属掺杂氮碳壳层包覆时，碳壳层避免了内部金属核直接与电解质接触而被腐蚀，碳层中的金属簇与内部金属核之间的电子相互作用促使电子从内部金属核穿透到碳壳层表面，从而改变了外部碳壳层的电子结构进而提升其催化活性。催化剂球磨后，原有核壳结构受到了破坏，金属与壳层间的电子穿透效应消失，活性降低。催化剂酸洗后，虽仅将碳壳层的金属簇去除，保持了原有的核壳结构，但由于碳壳层厚度为纳米级（5 nm），石墨层间距为 0.334 nm，石墨层间的范德瓦耳斯力很难实现金属核与碳表面间的电子穿透，因此也无法体现金属核提升活性的作用。三种结构催化剂比较可以发现，同时满足核壳结构以及电子穿透效应的催化剂，对含氧物种具有最适中的吸附强度以及最优的催化活性。该研究不仅为进一步制备高活性碳基催化剂提供了参考依据，也解释了目前众多研究中对金属颗粒作用存在的争议，即催化剂因不具有核壳结构，或核壳结构中碳壳层过厚，或碳壳层中无金属簇等，都很难使金属核颗粒表现出提升活性的作用。催化剂界面间电子穿透作用普遍存在于其他金属无机颗粒与碳层之间，如 Fe_2N、Fe_3C 等。如杨辉等[70]发现氨气氛中热解产生的 Fe_2N 颗粒可以协同 FeN_x 单元，通过弱化中间物种的吸附强度，降低 ORR 潜在速控步的自由能，提高 FeN_x 活性位的 ORR 活性。徐群杰等发现，通过硫化在 Fe_xC/Fe 颗粒与 FeNC 界面间构建 Fe—S 键，利用界面硫键加强 Fe_xC/Fe 基无机颗粒与 FeNC 之间的相互作用，进一步提升 Fe 基无机颗粒对 FeN_x 单元活性的增强效应。他们利用 HAADF-STEM，EXAFS 和 ^{57}Fe 穆斯堡尔谱证实催化剂结构为 FeNC-S-Fe_xC/Fe，即 Fe—S 形成于 FeNC 与 Fe_xC 颗粒界面中。原子分散的 FeN_x、Fe_xC 簇以及掺杂 S 均是 ORR 活性位，且三者相互作用可以进一步提升各位点的本征活性以及稳定性。酸性介质中，FeNC-S-Fe_xC/Fe 催化剂 ORR 半波电位为 0.821 V，优于商业化 Pt/C（20%），且老化 10000 圈后活性无衰减。不过，对 S 的引入还有一个普遍接受的观点是，对 N-C 自旋增强而导致的对 O_2 吸附的改善有利于氧分子的活化。

4）过渡金属种类对 ORR 活性的影响

由于 M-N_x 单元中过渡金属为氧气的吸附活性位点，过渡金属种类对 M-N-C 催化剂的活性有显著的影响[71]。研究发现 Fe 基大环化合物 ORR 活性最高，Co、Mn 基化合物次之。此类催化剂的活性与中心金属离子的 d 电子数，给体-受体分子间的硬度（donor-acceptor intermolecular hardness），以及 M^{III}/M^{II} 氧化还原对的电极电势密切相关。其中 M^{III}-OH/M^{II} 氧化还原对的电极电势与金属位点对 O_2 的吸附强度呈线性关系，M^{II} 为活性中心，且 ORR 活性与 O_2 吸附强度也与常规金属催化剂一样呈"火山"关系。当催化剂对氧气吸附过弱时，如 CoN_4 大环化合物，ORR 按 2 电子机理，产生 H_2O_2，此时 ORR 起始电位与 pH 无关。主要是因为，M^{III}-OH/M^{II} 电位较 ORR 起始电位更负，其只有在较大极化下，M^{II} 才能作为活性中心。当催化剂对氧气吸附较强时，如 FeN_4、MnN_4，ORR 按 4 电子机理进行，此时 ORR 起始电位受 pH 的影响。此时 M^{III}-OH/M^{II} 电位在 ORR 起始电位附近，进行 ORR 时就已经产生了 M^{II} 活性位。

有趣的是，过渡金属大环化合物热解后形成 M-N-C 类催化剂，其 M-N_x 单元的活性也与中心金属 M^{III}-OH/M^{II} 的氧化还原电势密切相关，M^{II} 为主要活性位点，其氧化机理如下[72,73]：

$$[M^{III}\text{-OH}]_{ad} + H^+ + e^- \rightleftharpoons [M^{III}\text{-OH}_2]_{ad} \tag{1b}$$

$$[M^{III}\text{-OH}_2]_{ad} + O_2 \longrightarrow [M^{III}\text{-}O_2^-]_{ad} + H_2O_{(rds)} + 2e^-\ \text{–0.060V（塔费尔斜率）} \tag{2b}$$

$$[M^{III}\text{-OH}_2]_{ad} + O_2 + e^- \longrightarrow [M^{III}\text{-}O_2^-]_{ad} + H_2O_{(rds)}\ \text{–0.120V（塔费尔斜率）} \tag{3b}$$

当 ORR 电位在 $\varphi M^{III}/M^{II}$ 与 $\varphi M^{II}/M^{I}$ 之间，具有较小的过电势时，催化剂表面有大量的 M^{II} 活性中心，此时反应（2b），即氧气在活性位上的吸附成为速度控制步骤，塔费尔斜率为–0.060 V/s。当 ORR 电位更负具有较高过电势时，氧气吸附伴随的第一步电子转移成为速度控制，此时塔费尔斜率为–0.120 V。并且中心金属原子的氧化还原电位越正，其 ORR 活性越强。大环化合物热解后因配位环境具有更强的吸电子能力，从而使中心离子具有更正的氧化还原电位，提升其催化活性。

Fe、Co、Ni、Mn 等过渡金属掺杂的 M-N-C 催化剂均对 ORR 具有催化活性，其活性顺序为 Fe-N-C > Co-N-C >Mn-N-C>Ni-N-C，Fe-N-C 上 ORR 主要按 4 电子机理进行；Co-N-C、Mn-N-C 和 Ni-N-C 上均不同程度催化 ORR 按 2 电子机理进行而产生了 HO_2^-，使其活性不高[71]。

3. 其他杂原子掺杂碳基催化剂活性位的认识

大量的研究证实碳骨架中引入杂原子，总会不同程度地提高其催化活性，但决定活性高低以及产生活性不同的本质原因不尽相同。

Dai 等[74]研究发现，氮掺杂碳基催化剂的高活性可归因于，N（3.04）拥有相对 C（2.55）原子较大的电负性，引发周围 C 原子上带部分正电荷使得其成为氧还原的活性中心，而 N 2p 轨道上较 C 更多的电子增加了邻近 C 原子费米能级电子密度，利于电子转移的关键。F（3.98）和 O（3.44）比 N 原子电负性更高，吸电子效应更强，它们对 C 材料进行掺杂后可能具有与氮掺杂类似的 ORR 催化活性，但其活性不及氮掺杂 NC 催化剂。对于电负性小于或等于 C 的其他掺杂元素，如 B、P、S 等，B（2.04）电负性要低于 C（2.55），掺入 B 后，B 反而会带部分正电荷，周围的 C 则带部分负电荷，并且随着反应物与催化剂之间存在相互作用，

C 并非一味从 B 夺取电子，B-C 之间电子的转移方向比实际情况要更复杂一些。Hu 等[75]认为 B 原子为氧气的吸附反应活性位点。B 原子取代 C 以后破坏局部 π 键，但是 B 的 p_z 轨道仍会与 C 周围的 $π^*$ 发生共轭，使部分电子从 $π^*$ 转移到 B 的 p_z 轨道上，使 B 所带的正电荷相对于非共轭的情况下减少，又由于 B 对电子的吸引能力较差，其从周围 π 体系获得的电子很容易转移到 B 上所吸附的 O_2，从而活化 O_2。由于杂原子掺杂的量一般都比较低（低于 6 at%），如果仅带正电荷的 B 为活性位点，那么活性位点的数目就与其表现出的氧还原催化活性无法匹配。P 掺杂具有 B 掺杂相类似的性质。魏子栋课题组[76]通过理论计算发现，P 掺杂带正电荷，但其对氧的吸附太强，使得其容易被氧化而无法成为 ORR 活性中心。邻近的碳虽然带部分的负电荷，但带负电荷的 C 仍可以吸附氧气，通过电荷转移，活化 O—O 键，从而表现出氧还原催化活性。该研究从另一角度说明，除带正电荷的碳外，带负电荷的碳原子也可作为氧还原的活性位点，也解释了少量杂原子掺杂引发显著活性提升的原因。对于 S 或 Se 杂原子而言，其电负性（S：2.58，Se：2.55）与 C 相近，S/Se 与 C 之间的电荷转移可忽略不计，此时就无法用电荷转移的理论去解释活性产生的机制。研究表明，S/Se 的掺杂会在石墨烯表面产生自旋密度，对三重态的氧气而言，具有自旋密度的碳位点就成为氧气的有效吸附位，利于 O—O 键的活化，而表现出催化活性。

　　据此，可以发现，无论杂原子电负性大还是小，引入石墨碳环中均可提升其氧还原催化活性，以致布拉格化学技术学院 Pumera 教授笑谈 Will Any Crap We Put into Graphene Increase Its Electrocatalytic Effect?（随便往石墨烯里加点废料会增加其电催化性吗？）[77]。事实上，确实如此，因为鸟粪含有多种元素（N、P、S、Cl 等）。为了证明鸟粪掺杂石墨烯的电催化活性，他们以不同种类的氧化石墨（GO）为前驱体，采用热剥离法制备了鸟粪修饰石墨烯，同时以未掺杂的石墨烯作为对照组。其中，由 Hoffmann 法制备的称为 HO-GO，Hummers 法制备的称为 HU-GO，使用鸟粪掺杂后，加后缀 BD，BD 是 bird 的简写。他们研究了以玻碳电极（GC）、鸟粪修饰石墨烯和对照石墨烯为电极时对 ORR 和 HER 反应的电催化性能，如图 5-16 所示。与未掺杂鸟粪的石墨烯 HO-GO 和 HU-GO 相比，掺杂鸟粪的石墨烯 HO-GO-BD 和 HU-GO-BD，均表现出较高的 ORR 和 HER 反应活性。

　　表面上，Pumera 教授似乎把神圣的科学研究庸俗化了。然而，低俗和高雅或许有清晰的界线，但是大俗和大雅，则是仁者见仁智者见智。既然能用鸟粪解决的问题，为什么还要用三聚氰胺、卟啉、多巴胺、半胱氨酸呢？当然，自由飞翔的鸟儿，饮食不定，其粪便的成分也随性写意，掺杂效果自然就阴晴不定。或许大型养鸡场的鸡粪可以克服这一缺憾。

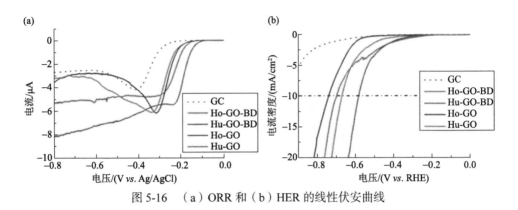

图 5-16 　（a）ORR 和（b）HER 的线性伏安曲线

　　看来，杂原子的随意掺杂都有效果。那么，如何精准、更高效地提高这些杂原子掺碳催化剂的活性，就显得尤为重要。

　　催化剂的活性与催化剂本质的电子构型密切相关。例如，金属催化剂中采用 d 带中心、d 空穴数以及配位数等作为催化剂活性的描述符，用于理解催化剂活性产生的机制并用以指导理性设计与预测催化剂的活性。与金属催化剂类似，决定非金属掺杂碳基催化剂活性的描述符成为研究工作者的热点。

　　夏正海等[78]对 p 区的非金属掺杂碳基催化剂的 ORR 和 OER 活性进行了非常详细和系统的研究（图 5-17）。鉴于杂原子是促使碳基催化剂产生活性的关键，他们通过构建 ORR/OER 活性与关键吸附物种间的"火山"关系，利用关键吸附物种为桥梁，将杂原子的物化性质与活性关联起来，提出了杂原子掺杂碳基催化剂活性由杂原子 X 的电负性 E_X 与电子亲和势 A_X 共同决定，并定义出了相应的活性描述符 $\varnothing=（E\_X/E\_C）\times（A\_X/A\_C）$。他们指出是杂原子与 C 原子之间吸引和给出电子能力的差异，导致催化剂表面产生了活性。对 ORR 与 OER 互为逆反应，其中间产物 $^*O$、$^*OH$ 以及 $^*OOH$ 等的吸附自由能决定了 ORR 与 OER 的反应机理以及反应活性。$^*OH$ 的吸附自由能以及 $^*O$ 与 $^*OH$ 的吸附自由能差值，分别与 ORR 和 OER 的活性呈"火山"关系。此时中间产物的吸附自由能则可作为活性探针，用于确定活性描述符 $\varnothing$ 是否可用于指示或预测 p 区非金属掺杂碳基催化剂的活性呢？如图 5-17 所示，描述符 $\varnothing$ 与 ORR/OER 中间物种的吸附自由能呈线性关系，并且 $\varnothing$ 与 ORR/OER 活性也存在类似的"火山"关系。文献中所测得的 ORR/OER 的活性与描述符 $\varnothing$ 间的"火山"关系也进一步证实了：杂原子的电负性和亲和势主导着催化剂的活性。根据上述关系，可将 p 区元素分为三类。I 类是与 B 具有类似 $\varnothing$ 的元素，如 Tl、Pb、In、Al、Ga 和 Ge 等；II 类是与 P 有相近 $\varnothing$ 的元素，如 As、Bi 和 Sn 等；III 类则是 $\varnothing>1$ 的元素，如 Po、Te 和 At 等。对 I 和 II 类元素 $\varnothing<1$，这类元素本身可作为 ORR 的活性中心，并诱导邻近碳原子带负电荷。III 类元素 $\varnothing>1$，这些元素本身不能作为活性中心，但其可以诱导邻近碳原子带正电荷，从而成为 ORR/OER 的活性中心。其中卤素元素的掺杂诱导的 ORR/OER 活性位处于同一位点；而 N 掺杂则可以诱导周围 3Å 范围内的碳位点成为活性位点，而有望成为 ORR/OER 的双功能催化剂。根据活性位点与杂原子间的距离可以发现，活性位的产生与杂原子和碳原子间的电荷转移的距离有关。电荷转移是一个近程效应，电荷传递的有效距离大概为 1~2 个原子层。活性产生的范围从另一角度也证实了描述符 $\emptyset$ 的确可从本质上说明活性产生的机制。当杂原子掺杂后，由于杂原子 p 轨道与 C p 轨道之间的重构，使得 p 轨道上的电子进行重新分配组合，此时杂原子的 E_X 与 A_X 就共同决定了其 p 轨道上电子的重新分配方式，由此影响其自身或周围碳上的电子结构以及催化活性。

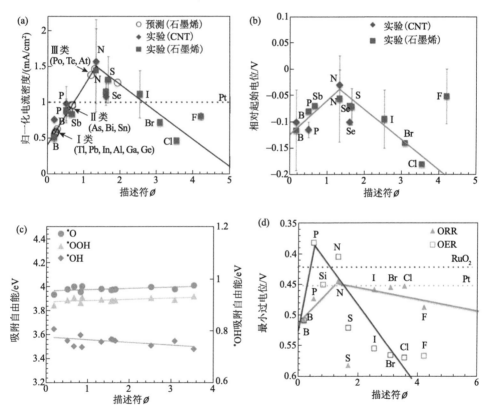

图 5-17　p 区非金属掺杂碳基催化剂的 ORR 和 OER 活性的计算

除建立与杂原子的 E_X 与 A_X 关联的描述符 $\emptyset$ 外，其他研究工作者，如 Jiao 等[79]则利用掺杂碳基催化剂的前线分子轨道的差值来描述其活性。他们定义了前线分子轨道中最低未占分子轨道能级（LUMO）与最高已占分子轨道能级（HOMO）的差值：E_{diff}，该值与中间物种 *OH 吸附的自由能呈线性关系。实际上从杂原子 E_X

与 A_X 的本质定义出发，可以发现 E_X 与 A_X 都与前线分子轨道的能级有关。E_X 是元素的原子在分子中吸引电子的能力，A_X 是真空条件下原子获得一个电子的能力。E_X 表示成键后 X 抢夺电子的能力，与成键后轨道的重构和电子的分配有关；A_X 获得电子的能力则与 X 本身的 HOMO 与 LUMO 的能级高低有关，或者说由 HOMO 与 LUMO 同时决定的费米能级有关。因此可以认为杂原子促使碳基材料表现出催化活性的关键包括：①杂原子与碳材料间前线轨道的能级高低决定了 p 轨道间的成键情况；②一旦形成杂原子掺碳材料，杂原子与碳原子间电负性的差异决定了表面电子或电荷的重新分配情况。夏正海团队也进一步发现，只有当两者同时存在时，才能有效地调节催化剂具有最优活性。例如，当描述符$\varnothing<0.5$时，仅电负性占主导，或描述符$\varnothing>2.5$，仅电子亲和势占主导时，催化剂均表现出较低的催化活性。因此，选择具有适中描述符$\varnothing$的杂原子，同时调节掺杂碳基类催化剂 p 轨道能级的高低以及表面电荷的分布，可实现物种的吸附以及键的活化的调控。根据上述规则，则有望仅通过杂原子本身的物化性质理性设计杂原子掺杂碳基类催化剂。

尽管通过杂原子的物化性质可以方便快捷地筛选出可有效提高碳基催化剂活性的掺杂元素，但要进一步优化催化剂活性，还面临着几个重要的挑战：①本征活性的提升，特别是同一掺杂原子，能否通过掺杂结构的调控获得最优本征活性。②活性位密度或数量的增加，杂原子可诱导产生的最优活性位数目是否相同，最优活性位数目与碳材料的哪些本征因素有关。③非杂原子掺杂，如碳材料的缺陷为什么也具有氧还原活性，特别是近期研究发现五元环的碳缺陷具有较掺氮催化剂更优的氧还原活性。因此，除建立杂原子物化性质与催化剂活性间的关联外，探究由杂原子引发的碳原子的哪些电子结构的改变导致了活性的改变，重新认识碳活性位的 ORR 催化本质，认识 ORR 催化过程酸碱性导致的双电层变化（碱性环境的 ORR 较酸性更为容易），并从化学的角度寻找定义表示碳原子催化活性的普适描述符，对提高掺杂石墨烯内部碳原子的本征活性以及活性位数量显得十分重要。

4. 缺陷活性位点

除了杂原子掺杂的碳纳米材料，最近的研究表明，缺陷丰富的碳也能有效催化碱性和酸性电解质中的 ORR。缺陷可以干扰甚至打破晶体的周期性结构，导致纳米材料的化学和电子性质重新分布，从而可以通过改变缺陷的种类、含量和/或位置来调控催化剂电催化性能。对于结晶材料，缺陷可以根据其位置分为体缺陷和表面缺陷。表面缺陷，包括点缺陷、线缺陷和平面缺陷，以调节电子结构和表面/界面性能。在电催化过程中，节点或相邻区域的点缺陷表现出与晶体正常排列的偏差，是一种常用的缺陷。根据其来源不同，点缺陷可分为掺杂缺陷和本征缺陷。当杂原子/粒子取代正常原子/粒子或占据正常节点的间隙位置时，就会出现掺杂缺陷。内在缺陷是晶格节点上的一个空位，或者在一个应该是空位上的一个额外的粒子（空穴粒子）。近年来，缺陷工程已成为调整碳基催化剂电催化能力，调整其电子结构，改变其吸附行为，从而提高活性和耐久性的有效策略。

姚向东等[52]揭示了高取向热解石墨（HOPG）催化剂的五边形缺陷是酸性 ORR 无掺杂碳催化剂的主要活性位点。如图 5-18 所示，合成的吡啶氮（Pr-N）主导的含氮量为约 0.74%～2.73%的高取向热解石墨（N-HOPG）经拉曼和正电子湮灭（PA）联合测量表明，在合成的缺陷石墨（D-HOPG）中，去除 N-HOPG 中的 Pr-N，可控合成棱角形碳缺陷。制备的 D-HOPG 显示出明显增强的酸性 ORR 活性，并与缺陷的数量成正比，而这些基于缺陷的活性位点主要位于 D-HOPG 沟槽结构的边缘。密度泛函理论（DFT）计算表明，五边形边缘缺陷的顶点具有最优的 ORR 活性。该工作为开发高性能的无金属酸性 ORR 催化剂的可控合成开辟了道路。

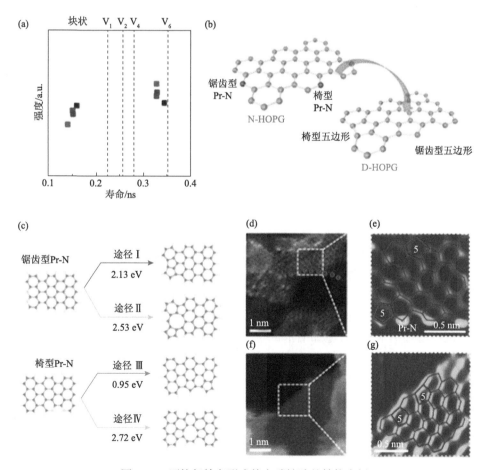

图 5-18　可控氮掺杂形成特定碳缺陷的结构表征

　　在各种各样的缺陷中，空穴缺陷通常伴随着锯齿形/扶手椅形的边缘缺陷，它可以暴露更多自旋密度和电荷密度更高的边缘碳原子。如六边形的碳网络发生五边形或者七边形的变形，也可能导致高的电化学反应性。木世春等[80]采用碱腐蚀策略，将六元碳环为主要结构单元的富勒烯切割成碎片，获得了一定数量的五边形缺陷富碳纳米材料，如图5-19所示，该材料体现了优异的ORR活性。他们基于密度泛函理论的计算结果证实：五边形缺陷可以成功诱导碳基体的局部电子发生再分布，使碳基体某些局部具有更大的电荷密度，对氧有较好的亲和力。与六边形碳材料相比，五边形材料具有相对较窄的能隙，也有利于电化学反应中的电子跃迁。

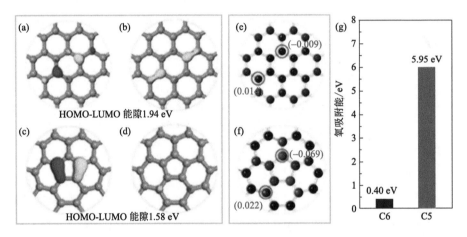

图5-19　（a，b）C6和（c，d）C5的HOMO和LUMO分布；（e）C6和（f）C5的电荷密度；（g）C6和C5的氧吸附能

　　石墨烯纳米带（GNR）由于其大的纵横比和边缘位原子比例大，缺陷量也多，有望成为一种高效的无金属催化剂。通过对碳纳米管（CNT）进行不同角度的裁剪，可以得到具有不同边缘结构的GNR。石墨烯纳米带可以看成是一维无穷长的碳纳米管展开成的平面结构，当石墨烯沿着某个方向进行切割，将得到特定边沿缺陷的石墨烯纳米带。石墨烯纳米带与石墨烯不同在于，碳纳米管存在大量边缘，按照边缘碳原子的排列情况，可以分为两类碳原子：锯齿（zigzag）型和椅（armchair）型。这两类的纳米带呈现出不同的性质。zigzag型能隙为零，表现为金属，基态电子反铁磁排列。由于zigzag型碳纳米管的独特结构，它们的生长行为不同于手性或椅型碳纳米管，其边缘上的扭结作为椅型碳附着的地点。具有锯齿状边缘的纳米结构有望承载自旋极化电子边缘状态，因此可以作为石墨烯基自旋电子学的关键元素。

　　水江澜课题组[81]合成出具有锯齿型边缘的石墨烯纳米带，在酸性质子交换膜燃料电池中体现出了优异的 ORR 活性。实验发现，在石墨烯纳米带上的几种碳缺陷中，锯齿型碳原子是最活跃的氧化还原位点。GNR 上有五种形式的碳原子作为可能的活性中心，如图 5-20 所示。包括（a）zigzag-C、（b）plane-C（平面型-C）、（c）O-Zigzag-C、（d）armchair-C、（e）void-C（空白样）。在 pH=0.25（0.5 mol/L H$_2$SO$_4$）时，最活跃的原子被认为是 zigzag-C。在 U_{NHE}=0.745 V 时，对于 *O$_2$ 到 *OOH 过程，zigzag-C 相比 plane-C、O-zigzag-C 和 armchair-C 表现出更小的 ΔG_{*OOH}（0.54 eV），接近于 0.1 mol/L KOH 溶液中纯石墨烯的值。

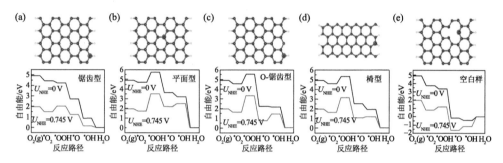

图 5-20　不同边缘结构的 GNR 反应路径的理论计算结果

　　很明显，缺陷存在，就是一个不稳定因素，如何在应用中保持缺陷，怎样的缺陷具有最好的催化活性，如何充分理解缺陷工程和燃料电池性能之间的关系，尚需进一步的探讨。

5. 三重效应

　　魏子栋、李莉等[41]针对万花筒般的杂原子掺杂碳 ORR 催化剂所引起的"鸟粪效应困惑"以及连不完美的"缺陷"也是优质催化剂等异乎寻常的现象，提出了碳位点上同时存在电荷密度、配位效应以及自旋密度共同作用其 ORR 催化活性的"三重效应"理论，以拨开云雾，消解泛掺杂引起的"鸟粪效应"以及"缺陷美"。

　　"三重效应"有效整合了掺杂石墨烯碳活性位上电荷、自旋密度和配位环境（边沿与内部）对 ORR 催化活性的影响。

　　杂原子掺杂引起碳材料 ORR 催化活性，一般可归因于：①表面电荷的重新分布；②杂原子与碳基材料结合成键引起的自旋；③边缘或缺陷位配位不饱和 C 位点。他们以上述所有掺杂石墨烯中的碳位点为研究对象，分析了 Bader 电荷、自旋密度分布和边缘对单原子掺杂石墨烯 ORR 催化活性的贡献。图 5-21 显示了上述因素对几种典型的单杂原子掺杂石墨烯催化活性的影响。图 5-21（a）～（c）显示了电荷对单杂原子掺杂石墨烯中 C 活性位催化性能的影响，并揭示了带有正

电荷或负电荷的碳位点均可作为 ORR 催化活性位。如图 5-21（a）所示，a5NC3-G
表面上带更多正电荷的 C 位点（红色圈）（η=1.16 V）表现出比带较少正电荷的碳
位点（黑色圈）（η=1.53 V）更高的 ORR 催化活性。同时，d1OPC2-G 中也存在
类似现象，如图 5-21（b）所示，其中具有更多负电荷（–0.924）的 C 位点（红
色圈），其氧还原性能（η=0.94 V）要显著高于在类似位置（黑色圈）没有明显负
电荷的 C 位点（–0.098，η=1.49 V）。而图 5-19 中具有自旋密度的 S-G 体系，对
于该催化剂表面上具有相似自旋密度的 C 位点，则具有更多负电荷的 C 位点
（–0.261，η=0.56 V），其 ORR 催化活性高于具有少量负电荷的 C 位点（–0.019，
η=1.14 V）。上述结果表明，正、负电荷效应都可提高掺杂石墨烯的 ORR 催化活
性，且对于自旋体系也同样适用。

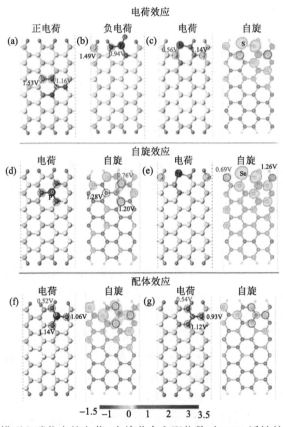

图 5-21　不同掺杂模型上碳位点的电荷、自旋分布和配位数对 ORR 活性的影响。（a）a5NC3-G；
（b）d1OPC2-G；（c）S-G；（d）b1OPC3-G；（e）Se-G；（f）c1OPC3-G 和（g）b5NC3-G。其
中，Bader 电荷分布图中，原子球的颜色表示 Bader 电荷值，即由蓝到红逐渐增加。自旋密度
分布图中，黄色和蓝色等势面分别表示正、负自旋，其等势面值为 0.0005 e/Å³。根据原子所对
圆圈的颜色区别相应原子的 η 值

此外，C 位上的自旋密度大小对该位点的 ORR 催化活性也是至关重要的[图 5-21（d）和（e）]。其中，图 5-21（d）表明，对于 b1OPC3-G 催化剂，当所研究 C 活性位点的电荷和配位状态相似时，b1OPC3-G 上碳位点的 ORR 过电势随 C 活性位上自旋密度值的增加（μ，0<0.011<0.021）而减小（1.28 V>1.20 V>0.76 V）。此外，图 5-21（e）则进一步揭示，对于 Se-G 中带正自旋密度的 C 位点，其 ORR 催化活性（$\mu=0.016$，$\eta=0.69$ V）要高于带负自旋密度（$\mu=0.009$，$\eta=1.26$ V）的 C 活性位。

如果 C 位点的 Bader 电荷和自旋密度值相似，如图 5-21（f）和（g）所示，则这些 C 位点上的 ORR 过电势值随该位点到边缘距离的减小而减小，值得指出的是，边缘的碳原子具有非常小的 η 值（0.52 V 和 0.54 V）。本研究中将这种由于 C 活性位不饱和造成的催化 ORR 性能的提升，定义为配位效应。实验证明，石墨烯边缘的原子比石墨烯平面内的 C 原子具有更高的氧还原催化活性。

综上所述，对于掺杂石墨烯催化剂表面的 C 活性位，其所特有的电荷效应、自旋效应和配位效应共同决定该位点的 ORR 催化活性。这里，魏子栋、李莉等将这种综合因素称为"三重效应"。

为了进一步了解上述效应在提高催化活性中的特殊作用，如图 5-22 中所示，他们计算了涉及上述三种效应的所有可能 C 位点的 ORR 过电势，并权衡了每种效应的贡献比重。如图 5-22（a）所示，在电荷、自旋和配体效应的共同作用情况下，根据 C 活性位与 *OOH 物种相互作用、结合的强弱程度，相应地得到两条具有不同斜率的直线，且两者组成火山关系图，其火山顶部为 C 位上 *OOH 的形成能ΔG_{*OOH}，值为 4.14 eV 时，对应的 ORR 过电势最低，为 0.44 V。

如图 5-22（a）所示，在大多数 C 位点，形成其对 *OOH 或 *OH 的结合能力较弱，故这些点均位于火山右侧，其中，相应 C 位点的自旋密度小于或等于 0.03，即 *OOH 的形成是 ORR 的 RDS。对仅有电荷效应的 C 位（蓝色三角形），对 ORR 表现出差的催化性能（具有最高的 ORR 过电势）；当 C 位上存在电荷效应，同时还存在低自旋密度时，*OOH 在 C 位（绿色三角形）的形成能会出现不同程度的下降，ORR 过电势随着 *OOH 的形成能减小[ΔG_{*OOH} 的值减少]而降低；而同时存在电荷效应和配体效应（黄色菱形）的 C 位，其 ORR 催化性能会有明显增强。同样，自旋效应和配体效应叠加也可明显改善 C 位点（红点）的 ORR 催化活性。毫无疑问，如果电荷、自旋和配体效应（三重效应）三者叠加，其对 C 位点（红五角星）的 ORR 催化活性的提高更为显著。图中火山顶部周围的红色方形区域接近 ORR 过电势的最佳值（0.44 V）。

此外，具有 *OOH 或 *OH 低形成能的 C 位，位于火山左侧，其中碳位点上的自旋密度大于或等于 0.07。此处，正是由于 C 活性位点上三重效应的推动，使得

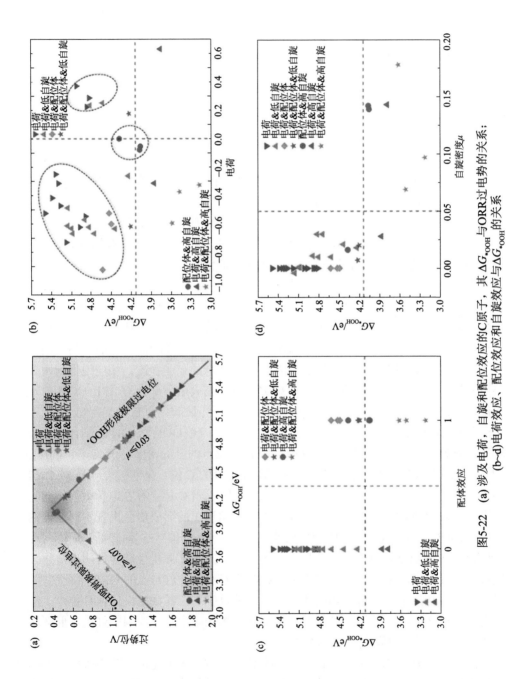

图5-22　(a)涉及电荷、自旋和配位效应的C原子，其ΔG_{*OOH}与ORR过电势的关系；(b~d)电荷效应、配位效应和自旋效应与ΔG_{*OOH}的关系

C 位点的ΔG_{*OOH}值翻越火山顶并到达左侧，然后决速步变为含氧物质的脱附，即*OH 解吸成为决速步。因此，由 C 活性位上三重效应引起的过强的作用力，使得 ORR 的过电势增加并迫使催化活性移出最佳区域。

　　为详细研究和确认每种效应对于 ORR 催化性能提高的贡献比重，如图 5-22（b）～（d）所示，可看到ΔG_{*OOH}值的变化与每种效应之间的关系。图 5-22（b）显示与具有负电荷的 C 位点相比，带正电荷的碳位点对*OOH 物种，有更强的相互作用力。当 C 活性位上电荷效应与自旋和配体效应相结合，其与*OOH 的作用强度可得到进一步加强，以至于跨越ΔG_{*OOH}的最佳值。值得一提的是，即使 C 位点没有高电荷（大约零电荷），但借助于高自旋和配体效应，该 C 位点也可被推动至最佳催化活性区域。该结果显示，仅通过调节硫和硒掺杂石墨烯 S-Gr 和 Se-Gr 催化剂的配体效应，即可使目标催化剂获得优异的 ORR 催化活性。图 5-22（c）显示具有不饱和配位的 C 位点（配体效应 1）的ΔG_{*OOH}，表现出比具有饱和配位的 C 位点（配体效应 0）更低的ΔG_{*OOH}值。此外，图 5-22（c）还告诉我们，如果 C 活性位上没有配体效应参与（蓝色三角形），其很难单纯地通过电荷效应获得较好的 ORR 催化活性。然而，低自旋效应（绿色三角形）或高自旋效应（红色三角形）的参与却可改善这种情况。在图 5-22（d）中，自旋密度将 C 活性位点分为两部分。即具有低自旋密度（$\mu \leqslant 0.03$）的 C 位点集中在左上区域，其具有弱的*OOH 结合能，而具有高自旋密度（$\mu \geqslant 0.07$）的 C 位点位于右下区域，并且表现出很强的*OOH 结合力。这表明，与其他效应相比，自旋效应可以在很宽的范围内对*OOH 的结合强度进行调节（从弱到强）。计算结果表明，掺杂石墨烯的锯齿形边缘，或者掺杂剂的边缘化很可能引入不连续的高自旋密度 C 活性位。对于 C 位点本征催化活性的调节很重要，尤其是掺杂石墨烯内部 C 位点。

　　综上所述，以上效应对*OOH 形成能调节的力度，按负电荷效应<正电荷效应<低自旋效应<配体效应<高自旋效应的顺序增加。

　　在掺杂石墨烯模型中，大多数 C 位点与中间体的相互作用较弱，只有少数 C 位点与*OOH 有强相互作用。而在掺杂石墨烯的边缘或缺陷周围，是配位效应和自旋密度增强的地方，故掺杂与边沿位（缺陷），是导致三重效应同时有效提升催化活性的原因。值得注意的是，具有三重效应的单个 C 活性位点，例如相邻 C 位点上不连续的自旋密度，其仅有利于*OOH 的末端吸附，使 ORR 仍然遵循联合机理而不是解离机制。因此，建立具有三重效应的双 C 活性位点，即引入具有连续自旋密度的 C 位点，可能有利于*OOH 的桥式吸附，然后使 ORR 以解离机理进行，以突破联合机理的活性限制壁垒。

5.3.3　活性中心密度提升策略和控制策略

1. N 掺杂碳基催化剂制备

鉴于不同氮掺杂结构具有不同的催化活性，如能有效调控 N 在石墨类碳材料中的掺杂结构以及掺杂量则能极大地提升碳基类催化剂的氧还原活性。纳米碳材料氮掺杂的方法大致可分为三类：①原位掺杂，即在纳米碳材料成长期间掺入氮，如化学气相沉积法（CVD）；②后掺杂，即合成纳米碳材料后，再用含氮原子的前驱体对其进行后处理；③直接热解含氮原子丰富的有机物。原位掺杂中的化学气相沉积法，这种方法得到的产品掺杂率很高，但不适用于实际大规模批量生产；后掺杂法中得到的产品氮掺杂率不高；直接热解法，简单易操作，易实现批量化生产，虽掺杂率高，但由于过高的含氮量，破坏了碳材料原共轭大 π 键结构，通常导致材料电导率降低。最重要的，上述所有方法对 N 掺杂结构、掺杂量以及形貌都无法实现可控制备。增加催化剂的比表面积和氮掺杂量通常可采用软模板法或硬模板法。如通过多孔二氧化硅模板辅助法、热解具有优异金属配位效应的金属有机框架化合物（MOFs）或多孔有机聚合物（POP）制备得到的 NC 材料，氮含量高，且比表面积大。但是这类方法制备的 NC 材料在酸性溶液中，其氧还原活性与 Pt 相比仍相差很远。这是因为吡啶氮、吡咯氮以及石墨氮形成在高温条件下，氮掺杂结构会发生转变，如吡咯氮只有在 600℃ 下才能保持稳定，当温度超过 600℃ 以后，吡咯氮会转变为吡啶氮，而当温度达到 800～1000℃ 以后，吡啶氮也会逐渐转变为石墨氮。因此如何保证高温煅烧后氮掺杂结构尽可能为具有更高活性的吡啶氮，是可控制备高活性碳材料的关键。

基于"氮掺杂石墨烯分子结构-电导率-氧还原催化活性"间的关联，丁炜、魏子栋等[48]利用层状材料（LM）的层间距的调控，开发了基于扁平纳米反应器选择性高效制备平面氮掺杂石墨烯的技术。该方法可通过调制 LM 层间距，在 LM 层间插入苯胺单体，层间聚合热解，获得平面氮掺杂达 90% 以上的 NG 材料。一方面利用 MMT 层间距离限制具有三维结构的石墨氮的生成，同时调节平面氮（sp^2杂化）和石墨氮（sp^3 杂化）的相对比例（图 5-23），从而调节催化剂的导电性和活性；另一方面层间热解碳氮源可以增加 N 的保留率，提高 N 掺杂石墨烯中 N 的含量。平面氮含量最高的氮掺杂催化剂的催化 ORR 的半波电位仅比 Pt/C 催化剂落后 60 mV，是传统方法下获得的 NG 材料 ORR 催化活性的 54 倍，以该材料为正极催化剂的质子交换膜燃料电池的输出功率达 320 mW/cm²，如图 5-24 所示。LM 层间近乎封闭的扁平反应空间不仅克服了传统开放体系下合成的 NG 以石墨型为主，其导电性、活性低的弊病，而且也克服了开放体系下因掺 N 效率低而导致合成 NG 成本高的问题。

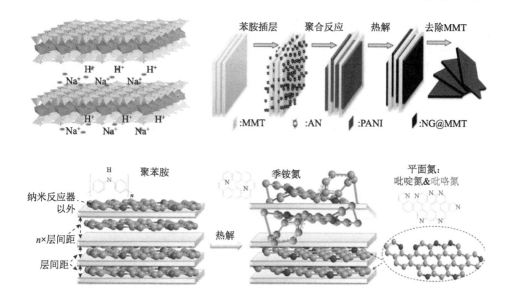

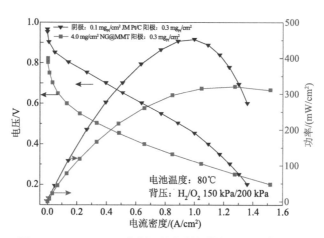

图 5-23　限域合成 NG 示意图

图 5-24　NG@MMT 作阴极催化剂的燃料电池功率曲线

在上述工作的基础上，丁炜、魏子栋等[82]进一步开发了"盐重结晶固型热解法"。利用无机盐结晶的盐封效应，避免了传统直接碳化过程中活性位严重烧失、高石墨氮掺杂和结构坍塌等问题，避免了传统模板法模板去除与纳米催化剂分离的困难问题，巧妙地将低温下聚合物的形态最大限度地保留到高温碳化后的终极产品中，为可控制备特定形貌的碳基催化剂提供了有效手段。特别地，盐封后，无法逃逸的挥发性气体成为造孔剂，使大面积掺氮材料形成诸多内孔，内外孔的边沿位为平面氮的掺杂提供了条件（具有平面结构的吡啶氮和吡咯氮只能生长在边沿位），如图 5-25 所示，与没有微孔生成的对比样品相比，以盐重结晶固型热解法制备得到的催化剂其平面氮含量增加了 68%（图 5-26），FeN_x 位点增加了130%，烧蚀量从未盐封之前的 95% 降低到 25.7%，如图 5-27 所示，从而为热解法碳基催化剂的宏量制备提供了高效率的方法。大量的活性位点结合高效的传质通道使活性位暴露在三相界面的概率增高从而极大地提高活性位点的利用率。以该材料为正极催化剂的质子交换膜燃料电池输出功率达 600 mW/cm^2，较之前以扁平纳米反应器制备平面氮掺杂的石墨烯有大幅度提高，为当时世界领先水平。加速老化实验显示该催化剂非常稳定。该方法具有广泛的应用性和通用性，并可以有效地控制碳材料的孔结构、活性位点以及纳米形貌。

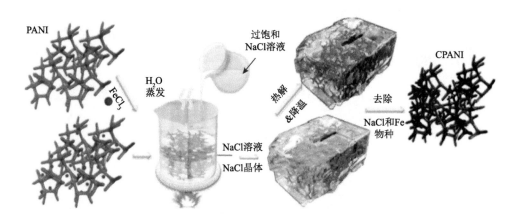

图 5-25　盐重结晶固型热解法合成掺杂碳材料示意图

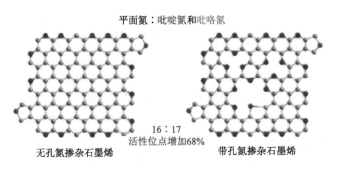

图 5-26　边缘和孔隙中的活性位点示意图

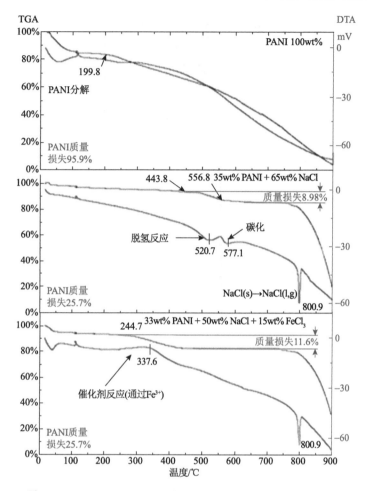

图 5-27　PANI、PANI-NaCl 和 PANI-Fe-NaCl 的 TGA-DTA 图

通过适当控制局域三维空间的气蚀可对催化剂的微纳结构进行调控。魏子栋课题组进一步发展了利用混合盐热解中的气液分离和界面反应调控碳材料的微纳结构以及催化表界面的方法——"高温双相变法"[83]。如图 5-28 所示，利用在前驱体熔融相内高温盐气化（分解）的逃逸，构建气液分离界面，同时利用两者的界面反应固化前驱体，从而形成气体逃逸通道。通过控制气体产生速率实现孔结构大小、贯通性的调控，利用气液界面的反应同步实现孔表面的功能化，以此构建"有气体通道则必生成活性位"的催化结构。

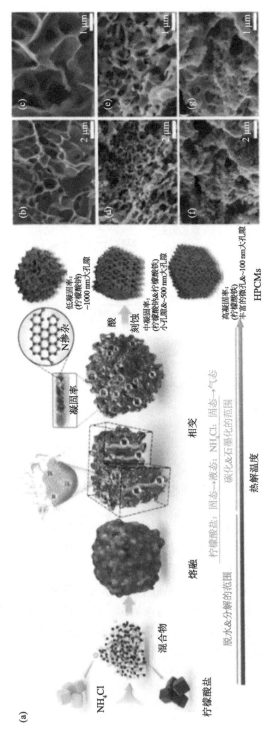

图5-28　气液分离和气液界面反应——"高温双相变法"

通常情况下中空的碳材料是基于模板法合成的，这些模板通常有二氧化硅、聚苯乙烯微球等。有机金属框架 ZIF-8 具有特定的形貌结构，是制备非球形中空碳材料的优良模板。模板法的关键在于模板的去除，模板往往具有较差的热稳定性或者化学稳定性。ZIF-8 高温条件下的热稳定性很强，因此 ZIF-8 为模板的非球形碳的合成过程复杂。李静、魏子栋等[84]在 ZIF-8 晶体外包覆聚合多巴胺，经过高温处理便能够得到中空的氮掺杂碳材料，该过程不涉及模板的去除。基于此，他们提出了"应力诱导定向收缩机制"制备出中空氮掺杂碳材料（如图 5-29 所示）。NC$_{ZIF-8}$-900℃特殊的生成机理和结构富含高比表面积的大孔-介孔-微孔的多级孔，有利于活性位点的暴露，有利于流体的输运，促进了氧还原过程，因此在经典三电极体系测试中，他们发现该 NC$_{ZIF-8}$-900℃半波电位高达 0.848 V，在 Zn-空气电池中峰值功率密度高于商业 Pt/C 催化剂 73 mW/cm^2。

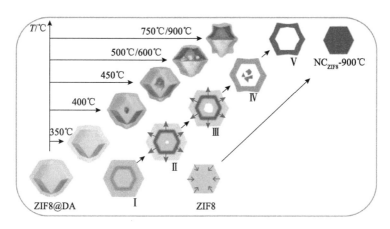

图 5-29　构造中空结构的"应力诱导定向收缩"机制示意图。Ⅰ. PDA 涂层导致 ZIF-8-PDA 界面的强烈相互作用；Ⅱ. 刚性外壳和强烈的界面相互作用使 ZIF-8 向外收缩，并在 ZIF-8 的中心点产生累积应力；Ⅲ. 连续向外收缩损坏整个 ZIF-8 内芯；Ⅳ. ZIF-8 的总损伤导致内部空间中金属锌物种的聚集；Ⅴ. 金属锌的蒸发和外壳层的完全碳化

Wu 等[85]采用软模板法，以表面活性剂 Triton X-100 为模板，以聚苯胺和聚吡咯为氮源，NaS$_2$ 为硫源，热解制备了一种 N-S 共掺杂中空纳米球，碱性条件下该催化剂表现出远高于 N 单独掺杂时的活性。该催化剂具有较大的比表面积，在4 电子选择性、长时间耐久性以及抗甲醇中毒方向均展现了优异的性能。其他共掺杂碳材料也具有类似的情况。N-B 共掺杂情况要复杂一些[75,86]，只有当 N 与 B原子处于分隔的掺杂位时，N 和 B 之间才能表现出协同效应，而当 N 和 B 以键合的形式掺杂时，就无法起到提高碳材料活性的作用，这是由于此时 N 上的孤对电子与 B 上的空轨道发生共轭而被中和，那么它们就不会分别与附近的 π 体系共

轭，也不会引起协同效应。

　　一旦没有模板强制 3D 结构的季铵氮（又称石墨化氮）转换为平面氮，即吡啶氮和吡咯氮，3D 结构的石墨化氮是不可避免的。鉴于其较低的电子传导性能，聂瑶、魏子栋等制备了一种核壳型结构的氮掺杂碳层包覆碳纳米管催化剂（CNT@NC）[87]，具有优异电子传导性质的碳纳米管好比"电子高速公路"，为导电性弱的 3D 结构石墨化氮催化剂提供三维导电网络，解决了由于高比例石墨氮掺杂导致的导电性差问题，从而提高催化剂的 ORR 电催化性能。如图 5-30 所示，CNT@NC 的 ORR 半波电位比不含碳纳米管的 N 掺杂碳材料高 40 mV，比 40% Pt/C 仅低 20 mV。

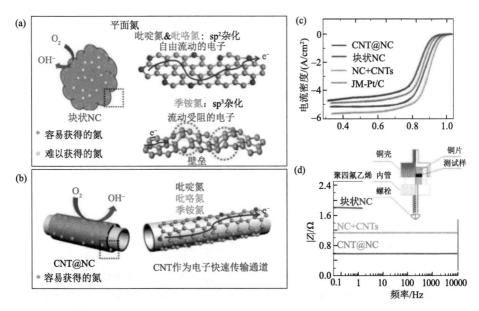

图 5-30　（a）含氮活性的限制利用；（b）CNT@NC 催化剂结构优势示意图；（c）各催化剂在氧气饱和 0.1mol/L KOH 溶液中 ORR 极化曲线；（d）块状 NC、CNT@NC 和 NC+CNT 的交流阻抗 Bode 谱图

　　多级孔结构的碳材料，其中的微孔提供了丰富的活性部位，中孔和大孔孔隙保证了物质的快速运输。从前驱体的设计出发，Yan 等[88]提出了一种多孔碳的合成策略，以大大提高孔隙的互连互通。在这种方法中，中孔模板被溶解在先前形成的大孔模板上，在介观和宏观维度创建一个相互连接的网络。在碱性介质中，制备的具有全连接孔的碳的半波电位达到 0.77 V *vs.* RHE。为了增加活性位点的数量和质量传输，Hu 和 Dai 设计了一种二维 S/N 共掺杂石墨片，具有石墨表面上的立体孔组成的层次结构[89]。这些立体孔为电化学反应提供了较高的比表面积和

丰富的界面活性中心，且在电化学测试中表现出比未开孔或普通二维结构的催化剂和许多其他碳材料更好的 ORR/OER/HER 活性和稳定性。值得注意的是，Fe、Ni 等过渡金属在这些研究中被用作造孔剂，实验后期通过酸洗来去除金属残留物。虽然很难忽视或排除金属原子对提高材料活性的贡献，但由于孔隙率的增加，性能显著得到改善，所以我们仍然可以清楚地认识到孔隙率和微观结构对 ORR 和其他一些涉及气体反应的电催化剂的重要性。此外，孔道的亲疏水结构也对氧还原活性影响较大。Bandosz 等提出一种不同于杂原子碳上 ORR 常规机理的新机制，即 O_2 具有在狭窄的疏水孔中强烈吸附的能力。他们合成了一种具有大孔/微孔结构的多孔玻璃碳泡沫-氧化石墨烯复合材料，无杂原子掺杂的样品微孔具有疏水性和强吸附性，可将 O_2 吸入内部，孔体积 < 0.7 nm 时活性最佳，且活性随孔径增大而降低。杂原子 S、N 改性会诱导样品微孔亲水性增加，对氧气吸附降低，性能下降[90]。在 ORR 掺杂碳催化剂的研究中，孔隙率已成为催化剂设计中的一个重要方面。其传统铸造方法主要通过使用多级模板剂或添加造孔剂以改变孔隙率。具有多级结构的多孔碳，包括微/介孔/大孔碳[91]、大/介孔碳单体[92]以及介孔氮化碳纳米球[93]均能间接地影响催化剂活性：通过引入介孔来改善高电流密度下的传质[94]；调整后处理方法以改善孔隙网络进而促进质量传输和增加活性中心的数量[95]；基于有机组装体直接热解的无模板法因其无须耗费时间去除模板而受到越来越多的关注，许多聚合物前驱体，例如具有不同形式的纳米球[96]、纳米纤维[97]、纳米带[98]和泡沫[99]以及具有三维孔状结构的 g-C$_3$N$_4$[100]经热解后均可成功得到氮掺杂的多孔碳；除上述传统方法外，采用富含氮的碳量子点[101]、石墨烯氧化物[102]等作基底，来构建三维纳米碳或碳纳米管[103]从而获得分层多孔结构的新策略也在研究人员的工作中被广泛应用。

2. M-N-C 类催化剂的制备

传统制备 M-N-C 催化剂的方法是将碳源、氮源和过渡金属源混合均匀，在惰性气体（N_2、Ar）下高温热解（400~1000℃）得到。van Veen 等将吡咯衍生物、乙酸钴和 Vulcan 碳均匀混合在 700℃下热解制备得到 Co-N-C，该催化剂的 ORR 催化活性媲美 700℃下热解四甲氧基苯基酞菁钴得到催化剂的 ORR 性能[104]。2009 年，Lefevre 和 Dodelet 等将炭黑、邻菲咯啉和乙酸亚铁的混合物球磨后，依次在 Ar、NH_3 中热解两次，获得的 Fe-N-C 催化剂富含微孔结构，在酸性溶液中展现出优异的 ORR 催化活性[105]。该催化剂在单电池测试中，在电压>0.9 V 时的阴极电流密度与 Pt 催化剂的电流密度相当，虽然在文章发表之时并不清楚具体的 ORR 活性位点，但是他们发现微孔结构可能作为活性位的载体促进 ORR 快速进行。2013 年，Dodelet 与 Jaouen 将含 N 有机金属框架 ZIF-8 作为碳载体，2,4,6-三（2-吡啶基）-S-三嗪（TPTZ）为前驱体，经浸渍、球磨碳化得到 Fe/TPTZ/ZIF-8

催化剂，其最大输出功率密度可达 0.75 W/cm^2[106]。Zelenay 课题组利用氰氨和聚苯胺作为前驱体制备的一种分层式多孔 Fe-N-C 催化剂，在 0.9 V$_{IR-free}$ 电位下最高活性达到 0.016 A/cm^2。与美国 DOE 2016 年制定的 2020 年活性指标（0.044 A/cm^2 @0.9 V）相比，该催化剂面积（膜电极）电流密度达 0.044 A/cm^2 时的电位为 0.87 V，电位仅较指标低 30 mV。

大量研究发现，高温热解方法制备 M-N-C 催化剂通常可以通过合理选择碳载体、调控前驱体（C 源、N 源和过渡金属源）、改变热解的温度、时间及气氛等进一步优化催化剂活性。

1）碳载体的选择

目前，制备 M-N-C 催化剂时常用载体有炭黑、石墨、活性炭、碳纳米管、石墨烯及多孔氮掺杂碳等。其中，Cabot 公司生产的 Vulcan XC-72 碳具有高导电性、高比表面积（250 m^2/g）和孔结构丰富等优点，是应用最广泛的碳载体。

Popov 等研究发现，碳载体先用 HNO$_3$ 浸泡处理后再在 NH$_3$ 气氛中热解，所制备催化剂的 ORR 活性更好。他们认为 HNO$_3$ 氧化处理后，碳载体表面会产生许多含氧官能团，这些含氧基团可以使金属离子均匀分散在载体表面从而提高 ORR 催化活性。因此，这种处理碳载体的方法也成为目前最常用的方法之一。相比于炭黑，碳纳米管呈一维管状，延展性好，石墨化程度高。因此，电子在 CNT 中的传输速度快于炭黑。聂瑶、魏子栋等在 CNT 包覆 PANI 热解制备得到 CNT@NC 催化剂，该催化剂在碱性条件下的 ORR 催化活性高于直接热解 PANI 得到的 NC 催化剂，也高于 NC 与 CNT 物理混合后复合催化剂[87]。

碳材料的氮掺杂，常用 NH$_3$ 气氛中热处理碳载体，或高温热解含 N 前驱体。2011 年，Dodelet 等采用有机金属框架 ZIF-8 作为碳载体和 N 源，与 Fe 混合均匀后经球磨、热解及 NH$_3$ 活化后得到 Fe/Phen/ZIF-8 催化剂。该催化剂在 H$_2$/O$_2$ 燃料电池测试的最大输出功率密度可达 0.91W/cm^2；在 0.6 V 时的输出功率高到 0.75 W/cm^2，媲美商业 Pt/C（0.3 mg$_{Pt}$/cm^2）的性能[18]。

2）氮前驱体的选择

过渡金属大环化合物（M-N$_4$），无机氮源（NH$_3$、NH$_4$·HCO$_3$），含氮有机物小分子（乙腈、2-甲基咪唑、1,10-邻菲咯啉、乙二胺等）和含氮聚合物（三聚氰胺、聚丙烯腈、聚苯胺、聚多巴胺、聚邻苯二胺等）都被当作 M-N-C 催化剂的氮源进行了大量研究。Zhao 等以玉米淀粉、双腈胺和乙酸钴为原料，混合均匀后高温热解得到 NCN-Co-x 催化剂[107]。Sun 等用硝酸钴、硝酸锌和 2-甲基咪唑配位形成双金属有机金属骨架，800℃高温碳化后得到的 Co-N-C 在酸性与碱性溶液中均表现出较好的 ORR 活性和稳定性。与含氮小分子相比，含氮聚合物表现出更好的热稳定性，尤其是分子结构中含有苯环的聚合物，在热解过程中更容易形成稳定有序的石墨化碳材料而备受青睐。

Zelenay 等以多孔碳为载体、聚苯胺（PANI）为 N 源，并引入 Fe 和 Co 盐，合成了 PANi-Fe-C、PANi-Co-C 和 PANi-FeCo-C 催化剂[16]。他们发现，PANi-FeCo-C 催化剂在酸性条件下表现出优异的 ORR 活性和稳定性，其半波电位仅比 Pt/C（20%）低 43 mV。在单电池实际测试时，在 0.4 V 下可稳定工作 700 h。在 Zelenay 的基础上，孙世刚课题组以富含氮的间苯二胺为 N 源，Fe(SCN)₃ 为 Fe 源，950℃ 下 Ar 气氛下碳化、酸洗和二次碳化之后得到 Fe/N/C-SCN[108]。在 0.1 mol/L H₂SO₄ 溶液中测试 ORR 极化曲线发现 Fe/N/C-SCN 的半波电位高达 0.836 V，其单电池测试的最大输出功率密度高达 1.03 W/cm²（图 5-31），展示了在 PEMFC 中的应用前景。Chen 等用 1,10-邻菲咯啉（Phen）和 PANI 作双 N 前驱体，通过球磨将 Phen 引入碳载体的孔隙中，再通过化学氧化聚合苯胺，将其包覆在 PANI 壳层中，经热解、酸浸后得到三维多孔类石墨烯的材料[109]。在此，Phen 作为一种造孔剂，在高温碳化分解过程中扩展到外部 PANI 壳层，造出大量的微孔和介孔；同时，由于 Fe 的存在，PANI 壳高温碳化后形成类石墨烯结构。以该催化剂为阴极催化剂组装的膜电极在 H₂/O₂ 燃料电池中的峰值功率 P_{max} 为 1.06 W/cm²，同时具有良好的稳定性（图 5-32）。这种双 N 源，形成了独特的石墨烯基纳米颗粒 Fe-N-C 催化剂，极大地提高了燃料电池的性能。

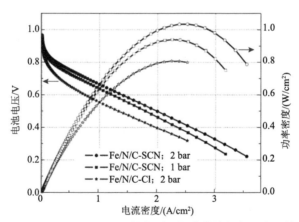

图 5-31　Fe/N/C-SCN 和 Fe/N/C-Cl 催化剂的极化曲线与相对应的输出功率密度

3）金属前驱体的选择

Fe、Co、Ni、Cu、Mn 等过渡金属作为 M-N-C 催化剂中的金属来源被人们广泛研究，其中，Fe 和 Co 因其在 M-N-C 催化剂中表现出较好的 ORR 催化活性更受关注。Wiesener 等[110]发现在碱性溶液中催化剂的 ORR 催化活性的顺序为：Fe=Co>Mn>Ni>Zn>Cu，揭示了 Fe、Co 掺杂 N 具有较好催化活性，同时发现催化剂中金属含量对催化剂的 ORR 催化活性有影响。Chung 等将 Co 前驱体与聚吡咯（PPy）、碳粉混合，高温热解后获得的 Co-PPy-C 催化剂展示了优异的 ORR 催化活性和稳定性，而且在燃料电池实际应用时在 0.4 V *vs.* RHE 下可以稳定工作 100 h 左右[111]。Zhang 等采用高温热解法制备双金属、氮共掺杂 3D 多孔石墨碳骨架催化剂，发现双金属掺杂的催化剂（FeCo-NC）在碱性电介质中的催化活性高于单金属掺杂催化剂（Fe-NC、Co-NC），这是由于双金属及 N 共掺杂之间的协同效应使得催化剂的活性得以提升[112]。

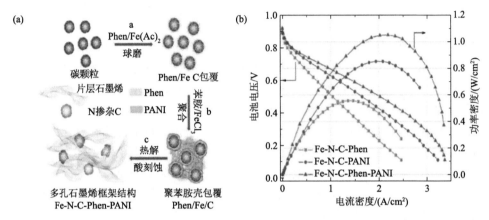

图 5-32　（a）Fe-N-C-Phen-PANI 的合成示意图；（b）催化剂的极化曲线与相对应 H_2-O_2 电池中的输出功率密度

4）碳化条件

除 C 源、N 源和过渡金属源外，碳化条件是影响 M-N-C 催化剂活性和稳定性的另一重要因素，包括碳化气氛、温度及时间。虽然 M-N-C 的活性位点仍然存在争议，但是人们已经证实了高温处理可以促进催化剂的活性位点的形成。一般来说，制备催化剂时的碳化温度在 800～1000℃时，得到 M-N-C 催化剂展现出最好的催化活性和稳定性。

Zelenay 等以 Ketjen black（KJ-300J）为载体，PANI 为 N 源，$FeCl_3$ 为过渡金属盐热解得到 Fe-N-C 催化剂，探索了碳化温度与催化剂形貌、结构及催化活性之间的关系[16]。如图 5-33 所示，热解之前 PANI 呈纳米纤维状；随着碳化温度升高到 400℃，PANI 纳米纤维逐渐消失；温度升高到 600℃时，开始出现了球形纳米颗粒；升高到 900℃时，SEM 及 TEM 图像分别显示形成了高比表面积碳纤维和覆盖金属颗粒的石墨化碳壳；进一步升温到 1000℃，催化剂颗粒发生了烧结，形貌变得不均匀。电化学结果显示在 900℃下为最佳碳化温度，此时其 ORR 催化活性最好。这是因为碳化温度较低时，活性中心没有形成；碳化温度过高时，催化剂颗粒容易烧结，导致比表面积减小，使 ORR 活性降低。此外，升高碳化温度，催化剂中氮掺杂含量以及形式都会发生改变。比如，碳化温度升高以后，氮掺杂的含量会降低，吡啶氮含量减少而石墨氮含量增加，这表明催化剂的活性不完全取决于氮掺杂含量，还与 N 掺杂形式有关。

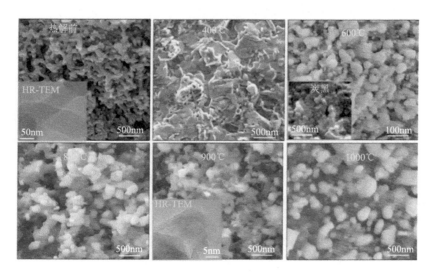

图 5-33 不同碳化温度制备 Fe-N-C 催化剂的扫描电镜图与透射电镜图

在高温热解制备 M-N-C 催化剂过程中，碳化温度也影响着催化剂的性能。一般来说，升高碳化温度，有利于提高催化剂的石墨化程度，从而提高催化剂的导电性。但过高的碳化温度使氮掺杂含量降低。通常，吡啶氮和吡咯氮能在低温下稳定存在，但高温则不然。因此，制备 M-N-C 催化剂过程中，选择碳化温度的时候需要平衡催化剂的催化活性与稳定性。对于 M-N-C 催化剂而言，不同种类的 N 前驱体和过渡金属决定了其最佳碳化温度也不同，这需要我们不断摸索，才能使催化剂的催化活性和稳定性最优化。

一般情况下，制备 M-N-C 催化剂主要是在 N_2、Ar 以及 He 等惰性气氛下进行高温热解。然而 Dodelet 团队另辟蹊径将 FeAc 和炭黑混合后在 NH_3 气氛下热解制备 Fe-N-C 催化剂，在高温碳化过程中，NH_3 一方面作为 N 前驱体对炭黑进行掺杂，另一方面 NH_3 在高温下会刻蚀炭黑，产生大量微孔，有助于增加活性位，提高 ORR 催化活性。但是，NH_3 气氛炭黑催化剂也存在一些不足：①NH_3 具有腐蚀性，容易腐蚀设备；②NH_3 进行 N 掺杂的同时刻蚀碳载体会降低催化剂的产率。例如，2011 年 Dodelet 等在 *Nature Communication* 上发表的文章，先后在 Ar、NH_3 气氛下碳化，两次碳化质量损失高达 90 wt%[18]。

通常，M-N-C 催化剂的活性位在高温碳化时已经形成，但是，碳化后对催化剂的再处理，对催化活性影响也很大。其中，酸处理和第二次碳化表现较为明显。碳化后用酸处理可以除掉催化剂表面一些没有活性和不稳定的物质，使得更多的活性位暴露出来。再次碳化，烧掉一些附着物，可以增加催化剂表面的微孔结构，提高催化剂的活性位密度。Zelenay 等在合成 PANI-Fe-C 催化剂时发现，酸洗后催化剂的 ORR 起峰电位没有改变，但是其半波电位和极限扩散电流密度均得以提高。他们将酸洗后的样品进行二次碳化，发现二次碳化后 PANI-Fe-C 的比表面积降低了，ORR 催化活性却提高了[16]。Liu 等制备了 FeN$_x$C/C-F，发现催化剂经酸洗、二次碳化后得到样品的 ORR 催化活性高于一次热解的催化剂，说明二次碳化可以提升催化剂的性能。

除此之外，热解过程中的前体气化速率也直接影响 M-N-C 催化剂。陈四国、魏子栋等针对目前单原子催化剂载量低、稳定性差、易发生 Fenton 反应等关键问题设计出超高载量的 Zn-N-C 催化剂[113]。通过 1℃/min 的缓慢的升温速率，减缓 Zn 前驱体在高温合成中的气化丢失，制备了载量高达 9.31% 的 Zn 单原子催化剂，领跑目前单原子催化剂的载量密度。半电池测试中，Zn-N-C 催化剂无论在酸性还是碱性环境均能与相应的 Fe-N-C 催化剂媲美，更重要的是，Zn 单原子表现出更加优异的电化学稳定性。如图 5-34 所示，XPS 和 DFT 计算表明，催化剂工作时吡啶氮的质子化导致 C—N 键变长，容易断键，性能下降。Zn-N-C 中的吡啶氮更难于质子化，同时 Zn-N$_4$ 结构中形成 Zn-(OH)$_x$ 的能垒更高，因此 Zn-N-C 拥有更加稳定的结构。

热解制备催化剂工作虽获得了一些突破性的进展，但催化剂热解过程中的不可控性使得这类方法制备的催化剂仍存在比表面积低、催化剂活性位结构形貌难以控制以及难实现宏量制备等。为了更加精确控制催化剂的形貌，人们开发了硬模板法、软模板法、无模板法、盐封法等制备高效的 ORR 催化剂。

5）模板法

模板法能够精准控制、影响和修饰纳米材料形貌、结构和尺寸。常见的模板有二氧化硅、介孔硅（SBA-15）、阳极氧化铝（AAO）、2D 层状蒙脱土（MMT）、聚苯乙烯微球（PS）、金属氧化物、碳酸盐等。Mullen 教授以硅胶、SBA-15 和 MMT 为模板，维生素 B$_{12}$（VB$_{12}$）或聚苯胺-铁（PANI-Fe）为 C、N 前驱体制备了 C-N-Co 和 C-N-Fe 催化剂（图 5-35）[114]。其中，C-N-Co（VB$_{12}$/Si）BET 表面积高达 568 m^2/g，高于 C-N-Co（VB$_{12}$/SBA-15，387 m^2/g）和 C-N-Co（VB$_{12}$/MMT，239 m^2/g）作模板制备的样品。电化学测试结果表明，C-N-Co（VB$_{12}$/硅胶）在酸性介质中的 ORR 催化活性接近 Pt/C 的活性。Li 等将 Fe(NO$_3$)$_3$ 填充到 AAO 的纳米孔道内，通过化学气相沉积（CVD）得到介孔 Fe-N-doped CNT，该催化剂在酸性与碱性介质中下均表现出优异的 ORR 活性和稳定性[115]。上述研究表明，催化剂的介孔结构能提高催化剂的传质能力，保证 ORR 过程快速进行。Chen 等以 NaCl 晶体为模板，PVP 和 FeCl$_3$ 分别作为 C 源、N 源和金属源，混合均匀后高温热解得到介孔 PVP-NaCl-Fe/N/C 催化剂；该催化剂在酸性和碱性介质中的活性均高于没有加 NaCl 制备而得的催化剂 PVP-Fe/N/C 的活性[116]。

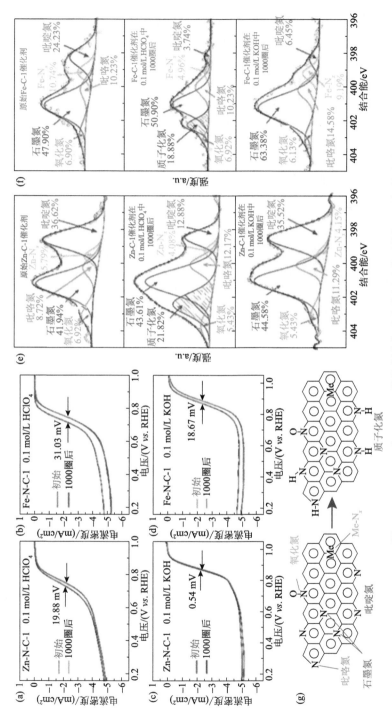

图5-34　Zn-N-C-1和Fe-N-C-1催化剂在加速老化测试前后的氧还原极化曲线
(a~d)和N1s图(e, f)；M-N-C催化剂在酸性中的质子化过程示意图(g)

　　此外，硬模板的合理应用，还能通过其在催化剂热解过程中的限域作用有效解决前驱体质量损失、颗粒烧结和结构坍塌等问题，提高催化剂的产率。魏子栋等[117]利用正硅酸乙酯（TEOS）水解制备 SiO₂ 的原理，在前驱体 Fe/Phen/C 表面原位水解 TEOS 覆盖一层纳米 SiO₂ 壳层，碳化时前驱体表面覆盖的 SiO₂ 纳米壳层可以有效地抑制前驱体颗粒烧结和结构的坍塌，减少碳化质量损失。该限域热解法制备的催化剂产率高于直接热解法。

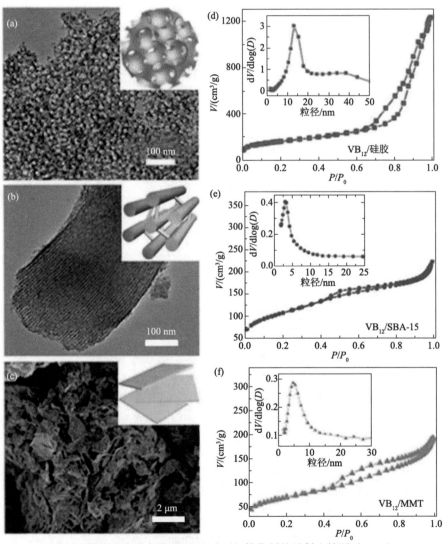

图 5-35　模板法合成介孔 C-N-Co（Fe）催化剂的透射电镜图（a～c）
与 BET 比表面积分析图（d～f）

采用硬模板法合成催化剂需要在后续步骤中刻蚀模板，刻蚀硅模板需用 HF 或高浓度的碱 NaOH，刻蚀步骤不仅烦琐，而且引入了 HF、NaOH 等危险化学品。因此，人们开发出了软模板法合成催化剂。Qiao 等用聚苯乙烯微球（PS）和三嵌段聚合物（F127）作为软模板，制备了一种多孔的 Fe-N-CNTs-OPC 材料（图 5-36）[118]。该材料由有序的多孔碳（OPC）微块互连而成，通过原位生长的碳纳米管把 OPC 支撑起来可以使 Fe-N$_x$ 活性位充分暴露出来，这种多级孔结构可以加快反应物的传输速度。此外，原位生长的 CNT 可以提高催化剂的导电性，这些优点结合在一起使得 Fe-N-CNTs-OPC 的催化活性与 Pt/C 相当。Guo 等将三聚氰胺、Fe(NO$_3$)$_3$ 和表面活性剂 P123 混合后，在 N$_2$ 气氛下 800℃高温碳化得到 Fe$_3$C 纳米颗粒封装在竹节状的 CNT 异质结构材料（BCNFNHs）里[119]。在 0.10 mol/L KOH 中，BCNFNHs 显示了优异的催化活性、稳定性和甲醇耐受性。魏子栋等发展了一种基于乳液界面聚合的新策略来制备中空氮掺杂碳材料（HNC）[120]。将苯胺单体分散在水溶液中形成苯胺悬浮乳液，以铁氰化钾为氧化剂氧化聚合苯胺，控制苯胺聚合程度，除去未聚合苯胺单体，高温碳化后得到 HNC 催化剂。高分辨透射电子显微镜发现该 HNC 的孔壁周围含有大量微孔和介孔，形成一种"可呼吸"的结构。电化学测试表明，HNC 在碱性溶液中展现出优异的 ORR 催化活性，其起峰电位、半波电位与 Pt/C 催化剂仅相差 13 mV 和 20 mV。

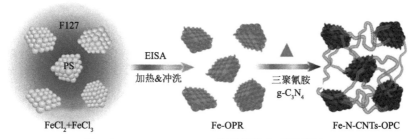

图 5-36　Fe-N-CNTs-OPC 催化剂的合成示意图

无模板法制备多孔 M-N-C 催化剂，因为没有除去模板的烦恼，始终在人们关注的范围之内。Yang 等采用以廉价的三聚氰胺、甲醛和乙酸钴为原料，通过简单的水热反应，再经热处理，合成了独特的花生式样 Co-N 共掺多孔碳（Co/N-PC）[121]。Liu 等[122]利用电纺丝合成的纤维状 Fe-N-C 催化剂，其高密度微孔形成了具有高活性位密度的 Fe-N$_x$ 活性位，在 0.8 V$_{IR-free}$ 电位下体积电流密度为 60 A/cm^3，其外推体积密度最高达到 450 A/cm^3，超过了美国 DOE 2012 年设定的 2020 年非铂催化剂活性指标 300 A/cm^3 @0.8 V$_{IR-free}$。除了上述方法，丁炜、魏子栋等报道了"NaCl 重结晶固型热解法"来提高催化剂的活性位点的数量，如前文所述（图 5-25）[37]。在此方法中，NaCl 晶体先溶解在水溶液中然后进行重结晶将催化剂前驱体（3D PANI）完全封闭在 NaCl 晶体中，当热解温度达到 NaCl 的熔点（800.9℃）时，小分子的气化成为造孔剂，在石墨片层中形成大量气蚀孔，方便边沿位平面氮掺杂。高温碳化之后 3D PANI 保持了原来的 3D 多孔结构，有利于活性位的暴露和物质传输。待冷却后，用热水即可除去氯化钠晶体。

此外，无模板法和模板法也可以结合使用，兼具其优点，构建高活性位密度和特定微孔结构的 M-N-C 催化剂。陈四国、魏子栋等利用 $ZnCl_2$ 盐作为微孔/介孔剂掺杂到前驱体内，$ZnCl_2$ 高温气化后产生大量的微孔/介孔作为 ORR 活性位的载体，提高催化剂的活性位密度；同时，利用 SiO_2 微球作为大孔模板，构筑三维联通碳骨架，以保证催化剂的快速传质能力[123]。该方法制备 Fe-N-C 催化剂具有三维大孔结构，壁上有大量的介孔和微孔，这些微孔/介孔由 2～5 层高度有序的石墨层组成。独特的结构极大地提高了催化剂的比表面积和孔体积，使其表现出优异的催化活性。单电池测试结果显示，以 Pt/C 催化剂为阳极，Fe/N/C 催化剂为阴极制备的单电池，在 0.5 mg/cm^2 的超低载量下，最大输出功率密度可达 480 mW/cm^2，当载量为 2.0 mg/cm^2 时，最大输出功率密度为 600 mW/cm^2。

3. 其他杂原子掺杂碳基催化剂的制备

除氮掺杂外，其他类型的杂原子也可有效提升掺杂碳基催化剂的氧还原活性。如图 5-37 所示，迄今为止，已有十几种非金属元素以单掺杂或双掺杂的形式成功掺入碳骨架中[124]。

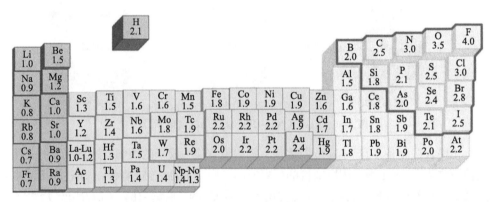

图 5-37　周期表中各元素的电负性。红色方框中元素为已有实验证实的可成功掺入 sp^2 杂化碳基材料中的非金属原子

1）非金属原子单掺杂

非金属原子单掺杂主要包括：N、B、P、O、S、Se、Si、F 和 Br 等。F（3.98）和 O（3.44）的电负性与 N 原子类似，其电负性均大于 C（2.55），因此，它们对 C 材料进行改性后，会使碳基材料具有与氮掺杂类似的表面性质，并表现出较高的 ORR 催化性能[125]。F 原子因为自身电子结构比较特殊（2s2p⁵），其只能掺杂

在碳基材料边缘，并与一个 C 原子成键，即以 C—F 的形式存在，这使其电子性质单一，ORR 催化性能受限。而 O 掺杂则相对容易，因经典 Hummers 碳基材料制备方法的局限性，使碳基材料中必然存在杂原子 O，甚至还原处理也不能完全移除此类 O 官能团。其中 O 在碳基材料中主要以 C—O—C、—COOH、C═O 和 C—OH 的形式存在。Yeager 等[126]提出的 Garten 和 Weiss 机制表明碳基材料表面的 C═O 会参与 ORR 反应，进而提高 ORR 活性。同样，C═O 修饰的层状碳纳米管也被证实具有相对纯碳纳米管更好的 ORR 催化性能，即修饰过的催化剂有较小的起始过电势和较大的电流密度。为进一步研究氧官能团在纳米碳上的锚定位置对 ORR 催化性能的影响，Waki 等[127]在碳纳米管的边缘（纳米管的开口端）和空穴缺陷处进行了位置选择性氧化，并评估其 ORR 催化活性。结果表明，碳纳米管表面过量的 O 官能团抑制了电子转移，占据了 O_2 的吸附位点，且最终导致了 ORR 催化性能的下降。若通过 Ar 处理去除边缘缺陷和孔缺陷，ORR 起始电位正移 0.19 V，这表明调控缺陷位置的 O 掺杂是改变 ORR 催化能力的关键。Bao 等[128]计算结果表明，石墨烯基面上的羟基（C—OH）和环氧基（C—O—C）是不利于 ORR 催化的，这是由于 O 原子中的孤对电子与石墨烯的离域 π 键因轨道取向不匹配而发生排斥，故而对石墨烯的改性能力受限。同时该计算证实，在椅型和锯齿型边缘上的含氧官能团具有 ORR 选择性，前者没有催化活性，后者具有催化性能。

　　而对于 B（2.04）、P（2.19）等电负性均小于 C 的掺杂原子，其表面性质对 ORR 催化过程的影响要更复杂一些。相比于 N 掺杂（8.0 eV/atom），B 掺杂（5.6 eV/atom）表现出更低的形成能。B 掺杂碳基材料的 B 构型主要为 graphitic-B（BC_3）和 oxidated-B（C_2-BO，C-BO_2）。Hu 等[129]以苯、三苯基硼烷和二茂铁为前驱体制备了 B 掺杂碳纳米管，当 B 含量从 0% 增加到 2.24% 时，ORR 的峰电流密度值增加了 5.2 mA/mg，峰电位正移 0.08 V。Shanmugam 等则指出 B 掺杂碳基材料的 ORR 催化活性取决于其制备过程中的热解温度，随着温度的升高，ORR 动力学反应电流增大，ORR 催化性能增强。这是由于高温会使 B 以 BC_3 的形式掺杂，掺杂 B 比例高，且这种构型是具有 ORR 催化活性的。Li 等通过密度泛函理论计算表明，合理的 BC_3 位置（六元环内对角掺杂）有利于 O_2 分子在 B 活性位上吸附，使 B 掺杂结构（0.38 V）表现出比 Pt（0.45 V）更低的 ORR 过电势。夏兴华等证实 B 掺杂（3.2 at%）碳基材料在碱性介质中不仅表现出优异的 ORR 催化性能，还具有良好的稳定性和抗 CO 中毒性。

　　相对于 N 原子，较大的 P 原子如果取代碳骨架中的 C 原子，会严重干扰碳晶格的几何结构，进而影响电子结构，会取得双重效应。而理论计算也表明[130]，石墨烯晶格中的"P 取代"会使 sp^2 晶格发生畸变，导致碳基材料的电化学稳定性下降。相对于 N 掺杂碳基材料，P 掺杂的具体构型尚未确定，但大多数研究认为，P 掺入碳基材料后 P 会与 C 和 O 成键（P—C，P═O），Qiao 等[131]推测其最可能的掺杂构型为 P 取代一个 C 原子，并与周边三个 C 和上方一个 O 相连。此外，Zan 等[132,133]的实验均证实只需极少量的 P 掺杂（<1.5 at%），便可使 P 掺杂碳材料在碱性介质中表现出与商业 Pt/C 相当、甚至高于 Pt/C 的 ORR 催化性能，且在 ORR 催化过程中，P 原子可有效吸附 ORR 中间物种，作为潜在的 ORR 催化活性位。

氧族元素中与 C 电负性相近的 S、Se 掺杂剂也可改性石墨烯表面性质，使其表现出较好的 ORR 催化性能[134,135]。具体说来，硫氢化物[136]和苄基二硫醚[137]都可被作为 S 源用来制备 S 掺杂碳基材料。Mullen 等的研究表明，利用硫氢化物为前驱体，则 S 掺杂剂主要以噻吩（C-S-C）的形式引入石墨烯片层中，所得的 S 掺杂石墨烯不仅具有良好的 ORR 催化活性，还有较高的稳定性和选择性。Baek 等[138]选硫黄作为 S 源，且通过与石墨烯进行简单的球磨混合，可制备出边缘选择性硫化的 S 掺杂石墨烯纳米片。进一步的理论分析表明，该催化剂表明的电子自旋密度在 ORR 催化过程中起着关键作用，且石墨烯边缘 O=S=O 物种对 ORR 催化性能的提升至关重要。Xia 等构建了所有可能的 S 掺杂石墨烯结构，通过理论计算证实，S 的掺入会调节碳基材料边缘表面的电子结构和自旋密度，其中锯齿边缘和 S 原子附近的 C 位点均可作为 ORR 催化活性位，催化 ORR 过程以 4 电子途径进行。Huang 等[139]选择二苯基二硒醚作为 Se 源，在氩气保护的前提下将其引入石墨烯中，碱性条件下的测试结果表明，其 ORR 催化活性优于商业 Pt/C。进一步对比研究表明，在同一测试条件下，1 wt%的 Se 掺杂碳基材料与 4 wt%～8 wt%的氮掺杂碳基材料所表现出的 ORR 催化能力相当，即杂原子 Se 的利用率相对较高。由于 S 和 Se 的电负性与 C 原子相同，故而诱导电荷重分布的能力小于其他杂质原子掺杂。而 S 和 Se 的原子尺寸大，使得其只能在碳基材料边缘掺杂，并导致边缘发生明显形变，利于自旋密度的局域化，使 ORR 中间物种的吸附适度增强，进而改善催化 ORR 的活性。

2）非金属原子双掺杂

一般而言，非金属原子单掺杂碳基材料的活性位与 OOH 的结合能力较弱，故在其催化 ORR 的过程中，形成吸附态的*OOH 成为 ORR 的决速步。诸多研究表明[140]，在碳基材料中同时引入两种杂原子，尤其是与 C 的电负性不同的两种杂原子（如 N、P，N、B 以及 N、S 等），可进一步改善目标 C 活性位的电子性质，进而调节*OOH 物种在碳基底上的吸附强度，且利用两者的协同效应，使得其 ORR 催化活性得以大幅度提高。

基于此，李容、魏子栋等[141]制备的氮、磷双掺杂石墨烯/碳纳米片层（N,P-GCNS），与单一原子掺杂的 N-GCNS、P-GCNS 相比，N,P-GCNS 具有最佳的 ORR 催化性能，其起始电位为 1.10 V *vs.* RHE，半波电位比 Pt/C 高将近 20 mV。Dai 等[142]通过热解聚苯胺和植酸聚合物制备出的 N、P 双掺杂介孔碳纳米材料也表现出优异的 ORR 催化性能，即在碱性介质中其 ORR 催化起始电位和半波电位分别为 0.94 V *vs.* RHE 和 0.85 V *vs.* RHE，催化过程电子转移数接近 4，表现出优于商业 Pt/C 的 ORR 催化性能。Shan 等以石墨烯氧化物和碳纳米管为基础，六甲基磷酸三胺作为 P 和 N 的前驱体，制备了 P、N 双掺碳基催化剂，其 ORR 催化过程的起始电位为 0.85 V *vs.* RHE。他们指出，六甲基磷酸三胺化合物会在石墨烯表面形成大量的 P、N 耦合部分（C-P-N-C），从而提高了催化剂的活性。Xu 等[143]利用气溶胶方法制备出性能优异的 N、P 双掺杂碳纳米球 ORR 催化剂。

Granozzi 等[144]制备了 N、B 单掺杂和双掺杂石墨烯（N-G，B-G 和 B，N-G），其 ORR 催化过程的过电势按照：N-G≈B-G > B，N-G 的顺序降低。Chen 等[145]制备的 B、N 共掺空心碳纳米笼具有较高的石墨化程度和丰富的缺陷位，并且能在酸性介质中表现出很高的 ORR 催化活性，其起始电位为 0.81 V *vs.* RHE，且遵循 ORR 4 电子过程，电子转移数高达 3.97，过氧化氢产率低于 2.5%。此外，Jeon、Hu 等制备的具有独特结构的 S、N 双掺碳基催化剂也表现出优异的 ORR 催化性能。此外，Sahu 等[146]以三聚氰胺和氟化铵为前驱体制备的 F、N 共掺杂石墨纳米纤维，虽然 ORR 半波电位比 Pt/C 低 0.14 V，但催化剂在酸性介质中表现出了极高的稳定性，即经过 20000 次电位重复循环后，其 ORR 活性没有明显下降。

理论计算表明[147-149]，共掺杂石墨烯中协同作用的本质可归因于以下几点：①N 掺杂会创造局域性的缺电子 C 位来增强 ORR 中间物种的吸附强度；②P/S 等大半径掺杂剂则会导致局部结构形变，使其附近的 sp^2-C 转化为不饱和的 sp^3-C，同时该处 C 原子的自旋密度也会有所改变，这些性质均有利于 ORR 中间产物的吸附；③两种掺杂原子在同一碳环内近距离掺杂，即①和②中的活性位相互重叠或成键，其电子性质发生进一步调整；④N、B、S 和 P 等掺杂剂会互相成键，杂原子上的电子性质被进一步调制，使其作为潜在活性位，并对相关物种表现出适当的吸附强度。

Xia 等[150]通过密度泛函理论研究发现，对于 p 轨道双掺杂石墨烯材料的 ORR 催化性能，可用 p 轨道掺杂原子的电负性和电子亲和能相结合的描述符 Φ 来评估掺杂石墨烯的 ORR 催化活性。进一步提出，对于 p 轨道原子掺杂石墨烯增强其 ORR 催化活性的指导方案：①选择的共掺杂原子要有相对不同的电化学性质（如电负性）；②以 N 的 Φ（Φ_N）值为基准，如果其中一个掺杂剂的 Φ 值小于 Φ_N，则两种掺杂剂的掺杂位置越近越好（最好在一个六元环内），反之亦然；③最好在石墨烯边界掺杂杂原子，即利用边界效应。

5.3.4 碳基催化剂抗中毒

催化剂中毒是导致催化剂性能退化的重要问题之一，在实际应用中，是广泛关注的重要参数。就 ORR 电催化剂而言，通常有三种中毒类型：①甲醇，来自直接甲醇燃料电池（DMFC）的阳极；②空气污染物，如 SO$_x$、CO、NO$_x$ 和气溶胶盐；③PO_x，从磷酸掺杂的聚苯并咪唑（高温燃料电池膜）中分解而成。

　　在直接甲醇燃料电池（DMFC）中，甲醇（CH_3OH）通过聚合物膜从阳极穿越到阴极（DMFC 中的常见现象），严重影响了由贵金属中毒引起的电催化效率和稳定性。从本质上讲，这种中毒现象与 CO 类物质在贵金属表面上的强吸附有关。而相对来说，非贵金属碳基材料无论是对甲醇还是对 CO，都没有催化活性，几乎是惰性的，因此有很大潜力取代铂基电催化剂作为 DMFC 的阴极催化剂。然而，来自空气中的其他杂质，对碳基掺杂材料的影响就必须认真对待。

　　在燃料电池中，阴极上的氧气来自周围的大气。为了减少空气污染物进入其中，必须配备气体过滤器，即便如此，少量的杂质进入正极仍然是不可避免的。包信和等通过将金属铁纳米颗粒包裹在类似豌豆荚的碳纳米管的隔层中，避免了金属颗粒与酸性介质、氧、硫等恶劣环境的直接接触。另一方面，这种保护并不妨碍 O_2 的活化，而使该催化剂在质子交换膜燃料电池中具有相当高的活性和长期稳定性。在质子交换膜燃料电池测试中，$Fe/Fe_3C@Fe-N-C$ 作为 ORR 催化剂的电池电压在进口空气中含有 10 ppm SO_2（1 ppm=10^{-6}）时是稳定的，而商用 20% Pt/C 的电池电压在 1 h 内下降了约 40%[151]。需要指出的是，$Fe/Fe_3C@Fe-N-C$ 催化剂中，如果壳层不是足够薄，难免会屏蔽核的作用。此外，暴露在外的 Fe-N-C 自身稳定性的问题依然存在。Zhang 等在第一性原理计算的基础上，研究了 CO 在 Fe-N-C 催化剂上的吸附和氧化，包括 $Fe-N_4$ 和 $Fe-N_3$ 卟啉类碳纳米管（$T-FeN_4$ 和 $T-FeN_3$）、$Fe-N_4$ 卟啉类石墨烯（$G-FeN_4$）和 $Fe-N_2$ 纳米带（$R-FeN_2$），发现 CO 吸附和氧化具有结构选择性。从能量角度看，CO 在 $T-FeN_4$ 和 $G-FeN_4$ 上吸附，但 CO 氧化成 CO_2 却非常困难，说明这两种构型都可能被 CO 吸附毒害。而在 $T-FeN_3$ 和 $R-FeN_2$ 上 O_2 比 CO 更喜欢吸附，CO 也容易被 O_2 氧化成 CO_2，说明 $T-FeN_3$ 和 $R-FeN_2$ 对 CO 具有耐受能力。Aravind 等[152]发现 CO 对 FeNC 催化剂上的 ORR 活性位点（即 FeN_4/C 吡咯和 FeN_4/C 吡啶）有一定的毒性，但对 CN_x 没有影响。DFT 计算结果表明，CO 在 Fe-N-C 部位的结合能与 Pt（1 1 1）相似，但比 Fe-N-C 处的 O_2 弱。这表明 Fe-N-C 电催化剂部分耐受 CO。他们推断，Fe-N-C 的 CO 容忍度优于商用 Pt/C，但不如 CN_x 型材料。这一现象，从另一个侧面证实了 FeNC 和 CN_x 是不同的材料，具有不同的 ORR 活性位点[153]。

　　众所周知，高温聚合物电解质燃料电池（HT-PEFCs）以磷酸掺杂聚苯并咪唑（PBI）膜为质子交换膜。然而，磷酸根对传统的铂基催化剂有很强的毒性。HT-PEFCs 的 Pt 磷酸根毒化问题有望通过使用非贵金属碳基材料来抑制。Zelenay 团队发现 Fe-N-C 催化剂即使在 5.0 mol/L H_3PO_4 中也表现出一定的磷酸盐耐受性，他们推测这可能是由于 Fe 纳米颗粒通过石墨层从电解液中分离出来，并最终通过吸附 PO_x 而得到保护[154]。根据 Holst-Olesen 等对 $Fe-N_4$ 的部分（ClO_4^-，SO_4^{2-}，PO_4^{3-}，Cl^-）的 DFT 计算，ClO_4^- 和 SO_4^{2-} 的结合能弱于 H_2O，因此 $HClO_4$ 和 H_2SO_4

对 ORR 活性的影响很小[155]；相反，Fe-N$_4$ 部分上的 PO$_4^{3-}$ 和 Cl$^-$的结合能足以改变速率限制步骤的热力学障碍。PO$_4^{3-}$ 降低了 H$_3$PO$_4$ 电解质中速控步骤的热力学势垒，从而提高了 ORR 活性；Cl$^-$的强吸附提高了速控步骤在 HCl 电解质中的热力学势垒，从而抑制了 ORR 活性[156]。

　　魏子栋等在抗中毒高性能碳基催化剂的设计上取得了突破性进展。他们发现，在掺氮石墨烯中引入磷原子可以增强结构稳定性和抗中毒性能。通过裂解聚二氨基吡啶（PDAP）和植酸的混合物，制备了一系列 P、N 共掺杂碳材料（PNC）。在 0.1 mol/L HClO$_4$ 中，以 PDAP 与植酸的摩尔比为 8∶1 制备的 PNC 的半波电位为 0.79 V。在 SO$_3^{2-}$（50 mmol/L NaHSO$_3$）、NO$_2^-$（50 mmol/L NaNO$_2$）和 HPO$_4^{2-}$（50 mmol/L Na$_2$HPO$_4$）存在下，PNC 的 ORR 活性均不受影响，而商业 Pt/C 在相同条件下严重失活。PNC 催化剂的抗中毒能力可能是由于它优先吸附 O$_2$，而不是 SO$_3^{2-}$、NO$_2^-$ 和 HPO$_4^{2-}$。氮碳中的 P 掺杂有助于促进电子从 C 向 N 的转移，从而形成氧键合的碳原子，并通过促进 N 掺杂在边缘产生更多的活性位点，从而建立强大的结构稳定性，防止活性位点的丢失。该研究还表明，利用 N-C 与 P-C 电负性差异，重新分配邻近的碳原子的电子密度，强化氧气在催化剂表面的选择性吸附，是其具有抗 SO$_x$、NO$_x$ 和 PO$_x$ 中毒的关键，如图 5-38 和图 5-39 所示。

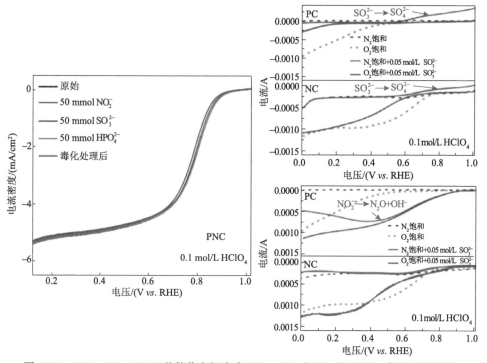

图 5-38　PNC、NC、PC 三种催化电极在含 SO$_x$、NO$_x$ 和 PO$_x$ 的 HClO$_4$ 中的 ORR 行为

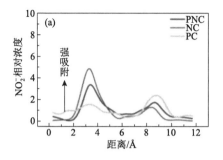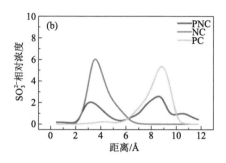

图 5-39　分子动力学模拟的 NO$_x$、SO$_x$ 在 PNC、NC 和 PC 表面的浓度分布

5.3.5　失活机理与稳定性提升进展

1. 碳基氧还原催化剂失活行为

随着碳基氧还原催化剂的深入研究，其 ORR 初始活性已得到了显著的提升，且与商业铂碳催化剂的活性差异也逐渐缩小。在溶液测试条件下，其活性和稳定性能与铂基催化剂在同一个数量级。但碳基催化剂真正可应用于燃料电池，替代铂基催化剂实现商业化，必须进一步提升碳基催化剂在电池膜电极中的稳定性与耐久性。美国能源部（DOE）燃料电池 MEA 的耐久性指标为，稳态老化测试大于 8000 h，动态老化测试稳定性大于 5000 h。对碳基非贵金属催化剂来说，还是一个严峻的挑战。

对于 ORR 催化剂来说，其失活程度和寿命在溶液中一般采用旋转圆盘电极（RDE）和旋转环-盘电极（RRDE）测试判断催化剂的活性变化，大致分为计时电流法、加速应力测试（accelerated stress test，ADT），LSV 曲线法以及方波伏安法，RRDE 测试主要用于测试氧还原过程中 H$_2$O$_2$ 的产率变化，其中用得最多的方法是 ADT。在稳定性测试过程中，我们可以通过观察半波电位、极限电流、电子转移数、4 电子和 2 电子比例以及 H$_2$O$_2$ 产率的增量来判断催化剂稳定性的变化[157~159]。由于制备的 ORR 催化剂最终需用于实际的燃料电池中，而旋转圆盘电极测试（RDE）、旋转环-盘电极测试（RRDE）和燃料电池之间的工作环境、温度和电极结构存在极大差异，因此通过溶液中的稳定性测试得到的稳定性，不能说明其在实际工作条件下固体电解质中的稳定性。液体电解质的弥散渗透性和固体电解质局域固定化是完全不同的工作环境。因此，将催化剂制备成膜电极组件（MEA），在实际的燃料电池条件下进行稳定性测试是不可或缺的。在 MEA 条件下，我们通过电池中电流、电压以及功率的变化来判断催化剂在燃料电池中的活性和稳定性[19,160~162]。

由于非贵金属碳基催化剂与金属负载型催化剂结构上的差异，若沿用铂碳催化剂寿命评估的测试手段，难以获得一致和确切的活性损失行为以及失活机理。

换言之，常规的三电极体系的测试是评价电催化剂内在电化学性质的理想简化装置，无法模拟 MEA 中"电子、质子、气体和水"四种物质传递通道与相界面反应及其结构演化规律，尤其是在阴极非贵金属碳基催化层比较厚的情况下，连续贯通的四种物质传递通道与有效相界面会越发重要。RDE 液相电解质中测试与膜电极测试性能之间的差异性，致使催化剂在 RDE 测试中表现出良好的 ORR 活性和稳定性，并不意味着其在 MEA 测试中也具有相似的性能，而目前对这一差距的认识仍十分有限。此外，不同的老化测试条件也促使催化剂呈现出不同的失活行为，这也是导致目前难以理清碳基催化剂失活机理的关键。因此，建立适合非贵金属碳基催化剂寿命的评估方法，从活性损失行为中揭示催化剂的失活机理，才能为提高该类催化剂的稳定性和耐久性提供理论依据和正确的方向。

　　已有研究证实，在 MEA 稳定性启动/停止循环测试中，对含有非贵金属催化剂的阴极施加≥1.2 V 的电位，会导致非贵金属催化剂的 ORR 活性明显降低；而当施加电压高达 1.5 V 时，催化剂会发生严重降解；在负载循环测试情况下，其稳定性也会有大幅下降。图 5-40 描述了氢/氧质子交换膜（PEMFC）燃料电池[图5-40（a）]和旋转圆盘电极（RDE）[图 5-40（c）]中非贵金属碳基催化剂和 Pt/C催化剂之间的初始性能差距[18]。由图可知，非贵金属碳基催化剂具有较为可观的ORR 初始性能，特别是在低电流密度区，其相应的 ORR 电位与 Pt/C 催化剂类似。然而，MEA 测试表明，非贵金属碳基催化剂 ORR 性能在试验的前 100 h 内下降40%～80%[图 5-40（b）]，且具有较高初始 ORR 活性的非贵金属碳基催化剂的降解速度通常更快。具体说来，其在第一阶段（最初 20 h 内）出现快速性能损失，且根据催化剂和操作条件的不同，该损失可占整个降解过程的很大一部分（>50%）。循环测试 20 h 之后，反应进入第二阶段，而此阶段的特点是 ORR 性能下降较第一阶段变慢，即燃料电池电流密度相对稳定。由于对第二阶段的研究比较耗时，且相对而言，第一阶段的活性损失更为严重，故迄今为止，大多数稳定性研究主要集中在第一阶段[163]。

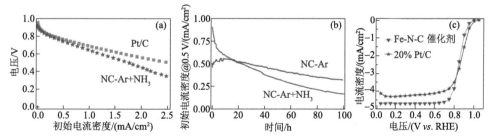

图 5-40　非贵金属碳基催化剂 ORR 初始性能和稳定性。（a）由 NC-Ar+NH₃ 催化剂制成的 MEA极化曲线，其中 Pt 载量为 0.3 mg/cm²；（b）NC-Ar+NH₃ 和 NC-Ar 催化剂在 0.5 V 电池电压下的 MEA 电流稳定性曲线；(c)Fe-N-C 和 20% Pt/C 的 RDE 测试结果，Fe-N-C 载量为 0.8 mg/cm²，0.5 mol/L H₂SO₄；Pt/C 载量为 60 μg/cm²，0.1 mol/L HClO₄，室温条件 900 r/min

　　催化剂的测试主要包括稳定性测试（stability）与耐久性（durability）测试。稳定性测试通常是指在恒电流或恒电压条件下，通过计时电压或电流的方法特定其性能的变化。耐久性测试主要指动态的通过循环伏安扫描来研究催化剂性能。测试方法和测试条件的不同也使催化剂表现出截然不同的稳定性与耐久性。

　　碳基催化剂恒电压下进行放电的计时电流的行为，通常电位从 0.4 V 到 0.8 V 不等。例如，文献：H_2/O_2 单电池最高功率 0.37 W/cm^2，稳定性测试在 0.5 V 恒电位下可维持 350 h[164]；H_2/O_2 单电池最高功率 0.65 W/cm^2，在 0.5 V 恒电位下稳定性仅维持 50 h[63]；H_2/O_2 单电池最高功率 0.82 W/cm^2，在 0.5 V 恒电位下稳定性可维持 60 h[165]。然而，研究表明碳基催化剂在低电压、低功率条件下稳定输出（0.4 V，0.12 W/cm^2）可达 1100 h[166,167]。

　　因各研究团队测试催化剂稳定性的条件不同，碳基催化剂表现出截然不同的稳定性的原因难以判定，是源于各催化剂本征的稳定性还是由于测试条件导致的，目前还不清楚。为理清上述问题，Dodelet 课题组[168]研究了碳基催化剂膜电极在 0.2～0.8 V（每个电位下测试都重新制备 MEA）等电位下进行 125 h 计时电流稳定性测试后的电化学行为。图 5-41 给出膜电极在恒电位 0.5 V 下的稳定性测试

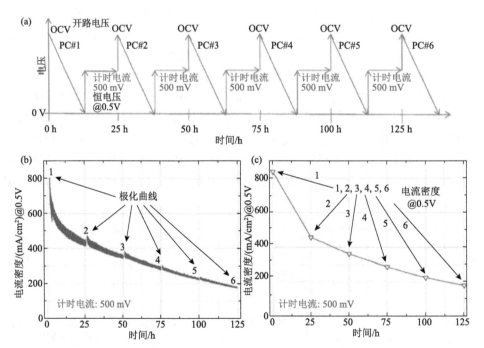

图 5-41　（a）MEA#1 扫描速率为 0.5 mV/s 时的极化曲线（PC）与 500 mV 时的计时电流计曲线，对 MEA#1 的实验序列进行分析；（b）在 500 mV 记录下的 5 个计时电流计片段中，在 0.5 V 下测量的电流密度变化，每个片段持续 25 h；（c）在整个 125 h 的催化剂耐久性实验中，记录的 0.5 V 下 6 条极化曲线上的电流密度均值

结果。首先测试 MEA 从开路电压（OCV）到 0 V *vs.* RHE 过程中的极化曲线，然后恒定电池电压为 0.5 V 进行 25 h 计时电流测定；随后进行第二次从 OCV 到 0 V 的极化曲线测试，以及 0.5 V 下另一个 25 h 的计时电流；按上述过程循环，直到总测试时间达到 125 h。用上述同样的方法研究了 0.2～0.8 V 下 7 个不同电压下的计时电流测试不同电压下 MEA 的稳定性变化[图 5-42（a）和（b）]，发现无论膜电极在什么电位下进行恒电位放电稳定性测试，膜电极电流密度变化都存在两个不同阶段：第一阶段，即在起始 25 h 内电流密度均会出现急剧降低的现象，而且电压越大电流降低的程度会越大，说明高电压下电池的初始电流衰减得越快，并且衰减快的区域只能比 25 h 低；第二阶段，即 25 h 后电流密度则缓慢降低，平均电流密度相对变化的斜率对于所有的工作电势都是相同的。该现象与 Pt/C 稳定性测试截然不同，许多研究发现 Pt/C 催化剂活性在初始 25 h 内并不会出现急剧降低，反而会有一定的提升。

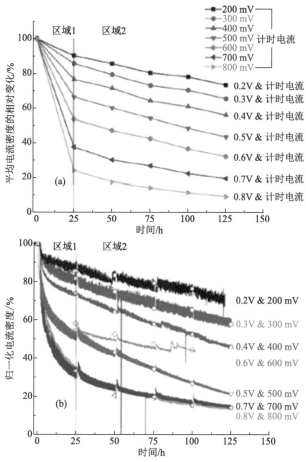

图 5-42　（a）不同电压下电流密度随时间的平均变化百分比；（b）不同电压下的计时电流曲线

　　Dodelet 等进一步针对同一个膜电极进行方波循环测试（图 5-41），持续进行从 OCV 到 0.2 V 的三角波的周期性的计时电流分析。该测试发现给定电位下的电流密度存在两个指数型的衰减阶段，包括初始的快速衰减和后续的缓慢衰减。如表 5-3 所示，第一阶段中电流密度的快速初始指数衰减（相对于 MEA 的初始电流密度）的 $t_{1/2,1st}$（半衰期）与测试温度和外加电位无太大关系，其第一阶段衰减的 $t_{1/2,1st}$ 是在 83 min 和 192 min 中浮动的。第二阶段中电流密度的缓慢指数衰减的 $t_{1/2,2nd}$ 则与测试温度和外加电极电势有很大的关系，在 80℃下，$t_{1/2,2nd}$ 从 2360 min@ 0.8 V 增加到 25000 min@0.2 V；25℃下，$t_{1/2,2nd}$ 从 6000@0.8 V 增加到无穷大@0.2 V。该结果表明，在燃料电池中，25℃下，NC_Ar + NH$_3$ 催化剂在 0.4 V、0.3 V、0.2 V 下的 $t_{1/2,2nd}$ 是无穷大的，在第二阶段中电流密度是稳定的。上述研究似乎预示着非贵金属碳基催化剂某些特有性质导致了催化剂活性的损失，其与反应条件无直接关系。

表 5-3　80℃和 25℃下 MEAs 在不同电压下的起始电流随时间的变化

电压/V	80℃					25℃	
	初始电流密度/（mA/cm^2）			$t_{1/2}$/min		$t_{1/2}$/min	
	第一阶段衰减	第二阶段衰减	总衰减	第一阶段衰减	第二阶段衰减	第一阶段衰减	第二阶段衰减
0.8	66	25	91	102	2360	144	6000
0.7	161	124	285	90	6700	155	27800
0.6	260	307	567	83	8000	150	64000
0.5	230	570	800	84	10000	150	220000
0.4	165	803	968	142	15250	151	无穷大
0.3	95	1100	1195	187	19400	192	无穷大
0.2	47	1183	1230	/	25000	/	无穷大

　　与稳定性测试结果相似，采用循环伏安法扫描的耐久性测试同样发现碳基催化剂在加速老化测试前期会出现大幅度的活性损失，但其损失程度与耐久性测试中的 CV 电位区间有关（图 5-43）。Banham 等[15]认为，目前耐久性测试中 CV 的电位区间并没有一定的标准。Povov 等发现在 0.5 mol/L H$_2$SO$_4$ 酸性介质中，前 100 圈，碳基催化剂活性就出现急剧降低。Zelnery 等选用 0.6～1.0 V 电位进行加速老化试验评估碳基催化剂的耐久性，并认为石墨化的碳材料可以提高催化剂的抗腐蚀性。然而由于老化电位区间小于 1.0 V，有人质疑该电位区间无法观测到碳材料的腐蚀。此外，Atanssov 等选用更加苛刻的电位区间 0.2～1.1 V，扫描速率为 50 mV/s 进行耐久性测试。他们发现前 500 圈催化剂活性有较大程度的降低，随后出现更大程度的活性损失。Choi 选用更为苛刻的电位区间 0～1.2 V，扫描速率为 50 mV/s 进行加速老化测试。在该老化测试电位区间，他们发现制备的碳基催

化剂较 Pt/C 催化剂具有更高的耐久性[169-171]。显然不同电位区间中，催化剂发生腐蚀与氧化的机理不同，也致使催化剂呈现出不同的耐久性。

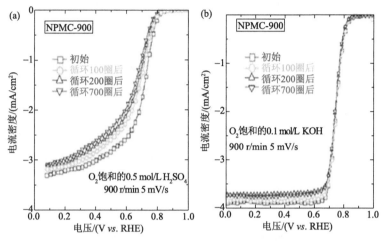

图 5-43　NPMC 催化剂在稳定性测试中 ORR 活性变化

（a）酸性条件；（b）碱性条件

综上所述，要更好地评估碳基催化剂的稳定性与耐久性，必须理清催化剂的失活机理，并由此建立并规范评估碳基催化剂稳定性与耐久性的测试标准。

2. 碳基氧还原催化剂失活机理

根据目前已有的研究现状分析，碳基氧还原催化剂主要有四种可能的失活机理：①H_2O_2（或自由基）的氧化攻击[172]；②金属脱除[173]；③N 的质子化变 NH，或位于活性位点附近的 N 的质子化，然后阴离子吸附[174]；④微孔淹没[175]。这四种机理都有可能影响到催化剂的稳定。

1）H_2O_2（或自由基）的氧化攻击

由于氧气的不完全还原而产生的 H_2O_2 的化学攻击，通常被认为是造成碳基催化剂不稳定的原因之一，尤其是当碳基催化剂是铁基催化剂的时候。H_2O_2 的化学攻击主要通过两种途径：一是 H_2O_2 直接氧化攻击；二是 H_2O_2 分解成具有侵略性的羟基自由基，然后再攻击催化剂。对于 H_2O_2 直接氧化攻击，Schulenburg 等[176]提出了一种攻击机理，H_2O_2 可以直接攻击金属中心所结合的 N 官能团，形成的氧化态氮溶解到周围的电解质中，从而解释了为什么没有检测到氧化态氮。虽然通过穆斯堡尔谱得到了一些支持这个机理的证据，但这一机理的具体细节仍然很模糊。Yin 等[177]用催化降解机理和一阶退化机理两个动力学模型定量地描述了非 Pt 催化剂的失活过程，结果表明：H_2O_2 或 H_2O_2 衍生的自由基，是最可能导致活性位点失活的原因。H_2O_2 的间接氧化攻击机理认为，H_2O_2 与溶液中释放的 Fe^{2+} 能

够通过芬顿（Fenton）反应，产生非常活跃的 OH· 和少数 OOH· 自由基物质，OH·
自由基和少数的 OOH· 自由基则会攻击膜电极，导致催化剂失活[178]。

Dodelet 等[179]提出自由基攻击催化剂的机理反应如下：

$$OH·+RH（活性位点或碳载体） \longrightarrow H_2O+R·$$

$$R·+Fe^{3+} \longrightarrow Fe^{2+}+降解产物$$

虽然这种失活方式被认为是比较有可能的，但是很少有人对他的机理进行验证。

H_2O_2 或自由基也会导致表面碳的电化学氧化，形成一氧化碳、二氧化碳或者
碳表面产生含氧官能团，如羟基和环氧基等。Choi 等[180]在大于等于 0.9 V 及酸性
溶液的 TM-N-C 催化剂的操作中，利用电感耦合等离子体质谱（ICP-MS）和微分
电化学质谱（DEMS）检测到二氧化碳释放，故推测在小于 0.9 V 时可能会生成含
氧官能团，如—COOH 等。较高的电位和温度会加速碳的氧化，这可能导致 TMN_4
活性位点被破坏，TMN_4 位点附近碳的化学氧化可能导致该位点脱金属，并导致
催化剂层的结构解体。Jaouen 等[181]展示了具有代表性的 Fe-N-C 催化剂中的
FeN_xC_y 基团在酸性介质中暴露于 H_2O_2 中时，其结构稳定，但电化学不稳定。该
研究表明催化剂暴露在 H_2O_2 下，铁基催化位点不会受到影响，但会通过碳表面
氧化而降低其转换频率（TOF），从而导致铁基位点上 O_2 结合减弱，降低 Fe 位点
上的 ORR 催化活性，且表面碳的氧化可能优先发生在 FeN_x 附近的碳上。

2）催化位点的脱金属

文献上报道的碳基催化剂的失活还与活性位点的脱金属有关。一些研究发现，
对于 Fe 和 Co 基的过渡金属碳基催化剂，当浸泡在 H_2SO_4 中时金属中心被缓慢浸
出，并且随着温度从室温升高到 80℃，金属浸出的速率大大增加，这很有可能造
成催化剂活性位点的流失从而使催化剂的活性降低。Ohsaka 等通过电化学沉积和
溶解铁元素的方法研究氮掺杂碳基催化剂的活性，从而了解非铂碳基氧还原催化
剂的降解机理[182]。Dodelet 等[183]指出催化位点的脱金属要么直接发生，即该位点
失去金属，留下未配位的 CN_x 结构，要么通过攻击支持这些位点的碳以及配位
N_x 间接发生。Fe 和 Co 在聚合物膜环境中的热力学不稳定性，很大程度上消除了
金属 Fe 或 Co 作为催化活性中心的可能性。碳基催化剂中残留的任何金属物质只
有被保护在石墨层中才能防止其不可避免的溶解。TM 金属中心相对较好的稳定
性，通常被认为是由于金属原子与周围氮原子之间的强配位，若没有这种强的配
位环境，金属阳离子在酸性溶液中是不稳定的，碳基催化剂的性能会由于金属种
类的溶解而迅速衰减[15]。Baranton 等[184]合成了一种铁酞菁（FePc）催化剂，该催
化剂的活性位点被认为是铁与酞菁大环中的氮配位。通过使用原位红外反射光谱，
作者将催化剂活性的损失与两个质子取代铁的位置相关联，从而导致产生 H_2Pc
（$FePc+2H^+ \longrightarrow Fe^{2+}+H_2Pc$）。然而，他们注意到这种活性损失只在氧气净化时可
以观察到，在氩气环境下该催化剂是非常稳定的。因此，他们推测，此类催化剂

的失活在某种程度上是由氧气导致的。Jaouen 等[185]提出了一种无活性铁颗粒制备 Fe-N-C 催化剂的合成策略，耐久性试验表明在 Fe-N-C 运行的 5～50 h 内 Fe 的脱除不是该催化剂失活的主要机理。Banham 等[175]也指出虽然会发生脱金属作用，但它通常不会导致在最初几小时内观察到的性能快速下降。Dodelet 等[183]提出高活性 Fe-N-C 初始活性损失的起因是：Fe-N₄类活性位点在静置的酸性条件下是热力学稳定的，但根据勒夏特列原理（在一个已经达到平衡的反应中，如果改变影响平衡的条件之一，平衡将向着能够减弱这种改变的方向移动），它们在流入微孔的水流中会脱金属。他们认为这种特殊的脱金属行为是导致 NC_Ar+NH 催化剂在燃料电池快速电流衰减过程中 ORR 初始活性丧失的原因。

3）N 质子化作用或质子化后阴离子吸附

酸性溶液中 H 质子对 N 原子的攻击也是影响催化剂性能的原因之一。吡啶氮与平面内两个碳原子键合，具有孤电子对，Popov 等[186]提出吡啶 N 上的孤电子对可以与酸性环境中的 H 质子结合，如图 5-44 所示，使 N 质子化，吡啶型 NH 则对 ORR 无活性，因为它不再具有孤对电子以促进还原性氧吸附。而 Dodelet 却不这么认为[183]。2011 年，Dodelet 等[187]提出的质子化失活机理与 Popov 的观点有些不同。他们认为，质子化首先发生在 ORR 非活性氮位点上，之后阴离子吸附到质子化的氮位点上，最终使催化剂失活。图 5-45 描绘了无活性 N 位点（位于活性金属中心附近）质子化，随后阴离子吸附到质子化 N 位点上导致催化剂失活。为了证明这个假设，Dodelet 等对非贵金属催化剂进行了一系列严格的测试。采用 3 种特征催化剂——原始催化剂、酸洗催化剂和再加热催化剂来表示不同状态的催化剂。将原始催化剂在 pH=1 的 H₂SO₄中浸泡 100 h，发现酸洗催化剂的 ORR 活性是原始催化剂的 ORR 活性的 1/20。此外，RDE 工作证明，在浸入电解质中仅 5 min 后，该催化剂的活性达到了最小值，在此期间有 30%的 Fe 浸出。将这些催化剂再加热至 300℃，催化位点的转换频率增加，初始性能恢复了一半，然而有一半的衰减不能恢复。热重分析和质谱分析表明，催化剂再加热主要是去除催化剂表面的 HSO₄⁻，这被认为是造成可恢复一半性能损失的原因。利用穆斯堡尔谱分析方法，在不同电解质中进行了一系列实验，排除了活性部位的阴离子吸附。确定了阴离子吸附可能发生在表面特定的 N 上，且这些 N 在 pH≈1 时容易被质子化。2016 年 Dodelet 小组[38]为了验证质子化后阴离子吸附的假设，如果这个假设成功，部分或完全阻止电解质中的 HSO₄⁻ 或–CF₂–SO₃⁻垂链进入微孔应该可以部分或完全解决催化剂第一波电流衰减问题。他们第一次尝试用其他带有较短悬挂链的离子聚合物取代催化剂油墨中的全氟磺酸，对第一波电流衰减没有影响。然后，一部分全氟磺酸被四磺化氢卟啉取代（这种分子太大而不能进入微孔），以及用磺酸基功能化的炭黑取代部分全氟磺酸，结果对第一次电流衰减都没有影响。

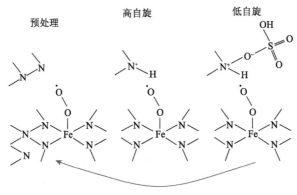

图 5-44　质子化机理示意图

图 5-45　质子或阴离子吸附机理示意图

2018 年，Strickland 等[188]采用电化学和光谱方法研究了磷酸盐阴离子中毒对 Fe-based、FePhen@MOF-ArNH₃ 的影响，结果表明 FePhen@MOF-ArNH₃ 对磷酸盐阴离子不会发生中毒。他们推断电解液中磷酸盐阴离子的存在对碳基活性位点的 ORR 机理没有影响。因此，N 原子质子化或质子化后的阴离子吸附是否为主要失活机理的问题仍然还不清楚。

4）微孔淹没

催化剂层水淹是一种常见的现象，它可以发生在相对湿度或电流密度较高的情况下，并由于质量传输的限制而导致性能损失[175]。Dodelet 等在过去的十年中进行了大量的研究，提供了令人信服的证据，证明最活跃的催化位点位于微孔内。他们的一项工作中有人指出微孔淹没可能是导致聚合物电解质膜燃料电池阴极处 Fe-N-C 催化剂失活的原因之一。该研究认为，催化剂碳质载体的缓慢电氧化，会将原本疏水的催化剂表面转化为亲水的催化剂表面，因此引起了微孔淹没。而 Banham 等[175]的研究得出，微孔淹没并不是造成不稳定性的主要因素。该研究设计了一系列直接量化可能发生的微孔淹没程度及其对非贵金属催化剂稳定性影响的实验，研究表明大多数微孔在最初都是湿润的，虽然在稳定性测试过程中出现了一定程度的附加催化剂层润湿，但如此微小的增加并不能解释所观察到的显著性能损失。而且，性能损失主要表现为动力损失，淹没微孔引起的质量输运损失相对较小。

3. 碳基催化剂稳定性提升策略

尽管许多 Me/N/C 催化剂的初始活性和性能已得到了广泛的研究，但长期耐久性性能一直是潜在商业应用需要克服的最后一个挑战。

1）减少或消除 H_2O_2 的产生

前面的衰减机制中提到 H_2O_2 会对碳基催化剂的稳定性造成很大的影响，为了减小和消除 H_2O_2 对碳基催化剂的进攻，Dodeleta 等[189]通过球磨锌基沸石咪唑酸酯骨架（ZIF-8）与 1,10-菲咯啉和乙酸亚铁混合而成的前驱体，将其在氩气中于 1050 ℃进行热处理得到最初的 NC-Ar 催化剂，然后再对 NC-Ar（F90）进行二次热处理，来提高 NC-Ar（F90）的耐久性能。从图 5-46 中我们可以看出，1080 ℃ 30 min（蓝色曲线）二次热处理的 NC-Ar（F90）催化剂，在 H_2/O_2 燃料电池中表现出最优的稳定性。其稳定性提升的原因是：一方面，用一定浓度的盐酸溶液酸洗，除去了铁的氧化物或含铁颗粒，从而减小了可能溶解的 Fe 离子在燃料电池中破坏质子膜；另一方面，二次热处理可以去除表面不稳定官能团，增加石墨化程度，获得更好的耐久性能。此外，高温处理时间过长（150 min）会导致氮蒸发和催化剂活性降低，而且稳定性不会进一步提高。即便如此，催化剂的稳定性也只能维持 40 h，这类催化剂的耐久性仍然是一个很大的挑战。

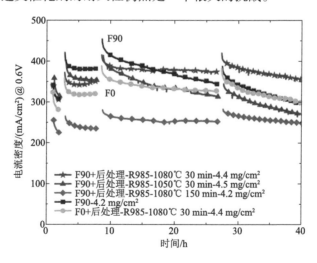

图 5-46　经过各种条件处理后的催化剂在单电池中 0.6 V 恒电位下进行 40 h 耐久度测试

实际应用中的燃料电池以空气为氧化剂而不是纯氧。因此，对燃料电池在 0.6 V 下 H_2/空气条件下的催化剂稳定性进行评价更符合实际。发现在 H_2/空气条件下, 其稳定性能从 40 h 延长到 100 h, 说明催化剂在 H₂/空气条件下的稳定性是高于 H₂/O₂ 条件下的。这个结论 Zelenay 也同样证明过[16]。我们猜想, 空气中的大量氮气与氧气的竞争吸附, 不仅拖延了 ORR 活性, 也拖延了由 ORR 反应产物抑或中间体 H₂O₂ 对 MEA 的破坏。

水江澜等[190]通过一个桥氧分子将铂原子精确地"单原子对单原子"接枝到 Fe 中心, 生成新的 Pt₁-O₂-Fe₁-N₄ 的活性部分, 该催化剂在酸性介质中的 ORR 稳定性显著提高。将 Pt₁ 接枝到 Fe-N-C 上不仅提高了 Fe-N-C 的 ORR 活性, 也显著提高了 Pt₁@Fe-N-C 的耐久性。如图 5-47 (c) 所示 Pt₁@Fe-N-C 在 10000 次循环后, 仅衰减 12 mv, 远低于 Fe-N-C 的 36 mV 降解。耐久性的提高可能主要归因于 H₂O₂ 攻击的缓解, 由于 Pt₁@Fe-N-C 可阻止或干扰 Fe 中心催化 Fenton 反应[15], 如 $Fe^{2+}+H_2O_2+H^+ \rightarrow Fe^{3+}+\cdot OH+H_2O$, 因此 ·OH 自由基的浓度将大大降低, 和活性中心的氧化会因此得到缓解。此外, 降低 ·OH 浓度还可以缓解前 15 h 内发生的碳表面电氧化和微孔水淹, 从而提高燃料电池的稳定性。另外, 上述轻微还原的 Fe 中心具有更长的离子半径, 使得 Fe-N-C 配位在新的活性部分比原来的 Fe-N-C 更稳定[38,191]。由于在 Fe-N-C 催化剂中嫁接了单原子 Pt, Pt 也是催化 ORR 的活性位点, 所以, 基于 Pt 对 ORR 4 电子催化机理, 较少产生的 H₂O₂ 也不能排出对催化剂稳定性的贡献。

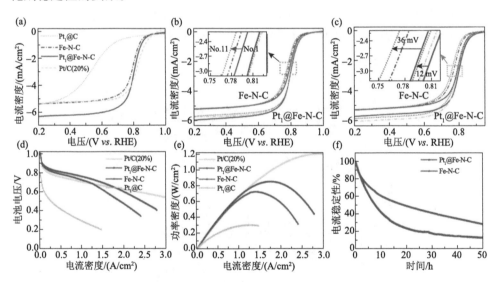

图 5-47　(a) 用 RRDE 技术测定了所示催化剂在氧饱和 0.5 mol/L H₂SO₄ 中的 LSV 曲线; (b) Fe-N-C 和 Pt₁@Fe-N-C、(c) Fe-N-C 和 Pt₁@Fe-N-C 在空气饱和电解液中分别进行 5000 次和 10000 次电压循环后测量结果; (d) PEMFC 极化曲线; (e) 含 Fe-N-C 的膜电极组件 (MEA) 的功率密度曲线, Pt₁@Fe-N-C, Pt₁@C 分别以 Pt/C (20%) 为阴极催化剂; (f) Fe-N-C 和 Pt₁@Fe-N-C 在 0.5V 下测量电流稳定性, H₂/O₂ 为 80℃, 相对湿度为 100%

2011 年，Zelenay 等[16]用聚苯胺作为碳氮前驱体，于高温下合成含有铁和钴的催化剂 PANI-FeCo-C，该催化剂在当时是具有最高活性和稳定性的碳基 ORR 催化剂，其在 H₂/空气质子交换膜燃料电池中，0.4 V 恒电压条件下稳定运行了 700 h，活性衰减了 3%。2017 年，李亚栋等[19]通过主客体方法将 Fe-Co 双活性位点封装在 N 掺杂多孔碳上，制备出的（Fe,Co）/NC 在质子交换膜燃料电池中表现了较好的活性和稳定性，如图 5-48 所示。在 H₂/空气条件下，600 mA/cm² 和 1000 mA/cm² 下进行恒电流测试 100 h 后，其电压无明显衰减，说明通过构筑双原子活性位可以有效提高碳基催化剂的稳定性。此结果表明 Fe-Co 双活性位会促进 O₂ 分子中 O—O 键的活化，密度泛函理论（DFT）计算表明，Fe-Co 双位点上 O—O 键容易发生裂解，从而减少 H₂O₂ 产生，可能是该 Fe-Co 双活性 N-C 催化剂提高催化剂的活性与稳定性的原因。

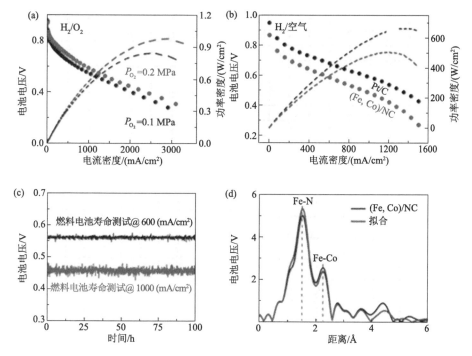

图 5-48　（a）H₂/O₂ 燃料电池极化图。阴极：（Fe，Co）/NC 约为 0.77 mg/cm²；100%相对湿度 Ȯ₂，0.1 MPa 和 0.2 MPa 分压。阳极：0.1 mg_Pt/cm² Pt／C；100%相对湿度 H₂，分压 0.1 MPa，孔 353 K；25 cm² 电极面积；（b）H₂/空气燃料电池极化图。阴极：（Fe，Co）/NC 约为 0.77 mg/cm²；100%相对湿度空气，分压为 0.2 MPa。阳极：0.1 mg_Pt/cm² Pt／C；100%相对湿度 H₂，分压 0.1 MPa，孔 353 K；5 cm² 电极面积；（c）在 600 mA/cm² 和 1000 mA/cm² 下测量的 H₂/空气燃料电池中（Fe，Co）/NC 的稳定性；（d）稳定性测试后（Fe，Co）/NC 和（Fe，Co）/NC 的 Fe K-edge EXAFS 拟合曲线

2）防止金属活性位点的脱落

普遍认为，在质子交换膜燃料电池中，过渡金属掺杂的碳基催化剂稳定性差的主要原因是金属在酸性条件下的浸出，导致活性位点的减少。为此，包信和团队[173]设计出所谓"铠甲型"非贵金属 ORR 催化剂，将过渡金属包裹在碳纳米管中与酸性环境物理隔离，以避免金属浸出，但纳米管必须是少层的、不应妨碍金属对碳管外表面催化中心电子结构的调控。他们使用二茂铁和叠氮化钠作为前驱体，在 350℃下于 N_2 中一步将 Fe 纳米颗粒封装在类似豌豆荚状的碳纳米管中。再通过酸洗，去除碳壳外部的铁颗粒，所得样品称为 Pod-Fe（图 5-49）。从图 5-50（b）可以看出 Pod-Fe 催化剂在 0.1 A 恒电流条件下运行 210 h 期间电压仅下降了8%。此方法提高稳定性的原因是此种结构 Fe 颗粒不直接参与反应，而是调控表面碳壳的电子结构，从而避免金属颗粒与酸性介质、氧和硫等恶劣环境直接接触。另外，这种保护并不妨碍 O_2 的活化，即使在存在 SO_2 毒物的情况下，该催化剂在质子交换膜燃料电池中仍具有较高的活性和长期稳定性。必须指出，210 h 即出现性能衰减，与实用 8000 h 尚有很大距离，尽管表现出了稳定性的改善。此外，如何有效隔离过渡金属又让其发挥作用，不是容易办到的事。

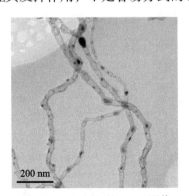

图 5-49　Pod-Fe 的 TEM 图像

3）非金属杂原子掺杂碳基催化剂

非金属杂原子掺杂碳基催化剂的活性普遍比过渡金属碳基催化剂差。无金属的碳基催化剂由于没有金属浸出、金属离子污染和与 Fenton 反应相关的反应，此类催化剂比含金属的催化剂具有更高的耐腐蚀性，所以在耐久性上存在一些优势。

戴黎明等[192]使用最有代表性的掺杂 N 的碳纳米材料，即 N 型掺杂的石墨烯和 N 掺杂的碳纳米管，构建了 3D N 掺杂碳催化剂（N-G-CNTs+KB）并用科琴炭黑作为分隔剂。将所得的催化剂在 PEMFC 中进行测试，如图 5-51 所示，其表现出比非贵重金属催化剂 Fe/N/C 更好的稳定性。从以上的结果看出，杂原子掺杂的碳基材料是用于酸性燃料电池的有前途的电催化剂，但是其活性还有待进一步提高。

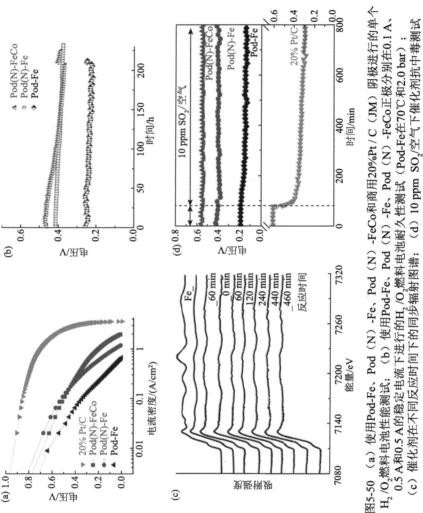

图5-50　(a) 使用Pod-Fe、Pod (N) -Fe、Pod (N) -FeCo和商用20%Pt/C (JM) 阴极进行的单个 H_2/O_2 燃料电池性能测试；　(b) 使用Pod-Fe、Pod (N) -Fe、Pod (N) -FeCo燃料电池耐久性测试 (Pod-Fe在70℃和2.0 bar)，0.5 A和0.5 A的稳定电流下进行的 H_2/O_2 燃料电池耐久性测试 (Pod (N) -FeCo正极70℃)；　(c) 催化剂在不同反应时间下的同步辐射图谱；　(d) 10 ppm SO_2/空气下催化剂抗中毒测试

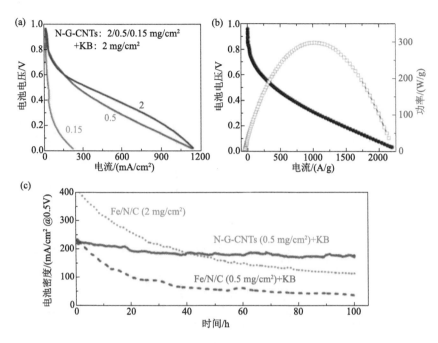

图 5-51　在 PEMFC 中在 0.5 V 下测得的无金属 N-G-CNTs+KB 和 Fe/N/C 催化剂的耐久性比较。N-G-CNTs（0.5 mg/cm²）+KB 和 Fe/N/C（0.5 mg/cm² 和 2 mg/cm²）的催化剂负载量。测试条件：H₂/O₂，80℃，相对湿度 100%，背压为 2 bar

　　石墨烯纳米带是一种理想的含缺陷碳材料[193]。然而,石墨烯纳米带易于堆叠,致使绝大部分边缘缺陷点不能暴露于反应物与电解质,造成纳米带的催化性能不能充分发挥。于是,水江澜等[81]将纯化的商用 MWCNT（直径约 20 nm,长度为 0.5~2 μm）部分用浓硫酸和高锰酸钾解压缩,形成氧化的 GNR@CNT 杂化物[图 5-52（b）],氧化后的 GNR 的宽度约为 60 nm 并附着在 CNT 主链上。最后,氧化后的 GNR 在高温下被还原,生成了 GNR@CNT 复合材料。该方法利用部分打开方式保留一部分碳纳米管作为骨架,起到支撑、分割 GNR 的作用;同时在催化层内加入炭黑颗粒进一步分散 GNR,增强催化层传质能力。这种催化层结构设计可以较大程度地避免 GNR 堆叠造成的传质问题,将 zigzag 碳最大化地暴露出来。将所得的催化剂在 PEMFC 中进行测试,如图 5-53 所示,GNR@CNT 取得最大质量功率密度 520 W/g,超越了几乎所有非金属催化剂和大多数非贵金属催化剂。更为重要的发现是 GNR@CNT 的 zigzag 碳活性位点表现出相当稳定的电池性能,在恒压 0.5 V、80℃、饱和湿度氢气/氧气 PEMFC 中与掺氮对照组稳定性相当,远高于 Fe-N-C 催化剂[图 5-53（c）]。

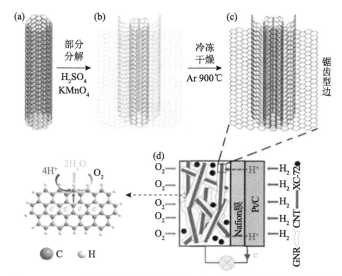

图 5-52　（a～c）GNR@CNT 复合材料的合成路线；（d）用作质子交换膜燃料电池（PEMFC）中的氧还原反应催化剂。炭黑 XC-72 被用作隔离物以防止活性物质堆积

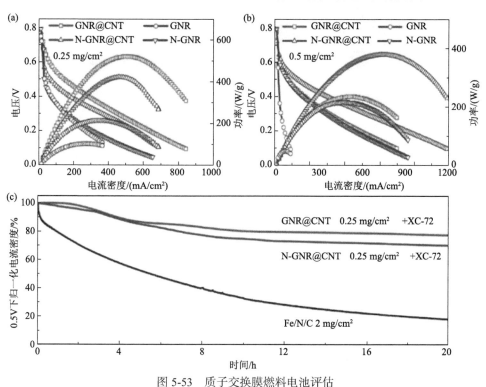

图 5-53　质子交换膜燃料电池评估

4）催化剂孔结构构筑

在提升碳基氧还原催化剂稳定性和耐久性方面，除了需要深入研究催化剂的

组成对其稳定性的影响外，催化剂的结构对其稳定性的影响也很大。因为对于碳基催化剂来说，其活性位点大多数位于石墨层边缘和台阶暴露的微孔中，在燃料电池工作的时候会产生大量的水，从而堵住了微孔，让 O_2 很难与活性位点接触，从而造成催化剂的活性降低。针对此问题，Hyeon 和他的合作者[194]对碳基催化剂的孔结构（微孔-介孔-大孔）进行了电化学分析，并设计合成了高活性和稳定性的 Fe-N-C 催化剂，如图 5-54 所示，他们制备了具有三种孔结构的碳基催化剂，第一种是具有微孔、介孔和大孔的催化剂，第二种是具有微孔和大孔的催化剂，第三种是具有微孔和介孔的催化剂。从催化剂的性能来看同时具有大孔、介孔和微孔结构的催化剂的活性和稳定性是最好的。由此得出结论是：优化了孔结构后的 Fe-N-C 催化剂在碱性介质中表现出最好的 ORR 性能，在阴离子交换膜燃料电池（AEMFC）和加速耐久性测试（ADT）中具有优异的长期稳定性。

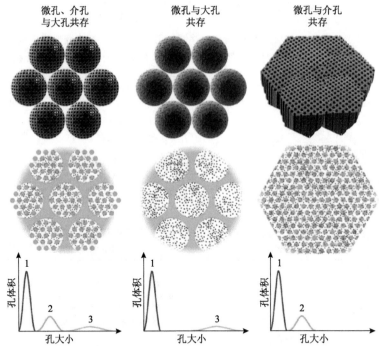

图 5-54　三种多孔结构模型的催化剂（紫色、绿色和蓝色分别表示微孔、介孔和大孔结构）

王双印等[195]通过有序硬模板造孔和双溶剂诱导成核的合成策略，制备 Fe 掺杂分级多孔结构 ZIF-8，简单碳化即可制备具有原子分散度的 FeN_4 负载分级有序多孔碳（FeN_4/HOPC）。通过择优取向生长制备的多孔 Fe-ZIF-8 具有与模板相一致的{111}晶面和{100}晶面。经过高温碳化处理后，原本光滑的蜂窝状晶体变成了三维互联的碳骨架。在 1 bar H_2/O_2 供应条件下，与采用常规手段制备的相同铁掺杂量的 FeN_4 掺杂碳纳米材料（FeN_4/C）相比，由 FeN_4/HOPC 组装的燃料电池在输出电压为 0.6 V

下的电流密度为 0.75 A/cm²，几乎两倍于 FeN₄/C 组装的燃料电池。为了评估催化剂的稳定性，在 FeN₄/HOPC-c-1000（制备优化后性能最佳的催化剂）和 Pt/C 在 O₂ 饱和的 0.5 mol/L H₂SO₄ 中的半波电势下进行计时安培测量，由于 Pt 纳米颗粒在载体上的溶解/聚集，Pt/C 催化剂的电流显著降低至初始值的 53%。相比之下，FeN₄/HOPC-c-1000 的电流仍为原始值的 83%，证明了 Fe-N-C 结构在酸性溶液中的出色稳定性。在 0.7 V 具有挑战性的高压和低压 0.55 V 的条件下进行恒压放电 100 h，评估催化剂在实际质子交换膜燃料电池条件下的稳定性[图 5-55（e）]。在这两种情况下，电池的初始电流密度降低了 47%，催化剂的降解可归因于 FeN₄ 的碳腐蚀和随后的失活。因此，有序孔构筑能在一定程度上提升 Fe-N-C 催化剂在燃料电池中的稳定性，但是还有待进一步提升。

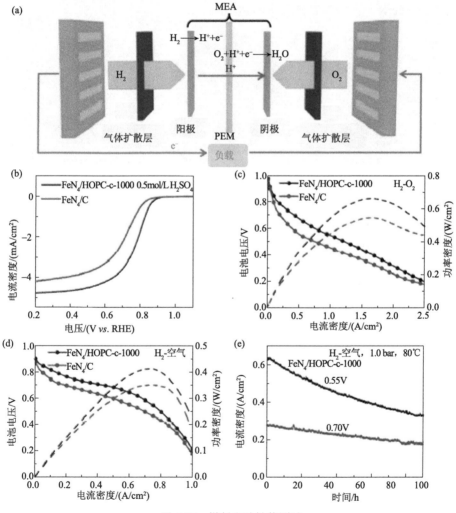

图 5-55　燃料电池性能测试

周志有等[196,197]通过引入疏水性添加剂二甲基硅油（DMS）来构建具有足够疏水性和传质性能的 Fe-N-C 催化剂的微孔环境。如图 5-56 所示，关键是通过筛选 DMS 的分子量、粒径和黏度来控制 DMS 在 Fe-N-C 催化剂上的分布。分子量为 3.8 kDa 的 DMS [表示为 DMS（3.8 kDa）]可以填充 Fe-N-C 催化剂的微孔，从而产生比裸 Fe-N-C 催化剂更差的 DMFC 性能。随着 DMS 分子量的增加，DMS 对微孔的渗透性降低。当分子量达到 14 kDa 时，DMS 部分占据微孔内。所制备的 Fe/N/C-DMS（14 kDa）催化剂可以为活性中心提供稳定的氧气传输通道，同时不完全填充微孔（图 5-56）。Fe/N/C 催化剂层的耐久性是 DMFC 应用的重要因素。因此，从图 5-57 可得，Fe/N/C-DMS（14 kDa）阴极表现出良好的耐久性，在 0.10 A/cm² 下进行 20 h 试验后，电压损失仅为 12.7%，甚至优于 Pt/C 阴极（15%）。相比之下，Fe/N/C 阴极的性能损失高达 70%。

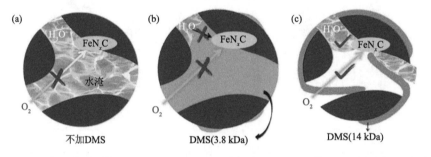

图 5-56　Fe/N/C 阴极微观结构方案。（a）不含疏水性的 DMS，催化剂的微孔容易被水堵塞，不利于 O_2 的迁移；（b）小尺寸（如 3.8 kDa）DMS 可以填充微孔，阻止 O_2 和质子的传输；（c）具有合适分子量（14 kDa）的 DMS 只是部分穿透微孔，而传质通道是开放的，从而在微孔中形成一个坚固的三相界面，在这种结构中，避免了水浸，但氧和质子的传输不受阻碍

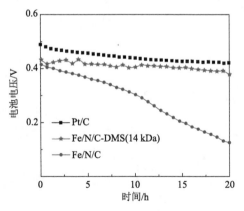

图 5-57　使用 Fe/N/C-DMS（14 kDa）、Fe/N/C 和 Pt/C 阴极在 0.10 A/cm² 下进行 20 h 的 DMFC 耐久性试验。阳极溶液：3 mol/L 甲醇

5.4　碳基催化剂发展目标

碳基非贵金属催化剂是一类非常有前景的燃料电池 ORR 催化剂。经过研究者几十年的努力探索，已经取得了长足进步。目前碳基非贵金属催化剂在碱性介质中的氧还原活性可以达到甚至超过铂催化剂；在酸性介质中的活性也稳步提高，在燃料电池中的最高输出功率能达到 1 W/cm^2。但是要在燃料电池中取代铂基催化剂，碳基催化剂的活性，尤其是稳定性还需要进一步提高。实现这个目标的关键是要对其活性位的进一步认识，为催化剂的设计和制备提供可靠的指导，从而大幅度地提高催化剂的活性位密度。

5.4.1　单活性中心的进一步认识

当前虽然有大量关于活性位结构的报道，但是未能达成一致性的结论。主要原因是碳基催化剂的制备过程需要通过热处理，而热解过程往往难以控制，导致活性位分布广泛，结构复杂。笔者认为，活性中心的认识需要从单分子层次对单个活性中心进行探究，发展可控制备单一活性位点的碳基催化剂，或开发单活性中心模型催化剂，理解碳基催化剂单中心催化反应过程以及催化特性，结合原位谱学技术研究催化剂反应过程中活性位点的变化，从根本上获得活性结构与催化反应的构效关系，从而指导碳基催化剂的设计制备。

5.4.2　碳基催化剂的稳定性提升展望

碳基催化剂在稳定性方面还面临巨大的挑战，迫切需要从燃料电池层面分析其稳定性下降的原因。笔者认为造成碳基催化剂稳定性差的主要原因来自催化剂多活性中心产生的中间产物，如 H_2O_2 等。所产生中间产物开始破坏活性中心结构，降低催化性能，并同时产生更多活性中间产物继而攻击更多活性中心以及造成碳腐蚀。笔者认为未来解决此问题的方法是将碳基催化剂与 H_2O_2 消除剂进行有效复合，实现对活性中心的精确保护。另外，碳基催化剂由于其活性位密度低，使其在燃料电池使用中需要较大催化剂载量，这造成其催化层过厚，导致催化剂周围必需的四条传递通道有效贯通数下降、活性中心利用率下降、催化层易水淹（水通道受阻），进而导致催化性能下降、稳定性恶化。笔者认为金属氧化物催化剂与碳基催化剂的复合，是有效提高催化剂活性中心密度、降低气体多孔电极厚度、减小活性中心失效率的有效办法。本节后面将进一步对此类复合催化剂进行讨论。再者，碳的腐蚀在电池应用中难以避免，虽可通过提高石墨化程度提升类抗氧化性，但同时会降低催化剂对于氧气的吸附能力，此矛盾或将成为制约碳基催化剂稳定性提升的重大障碍。

1. 与超低铂复合

美国能源部（DOE）对燃料电池膜电极的耐久性指标为稳态老化测试大于8000 h，动态老化稳定性测试大于 5000 h。尽管目前碳基催化剂通过氮掺杂、其他杂原子掺杂以及与过渡金属复合等方式在活性以及稳定性方面都有了极大的提升，但这个标准对于碳基催化剂来说是非常难实现的。一方面，铂不仅是氧化还原反应最活跃的活性位，其在 MEA 中还可以催化消除碳基催化反应产生 H_2O_2，从而减缓甚至消除芬顿反应的发生，进而提升整个燃料电池的稳定性；另一方面，铂与碳基催化剂的复合会产生协同作用，对它们的电子结构会有一定调控，有利于催化剂活性以及稳定性的提升，同时，碳基催化剂与铂复合后能够显著降低碳基催化剂层厚度，这在一定程度上可以提升催化剂的稳定性。在铂基氧还原催化剂研究领域，碳基材料作为 Pt 活性位的载体，对调节整个催化剂石墨化度和孔隙度之间的平衡起到很大的作用，这对提高铂基催化剂整体性能起着重要作用。目前，在燃料电池领域碳基材料与超低铂复合的研究已经取得了一些进展，例如，魏子栋等用少量的 Pt 负载在金属有机框架前驱体中（ZIF-67），然后通过高温热处理后合成了类似神经网络系统的催化剂（PtCo@CNTs-MOF），在高温过程中形成了平均粒径为 4.4 nm 的空心 PtCo 合金纳米颗粒负载在相互连接的碳纳米管上。将所得到的催化剂组装在 MEA 中进行单电池测试，当阴极 Pt 载量在 60 μg/cm^2 时，其电池最高功率密度达到 1.02 W/cm^2，其在 0.6 V 恒电位条件下，能稳定运行 130 h 以上不发生衰减（图 5-58）[198]。

Chong 等[199]以 Co 或双金属 Co 和 Zn 沸石咪唑金属有机框架为前驱体，制备出了超低 Pt 负载量并且具有高活性和稳定的 LP@PF 催化剂。在该催化剂中 Pt-Co 合金纳米颗粒活性位点是负载在具有 Co-N$_x$-C$_y$ 活性位点的非贵金属碳基载体上的，催化剂结构如图 5-59 所示。该催化剂的两种活性位点之间的协同催化使得该催化剂在燃料电池中表现出优异的活性和稳定性，如图 5-60（f）所示，当阴极铂的载量为 30 μg 左右时，其在 H_2/O_2 燃料电池中，0.9 V 下的质量比活性为 1.08 A/mg$_{Pt}$ 和 1.77 A/mg$_{Pt}$，这个数值已经远远超过了 DOE 制定的 2025 年的活性目标（0.44 A/mg$_{Pt}$@0.9 V$_{IR-free}$）。根据 DOE 制定的稳定性测试方法标准，在燃料电池中 0.6～1.0 V 条件下进行 AST 老化测试，在燃料电池中经过 30000 次循环后，其质量比活性分别保留了 64% 和 15%，说明该方法制备的催化剂在电池运行中具有优异的稳定性。这进一步显示 Pt-Co 纳米颗粒和碳基材料催化剂中活性位点之间的相互作用改善了催化剂在燃料电池中的 ORR 活性和耐久性。

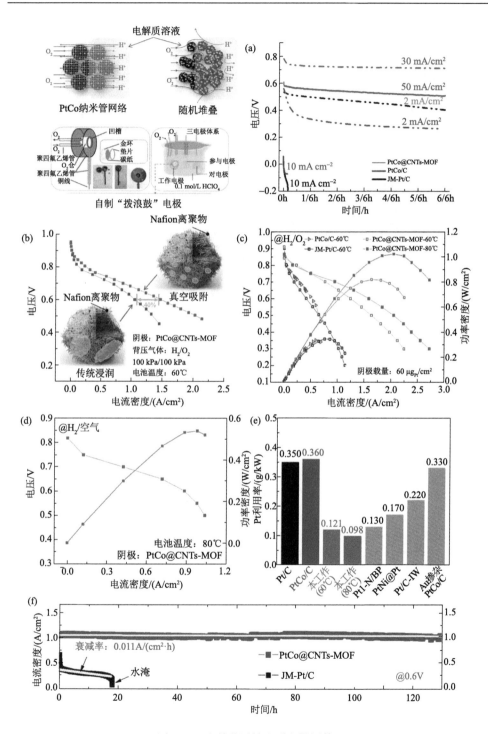

图 5-58　电催化活性和耐久性评估

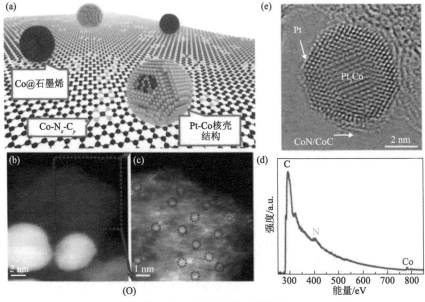

图 5-59　LP@PF 催化剂结构

2. 与金属氧化物复合

目前，金属氧化物氧还原催化剂在碱性聚合物燃料电池中取得了很大的进展，具体的介绍在第 4 章。金属氧化物由于其导电性差，难以单独在燃料电池中使用，当组装在 MEA 中时都需要掺杂导电剂来提升其在燃料电池中的导电性，否则无法运行。碳基材料具有良好的导电性，但是其体积活性低；金属氧化物具有体积活性高、导电性差的特点，这使得金属氧化物与碳基材料复合将会成为未来碱性聚合物燃料电池氧还原催化剂发展的趋势，此方法在未来可以同时提升氧还原催化剂在碱性聚合物燃料电池中的活性和稳定性。目前，在燃料电池领域，碳基材料与金属氧化物复合的研究已经取得了一些进展，例如，Mustain 等[200]用 NaCl 为模板并高温热解将金属氧化物 CoO_x 与氮掺杂石墨碳复合得到二维的（2D）N-C-CoO_x 催化剂，用该催化剂为阴极氧还原催化剂组装成 MEA 并在碱性聚合物燃料电池中进行测试，如图 5-61 所示，其最高功率密度达到 1.05 W/cm^2，质量传输限制电流密度为 3 A/cm^2。在 H$_2$/空气电池中，在电流为 600 mA/cm^2 下运行 100 h，其电压衰减了 15%[图 5-61（c）]，说明该催化剂在燃料电池中具有优异的活性和稳定性。丁炜等[201]将 Fe-N-C 催化剂和金属氧化物复合用于碱性阴极催化层实现了 H$_2$/空气燃料电池峰值功率为 1.1 W/cm^2 的突破（图 5-62）。我们发现复合后的催化剂的 H$_2$/空气电池性能有了很大的提升。其具体的原因是在 CSOM-Fe-ZIF-8 催化层中加入 MnCo$_2$O$_{4.5}$ 有利于提升催化剂的活性位密度，减小催化层厚度，同时引入了催化 H$_2$O 活化的活性位点，所以使得 H$_2$/空气燃料电池性能提升。以上方法为碳基催化剂在碱性聚合物燃料电池中的发展开辟了道路。

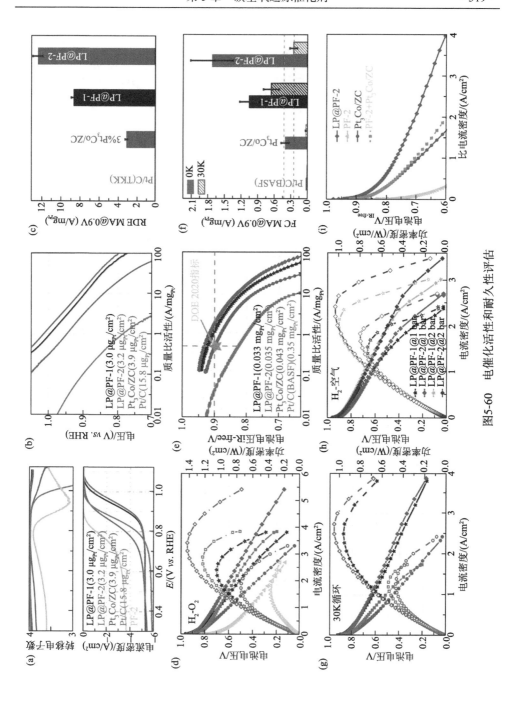

图5-60　电催化活性和耐久性评估

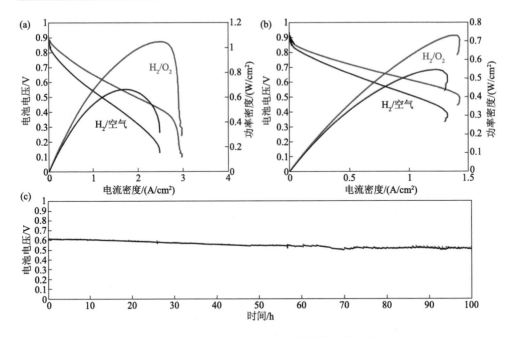

图 5-61 N-C-CoO$_x$ 在 AEMFC 的活性和稳定性

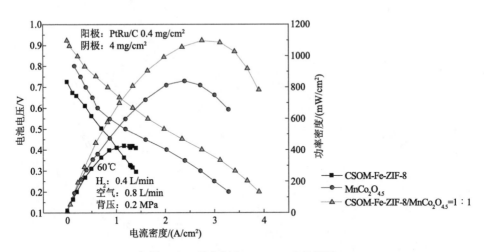

图 5-62 催化剂在 AEMFC 中的活性

5.5 应 用 前 景

2017 年，加拿大温哥华 Ballard（巴拉德）动力与环境公司和能源公司 Nisshinbo Holdings 合作，成功地将非贵金属催化剂纳入高性能催化剂层，开发出世界首套商业化的基于碳基催化剂（NPMC）的质子交换膜（PEM）燃料电池产品，30W

FCgen®-1040 燃料电池堆，如图 5-63 所示。

图 5-63　世界首个 30 W 燃料电池电堆使用碳基阴极催化剂（来自巴拉德）

　　基于 NPMC 的 FCgen®-1040 燃料电池堆是 Ballard 的 FCgen®-微型燃料电池堆的一种，该燃料电池堆源自公司的空冷燃料电池技术，旨在集成到超轻型应用中。碳基非贵金属催化剂的应用，使空冷燃料电池堆中的铂含量减少了 80%以上，表明了高性能、低成本、高性价比的 PEM 燃料电池技术的进步。该项技术的成功，说明基于非贵金属催化剂的 PEM 燃料电池技术正逐步走向应用，其商业化应用也正在开发之中。

　　Ballard 和 Nisshinbo 在 2017 年 6 月于意大利帕多瓦举行的第 21 届固态离子大会上共同发表了题为 "Non-precious metal catalysts: Cathode catalyst layer design considerations for high performance and stability（非贵金属膜电极：高性能和稳定性的阴极触媒层设计注意事项）" 的论文，并获得了 ISE 最佳报告奖。

　　碳基催化剂发展的终极目标，就是彻底摆脱燃料电池对铂的依赖，以降低燃料电池成本。美国 DOE 将燃料电池的成本目标设定在 30 美元/kW，此时便具有了与内燃机竞争的成本筹码。同时，对燃料电池成本降低的技术路线进行了评估分析，如图 5-64 所示，2018 年燃料电池系统成本约为 45 美元/kW。通过双极板、空气压缩机的技术进步和成本缩减，系统成本预计降低到约 40 美元/kW。进一步降低成本则需要通过撤掉增湿装置，更新为先进的 2D 膜制备技术，但是系统仅能降低 4 美元。然而，当燃料电池阴极不使用铂，燃料电池堆成本将减少 6 美元/kW（阴极非铂催化剂完全取代铂后假设其稳定性与铂一样），方能实现 DOE 的成本目标。这个目标的实现具有极大的挑战，因为目前即使使用最好的碳基催化剂的质子交换膜燃料电池也无法达到 8000 h 的终极耐久性目标，而必要的替换将增加系统的成本。因此，碳基催化剂稳定性的提升将是决定燃料电池成本是否具有竞争性的关键所在。

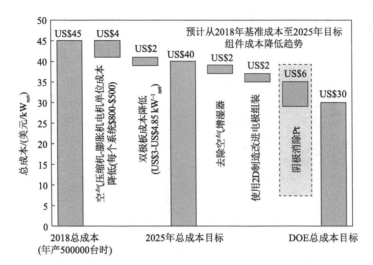

图 5-64　消除质子交换膜燃料电池阴极上的 Pt 的使用是达到质子交换膜燃料电池
最终成本目标的最重要的一步

参 考 文 献

[1] Jasinski R. A new fuel cell cathode catalyst[J]. Nature, 1964, 201(4925): 1212-1213.

[2] Gerischer H, Willig F. Physical and chemical applications of dyestuffs[J]. Topics in Current Chemistry, 1976, 61: 31.

[3] Gupta S, Tryk D, Bae I, et al. Heat-treated polyacrylonitrile-based catalysts for oxygen electroreduction[J]. Journal of Applied Electrochemistry, 1989, 19(1): 19-27.

[4] Wang L, Wan X, Liu S Y, et al. Fe-NC catalysts for PEMFC: progress towards the commercial application under DOE reference[J]. Journal of Energy Chemistry, 2019, 39: 77-87.

[5] Shui J L, Chen C, Grabstanowicz L, et al. Highly efficient nonprecious metal catalyst prepared with metal-organic framework in a continuous carbon nanofibrous network[J]. Proceedings of the National Academy of Sciences, 2015, 112(34): 10629-10634.

[6] Yang N, Li L, Li J, et al. Modulating the oxygen reduction activity of heteroatom-doped carbon catalysts via the triple effect: charge, spin density and ligand effect[J]. Chemical Science, 2018, 9(26): 5795-5804.

[7] Cai X Y, Lai L F, Lin J Y, et al. Recent advances in air electrodes for Zn-air batteries: electrocatalysis and structural design[J]. Materials Horizons, 2017, 4(6): 945-976.

[8] 王俊, 李莉, 魏子栋. 不同氮掺杂石墨烯氧还原反应活性的密度泛函理论研究[J]. 物理化学学报, 2016, 32(1): 321-328.

[9] Li J, Chen M, Cullen D A, et al. Atomically dispersed manganese catalysts for oxygen reduction in proton-exchange membrane fuel cells[J]. Nature Catalysis, 2018, 1(12): 935-945.

[10] Jahnke H, Schönborn M, Zimmermann G. Organic dyestuffs as catalysts for fuel cells[J]. Physical and Chemical Applications of Dyestuffs, 1976: 133-181.

[11] Higgins D, Chen Z. Recent Development of Non-Precious Metal Catalysts, Electrocatalysis in Fuel Cells[M].

New York: Springer, 2013: 247-269.

[12] Goellner V, Armel V, Zitolo A, et al. Degradation by hydrogen peroxide of metal-nitrogen-carbon catalysts for oxygen reduction[J]. Journal of the Electrochemical Society, 2015, 162(6): H403.

[13] Li Y C, Liu X F, Zheng L R, et al. Preparation of Fe-N-C catalysts with FeN_x (x= 1, 3, 4) active sites and comparison of their activities for the oxygen reduction reaction and performances in proton exchange membrane fuel cells[J]. Journal of Materials Chemistry A, 2019, 7(45): 26147-26153.

[14] Domínguez C, Perez-Alonso F, Salam M A, et al. Effect of the N content of Fe/N/graphene catalysts for the oxygen reduction reaction in alkaline media[J]. Journal of Materials Chemistry A, 2015, 3(48): 24487-24494.

[15] Banham D, Ye S, Pei K, et al. A review of the stability and durability of non-precious metal catalysts for the oxygen reduction reaction in proton exchange membrane fuel cells[J]. Journal of Power Sources, 2015, 285: 334-348.

[16] Wu G, More K L, Johnston C M, et al. High-performance electrocatalysts for oxygen reduction derived from polyaniline, iron, and cobalt[J]. Science, 2011, 332(6028): 443-447.

[17] Chung H T, Cullen D A, Higgins D, et al. Direct atomic-level insight into the active sites of a high-performance PGM-free ORR catalyst[J]. Science, 2017, 357(6350): 479-484.

[18] Proietti E, Jaouen F, Lefèvre M, et al. Iron-based cathode catalyst with enhanced power density in polymer electrolyte membrane fuel cells[J]. Nature Communications, 2011, 2(1): 1-9.

[19] Wang J, Huang Z Q, Liu W, et al. Design of N-coordinated dual-metal sites: a stable and active Pt-free catalyst for acidic oxygen reduction reaction[J]. Journal of the American Chemical Society, 2017, 139(48): 17281-17284.

[20] Wang Y C, Lai Y J, Song L, et al. S-doping of an Fe/N/C ORR catalyst for polymer electrolyte membrane fuel cells with high power density[J]. Angewandte Chemie International Edition, 2015, 127(34): 10045-10048.

[21] Liu S W, Shi Q R, Wu G. Solving the activity-stability trade-off riddle[J]. Nature Catalysis, 2021, 4(1): 6-7.

[22] He Y, Hwang S, Cullen D A, et al. Highly active atomically dispersed CoN_4 fuel cell cathode catalysts derived from surfactant-assisted MOFs: carbon-shell confinement strategy[J]. Energy & Environmental Science, 2019, 12(1): 250-260.

[23] He Q, Zeng L P, Wang J, et al. Polymer-coating-induced synthesis of FeNx enriched carbon nanotubes as cathode that exceeds 1.0 W cm^{-2} peak power in both proton and anion exchange membrane fuel cells[J]. Journal of Power Sources, 2021, 489: 229499.

[24] Wan X, Liu X F, Li Y C, et al. Fe-N-C electrocatalyst with dense active sites and efficient mass transport for high-performance proton exchange membrane fuel cells[J]. Nature Catalysis, 2019, 2(3): 259-268.

[25] Sa Y J, Seo D J, Woo J, et al. A general approach to preferential formation of active $Fe-N_x$ sites in Fe-N/C electrocatalysts for efficient oxygen reduction reaction[J]. Journal of the American Chemical Society, 2016, 138(45): 15046-15056.

[26] Meng F L, Wang Z L, Zhong H X, et al. Reactive multifunctional template-induced preparation of Fe-N-doped mesoporous carbon microspheres towards highly efficient electrocatalysts for oxygen reduction[J]. Advanced Materials, 2016, 28(36): 7948-7955.

[27] Ren H, Wang Y, Yang Y, et al. Fe/N/C nanotubes with atomic Fe sites: a highly active cathode catalyst for alkaline polymer electrolyte fuel cells[J]. Acs Catalysis, 2017, 7(10): 6485-6492.

[28] Zeng L P, He Q, Liao Y C, et al. Anion exchange membrane based on interpenetrating polymer network with

ultrahigh ion conductivity and excellent stability for alkaline fuel cell[J]. Research, 2021, (1): 23-33.

[29] Adabi H, Shakouri A, Ul Hassan N, et al. High-performing commercial Fe-N-C cathode electrocatalyst for anion-exchange membrane fuel cells[J]. Nature Energy, 2021, 6: 834-843.

[30] Li Y, Zhao Y, Cheng H H, et al. Nitrogen-doped graphene quantum dots with oxygen-rich functional groups[J]. Journal of the American Chemical Society, 2012, 134(1): 15-18.

[31] Niu W H, Li L G, Liu X J, et al. Mesoporous N-doped carbons prepared with thermally removable nanoparticle templates: an efficient electrocatalyst for oxygen reduction reaction[J]. Journal of the American Chemical Society, 2015, 137(16): 5555-5562.

[32] Kumar K, Dubau L, Mermoux M, et al. On the influence of oxygen on the degradation of Fe-N-C catalysts[J]. Angewandte Chemie International Edition, 2020, 132(8): 3261-3269.

[33] Sun Y, Silvioli L, Sahraie N R, et al. Activity-selectivity trends in the electrochemical production of hydrogen peroxide over single-site metal-nitrogen-carbon catalysts[J]. Journal of the American Chemical Society, 2019, 141(31): 12372-12381.

[34] Guo D, Shibuya R, Akiba C, et al. Active sites of nitrogen-doped carbon materials for oxygen reduction reaction clarified using model catalysts[J]. Science, 2016, 351(6271): 361-365.

[35] Gewirth A A, Varnell J A, Diascro A M. Nonprecious metal catalysts for oxygen reduction in heterogeneous aqueous systems[J]. Chemical Reviews, 2018, 118(5): 2313-2339.

[36] Zheng X J, Deng J, Wang N, et al. Podlike N-doped carbon nanotubes encapsulating FeNi alloy nanoparticles: high-performance counter electrode materials for dye-sensitized solar cells[J]. Angewandte Chemie International Edition, 2014, 53(27): 7023-7027.

[37] Ding W, Li L, Xiong K, et al. Shape fixing via salt recrystallization: a morphology-controlled approach to convert nanostructured polymer to carbon nanomaterial as a highly active catalyst for oxygen reduction reaction[J]. Journal of the American Chemical Society, 2015, 137(16): 5414-5420.

[38] Zhang G, Chenitz R, Lefèvre M, et al. Is iron involved in the lack of stability of Fe/N/C electrocatalysts used to reduce oxygen at the cathode of PEM fuel cells?[J]. Nano Energy, 2016, 29: 111-125.

[39] Guan B Y, Lu Y, Wang Y, et al. Porous iron-cobalt alloy/nitrogen-doped carbon cages synthesized via pyrolysis of complex metal-organic framework hybrids for oxygen reduction[J]. Advanced Functional Materials, 2018, 28(10): 1706738.

[40] Huang X X, Shen T, Zhang T, et al. Efficient oxygen reduction catalysts of porous carbon nanostructures decorated with transition metal species[J]. Advanced Energy Materials, 2020, 10(11): 1900375.

[41] Yang N, Li L, Li J, et al. Modulating the oxygen reduction activity of heteroatom-doped carbon catalysts via the triple effect: charge, spin density and ligand effect[J]. Chemical Science, 2018, 9(26): 5795-5804.

[42] Gong K, Du F, Xia Z, et al. Nitrogen-doped carbon nanotube arrays with high electrocatalytic activity for oxygen reduction[J]. Science, 2009, 323(5915): 760-764.

[43] Zhang L, Niu J, Dai L, et al. Effect of microstructure of nitrogen-doped graphene on oxygen reduction activity in fuel cells[J]. Langmuir, 2012, 28(19): 7542-7550.

[44] Matter P H, Zhang L, Ozkan U S. The role of nanostructure in nitrogen-containing carbon catalysts for the oxygen reduction reaction[J]. Journal of Catalysis, 2006, 239(1): 83-96.

[45] Ikeda T, Boero M, Huang S F, et al. Carbon alloy catalysts: active sites for oxygen reduction reaction[J]. Journal of Physical Chemistry C, 2008, 112(38): 14706-14709.

[46] Boukhvalov D W, Son Y W. Oxygen reduction reactions on pure and nitrogen-doped graphene: a

first-principles modeling[J]. Nanoscale, 2012, 4(2): 417-420.

[47] Wang J, Li L, Wei Z D. Density functional theory study of oxygen reduction reaction on different types of N-doped graphene[J]. Acta Physico-Chimica Sinica, 2016, 32(1): 321-328.

[48] Ding W, Wei Z D, Chen S G, et al. Space-confinement-induced synthesis of pyridinic-and pyrrolic-nitrogen-doped graphene for the catalysis of oxygen reduction[J]. Angewandte Chemie International Edition, 2013, 125(45): 11971-11975.

[49] Li B, Sun X Y, Su D S. Calibration of the basic strength of the nitrogen groups on the nanostructured carbon materials[J]. Physical Chemistry Chemical Physics, 2015, 17(10): 6691-6694.

[50] Kondo T, Casolo S, Suzuki T, et al. Atomic-scale characterization of nitrogen-doped graphite: effects of dopant nitrogen on the local electronic structure of the surrounding carbon atoms[J]. Physical Review B, 2012, 86(3): 035436.

[51] Niwa H, Horiba K, Harada Y, et al. X-ray absorption analysis of nitrogen contribution to oxygen reduction reaction in carbon alloy cathode catalysts for polymer electrolyte fuel cells[J]. Journal of Power Sources, 2009, 187(1): 93-97.

[52] Jia Y, Zhang L, Zhuang L, et al. Identification of active sites for acidic oxygen reduction on carbon catalysts with and without nitrogen doping[J]. Nature Catalysis, 2019, 2(8): 688-695.

[53] Lefèvre M, Dodelet J, Bertrand P. Molecular oxygen reduction in PEM fuel cells: evidence for the simultaneous presence of two active sites in Fe-based catalysts[J]. Journal of Physical Chemistry B, 2002, 106(34): 8705-8713.

[54] Kabir S, Artyushkova K, Kiefer B, et al. Computational and experimental evidence for a new TM-N 3/C moiety family in non-PGM electrocatalysts[J]. Physical Chemistry Chemical Physics, 2015, 17(27): 17785-17789.

[55] Zhu Y S, Zhang B S, Liu X, et al. Unravelling the structure of electrocatalytically active Fe-N complexes in carbon for the oxygen reduction reaction[J]. Angewandte Chemie International Edition, 2014, 126(40): 10849-10853.

[56] Zitolo A, Ranjbar-Sahraie N, Mineva T, et al. Identification of catalytic sites in cobalt-nitrogen-carbon materials for the oxygen reduction reaction[J]. Nature Communications, 2017, 8(1): 1-11.

[57] Yang X D, Chen C, Zhou Z Y, et al. Advances in active site structure of carbon-based non-precious metal catalysts for oxygen reduction reaction[J]. Acta Physico-Chimica Sinica, 2019, 5: 472-485.

[58] Song P, Wang Y, Pan J, et al. Structure-activity relationship in high-performance iron-based electrocatalysts for oxygen reduction reaction[J]. Journal of Power Sources, 2015, 300: 279-284.

[59] Shen H, Gracia-Espino E, Ma J, et al. Atomically FeN_2 moieties dispersed on mesoporous carbon: a new atomic catalyst for efficient oxygen reduction catalysis[J]. Nano Energy, 2017, 35: 9-16.

[60] Delaporte N, Rivard E, Natarajan S K, et al. Synthesis and performance of MOF-based non-noble metal catalysts for the oxygen reduction reaction in proton-exchange membrane fuel cells: a review[J]. Nanomaterials, 2020, 10(10): 1947.

[61] Kramm U I, Lefèvre M, Larouche N, et al. Correlations between mass activity and physicochemical properties of Fe/N/C catalysts for the ORR in PEM fuel cell via 57Fe mossbauer spectroscopy and other techniques[J]. Journal of the American Chemical Society, 2014, 136(3): 978-985.

[62] Szakacs C E, Lefèvre M, Kramm U I, et al. A density functional theory study of catalytic sites for oxygen reduction in Fe/N/C catalysts used in H_2/O_2 fuel cells[J]. Physical Chemistry Chemical Physics, 2014,

16(27): 13654-13661.

[63] Zitolo A, Goellner V, Armel V, et al. Identification of catalytic sites for oxygen reduction in iron-and nitrogen-doped graphene materials[J]. Nature Materials, 2015, 14(9): 937-942.

[64] Li J K, Ghoshal S, Liang W T, et al. Structural and mechanistic basis for the high activity of Fe-N-C catalysts toward oxygen reduction[J]. Energy & Environmental Science, 2016, 9(7): 2418-2432.

[65] Mineva T, Matanovic I, Atanassov P, et al. Understanding active sites in pyrolyzed Fe-N-C catalysts for fuel cell cathodes by bridging density functional theory calculations and 57Fe Mossbauer spectroscopy[J]. ACS Catalysis, 2019, 9(10): 9359-9371.

[66] Zhang N, Zhou T P, Chen M L, et al. High-purity pyrrole-type FeN_4 sites as a superior oxygen reduction electrocatalyst[J]. Energy & Environmental Science, 2020, 13(1): 111-118.

[67] Ma R G, Lin G X, Ju Q J, et al. Edge-sited Fe-N_4 atomic species improve oxygen reduction activity via boosting O_2 dissociation[J]. Applied Catalysis B: Environmental, 2020, 265: 118593.

[68] Tian J J, Liang Z X, Hu O, et al. An electrochemical dual-aptamer biosensor based on metal-organic frameworks MIL-53 decorated with Au@Pt nanoparticles and enzymes for detection of COVID-19 nucleocapsid protein[J]. Electrochimica Acta, 2021, 387: 138553.

[69] Hu Y, Jensen J O, Zhang W, et al. Hollow spheres of iron carbide nanoparticles encased in graphitic layers as oxygen reduction catalysts[J]. Angewandte Chemie International Edition, 2014, 126(14): 3749-3753.

[70] Liu X, Liu H, Chen C, et al. Fe_2N nanoparticles boosting FeN_x moieties for highly efficient oxygen reduction reaction in Fe-NC porous catalyst[J]. Nano Research, 2019, (7): 1651-1657.

[71] Masa J, Zhao A Q, Xia W, et al. Metal-free catalysts for oxygen reduction in alkaline electrolytes: influence of the presence of Co, Fe, Mn and Ni inclusions[J]. Electrochimica Acta, 2014, 128: 271-278.

[72] Venegas R, Muñoz-Becerra K, Candia-Onfray C, et al. Experimental reactivity descriptors of MNC catalysts for the oxygen reduction reaction[J]. Electrochimica Acta, 2020, 332: 135340.

[73] Zagal J H, Koper M T. Reactivity descriptors for the activity of molecular MN_4 catalysts for the oxygen reduction reaction[J]. Angewandte Chemie International Edition, 2016, 55(47): 14510-14521.

[74] Dai L M, Xue Y H, Qu L T, et al. Metal-free catalysts for oxygen reduction reaction[J]. Chemical Reviews, 2015, 115(11): 4823-4892.

[75] Zhao Y, Yang L J, Chen S, et al. Can boron and nitrogen co-doping improve oxygen reduction reaction activity of carbon nanotubes?[J]. Journal of the American Chemical Society, 2013, 135(4): 1201-1204.

[76] Yang N, Zheng X, Li L, et al. Influence of phosphorus configuration on electronic structure and oxygen reduction reactions of phosphorus-doped graphene[J]. Journal of Physical Chemistry C, 2017, 121(35): 19321-19328.

[77] Wang L, Sofer Z, Pumera M. Will any crap we put into graphene increase its electrocatalytic effect?[J]. ACS Nano, 2020, 14(1): 21-25.

[78] Zhao Z H, Xia Z G. Design principles for dual-element-doped carbon nanomaterials as efficient bifunctional catalysts for oxygen reduction and evolution reactions[J]. ACS Catalysis, 2016, 6(3): 1553-1558.

[79] Jiao Y, Zheng Y, Jaroniec M, et al. Origin of the electrocatalytic oxygen reduction activity of graphene-based catalysts: a roadmap to achieve the best performance[J]. Journal of the American Chemical Society, 2014, 136(11): 4394-4403.

[80] Zhu J W, Huang Y P, Mei W C, et al. Effects of intrinsic pentagon defects on electrochemical reactivity of carbon nanomaterials[J]. Angewandte Chemie International Edition, 2019, 58(12): 3859-3864.

[81] Xue L F, Li Y C, Liu X F, et al. Zigzag carbon as efficient and stable oxygen reduction electrocatalyst for proton exchange membrane fuel cells[J]. Nature Communications, 2018, 9(1): 1-8.

[82] Ding W, Li L, Xiong K, et al. Shape fixing via salt recrystallization: a morphology-controlled approach to convert nanostructured polymer to carbon nanomaterial as a highly active catalyst for oxygen reduction reaction[J]. Journal of the American Chemical Society, 2015, 137(16): 5414-5420.

[83] Li W, Ding W, Jiang J X, et al. A phase-transition-assisted method for the rational synthesis of nitrogen-doped hierarchically porous carbon materials for the oxygen reduction reaction[J]. Journal of Materials Chemistry A, 2018, 6(3): 878-883.

[84] Wang M J, Mao Z X, Liu L, et al. Preparation of hollow nitrogen doped carbon via stresses induced orientation contraction[J]. Small, 2018, 14(52): 1804183.

[85] Wu Z X, Liu R, Wang J, et al. Nitrogen and sulfur co-doping of 3D hollow-structured carbon spheres as an efficient and stable metal free catalyst for the oxygen reduction reaction[J]. Nanoscale, 2016, 8(45): 19086-19092.

[86] Liang J, Jiao Y, Jaroniec M, et al. Sulfur and nitrogen dual-doped mesoporous graphene electrocatalyst for oxygen reduction with synergistically enhanced performance[J]. Angewandte Chemie International Edition, 2012, 51(46): 11496-500.

[87] Nie Y, Xie X H, Chen S G, et al. Towards effective utilization of nitrogen-containing active sites: nitrogen-doped carbon layers wrapped CNTs electrocatalysts for superior oxygen reduction[J]. Electrochimica Acta, 2016, 187: 153-160.

[88] Ng W, Yang Y, van der Veen K, et al. Enhancing the performance of 3D porous N-doped carbon in oxygen reduction reaction and supercapacitor via boosting the meso-macropore interconnectivity using the "exsolved" dual-template[J]. Carbon, 2018, 129: 293-300.

[89] Hu C G, Dai L M. Multifunctional carbon-based metal-free electrocatalysts for simultaneous oxygen reduction, oxygen evolution, and hydrogen evolution[J]. Advanced Materials, 2017, 29(9): 1604942.

[90] Encalada J, Savaram K, Travlou N A, et al. Combined effect of porosity and surface chemistry on the electrochemical reduction of oxygen on cellular vitreous carbon foam catalyst[J]. ACS Catalysis, 2017, 7(11): 7466-7478.

[91] You C H, Zheng R P, Shu T, et al. High porosity and surface area self-doped carbon derived from polyacrylonitrile as efficient electrocatalyst towards oxygen reduction[J]. Journal of Power Sources, 2016, 324: 134-141.

[92] Tao G, Zhang L X, Chen L S, et al. N-doped hierarchically macro/mesoporous carbon with excellent electrocatalytic activity and durability for oxygen reduction reaction[J]. Carbon, 2015, 86: 108-117.

[93] Qin Y, Li J, Yuan J, et al. Hollow mesoporous carbon nitride nanosphere/three-dimensional graphene composite as high efficient electrocatalyst for oxygen reduction reaction[J]. Journal of Power Sources, 2014, 272: 696-702.

[94] Ratso S, Kruusenberg I, Käärik M, et al. Highly efficient nitrogen-doped carbide-derived carbon materials for oxygen reduction reaction in alkaline media[J]. Carbon, 2017, 113: 159-169.

[95] Liu D, Zhang X P, You T. Urea-treated carbon nanofibers as efficient catalytic materials for oxygen reduction reaction[J]. Journal of Power Sources, 2015, 273: 810-815.

[96] Zhou T S, Zhou Y, Ma R G, et al. Nitrogen-doped hollow mesoporous carbon spheres as a highly active and stable metal-free electrocatalyst for oxygen reduction[J]. Carbon, 2017, 114: 177-186.

[97] He J L, He Y Z, Fan Y N, et al. Conjugated polymer-mediated synthesis of nitrogen-doped carbon nanoribbons for oxygen reduction reaction[J]. Carbon, 2017, 124: 630-636.

[98] Sui Z Y, Li X, Sun Z Y, et al. Nitrogen-doped and nanostructured carbons with high surface area for enhanced oxygen reduction reaction[J]. Carbon, 2018, 126: 111-118.

[99] Hao L, Zhang S S, Liu R, et al. Bottom-up construction of triazine-based frameworks as metal-free electrocatalysts for oxygen reduction reaction[J]. Advanced Materials, 2015, 27(20): 3190-3195.

[100] Yu H J, Shang L, Bian T, et al. Nitrogen-doped porous carbon nanosheets templated from G-C_3N_4 as metal-free electrocatalysts for efficient oxygen reduction reaction[J]. Advanced Materials, 2016, 28(25): 5080-5086.

[101] Niu W J, Zhu R H, Yan H, et al. One-pot synthesis of nitrogen-rich carbon dots decorated graphene oxide as metal-free electrocatalyst for oxygen reduction reaction[J]. Carbon, 2016, 109: 402-410.

[102] Ahmed M S, Kim Y B. Amide-functionalized graphene with 1,4-diaminobutane as efficient metal-free and porous electrocatalyst for oxygen reduction[J]. Carbon, 2017, 111: 577-586.

[103] Ratso S, Kruusenberg I, Vikkisk M, et al. Highly active nitrogen-doped few-layer graphene/carbon nanotube composite electrocatalyst for oxygen reduction reaction in alkaline media[J]. Carbon, 2014, 73: 361-370.

[104] Bouwkamp-Wijnoltz A L, Visscher W, van Veen J A R, et al. Electrochemical reduction of oxygen: an alternative method to prepare active CoN_4 catalysts[J]. Electrochimica Acta, 1999, 45(3): 379-386.

[105] Lefevre M, Proietti E, Jaouen F, et al. Iron-based catalysts with improved oxygen reduction activity in polymer electrolyte fuel cells[J]. Science, 2009, 324(5923): 71-74.

[106] Tian J, Morozan A, Sougrati M T, et al. Optimized synthesis of Fe/N/C cathode catalysts for PEM fuel cells: a matter of iron-ligand coordination strength[J]. Angewandte Chemie International Edition, 2013, 52(27): 6867-6870.

[107] Zhao Q P, Ma Q, Pan F P, et al. Facile synthesis of N-doped carbon nanosheet-encased cobalt nanoparticles as efficient oxygen reduction catalysts in alkaline and acidic media[J]. Ionics, 2016, 22(11): 2203-2212.

[108] Wang Y C, Lai Y J, Song L, et al. S-doping of an Fe/N/C ORR catalyst for polymer electrolyte membrane fuel cells with high power density[J]. Angewandte Chemie International Edition, 2015, 54(34): 9907-9910.

[109] Fu X, Zamani P, Choi J Y, et al. *In situ* polymer graphenization ingrained with nanoporosity in a nitrogenous electrocatalyst boosting the performance of polymer-electrolyte-membrane fuel cells[J]. Advanced Materials, 2017, 29(7): 160466-160474.

[110] Niese S, Wiesener W. Neutron activation analysis of hair elements. Influence of residence, occupation and health status[J]. Health-related monitoring of trace element pollutans using nuclear techniques, 1985: 95-108.

[111] Chung H T, Wu G, Li Q, et al. Role of two carbon phases in oxygen reduction reaction on the Co-PPy-C catalyst[J]. International Journal of Hydrogen Energy, 2014, 39(28): 15887-15893.

[112] Zhang Z P, Dou M L, Liu H J, et al. A facile route to bimetal and nitrogen-codoped 3D porous graphitic carbon networks for efficient oxygen reduction[J]. Small, 2016, 12(31): 4193-4199.

[113] Li J, Chen S G, Yang N, et al. Ultrahigh-loading zinc single-atom catalyst for highly efficient oxygen reduction in both acidic and alkaline media[J]. Angewandte Chemie International Edition, 2019, 58(21): 7035-7039.

[114] Liang H W, Wei W, Wu Z S, et al. Mesoporous metal-nitrogen-doped carbon electrocatalysts for highly efficient oxygen reduction reaction[J]. Journal of the American Chemical Society, 2013, 135(43):

16002-16005.

[115] Li J C, Hou P X, Shi C, et al. Hierarchically porous Fe-N-doped carbon nanotubes as efficient electrocatalyst for oxygen reduction[J]. Carbon, 2016, 109: 632-639.

[116] Wang W, Luo J, Chen W H, et al. Synthesis of mesoporous Fe/N/C oxygen reduction catalysts through NaCl crystallite-confined pyrolysis of polyvinylpyrrolidone[J]. Journal of Materials Chemistry A, 2016, 4(33): 12768-12773.

[117] Wu R, Wang J, Chen K, et al. Space-confined pyrolysis for the fabrication of Fe/N/C nanoparticles as a high performance oxygen reduction reaction electrocatalyst[J]. Electrochimica Acta, 2017, 244: 47-53.

[118] Liang J, Zhou R F, Chen X M, et al. Fe-N decorated hybrids of CNTs grown on hierarchically porous carbon for high-performance oxygen reduction[J]. Advanced Materials, 2014, 26(35): 6074-6079.

[119] Yang W N, Liu X J, Yue X Y, et al. Bamboo-like carbon nanotube/Fe_3C nanoparticle hybrids and their highly efficient catalysis for oxygen reduction[J]. Journal of the American Chemical Society, 2015, 137(4): 1436-1439.

[120] Wu R, Chen S G, Zhang Y L, et al. Template-free synthesis of hollow nitrogen-doped carbon as efficient electrocatalysts for oxygen reduction reaction[J]. Journal of Power Sources, 2015, 274: 645-650.

[121] Chao S J, Cui Q, Bai Z Y, et al. Template-free synthesis of hierarchical peanut-like Co and N codoped porous carbon with highly efficient catalytic activity for oxygen reduction reaction[J]. Electrochimica Acta, 2015, 177: 79-85.

[122] Shui J, Chen C, Grabstanowicz L, et al. Highly efficient nonprecious metal catalyst prepared with metal-organic framework in a continuous carbon nanofibrous network[J]. Proceedings of the National Academy of Sciences of the United States of America, 2015, 112(34): 10629-10634.

[123] Wu R, Song Y J, Huang X, et al. High-density active sites porous Fe/N/C electrocatalyst boosting the performance of proton exchange membrane fuel cells[J]. Journal of Power Sources, 2018, 401: 287-295.

[124] Yang L J, Shui J L, Du L, et al. Carbon-based metal-free ORR electrocatalysts for fuel cells: past, present, and future[J]. Advanced Materials, 2019, 31(13): e1804799.

[125] Zhang J T, Zhao Z H, Xia Z H, et al. A metal-free bifunctional electrocatalyst for oxygen reduction and oxygen evolution reactions[J]. Nat Nanotechnol, 2015, 10(5): 444-52.

[126] Yeager E. Electrocatalysts for O_2 reduction[J]. Electrochimica Acta, 1984, 29(11): 1527-1537.

[127] Matsubara K, Waki K. The effect of O-functionalities for the electrochemical reduction of oxygen on MWCNTs in acid media[J]. Electrochemical and Solid State Letters, 2010, 13(8): F7-F9.

[128] Su C, Acik M, Takai K, et al. Probing the catalytic activity of porous graphene oxide and the origin of this behaviour[J]. Nature Communications, 2012, 3(1): 1-9.

[129] Yang L J, Jiang S J, Zhao Y, et al. Boron-doped carbon nanotubes as metal-free electrocatalysts for the oxygen reduction reaction[J]. Angewandte Chemie International Edition, 2011, 50(31): 7132-7135.

[130] Bai X W, Zhao E J, Li K, et al. Theoretical insights on the reaction pathways for oxygen reduction reaction on phosphorus doped graphene[J]. Carbon, 2016, 105: 214-223.

[131] Tiwari J N, Dang N K, Sultan S, et al. Multi-heteroatom-doped carbon from waste-yeast biomass for sustained water splitting[J]. Nature Sustainability, 2020, 3(7): 556-563.

[132] Zan Y X, Zhang Z P, Dou M L, et al. Enhancement mechanism of sulfur dopants on the catalytic activity of N and P co-doped three-dimensional hierarchically porous carbon as a metal-free oxygen reduction electrocatalyst[J]. Catalysis Science & Technology, 2019, 9(21): 5906-5914.

[133] Tang B, Wang S K, Long J L. Novel *in-situ* P-doped metal-organic frameworks derived cobalt and heteroatoms co-doped carbon matrix as high-efficient electrocatalysts[J]. International Journal of Hydrogen Energy, 2020, 45(58): 32972-32983.

[134] Zhang H H, Niu Y L, Hu W H. Nitrogen/sulfur-doping of graphene with cysteine as a heteroatom source for oxygen reduction electrocatalysis[J]. Journal of Colloid and Interface Science, 2017, 505: 32-37.

[135] Xu P M, Wu D Q, Wan L, et al. Heteroatom doped mesoporous carbon/graphene nanosheets as highly efficient electrocatalysts for oxygen reduction[J]. Journal of Colloid and Interface Science, 2014, 421: 160-164.

[136] Bandosz T J, Seredych M. On the photoactivity of S-doped nanoporous carbons: importance of surface chemistry and porosity[J]. Chinese Journal of Catalysis, 2014, 35(6): 807-814.

[137] Sun Y, Wu J, Tian J H, et al. Sulfur-doped carbon spheres as efficient metal-free electrocatalysts for oxygen reduction reaction[J]. Electrochimica Acta, 2015, 178: 806-812.

[138] Jeon I Y, Zhang S, Zhang L, et al. Edge-selectively sulfurized graphene nanoplatelets as efficient metal-free electrocatalysts for oxygen reduction reaction: the electron spin effect[J]. Advanced Materials, 2013, 25(42): 6138-6145.

[139] Jin Z P, Nie H G, Yang Z, et al. Metal-free selenium doped carbon nanotube/graphene networks as a synergistically improved cathode catalyst for oxygen reduction reaction[J]. Nanoscale, 2012, 4(20): 6455-6460.

[140] Yang L J, Shui J L, Du L, et al. Carbon-based metal-free ORR electrocatalysts for fuel cells: past, present, and future[J]. Advanced Materials, 2019, 31(13): 1804799.

[141] Li R, Wei Z D, Gou X L. Nitrogen and phosphorus dual-doped graphene/carbon nanosheets as bifunctional electrocatalysts for oxygen reduction and evolution[J]. ACS Catalysis, 2015, 5(7): 4133-4142.

[142] Zhang J T, Zhao Z H, Xia Z H, et al. A metal-free bifunctional electrocatalyst for oxygen reduction and oxygen evolution reactions[J]. Nature Nanotechnology, 2015, 10(5): 444-452.

[143] Yang J, Sun H Y, Liang H Y, et al. A highly efficient metal-free oxygen reduction electrocatalyst assembled from carbon nanotubes and graphene[J]. Advanced Materials, 2016, 28(23): 4606-4613.

[144] Agnoli S, Granozzi G. Second generation graphene: opportunities and challenges for surface science[J]. Surface Science, 2013, 609: 1-5.

[145] Sun T, Wang J, Qiu C T, et al. B, N codoped and defect-rich nanocarbon material as a metal-free bifunctional electrocatalyst for oxygen reduction and evolution reactions[J]. Advanced Science, 2018, 5(7): 1800036.

[146] Akula S, Parthiban V, Peera S G, et al. Simultaneous co-doping of nitrogen and fluorine into MWCNTs: an in-situ conversion to graphene like sheets and its electro-catalytic activity toward oxygen reduction reaction[J]. Journal of the Electrochemical Society, 2017, 164(6): F568.

[147] Ganyecz Á, Kállay M. Oxygen reduction reaction on N-doped graphene: effect of positions and scaling relations of adsorption energies[J]. Journal of Physical Chemistry C, 2021, 125(16): 8551-8561.

[148] Yang H B, Miao J, Hung S F, et al. Identification of catalytic sites for oxygen reduction and oxygen evolution in N-doped graphene materials: development of highly efficient metal-free bifunctional electrocatalyst[J]. Science Advances, 2016, 2(4): e1501122.

[149] Zhang J, Zhang J J, He F, et al. Defect and doping Co-engineered non-metal nanocarbon ORR electrocatalyst[J]. Nano-Micro Letters, 2021, 13(1): 1-30.

[150] Zhao Z H, Li M T, Zhang L P, et al. Design principles for heteroatom-doped carbon nanomaterials as highly efficient catalysts for fuel cells and metal-air batteries[J]. Advanced Materials, 2015, 27(43): 6834-6840.

[151] Deng D H, Yu L, Chen X Q, et al. Iron encapsulated within pod-like carbon nanotubes for oxygen reduction

reaction[J]. Angewandte Chemie International Edition, 2013, 125(1): 389-393.

[152] Zhang P, Chen X F, Lian J S, et al. Structural selectivity of CO oxidation on Fe/N/C catalysts[J]. Journal of Physical Chemistry C, 2012, 116(33): 17572-17579.

[153] Zhang Q, Mamtani K, Jain D, et al. CO poisoning effects on FeNC and CN_x ORR catalysts: a combined experimental-computational study[J]. Journal of Physical Chemistry C, 2016, 120(28): 15173-15184.

[154] Li Q, Wu G, Cullen D A, et al. Phosphate-tolerant oxygen reduction catalysts[J]. ACS Catalysis, 2014, 4(9): 3193-3200.

[155] Holst-Olesen K, Reda M, Hansen H A, et al. Enhanced oxygen reduction activity by selective anion adsorption on non-precious-metal catalysts[J]. ACS Catalysis, 2018, 8(8): 7104-7112.

[156] Strickland K, Pavlicek R, Miner E, et al. Anion resistant oxygen reduction electrocatalyst in phosphoric acid fuel cell[J]. ACS Catalysis, 2018, 8(5): 3833-3843.

[157] Cao J, Cao H, Shen J, et al. Impact of CuFe bimetallic core on the electrocatalytic activity and stability of Pt shell for oxygen reduction reaction[J]. Electrochimica Acta, 2020, 350: 136205.

[158] Yuan S, Shui J L, Grabstanowicz L, et al. A highly active and support-free oxygen reduction catalyst prepared from ultrahigh-surface-area porous polyporphyrin[J]. Angewandte Chemie International Edition, 2013, 125(32): 8507-8511.

[159] Zhao D, Shui J L, Grabstanowicz L R, et al. Highly efficient non-precious metal electrocatalysts prepared from one-pot synthesized zeolitic imidazolate frameworks[J]. Advanced Materials, 2014, 26(7): 1093-1097.

[160] Nabae Y, Sonoda M, Yamauchi C, et al. Highly durable Pt-free fuel cell catalysts prepared by multi-step pyrolysis of Fe phthalocyanine and phenolic resin[J]. Catalysis Science & Technology, 2014, 4(5): 1400-1406.

[161] Li J, Xi Z, Pan Y T, et al. Fe stabilization by intermetallic L_10-FePt and Pt catalysis enhancement in L_10-FePt/Pt nanoparticles for efficient oxygen reduction reaction in fuel cells[J]. Journal of the American chemical Society, 2018, 140(8): 2926-2932.

[162] Stariha S, Artyushkova K, Workman M J, et al. PGM-free Fe-NC catalysts for oxygen reduction reaction: catalyst layer design[J]. Journal of Power Sources, 2016, 326: 43-49.

[163] Zhang H, Hwang S, Wang M, et al. Single atomic iron catalysts for oxygen reduction in acidic media: particle size control and thermal activation[J]. Journal of the American Chemical Society, 2017, 139(40): 14143-14149.

[164] Chong L, Goenaga G A, Williams K, et al. Investigation of oxygen reduction activity of catalysts derived from Co and Co/Zn methyl-imidazolate frameworks in proton exchange membrane fuel cells[J]. ChemElectroChem, 2016, 3(10): 1541-1545.

[165] Zhang C, Wang Y C, An B, et al. Networking pyrolyzed zeolitic imidazolate frameworks by carbon nanotubes improves conductivity and enhances oxygen-reduction performance in polymer-electrolyte-membrane fuel cells[J]. Advanced Materials, 2017, 29(4): 1604556.

[166] Choi C H, Lim H K, Chung M W, et al. Long-range electron transfer over graphene-based catalyst for high-performing oxygen reduction reactions: importance of size, N-doping, and metallic impurities[J]. Journal of the American Chemical Society, 2014, 136(25): 9070-9077.

[167] Tavakoli M M, Tress W, Milić J V, et al. Addition of adamantylammonium iodide to hole transport layers enables highly efficient and electroluminescent perovskite solar cells[J]. Energy & Environmental Science, 2018, 11(11): 3310-3320.

[168] Chenitz R, Kramm U I, Lefèvre M, et al. A specific demetalation of Fe-N_4 catalytic sites in the micropores of

NC_Ar + NH₃ is at the origin of the initial activity loss of the highly active Fe/N/C catalyst used for the reduction of oxygen in PEM fuel cells[J]. Energy & Environmental Science, 2018, 11(2): 365-382.

[169] An L, Jiang N, Li B, et al. A highly active and durable iron/cobalt alloy catalyst encapsulated in N-doped graphitic carbon nanotubes for oxygen reduction reaction by a nanofibrous dicyandiamide template[J]. Journal of Materials Chemistry A, 2018, 6(14): 5962-5970.

[170] Kim J, Im U S, Peck D H, et al. Enhanced activity and durability of the oxygen reduction catalysts supported on the surface expanded tubular-type carbon nanofiber[J]. Applied Catalysis B: Environmental, 2017, 217: 192-200.

[171] Choi I. Laser-induced graphitic shells for enhanced durability and highly active oxygen reduction reaction[J]. ACS Applied Energy Materials, 2019, 2(4): 2552-2560.

[172] Lefèvre M, Dodelet J P. Fe-based catalysts for the reduction of oxygen in polymer electrolyte membrane fuel cell conditions: determination of the amount of peroxide released during electroreduction and its influence on the stability of the catalysts[J]. Electrochimica Acta, 2003, 48(19): 2749-2760.

[173] Deng D H, Yu L, Chen X Q, et al. Iron encapsulated within pod-like carbon nanotubes for oxygen reduction reaction[J]. Angewandte Chemie International Edition, 2013, 125(1): 389-393.

[174] Varnell J A, Edmund C, Schulz C E, et al. Identification of carbon-encapsulated iron nanoparticles as active species in non-precious metal oxygen reduction catalysts[J]. Nature Communications, 2016, 7(1): 1-9.

[175] Choi J Y, Yang L, Kishimoto T, et al. Is the rapid initial performance loss of Fe/N/C non precious metal catalysts due to micropore flooding?[J]. Energy & Environmental Science, 2017, 10(1): 296-305.

[176] Schulenburg H, Stankov S, Schünemann V, et al. Catalysts for the oxygen reduction from heat-treated iron (III) tetramethoxyphenylporphyrin chloride: structure and stability of active sites[J]. Journal of Physical Chemistry B, 2003, 107(34): 9034-9041.

[177] Yin X, Zelenay P. Kinetic models for the degradation mechanisms of PGM-free ORR catalysts[J]. ECS Transactions, 2018, 85(13): 1239.

[178] Gubler L, Dockheer S M, Koppenol W H. Radical (HO•, H• and HOO•) formation and ionomer degradation in polymer electrolyte fuel cells[J]. Journal of the Electrochemical Society, 2011, 158(7): B755.

[179] Dodelet J P. Oxygen Reduction in PEM Fuel Cell Conditions: Heat-Treated Non-Precious metal-N₄ Macrocycles and beyond, N₄-Macrocyclic Metal Complexes[M]. New York: Springer, 2006: 83-147.

[180] Choi C H, Baldizzone C, Grote J P, et al. Stability of Fe-N-C catalysts in acidic medium studied by operando spectroscopy[J]. Angewandte Chemie International Edition, 2015, 54(43): 12753-12757.

[181] Choi C H, Lim H K, Chung M W, et al. The achilles' heel of iron-based catalysts during oxygen reduction in an acidic medium[J]. Energy & Environmental Science, 2018, 11(11): 3176-3182.

[182] Wu J, Nabae Y, Muthukrishnan A, et al. Electrochemical deposition and dissolution of Fe species for N-doped carbon to understand the degradation mechanism of Pt-free oxygen reduction catalysts[J]. Electrochimica Acta, 2016, 214: 307-312.

[183] Chenitz R, Kramm U I, Lefèvre M, et al. A specific demetalation of Fe-N₄ catalytic sites in the micropores of NC_Ar+ NH₃ is at the origin of the initial activity loss of the highly active Fe/N/C catalyst used for the reduction of oxygen in PEM fuel cells[J]. Energy & Environmental Science, 2018, 11(2): 365-382.

[184] Baranton S, Coutanceau C, Roux C, et al. Oxygen reduction reaction in acid medium at iron phthalocyanine dispersed on high surface area carbon substrate: tolerance to methanol, stability and kinetics[J]. Journal of Electroanalytical Chemistry, 2005, 577(2): 223-234.

[185] Choi C H, Baldizzone C, Polymeros G, et al. Minimizing operando demetallation of Fe-NC electrocatalysts in acidic medium[J]. ACS Catalysis, 2016, 6(5): 3136-3146.

[186] Liu G, Li X G, Popov B. Stability study of nitrogen-modified carbon composite catalysts for oxygen reduction reaction in polymer electrolyte membrane fuel cells[J]. ECS Transactions, 2009, 25(1): 1251.

[187] Herranz J, Jaouen F, Lefèvre M, et al. Unveiling N-protonation and anion-binding effects on Fe/N/C catalysts for O_2 reduction in proton-exchange-membrane fuel cells[J]. Journal of Physical Chemistry C, 2011, 115(32): 16087-16097.

[188] Strickland K, Pavlicek R, Miner E, et al. Anion resistant oxygen reduction electrocatalyst in phosphoric acid fuel cell[J]. ACS Catalysis, 2018, 8(5): 3833-3843.

[189] Larouche N, Chenitz R, Lefèvre M, et al. Activity and stability in proton exchange membrane fuel cells of iron-based cathode catalysts synthesized with addition of carbon fibers[J]. Electrochimica Acta, 2014, 115: 170-182.

[190] Zeng X J, Shui J L, Liu X F, et al. Single-atom to single-atom grafting of Pt_1 onto Fe-N_4 Center: Pt_1@ Fe-N-C multifunctional electrocatalyst with significantly enhanced properties[J]. Advanced Energy Materials, 2018, 8(1): 1701345.

[191] Meier H, Tschirwitz U, Zimmerhackl E, et al. Application of radioisotope techniques for the study of phthalocyanine catalyzed electrochemical processes in fuel cells[J]. Journal of Physical Chemistry, 1977, 81(8): 712-718.

[192] Shui J L, Wang M, Du F, et al. N-doped carbon nanomaterials are durable catalysts for oxygen reduction reaction in acidic fuel cells[J]. Science Advances, 2015, 1(1): e1400129.

[193] Yan D F, Li Y X, Huo J, et al. Defect chemistry of nonprecious-metal electrocatalysts for oxygen reactions[J]. Advanced Materials, 2017, 29(48): 1606459.

[194] Lee S H, Kim J, Chung D Y, et al. Design principle of Fe-N-C electrocatalysts: how to optimize multimodal porous structures?[J]. Journal of the American Chemical Society, 2019, 141(5): 2035-2045.

[195] Wang S Y, Qiao M F, Wang Y, et al. Hierarchically ordered porous carbon with atomically dispersed FeN_4 for ultra-efficient oxygen reduction reaction in PEMFC[J]. Angewandte Chemie International Edition, 2019, 7: 2688-2694.

[196] Wang Y C, Huang L, Zhang P, et al. Constructing a triple-phase interface in micropores to boost performance of Fe/N/C catalysts for direct methanol fuel cells[J]. ACS Energy Letters, 2017, 2(3): 645-650.

[197] Wang Y C, Zhu P F, Yang H, et al. Surface fluorination to boost the stability of the Fe/N/C cathode in proton exchange membrane fuel cells[J]. ChemElectroChem, 2018, 5(14): 1914-1921.

[198] Wang J, Wu G P, Wang W T, et al. A neural-network-like catalyst structure fr the oxygen reduction reaction: carbon nanotube bridged hollow PtCo alloy nanoparticles in a MOF-like matrix for energy technologies[J]. Journal of Materials Chemistry A, 2019, 7(34): 19786-19792.

[199] Chong L, Wen J, Kubal J, et al. Ultralow-loading platinum-cobalt fuel cell catalysts derived from imidazolate frameworks[J]. Science, 2018, 362(6420): 1276-1281.

[200] Peng X, Omasta T J, Magliocca E, et al. Nitrogen-doped carbon-CoOx nanohybrids: A precious metal free cathode that exceeds 1.0 W·cm^2 peak power and 100 h life in anion-exchange membrane fuel cells[J]. Wiley-Blackwell Online Open, 2019, 58(4): 1046-1051.

[201] He Q, Zeng L, Wang J, et al. Polymer-coating-induced synthesis of FeN_x enriched carbon nanotubes as cathode that exceeds 1.0 W·cm^{-2} peak power in both proton and anion exchange membrane fuel cells[J]. Journal of Power Sources, 2021, 489:229499.1-229499.6.

第6章 氧还原气体多孔电极

前面几章介绍了贵金属、非贵金属、氧化物等氧还原催化剂，要将这些催化剂用于电催化反应，还需要将其制备成多孔电极。多孔电极除了含有催化剂及其载体构建的电子导电相，还有可以容纳气体、电解质或产物的孔隙。受孔结构的影响，多孔电极在表面电荷转移、孔隙内物质传输上均表现出与平板电极不同的电极动力学过程机制。如图 6-1 所示，平板电极表面传质、反应均匀一致，多孔电极则呈现出与表面结构关联的动力学过程，电场电力线的不均匀分布，传质路径的差别，孔道结构如比表面积、孔隙率、孔径大小和分布、曲折系数等特征参数的变化，都会不同程度影响电极反应过程。

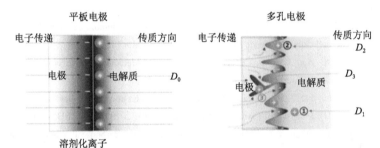

图 6-1 平板电极与多孔电极表面电化学过程示意图。平板电极表面，离子传质距离相同，产生的压降一致；多孔电极表面，传质路径差别造成不同位置压降不同

电化学反应装置（包括电解电池和化学电源）通常采用多孔电极结构形式，这是因为相比于平板电极，多孔电极具有以下优势：①电化学比表面积活性增大，活性物质利用率提高，因此表观电流密度（单位表观面积上流过的电流）增加，电池整体性能获得显著改善；②可以改善平板电极的扩散传质情况，形成比平板电极薄得多的扩散层，增大极限电流密度，减小浓差极化；③便于在活性物质中加入各种添加剂，得到成分均匀、结构稳定的电极。

将多孔电极组装成电化学装置后，电极中的孔隙存在两种不同的填充和工作方式。当电极内部的孔隙完全为电解质溶液充满时，称为全浸没多孔电极，也称为两相多孔电极。在有气体参与的两相多孔电极反应中，气体通过溶解到液相中再迁移到"液/固"界面才能进行反应。但是，氢、氧等气体在水溶液中的溶解度只有 $10^{-4} \sim 10^{-3}$ mol/L，且溶解的气体分子在水溶液电解质中扩散系数也非常小（约为 2.6×10^{-5} cm^2/s），和在背压下气体直接到达催化剂表面的对流传质无法相提并论。同时，全浸没电极中的传质距离特别长，造成液相传质效率低下，因此两相多孔电极不可能产生可观的气体反应电流。

当电极中的孔隙只部分地被电解质相充满，而剩余的孔隙由气相填充，则形成了包含"气/液/固"的三相多孔电极，也称为气体多孔电极、气体扩散电极。三相多孔电极可以看成是由"气孔"、"液孔"和"固相"三种网络交织组成，它们分别承担了气相传质、液相传质和电子传递的作用（图 6-2）。三相多孔电极中，对于气体向电极表面的输送过程，主要存在两种解释：①气体首先在气、液界面溶解，之后溶解的气体分子穿过催化剂表面的电解质液膜向电极表面扩散，最后到达液、固界面进行电化学反应。但是，如前所述，由于气体在电解液中的溶解度非常小，此种传输在大电流工作的燃料电池中，并不是主要的传输途径。特别是当电解质是固体聚合物或固体氧化物时，这种经典的"溶剂化气体穿过催化剂表面电解质液膜向电极表面扩散"的说法，就很难自圆其说。②气体通过气相、对流或扩散方式直接抵达催化剂与电解质（液体或固体）的交界处，形成"固/液/气"三相界面而直接参与电极反应，这是燃料电池中气体的主要传输途径。必须指出，即便电解质是固体，若反应产物是液体，如氧还原反应产生的水，气体多孔电极也必须为产物水留出足够的排出通路（空间），否则将造成水淹（flooding）。气体通道若被水淹，将失去气体输送能力，电极反应也将随之停止，而即使不完全水淹，也会恶化气体输送效率。因此，气体多孔电极的水管理是一个十分重要的控制策略。在长期的科研合作中，笔者和中国科学院大连化学物理研究所邵志刚研究员、孙公权研究员合作提出了"一个反应，两类导体，三相界面，四条通道"的典型"一二三四"特征，是对气体多孔电极一个清晰而没有遗漏的描述。高效的气体多孔电极，就是四条通道必须交汇到所有的催化剂颗粒上。

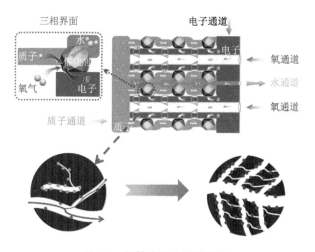

图 6-2　气体多孔电极模型图

　　气体多孔电极是从薄液膜理论（即液体薄膜现象）发展而来，虽然该理论不尽适合固体电解质体系，但对我们理解气体多孔电极的工作原理却不无裨益，在此对其做一个简单介绍。如图 6-3 所示，将铂黑电极置于氢饱和的静止溶液中并保持电极电势为 0.4 V 时，只能产生不到 0.1 mA 的阳极电流。然而，如果将电极上端提出液面 3 mm 左右，则输出电流增大近 45 倍。进一步提高电极高度，输出电流却不再增大，表明在半浸没电极上只有高出液面 2～3 mm 的薄液膜最能有效地用于气体电极反应[1]，其中的原因在于薄液膜能够显著强化氢气以及反应产物质子的迁移。如图 6-4 所示，氢可以通过几种不同的途径在半浸没电极表面上氧化，

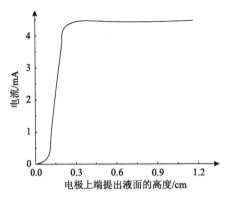

图 6-3　电极部分提出液面（暴露于氢气氛中）对氢氧化反应电流的影响

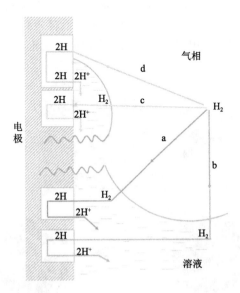

图 6-4　半浸没气体电极上的各种可能反应途径

其中每一途径都包含氢迁移到电极表面与反应产物 H⁺迁移到整体溶液中去这样一些液相传质过程。若任一液相传质途径太长，如途径 b 中 H_2 的扩散或途径 c 中 H⁺的扩散（包括电迁）那样，就不可能给出较大的电流密度。按途径 d 反应时吸附的 H_2 还要通过固相表面上的扩散才能到达薄液膜上端的电极/溶液界面，更为困难。然而，若反应大致按途径 a 进行，则 H_2 与 H⁺的液相迁移途径都比较短，因此这部分电极表面（有些书中称为弯月面）就成为半浸没电极上最有效的反应区。

综上所述，要构建高效气体多孔电极，电极内既要包含丰富的气孔网络以保障反应气体的快速传输，又需要形成大量覆盖在固体催化剂表面、气体容易接触到的连续薄液膜。这里可以通过气体扩散电极的极限电流密度这个概念来直观地理解气体在液相中的传质能力。极限扩散电流密度 J_d（单位 A/cm²）可由式（6-1）计算，

$$J_d = nFDc_0/\delta \tag{6-1}$$

式中，n 为电子转移数；F 为法拉第常数，96485 C/mol；D 为气体在溶液中的有效扩散系数，cm²/s；c_0 为气体在溶液中的溶解度，mol/cm³；δ 为气体扩散电极有效反应层厚度，cm。

以碱性氢氧化反应为例，电极反应 $\frac{1}{2}H_2+OH^-\longrightarrow H_2O+e^-$ 中，假设反应生成的水以气相排出，此时 D 值约为 10^{-6} cm²/s，则有

$$J_d=200\,c_0(OH^-)/\delta \tag{6-2}$$

可以看出，即使反应物初始浓度很高（c_0（OH⁻）=8 mmol/cm³），如果扩散电极厚度达到 100 μm，极限扩散电流密度也仅为 160 mA/cm²。该例一方面指出气体扩散电极中薄液膜的传质能力也非常有限，另一方面表明电极的反应层过厚会直接影响输出电流大小。将该结论应用于氧还原反应，可以推断出：从传质的角度考虑，要构建高效氧还原气体扩散电极，提高 O_2 在溶液中的溶解度 c_0 或降低电极反应层厚度 δ（即构建超薄催化层）是两条可行途径。

6.1 抗水淹氧还原气体多孔电极

水对于 PEMFC 来说是个"既爱又恨"的矛盾体（图 6-5）。一方面，聚合物电解质膜需要水的存在才能高效传导质子。但从另一角度考虑，流场以及电极的气体传输孔道中聚积的液态水如果没有及时移除，过量的水就会占据气体扩散层（GDL）和催化剂层（CL）的一部分孔道空间，降低传输至催化剂层的氧气量，同时致使一部分催化剂活性位被屏蔽从而无法参与反应，这种现象就称为水淹。水淹是膜电极组件（MEA）运行过程中经常出现的状况之一。阴极更容易发生水淹是由于以下三个原因：①阴极氧还原反应本身会生成水，而随着负载增加或电流密度增加，生成水量也相应增加。②电渗拖拽会把质子和水分子一起从阳极拉到阴极。这部分水的

传输速率取决于膜的加湿程度, 并随电流密度增加而增加[2]。③反应物气体过度增湿和液态水注入也会导致水淹。

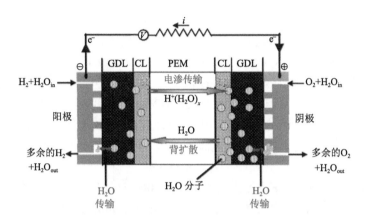

图 6-5　质子交换膜燃料电池内部的水传输机制

水淹对燃料电池性能输出造成的影响巨大[3,4]。如图 6-6 所示, 当电流密度高于 0.55 A/cm² 时, 水淹会显著增加阴极气体分压的压降, 导致电池压降迅速升高。此外, 如果阴极压降从 1.5 kPa 增加至约 3.0 kPa, 则初始电池电压就会从 0.9 V 下降到其初始值的大约 1/3。

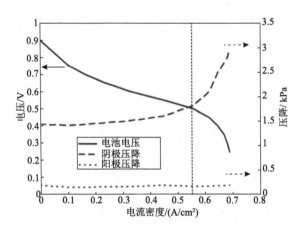

图 6-6　阴极水淹对 PEM 燃料电池性能的影响 (电池温度: 51℃; H₂ 流量: 2.0 A/cm²; 空气流量: 2.8 A/cm²; 环境压力; H₂ 端温度: 50℃; 空气端温度: 27℃)

阴极出现水淹还会进一步阻碍氧气的传输[5,6], 使得接触到催化活性位的氧气量低于化学计量数, 造成阴极处于氧"饥饿"状态[7]。稳态条件下, 进入电池系统的氧的净流量同电化学反应消耗的氧气量相等。而当燃料电池需要突然增大输出功率时，供应到系统的氧量远少于所需，造成氧气的浓差极化也随之升高。更槽糕的是，在氧气供应中断的情况下，原来的电子消耗反应（ORR）

$$O_2 + 4H^+ + 4e^- \Longrightarrow 2H_2O \quad (E^\ominus = 1.23\ V,\ E = +0.8\ V) \tag{6-3}$$

将被新的电子消耗过程，即质子还原反应（PRR）

$$2H_3O^+ + 2e^- \Longrightarrow H_2 + 2H_2O \quad (E^\ominus = 0\ V,\ E = -0.1\ V) \tag{6-4}$$

所取代。在这种情况下，阴极标准电极电势从 1.23 V（对于 ORR）下降到 0.0 V（对于 PRR）。考虑到极化的影响，实际电极电势大约由 0.8 V（对于 ORR）变到 –0.1 V（对于 PRR）。同时，对于在阳极发生的氢氧化反应（HOR）

$$H_2 + 2H_2O \Longrightarrow 2H_3O^+ + 2e^- \quad (E^\ominus = 0.00\ V) \tag{6-5}$$

当产生电流时，电极电位一般会正向偏移 0.1 V。因此，电池电压将从原始的 0.7 V（0.8 – 0.1，ORR）变为 –0.2 V（–0.1 – 0.1，PRR）。也就是说 PRR 替代 ORR 过程中，电池的输出电压从正值（如 0.7 V）转变为负值（如 –0.2 V），这种现象称为 PEMFC 的电压反转效应（voltage reversal effect，VRE），如图 6-7 所示，一些文章中也称负差效应。在燃料电池堆中，单个电池发生 VRE 不仅对整个电堆性能输出没有贡献，还能抵消一部分其他电池的有效输出电压。因此，只要 VRE 出现，电堆性能就会严重受损。

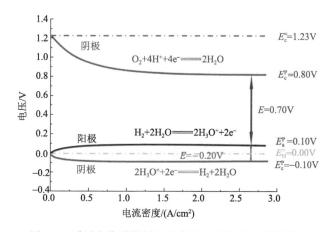

图 6-7　质子交换膜燃料电池水淹造成的电压反转效应

6.1.1　Pt-MnO₂/C 电极抑制电压反转效应

考虑到 MnO_2 的电化学还原具有与 ORR 几乎相同的能斯特电位

$$MnO_2 + 4H^+ + 2e^- \Longrightarrow Mn^{2+} + 2H_2O \quad (E^\ominus = 1.23\ V,\ E = +0.6\ V) \tag{6-6}$$

魏子栋等[8,9]设计了一种 Pt-MnO$_2$/C 复合电极。如图 6-8 所示，在 O$_2$ 饱和酸性条件下，Pt-MnO$_2$/C 表面可以同时发生 O$_2$ 和 MnO$_2$ 的电化学还原反应，而 Pt/C 表面仅有 ORR，因此相较于后者，Pt-MnO$_2$/C 可以产生更高输出电流。而在缺氧（即 N$_2$ 饱和）条件下，Pt/C 电极表面电流几乎为零，表明该电极上只能进行 H$^+$ 还原反应，这在实际电池运行中必然会造成电压反转。但 Pt-MnO$_2$/C 表面由于 MnO$_2$ 还原反应的发生，可以产生约 12 mA/cm^2 的电流，因此该复合电极在一定程度上可以减轻因氧饥饿导致的电压反转。这里需要指出的是，酸性体系下随反应不断进行，MnO$_2$ 逐渐消耗，最后都变成 Mn^{2+} 溶解在电介质中。由于 Mn^{2+} 对质子交换膜有一定毒化作用，所以 Pt-MnO$_2$/C 电极并不适用于实际燃料电池。该工作虽然有趣且无用，但作为抗水淹氧还原电极的早期探索，还是值得肯定的。

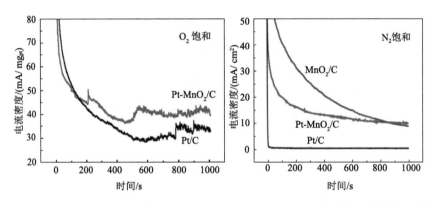

图 6-8　Pt-MnO$_2$/C 和 Pt/C 电极分别在 O$_2$、N$_2$ 饱和 0.05 mol/L H$_2$SO$_4$ 中的单电位阶跃计时电流曲线（Pt-MnO$_2$/C 电极 Pt 载量为 0.4 mg/cm^2，MnO$_2$ 载量为 0.8 mg/cm^2；Pt/C 电极 Pt 载量为 0.6 mg/cm^2；电位阶跃范围为 0.9～0.1 V；电极面积为 0.07 cm^2；参比电极为 Ag/AgCl）

6.1.2　抗水淹传质通道的设计构建

当质子交换膜燃料电池在高电流密度下运行时，电扇吹扫能够一定程度上增强氧气供给、缓解氧饥饿问题，但这种方式不仅会导致膜失水，还会消耗一部分电池自身的电能。过多的产物水可以通过气体的对流去除，调节水分含量、压力降、气流的流速以及流道的温度则能够有效控制水的去除速率。需要强调的是，所有加强气体对流的方法仅能去除双极板中流道内的水分，却无法去除催化层孔隙中的水分。而早期大部分研究都集中在去除流场中积累的水分，对于如何克服发生在催化层孔隙中的水淹问题却鲜有报道。

由于 O$_2$ 在水中的溶解度极低，水淹条件下通过水输送到催化剂表面的气体通量就非常小。因此，如果能找到一种对 O$_2$ 具有高溶解度的介质填充进催化剂的孔道中，就有可能提高水淹条件下 O₂ 的流通量。魏子栋等[10-13]基于"相似相溶"原理，选择将二甲基硅油（DMS）作为非极性防水油，添加到传统 Pt/C 电极的一部分孔隙中，制备得到 AFE 抗水淹电极（图 6-9）。计算可知，80℃下氧在水中的溶解度 c_0 约为 0.003 mL/mL，但在 DMS 中提高到 60 倍，达到 0.18 mL/mL。虽然用 DMS 替代水后损失了一半的氧扩散系数 D（水中 2.1×10^{-5} cm²/s *vs.* DMS 中 1.0×10^{-5} cm²/s），但根据式（6-1），氧在 DMS 中的极限扩散电流密度 J_d 仍比在水中提高了约 30 倍。此外，添加 DMS 还提升了孔道表面疏水性，使水不容易在孔道表面分散从而更倾向于快速排出，由此产生的孔道空间有效促进了 O₂ 在催化层内的对流传质。因此，采用 DMS 提高 O₂ 扩散通量和催化剂孔道疏水性，可以促进电极抗水淹性能的提升。

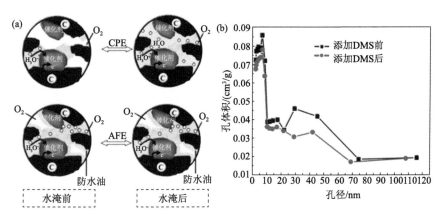

图 6-9　（a）传统 Pt/C 电极（CPE）和抗水淹多孔电极（AFE）中水淹发生前后的示意图；（b）表观面积为 4 cm² 的 CPE 在加入 2.5 mg/cm² DMS 前（黑线）后（红线）的孔体积分布

　　一般来说，由于水的毛细凝聚，直径小于 20 nm 的孔隙总会为水所占据而无法用于气体传输。大于 70 nm 的孔隙则毛细力比较小，水在这些大孔中想要凝聚下来会比较困难，如果同时材料表面憎水性较强，则水很容易被排挤出，因此这部分孔道主要用于气体传输。而直径为 20～70 nm 的孔隙中水仍能产生毛细凝聚，是最容易产生水淹的区域。有一种说法是，解决了发生在直径为 20～70 nm 孔隙中的水淹问题，就一定程度上解决了燃料电池催化层水管理方面最重要的问题。图 6-9（b）表明，DMS 的加入引起直径为 20～70 nm 孔道孔体积的降低，表明 DMS 主要填充在该尺寸范围的孔中。事实上，DMS 与碳、Nafion 和 Teflon 的接触角是零，与水的接触角是 117°[14]，因此 DMS 能够很容易进入到由碳、Nafion 和 Teflon 所形成的孔隙中。同时，由于 DMS 的憎水性，其一旦进入孔隙内部，就不会被水排挤出。因此添加了 DMS 的 AFE 电极可以长时间稳定工作。

图 6-10 中，三电极测试体系首先被 O_2 饱和，测试开始后则停止通入 O_2。发现电流升至 6 mA/cm^2 后，AFE 仍然能够正常运行，而 CPE 性能则快速衰减至零。该结果表明 AFE 电极在测试前比 CPE 储存了更多的 O_2，这必然是由于 DMS 对 O_2 更高的溶解度所致。

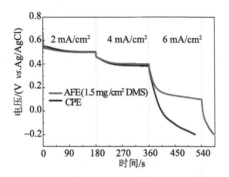

图 6-10　AFE 和 CPE 在 O_2 饱和 0.5 mol/L H_2SO_4 中的多电流阶跃计时电位曲线（测试前以 10 mL/min 的流量向体系中鼓入 O_2 饱和 20 min，测试开始后停止通 O_2，所有电极 Pt 载量均为 0.8 mg/cm^2）

图 6-11 为模拟完全水淹状态下的计时电位和计时电流曲线。10 mA/cm^2、持续供氧条件下，CPE 甚至无法坚持 1 h，而填充了 2.0～2.5 mg/cm^2 的 DMS 的 AFE 电极则能够持续运行 30 h 以上。同样，恒电压条件下放电，两个 AFE 电极输出电流显著高于 CPE 电极，而装载有 1.5 mg/cm^2 DMS 的电极输出比 1.0 mg/cm^2 DMS 的电极高出约 12 %，说明 DMS 的引入确实提升了 O_2 的传输效率和电极整体性能。

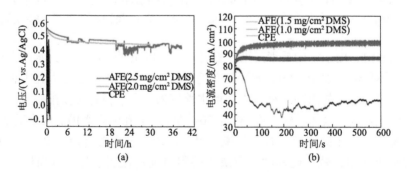

图 6-11　（a）AFE 和 CPE 在 O_2 饱和的 0.5 mol/L H_2SO_4 中以 10 mA/cm^2 的阴极电流密度恒电流放电时的计时电流曲线；（b）AFE 和 CPE 在 O_2 饱和的 0.5 mol/L H_2SO_4 中电位从 0.8 V 阶跃到 0.2 V 时的计时电流曲线（所有测试前均以 10 mL/min 的流量向体系中鼓入氧气饱和 20 min，测试过程中持续供氧，所有电极 Pt 载量均为 0.8 mg/cm^2）

进一步比较了两种电极在电池中的性能。图 6-12（a）所示的实验分为两个阶段。最初 4 h O₂ 没有加湿，装载 AFE 的电池性能略优于装载了 CPE 的电池。之后在 156% RH 下加湿 O₂，载有 CPE 阴极的电池仅维持 2.5 h 就完全水淹，而由低载 DMS 和高载 DMS 构建的 AFE 电极组装的电池可以持续正常工作 12 h 和 17 h，表明在过增湿条件下，以 AFE 为阴极的电池寿命至少增加 9 h。单电池极化曲线[图 6-12（b）]表明，阴极无 O₂ 增湿条件下，含有两个 CPE 的电池仅能维持 2.3 A/cm² 的电流密度，而以 AFE 为正极的电池却能产生 3.3 A/cm² 的电流密度。在 O₂ 过增湿情况下，含有两个 CPE 的电池仅能维持 1.5 A/cm² 的电流密度，而以 AFE 为正极的电池所能维持的电流密度高达 3.0 A/cm²。同时，由 AFE 组装的电池在正极不增湿的情况下比 CPE 电池峰值功率提升了 28.7%，而 O₂ 过增湿条件下，功率提升则达到了 55.1%。该结果表明阴极催化层出现水淹会严重损害电池输出，而 AFE 电极则能够很大程度上克服这一问题。

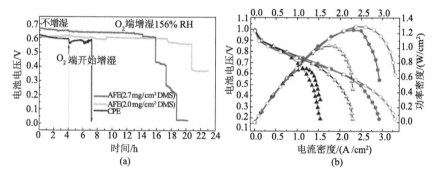

图 6-12　（a）分别以 AFE 和 CPE 为正极的 MEA 以 1 A/cm² 的电流密度放电时的电池电压-时间曲线。测试条件：电池工作温度 60℃；背压，$P_{O_2}=P_{H_2}=180$ kPa；O₂ 和 H₂ 流速分别为 150 mL/min 和 160 mL/min；（b）以 CPE 为负极、AFE 为正极，在没有氧增湿（○）和氧气相对湿度为 156%（●）情况下的单电池和分别以 CPE 为正负极在没有氧增湿（△）和氧气相对湿度为 156%（▲）情况下的单电池的极化曲线。测试条件：电池工作温度 60℃；背压，$P_{O_2}=182$ kPa，$P_{H_2}=180$ kPa；O₂ 和 H₂ 流速为 180～200 mol/min。正负极 Pt 载量分别为 0.7 和 0.6 mg/cm²

采用电化学阻抗谱（EIS）技术对 AFE 气体多孔电极的抗水淹性能进行了研究（图 6-13）。根据电位依赖的阻抗谱并结合催化层中的薄膜/水淹团块模型对阻抗谱特征进行分析，发现在低过电势（0.55～0.50 V）范围内，电荷转移是电极过程的控制步骤，在中间过电势（0.45～0.40 V）范围内，团块扩散是电极反应动力学的控制步骤，而在高过电势（0.35～0.30 V）范围内，电极过程动力学受到了薄膜扩散的显著影响。

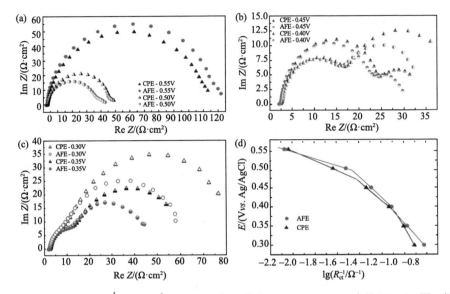

图 6-13　AFE（DMS = 2.0 mg/cm²）和 CPE 在 O₂ 饱和 0.5 mol/L H₂SO₄ 中的 Nyquist 图。极化电位分别为 0.55 V 和 0.50 V（a），0.45 V 和 0.40 V（b），0.35 V 和 0.30 V（c）；（d）阴极电位对 lg（R_{ct}^{-1}）作图。测试条件：频率范围：$6\times10^4\sim6\times10^{-3}$ Hz；测试前以 60 mL/min 的流量向体系中鼓入氧气 20 min，测试过程中停止供氧；电极铂载量 0.8 mg/cm²

　　上述研究表明，通过在催化剂孔道内添加 DMS，可以大幅度提升电极的 O₂ 输送能力和抗水淹性能。此外，增大催化层的孔隙率则是一种更为直接的途径。将氧还原催化剂构造成多孔结构，除了可以暴露更多内部表面、提供更多活性位点的负载之外，另一个重要功能则是作为原料气体和产物水的传输通道（图 6-14）。

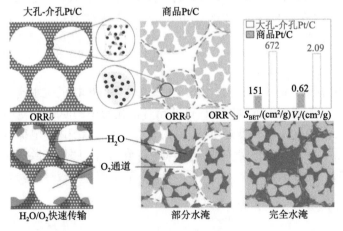

图 6-14　商品 Pt/C 和大孔/介孔 Pt/C 催化剂的传质示意图及其比表面积和孔体积对比

显然，孔隙率越大，孔道排布越均匀，氧气和水的传输越顺畅，尤其大电流条件下，更为丰富的孔道可以容纳更多水，为排水提供了更多缓冲空间和时间[9]。目前，不少文献[15-18]已经报道了具有大孔、介孔、微孔及其不同组合的多级孔道氧还原催化剂，虽然大孔催化剂的传质优势有所体现，但是不同的孔结构对传质的贡献不尽相同，特别是针对催化剂的抗水淹性能，目前还没有给出较好的定量评价方法。

魏子栋等[19]基于软硬模板法制备的有序大孔-介孔互穿网络抗水淹气体多孔电极（dual porosity Pt/C）（图 6-15），大孔排布规则有序，尺寸达到 500 nm，将孔体积容量提高到传统 Pt/C 颗粒密堆积电极的 3.5 倍，成为流体传输与存储的主通道；而由 13 nm 介孔构建的孔壁将其比表面积提高到传统 Pt/C 的 4.5 倍，可以负载丰富活性位点，是电极反应的主阵地。

图 6-15 （a，b）有序大孔/介孔碳的 SEM 和 TEM 图；（c，d）大孔/介孔 Pt/ C 的 TEM 图；（d）内的插图：Pt 纳米颗粒 HRTEM 图（比例尺为 2 nm）

三电极体系旋转圆盘（RDE）测试过程中，进入催化剂内部的氧是溶解于水中的，和真正燃料电池中的气体氧完全不同。同时 RDE 中使用的催化剂数量很少，催化层非常薄，传质问题体现不出来，而燃料电池需要负载大量催化剂提供大电流密度，此时供氧量和水的生成速率均大幅提升，对传质提出了很高要求。因此 RDE 测试无法评价催化剂的传质性能，而燃料电池虽然体现了传质性能，但是受多方面因素影响，无法专门探究传质。为此，魏子栋等使用自行设计的"拨浪鼓"工作电极进行传质研究。如图 6-16（a）和（b）所示，催化剂涂敷于碳纸表面并夹于拨浪鼓电极头部，和氧气室相连，产生的电子通过集流体和导线收集导出。这种特别设计的电极与 RDE 的不同之处在于：它使用了碳纸，可以负载等同于单电池载量的催化剂层；可以持续供应气体 O_2，很好地模拟了燃料电池真实工作环境；避免使用质子交换膜和阳极催化剂，排除了质子输运和界面电阻可能带来的影响。对于该工作电极来说，催化剂层内部的传质是影响其性能的最重要因素，因此可以进行传质能力的评估。

图 6-16（c）显示了 Pt 载量为 0.025 mg_{Pt}/cm^2、2 mA/cm^2 下的计时电位曲线。商品 Pt/C 在前 2.5 h 电位输出逐渐下降，随后保持稳定。大孔/介孔 Pt/C 催化剂在最初几个小时也显示出一定电位下降，但是下降幅度远小于 Pt/C，之后可以稳定输出。前期的电位下降即是催化剂层逐渐水淹的过程。初始阶段 ORR 产生的水没有及时移除，逐渐积聚在孔道中，覆盖部分活性位点，造成输出电压下降。之后，当孔道排水能力与产水速率相当时，催化剂层的部分水淹程度趋于稳定，在此情况下电压输出可以保持在一个恒定值。在催化剂载量相同的情况下，稳定电压输出越高，说明水淹程度越小，因此不同催化剂稳定输出电位的比值在一定程度上反映了催化剂的抗水淹能力。如图 6-16（c）所示，大孔/介孔 Pt/C 的稳定电位为 0.6 V，商业 Pt/C 的稳定电位为 0.15 V，推断出大孔/介孔 Pt/C 的传质效率约为后者的 4 倍。

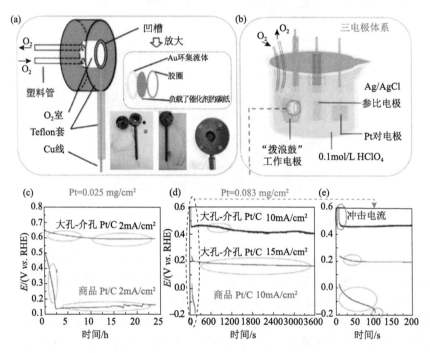

图 6-16 （a）自制拨浪鼓工作电极示意图和光学图；（b）由拨浪鼓工作电极、铂对电极、参比电极构成的三电极测试系统；（c）O_2 饱和 0.1 mol/L $HClO_4$ 溶液中记录的电流密度为 2 mA/cm^2 时的计时电位曲线；（d，e）不同时间尺度下，O_2 饱和 0.1 mol/L $HClO_4$ 溶液中记录的电流密度为 10 mA/cm^2 和 15 mA/cm^2 下的计时电位曲线

　　进一步在增加催化剂载量（0.083 mg$_{Pt}$/cm^2，即催化剂层厚度是上述情况的3.3 倍）并增大电流密度（10 mA/cm^2 和 15 mA/cm^2）条件下，评价了两种催化剂的抗水淹性能[图 6-16（d）和（e）]。发现商品 Pt/C 催化剂在 10 mA/cm^2 下，从测试开始即出现电位迅速下降，2 min 后几乎为 0，而在 15 mA/cm^2 时，没有任何响应，说明催化剂已经处于完全水淹状态，ORR 反应中断。相反，在相同测试条件下，大孔/介孔 Pt/C 虽然也出现部分水淹，但是不稳定阶段过后，电极仍然可以维持 0.4 V（@10 mA/cm^2）和 0.18 V（@15 mA/cm^2）的输出，说明催化剂层只是出现了部分水淹，因此仍有一部分催化剂可以正常工作，确保电极连续运行。

　　膜电极测试表明，多孔电极在常规测试条件下输出功率比传统电极提高 41%（图 6-17），在强增湿条件下输出功率提高 45%。因此大孔-介孔结构空前提高了气体多孔电极传质效率与抗水淹能力。

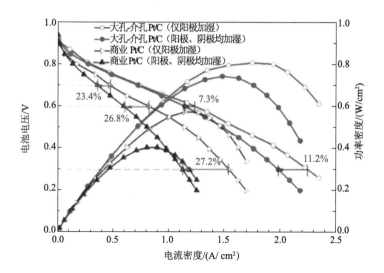

图 6-17　PEM 电池的极化曲线和功率密度。（阴极 Pt 绝对负载量为 0.125 mg/cm^2，阳极 Pt 绝对负载量为 0.3 mg/cm^2；测试温度 60 ℃；催化剂层面积 1.0 cm^2；H$_2$ 和 O$_2$ 背压均为 200 kPa）

　　以上研究表明，通过添加 DMS 构筑的 AFE 电极，有效提高了 O$_2$ 扩散通量和催化剂孔道疏水性，展现出优异抗水淹性能；通过设计新型大孔/介孔 Pt/C 电极极大改善了发生在催化剂层而非双极板、流场中的水的积聚、传输问题，这些工作为构建抗水淹电极提供了高度可行的设计思路。

6.2　多孔氧还原催化剂的设计合成

多孔结构材料泛指包含一定数量孔道/孔洞的固体材料。根据国际纯粹与应用化学联合会（international union of pure and applied chemistry，IUPAC）定义，依据孔径大小不同，多孔材料分为三类：微孔（micropore，孔径小于 2 nm）材料、介孔（mesopore，孔径 2～50 nm）材料和大孔（macropore，孔径大于 50 nm）材料。而依据孔道排布是否规则有序，多孔材料还可以分为有序孔材料和无序孔材料。

目前报道的氧还原催化剂主要采用多级孔结构，即包含微孔、介孔或者大孔中的至少两种孔道模型。对于孔道的作用，很多报道只给出了较为感性的认识，即认为微孔和尺寸 10 nm 以下的介孔主要提供大的比表面积以负载更多活性位点，而尺寸在 10～50 nm 的大介孔和大孔则可以作为反应物/产物进出催化材料的传质通道。令人欣喜的是，仍有一些工作通过认真地设计实验方案和对比测试结果，给出了不同类型孔道作用的确切证据以及活性位在其中的真实分布。本节将首先对这部分内容进行综述，之后基于几种典型孔道构建策略，重点讨论近年报道的各种多孔催化剂的合成方法及其孔道特征、氧还原催化性能等，希望读者阅读过这部分内容后，能够初步理解氧还原催化剂的孔道结构设计原则，同时了解一些常见的多孔材料合成策略。

6.2.1　非贵金属氧还原催化剂的活性位分布及孔道设计

以金属-N-C 为代表的非贵金属碳基氧还原催化剂的催化性能与 Pt 基催化剂相比仍有很大差距，其中一个主要原因是：碳基催化剂本征活性低、活性位密度低、体积密度小。例如，Pt（111）每平方纳米包含 34 个活性位，而对于碳基催化剂，当 N 含量为 5%（原子含量）时，每平方纳米仅包含 3.5 个活性位（图 6-18）。因此，要达到一定输出功率，非贵金属催化层厚度至少需要是 Pt 基催化剂的 10 倍，而这又会引起水汽分布不均、水淹、内阻增加、电池性能快速衰减等一系列致命问题。所以，如何降低催化层厚度，并保证其中包含足够丰富的活性位，是实现这类催化剂商业化应用的关键，这一点也和本章最开始提出的"催化层超薄化有利于构筑高效电极"这一原则高度匹配。事实上，已经有大量工作针对非贵碳基氧还原催化剂的活性位及孔道设计展开研究，本节主要介绍一些较有特点的工作。

1998 年，Zhao 等[20]报道有序二维六方二氧化硅 SBA-15 之后，这种材料随即被用作硬模板来制备各种组成的有序介孔材料，其中以有序介孔碳（ordered

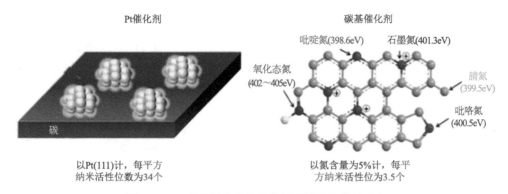

图 6-18　Pt 催化剂和碳基催化剂的活性位数目对比

mesoporous carbon，OMC）应用最为广泛。人们发现，由此得到的 OMC，具有比活性炭（activated carbon，AC）好得多的离子传输能力，其原因是活性炭内包含微孔、介孔、大孔，孔道分布宽且随机，而 OMC 的介孔尺寸均一，孔道连通性好，更有利于传质。然而，由 SBA-15 制备的 OMC，呈现出大量碳棒的捆束形状，棒的长度达到几十微米，仅有两端作为开口，内部的孔道很难被利用到。为此，Li 等[21]优化了 SBA-15 的制备，将孔道长度缩短至 200～300 nm，由此得到的短棒 OMC 非常有利于离子的传输。另一个方法是在大孔模板的孔隙内合成SBA-15，使 SBA-15 成为大孔结构的孔壁，由此创造出更多的介孔出入口[22]。此外，人们又探索了不同孔道结构对离子传输的影响。Sun 等[23]通过有机-有机自组装方法合成了介孔尺寸大致相同（3.4 nm），孔道结构分别为三维体心立方（1F）、二维六方（2F）和随机蠕虫状（3F）的介孔碳材料，并利用 CO_2 活化方法进一步在介孔孔壁内引入微孔，提升孔道连通性（活化后三个样品命名为 1F-A、2F-A、3F-A）。在恒电流充放电、循环伏安和电化学阻抗谱研究中，三种材料表现出完全不同的离子输运行为。体心立方材料具有相对孤立的球形孔道，孔道间窗口较小，严重限制了离子在碳材料内部的传输。相比之下，二维六方结构具有更为通畅的管道形柱状孔，更有利于传质。而蠕虫状孔道排列杂乱无章，部分孔处于封闭状态难以接近，更高的曲折程度造成离子扩散距离增加，是最低效的孔道类型（图 6-19）。魏子栋等[22]发现，微孔所处的位置很关键。由三聚氰胺泡沫焙烧得到的碳骨架内包含大量小分子挥发形成的微孔，由于骨架直径达到 10 μm，反应物很难进入内部微孔，微孔利用率非常低，表观性能差。而由软、硬模板法制备的有序大孔-介孔材料，大孔孔壁厚度不到 100 nm，由有序介孔构成，微孔位于介孔壁内，微孔、介孔和大孔的连通性非常好，因此虽然比表面积仅有 403 m^2/g，但孔道利用率高，单位表面积产生的容量非常高。同时材料的表面润湿性质也和孔道利用率密切相关[24]，经过亲水处理后，微孔浸润性增强，水性溶液传质能力也相应提高。需要特别指出的是，以上结论是基于材料在超级电容器中的性能测试得出，虽然不是氧还原反应，但是从中仍可以看到离子在孔道内的传输过程受孔道的尺寸、分布、形状、曲折程度、连通性、结构、表面性质等多个因素影响。接下来我们重点讨论一些针对氧还原反应的活性位及孔道设计。

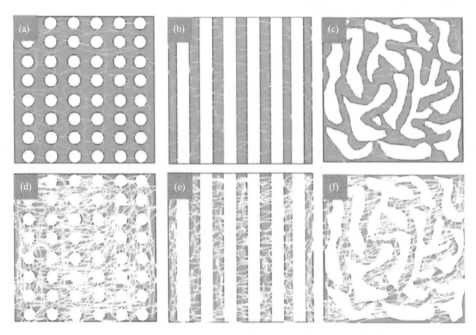

图 6-19　介孔碳及其相应活化样品孔结构的简化示意图：（a）1F；（b）2F；（c）3F；（d）1F-A；（e）2F-A 和（f）3F-A

　　Jaouen 及合作者[25-27]对乙酸铁-炭黑（carbon black）体系进行 NH_3 气氛热处理制备了非贵金属氧还原催化剂，并通过调控热处理的程序、气氛、时间、温度等，详细探究了 Fe-N-C 催化剂中活性位和微孔的形成过程。他们认为，NH_3 在高温下能够刻蚀炭并引入氮掺杂，而处于石墨化微区之间的无定形碳更容易被刻蚀并形成微孔，含 Fe 活性位则主要处于这些微孔之中。类似地，最近还有一些工作由沸石咪唑骨架（zeolitic imidazolate frameworks，ZIF）或多孔有机聚合物（porous organic polymers，POP）制备金属-N-C 催化剂，其活性位也主要分布于微孔内。因此，微孔被认为是金属-N-C 催化剂活性位的主要分布场所，提升微孔含量有利于提高活性位密度，进而提升材料活性。

　　Lee 等[28]探索了孔道结构以及活性位位置和氧还原性能的关系。他们以两嵌段共聚物 PS-*b*-PEO 为结构导向剂，以甲基酚醛树脂（resol）为碳前驱体，以三（对甲苯基）磷（TPTP）为磷源，硅酸盐低聚物为硅源，利用溶剂挥发自组装方法制备了孔径尺寸为 38 nm 的磷掺杂有序二维六方结构介孔碳（POMC-L）。同时还制备了两个对比样品：无磷源加入时得到的有序介孔碳（OMC，介孔尺寸 26 nm），以及使用 SBA-15 为硬模板制得的孔径尺寸为 3 nm 的磷掺杂有序二维六方结构介孔碳（POMC-S）（图 6-20）。N$_2$ 吸脱附测试表明，三个样品的比表面积差别不大，

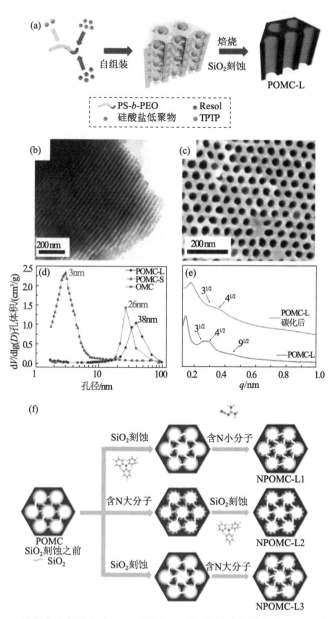

图 6-20　POMC-L 的合成示意图（a）、TEM 图（b，c）、孔径分布图（d）、SAXS 图（e）；NPOMC 系列材料合成示意图（f）

均为 1020～1110 m²/g，在单电池测试中，低电流密度时 POMC-L 和 POMC-S 的活化损失几乎相等，说明两者动力学活性差不多；而当电流密度增大时，POMC-S 的输出电压迅速降低，POMC-L 的最大功率密度是 POMC-S 的 3.5 倍，表明 POMC-L 中更大的介孔非常有利于反应物和产物的高效传质。此外，硬模板法造成 POMC-S 中的一些活性位点深埋在碳骨架内部而无法被利用到，而 POMC-L 的活性位均位于孔道表面，更容易被反应物接近，因此精确控制掺杂活性位点的位置非常重要。为此，他们又分别使用较小分子的双氰胺（DCDA）和较大分子的三苯胺（TPA）作为前驱体，通过精确设计反应步骤，在 POMC-L 中引入了两种不同位置的 N 掺杂。NPOMC-L1 中，掺杂的 N 原子主要位于微孔区，NPOMC-L2 中，N 掺杂则主要处于介孔内，同时两者均保持了较好的介观结构和较为一致的表面 N 物种分布。单电池测试发现 NPOMC-L2 的起始电位和最大功率密度均优于 NPOMC-L1，表明它的介孔内的活性位利用率显著高于微孔。

大量研究表明，不管是氮碳（N-C）还是铁氮碳（Fe-N-C）材料，其活性位都处于平面石墨烯的边缘位或者台阶位，而这些位点又处于微孔之中。由于微孔的开口通常仅有 1～2 nm，O₂ 分子很难进入其内部，所以只有孔口处的活性位能够形成三相界面参与反应。因此，对于氧还原催化剂，除了需要增大活性位浓度，更重要的是提升微孔和体相溶液之间的传质，并由此提升活性位的利用率。否则，无论活性位浓度多高，大部分活性位点对于反应物都是电化学不可及且惰性的。对此，有研究人员给出了较为系统的调查[29]。他们采用嵌段共聚物 F127 为软模板并且通过巧妙改变合成过程条件，制备了三种不同结构的 N-C 催化剂，其中 standard 构型具有大孔、介孔、微孔的多级孔道，meso-free 构型则只包含大孔和微孔，macro-free 构型只有介孔和微孔，并且 standard 和 meso-free 具有相同大孔结构，standard 和 macro-free 具有相同介孔结构。N₂ 吸脱附测试表明，三种材料 BET 比表面积均为 850 m²/g 左右且微孔所占比例基本一致，XPS 指出材料中的石墨氮和吡啶氮含量也大致持平。在氧还原测试中，不管是酸性还是碱性体系，三种样品的活性从高到低依次为 standard-Fe > meso-free-Fe > macro-free-Fe。作者认为，由于其他孔道参数基本一致，三种材料半波电势和动力学电流密度的不同，直接取决于孔结构的差异。

由循环伏安曲线可以计算反应中动力学可触及的电化学表面积 C_{dl}-CV，而电化学阻抗谱研究可以获得静态（电解质润湿）条件下的总电化学比表面积（C_{dl}-EIS）。Standard 样品的 C_{dl}-CV 值（96.7 F/g）高于 meso-free（62.0 F/g），也高于 macro-free（64.8 F/g）。而从 C_{dl}-EIS 来看，Standard（102.7 F/g）和 macro-free 的值相近（108.0 F/g），meso-free 明显较低（72.6 F/g）。这些结果表明，动态（CV 模式）和静态（EIS 模式）可用电化学比表面积很大程度上取决于孔道结构，而

macro-free 样品的 C_{dl}-EIS/C_{dl}-CV 比值最低，表明其在 ORR 动力学过程中三相界面利用率最低，进而其作者指出，如果没有大孔而仅有微孔、介孔，漫长扩散通道可对传质构成很大阻力。

　　同时作者采用弛豫时间常数来反映多孔结构的传质性能，时间常数越短，离子传输阻力越小。Standard 样品的弛豫时间常数最短，其次是 meso-free 和 macro-free，说明 Standard 样品传质最为高效，其原因有两方面：①微孔、介孔高度连通；②颗粒间隙构建的大孔可以作为传质的缓冲区域。此外，作者还将 C_{dl}-EIS/BET 比表面积的比值进行对比，该值代表材料物理比表面积中实际参与电化学反应的比表面积的比例。macro-free 样品的值相对其他两个样品来说最低，表明有序介孔的存在极大促进了微孔的传质可达性，提升了孔道以及活性位的利用率。该项工作通过精确调控孔道结构以及细致分析电化学结果，给出了微孔、介孔、大孔同氧还原催化性能的关系（图 6-21）。

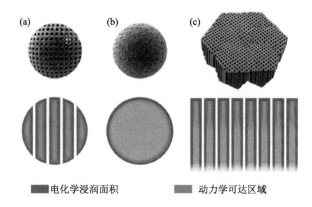

图 6-21　（a）standard，（b）meso-free 和（c）macro-free 三种模型催化剂的电化学浸润性和动力学可达区域示意图

　　从目前报道来看，人们对微孔和大孔的作用基本形成较为一致的观点：微孔是活性位主要分布场所，大孔主要用于传质。但是对介孔的作用，虽然有相当一部分研究者认为介孔提升了孔道连通性，同时也可以分布活性位以及辅助传质，但也有研究者提出不同的观点。常用的无定形碳载体中，初级碳颗粒尺寸约为几十纳米，内部包含大量微孔，这些颗粒借助范德瓦耳斯力聚集成簇，颗粒间的缝隙形成介孔，簇进一步堆积则产生大孔。在该结构中，Shui 等[30]认为，虽然介孔可以作为气体向微孔扩散的传质通道，但是这些介孔曲折度大，造成簇内传质阻力也较大。同时介孔还具有比微孔高得多的体积/比表面积比率。因此，介孔的存在增加了催化剂的宏观体积，降低了电极的体积电流密度。此外，燃料电池运行过程中还会引发初级碳颗粒的氧化腐蚀，导致颗粒间电子传输中断，电池整体

阻抗增大。综合这些因素，作者认为理想的催化剂设计应该是：微孔及其内部的活性位均形成致密分布,反应物/产物直接通过大孔往返于这些活性位以使传质阻力最小化,同时应避免介孔。据此,他们采用静电纺丝方法,制备了纤维状 Fe-N-C 催化剂（图 6-22）。其中相互交织的纳米纤维构建了大孔用于传质,纤维表面布满密集分布的微孔用于镶嵌催化位点,该催化剂在单电池测试中表现出极高的体积活性。

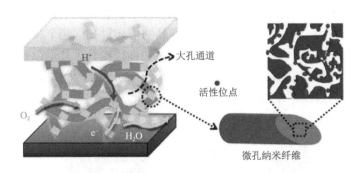

图 6-22　燃料电池阴极处的纳米纤维网络催化剂 Fe / N / FC 中的大孔-微孔形态和电荷/质量传输的示意图

　　综上所述,孔道的构筑直接影响到活性位的分布以及催化层传质,与氧还原催化剂表观性能密切相关。接下来重点讨论多孔催化剂的合成策略,以及不同类型孔道的特点和它们所起的作用。

6.2.2　多孔氧还原催化剂的设计合成

　　科学界对多孔物质的认识始于沸石材料。1756 年瑞典矿物学家 Axel Fredrik Cronstedt 最早发现天然沸石, 20 世纪 40 年代, 科学家首次在实验室合成出人工沸石分子筛材料。之后从 20 世纪 50 年代中期到 80 年代初期的几十年间, 是沸石材料研究的鼎盛时期, 其合成、应用和产业化都得到了快速推进。随着认识的不断深入, 研究人员发现, 虽然沸石在吸附、催化、环境、生物医药等领域都展现了非常好的应用价值, 但其孔尺寸不到 1.3 nm, 只有较小反应物分子才能进入孔内, 而稍微大点的分子则被阻挡在外。为了拓宽应用范围, 从 20 世纪 70 年代开始, 制备孔道尺寸更大的、特别是像沸石一样具有有序孔道排布的有序介孔材料, 成为一个重要研究方向。1992 年 Mobile 公司科学家发明了软模板法制备 M41S 系列有序介孔氧化硅, 孔尺寸达到 1.5～10 nm, 引起人们广泛关注, 成为该领域发展历史上的里程碑, 有序介孔材料的研究自此全面开启。实际上到目前为止,有序介孔材料的研究仍是全球热点领域之一，基于软、硬模板法得到的材料介观结构和骨架组成丰富多样，可以实现相当复杂材料的精准合成，因此可根据材料的不同应用领域，进行孔道的精准设计和定制。此外，由于有序介孔材料合成相对复杂、成本高，研究人员还探索了原位模板法、自模板法、盐辅助造孔法、活化法等无序介孔材料的合成手段。这些合成方法操作简便且成本低，易于实现规模化生产。而对于孔径尺寸在 50 nm 以上的大孔材料，目前通常采用模板法或者利用初级结构单元堆积组装进行构建。

本节我们重点讨论多孔氧还原催化材料的各种合成方法，并通过对比总结文献报道结果，获得一些孔道特征-催化性能之间的联系。

1. 硬模板法（hard-templating method）

硬模板法即采用具有一定形状、结构的材料作为模板，将目标材料前驱体注入其孔内，再除去模板，进而得到模板制结构孔道的多孔材料。硬模板法的介孔结构是由预设硬模板或凝结的纳米颗粒经刻蚀后得到与模板孔道结构完全反相的材料，所以硬模板法也常被称为反向复制法。如果所用的硬模板具有均一的形貌、尺寸，能够形成有序规则的堆积排列，去除模板后则可产生有序孔结构。硬模板法最初由 Knox 等提出[31]，他们以 SiO_2 胶体晶为模板、酚醛树脂为碳前驱体，制备了石墨化多孔碳材料，之后硬模板法得到广泛应用。由于硬模板法对前驱体与模板之间的作用力没有特殊要求，因此合成的材料组成丰富，特别适合制备溶胶-凝胶过程难以得到的有序孔结构。

目前常用的硬模板主要有 SiO_2、聚苯乙烯（polystyrene，PS）小球以及一些金属氧化物、生物材料等。一般来说，选择硬模板有以下几个原则：①模板的大小应与需要的孔大小相似；②如果原料需要高温后处理，则模板的熔点必须高于热处理温度，以避免模板熔融崩塌；③模板材料容易去除，且不会给体系引入杂质；④模板应源于地球资源丰富、成本低廉的元素组成的材料。

硬模板法制备多孔材料通常分三步：①将前驱体反复灌注、固化，填充到具有刚性结构模板的孔隙中，形成前驱体和模板的混合物；②通过焙烧等手段将前驱体原位转化为目标产物；③选择性去除硬模板，留下目标产物（图 6-23）。

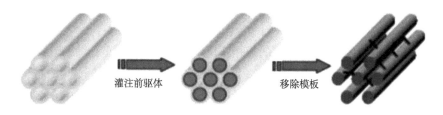

灌注前驱体　　　　　移除模板

图 6-23　硬模板法合成示意图

1）以 SiO_2 为硬模板

有研究认为，对于单原子 Fe-N-C 催化剂，形成 FeN_2 要比 FeN_4 具有更高的活性。Shen 等[32]以有序介孔 SiO_2 SBA-15 作为硬模板，$FeCl_3$、乙二胺（EDA）、四氯化碳（CCl_4）分别作为 Fe、N、C 源，制备了表面镶嵌原子级分散 FeN_2 活性位的有序介孔碳（图 6-24）。合成过程首先将 Fe^{3+} 锚定在硬模板 SBA-15 表面以确保 Fe 活性位全部分散在碳表面而没有进入碳骨架中，经过前驱体灌注、焙烧转化、HF 刻蚀去除 SiO_2 和颗粒 Fe 等一系列步骤后，制备得到了表面具有致密 FeN_2 活性位分布的有序二维六方结构介孔碳 FeN_2/NOMC。在 0.1 mol/L KOH 中，其半波电位（$E_{1/2}$=0.863 V）比商业 Pt/C（$E_{1/2}$=0.833 V）高了约 30 mV，表明具有优异氧还原催化活性。

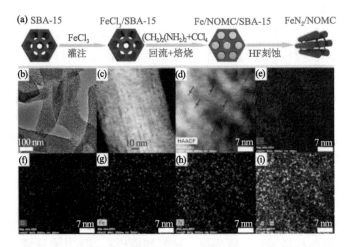

图 6-24　FeN_2/NOMC 的（a）合成示意图；（b）TEM 图像；（c）和（d）HAADF STEM 图像；（e～i）FeN_2/NOMC-3 催化剂的 EELS-mapping 图

Benzigar 等[33]以 SBA-15 为硬模板，通过将足球烯 C_{60} 分子组装在孔道表面并进行交联，制备了高度结晶的有序二维六方介孔碳。该项工作中，所使用的溶剂 1-氯萘被认为是成功合成的关键。一方面，C_{60} 在 1-氯萘中溶解度很高，有利于形成更致密的 C_{60} 包覆层和连续骨架；另一方面，1-氯萘还促进了 C_{60} 分子间的聚合以及晶化孔壁的形成。

M-N-C 催化剂通常由金属盐和含氮化合物直接热解制备得到，然而，这种方法很难有效地构建 M 和 N 物种之间的强相互作用和控制材料的多孔结构。从分子水平上设计前驱体结构可以有效地调节其组分之间的相互作用和材料的催化性能，进而提高活性和耐久性，其中硬模板法对于制备高比表面积的有序介孔 M-N-C 催化剂尤其有利。Li 等[34]以有序介孔二氧化硅（SBA-15）为硬模板、二茂铁基离子液体（Fe-IL）为金属前驱体，以富氮离子液体（N-IL）为氮含量调节剂，一步合成了有序介孔 Fe-N-C

催化剂。在碱性条件下，Fe-N 掺杂有序介孔碳催化剂（Fe@NOMC）的反应电流密度和起始电位与商用 Pt/C 相当，但表现出更好的抗甲醇性和长期耐用性。这是由于与后负载法和直接热解法相比，采用独特的离子液体前驱体以及硬模板策略在构建高比表面积有序介孔结构和形成高活性 Fe-N$_2$ 结构方面具有显著优势。

Qiao 课题组[35]以 SiO$_2$ 微球组装的光子晶体为硬模板，通过首先在孔道表面沉积薄层碳，再沉积一层氨腈并将其转化为 g-C$_3$N$_4$，制备得到具有三维有序连通大孔的 g-C$_3$N$_4$/C 复合材料（图 6-25）。在 ORR 测试中，和孔径只有 12 nm 的介孔 g-C$_3$N$_4$/C 相比，孔径为 150 nm 的大孔 g-C$_3$N$_4$/C 催化剂展示出更好的 ORR 性能，这归结于大孔在传质上的优势所致。

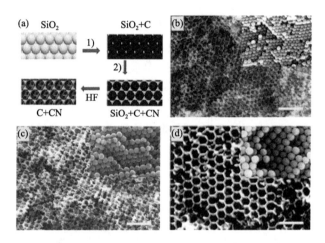

图 6-25　（a）用 SiO$_2$ 球结构合成大孔 g-C$_3$N$_4$/C 的合成示意图。条件：①蔗糖，900℃，N$_2$；②氰胺，550℃，N$_2$；（b～d）150-C/CN、230-C/CN、400-C/CN 的扫描电子显微镜（SEM）图像（以及相应尺寸的硅球），标尺：1μm

Yin 等[36]将 SiO$_2$ 小球分散到合适前驱体中进行静电纺丝，再结合预氧化、碳化、氢氟酸处理等步骤，制得包含多级介孔、大孔的 MACF 碳纤维骨架材料（图 6-26）。该材料具有 2～5 nm 和 20～50 nm 两种介孔分布，其中较小的介孔是由热解过程中小分子挥发形成，较大的介孔则来源于相邻 SiO$_2$ 小球之间的窗

图 6-26　MACF 的 SEM 图

口。同时材料还包含由 SiO$_2$ 模板产生的孔径为 180 nm 的大孔，以及由纤维交织构建的三维贯通大孔。该多级孔碳非常有利于传质，以及便于活性位形成高分散分布，是一种非常好的催化剂载体材料。

从平面结构石墨烯出发，可以衍生出不同原子掺杂的平面催化材料，在 ORR 过程中，这种独特的平面结构能够大幅提升电荷传递效率。但是石墨烯片通常尺寸较大、缺乏边缘位，造成催化位点稀疏、表观催化活性低[37-39]。Wei 等[40]对此给出了一个精心设计的解决方案。他们首先以十六烷基三甲基溴化铵（CTAB）为软模板，在氧化石墨烯表面原位生长了一层介孔尺寸为 2 nm 左右的 SiO$_2$（G-silica）。接着在 G-silica 表面修饰带正电的聚（二烯丙基二甲基氯化铵）（PDDA）后，再在其表层通过静电作用吸附一层带负电的 SiO$_2$ 胶体纳米颗粒，得到具有 SiO$_2$ 颗粒组装层-介孔 SiO$_2$ 层-氧化石墨烯层的"三明治"层状复合模板材料，其中表层 SiO$_2$ 胶体晶作为介孔硬模板（图 6-27）。该模板在水溶液体系中均匀包覆上聚多巴胺后，经过热处理转化、刻蚀 SiO$_2$ 模板等步骤，即可得到表层具有不同介孔尺寸的氮掺杂碳纳米片（NDCN）材料。该材料由于具有丰富的介孔结构和较高的比表面积，比单纯的平面结构包含了更为致密的活性位，其中，介孔孔径为 22 nm 的 NDCN 材料，在碱性和酸性介质中均展示出较高起始电位和较大极限电流密度，ORR 活性好。

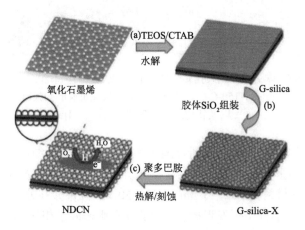

图 6-27　NDCN 的合成示意图

2）以 PS 小球为硬模板

将 PS 小球硬模板和喷雾热解法结合，可以制备不同微观形貌的多孔材料。酚醛树脂表面带有负电荷，其喷雾、热解后，形成碳小球颗粒，结构致密无孔道。然而，将硬模板，即带有正电荷的聚苯乙烯微乳颗粒（PSL）和酚醛树脂混合后，由于两者间的引力，酚醛树脂包覆在 PSL 颗粒表面，再将其喷雾、热解后，即得到空心结构碳颗粒[41]。如果将带负电荷的 PSL 模板与同带负电荷的酚醛树脂混合后喷雾，由于斥力，两者在液滴中独立存在，热解过程中 PSL 分解，在由酚醛树脂转化得到的碳颗粒内留下气孔，因此得到多孔的碳小球颗粒。此外，通过采用两种不同尺寸的 PSL 硬模板，还可以合成多级孔碳微球（图 6-28）。以该多级孔碳球作为载体的 Pt 催化剂，比单一模型孔道更有利于三相界面的暴露和传质，在 ORR 中活性优异。

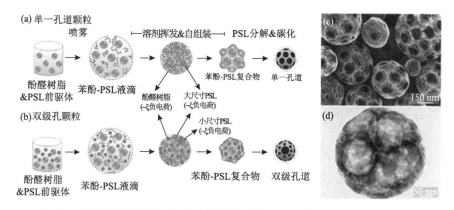

图 6-28　（a,b）不同孔道结构碳纳米球的合成示意图；PSL 尺寸为 230 nm（c）和 40 nm（d）的多孔碳纳米球的 SEM 和 TEM 图像

3）以金属氧化物为硬模板

阳极 Al_2O_3 阵列（anodic aluminium oxide，AAO）也是一种常用的硬模板材料。Xu 等[42]采用表面修饰了 Fe-Co 氧化物的 AAO 作为硬模板，通过嘧啶蒸气沉积，结合 HF 刻蚀，制备了表面镶嵌大量孔洞的 N 掺杂碳纳米线（NCWs），进一步引入一氧化钴纳米晶则得到 CoO/NCWs 复合催化剂（图 6-29）。该材料表面包含丰富孔道缺陷位以及高活性的 Co、N 位点，因而比表面不含孔洞的对比样品展现出更高的 ORR 催化活性和稳定性，动力学极限电流密度（30.3 mA/cm²，0.7 V）几乎是后者的 3 倍。作者认为，活性位主要位于碳和 CoO 界面位置，而孔洞 CoO/NCWs 材料制备过程中，空间限域杂化提升了界面面积，创造出更多的催化活性位点，是高 ORR 催化性能的主要原因。

原位生长的纳米立方体 MgO 可以作为非球形硬模板，导向合成立方笼状催化材料[43,44]。碱式碳酸镁在高温条件下分解生成立方体结构 MgO，同时引入体系的苯蒸气在 MgO 表面沉积、碳化，酸洗去除 MgO 后，即可得到立方体笼状碳材料（图 6-30）。该碳材料比表面积达到 2000 m²/g 以上，而调控热解温度为

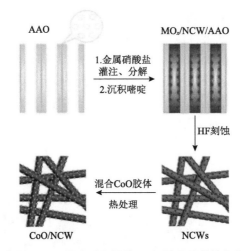

图 6-29 空心 NCWs 的合成和胶体 CoO 纳米晶的均匀组装示意图

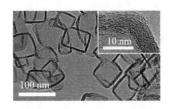

图 6-30 NCNC-900 的 TEM、HR-TEM 图像

700℃、800℃、900℃时，可分别得到 7~15 nm、10~25 nm、20~30 nm 三种不同尺度的碳纳米笼。此外，采用吡啶作为 C、N 前驱体时，还可以合成氮掺杂碳纳米笼（NCNCs）[45]，而以吡啶和噻吩为混合前驱体，则制备出 S、N 共掺杂碳纳米笼[46]。这些掺杂的笼状碳材料具有很高的比表面积、丰富的缺陷位，以及可调的杂原子含量，在 ORR 中展现出较好性能。

Li 等[47]以 ZnO 纳米纤维为模板，通过在其表面吸附 Fe^{3+} 并包覆聚合多巴胺、并在 NH_3 气氛中热解同时高温去除 ZnO 模板后，得到了 Fe-N_x 活性位修饰的碳纳米管 CNTs（图 6-31）。热解过程中锌的挥发在碳纳米管上产生大量微孔，从而产生较高的暴露内表面。该催化剂在碱性介质中 ORR 活性与商用 Pt/C 催化剂相当，在酸性和中性电解质中也具有良好活性。

以 PVP 作为 C、N 源，$Fe(NO_3)_3$ 作为 Fe 源，$Zn(NO_3)_2$ 作为助剂，经过吹塑、焙烧、刻蚀等过程，即可制备具有均匀介孔结构、大孔隙率、高比表面积和丰富 Fe-N_x 活性位的碳纳米片催化剂（Fe,N-MCNs-900）。原料中的助剂 $Zn(NO_3)_2$ 起到两方面作用：一方面其加速了聚合物吹塑进程，辅助形成碳纳米片骨架和成孔前体；另一

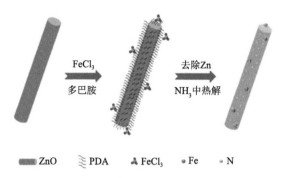

图 6-31　FeN$_x$ 修饰 CNTs 的合成示意图

方面 Zn(NO$_3$)$_2$ 在 500℃下转化为 ZnO，后者作为硬模板辅助制备了介孔。与不加 Zn(NO$_3$)$_2$ 的 Fe,N-CNs-900（78 m^2/g）相比较而言，Fe,N-MCNs-900（580 m^2/g）具有大约 7 nm 均匀分布的介孔。碱性条件 ORR 中，Fe,N-MCNs-900 催化剂的半波电位达到 0.92 V，明显优于不加 Zn(NO$_3$)$_2$ 的 Fe,N-CNs-900 和 Pt/C 催化剂[48]。

还有一些金属氧化物可以用作"反应性硬模板"，即模板材料本身能够参与材料的制备。例如，有研究使用纺锤形 Fe$_2$O$_3$ 纳米颗粒作为硬模板，合成了具有相同形貌、空心结构的 Fe-N-C 催化剂。如图 6-32 所示，模板中的铁促进了多巴胺的聚合，以及聚合多巴胺在焙烧过程中的石墨化，此外铁还与碳反应生成 Fe$_3$C 纳米颗粒镶嵌在碳壳内，辅助形成反应活性位点，同时金属氧化物模板本身便于去除，不易残留[49]。基于硬模板设计的一些催化剂总结在表 6-1 中，同时进一步比较了硬模板中介孔结构对于氧还原性能的影响（表 6-2）。

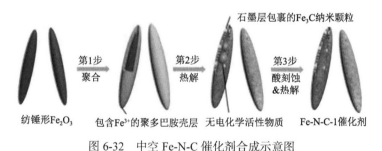

图 6-32　中空 Fe-N-C 催化剂合成示意图

表 6-1　部分采用硬模板方法制备的催化剂孔道参数与 ORR 性能

催化剂	模板剂	孔道结构与参数	S$_{BET}$/（m^2/g）	起始电位/（V vs. RHE）	半波电位/（V vs. RHE）	参考文献
NDCN-22	SiO$_2$	介孔（22 nm）	589	−0.11（vs. Ag/AgCl）	−0.13（vs. Ag/AgCl）	[50]
SA-Fe-NHPC	SiO$_2$+Zn	微孔+介孔	1327	1.01	0.93	[42]

催化剂	模板剂	孔道结构与参数	S_{BET}/（m^2/g）	起始电位/（V vs. RHE）	半波电位/（V vs. RHE）	参考文献
FeN$_2$/NOMC	SBA-15	介孔（3.9 nm）	525	1.05	0.863	[32]
FeNS/HPC	SiO$_2$+Fe$_2$O$_3$	微孔+介孔+大孔（4 nm；5～30 nm）	1148	0.97	0.87	[51]
C-N-Co	SiO$_2$+SBA-15+MMT	介孔	572	0.9（0.5 mol/L H$_2$SO$_4$）	0.79（0.5 mol/L H$_2$SO$_4$）	[52]
AD-Fe/N-C	Fe$_3$O$_4$	介孔（16.25 nm）	355.26	1.09（0.1 mol/L NaOH）	0.927（0.1 mol/L NaOH）	[53]
N-IOCs	SiO$_2$	微孔+介孔+大孔	1365	0.95（0.1 mol/L KOH）	0.87（0.1 mol/L KOH）	[54]
Fe$_3$C-encased Fe-N-C	Fe$_2$O$_3$	介孔（5 nm）	200.7	−0.06（vs. Ag/AgCl）	−0.171（vs. Ag/AgCl）	[49]
FeNS-PC	CaCl$_2$	介孔	775	0.95（0.1 mol/L HClO$_4$）	0.811（0.1 mol/L HClO$_4$）	[54]
meso/micro-FeCo-N$_x$-CN-30	FeCl$_3$·6H$_2$O+SiO$_2$	微孔（0.7 nm）；介孔（20 nm）	1168	0.954（0.1 mol/L KOH）	0.886（0.1 mol/L KOH）	[55]
CoO/NCWs	AAO	介孔（5 nm）	179	0.85（0.1 mol/L NaOH）	0.73（0.1 mol/L NaOH）	[42]
hSNCNC	MgO	微孔+介孔+大孔	1400	0.9（0.1 mol/L KOH）	0.792（0.1 mol/L KOH）	[46]
FeN$_x$-NCNT-2-NH$_3$	ZnO	微孔+介孔	1120	0.95（0.1 mol/L KOH）	0.84（0.1 mol/L KOH）	[46]
MFC$_{60}$	SBA-15	介孔（4.5 nm）	680	0.82（0.5 mol/L KOH）	0.76（0.5 mol/L KOH）	[56]
macroporous g-C$_3$N$_4$/C	SiO$_2$	大孔	50-100	−0.117（vs. Ag/AgCl）	−0.3（vs. Ag/AgCl）	[35]

表 6-2　采用硬模板合成的催化剂介孔结构对氧还原活性的影响

催化剂	孔道的作用	参考文献
Fe$_3$C-encased Fe-N-C	大孔体积和高比表面积有利于电解液和电子的快速运输和活性位点的暴露	[49]
FeNS-PC	能够使 Fe、N、S 元素分布均匀，且在温和的条件下很容易去除，大的比表面积和孔隙率	[54]

续表

催化剂	孔道的作用	参考文献
meso/micro-FeCo-N$_x$-CN-30	有利于原子的均匀分散，丰富的活性位点，超高的比表面积	[55]
CoO/NCWs	赋予了碳纳米线丰富的多孔结构和暴露的氮位点，以及表面 Co^{2+} 的富集	[42]
hSNCNC	引入的杂原子掺杂和稳定的多尺度孔洞三维层次结构，提供了丰富均匀的高活性 S 和 N 物种以及高效的电荷转移和质量传输	[46]
FeN$_x$-NCNT-2-NH$_3$	锌的蒸发可以在碳纳米管上产生足够的空隙，从而产生较高的比表面积，丰富的 FeN$_x$ 活性位点充分暴露	[46]
MFC$_{60}$	高结晶孔壁和高比表面积，高的超电容性能和高选择性的 H$_2$O$_2$ 生成	[56]
macroporous g-C$_3$N$_4$/C	大孔对扩散的积极作用以及有足够的活性位点连接到最大的 BET 表面积	[35]
N-IOCs	缩短物质和电子的转移路径，加速电子、分子、离子的转移，高的比表面积，有利于活性位点的暴露，高的稳定性	[54]
MACF	高的孔隙率，开放的结构，优化传质通道，有利于传质，较好的稳定性	[36]

2. 软模板法（soft-templating method）

除了硬模板法，软模板法也是一种常用的制备多孔材料尤其是有序介孔材料的方法。早期合成多孔 SiO$_2$ 的方法，如气溶胶法、气凝胶法等都存在制备过程难以控制的缺点，因而无法获得孔道形状规整、孔径分布均匀的有序多孔 SiO$_2$ 材料。1992 年，Mobil 公司的科学家们首次报道软模板法制备有序介孔材料，他们采用阳离子型季铵盐表面活性剂作为软模板，合成了具有大比表面积、孔道规则排布的有序介孔 SiO$_2$-M41S 系列产品。软模板指的是具有"软"结构的分子或分子的聚集体，如表面活性剂及其胶束、结构可变性大的柔性有机分子、微乳液等，其中最常用的是表面活性剂。在水溶液中，表面活性剂的亲水基倾向于分散在水中，疏水基受水分子的排斥，倾向于离开水相。因此在能量最低化原则下，表面活性剂聚集形成疏水基在内部、亲水基在外层的胶束。由于胶束可以形成球状、柱状、层状等不同微观组装结构，由其导向制备的介孔材料也具有丰富多样的介观结构。利用软模板法合成介孔材料时，软模板剂与构成介孔骨架的前驱体之间通过较强的非共价键如氢键、静电作用、疏水作用、范德瓦耳斯力等相互作用，在溶液中自发组装形成有序介观复合结构，之后经前驱体固化，高温热解再脱出模板剂后即可形成有序介孔材料（图 6-33）。

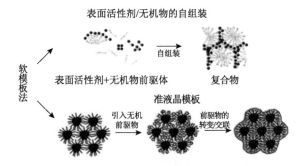

图 6-33　利用软模板合成示意图

利用软模板组装有序介孔材料可以在气-液界面进行，也可以在溶液内进行，下面分别对这两种方式进行讨论。

1）溶剂挥发诱导自组装（EISA）

溶剂挥发诱导自组装法（EISA）是合成有序介孔材料的一个重要方法。EISA 合成技术采用的是典型的溶胶-凝胶过程，同时涵盖了表面活性剂的自组装。在该合成路线中，表面活性剂的起始浓度一般都比较低，远低于临界胶束浓度。随着有机溶剂的快速挥发，表面活性剂的浓度不断提高，诱导无机物种与结构导向剂分子协同组装，形成有序介观结构，进一步交联固化无机骨架将有序结构固定下来，脱除模板后即得到介孔材料。这里的溶剂可以是乙醇、四氢呋喃等极性有机溶剂，也可以是水和其他溶剂的混合物。具体的合成步骤一般为：①将模板剂和可溶性的骨架材料前驱体溶解于易挥发的溶剂中形成均一的溶液；②通过溶剂的挥发使溶液中不易挥发的表面活性剂、无机/有机前驱体的浓度增加，连续的溶剂挥发诱导无机/有机物种与结构导向剂复合形成液晶相，同时该过程还可能伴随着无机物种（如硅物种）的进一步交联、聚合；③脱除模板，得到有序介孔材料。

EISA 法与下一个将要介绍的溶液相法最大的区别在于 EISA 法无须经过骨架前驱体和结构导向剂在溶液中组装并分相沉淀出来的过程，介观相的形成完全由结构导向剂液晶相的形成来驱动，从而降低了对前驱体溶胶-凝胶过程的控制要求以及前驱体与模板分子协同组装的控制要求。由于使用的多为非水溶剂，骨架前驱体的溶凝胶过程趋于缓和，使很多在水体系中由于水解缩聚过程过于剧烈无法合成的物质也能通过该法合成。通过调变不同的前驱体，还可以方便地制备各种复合材料。

制备非贵金属 Fe-N$_x$/C 催化剂的前驱体材料一般包含 Fe、N、C、H 等元素，在高温（>800℃）焙烧过程中，小分子氮碳化合物挥发，同时 Fe 原子逐渐团聚形成较大颗粒，因此很难得到高度分散的 Fe 活性位点。同时对于碳基材料，大部分活性位点都包埋在材料内部而没有暴露在表面，活性位利用率低。Mun 等[57]采用软模板方法，通过将 Fe 前驱体、碳源和硅源吸附在嵌段共聚物 F127 的亲水段（PEO），再进行溶液自组装，并经固化、转化、去模板等后处理步骤，制得有序介孔铁氮碳催化剂[图 6-34（a）]。该催化剂中，金属 Fe 高度分散于碳载体中，同时构建的有序介孔结构增强了活性位暴露。在三电极体系 ORR 测试中，m-FePhen-C 催化剂的起始、半波电位分别达到 1.00 V 和 0.901 V，优于商业 Pt/C 催化剂，并且具有较好的稳定性。此外，Wei 等[58]通过组装球形酚醛树脂和嵌段共聚物（F127）单胶束软模板，然后将铁前驱体和 1,10-菲咯啉引入其中，最后在 NH₃ 气氛中焙烧，制备了一系列具有开放互通孔道结构的铁氮掺杂碳催化剂（Fe/N/C）[图 6-34（b）]。

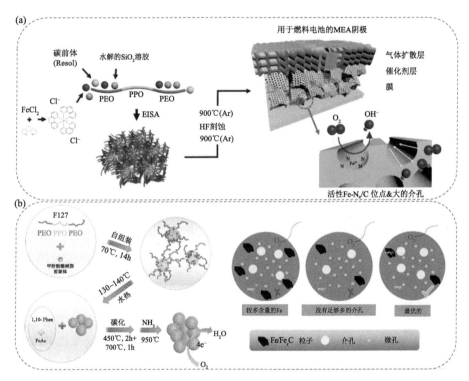

图 6-34　（a）m-FePhen-C 催化剂和开放孔道结构；（b）Fe/N/C 合成示意图

Choi 等[59]报道的工作有些不同。他们首先制备了包含光可交联材料 polystyrenerandom-polyvinylbenzylazide[P（S-r-N₃）的嵌段共聚物[poly（styrene-block-dimethylsiloxane），PS-b-PDMS]聚合微球。接着通过光交联和 Friedel-Crafts 反应，将 PS-b-PDMS 中的 PS 嵌段进一步交联固化，再选择性去除 PDMS 链段，最后在 700～1000℃碳化，形成孔道均匀分布的介孔碳颗粒（图 6-35）。进一步在孔道内后负载 PtFe 纳米颗粒，得到 1 wt%极低 Pt 载量的催化剂。该催化剂球形颗粒直径约为 845 nm，比表面积 500 m²/g，孔径 25 nm，孔道呈柱状阵列排布。在单电池测试中，该催化剂在 Pt 用量仅为商用 Pt/C 的 1/20 时，即可达到与后者相同的输出功率。

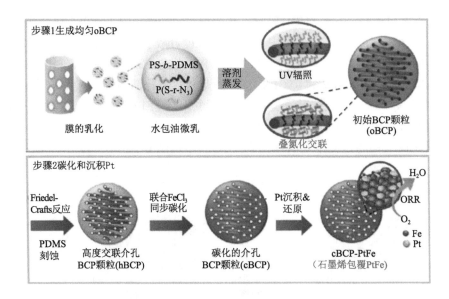

图 6-35　cBCP-PtFe 催化剂的合成示意图

2）溶液相法

溶液相法是 EISA 途径之外，另一个常用的制备介孔材料的方法。一般来说，溶液相法需在高温与自生压力下实现软模板导向的晶体生长，由于常采用水热条件制备，该方法也被称为水热法。Zhao 课题组[20]以酚醛树脂为碳源，三嵌段共聚物 P123 为软模板，在水热条件下，合成了具有双连续立方结构的介孔碳 FDU-14。如果进一步在体系中加入扩孔剂长链烷烃，则可得到二维六方结构的 FDU-1。此外，通过调控碳源、添加剂、反应体系 pH 以及反应物浓度，以 F127 为软模板的溶液相反应还可以制备直径为 20～140 nm 的有序介孔碳球、体心立方结构的介孔碳 FDU-15 单晶以及二维六方孔道的圆柱状或圆片状介孔碳。总的来说，EISA 法得到的多为没有特定微观结构的粉体介孔材料，而溶液相法制备的部分有序介孔材料具有特定微观形貌，同时合成过程可控性更高，获得的孔道有序度也更好。

溶液相法可以在碱性、酸性和中性条件下进行，其合成过程一般为：①将表面活性剂或高分子嵌段共聚物等结构导向剂溶解在水中，调节溶液至恰当 pH，得到均匀溶液；②加入无机前驱体进行溶液化学反应，过程通常伴随溶胶-凝胶过程；③老化、陈化处理；④分离、洗涤、干燥；⑤采用焙烧、萃取、辐照、微波消解等方法脱除有机结构导向剂，得到具有开放孔道结构的介孔材料。

根据前面的讨论，孔道长短对传质影响较大，短程孔道对于传质以及界面反应动力学更为有利，但是 EISA 方法制备的有序介孔材料孔道通常长达几百纳米，想要缩短孔道长度并不容易。Zhao 课题组[60]通过溶液相中分子介导的界面共组装策略合成了碳纳米管@介孔氮掺杂碳（CNTs @ mesoNC）核壳结构纳米纤维，其孔道方向垂直于基底，孔径达到 6.9 nm 而壳层孔道长度仅为 28 nm，比表面积达到 768 m^2/g（图 6-36）。合成过程中，1,3,5-三甲苯进入到 F127 胶束的疏水端，使得胶束更为稳定，同时 1,3,5-三甲基苯和聚多巴胺之间较强的 π-π 相互作用可以确保复合组装体系稳定在碳纳米管（CNT）表面。所制得的 CNTs@mesoNC 纳米纤维在碱性介质中表现出优异氧还原性能。

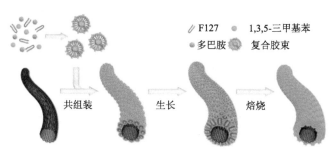

图 6-36　CNTs@mesoNC 催化剂的合成示意图

利用溶液相法还可以制备具有体心立方结构的介孔单晶 Fe-N/C 菱形十二面体材料（图 6-37）[61]。合成过程中，球形 PMF/F127 复合胶束首先通过氢键作用交联成核。随着反应时间的增加，越来越多的复合胶束接近核表面构成密排体心立方介孔结构。在合适条件下，晶体生长受到热力学控制，沿〈110〉方向逐渐生长成具有有序介观结构的 Fe-N/C 菱形十二面体，最后经氨气 900℃ 活化得到 NH$_3$-Fe$_{0.25}$-N/C-900 催化剂。该催化剂在碱性和酸性条件下均展示出较好的氧还原活性，其高度有序的介观结构是高活性的一个重要原因。

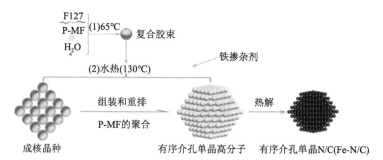

图 6-37　N/C（Fe-N/C）催化剂的合成示意图，在步骤（2）中引入 Fe 掺杂

Peng 等[62]采用纳米乳液组装方法制备了具有较大介孔的 N 掺杂碳纳米球（图 6-38）。F127/TMB/多巴胺在乙醇/水体系中组装成纳米乳液，经聚合、碳化后即得到具有光滑、多腔、树枝状等多种新颖结构的 N 掺杂碳纳米球。其中，所得到的枝状介孔碳纳米球具有大介孔（约 37 nm）、小粒径（约 128 nm）、高比表面积（约

635 m^2/g）和丰富 N 含量（约 6.8 wt%），在碱性溶液中具有很高的氧还原电流密度。

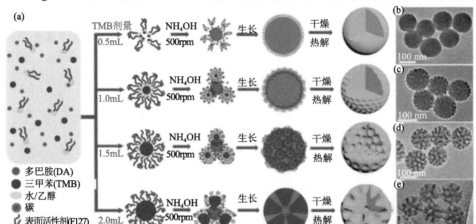

图 6-38　（a）光滑，高尔夫球，多腔和树枝状介孔结构的 N 掺杂碳纳米球的形成过程示意图，以及（b～e）其相应的 TEM 图像

Tan 等[63]采用溶液相法，将三聚氰胺-甲醛树脂包覆的三嵌段共聚物胶束组装在氧化石墨烯片的正反表面，碳化后形成由两层直径小于 40 nm 的中空氮掺杂碳纳米球（N-HCNS）和夹在其中的还原氧化石墨烯（rGO）组成的复合催化剂（图 6-39）。电化学测试表明，该催化剂比 rGO 和 N-HCNS 的物理混合材料具有更好的氧还原性能。此外，通过在原材料中引入铁（Fe），得到具有高比表面积（968.3 m^2/g）、高氮掺杂（6.5 at%）和均匀分布铁掺杂（1.6 wt%）的 $Fe_{1.6}$-N-HCNS/rGO-900。在碱性介质中，该催化剂的 ORR 半波电位优于 20% Pt/C，极限扩散电流密度与后者持平。其中，均匀分散的空心纳米球提高了活性中心密度以及暴露程度，同时薄层平面结构随机堆叠产生的空间有利于反应物和产物的扩散，电子可以在连接每个空心纳米球的 rGO 平面内快速转移，这些因素是构成材料高活性的主要原因。

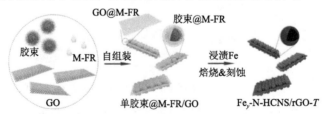

图 6-39　二维 Fe_y-N-HCNS / rGO-T 纳米片的合成过程

Yamauchi 课题组[55]以苯乙烯-2-乙烯基吡啶-环氧乙烷三嵌段共聚物（PS-b-P2VP-b-PEO）为软模板，高氮含量聚氰胺甲醛树脂（M-FR）为碳、氮源，$FeCl_3$ 为铁源，采用溶液相法合成了直径不到 50 nm、壳层嵌入 Fe_3C 纳米颗粒的

Fe、N 双掺杂空心碳球 Fe$_3$C-Fe，N/C，材料比表面积达到 879.5 m^2/g，空腔直径约为 16 nm（图 6-40）。该空心结构催化剂在碱性电解液中表现出与商业 Pt/C 相当的 ORR 性能，在酸性条件下半波电位仅比 20% Pt/C 低 59 mV。一系列研究表明，除了材料包含大量由 Fe$_3$C 纳米颗粒以及掺杂位点制造的活性中心，薄层多孔空心碳壳大幅提升传质也是高活性的一个主要因素。针对这一节所提出的软模板法，表 6-3 和表 6-4 给出了简单的归纳和比较。软、硬模板法是制备有序多孔材料的经典方法，已经衍生出了一系列性能优异的催化材料，灵活运用该方法可在材料孔道结构设计方面探索出更为丰富多样的可能性。

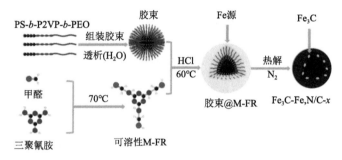

图 6-40　PS-*b*-P2VP-*b*-PEO 胶束@ M-FR 球和热解空心 Fe$_3$C-Fe，N/C-*x* 球（*x* 表示不同温度）的合成过程

表 6-3　采用软模板方法制备的催化剂孔道结构与 ORR 性能

催化剂	模板剂	孔道结构与参数	S_{BET}/（m^2/g）	起始电位/（V *vs*. RHE）	半波电位/（V *vs*. RHE）	参考文献
Fe-N-C	BP2000	介孔（3.18 nm）	807	0.857	0.715	[64]
Fe-N-C	F127	介孔（7.96 nm）	1204.3	1.02	0.812	[61]
Pt-Fe-C	PS-*b*-PDMS	介孔（20 nm）	—	0.95	0.83	[59]
Fe-N$_x$/C	F127	介孔（10 nm）	1437	1.1	0.9	[57]
Fe-N-C	F127	微孔（0.6 nm）	536.3	0.98	0.87	[58]
NMCNs	F127	介孔（37 nm）	635	0（*vs*. Ag/AgCl）	−0.3（*vs*. Ag/AgCl）	[62]
N-C	F127	介孔（6.9 nm）	768	−0.05（*vs*. Ag/AgCl）	−0.19（*vs*. Ag/AgCl）	[60]
Fe$_{1.6}$-N-HCNS/ rGO-900	PS-*b*-P2VP-*b*-PEO	介孔（20 nm）	968.3	～1.0（0.1 mol/L KOH）	0.872（0.1 mol/L KOH）	[63]
Fe$_3$C-Fe，N/C	PS-*b*-P2VP-*b*-PEO	介孔（～16nm）	879.5	～0.85（0.1 M HClO$_4$） ～1.0（0.1 mol/L KOH）	0.714（0.1 mol/L HClO$_4$） 0.881（0.1 mol/L KOH）	[61]
Pt/C	PSL	介孔+大孔（30 nm+100 nm）	139	～1.0（0.1 mol/L HClO$_4$）	～0.9（0.1 mol/L HClO$_4$）	[41]
Co$_2$N-2-700@NC	Triton X-100	介孔（3.8nm；～30nm）	362	−0.038 V（*vs*. SCE（0.1 mol/L KOH）	−0.126 V（*vs*. SCE（0.1 mol/L KOH）	[65]

表 6-4　采用软模板方法合成的催化剂介孔结构对氧还原活性的作用

催化剂	孔的作用	参考文献
FeNC-900	介孔有助于催化剂的表面润湿从而增加电化学活性位点，大孔结构促进了 ORR 在时间尺度上对有效活性位点的动力学可及性	[62]
MF-C-Fe-Phen-800	微孔是活性位点，增加介孔的数量可以提高反应物和电解质与活性位点的接触，有利于 ORR 反应物和产物的转移，从而提高 ORR 性能	[64]
NH_3-$Fe_{0.25}$-N/C-900	在 NH_3 活化过程中，开放介孔的存在对 ORR 相关物种的迁移和引入高含量的吡啶 N 起着重要作用	[61]
m-FePhen-C	由于细小的微孔容易被催化剂前驱体的热解产物堵塞，有序的介孔结构既能提供高比表面积，又能方便地在孔隙中进行物质运输	[65]
Fe_{30}NC-Ar700-NH_3-45%	大的微孔比表面积对 Fe 和 N 活性位点的形成和介孔结构对有效的物质运输有重要的积极影响，有利于 ORR 活性的提高	[58]
NMCNs	通过将大块介孔碳的粒径减小到纳米级范围，可以获得更多的暴露表面活性位点。大的介孔的存在，尤指大于 20 nm 的介孔，可以通过降低扩散势垒从而促进了物质的输送，提高其活性	[62]
CNTs@mesoNC	碳化过程中，外壳的介孔碳被氮气中的少量氧气激活，增大了比表面积，暴露了更多的活性位点	[60]
cBCP-PtFe	介孔碳可以作为金属的附着位点	[59]
$Fe_{1.6}$-N-HCNS/rGO-900	电子可以在连接到每个空心 Fe-N/C 纳米球的 rGO 平面内快速转移，这一特性降低了 ORR 过程中的电化学极化	[63]
Fe_3C-Fe，N/C	大的表面积和多孔壳，暴露更多的活性中心和加快了传质动力学；小空心尺寸（<20 nm）和薄碳壳（≈10 nm）缩短离子扩散距离	[55]
Pt/C	多级孔碳颗粒在电催化过程中提供较低的离子和流体传输阻力，通道互相交叉，渗透层允许流体在多孔颗粒内部和外部之间传输，从而扩大了催化剂、气相和电解质之间的三相边界	[41]
Co_2N-2-700@NC	较小的介孔（3.8 nm）可以降低反应物对 ORR 的传输阻力，较大的介孔（约 30 nm）可以存储电解质并加速反应速率	[65]

3. 原位模板法（*in situ* template method）

原位模板法指的是前驱体溶液中的化学物质如盐、离子、分子甚至溶剂本身，在相分离过程中原位转化为模板，并基于此模板构建多孔结构的方法。目前的报道中，原位模板法大多借助溶液冻干手段制备三维结构碳/石墨烯材料。与之前介绍的硬模板法相比，该方法避免了纳米尺度孔道灌注阻力过大或者需要较强相互作用形成完全包覆等缺点，操作步骤较少，过程简便易行，产生的三维连通大孔骨架结构更为开放。

魏子栋等[66]利用原位模板法，通过原位固相聚合制备了多孔 FeNC 催化剂。首先，200℃水热反应制得包含铁离子的葡萄糖和双氰胺寡聚物透明水溶液，当溶液降温至 80℃时，快速注入液氮形成寡聚物均匀分布的冰块。随后冻干过程中，寡聚物在冰块内进一步原位聚合成刚性较强的 3D 网络结构，同时原位模板气化脱出。最后焙烧碳化处理，得到单分散 Fe/Fe$_3$C 纳米颗粒嵌入的氮掺杂碳催化剂 FeNC，其中碳骨架形成三维连通大孔气凝胶结构，金属颗粒在骨架内单分散均匀致密分布（图 6-41）。相比之下，采用传统液相聚合得到的催化剂 FeNC-LP，仅包含堆积孔，同时 Fe/Fe$_3$C 纳米颗粒分布稀疏，粒径范围宽。在碱性体系氧还原反应中，FeNC 的半波电位（0.919 V）比 FeNC-LP 高 88 mV，且 0.9 V 下动力学电流密度是后者的 13.8 倍，高密度活性位以及大孔气凝胶提供的快速传质是 FeNC 催化剂高活性的两个主要原因。

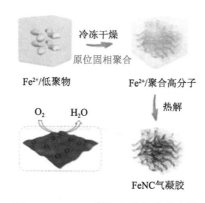

图 6-41　FeNC 催化剂的合成示意图

　　Wu 等[67]采用乙酸铁、聚吡咯、氧化石墨烯作为原料，首先水热合成得到水凝胶材料，接着冻干去除模板，再焙烧处理得到表面均匀分布 Fe$_3$O$_4$ 纳米颗粒的 N 掺杂石墨烯气凝胶单片催化剂 Fe$_3$O$_4$/N-GAs。材料呈现出石墨烯片状相互连接的 3D 大孔骨架，比表面积为 110 m^2/g。在碱性介质 ORR 测试中，同 Fe$_3$O$_4$/N-CB（负载有 Fe$_3$O$_4$ 纳米颗粒的 N 掺杂炭黑）相比，Fe$_3$O$_4$/N-GAs 起始电位更正、H$_2$O$_2$ 产率更低、电子转移数更高，表明气凝胶材料的 3D 大孔和高比表面积有利于提高 ORR 性能。

　　超分子组装也可以用作原位模板辅助构建多孔结构。在水溶液中，三聚氰胺通过 π-π 作用吸附于氧化石墨烯纳米片表面，之后加入三聚氰酸并水热处理。由于氢键作用，三聚氰胺与三聚氰酸自组装形成超分子结构 MC，最后 1000℃高温处理得到疏松多孔的三维氮掺杂石墨烯材料 NGA（图 6-42）。水热过程中，超分子 MC 形成网状结构缠绕于石墨烯片层周围，增加片层间距，因此有效防止了堆叠。焙烧过程中，MC 分解产生小分子气体，也有利于避免相邻石墨烯片层的堆叠。NGA 材料比表面积达到 401.3 m^2/g，孔体积为 1.09 m^3/g，显著高于直接焙烧（无超分子辅助）得到的石墨烯 G（49.7 m^2/g，0.04 m^3/g）。碱性体系中，NGA 的起始电位、半波电位、极限扩散电流密度均优于石墨烯 G。此外，NGA 材料还可以作为贵金属 Pt 催化剂的载体材料用于 ORR[68]。

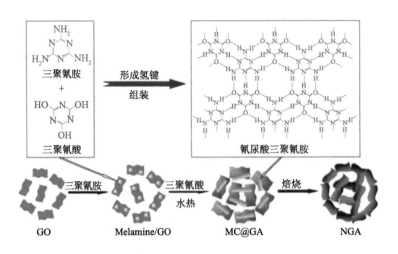

图 6-42　NGA 材料的合成示意图

Qiao 等[69]以富含芳香结构的苯胺和乙二胺作为碳、氮前驱体，氯化铁（FeCl₃）作为共氧化剂和铁源，先在室温下形成水凝胶三维网状结构，之后冷冻干燥去除模板，再热解得到富含氮、铁活性位点的三维碳骨架催化剂（Fe-N-C）（图 6-43）。除了大孔骨架，该催化剂还包含丰富微孔，比表面积达到 1400 m²/g。微孔-大孔结构大大提高了活性中心密度以及质、荷转移效率，与传统的基于无定形炭黑为载体的 Fe-N-C 催化剂相比，该催化剂的 ORR 活性显著提高，在酸性介质中，其半波电位达到 0.83 V，与 Pt/C 催化剂仅有 30 mV 的差距。表 6-5 和表 6-6 总结了这一小节的研究内容。采用原位模板制备多孔结构，避免了灌注模板、去除模板的复杂步骤，可以更简便地制得多孔材料，但是这种方法较难形成有序的孔道排布，且大多数情况只能产生尺寸较小的介孔和微孔，所以具有一定的局限性。

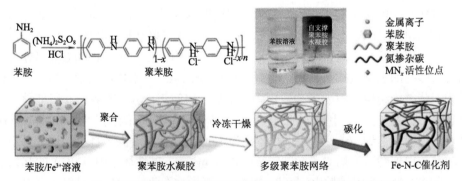

图 6-43　聚苯胺水凝胶法制备无碳载体 Fe-N-C 催化剂的合成方案

表 6-5　采用原位模板方法制备的催化剂孔结构与性能总结

催化剂	模板剂	孔道结构与参数	$S_{BET}/$（m^2/g）	起始电位/（V $vs.$ RHE）	半波电位/（V $vs.$ RHE）	参考文献
Fe_3O_4/N-GAs	冰晶	介孔+大孔（10～200 nm）	110	0.19（$vs.$ Ag/AgCl）	−0.26（$vs.$ Ag/AgCl）	[67]
CoMn/pNGr	/	介孔（3～4 nm）	/	0.94	0.791	[70]
NGA	冰晶	微孔+介孔+大孔（1～100 nm）	401.3	−0.03（$vs.$ Ag/AgCl）	−0.17（$vs.$ Ag/AgCl）	[68]
Fe-N-C	冰晶	微孔（<2 nm）	1400	0.95	0.83	[69]
Mn-N-C	冰晶	微孔+介孔+大孔（0.5 nm；2 nm；80 nm）	1650.41	0.98	0.88	[71]
Ni-MnO/rGO 气凝胶	冰晶	介孔+大孔（20～80 nm）	109	0.94	0.78	[72]
Fe/NPC-2	Cd-PPD	微孔+介孔（0.6 nm；4 nm）	1347.98	0.96	0.84	[73]
Fe-N-CNT@rGO	/	介孔（2～30 nm）	64	0.93	0.79	[73]
CoO_x/Co-N-C	冰晶	介孔（2～6 nm）	414.36	0.95	0.88	[74]
FeN_x/FeS_x-CNT	/	微孔+介孔（1～2 nm；2～6 nm）	1645	0.94	0.78	[75]

表 6-6　采用原位合成的催化剂孔结构对氧还原活性的影响

催化剂	孔的作用	参考文献
Fe_3O_4/N-GAs	相互连接的 3D 大孔骨架，有利于纳米颗粒的高度分散，促进传质	[67]
CoMn/pNGr	多孔石墨烯中存在的介孔增大了活性位点的数量	[70]
NGA	三维分层富孔结构和高比表面积有利于传质以及催化剂活性位点的暴露	[68]
Fe-N-C	大量的微孔有利于活性中心的调节、活性中心密度提高、质量/电荷转移和结构完整性	[69]
Mn-N-C	分层孔隙结构有利于活性位点的暴露，从而加快 O_2 的运输，扩大了 ORR 过程中的三相边界面积	[71]
Ni-MnO/rGO	较高的比表面积和丰富的孔道，有利于电催化过程中反应物种的渗透和迁移	[72]
Fe/NPC-2	丰富的孔隙可以促进 O_2 和电解质快速扩散到催化剂的活性部位，进一步提高其 ORR 活性	[73]
Fe-N-CNT@rGO	独特的孔结构促进了活性中心的暴露，改善了表面电荷，加速了水合 O_2 的传递，最终提高了 Fe-N-CNT@rGO 的 ORR 活性	[73]

续表

催化剂	孔的作用	参考文献
CoO$_x$/Co-N-C	多孔结构和高比表面积有利于电子的转移和扩散,也有利于氧在阴极表面的维持	[74]
FeN$_x$/FeS$_x$-CNT	大量的微孔和介孔有助于活性位点的暴露和电子的转移	[75]

4. 自模板法(self-template method)

自模板法是一类先合成微/纳米尺度的"模板",再将其转变为介孔结构的方法。其与传统模板法的区别在于,这里的"模板"不仅起到传统模板的支撑框架作用,还直接参与到催化剂的形成过程中,即模板材料直接转化为产物或者作为产物的前驱体。在传统模板法中,模板的表面性质以及模板与前驱体之间的相互作用对能否成功构建介孔结构起到决定性作用,而这个过程往往是复杂且难以控制的,限制了传统模板法的应用范围。但自模板法中模板与前驱体合二为一,这个问题大大简化,因此可用于合成许多传统模板法无法合成的材料。另外,在自模板法中,目标产物通常可以通过控制反应物摩尔数、温度、时间等反应条件加以调控,使得自模板法具有大规模生产的可能性,这也是传统模板法难以比拟的优点之一。目前报道的自模板法中,初始材料以沸石咪唑酯骨架结构材料(ZIFs)、金属有机框架材料(MOFs)、多孔有机聚合物或具有固有多孔结构的生物质居多,由于其结构本身就包含了孔道框架,将其直接碳化即可获得多孔碳基 ORR 催化剂。

MOF 是由金属离子和有机配体构建的晶体材料家族,是高度结晶多孔材料的典型示例,基于 MOF 可以精准设计合成一系列用于催化、能源等领域的功能材料[76,78],其优势在于:①MOF 内包含的空腔不仅使其衍生物具有高孔隙率,还使 MOF 成为可封装客体分子的理想主体材料,这对于制备具有特定组成的催化剂至关重要;②MOF 的高孔隙率使得 MOF 衍生物具有高比表面积[79]和丰富孔道,有利于增加活性位点的暴露并促进传质,同时高度规则有序的MOF 结构还确保了活性位点在体相内的均匀分布;③MOF 作为载体能够实现纳米颗粒的高度均匀分散,而 MOF 中的金属物种也可以直接转变成活性位点;④配体包含的丰富杂原子可以用作掺杂剂,引入掺杂位点;⑤有机配体转变成石墨化碳,增强了材料电导率。

2008 年日本国家先进产业技术研究所以拥有三维交叉孔道体系的 MOF-5作为模板,通过气相法制备出纳米多孔碳材料[80]。合成过程中,将脱气后的 MOF-5 置于呋喃甲醇(FA)蒸气气氛中,使 FA 进入 MOF-5 孔中并聚合,形成 PFA-MOF-5 复合物,而后在氩气气氛中碳化,得到多孔碳(NPC),其比表面积为 2872 m²/g，孔体积达到 2.06 cm³/g。同时发现降低碳化温度，材料的比表面积和孔体积也随之降低，表明碳化温度是纳米多孔碳结构衍变的关键因素。在后续研究中，该课题组又开发了液相法[81]，即将脱气的 MOF-5 浸泡在 FA 中，通过浸渍将 FA 注入 MOF-5 孔中，碳化后得到纳米多孔碳 NPC_x（x 代表焙烧温度）。当碳化温度从 530℃升高到 1000℃时，碳材料的比表面积从 1141 m²/g 增加到 3040 m²/g。

随后，2012 年，Yang 等[79]首次以 BASF 公司的商品化 MOF——沸石咪唑酯骨架材料 Basolite Z1200 为模板，以 FA 为碳源，制备出富含微孔的碳材料。碳化过程中，为了避免 MOF 热稳定性差可能造成的结构坍塌，采用简单的热调节对材料进行活化。活化后碳材料比表面积达到 3188 m²/g，孔体积为 1.94 cm³/g，远高于未经活化处理得到的碳材料（比表面积 933 m²/g，孔体积 0.57 cm³/g）。

Ahn 等[82]采用 1D 多孔 Te 纳米管为载体，通过在其表面原位生长 MOF 微颗粒，并进行高温焙烧处理，制备了具有双孔分布的 Fe、N 掺杂碳材料（pCNT@Fe@GL），其中 1D 主管道包含丰富介孔，镶嵌的颗粒中则包含大量微孔，材料比表面积达到 1380 cm²/g（图 6-44）。同时，材料表面涂敷的超薄石墨层很好地保护了活性中心，防止其在长期运行过程中降解和团聚。该催化剂在碱性和酸性介质中均表现出优异的 ORR 活性和长期稳定性。

普鲁士蓝（PB）在 750℃热解即得到包裹有 Fe/Fe₃C 纳米颗粒的氮掺杂石墨烯，刻蚀后形成空心纳米结构石墨烯（N-HG）；而在大于 750 ℃条件下热解 PB，则形成封装有 Fe/Fe₃C 纳米颗粒的竹状石墨烯管（BGN），两种结构均表现出比传统催化剂更为优异的 ORR 催化活性[83]。

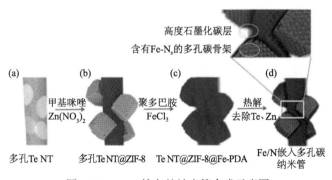

图 6-44　Fe-N 掺杂的纳米管合成示意图

Proietti 等[84]将 ZIF-8、1,10-邻二氮杂菲、乙酸亚铁的固体混合物球磨后，首先在 Ar 气、1050℃下热解，再在 NH₃ 气、950℃二次热解，制得 Fe/N/C 催化剂。

催化剂拥有直径约为 50 nm 的泡状连通大孔，对传质非常有利，同时孔壁厚度不到 10 nm，因此活性位暴露程度高。以其为阴极催化剂的 H_2-O_2 燃料电池，峰值功率密度达到 0.91 W/cm^2，0.6 V 下功率密度达到 0.75 W/cm^2，后者与阴极负载 0.3 mg_{Pt}/cm^2 的电池性能相当。

　　将十二面体颗粒状 ZIF-67 在 H_2 气氛下焙烧，原位形成的金属钴纳米颗粒催化了碳管的生长，经酸刻蚀除去金属 Co 后，即得到由 N 掺杂碳纳米管组装的空心框架材料 NCNTFs（图 6-45）[85]。NCNTFs 框架具有和 ZIF-67 相同的多面体形貌，BET 比表面积和孔体积分别为 513 m^2/g 和 1.16 cm^3/g，其结构中既有内部空腔大孔，还有纳米管缠绕形成的微孔、介孔，对三相界面的暴露和传质非常有利，在碱性体系 ORR 中活性优于商业 Pt/C。

图 6-45　由 ZIF-67 制备互连的结晶 NCNT 构成的空心框架的 SEM 图像

　　通过模拟神经系统网络结构的组成方式，魏子栋等[86]制备了包含高密度活性位的碳基催化剂。如图 6-46 所示，以 PVP-Pt 为中心粒子模拟神经元，通过 2-甲基咪唑与 PVP 的配位作用模拟神经元上面的突触，引入 Co^{2+} 并通过其与 2-甲基咪唑的配位作用将各中心粒子相互连接起来，进一步生长形成立方体结构的多面体（Pt@ZIF-67）。通过精确控制焙烧和酸洗条件，得到由碳纳米管镶嵌 PtCo 合金颗粒的多孔立方体结构。拨浪鼓电极测试中，PtCo-CNTs-MOF 催化剂输出电流高达 50 mA/cm^2，且在较高电位下可维持长时间稳定输出，体现出较好的抗水淹性能，远优于 PtCo/C 与 JM-PtC。在 MEA 中较低 Pt 载量（0.1 mg/cm^2）条件下，PtCo-CNTs-MOF 峰值功率达 1.02 W/cm^2，是 JM-PtC 的 3.6 倍，质量比功率为 98 mg_{Pt}/kW，超过 2020 年 DOE 指标，同时在空气条件下，MEA 也有 540 mW/cm^2 的输出功率。0.6 V 恒电压老化测试 130 h 性能无衰减，体现出良好的稳定性及抗水淹的性能。

　　调控焙烧程序也可以实现材料组成、孔道、形貌的调控。通过在层状双氢氧化物 ZnAl-LDH 和 CoAl-LDH 纳米片两侧均匀生长 ZIF-67 的菱形多面体小颗粒，首先得到三明治结构 ZIF-67/M-Al-LDH（图 6-47）。有趣的是，将 ZIF-67/M-Al-LDH

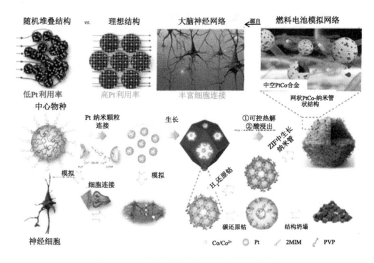

图 6-46　催化剂设计及合成示意图

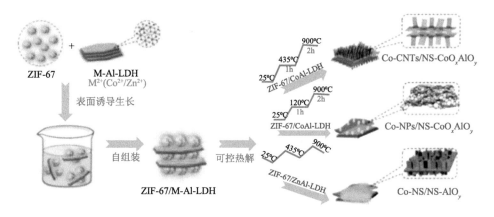

图 6-47　多级孔碳基纳米结构合成示意图和电化学性能图

进一步在不同焙烧程序下碳化，可形成蠕虫状纳米管 Co-CNTs、Co 纳米颗粒 Co-NPs、Co 纳米片 Co-NS 等三种不同结构碳材料。在三电极体系测试中，蠕虫状纳米管催化剂起始电位 0.94 V，半波电位 0.835 V，在三种催化剂中活性最高[87]。

综上所述，自模板方法中，原料基于自身携带的孔道模板，通过原位热解即转变为多孔纳米结构。从 ZIF、MOF 结构衍生碳基催化材料的优势在于，前驱体中的一些强配位基团可辅助引入杂原子，过渡金属活性纳米颗粒易于实现均匀分布，孔道连通性好，同时前驱体转化率高，合成成本低。自模板方法已经成为制备多孔材料的一种重要方法，基于 MOF 材料设计的一些多孔结构催化剂总结在表 6-7 和表 6-8 中。

表 6-7　采用自模板方法制备的催化剂孔结构与性能总结

催化剂	模板剂	孔道结构与参数	S_{BET}/（m^2/g）	E/（V vs. RHE）	半波电位/（V vs. RHE）	参考文献
B-CCs	NH_4Cl	无序大孔+介孔（1 μm；3.8 nm）	1350	0.98	0.927 V	[88]
Fe-NHHPC-900	$CaCl_2$+NaCl	无序大孔+介孔（200 nm；2～50 nm）	943	0.91	0.86	[89]
CNFe	NH_4Cl	无序大孔+介孔（1μm；4～50 nm）	1141.41	0.998	0.90	[90]
Co-N_4	ZIF	微孔+介孔（1～1.2 nm；2～50 nm）	434	0.83	0.68	[91]
Fe/Phen/Z8	ZIF-8	微孔+介孔	964			[84]
多孔碳	MOF-5	微孔+介孔+大孔	3405			[91]
Fe/N/C	ZIF-70	微孔+介孔+大孔（～200 nm）	262	0.80（vs. NHE）	0.58（vs. NHE）	[92]
N-CNT	ZIF-67	介孔（～7.8 nm）	513	～0.93	0.85	[85]
Co/N/C	ZIF-8+ZIF-67	微孔+介孔（1～20 nm）	576.4	0.969	0.841	[93]
Co-CNTs/NS-CoO_xAlO_y	ZIF-67	介孔（2～10 nm）	448.25	0.94	0.835	[87]
pCNT@Fe@GL	ZIF-8	微孔+介孔（1.5～3 nm；10～20 nm）	1380	0.911	0.811	[82]

表 6-8　采用原位模板合成的催化剂孔结构对氧还原活性的影响

催化剂	孔的作用	参考文献
Fe/N/C	多孔碳壁建立的纳米限制空间为 ORR 提供了特殊的条件	[84]
Co/N/C	二氧化硅硬模板产生相互连接的大孔作为质量传输的主要通道，而可气化的 Zn 元素诱导 N 掺杂的碳中形成介孔/微孔。良好平衡的分层多孔结构，使催化剂具有更高的燃料交叉阻力和更长时间的耐用性	[93]
N-CNT	ZIF-67 粒子不仅提供碳源和氮源在原位形成的金属钴催化下生长 NCNTs 纳米颗粒，还可以作为模板形成了稳定空心框架，使催化剂表现出出色的电催化活性和稳定性	[85]
pCNT@Fe@GL	具有蜂窝样形貌、分层纳米结构和均匀杂原子掺杂（N，Co）的二维碳基骨架，有利于质量传输和活性位点的暴露	[82]

5. 盐辅助造孔

盐辅助造孔有两种模式：①将 LiCl、KCl、NaCl 等盐和反应物混合加热，盐转变成熔融状态均匀分布于反应物中间，起到了类似模板的作用，反应完毕

产物固化后去除盐即可得到多孔材料,因此该方法也被称为熔融盐法;②NH₄Cl
等盐加热后分解产生气体,在材料内部产生气蚀孔,由于过程涉及物相变化,
该方法也被称为高温相变法。盐辅助造孔的优势在于:大部分盐在水中的溶解
度很高,可以通过水洗直接去除,简便易行,且很多盐环境友好,也可以回收
再利用。

对于第一种模式,不同种类的熔融盐模板可以产生不同构型的孔道。水溶
液中,Fe^{3+}吸附于明胶骨架表面,聚合、焙烧之后即形成 Fe 物种均匀分散的
Fe、N 掺杂碳材料。而在溶液中补充添加 NaCl、CaCl₂、NaCl+CaCl₂,则可分
别制得无序大孔 Fe、N 掺杂碳[89](Fe-NPC-900),长程管道形孔道 Fe、N 掺杂
碳 Fe-NAHPC-900, 以及短程有序排列的蜂窝状多孔 Fe、N 掺杂碳
Fe-NHHPC-900(图 6-48)。这是由于不同种类的盐形成的模板形貌不同,CaCl₂
辅助构建了长程管道形有序排布孔道,而 NaCl 则起到调节孔道长度的作用。
Fe-NHHPC-900 材料的比表面积为 943.0 m²/g,具有微孔、介孔、大孔多级孔
结构,短程蜂窝状排布的孔道开放性好。在 0.1 mol/L KOH 电解质中起始电位
和半波电位分别达到 0.94 V 和 0.86 V,优于 20%商业 Pt/C 催化剂(起始电位
为 0.92 V,半波电位为 0.81 V)。

将三聚氰胺甲醛(MF)树脂(C、N 前驱体)、$Fe(SCN)_3$(Fe、S 前驱体)
同 CaCl₂ 的混合物在 900℃焙烧后,简单酸处理洗去 CaCl₂ 即得到 Fe、N、S 掺
杂的多孔碳(FeNS-PC-900),其中 CaCl₂ 作为熔融盐模板制造了丰富的孔道[94]。
FeNS-PC-900 催化剂 BET 比表面积达到 775 m²/g,在单电池中峰值功率密度达
到 0.49 W/cm²,表现出很高 ORR 活性。

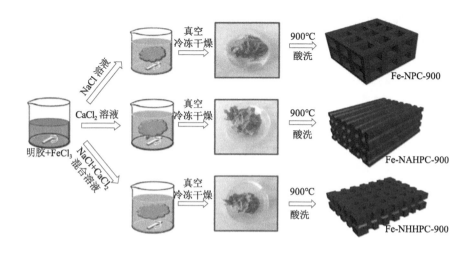

图 6-48　不同结构的 Fe、N 掺杂的多孔碳材料的合成示意图

以 NH₄Cl 为代表的高温相变造孔代表了另一类盐辅助造孔的方式[95]。将大分子海藻酸钠和 NH₄Cl 的水溶液旋转蒸发除去水分后，NH₄Cl 颗粒均匀分布在海藻酸钠凝胶中。随后的焙烧处理中 NH₄Cl 分解为气态 NH₃ 和 HCl，产生巨大体积膨胀并逸出，在材料内部形成相互连通、高度开放的介孔、大孔网络。所制备的 NC 材料比表面积达到 1350 m²/g，在碱性溶液 ORR 中半波电位达到 0.927 V，优于商业 Pt/C 催化剂（0.863 V）。在 Zn-空气电池中测得开路电压为 1.38 V，最大功率密度为 153 mW/cm²，同样优于商业 Pt/C 催化剂（120 mW/cm²）。

魏子栋等[90]的工作将两种盐辅助造孔的方式结合起来。他们以柠檬酸铁和柠檬酸钠为 C、Fe 前驱体，以 NH₄Cl 为 N 源，通过焙烧碳化和简单后处理，即制备得到具有多级孔结构的碳材料 HPCMs（图 6-49）。柠檬酸铁和柠檬酸钠的混合熔融盐体系在 150～309℃的低温区即形成熔融状态，可以用作模板构造大孔，混合于其中的 NH₄Cl 在同温度区间分解为气态 NH₃ 和 HCl，用于产生微孔。在气-液界面处，碳化反应、N 元素掺杂、Fe 物种的还原与配位等几个过程同时发生，因此气体逃逸通道固化后，所形成的活性位均位于孔道表面，对材料表界面微区结构形成很好的调控。非常有趣的是，调控两种柠檬酸盐的比例可以改变碳骨架的固化速率，进而调控大孔尺寸。仅有柠檬酸钠时，碳的固化速率低，气体逃逸通道未能固化成型，所以材料只包含～1000 nm 的大孔，没有微孔；随着柠檬酸铁的含量逐渐升高，碳的固化速率升高，大孔尺寸降低至～500 nm，同时材料包含一定比例微孔；在只有柠檬酸铁存在时，大孔尺寸降至～100 nm 左右，同时材料富含微孔。制备的 HPCMs 材料比表面积最高达到 1141.41 m²/g，三维互穿孔道极大增强了电子、质子、反应气以及产物水的传质效率，在碱性体系中起始、半波电位分别达到 1.12 V 和 0.90 V，优于商业 Pt/C 催化剂（50 μg_Pt/cm²）。基于盐辅助设计的多孔结构催化剂总结在表 6-9 和表 6-10 中。虽然盐衍生的催化剂大多具有无序孔道结构，但孔道联通性好，活性位分布均匀，已经成为制备多孔材料的一种重要方法。

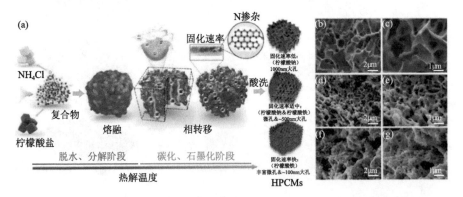

图 6-49　（a）HPCMs 多级孔碳材料的合成示意图；（b～g）SEM 形貌表征

表 6-9 采用熔融盐方法制备的催化剂孔结构与性能总结

催化剂	模板剂	孔道结构与参数	S_{BET}/（m^2/g）	起始电位/（V vs. RHE）	半波电位/（V vs. RHE）	参考文献
3D Fe-N-C	NaCl	介孔（4 nm）	424.3	0.850（0.1 mol/L $HClO_4$）~0.90（0.1 mol/L KOH）	0.803（0.1 mol/L $HClO_4$）0.921（0.1 mol/L KOH）	[94]
CNS-800	K_2SO_4@LiCl+KCl	介孔（<4 nm）	3250	−0.08 V（vs. Ag/AgCl）	−0.13 V（vs. Ag/AgCl）	[96]
Fe-N/C	NaCl	介孔（3.85 nm）	857	1.02（0.1 mol/L KOH）	0.846（0.1 mol/L KOH）	[97]
Fe, S-N-C	NaCl+KCl	介孔（<5 nm）	279.9	~0.95（0.1 mol/L KOH）	0.83（0.1 mol/L KOH）	[98]
Co-N-C	NaCl	介孔（5.5 nm）	162.8	0.98（0.1 mol/L KOH）	0.85（0.1 mol/L KOH）	[99]
3D HNG	Na_2CO_3	介孔（1~4 nm；25~36 nm）	1173	0.95（0.1 mol/L KOH）	~0.88（0.1 mol/L KOH）	[100]
ONC	NaCl+$ZnCl_2$+$NaNO_3$	介孔（2.3~5 nm）	1893.5	0.976（0.1 mol/L KOH）	0.886（0.1 mol/L KOH）	[101]
N-S-C	NaCl+KCl	介孔（2~14 nm）	1478.6	1.037（0.1 mol/L KOH）	0.923（0.1 mol/L KOH）	[102]
Fe-Co-N-C	$ZnCl_2$	微孔（1.3 nm）	1222	0.953（0.1 mol/L KOH）	0.841（0.1 mol/L KOH）	[103]
Fe-SAC/NC	$ZnCl_2$	微孔+介孔（<2 nm；2~25 nm）	2189	0.95（0.1 mol/L KOH）0.80（0.5 mol/L H_2SO_4）	0.84（0.1 mol/L KOH）0.69（0.5 mol/L H_2SO_4）	[104]

表 6-10 采用熔融盐合成的催化剂孔道结构对氧还原活性的作用

催化剂	孔的作用	参考文献
Co-N-C	三维介孔纳米片网络结构暴露更多的单原子位点	[99]
ONC	开放的结构可以作为存储电解质和促进质量扩散的缓冲，而分层的多孔结构有利于离子的运输，为催化提供了更活跃的位点	[101]
FeNC	介孔纳米片的结构，不仅比表面积大，还能提高传质性能，电解液中与 ORR 相关的物质能够充分利用生成的催化活性位点	[98]
3D Fe-N-C	催化剂中活性位点的高密度和均匀性，表现出优良的 ORR 活性和优良的质量输运性能	[94]

续表

催化剂	孔的作用	参考文献
HNG-900	大的比表面积可以暴露出更多可利用的活性位点，增加比容量。分层多孔结构可以加速质量传输，提高反应速率	[100]
Fe-SAC/NC	多孔碳具有分散良好的单金属活性位点和超高比表面积	[104]
Fe, S-N-C	较大的催化剂比表面积暴露出较多的活性位点，有利于 ORR	[98]
Fe-N/C	介孔特性可以为电解液、反应物和产物的快速运输提供更方便的纳米通道，降低氧分子对含氮催化位点的运输阻力，提高催化性能	[97]

6. 活化法（activation process）

利用活化的方法制备多孔材料就是通过对碳进行一定程度的刻蚀，在其内、外表面构建更多的微孔、介孔。活化造孔包括物理活化、化学活化或两者的结合。物理活化是通过碳前驱体与 CO_2、NH_3 等气态腐蚀剂的反应在碳材料中形成孔道[105]，而有化学活化剂 KOH、$ZnCl_2$、Na_2CO_3、K_2CO_3、$NaHCO_3$、NaOH、H_3PO_4、H_2SO_4 等参与的造孔过程则为化学活化。物理活化通常需要较高温度才能实现，而化学活化所需温度较低。

将 2-氨基-6-羟基嘌呤（鸟嘌呤）高温碳化得到的超薄碳纳米片，再经 CO_2 高温活化之后，即制备出具有丰富介孔的石墨烯碳片（图 6-50）[106]。其中 CO_2 活化过程，主要通过 $C+CO_2\longrightarrow 2CO$ 这一反应对碳材料进行刻蚀造孔。发现活化时间越长，碳片越薄，褶皱程度也越高，最后制得的材料呈海绵状结构，片层间形成大孔，片层内包含大量介孔和丰富的边缘位、缺陷位。该多级孔材料比表面积达到 619 m^2/g，介孔体积在总孔体积中占比达到 80%以上，十分有

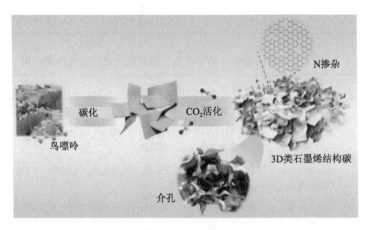

图 6-50　N 掺杂的石墨烯碳片的合成示意图

利于活性位的暴露和快速传质。在 0.1 mol/L KOH 体系 ORR 中，其半波电位与 Pt/C 催化剂非常接近（0.841 V *vs.* 0.855 V），而极限扩散电流密度高于后者（6.03 mA/cm² *vs.* 5.90 mA/cm²）。还有研究将嵌段聚合物 P123、植酸（磷源）和吡咯（氮源）的水溶液进行水热反应并冷冻干燥，即得到 N、P 双掺杂气凝胶材料 NPA，再进行 CO_2 活化焙烧，即制备得到 N、P 双掺杂多孔碳 NPPC[107]。其中 CO_2 辅助焙烧的过程，不仅能在 NPPC 中制造丰富的微孔和介孔，还有利于 N 物种由吡咯 N 向吡啶 N 和石墨 N 转化，促进 ORR 活性提升。发现与无 CO_2 辅助碳化的材料相比，NPPC 比表面积（2850 m²/g）更大、ORR 活性更高、稳定性也更好。

NH₃ 活化则可以同时进行材料表面基团调控和造孔[108]。商业碳粉首先在 70℃的浓 HNO₃ 中预氧化得到表面富含含氧基团（如羧基、羟基、NO_x 等）的 O-KB 材料，然后高温下进行 NH₃ 活化得到 N-KB（图 6-51）。发现相比于 O-KB、N-KB 中的 O 含量降低而 N 含量升高，同时材料中的孔道参数发生明显变化。对于 O-KB 和 N-KB 200℃两个样品，其微孔/介孔的比率分别为 0.72 和 0.76，而对于 N-KB 400℃，该比率降低至 0.44，说明材料中的介孔比例提高。这是因为 NH₃ 气可以刻蚀碳，将部分微孔打开形成介孔，同时孔道更为开放通透，也更有利于传质和水管理。在 H_2-O_2 燃料电池测试中，该催化剂功率密度达到 1.39 W/cm²，这是由于介孔数量的增加，导致铂在靠近孔出口处沉积，进而能够与离聚物紧密接触以实现良好的质子传导性[109]。

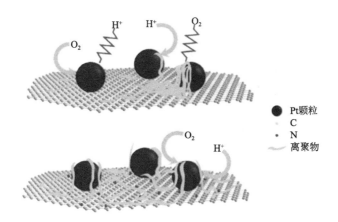

图 6-51　质子电导率和 O_2 传质的影响，Pt/碳表面（上图）和修饰的 Pt/N-碳表面（下图）上离聚物分布和厚度的示意图

KOH 活化也是一种常用的多孔结构制备方法[110]。将三聚氰胺泡沫置于 KOH 溶液中达到吸附饱和后，再焙烧处理即得到表面分布有丰富微孔的 N 掺杂多级孔

碳 HMS，这是因为 KOH 刻蚀碳生成了 CO_2 和 CO 气体，从而在骨架中留下大量微孔（图 6-52）。在 HMS 表面吸附 Co^{2+} 后再焙烧处理，就得到 Co、N 共掺杂的多级孔碳催化剂（Co/HMSC）。该催化剂比表面积为 329.8 m^2/g，远高于未经活化制备的对比样品 Co @ CNT/MSC（51.5 m^2/g），说明 KOH 活化显著提高了碳材料的孔隙率。在 0.1 mol/L KOH 溶液 ORR 中，Co/HMSC 的起始电位为 0.95 V，半波电位为 0.84 V，优于大多同期报道结果。

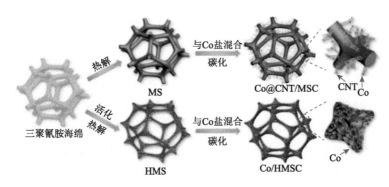

图 6-52　Co@CNT/MSC 和 Co/HMSC 催化剂的合成示意图

将原位聚合的含铁聚吡咯（PPy@FeCl$_x$）分散于 $ZnCl_2$ 水溶液中，干燥并 900℃活化后即制备得到铁氮掺杂碳催化剂 Fe-N-C$_{Zn}$（图 6-53）[111]。发现未经 $ZnCl_2$ 活化制备的 Fe-N-C 样品中仅有非常狭窄的微孔（0.6 nm、0.8 nm

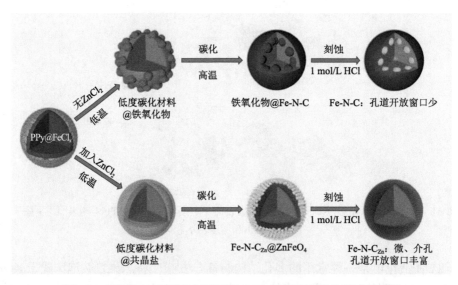

图 6-53　采用 $ZnCl_2$ 活化与不采用 $ZnCl_2$ 活化的孔结构形成机理图

和 1.2 nm）以及少量介孔，同时孔道连通性差。而经 ZnCl$_2$ 活化刻蚀的 Fe-N-C$_{Zn}$ 产品主要包含 1 nm 微孔和尺寸更大的介孔（2～4 nm 和 5～10 nm），说明 ZnCl$_2$ 活化刻蚀作用可以将微孔打通形成连通性更好、尺寸更大的介孔。同时 ZnCl$_2$ 有助于形成高度分散 Fe 物种，抑制含 N 小分子的快速挥发，形成更多的活性位。Fe-N-C$_{Zn}$ 材料比表面积（1224 m^2/g）约是 Fe-N-C 的 10 倍，N 掺杂量（4.87 at%）显著高于 Fe-N-C（2.57 at%）。在 0.1 mol/L KOH 溶液 ORR 中，Fe-N-C$_{Zn}$ 半波电位达到 0.9 V，优于 Fe-N-C（0.81 V）和商业 Pt/C 催化剂（0.83 V）。此外，还有研究[111]采用发酵大米为原料合成了 N 掺杂碳球，并通过 ZnCl$_2$ 活化辅助在碳球内创造了大量微孔、介孔。材料具有高的比表面积（2105.9 m^2/g）和大孔隙率（1.14 cm^3/g），表现出较好的 ORR 活性和稳定性。

　　微波也是一种辅助活化造孔的方法[70]。氧化石墨烯（GO）与三聚氰胺的固体混合粉末在 900℃、Ar 气氛中焙烧即得到氮掺杂石墨烯（NGr），然后将 Co^{2+} 和 Mn^{2+} 吸附于 NGr 表面，并进行微波辐照，即获得 CoMn 氧化物颗粒负载的石墨烯催化剂 CoMn/pNGr（图 6-54）。研究发现，微波辐照过程中，金

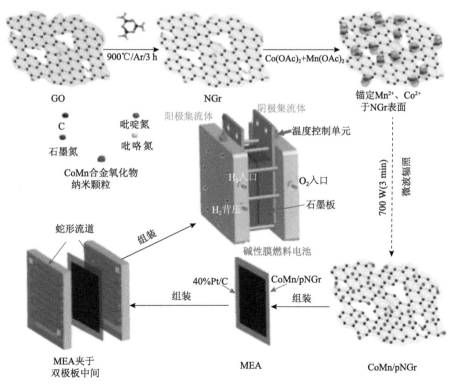

图 6-54　以 pNGr 为载体制备 CoMn 合金氧化物纳米颗粒（CoMn/pNGr）催化剂，并以 CoMn/pNGr 为阴极材料逐步制备阴离子膜燃料电池单电池的原理图

属表面会产生涡流，促进 CoMn 合金化，又由于是在空气中辐照，合金随即转变为合金氧化物纳米颗粒。同时熔融过程中，载体碳局部氧化生成 CO_2，在 NGr 中留下 3～4 nm 介孔。该催化剂在 0.1 mol/L KOH 的 ORR 测试中与商业 Pt/C 活性相当。

Li 课题组[113]首次合成了一种含有多级介孔/微孔的 Fe-N-CNT 电催化剂。采用阳极氧化铝（AAO）作为模板构造碳纳米管骨架，$Fe(NO)_3$ 作为碳纳米管壁中的介孔模板和铁源填充在碳纳米管纳米通道中，形成铁-氮-碳活性位点。随后进行 NH_3 活化，以产生大量的微孔和活性位点。这种杂化材料具有高导电性的碳纳米管骨架、2137 m^2/g 的超高比表面积、高密度的 Fe-N-C 催化活性位点以及丰富的用于高效传质的介孔。测试结果表明，该催化剂在酸性条件下具有优异的氧还原反应性能，在碱性条件下则可与 Pt/C 相媲美。表 6-11 和表 6-12 总结了这一小节的内容。在这种方法中可以很容易地制备出具有超高比表面积的分级多孔碳材料，但获得有序的纳米孔结构是一个挑战。

表 6-11　采用活化法制备的催化剂孔结构与性能总结

催化剂	活化剂	孔道结构与参数	$S_{BET}/$ (m^2/g)	起始电位/ (V $vs.$ RHE)	半波电位/ (V $vs.$ RHE)	参考文献
NPPC	CO_2	介孔（2～15 nm）	2850	0.9	0.81	[107]
NPMCs	NH_3	微孔+介孔（0.6 nm+3 nm）	536.3	0.97	0.87	[114]
N-KB	NH_3	介孔（10 nm）	839	1.1	8.8	[109]
Fe-N/C	NH_3	介孔（7.96 nm）	1204.3	0.97	0.812	[61]
N-CSs	$ZnCl_2$	微孔（0.34 nm）	2105.9	0（$vs.$ Ag/AgCl）	−0.25（$vs.$ Ag/AgCl）	[112]
Co@CNT/ MSC	KOH	介孔（5～20 nm）	51.5	0.95	0.84	[103]
ANDC- 900-10	KOH	微孔+介孔	2009.51	1.01	0.87	[115]
CNAx	KOH	介孔（6.25 nm）	879.5	−0.02 V（$vs.$ Ag/AgCl）	−0.38（$vs.$ Ag/AgCl）	[116]
CNAx	H_3PO_4	介孔（30 nm）		−0.18（$vs.$ Ag/AgCl）	−0.42（$vs.$ Ag/AgCl）	[116]
G-CO2100 0～3 h	CO_2	介孔（10 nm）	619	0.98	0.84	[106]
CANHCS -950	CO_2	微孔+介孔（1.2 nm+2.6 nm）	2072	0（$vs.$ SCE）	−0.22（$vs.$ SCE）	[117]
NC-900	CO_2	微孔（1.2 nm）	621.4	0.97	0.853	[118]
DANC- 800-138	$ZnCl_2$	介孔（5 nm）	964.3	0.986	0.805	[119]
$Fe_{0.5}$-Phen$_{20}$- SiCDC	$ZnCl_2$	介孔	1019	0.96	0.78	[120]
Fe-N-CZn	$ZnCl_2$	微孔+介孔（1 nm+2～6 nm）	1224.4	0.98	0.9	[115]

表 6-12　采用活化法合成的催化剂介孔结构对氧还原活性的影响

催化剂	孔的作用	参考文献
FeNC-900	介孔有助于催化剂的表面润湿从而增加电化学活性位点，大孔结构促进了 ORR 在时间尺度上对有效活性位点的动力学可及性	[29]
N-KB	孔隙的增大是由于高温条件下 NH_3 对碳的活化作用，打开微孔的同时也增大了比表面积。开放的介孔有利于优化氧气的质量传输，也便于水管理	[109]
Fe-N/C	通过 NH_3 活化处理，可以在保持高比表面积、大孔容有序介孔结构的同时，掺杂高含量的吡啶氮	[61]
N-CSs	热解过程中 $ZnCl_2$ 和含碳化合物的燃烧挥发使得碳骨架内生成大量微、介孔，提高了材料比表面积和孔隙度	[112]
Co/CoN$_x$	KOH 活化之后形成高比表面积、丰富的活性位点以及 CoN_x/CoC_x 活性单元与氮掺杂碳载体之间的协同效应	[103]
NPPC	CO_2 活化作为一种无腐蚀的环境友好方法，不仅能在 NPPC 中产生丰富的微孔和介孔，而且对 N 物种由吡咯基 N 向吡啶基和石墨基 N 的转化产生积极影响，促进 ORR 活性提升	[107]
ANDC-900-10	适量的超声辐照与 KOH 活化有利于形成更有效的微孔、介孔和氮掺杂，可以增加单位表面积石墨 N 和吡啶 N 密度	[115]
CNA$_x$	化学活化具有处理时间短、温度低、产物比表面积大、孔隙分布均匀等优点	[116]
G-CO2100 0~3 h	材料具有 3D 多级孔结构、大比表面积、高含量活性氮物种、丰富缺陷位和类石墨烯结构，显示了优良的催化活性、耐甲醇性和长期稳定性	[106]
N-CNFs	大孔的存在，通过降低扩散势垒促进了物质的输送，提高其活性	[121]

7. 复合法（multiple templating）

以上几节阐述了常用的氧还原反应多孔催化材料的制备方法，每种方法都有其优势和特点，产生的孔道也各不相同。事实上，还有很多文章报道了综合运用其中两种或更多方法制备多孔催化剂，在本书中我们称为"复合法"。复合法可以产生更为丰富的多孔结构，也有利于实现更为复杂的活性位和孔道协同构筑。本节我们通过几个典型例子介绍复合法在孔道构筑中的优势。

1）盐模板和硬模板复合

硬模板可以构筑高度有序的大孔和介孔排布，盐模板则有利于在骨架表面生成微孔、介孔通道，两者结合能够充分发挥各自优势，得到传质优异、活性位点分布致密的多级孔材料。

Li 等[122]选择了层状 $FeCl_3·6H_2O$ 无机盐作为二维结构硬模板。$FeCl_3$ 首先和碳前驱体-盐酸多巴胺（DA）在溶液相配位形成层状的有机-无机杂化结构。随后在体系中加入 Co^{2+} 和直径为 22 nm 的 SiO_2 纳米球，通过研磨将其混合均匀。

得到的复合材料经过热解、刻蚀、二次热解，即得到包含微孔、介孔的片层状 FeCo-N$_x$-C 材料。其中片层状结构由层状 FeCl$_3$ 模板导向制备，片层内大量分布的介孔来自于 SiO$_2$ 微球，多巴胺碳化过程中小分子释放则形成微孔。为了阐释介孔的作用，作者还制备了不含介孔、只有微孔的对比样品。发现引入介孔后，氧还原反应的起始电位、半波电位、极限电流密度均大幅提升，表明介孔有效促进了气体扩散和传质。

魏子栋等[123]以二氧化硅微球阵列为大孔硬模板，ZnCl$_2$ 为熔融盐模板，聚邻苯二胺为氮碳前驱体，合成了具有三维多孔结构和高密度活性位的 Fe/N/C 催化剂（图 6-55）。氧还原测试结果表明，该催化剂在酸性和碱性介质中均具有很高的氧还原催化活性，在酸性介质的 ORR 半波电位为 0.785 V，碱性介质中的 ORR 半波电位为 0.905 V，比商业 Pt/C 催化剂高出 25 mV。单电池测试表明，在 0.5 mg/cm^2 催化剂载量条件下，以 Fe/N/C 催化剂为催化阴极组装的单电池最大输出功率达到 480 mW/cm^2。

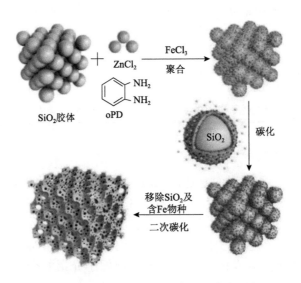

图 6-55　Fe/N/C-SiO$_2$-ZnCl$_2$ 催化剂的合成示意图

Chen 等[124]设计了一种原位生成双模板方法来合成 Fe/N/S 共掺杂的多级孔碳（FeNS/HPC）催化剂。在前驱体冻干过程中所形成的 NaCl 亚微晶模板的存在下，高温热解蔗糖、硫脲和氯化铁的混合物，在该热解过程中生成的 Fe$_3$O$_4$ 纳米颗粒模板被均匀分散。热解完成后，使用 H$_2$SO$_4$ 浸出工艺去除模板，从而制得 FeNS/HPC 催化剂。其中，前驱体冻干过程中所形成的 NaCl 晶体为主要模板，生成约 500 nm 的大孔，并且具有超薄石墨烯状碳壁，Fe$_3$O$_4$ 在高温碳化过程中形成的纳米颗粒作为次级模板，在大孔壁上产生了不同尺寸的介孔，所制得的 FeNS/HPC 具有高度石墨化和相互连接的多级孔结构，比表面积高达 938 m²/g。其在碱性和酸性电解质中均表现出优异的 4e⁻氧还原性能，在 0.1 mol/L KOH 中，FeNS/HPC 催化剂的半波电位（$E_{1/2}$）相比于商业 Pt/C 正移 40 mV。该过程简单易行，材料来源丰富，成本低，成为扩大活性多孔碳材料规模制备的一种有前途的方法。

在合成 Fe-N-C 材料的过程中，Fe 容易团聚成小的簇或者纳米颗粒，造成单原子活性位产量低。Chen 等[50]以直径为 12 nm 的 SiO₂ 纳米小球为硬模板，通过将 Zn²⁺、Fe³⁺以及 2,6-二氨基吡啶吸附到其表面并进行热解，制备了单原子 Fe-Nₓ活性位密集分布的介孔碳催化剂（SA-Fe-NHPC）（图 6-56）。原料中的 Zn 物种起到了多重作用：①形成空间位阻，增大了 Fe 物种之间的距离，避免 Fe 的团聚；②Zn 在 900℃以上挥发，留下丰富微孔，有利于活性位的暴露。在 0.1 mol/L KOH 溶液中，SA-Fe-NHPC 电催化剂半波电位（$E_{1/2}$）达到 0.93 V，优于 Pt/C 催化剂。作为锌-空气电池的空气电极，SA-Fe-NHPC 峰值功率密度达到 266.4 mW/cm²。

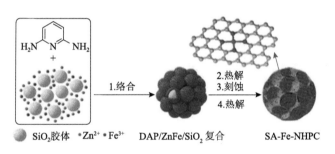

图 6-56　SA-Fe-NHPC 催化剂的合成示意图

魏子栋等[125]采用卟啉铁（FePc）作为 FeNC 前驱体，采用 ZnCl₂ 作为焙烧辅助剂，利用 ZnCl₂ 长程熔融温度区间提供的隔离、封闭效应和高温气化的造孔优势，大幅提高活性位含量和暴露程度，进而提升催化剂活性。该思路能够实现目标材料的原因在于：①ZnCl₂ 盐和 FePc 的熔点接近（ZnCl₂ 的熔点 283～293℃，FePc 的熔点＞300℃），当焙烧温度升至 300℃左右时，两者的混合物开始熔融，形成均匀交织的混合体系，ZnCl₂ 网络的阻隔作用抑制了 Fe 的团聚，有利于构建 Fe 物种的高分散均匀分布；②过量添加的 ZnCl₂ 对 FePc 产生类似于封装结构的包覆作用，极大抑制了含 N 小分子直接逸出，同时 ZnCl₂ 的熔融区间持续至 732℃，因此在 300～732℃的焙烧温度下，ZnCl₂ 的存在极大减少了热解过程中的质量损失，使得材料 N 原子掺杂量更高；③温度升至 732℃以上时，ZnCl₂ 开始气化，在 FeNC 材料中形成连续的微孔、介孔通道，结合所使用的 SiO₂ 阵列硬模板产生的大孔，构筑了 3D 多级孔道结构，极大提升了活性位点的暴露程度和反应物、产物的传质效率。因此，通过 $ZnCl_2$ 辅助焙烧途径，有望获得高活性 FeNC 催化剂。

如图 6-57 所示，将 $ZnCl_2$ 和 FePc 的混合前驱体溶液灌入正相、反相 SiO_2 模板中，首先得到 $SiO_2/FePc/ZnCl_2$-in 材料，获得的固体粉末在焙烧之前，再次在其外表面包覆一层 $ZnCl_2$，得到 $SiO_2/FePc/ZnCl_2$-in/$ZnCl_2$-out 复合物，900℃ 焙烧并碱刻蚀、酸洗之后，即得到 Frame-FeNC 和 Sphere-FeNC 产品。为了验证包覆两步 $ZnCl_2$ 的作用，还制备了仅在其中一个步骤使用 $ZnCl_2$ 的样品 FeNC-in 和 FeNC-out，以及整个过程中没有 $ZnCl_2$ 参与的 FeNC-none 样品。

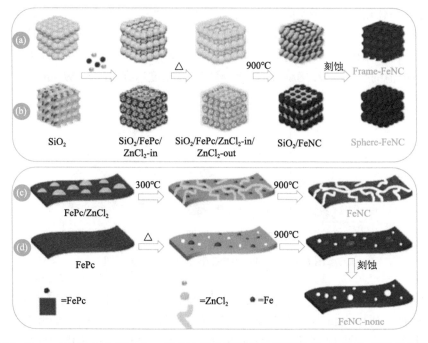

图 6-57　Frame-FeNC（a）和 Sphere-FeNC（b）样品制备流程图；（c）$ZnCl_2$ 辅助焙烧构建高分散致密活性位分布示意图；（d）传统碳化过程

扫描、透射电镜图片显示，Frame-FeNC 样品具有有序排列的大孔框架结构。N_2 吸附-脱附等温曲线表明，除 FeNC-none 之外，其他四个制备过程中用到 $ZnCl_2$ 的材料都含有微孔、介孔和大孔。比较孔道参数发现，单步 $ZnCl_2$ 辅助焙烧得到的 FeNC-in 和 FeNC-out 比表面积（747～847 m^2/g）和孔体积（0.84～1.09 cm^3/g）均高于无 $ZnCl_2$ 辅助的 FeNC-none（234 m^2/g，0.21 cm^3/g）。而两步 $ZnCl_2$ 辅助得到的 Frame-FeNC 和 Sphere-FeNC，BET 比表面积达到 1000 m^2/g 以上，总孔体积超过 1.5 cm^3/g，分别是 FeNC-none 的 4 倍和 7 倍左右。这些结果证明 $ZnCl_2$ 辅助焙烧能够在材料内部创造丰富连续的微孔、介孔，进而提升活性位暴露程度，同时两步 $ZnCl_2$ 辅助比一步辅助造孔效果好。

对所制备 FeNC 催化剂的 ORR 活性进行了全面测试（图 6-58）。在三电极体系、氧气饱和 KOH 溶液中，Sphere-FeNC 和 Frame-FeNC 起始电位分别达到 1.080 V 和 1.075 V，半波电位分别达到 0.906 V 和 0.896 V，不仅优于三个对照样品，还显著高于商业 Pt/C 催化剂（起始电位= 1.031 V，半波电位= 0.854 V）。Sphere-FeNC 的极限扩散电流密度在 0.35 V *vs.* RHE 下为 5.9 mA/cm^2，也高于商业 Pt/C 催化剂（5.3 mA/cm^2）。

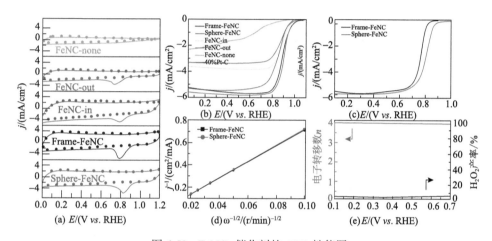

图 6-58　FeNCe 催化剂的 ORR 性能图

通过 $ZnCl_2$ 辅助焙烧方法，利用 $ZnCl_2$ 长程熔融温度区间提供的隔离、封闭效应和高温气化的造孔优势，成功合成出活性位丰富、暴露程度高的多级孔 FeNC 催化剂。该方法可以广泛用于制备具有不同元素掺杂的碳基催化剂，并调控材料的微孔、介孔分布，用于提升催化活性。

2）自模板和硬模板复合

MOF 材料具有均匀的孔结构以及理化特性，周期排布的金属位点和有机配体，基于 MOF 材料可以精准设计合成具有微孔和介孔的材料。将硬模板和 MOF 相结合可以制备出三维连通的有序结构。

通过将 $Co(NO_3)_2$、$Zn(NO_3)_2$、2-甲基咪唑等前驱体注入由二氧化硅微球堆叠形成的缝隙中，结合热解、刻蚀、二次热解等处理方法，可以制备由三维互穿碳纳米管构建的非贵金属催化剂 3D Co/NCNTs-Zn/Co（图 6-59）[93]。原料中的 Co 催化了碳纳米管的形成，而 Zn 物种的气化辅助生成了微孔、介孔，二氧化硅模板则辅助产生三维互通大孔结构，因此所合成的催化剂具有多级孔结构，比表面积为 576.4 m^2/g，在碱性介质 ORR 测试中，其活性与商业 Pt/C 相当。

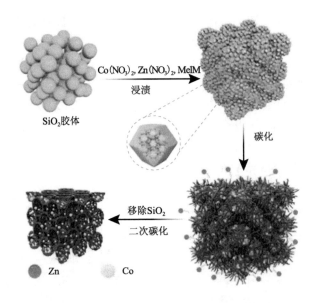

图 6-59 3D Co / NCNTs-Zn / Co 材料合成示意图

3）软模板和硬模板复合

软、硬模板复合是最常用的一种组合方式，其优势是可以构筑高度有序的大孔和介孔排布。以规则排布的聚苯乙烯（PS）微球阵列为有序大孔硬模板，将包含介孔软模板 F127、酚醛树脂（resol）、乙酰丙酮（acac）配位铁的前驱体溶液灌注进入 PS 模板的空隙中，而后通过溶剂挥发诱导自组装（EISA）形成介观结构，再将其与三聚氰胺和石墨氮化碳的混合物在氮气气氛下高温热解，即制备得到由原位生长的碳纳米管（CNT）连接的有序多级孔碳（OPC）颗粒组装的催化剂Fe-N-CNT-OPC（图 6-60）[126]。该催化剂具有介孔、大孔多级孔道，同时包含高活性 Fe-N 活性位以及碳纳米管提供的高电导率。在碱性电解质 ORR 中，该催化剂与商业 Pt/C 活性相当。

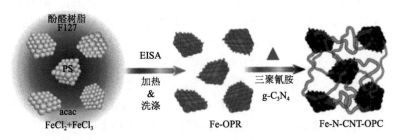

图 6-60 Fe-N-CNT-OPC 催化剂的合成示意图

魏子栋等[127]构建了一种用于合金纳米颗粒负载和传质的双级孔结构（图 6-61）。首先间苯二酚、甲醛和十六烷基三甲基溴化铵（CTAB）组装形成乳液溶液，然后将正硅酸四乙酯（TEOS）引入体系后，在乳液表面涂覆另一层组装层，该组装层含有聚合的树脂、连续的 SiO$_2$ 和 CTAB 诱导的胶束。其中 CTAB 和 SiO$_2$ 分别作为软模板和硬模板，能够很好地诱导双级孔隙的形成。首先释放 CTAB 诱导的介孔用于 Pt$_3$Co 的负载，然后对 SiO$_2$ 进行蚀刻，形成连续的传质通道。因此，获得的Pt$_3$Co/C-O（O 表示开放通道）催化剂具有良好的开放和互相连通的多孔通道。高度均匀的 Pt$_3$Co 纳米颗粒均匀分布在孔隙周围，不占据任何传质通道。同时，Pt$_3$Co纳米颗粒部分固定在介孔中，这不仅能有效抑制颗粒团聚，保护颗粒在电化学反应中保持小粒径的分布，还可以防止颗粒从载体上脱落，从而显著提高催化剂的稳定性。这项工作为多孔结构电催化剂提供了一种新颖的设计策略，可以用于合成一系列新功能材料应用到各个领域。

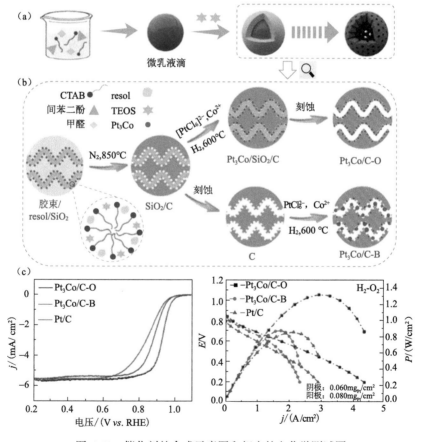

图 6-61　催化剂的合成示意图和相应的电化学测试图

4）硬模板和活化法复合

Li 课题组[113]合成了一种含有微孔、介孔的 Fe-N-CNTs 电催化剂。采用阳极氧化铝（AAO）作为模板构造碳纳米管骨架，Fe(NO₃)₃ 作为碳纳米管壁中的介孔模板和铁源填充在碳纳米管纳米通道中，形成铁-氮-碳活性位点。随后进行 NH₃ 活化，以产生大量的微孔和活性位点（图 6-62）。这种杂化材料具有高导电性的碳纳米管骨架、2137 m²/g 的超高表面积、高密度的 Fe-N-C 催化活性位点以及丰富的用于高效的质量传输通道的微孔、介孔。结果表明，在酸性条件下具有优异的氧还原反应性能，在碱性条件下则更好，可与 Pt/C 相媲美。

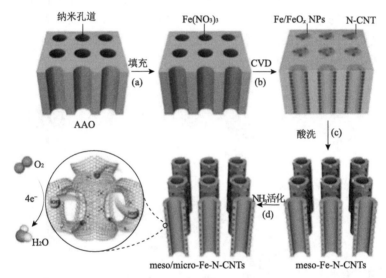

图 6-62　介孔/微孔 Fe-N-CNTs 催化剂的制备示意图。（a）将 Fe(NO₃)₃ 填充到 AAO 模板的纳米通道中；（b）在 AAO 纳米通道表面形成 Fe/FeOₓ NPs，然后用乙腈化学气相沉积法在 AAO 纳米通道和 Fe/FeOₓ NPs 的暴露表面沉积氮掺杂碳；（c）将 AAO 模板和 Fe/FeOₓ NPs 浸泡在 HF 和 HCl 的混合物中，以获得 Fe-N-CNTs；（d）进行 NH₃ 活化，以产生大量微孔和活性位点

5）原位模板和盐模板复合

Zhang 等[95]在三聚氰胺存在条件下，利用碱性原料 ZnO 在较低温度下（～175℃）对 Cl 的强亲和力，将聚氯乙烯（PVDC）中的氯脱除，制备了氮掺杂碳（PDC）催化剂。反应过程中生成的副产物水在聚合物系统内原位起泡制造了大孔，另一副产物 ZnCl₂ 作为活化材料，有效提升了材料碳化程度并制造了丰富微孔，同时 ZnO 纳米颗粒作为硬模板还在材料内辅助生成介孔，因此所制备的催化剂具有三维互通多级孔结构，比表面积为 1499.6 m²/g。在碱性体系中，其 ORR 半波电位和极限扩散电流密度均优于 Pt/C。

6）盐模板和自模板复合

湖南大学 Wang 等[128]通过高温热解置于盐密封反应器中的金属有机骨架（MOF）原位连接碳多面体与纳米片来制备一种新型的缺陷丰富的三维碳电催化剂。在向多面体的转变中，有机物质由于被困在盐反应器中而部分分解并形成碳纳米片。原位形成的碳纳米片包裹碳多面体以形成 3D 碳网络。由于阻隔效应，MOFs 在盐反应器中转化成碳网络的收率很高，没有明显的活性位点损失，这将增强电催化的电子和质量转移。更有趣的是，所制备的三维纳米片连接多面体碳（NLPC）富含缺陷位点，N 掺杂水平非常高，PC 与碳纳米片之间良好的界面接触，以及良好的孔隙结构，使得该催化剂不仅在 ORR 上具有媲美商业 Pt/C 的催化活性，还具有良好的稳定性、优异的甲醇耐受性以及 4 电子反应转移过程。

Wang 等[129]将有序多级孔结构引入到掺杂 Fe 的 ZIF-8 单晶中，随后将其碳化以获得 FeN_4 掺杂的多级有序多孔碳（FeN_4/HOPC）骨架（图 6-63）。所制备催化剂 FeN_4/HOPC-c-1000 在 0.5 mol/L H_2SO_4 溶液中的半波电位为 0.80 V，显示出优异的性能，仅比商用 Pt/C（0.82 V）低 20 mV。在实际的 PEMFC 中，FeN_4/HOPC-c-1000 相对于 FeN_4/C 表现出显著增强的电流密度和功率密度，而后者没有优化的孔结构。

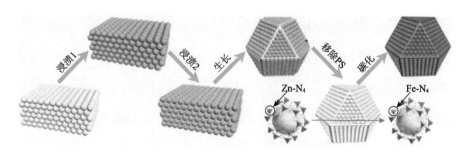

图 6-63　FeN_4/HOPC-c-1000 的合成示意图

7）软模板和反应性硬模板复合

Wei 等[130]设计了一种基于 S 作为促进剂来制备具有丰富的 FeN_x 种类的荔枝状多孔 Fe/N/C 催化剂。经过氩气碳化之后，将 S 掺杂到由 F127-resol 合成的介孔碳球中。在之后的氨热解阶段，硫与氨发生反应（$3S+2NH_3 \Longrightarrow 3H_2S+N_2$），形成气体从产物中脱除出去，因此热解的产品仅包含 Fe、N、C 三种元素。在这个过程中，硫不仅显著地促进了表面积的增加，还保护了 Fe/N/C 结构的完整性，并抑制了大的铁基颗粒的形成。这些独特的结构特征使催化剂显示出极高的氧还原活性。在碱性介质中，其半波电位为 0.88 V *vs.* RHE，明显高于商业 Pt/C 催化剂。此外，将 S 处理过的 Fe/N/C 样品用作 Zn-空气电池的阴极催化剂时，其峰值功率密度（约

$250\ \text{mW/cm}^2$）超过了具有相同负载量的商业 Pt/C 催化剂（约 $220\ \text{mW/cm}^2$）。表 6-13 和表 6-14 给出了这部分研究成果的小结。综合运用孔道的设计方法，可以更简便地制备不同尺度孔道的复合结构，构筑更有利于活性位暴露及质、荷传递的催化层 3D 空间结构，显著提高催化剂的氧还原反应性能。

表 6-13 采用复合模板方法制备的催化剂孔结构与性能总结

催化剂	模板剂	孔道结构与参数	$S_{BET}/$（m^2/g）	起始电位/（V $vs.$ RHE）	半波电位/（V $vs.$ RHE）	参考文献
Pt/C	F127+SiO$_2$	大孔+介孔（500 nm；13.2 nm）	672	～1.0	0.894	[19]
Fe-N-C	F127+PS	大孔+介孔（200 nm；5.8 nm）	1190	～−0.1（$vs.$ Ag/AgCl）	～−0.15（$vs.$ Ag/AgCl）	[126]
NHPC	MOF+NH$_3$	无序微孔+介孔（1.18 nm; 2.72 nm; 22.7 nm）	2412	0.96	0.81	[108]
meso/micro-Fe-N-CNTs	AAO+NH$_3$	微孔+介孔（1.1～1.7; 3 nm）	2137	—	0.87（0.1 mol/L KOH） 0.75（0.1 mol/L HClO$_4$）	[113]
Fe-N-C	SiO$_2$+ZnCl$_2$	大孔+介孔+微孔（＜3 nm; 300 nm）	1000	1.08	0.906	[125]
Fe-N-C	SiO$_2$+ZnCl$_2$	大孔+介孔+微孔（0.5～4 nm; 90 nm）	1538.4	～1.0	0.9	[123]
Fe/N/S	SiO$_2$+NaCl	大孔+介孔+微孔（0.5～4nm; 500 nm）	938	～0.87	～0.8	[124]
Co,N-CNF	SiO$_2$+Co-ZIF	大孔+介孔+微孔（0.5～4 nm; 90 nm）	1170	～0.5（$vs.$ Ag/AgCl）	～0.45（$vs.$ Ag/AgCl）	[131]
Co-Zn-N-C	P123+MOF	微孔+介孔（～23 nm）	1961	0.88（0.1 mol/L HClO$_4$）	0.78（0.1 mol/L HClO$_4$）	[132]
Co/Zn-NCNF	ZnO+NH$_3$	微孔+介孔+大孔（＜2 nm; 2～50 nm; ＞50 nm）	760.9	0.997（0.1 mol/L HClO$_4$）	0.797（0.1 mol/L HClO$_4$）	[133]
NCP-S	SiO$_2$+ZnCl$_2$	微孔+介孔（2.3 nm; （12.5±1.5）nm）	1505	～0.9		[134]
CNCo-5@Fe-2	PAN+ZIF	介孔（3.8 nm）	591.049	0.971	0.861	[135]
Co-N-C HMMTs-24	CoO$_x$+MOF	微孔+介孔（3.8 nm）	520	0.973	0.871	[136]

表 6-14 采用复合模板合成的催化剂介孔结构对氧还原活性的影响

催化剂	孔的作用	参考文献
Pt/C	有序大孔-介孔互穿网络抗水淹气体多孔电极，孔道调控空前提高了气体多孔电极传质效率与抗水淹能力	[19]
Fe-N-C	传输物质的孔隙大，输送方便，催化活性部位暴露	[126]

续表

催化剂	孔的作用	参考文献
Co-Zn-N-C	分层结构的孔隙特征为氧离子的穿透和运输提供了较短的扩散路径，从而保证了 ORR 过程中快速的质量交换	[132]
meso/micro-Fe-N-CNTs	分层的介孔、微孔结构，便于传质	[113]
Fe-N-C	互穿孔使体系结构内部具有较大的表面积和孔容，而且在很大程度上减少了大块铁颗粒，使整个碳骨架保持完美的三维球形形状和均匀分散的 $Fe-N_4$ 活性位点	[123]
Co/Zn-NCNF	微孔有利于生成更有效的活性位点，而丰富的介孔、大孔结构对电解液和氧在 ORR 过程中的传输起到重要作用	[133]
CNCo-5@Fe-2	高表面积的多孔结构可以使复合材料暴露出更多的活性位点，与电解质有效接触，加速传质	[135]

　　针对前文所描述的多孔氧还原催化剂的设计合成方法，我们在表 6-15 进一步比较了这些方法的主要优缺点。根据实际需求，选择合适的制备方法，有助于构建高效传质通道和高密度活性位分布，提升活性位负载率和利用率，促进传质和反应动力学。

表 6-15　多孔材料制备方法的优缺点比较

造孔方式	优点	缺点
硬模板	孔道规则有序，孔尺寸大范围可调，产品组成不受限	硬模板制备、组装、去除过程成本高、实验周期长
软模板	介观结构和孔径一定范围可调，易于大规模生产	反应条件较为敏感，产品组成受限，成本较高
原位模板	低成本，操作简单	难以产生规则可控孔道
自模板	简单、快速，易于同时调控孔道和活性位	难以产生规则可控孔道
基于金属有机框架材料	可同时调控孔道和活性位，活性位分布均匀	反应条件较为敏感，产品以碳基材料为主
熔融盐模板	环保，模板可回收，可产生多级孔道结构	难以产生规则孔道结构
活化法	合成方法简单，可合成多级孔结构	难以形成规则孔道结构
复合模板	可制备有序多级孔结构	多种类模板综合运用造成成本高、实验周期长

6.2.3　非孔氧还原催化材料/非孔传质通道构建

　　上一节中论述的合成方法都是以在材料中构建各种孔道为目的，造孔过程可以看作是在块体材料内部"凿孔"。但是纵览目前的 ORR 催化剂，还有相当一部分材料合成过程中并没有着意构筑孔道，而是通过特定纳米结构的有序组装或者无序堆积，构建出传质通道。例如，有序阵列结构组装得到的有序通道，一维纳米线/管/纤维或者二维纳米片层等随机堆叠产生的通道等。在 ORR 过程中，这些通道和凿出来的孔道一样，也起到了负载、分散、暴露活性位点、提高传质、降低水淹等作用。对此部分内容，我们在表 6-16 中简单列举了一些例子，在此不做过多介绍。

表 6-16　非孔道催化材料对氧还原活性的影响

催化剂	微观结构	$S_{BET}/$（m^2/g）	起始电位/（V vs. RHE）	半波电位/（V vs. RHE）	参考文献
NC-Co/CoN$_x$	阵列	—	0.93	0.87	[137]
Fe-Co$_4$N@N-C	阵列	—	～0.92	0.83	[138]
NP-Co$_3$O$_4$/CC	阵列	173	～1.0	～0.90	[139]
MONPMs	阵列	409.7	0.98	0.81	[140]
Fe-NCNW	纳米线	785～928	～1.05	0.91	[141]
Pt NPs/SC CoO	纳米线	—	0.98	～0.88	[142]
Pt$_1$Au$_1$/（TiO$_2$）$_1$	纳米线	—	1.046	0.889	[143]
Pt$_3$Fe z-NWs	锯齿线	—	1.1	0.88	[144]
PtNi NWs	纳米线	—	1.2	0.9	[145]
Fe/Co-N/S-C	纳米片	1589	～0.92	0.832	[146]
FeNC	纳米片	200～448	1.08	0.919	[147]
NC	空心结构	856	～1.0	0.848	[148]

6.3　氧还原多孔电极

6.3.1　多孔电极的设计要求

以电化学氧还原反应为例来具体说明气体扩散电极应具备的结构特点。在酸性介质中：

$$O_2 + 4H^+ + 4e^- \rightleftharpoons 2H_2O \tag{6-7}$$

由此电极反应方程式可知，为使该反应在电催化剂（如 Pt/C）处连续而稳定地进行，需要满足以下条件：①电子必须传递到反应位点，即电极内必须有电子传导通道。通常电子传导功能由导电的电催化剂（如 Pt/C）来实现。②燃料和氧化剂气体必须迁移扩散到反应位点，即电极必须包含气体扩散通道。气体扩散通道由电极内未被电解液填充的孔道或憎水剂（如聚四氟乙烯）中未被电解液充塞的孔道充当。③电极反应还必须有离子（如 H$^+$）参加，即电极内还必须有离子传导的通道。离子传导通道由浸有电解液的孔道或电极内掺入的离子交换树脂等构成。④对于低温（低于 100℃）电池，必须使电极反应所生成的水迅速离开电极，即电极内还应当有液态水的迁移通道。这项任务由亲水的电催化剂中被电解液填充的孔道来完成。

由上述分析可知，电极的性能不单单依赖于电催化剂的活性，还与电极内各组分的配比、电极的孔分布及孔隙率、电极的导电特性等有关。也就是说，电极的性能与电极的结构和制备工艺密切相关。

综上所述，性能优良、以气体为反应原料的多孔扩散电极需满足下述设计要求：

（1）高的真实比表面积，即具有多孔结构；

（2）高的极限扩散电流密度，为此必须确保在反应区（气、液、固三相界面处）液相传质层很薄，同时催化层也很薄；

（3）高的交换电流密度，即需要高活性电催化剂；

（4）保持反应区的稳定，即通过结构设计（如双孔结构）或电极结构组分的选取（如加入聚四氟乙烯类憎水剂）达到稳定反应区（三相界面）的功能；

（5）对于反应气有背压的电板，需控制反应气压力，或电解质膜具有很好的阻气功能，以确保反应气不穿透电极的细孔层到达电解液；

（6）对于反应气体与电解液等压或反应气体压力低于电解液压力的电极，在电极气体侧需置有透气阻液层。

6.3.2　多孔电极的结构

1. 催化剂层（CL）

格鲁夫（Grove）发现三相界面对于提高燃料电池的反应速率很重要[149]，因此催化剂层（CL）的概念可以追溯到 19 世纪 40 年代。Schmid[150]在 1923 年开发了第一个实用的气体扩散电极，大大增加了电极的有效比表面积，因此代表了燃料电池电极技术的革命性改进。从那时起，就技术进步和商业化而言，燃料电池 CL 的设计和性能优化均取得了长足的进步。

对于氧还原反应来说，在反应物的气体、质子和电子在催化剂表面反应时都需要一个三相边界，CL 应当能够促进质子、电子和气体向催化部位的传输。在正常的 PEM 燃料电池运行条件下（≤80℃），反应物为气相 H_2 和 O_2（来自空气），产物为水，主要是液相。除水是影响催化剂层性能的关键因素。催化剂层中过量水的存在会阻碍气体传输，从而导致传质减少和燃料电池性能下降。另一方面，缺乏水导致膜和催化剂层中的离聚物的质子传导性降低，从而导致燃料电池性能降低。所以，导致 CL 的基本要求包括：①大量的三相边界点；②质子从阳极催化剂层到阴极催化剂层的有效传输；③将反应气体轻松地输送到催化剂表面；④催化剂层中的有效水管理；⑤反应部位和反应部位之间通过集电体有良好的电子转移能力。

PEM 燃料电池中 CL 的性质和成分在确定系统的电化学反应速率和功率输出

中起关键作用。其他因素，如制备和处理方法，也会影响催化层的性能。因此，针对所有这些因素优化催化剂层是燃料电池开发的主要目标。例如，需要最佳的催化剂层设计以提高催化剂（铂）的利用率，从而减少催化剂的负载和燃料电池的成本。

催化剂层主要有两种类型：PTFE 黏结的 CL 和薄膜 CL。由于在目前的工作中几乎总是使用后者，我们将在接下来只关注不同类型的薄膜 CL。薄膜催化剂层主要有两种类型：催化剂涂覆气体扩散电极（GDL）和催化剂涂覆膜（CCM），前者直接涂覆在气体扩散层或微孔层上，后者直接涂覆在质子交换膜上。

1）气体扩散电极（GDL）

（1）均匀的 GDL。均匀的 GDL 在催化剂层上和整个催化剂层上均具有 Nafion 和催化剂的均匀分布，并且可以通过在电极基材上喷涂或丝网印刷催化剂墨水（催化剂，Nafion 溶液和溶剂的超声均匀混合物）制备。催化剂的负载量和 Nafion 的负载量可以通过所施加油墨的量或组成来控制。尽管这种类型的 GDL 表现出不错的性能，但它并未针对 CL 中的反应气体分布和水管理梯度进行优化，而 CL 则发生在活动区域的入口和出口之间的实际燃料电池中。

（2）梯度气体扩散电极（CCGDL）

a. 催化层的梯度

梯度 CCGDL 可以根据两个主要方向进行设计：穿过催化剂层的平面梯度（z，z 方向）-从膜/催化剂层界面到催化层/气体扩散层界面以及反应物气体进口到出口路径对应的沿 CL 的面内梯度（x，y 方向）（图 6-64）。

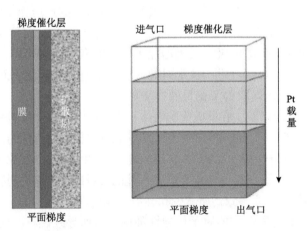

图 6-64　催化剂负载梯度示意图：穿过平面（左）和在平面（右）

Antoine 等[151]研究了整个 CL 上的梯度，发现 Pt 的利用取决于 CL 的孔隙率。在无孔 CL 中，通过 Pt 靠近气体扩散层的优先位置增加了催化剂的利用率。在多孔 CL 中，通过 Pt 靠近聚合物电解质膜的优先位置提高了催化剂的利用效率。在 PEM 燃料电池中，CL 具有多孔结构，如果在靠近膜/催化剂层界面的优先位置使用较高的 Pt 负载，则有望获得更好的性能。

Prasanna 等[152]还设计了梯度催化剂层，用于气体从入口到出口的方向上的氧还原反应。在靠近进气口的位置，O_2 浓度较高，需要低 Pt 负载，而在出气口，O_2 浓度较低，而 Pt 负载较高。

b. Nafion 的梯度

在 Nafion 梯度 CCGDL 中，与催化剂梯度 CCGDL 不同，该梯度通常仅在一个方向上（即催化剂层的贯穿平面方向）两者复合的梯度。据推测，在膜/催化剂层界面处具有较高 Nafion 含量而在 CL/GDL 界面处具有较低 Nafion 含量的梯度应有利于质子迁移和质量传输。最近，Lee 和 Hwang[153]研究了 Nafion 的负载和分布对 PEM 燃料电池性能的影响，他们发现表面上带有 Nafion 离聚物的催化剂层（催化剂层/膜界面）表现出比带有 Nafion 的 CL 更好的性能。

c. 两者复合的梯度

薄膜催化剂层通常是亲水的，在 CL 内不添加疏水成分。尽管对于薄膜催化剂层通常不需要 PTFE，但有时可能需要疏水性才能在 CL 中更好地运输。Zhang 等[154]设计了一种双层复合材料 CL，该复合材料 CL 包含两层：①疏水层，其中 PTFE 作为黏结材料制造在气体扩散层的表面；②亲水层，其中 Nafion 作为黏结材料，制造在疏水层的顶部。这种双键合复合材料 CL 是 PTFE 键合和薄膜 CL 的组合。

Zhang 和 Shi[154]发现，双层复合催化层的性能要高于 PTFE 层的 CL 或薄膜 CL。对双层 CL 的优化表明，在两层之间浸渍 Nafion 可能导致燃料电池性能下降[155]。因此，双层 CL 的最佳结构是疏水层顶部的单独亲水层。

2）CCM

（1）传统的 CCM。CCM 最早是在 20 世纪 60 年代开发的。它由黏合在膜上的 Pt/PTFE 混合物组成。这类似于在气体扩散层（如碳纤维纸）上的 PTFE 结合的催化剂层。然而，这种类型的 CCM 具有高催化剂负载量和低催化剂利用率。Wilson 和 Gottesfeld[156]在美国洛斯阿拉莫斯国家实验室开发了一种基于 Pt/Nafion 混合物的早期常规 CCM。他们使用所谓的贴花法制备了薄膜 CCM，其中先将催化剂油墨涂覆到特氟龙毛坯上，然后通过热压转移到膜上。后来发现，可以将油墨直接涂覆到膜上[157]。但是，对于该技术，必须将膜转变为 Na^+ 或 K^+ 形式，以提高其坚固性和热塑性。随着技术的进步，CCM 的总催化剂负载量可降低至 0.17 mg/cm^2，而不会影响电池性能[157]。与 CCGDL 技术相比，CCM 方法似乎是 CL 制造的首选方法。

（2）纳米薄膜电极。纳米结构的薄膜电极最早由 Debe 和 Schmoeckel 开发[158]，他们制备了取向晶体有机晶须的薄膜，在该薄膜上沉积了 Pt。然后使用贴花方法将膜转移到膜表面，形成了纳米结构的薄膜催化剂涂层膜。有趣的是，纳米结构薄膜（NSTF）催化剂和 CL 都是非常规的。后者不含碳或其他离聚物，是传统的分散式 Pt/碳基 CL 厚度的 1/30～1/20 倍。此外，CL 比由 Pt/C 和 Nafion 离聚物制成的常规 CCM 更耐用。

3）新型结构催化剂层

新型结构催化剂层主要分为 CNT 为基底的催化层、柱状氧化物负载的催化层、基于纳米线的三维分层核壳催化剂层、自支撑的催化层、含添加剂的催化层和新型离聚物的催化剂层这 6 类。

有效的催化剂层必须同时发挥多种功能：电子和质子传导，氧气或氢气供应以及水管理。CL 的组成和结构可以在不同程度上影响所有这些功能。催化剂层优化旨在满足这些要求，并最大限度地利用 Pt，增强耐用性并改善燃料电池性能。因为 CL 中的反应需要 Nafion（用于质子转移）、铂（用于催化）和碳（用于电子转移）以及反应物之间的三相边界（或界面），所以优化的 CL 结构应平衡电化学活性、气体运输能力和有效的水管理三者之间的关系。

（1）组成优化。催化剂层由多种组分组成，主要是 Nafion 离聚物和碳载催化剂颗粒。组成决定了 CL 的宏观结构和介观结构，这反过来又对 CL 的有效性能以及整个燃料电池性能产生了重大影响。为了获得最佳性能，必须在离聚物和催化剂用量之间进行权衡。例如，增加 Nafion 离聚物的含量可以改善质子传导，但是减少了用于反应物气体转移和除水的多孔通道。另一方面，增加的 Pt 负载量可以提高电化学反应速率，并且还可以增加催化剂层的厚度。

由于质子和电子的传导、反应物和产物的质量迁移以及 CL 中的电化学反应引起的复杂性，如何平衡 Nafion 离聚物含量和 Pt/C 负载是优化 CL 性能的挑战。这种复杂系统的优化主要是通过多个组件和规模建模以及实验验证来实现的。

（2）催化剂层微观结构优化。催化剂层的微观结构主要由其组成和制造方法决定。已经进行了许多尝试来优化孔径、孔分布和孔结构以更好地进行质量传输。Liu 和 Wang[159]发现，在 GDL 附近具有较高孔隙度的 CL 结构有利于 O_2 的运输和除水。具有逐步孔隙率分布，在 GDL 附近孔隙率较高，在膜附近孔隙率较低的 CL 可能比具有均匀孔隙率分布的 CL 更好。该孔结构导致在 CL 中更好的 O_2 分布，并使反应区向 GDL 侧延伸。由于有利的质子和氧浓度传导曲线，大孔的位置在质子传导和氧在 CL 内的运输中也起重要作用。

在催化剂层制造过程中，为了增强质量传输，可以通过将成孔剂添加到催化剂油墨配方中来创建多孔结构。Yoon 等[160]将乙二醇引入催化剂浆料配方中，以提高催化剂层的性能。乙二醇充当成孔剂，从而增加了附聚物中的次级孔并有助于气体通过催化剂层的传输。Song 等[161]在碳酸钙中使用碳酸铵作为成孔剂，以最大限度地减少传质限制。Fischer 等[162]通过向催化剂浆料中添加成孔剂（如挥发性填料、碳酸铵、草酸铵或可溶性碳酸锂）来提高孔隙率。Zhao 等[163]

使用 NH_4HCO_3，$(NH_4)_2SO_4$ 和 $(NH_4)_2C_2O_4$ 作为成孔剂来制备 CL。加入 NH_4HCO_3 使催化剂分散更均匀并且表面更多孔，导致低的气体扩散阻力。

Oishi 等[164]提出了使用低介电常数溶剂的胶体油墨制造程序，以在 CL 中的 Pt 颗粒上产生良好的网络和全氟砜离聚物（PFSI）的均匀性。Wang 等[165]通过添加 NaOH 抑制 Nafion 聚集，优化了 CL 的微观结构，并在催化剂油墨中实现了较小的团聚粒径分布。由这种催化剂油墨制成的阴极 CL 显示出高的电化学活性比表面积（比常规油墨增加 48%）。Fernandez、Ferreira Aparicio 和 Daza[166]也表明，催化剂的微观结构可以通过溶剂组成和蒸发速率来控制。

2. 扩散层（DL）

扩散层通常由碳纤维纸（CFP）或碳布（CC）制成，是燃料电池的重要组成部分，因为它具有以下功能和特性：

（1）有助于将反应气体或液体均匀地分配到 CL，从而有效地利用了大多数活性区（和催化剂颗粒）。因此，DL 必须足够多孔以使所有气体或液体（如液体燃料电池）能够流动而没有重大问题。

（2）有助于将 CL 中产生和积聚的水排出。因此 DL 必须具有足够大的孔，以使冷凝水可以离开 CL、MPL（微孔层）和 DL，而不会阻塞任何可能影响反应气体或液体传输的孔。

（3）为 CL 提供了机械支撑。因此，DL 必须由在长时间工作后基本不会变形的材料制成，以便仍然能够提供机械支撑。

（4）有助于使电子流向和流出 CL。为了使 DL 能够成功做到这一点，它必须由良好的电子导体材料制成。

（5）有助于将 CL 产生的热量传递出去，以将电池保持在所需的工作温度下。因此，DL 应该由具有高导热率的材料制成，以便尽可能高效地散热。

同时，选择合适的扩散层时必须考虑的另一个重要参数是材料的总成本。在过去的几年中，已经进行了许多成本分析研究，以确定当前和将来的燃料电池系统成本，具体取决于功率输出、系统大小和单位数量。卡尔森等报告说，在 2005 年，扩散层的制造成本（阳极侧和阴极侧）相当于汽车领域使用的 80 kW 直接氢燃料电池堆（假设有 500000 个）的总成本的 5%。DL 的总价值为 18.40 美元/m^2，其中包括 PTFE 含量为 27%（质量）的两种碳布，一种为含有 PTFE 的 MPL，另一种为 Cobat 炭黑。总计包括资金，制造，工具和人工成本。

1）扩散层的类型

（1）碳纸纤维。自从爱迪生首次使用碳纤维以来，碳纤维已被用作灯丝。在 20 世纪 60 年代初期，Shindo[167]在热解聚丙烯腈（PAN）纤维时开发了第一条现代碳纤维。碳纤维于 20 世纪 60 年代中期引入商业市场，此后，碳纤维的应用已大大增加。这些应用中包括飞机、航天器零件、压缩气罐、汽车零件、桥梁、钢筋混凝土、结构加固、休闲运动器材和电化学系统。

（2）碳布。与 CFP 一样，碳布也已被广泛用作燃料电池中扩散层的材料。图 6-65 显示了用于燃料电池的典型碳布材料的 SEM 照片。这些织物中的大多数是由 PAN 纤维制成的，这些 PAN 纤维被捻成一团。

(a)　　　　　　　　　　　　　　(b)

图 6-65　燃料电池中使用的典型碳纤维布的扫描电子显微镜照片

Ko、Liao 和 Liu[168]提出了一项研究，其中确定了如果在石墨化过程中以 2500℃进行热处理，则 PAN 基碳纤维布在燃料电池环境中的性能最佳。其原因是，随着热处理温度的升高，电阻率下降，碳层的堆叠高度增加（与电导率直接相关），并且布内碳层之间的间隔减小。这项相同的研究还确定，用于制造碳布的编织工艺在材料的最终厚度中起着重要作用，这是燃料电池中的关键参数。

（3）金属扩散层。金属扩散层由于其高的电导率和导热率，已被考虑用于燃料电池扩散层的部件。但是这些金属材料的纤维不能刺穿薄的质子电解质膜。因此，被认为用作 DL 的任何可能的金属材料必须具有优于其他常规材料的优点。

在最常见的 DL 材料中，碳纤维纸因其机械强度而广为人知，因为当对其施加过大的压缩力时（即压缩燃料电池时），其微观结构会被破坏。材料的破坏会影响孔隙率，这直接影响 DL 和燃料电池内的气体和液体传输机制[169]。碳布由于其可压缩性而具有更好的机械强度。DL 上的压缩力也会影响电池的整体电导率。因此，金属网孔（如网状金属或筛网）、穿孔板、毡和泡沫都被认为是可能的 DL，以克服一些常规的 DL 限制。

2）扩散层的处理方式

在制备了扩散层材料之后，为了根据燃料电池应用和相关的操作条件来定制这些材料的最终性能，根据不同的需要对扩散层进行疏水处理。PEMFC 中使用的扩散层通常用疏水剂处理，如 PTFE 或氟乙烯丙烯（FEP）。这种处理增加了材料的疏水性，因为大多数 CFPs 和 CCs 在制造后疏水性都不够。此外，重要的是，用这些试剂涂覆 DL，整个材料（包括纤维）都应被涂敷，而不仅仅是材料的表面。尤其对于阴极氧还原反应，这种涂层是极其重要的和至关重要的，因为大部分产生和积聚在电池内部的水通过阴极侧出口。对于阴极 DL，该涂层虽然不是关键部分，但仍然很重要（特别是在处理水的反扩散时），它可以为 DL 提供一定的结构强度。

　　3）微孔层的处理

　　通常在 DL 表面之一的顶部（形成扩散双层）上沉积一层炭黑和 PTFE。该催化剂背衬层或 MPL 形成的孔比 DL 小（对于 MPL[170]为 20～200nm 孔，对于典型的 CFP DL[171,172]为 0.05～100 μm 孔），并且是排斥水的另一种机制，特别是当燃料电池在高湿度下运行时[171]。MPL 还为 CL 提供支持，CL 位于 CL 的顶部或质子交换膜的表面。催化剂层通常由与 PTFE 和/或质子传导性离聚物（如 Nafion 离聚物）混合的碳载催化剂或炭黑组成。因为典型的 DL 中的孔尺寸为 1～100 μm，而 CL 的平均孔尺寸只有几百纳米，所以两层之间电接触电阻较大，导电性差[170]。因此，MPL 也可用于阻塞催化剂颗粒，并且不会使它们堵塞扩散层中的孔[173-175]。还必须考虑到，用作 DL 的碳纤维纸或碳布的主要问题之一是这些制造的常规扩散层的孔隙率（和其他局部性质）不受控制的变化；也就是说，碳纸之间的孔隙率特性不可重复[173]。这些材料很难改进，因为只能测量平均孔径和体积密度，而且很多进展都基于经验参数。因此，广泛的工作集中在优化 MPL 上，以减少碳纤维纸和碳布扩散层之间的差异。

　　以燃料电池为例，Passalacqua 等[176]证明当在 DL 和 CL 之间插入 MPL 时，电池的性能会大大提高。他们得出结论，MPL 减小了水滴的大小，从而增强了氧气的扩散。该层还防止了催化剂颗粒进入 DL 过深。Park 等[177]得出结论，添加了 MPL 后，水的管理和电导率均得到改善。

　　除了改善燃料电池中的水管理外，还对 MPL 进行了研究，以了解它们如何影响燃料电池性能的其他方面。Mirzazadeh、Saievar-Iranizad 和 Nahavandi[178]使用三电极电化学电池研究了氧还原反应（ORR），并确定这是否是改善电池整体性能的主要参数。结论是，使用 MPL 可以提高高电流密度下的性能，但是在低电流密度下，不带 MPL 的 DL 表现出更好的性能。Williams、Kunz 和 Fenton[179]观察到，没有 MPL 的 DL 比有 MPL 的 DL 具有更高的极限电流密度。但是，MPL 仍然被认为是至关重要的，因为它改善了电流收集并降低了电阻。

6.3.3　多孔电极经典制备方法[180]

1. 厚层憎水催化电极

将一定比例的 Pt/C 电催化剂与 PTFE 乳液在水和醇的混合溶剂中超声震荡，调为墨水状，若黏度不合适可加少量甘油类物质进行调整。然后采用丝网印刷、涂布和喷涂等方法，在扩散层上制备 30～50 μm 厚的催化层。采用 PtC 电催化剂的 Pt 质量分数为 10%～60%，通常采用 20%（质量分数）Pt/C 电催化剂，氧电极 Pt 担量控制在 0.3～0.5 mg/cm²，氢电极为 0.1～0.3 mg/cm²。PTFE 在催化层中的质量分数一般控制在 10%～50%。

在制备催化层时加入的 PTFE，经 340～370℃热处理后，PTFE 熔融并纤维化，在催化层内形成一个憎水网络。由于 PTFE 的憎水作用，电化学反应生成的水不能进入这一网络，正是这一憎水网络为反应气传质提供了通道。而在催化层内，由 PtC 催化剂构成的亲水网络为水的传递和电子传导提供了通道。因此这两种网络应有一个适当的体积比。而在制备催化层时，控制的是 PTFE 与 PtC 催化剂的质量分数，由于不同 PtC 电催化剂 Pt 占的质量分数不同，其堆密度会改变。由 E-TEK 公司销售的 PtC 电催化剂堆密度与铂含量关系可知，随着 Pt/C 电催化剂中 Pt 含量的增加，堆密度增加，即同样质量的电催化剂体积减小，因此在制备催化层时，随着采用的 Pt/C 电催化剂中 Pt 含量的增加，选用 PTFE 质量分数应减小。当采用质量分数为 20% 的 Pt 电催化剂制备催化层时，PTFE 的质量分数一般控制在 20%～30%。若采用 Pt 质量分数为 40%～60%电催化剂，PTFE 质量分数要减小，如质量分数为 10%～15% 才能达到憎水与亲水两种网络适宜的体积比，因此在电极相同 Pt 担量时，制备出的催化层应比采用质量分数 20% Pt 的电催化剂制备的催化层薄（图 6-66）[180]。

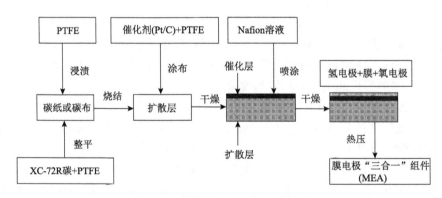

图 6-66　厚层憎水电极的工艺流程

2. 薄层亲水催化层电极

为了克服厚层憎水催化层离子电导低和催化层与膜间树脂变化梯度大的缺点，美国 Las-Alamos 国家实验室 Wilson 等提出一种薄层（厚度小于 5 μm）亲水催化层制备方法[180]。

该方法的主要特点是催化层内不加憎水剂 PTFE，而用 Nafion 树脂作黏合剂和 H⁺导体。具体制备方法是首先将质量分数为 5% 的 Nafion 溶液与 PtC 电催化剂混合，Pt/C 电催化剂与 Nafion 树脂质量比控制在 3∶1 左右。再向其中加入水与甘油，控制 Pt/C∶H_2O∶甘油（质量比）=1∶5∶20，超声波振荡混合均匀，使其成为墨水状态。将此墨水分几次涂到已清洗过的 PTFE 膜上，并在 130℃烘干，再将带有催化层的 PTFE 膜与经过预处理的质子交换膜热压合，并剥离 PTFE 膜，将催化层转移到质子交换膜上。图 6-67 为上述制备过程的流程图。

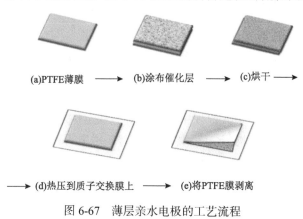

(a)PTFE薄膜 ⟶ (b)涂布催化层 ⟶ (c)烘干 ⟶

⟶ (d)热压到质子交换膜上 ⟶ (e)将PTFE膜剥离

图 6-67　薄层亲水电极的工艺流程

采用上述方法制备催化层，由 PtC 电催化剂构成的网络承担电子与水的传递任务，而由 Nafion 树脂构成的网络构成 H^+的通道，并且由于催化层中 Nafion 含量的提高，其离子电导会增加，接近 Nafion 膜的离子电导。但因无憎水剂 PTFE，催化层的孔应全部充满水，所以反应气（如氧）只能先溶解于水中或溶解于 Nafion 中，并在 Nafion 树脂构成的通道或由 PtC 构成的充满水的孔中传递。溶解氧在水中的扩散系数为 $10^{-5} \sim 10^{-4}$ cm^2/s 的数量级。而在 Nafion 中扩散系数在 10^{-5} cm^2/s 数量级，比气相 N_2-O_2 的扩散系数小 2～3 个数量级，因此这种亲水催化层必须很薄，否则靠近膜的一侧催化层由于反应气不能到达而无法利用。Wilson 等的计算和实验均证明，这种由 Pt/C 与 Nafion 树脂构成的亲水催化层厚度应小于 5 μm。这种薄层亲水催化层与上述憎水厚层催化层相比，Pt 担量可大幅度降低，一般为 0.1～0.05 mg/cm^2。

邵志刚等提出不用甘油，采用水与乙二醇的混合溶剂配制 PtC 与 Nafion 树脂的墨水，同时还可加一定比例的造孔剂和憎水剂（如草酸铵和 PTFE 乳液），采用喷涂等方法可制备更均匀、更薄的亲水催化层。造孔剂或 PTFE 的加入在一定程度上改善了催化层的反应气体的传递能力。

3. 超薄催化层电极

超薄催化层一般采用物理方法（如真空溅射）制备，将 Pt 溅射到扩散层上或特制的具有纳米结构的碳须（whiskers）的扩散层上。Pt 催化层的厚度 < 1 μm，

一般为几十纳米。

S.Hlirano 等[22]采用真空溅射沉积法在 E-TEK 公司销售的扩散层上沉积 1 μm 厚 Pt 催化层（Pt 担量为 0.1 mg/cm^2），实测电极性能与 ETEK 公司厚层憎水电催化层电极（Pt 担量为 0.4 mg/cm^2）相近。

4. 金属催化层电极

电极用带铸法制备，其制备工艺与偏铝酸锂隔膜形同，将一定粒度分布的电催化剂粉料（如羰基镍粉），用高温反应制备的偏钴酸锂（LiCoO$_2$）粉料或用高温还原法制备的镍铬（Ni-Cr，铬质量分数为 8%）合金粉料与一定比例的黏合剂、增塑剂和分散剂混合，并用正丁醇和乙醇的混合物作溶剂，配成浆料，用带铸法制备。可单独在焙烧炉按一定升温程序焙烧，制备多孔电极，也可在电池程序升温过程中与隔膜一起去除有机物而最终制成多孔气体扩散电极和膜电极"三合一"组件。

用上述方法制备出的 0.4 mm 厚的镍电极，平均孔径为 5 pm，孔隙率为 70%。制备出的 0.4～0.5 mm 厚的镍-铬（铬质量分数为 8%）阳极，平均孔径约 5 pm，孔隙率为 70%。制备出的偏钴酸锂阴极，厚 0.40～0.60 mm，孔隙率为 50%～70%，平均孔径为 10 pm。

6.3.4 有序/一体化多孔电极

通过对燃料电池空气电极进行合理的三维空间设计和几何结构调控，可以将微孔、介孔表界面的电化学催化与大孔中物种的扩散传质有机地关联起来，改善活性位分布和暴露程度，提升电极传质，实现电极催化与物质传递两方面协同强化，达到全面提升电极动力学效率的目的。而从机理和本质上理解电极的构效关系，可以为燃料电池以及更广泛的新能源器件电极催化材料设计提供新的思路和灵感。

具有定向纳米结构的有序阴极催化剂层（OCCL）是突破催化剂团聚的有效解决方案之一。在 OCCL 中，垂直定向的高导电材料[181]，如碳纳米管[182]、碳纳米线[183]、碳纳米纤维[184]、金属纳米线[185]和聚合物纳米线[186]，被固体薄膜电解质（典型的 Nafion[187]）均匀装饰，催化纳米粒子[188]。理论上，这种有序结构可以使铂的利用率从 20%提高到 35%，甚至达到 100%[189]。

Du 等[190]提出了具有有序催化剂层的一维稳态圆柱模型。该模型研究了质子电导率对电池性能的影响。随后，Du 等[191]建立了半电池有序模型来研究碳纳米管半径对氧传质的影响。Du 等[192]通过将有序电极与传统电极进行比较，发现有序结构可以使电流密度分布更加均匀。Abedini 等[193]报道了一个二维模型来研究 Nafion 负荷对电池性能的影响。Chisaka 等[194]建立了一维 OCCL 模型来研究阴极结构与功率密度之间的关系。Rao 等[195]提出了一个二维方形模型来研究电极长度对电极性能的影响。

以上探究的模型只关注了半电池中的反应，而没有考虑水分积累严重限制氧的输送。Jiang 等[196]通过提出一个二维、稳态、两相、等温模型，碳纳米线（CNW）支撑的 OCCL 来阐明有序的直接甲醇燃料电池。该模型考虑了氧在轴向通过孔隙的传递以及水在径向的积累，如图 6-68 所示。在 OCCL 中，氧不仅沿着 CNWs 的轴向转移，而且还通过水和电解质膜径向转移到三相界面。水和电解质膜的传质阻力导致在三相界面和有序孔隙中存在氧浓度梯度。

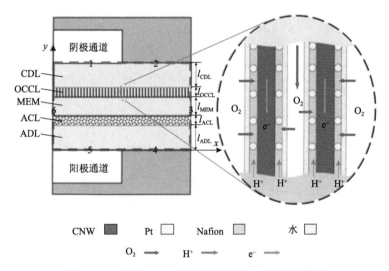

图 6-68　有序 DMFC 和阴极氧还原 O_2 输送示意图

传统燃料电池电极中的催化剂层由无序的催化纳米粒子和离子交换离聚物组成，如图 6-69 所示，容易团聚，导致能量转换效率较低。为了模拟这种传统电极，采用球形假设的传统团聚模型来描述氧从气孔向三相边界[197]的转移。

图 6-70 比较了在 75℃下，0.8 mg_{Pt}/cm^2 阴极的传统电极和有序电极的电池性能。可以看出，在相同的工作条件下，使用有序电极的 DMFC 的峰值功率密度和最大电流密度比使用无序电极的 DMFC 分别提高了 46.6%和 62.5%。有序电极性能较好的原因是：①活化损失降低：铂纳米颗粒均匀分布在有序电极表面，而不是在传统电极上重叠团聚，导致催化剂利用率高，从而显著提高 ECSA；②降低欧姆损耗：与缺乏电子传导途径的团聚相反，有序催化剂层增强了电子传导，导致欧姆电阻降低；③降低浓度损失：有序电极避免了 Pt 纳米粒子的团聚，有利于氧的输送，电流密度较高。综上所述，具有较低激活损失、欧姆损失和浓度损失等优点的有序电极提高了电池性能，从而提高了燃料电池的能量转换效率。

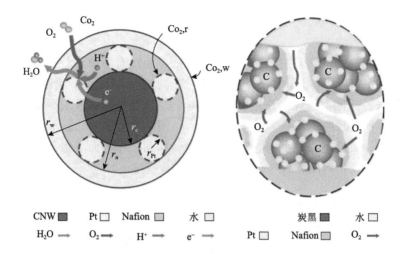

图 6-69　阴极催化剂层被液体膜覆盖的有序结构示意图和传统阴极催化剂层的团聚结构示意图

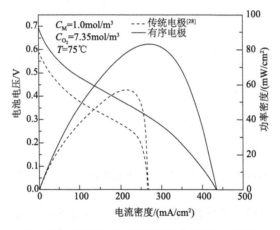

图 6-70　传统电极与有序电极的电池性能比较

　　早在 2005 年，Li 等[198]通过过滤法获得了超疏水碳纳米管定向膜，然后进一步通过乙二醇还原法在其表面加载直径 2.8 nm 的铂纳米颗粒，从而制备出新型有序碳纳米阵列电极。实验结果表明，对比于非定向膜，碳纳米管定向膜的铂利用率和物质传输率明显提高，同时单电池性能也得到大幅提升。

　　Caillard 等[199-201]采取等离子增强化学气相沉积（plasma-enhanced chemical vapor deposition，PECVD）方式制备碳纳米管有序阵列，然后通过溅射沉积法载上铂纳米颗粒的方式得到 VA-CNT/Pt 有序阵列电极。上述方式制备的电极可以在低铂载量（阴极 0.1 mg/cm^2）的条件下功率密度达到 300 mW/cm^2，并且铂的利用率远高于传统电极（阴极 0.5 mg/cm^2）。

Yang 等[202]通过化学气相沉积（chemical vapor deposition，CVD）法制备碳纳米管阵列，然后使用湿态化学法载入铂纳米颗粒。相对于传统电极，在电压 0.5 V时电流密度达到 1.4 A/cm^2，最大输出功率达到 720 mW/cm^2，远超传统电极的600 mW/cm^2。同时，耐久性测试显示，在 300 个电势循环下碳纳米管阵列电极的衰退率仅为 20%，远小于传统电极的 90%。在铂载量小于 0.2 mg/cm^2 和氧气气氛下，电流密度达到了 3.2 A/cm^2，功率密度达到了 860 mW/cm^2。

早期的金属有序纳米阵列电极使用铂作为催化层同时没有使用任何载体，因此其颗粒较大（尺寸），且铂利用率较低（数值）。随着研究的深入，近几十年内大量金属电极材料被开发出来，尤其是金属纳米阵列电极材料（如铂纳米管阵列电极、钯纳米管阵列电极和其他合金纳米阵列电极）。金属纳米阵列电极材料具有高的铂载量、有利于机理研究或是其他电氧化等研究优势。然而，由于金属电极材料成本过高、铂利用率太低等缺点限制了其在质子交换膜燃料电池上的应用，因此还处于初期研究阶段。

中山大学沈培康教授课题组[203]通过 AAO 模板辅助电沉积制备 Pd 阵列电极，研究显示相对于传统的 Pd 膜电极和 PtRu/C 电极，其对甲酸的氧还原性能有较大幅度提高。武汉理工大学潘牧教授课题组与北京大学合作利用 AAO（氧化铝）模板，采用三电极法将 Pt 沉积制备了有序 Pt 纳米阵列电极，提高了电极电化学性能[204]。Kenneth 等[205]借助 Anodisc 滤膜作为模板，通过电沉积技术制备 Pt-Cu 纳米线阵列电极，随后在通过将合金电极浸渍到浓硝酸中消去铜以达到构建多孔有序铂阵列电极，后续中将此多孔有序铂阵列电极通过高分子电解质膜隔开，加上 NaBH$_4$作燃料组成纳米燃料电池，产生了 1 mW/cm^2 的功率密度。Gao 等[206]通过电沉积法合成多孔 Pt-Co 合金纳米线阵列，其将合金沉积到阳极氧化铝膜里面，然后在温和的酸中去合金化处理。这些纳米线由多孔框架、1～5 nm 的孔隙以及 2～8 nm 的晶带组成。多孔 Pt-Co 纳米线的形貌和组成在去除合金过程后备研究，其形成机理值得探讨。Zhang 等[207,22]运用一步电沉积法加上氧化铝纳米孔道，制备有序 Pt 纳米管阵列，在酸性条件下，运用循环伏安法测试其在乙醇中的电氧化性能，显示 Pt 纳米管阵列电极的氧化电流峰是传统 PtRu/C 电极的 1.7 倍，其在乙醇氧化中的高电催化活性表面使其在甲醇燃料电池中有优异的潜力。Khudhayer 等[208]借助掠射角沉积技术，在载玻碳电极上制备出半径为 5～100 nm，长度从 50 nm 到 400 nm 不等的铂纳米棒阵列，铂载量达到 0.04～0.32 mg/cm^2。并且，相对于传统 Pt/C 电极，其比表面积活性、反应速率常数、电化学活性面积损失稳定性均更优，这为掠射角沉积技术用于制备 PEMFC 电极开辟了一条路径。

燃料电池性能的关键因素是膜电极组件（MEA）中电极的结构，因此，优化和修饰电极结构已被证明是用于改善 PEMFC 性能和耐用性的关键。三维有序大孔材料，如反蛋白石结构（IO），由于其周期性结构的特点：相对较大的比表面积、较大的空隙率、较低的弯曲度和相互连通的大孔，因此在电化学器件中具有广泛的应用前景。然而，受到制备路线中基底选择的限制，将反蛋白石结构直接应用于膜电极组件被认为是不切实际的。基于此，Sung 课题组[209]报道了在膜电极组件内完全保持反蛋白石结构的单个电池的制备，这是一种在实际 MEA 器件中直接应用大面积 Pt（5 cm² 有效面积）的 IO 电极的方法，对于膜电极组件，此方法不需要进行任何额外的转移过程，如图 6-71 所示，首先进行一个简单的预处理过程来修饰基底（GDL），以使 PS 珠子沉积到粗糙的基底表面，随后使用恒电流脉冲电沉积的方法使 Pt 渗透到 PS 模板中，最后用甲苯除去 PS 小球即可得到含有三维有序大孔的 IO 电极。与传统的催化剂浆料（一种基于墨水的组件）相比（图 6-72），

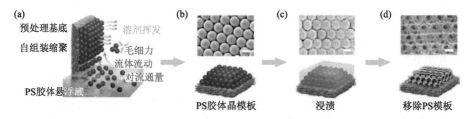

图 6-71　制造过程示意图。（a）在预处理基板（GDL）上垂直沉积聚苯乙烯微珠；（b）胶体晶体模板在 GDL 上的自组装；（c）渗透和脉冲电沉积；（d）用甲苯浸泡除去胶晶模板

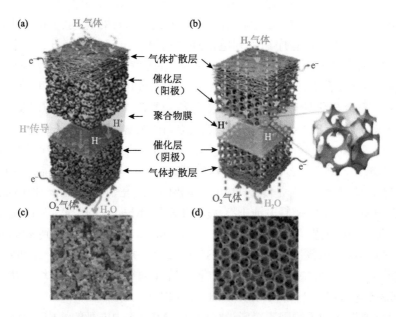

图 6-72　两个 MEA 的概念图。（a）采用 CCM 的常规 MEA；（b）采用反蛋白石结构（IO）电极的改性 MEA；（c）商用 Pt/C 墨水喷涂制备的 CCM 表面的 FE-SEM 图像；（d）根据胶体晶体模板方法通过脉冲电沉积制备的 IO 电极表面的 FE-SEM 图像

这种改进的组件具有坚固和完整的催化剂层结构、开孔和连通的孔道结构，良好的有效孔隙率，有效的催化剂利用率和传质效果以及良好的水管理性能，因此可以将催化剂颗粒的损失降至最低。此外，由于电极既不是基于碳材料，也不是基于碳基载体，所以反蛋白石结构的 Pt 催化层没有碳腐蚀问题。预计通过减小 Pt 颗粒尺寸和优化孔径可以提高性能。因此，在 PEMFC 测试中，基于 IO 电极的 MEA 的性能要远远高于具有类似 Pt 负载的传统 MEA 的性能。此外，通过此方法，不仅可以改变胶体的大小和种类，还可以应用于非贵金属合金催化剂。

碳包覆二氧化钛（TiO_2-C）作为质子交换膜燃料电池的催化剂载体备受关注。Shao 的团队[210]提出了一种直接在碳纸上生长催化剂的一体化电极（Pt-TiO_2-C NRs），如图 6-73 所示，采用水热法将 TiO_2 纳米棒阵列（NRs）直接生长在碳纸上，然后在甲烷气氛下于 900℃热处理得到 TiO_2-C NRs，最后，用物理气相沉积的方法在 TiO_2-C NRs 上溅射铂纳米颗粒，生成 Pt-TiO_2-C。运用此方法制备的 Pt-TiO_2-C 电极由一层较薄的催化层（小于 2.1 mm）组成，疏快水性好、Pt 利用率高、具有较高的催化性能，同时，制备的不含质子导电离聚体（Nafion）和黏结剂（PTFE）的电极直接生长在碳纸上，可以进一步降低 MEA 的成本。在实际的加速耐久性试验中，Pt-TiO_2-C 电极表现出很高的稳定性，当进行 1500 次循环后，与商用气体扩散电极（GDE）（降幅为 34.4%）相比，Pt-TiO_2-C 电极的电化学活性比表面积仅略有下降（下降 10.6%）。并且，当采用超低铂含量电极（Pt 负载量：28.67 $\mu g/cm^2$）作为单电池阴极时，Pt-TiO_2-C 电极产生的功率为商用 GDE（Pt 负载量：400 $\mu g/cm^2$）的 4.84 倍，即 11.9 kW/g_{Pt} 的（阴极）功率。因此，所制备的电极具有较低的铂负载量和较高的稳定性，是一种很有前途的燃料电池材料。

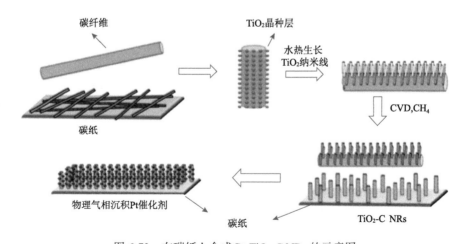

图 6-73 在碳纸上合成 Pt-TiO_2-C NRs 的示意图

　　Wang 等[211]采用牺牲模板法和原位电流置换相结合的方法，制备了基于可控垂直排列铂纳米管的有序纳米阴极，用于超低铂负载被动直接甲醇燃料电池（DMFC）。其中关键步骤是直接在气体扩散层（GDL）上合成有序 Pt 纳米管阵列，如图 6-74 所示。首先，以水热法制备了氧化锌纳米棒阵列。然后采用磁控溅射的方法在 ZnO 纳米棒阵列上溅射薄层铜。然后，用 Pt 取代 Cu/ZnO 阵列中的 Cu，形成 Pt/ZnO 阵列。制备的 Pt/ZnO 阵列用 Nafion@ 115 膜直接热压制备电极，然后酸洗去除 ZnO 模板，形成垂直排列 Pt 纳米管的有序纳米结构阴极 MEA。铂纳米管由平均厚度约 15 nm 的高度分散的铂纳米粒子壳组成。该有序纳米阵列结构的优点是在 DMFC 的阴极侧具有较高的催化剂利用率和良好的质量传输，从而为制备超低铂负载燃料电池的有序纳米阴极提供了一种可行的策略。

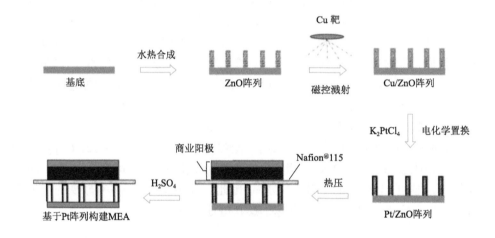

图 6-74　基于垂直排列铂纳米管的有序纳米结构 MEA 制备工艺示意图

　　为了探究 S-Pt MEA 显著提高电池性能的原因，通过循环伏安曲线的 H 吸附/解吸面积定量计算来比较它们的电化学活性面积（ECSA）（图 6-75）。其中，S-Pt MEA 的 ECSA 是传统 Pt/C MEA 的 3 倍，说明 Pt 纳米管阵列显著提高了阴极侧 Pt 催化剂的利用率。同时其 ECSA 也高于以 Pt-MWCNT 基 MEA 和 Pt 纳米棒阵列基 MEA。图 6-75（b）是用 RDE 模式计算 Pt 纳米管与商用 Pt 黑的 ECSA。采用 MEA 模式计算得到的具有阵列结构的 S-Pt 催化剂的 ECSA 明显高于采用 RDE 模式的催化剂和采用 MEA 模式的商用 Pt/C 催化剂。最可能的原因是"阵列效应"，这是一种非常有效的方法来暴露催化剂的表面，特别是在 MEA 的催化剂层。因此，Pt 催化剂利用率的明显提高是 S-Pt MEA 电池性能优异的原因之一，另一个原因可能是有序 S-Pt MEA 阴极侧质量输运性能的改善。

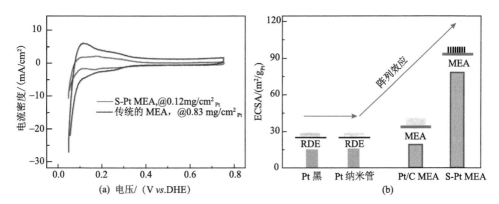

图 6-75　（a）采用 S-Pt MEA 和常规 MEA 的阴极循环伏安曲线，扫描速率为 20 mV/s；（b）RDE 模式下 S-Pt 和商用 Pt 黑以及 MEA 模式下 S-Pt 和传统 Pt/C 的 ECSA 计算总结

Jia 等[212]以垂直排列的 Co-OH-CO$_3$ 纳米针阵列为有序催化剂载体，开发了一种新型阴极结构，用于 AAEMFC 的应用。通过水热反应直接在不锈钢片上生长 Co-OH-CO$_3$ 纳米针阵列。通过溅射沉积在 Co-OH-CO$_3$ 表面制备 Pt 纳米结构薄膜，形成 Pt/Co-OH-CO$_3$ 纳米针阵列，Pt 纳米结构薄膜厚度仅为几纳米。通过热压和酸洗将 Pt/Co-OH-CO$_3$ 纳米针阵列转移到碱性阴离子交换膜上，形成了数百纳米厚度的新型阴极催化剂层（图 6-76）。在阴极催化剂层中不含碱性离聚物的情况下，用所制备的 MEA 制备的 AAEMFC 的峰值功率密度为 113 mW/cm^2，Pt 负载极低，可降至 20 mg/cm^2。这是 AAEMFC 首次采用有序结构电极结构，在不使用碱性离聚物的情况下，可以提供比传统 MEA 更高的功率密度。

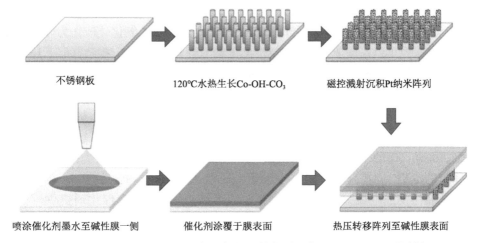

图 6-76　Co-OH-CO$_3$ 纳米针阵列合成 Pt 催化剂示意图及 AAEMFC 的制备

Tian 等[213]发明了 PEM 燃料电池在 VACNTs 薄膜上制备 Pt 电催化剂的过程。在这种方法中，使用廉价的铝箔取代传统的昂贵的硅片基底来生长 VACNTs。以乙酸铁钴盐乙醇溶液为前驱体，合成 FeCo 双金属催化剂，并均匀喷涂在铝箔上。将镀有 FeCo 催化剂的铝箔置于 PECVD 体系中，在 500℃焙烧 10 min 后，生长出VACNTs。以乙烯为碳源，生长温度为 500℃，然后采用物理溅射的方法，如直流（DC）或射频（RF）溅射系统，在 VACNTs/Al 箔上沉积 Pt 纳米颗粒。最后，通过热压将 VACNTs 膜上的 Pt 电催化剂完全从铝箔转移到 Nafion 膜上，制备PEM 燃料电池（图 6-77）。整个转移过程不需要任何化学去除和破坏膜。这种 Pt/VACNTs 做成的膜电极具有低 Pt 载量（Pt 担载量 35 μg /cm^2，商业化的膜电极为 400 μg/cm^2）、高性能（1.03 W/cm^2）的特点，并且由于基板为铝箔，比常用的硅和玻璃基板等具有更低的成本。

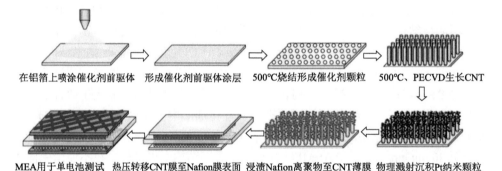

在铝箔上喷涂催化剂前驱体　　形成催化剂前驱体涂层　　500℃烧结形成催化剂颗粒　　500℃、PECVD生长CNT

MEA用于单电池测试　热压转移CNT膜至Nafion膜表面　浸渍Nafion离聚物至CNT薄膜　物理溅射沉积Pt纳米颗粒

图 6-77　在 VACNTs 上合成 Pt 催化剂的示意图及 PEM 燃料电池的制备

Wang 等[214]报道了一种优异的 Fe-N$_x$/C 催化剂，以二氧化硅球作为硬模板制备了具有核壳 Fe$_3$O$_4$掺杂碳（Fe$_3$O$_4$@NC）纳米颗粒嵌入到 N 掺杂有序互连的多孔碳（表示为 Fe$_3$O$_4$@NC/NHPC），形成有序互联的分层多孔结构和丰富的催化位点，用于氧还原反应（ORR）的 3D 取向整体集成电极（图 6-78）。重要的是，通过电泳方法将 Fe$_3$O$_4$@NC/NHPC 原位组装到了碳纸上，从而成功获得了设计良好的 3D 取向的整体集成有序电极。通过改善传质和最优化 ORR 活性位，面向 3D 的全集成电极显示出优于传统方法制造的电极的性能（加入一段自制的电极，不一样的地方）。本研究不仅为燃料电池提供了一种新型的非贵金属催化剂或电极，而且为构建高效纳米结构的 M-N$_x$/C 催化剂提供了一种通用的方法，也为在许多下一代动力装置中制备空间有序电极开辟了一条崭新的途径。

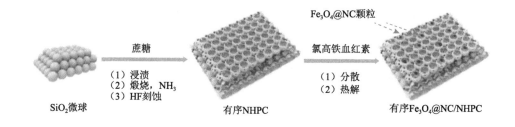

图 6-78　Fe₃O₄@NC/NHPC 催化剂的合成示意图

对于一个理想的电极结构来说，其应该促进电子传输从电流收集器到催化剂层，更重要的是能够提供一个畅通无阻的气体扩散途径，以持续供应足够的氧气反应物到反应的催化位点。采用聚四氟乙烯处理的碳纤维纸（TCFP）由于具有合理的电子导电性、高比表面积和高疏水表面，从而为氧、电解质和催化剂提供了三相接触点（TPCP）而被广泛使用。但是，直接在 TCFP（Pt/C-TCFP）上负载电催化剂（如 Pt/C）可能会阻止气相氧扩散到催化剂表面，因此界面不能为 ORR产生足够的 TPCP。为了进一步加速气体扩散过程，Lu 等[215]在纳米级 Pt/C 催化剂层和 TCFP 之间引入了由疏水剂[通常是聚四氟乙烯（PTFE）]和炭黑粉末组成的微孔层（MPL），如图 6-79（b）所示。这种体系结构设计（Pt/C-MPL-TCFP）加快了气体扩散过程，并由于分层孔隙而产生了更多的 TPCP。但是，具有绝缘混合的厚附加层（数十微米）会阻碍电子传输，导致更严重的欧姆损耗和性能下降。为了提高 ORR 性能，Sun 等设计了一种具有"超亲氧"表面特性的微/纳米结构电极，以加速气体扩散过程以及电子传输，如图 6-79（c）所示。通过在碳纤维纸（CFP）上制造掺钴的多孔掺氮碳纳米管（CoNCNT）阵列，直接生长特性确保紧密结合和高导电性，随后在高度粗糙的表面上进行 PTFE 改性（T-CoNCNT-CFP，"T"代表 PTFE），从而在水性介质下具有稳定的氧气层，具有"超好氧"性能。由于独特的结构，粗略估计 T-CoNCNT-CFP 电极的 TPCP 的总长度比 Pt/C-TCFP 的长度多一个数量级。电化学测试结果表明，尽管就起始电位而言 CoNCNTs 催化剂的 ORR 活性不如 Pt/C 催化剂高，但集成的"超亲氧"电极提供了快速稳定的电流密度增加，在高电位下其活性超过或与相同方法制备的商业 Pt/C 催化剂在碱性和酸性介质中的性能相当。此外，经过 20 h 的计时电流测试证明了该电极在高电流密度下具有突出的长期稳定性。微/纳米结构的"超亲氧"电极的出色性能表明，这种结构设计是合理的，对开发先进的 ORR 和其他电化学气体消耗反应电极具有重要的指导意义。

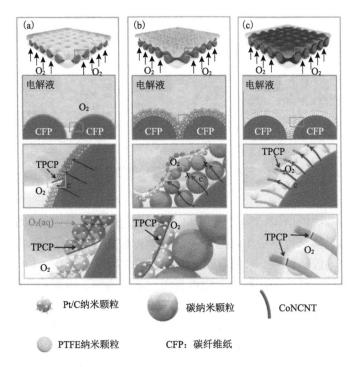

图 6-79 电解液存在条件下，不同结构催化层的 O_2 传输示意图：（a）由 Pt/C-TCFP 构筑的催化层；（b）添加了 MPL 的催化层(Pt/C-MPL-TCFP)；（c）通过在 CFP 上直接生长 CoNCNT 形成的"超亲氧"结构催化层

6.4 氧还原多孔电极的应用

金属-空气电池是指兼具原电池和燃料电池特点的一种"半燃料电池"。电池的负极为金属，正极为空气电极，正、负极间为电解质（图 6-80）。电解质根据金属负极的反应特性分为水性、非水性和水性-非水性混合三类。与原电池最大的不同在于，金属-空气电池的正极活性物质是空气，空气电极仅占电池体积的很小部分，空出的位置可大量携带活性负极金属，使金属-空气电池拥有很大的能量密度。与燃料电池最大的不同在于，金属燃料的内置以及负极反应的高活性，无须昂贵的负极催化剂，因而价格便宜。就金属-空气电池的高能量密度而言，表 6-17 列出了几种常见的金属-空气电池与其他几种车用动力电池的实际性能参数比较。

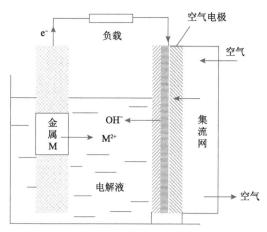

图 6-80　金属空气电池的工作原理

表 6-17　金属空气电池与其他几种电动汽车用动力电池实际性能参数比较

电池类型	理论能量密度/ （W·h/kg）	实际能量密度/ （W·h/kg）	功率密度/（W/kg）	循环寿命/次
铅酸电池	170	30～45	200～400	500
镍镉电池	214	40～60	200～400	1000
镍氢电池	275	70～80	400～1200	1000
锂离子电池	444	150～250	400～1000	2000
锌-空气电池	1320	10～230	100～200	>1000
铝-空气电池	8100	320～450	100～200	>1000
锂-空气电池	11140	3600	—	500

从上述表格中可以看出，金属-空气电极具有相对较高的体积能量密度、放电电压平稳、成本较低等优势。尽管金属-空气电池优势明显，但由于金属负极的高活性，也会产生一些负面影响。例如，金属接触电解液发生自放电以及放电产物附着于金属表面降低负极放电效率等，这些都是导致金属空气电池效率难以达到理论值的原因。以下将具体介绍各种不同分类的金属-空气电池。

6.4.1　锌-空气电池

锌-空气电池以其负极材料价廉易得、能在水溶液体系中进行充放电循环、工作电压平稳、低污染、安全可靠等优点而被广泛应用。自 1995 年以色列电燃料有限公司首次将锌-空气电池用于电动汽车上，使锌-空气电池进入了实用化阶段。其后，美国、德国、法国和瑞典等多个国家也都在电动汽车上积极推广其使用，美国 EOS 储能公司声称开发的二次锌-空气电池可实现 27 次循环充放电。

锌-空气电池所用的电解液可分为中性和碱性两种。以在碱性水溶液电解质中为例，锌空气电池的放电反应为

$$2Zn+O_2+2H_2O \Longrightarrow 2Zn(OH)_2 \qquad (6-8)$$

在锌-空气电池充电时，上述电化学反应逆向进行，在负极上镀锌，在正极上放出氧气。然而，由于其放电产物（即锌酸盐）在碱性电解液中的溶解度高，从而将游离在电解质中。充电时，锌酸盐不能及时且完全的返回锌片表面的相同位置，这会使电极形状发生变化或脱离电极，从而降低了电池的循环性能，甚至严重地会使电池短路。

早期研究锌-空气电池时，贵金属作为电催化剂被广泛使用。铂以其高效的 ORR 活性成为锌-空气电池阴极的首选材料，现如今它仍然是评估新电催化剂的基准。然而，由于其稀缺性而阻碍了它们的广泛应用。过去的几十年中，研究人员在开发非贵金属催化剂方面取得了重大成就，包括金属氧化物、金属碳化物[216]，金属硫属元素化物[217]、非贵金属配合物[218]，不含金属的杂原子掺杂碳[219-222]。特别是，过渡金属-氮共掺杂碳材料（M-N/C，其中，M=Fe 或 Co）已成为最有前途的非贵金属催化剂之一。其中，催化剂的比表面积（SSA）和多孔结构显然会影响 ORR 性能。Dodelet 等[223]发现在热解过程中产生的微孔具有大部分活性位点，从而提出催化活性是由单位质量催化剂的微孔表面反映出来。但是，ORR 发生在三相界面上，该界面包含催化位点、氧气和电解质。以微孔为主的催化剂，其反应物（如 O_2，H_2，H_2O 等）的传输效率很低，容易掩盖催化剂的活性。Li 等[224]设计了一系列有序的介孔/大孔 g-C_3N_4/C 催化剂，并揭示了快速扩散带来的改进的催化性能 [36]。结合不同孔隙和分级孔的优点旨在提高催化剂中所需活性位点的密度和可及性，从而改善催化性能。

传统的构造多孔碳材料方法是采用二氧化硅模板[225]。但是，这种策略耗时且涉及复杂的过程，因此无法满足大规模生产的要求。Zhao 等[226]开发出一种简便的方法来制造相互连接的、分层多孔的铁和氮掺杂的碳纳米纤维（HP-Fe-N/CNFs）。在合成过程中，以聚苯乙烯（PS）为一维载体，FeCl₃ 用作引发剂在聚苯乙烯（PS）纤维上聚合吡咯（图 6-81）。在热解完成后，获得具有相互连接的分层多孔结构的碳纳米纤维。高的比表面积和大的孔体积提供了高效的传质通道，并且增加了 ORR 过程中可充分利用的活性位点。

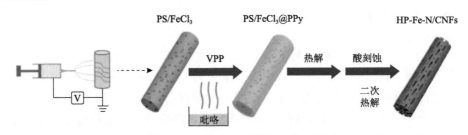

图 6-81　HP-Fe-N/CNFs 制备工艺示意图

将制得的催化剂墨水以 1.0 mg/cm² 的负载量涂覆到用 PTFE 处理的碳纤维纸（1 cm×1 cm）上，通过极化曲线和功率密度曲线可以观察到，开路电压为 1.42 V，在电流密度为 218 mA/cm² 时达到了峰值功率密度（135 mW/cm²），高于 Fe-N/CNFs 的峰值功率密度（112 mA/cm² 的电流密度下为 81 mW/cm²）和 30 wt% 的 Pt/C（在 193 mA/cm² 的电流密度下为 131 mW/cm²）。当将 HP-Fe-N/CNFs 基 Zn-空气电池归一化为 5 mA/g 的消耗锌的质量时，其比容量为 701 mA·h/g$_{Zn}$（对应于 867 W·h/kg$_{Zn}$ 的能量密度）。恒电流放电曲线显示，在电流密度为 5 mA/cm² 的情况下，HP-Fe-N/CNFs 在 20 h 后的电压高于 30 wt% Pt/C（1.21 V）的电压。此外，在 10 mA/cm² 和 20 mA/cm² 时，稳定电压分别为 1.21 V 和 1.13 V。消耗完 Zn 之后，通过重新填充 Zn 箔和电解质来"充电"电池。如图 6-82（d）所示，对 HP-Fe-N/CNFs 进行了长期恒电流放电测试，测试电流为 5 mA/cm²。在测试过程中没有出现明显的电压降（图 6-82）。

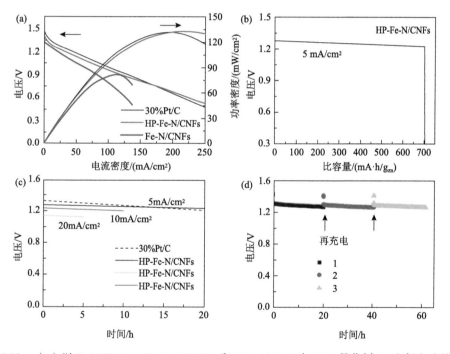

图 6-82　（a）以 Fe-N/CNFs、HP-Fe-N/CNFs 和 30 wt% Pt/C 为 ORR 催化剂 Zn-空气电池的极化和功率密度曲线；（b）以 HP-Fe-N/CNFs 为 ORR 催化剂的锌空气电池比容量；（c）以 HP-Fe-N/CNFs 和 30 wt% Pt/C 为 ORR 催化剂和 KOH 电解质在不同电流密度（5 mA/cm²、10 mA/cm² 和 20 mA/cm²）下的 Zn-空气电池恒电流放电曲线；（d）在电流密度为 5 mA/cm² 的情况下，使用 HP-Fe-N/CNFs 进行长期恒流放电试验

　　一方面,高纵横比的纤维及其由静电纺丝形成的网络提供了一个稳定的支架,可以最大限度地降低扩散和电子传导阻力(图 6-83)[227,228]。另一方面,互连的具有大孔体积的分层多孔结构表面积提供了反应物的平稳输送以及活性位点的显著提高[224]。如上所述,这些协同作用是电化学和锌空气电池中 HP-Fe-N/CNF 高性能的原因。

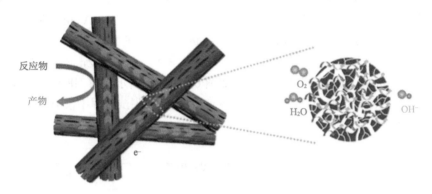

图 6-83　ORR 催化活性增强的互连级多孔纤维示意图

　　魏子栋等[229]也进一步发展了一种基于低共熔盐模板的高密度活性位 Fe/N/C催化剂可控的制备方法(图 6-84)。以具有三维多孔结构的低共熔盐为模板剂和造孔剂,利用低共熔盐较低的熔融温度和熔融状态,控制聚合物高温碳化时的结构、形貌转换,有效解决了聚合物前驱体在高温碳化过程中的结构坍塌、烧结及热解损失问题,利用低共熔盐的模板和造孔作用,调控 Fe/N/C 催化剂的比表面积和孔结构,实现了活性位点密度和传质效率全面提升。通过该方法合成的Fe/N/C 催化剂产率和氮含量分别高达 74.53%和 9.85%,远高于传统直接碳化方法。ORR 测试结果表明,该催化剂在酸性和碱性介质中均具有很高的氧还原催化活性,在酸性介质的半波电位为 0.803 V,碱性介质中为 0.921 V,比商业 Pt/C催化剂高出 41 mV。以锌箔用作阳极,以 0.5 mg/cm^2 的催化剂涂覆到用 PTFE处理过碳纸上,测得的最大的功率密度为 206 mW/cm^2,优于 Pt/C(150 mW/cm^2)。另外,还计算了在不同放电电流下 Fe/N/C-ZnCl$_2$/KCl 和 Pt/C 催化剂之间的电势差,以深入了解 Fe/N/C-ZnCl$_2$/KCl 催化剂高活性的起源。发现 Fe/N/C-ZnCl$_2$/KCl和 Pt/C 催化剂之间的电势差从 1 mA/cm^2 的 25.8 mV 和 10 mA/cm^2 的 26.4 mV急剧增加到 100 mA/cm^2 的 50.2 mV,表明互连的 Fe-NC 催化剂 3D 大孔网络更有利于更高电流密度下的传质。

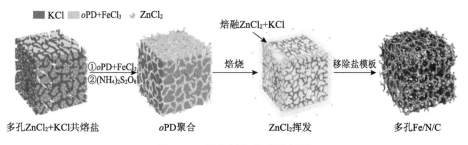

图 6-84　催化剂的合成示意图

　　为了简化催化剂的制备步骤，Wang 等[230]开发了一种快速而简便的方法来制备由催化剂层和 GDL 组成的集成电极，如图 6-85 所示。GDL 中的亲水性和疏水性微通道导致高的氧气传输能力和丰富的三相边界。同时该制造方法避免了在集成电极的制备过程中聚四氟乙烯（PTFE）对活性位的阻塞，暴露了更多有效的活性位，显著提高了催化性能。另外，在泡沫 Ni 上原位生长的多孔 Co_3O_4 纳米片使电子易于从高导电性集电器转移到活性位点，从而提高了 Co_3O_4 的电导率。该集成式空气电极直接组装为水性锌-空气电池和柔性固态锌-空气电池，其中，水性锌-空气电池表现出高的开路电位（1.41 V），约 68% 的能量效率，出色的循环稳定性以及较高的峰值功率密度（162 mW/cm^2）。对于柔性固态锌-空气电池，具有夹层结构的电池表现出 1.35 V 的开路电位，优异的循环稳定性和出色的柔韧性，表明其具有可穿戴和柔性电子产品的潜力。

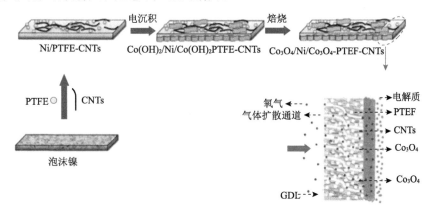

图 6-85　自支撑 Co_3O_4/Ni/GDL 制备示意图

6.4.2　锂-空气电池

　　锂-空气电池是除氢氧燃料电池以外拥有最高的理论能量密度的电池。其理论能量密度可达 11140 W·h/kg，与汽油机理论能量密度相接近，是目前高性能锂离子电池理论能量密度的 10 倍以上，因此备受研究人员的广泛关注。与现有的锂离子电池相比，由于锂-空气电池的正极不使用重金属氧化物，其实际储电能力是锂离子电池的 4～5 倍。锂-空气电池根据使用电解质的类型可以分为：水溶液体系、有机体系和有机-水混合体系三类。其中有机体系锂-空气电池是二次锂-空气电池的研究热点。

在有机电解质中，锂-空气电池的放电反应为

$$4Li+O_2 = 2Li_2O \tag{6-9}$$

$$2Li+O_2 = Li_2O_2 \tag{6-10}$$

充电时，电解液中 Li^+ 在负极上得到电子生成金属 Li 沉积并恢复到未放电的金属状态：正极一端 Li_2O 或 Li_2O_2 中的 O^{2-} 和 O_2^{2-} 失去电子成为 O_2 挥发到空气中，释放出的 Li^+ 进入电解液并传输到负极一端补充负极附近电解液中因 Li 沉积而导致的 Li^+ 浓度的减少，直到正极的 LiO 或 Li_2O 全部电解。

在放电过程中，O_2 与 Li 反应形成不溶性和绝缘性的 Li_2O_2 产物，该产物钝化表面并填满阴极的孔，堵塞了 O_2 和 Li 的传输通道，阻碍了进一步的放电反应。在充电过程中，先前形成的不溶性 Li_2O_2 产物分解成 Li 和 O_2，这是一个相当缓慢的电化学过程。充电/放电过程会导致差速容量、大极化和 $Li-O_2$ 电池的快速性能下降[231-235]。因此，高效氧阴极的设计被认为是对 $Li-O_2$ 电池应用的重大挑战。为了应对这一挑战，已经对多孔阴极体系结构的设计和制造进行了许多研究，尤其是导电多孔碳结构。

Xiao 等证明石墨烯纳米片（GNS）可以自组装成高度多孔的结构，通过提供更多的反应活性位点表现出改善的放电容量[233]。但是，GNS 通常严重堆积或聚集，而且，无序的孔结构和不可渗透的 GNS 不利于有效的 O_2 和 Li 扩散。Guo 等制备了直径约 200 nm 的碳球阵列，介孔空隙为 60 nm[237]。但是合成的介孔通道对于 O_2 和 Li 的运输来说太长了，很容易被 Li_2O_2 产品阻塞，从而大大限制了 $Li-O_2$ 电池的倍率能力。因此，合理地设计阴极结构，使其具有充足的通道可快速传输 O_2 和 Li，足够的孔体积以容纳 Li_2O_2 产物以及众多的高活性催化位点、对于实现高速率能力、低充电/放电极化和长循环寿命至关重要。

Yang 等[238]提出了一种独特的分层碳结构的设计和简便合成方法，该结构由高度有序的大孔和超薄壁上丰富的介孔组成，并通过低结晶度的钌纳米团簇进一步功能化，以用作 $Li-O_2$ 电池的负极（图 6-86）。直径约 250 nm 的高度有序的大孔和厚度仅为 4～5 nm 的超薄介孔壁显著加速了 O_2 和 Li 的扩散，并提供了足够的空隙来容纳 Li_2O_2 产品。此外，表面积为 451 m^2/g 的 HOM-AMUW 结构丰富而独特的介孔为电化学反应提供了足够的活性位点，并且更重要的是，放电产物的形态基本上呈花状，有利于调整反应路径。此外，直径为 1～2 nm 的均匀分散的低结晶 Ru 纳米簇可有效降低电荷极化并提高循环稳定性。由于这些协同作用，

具有这种独特的 HOM-AMUW 阴极的 Li-O$_2$ 电池具有出色的容量、倍率性能和循环稳定性。这种分层碳结构及其对放电产物形态的调节是首次报道,尽管已经研究了一些多孔碳和钌材料用于氧电极,这些研究提供了有见地的指导,为发展 Li-O$_2$ 电池以及燃料电池和其他金属空气电池的高性能气体电极提供了有希望的策略。

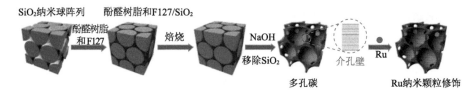

SiO$_2$纳米球阵列　酚醛树脂和F127/SiO$_2$
酚醛树脂和F127　　焙烧　　NaOH移除SiO$_2$　　介孔壁　　Ru
多孔碳　　Ru纳米颗粒修饰

图 6-86　超薄层次多孔碳和钌功能化纳米多孔碳结构的合成示意图

锂-空气电池中氧电极中的碳材料在高电位下已经被证明会随着电解液的分解而分解。另一方面,由于 Li$_2$O$_2$/电极界面势垒的电荷诱导形成,电极和 Li$_2$O$_2$ 之间的电子传输不良也会导致非水 LiO$_2$ 电池的高极化。Shui 等[239]通过化学气相沉积(CVD)制备了垂直排列的氮掺杂珊瑚状碳纳米纤维(VA-NCCF)阵列,然后将其转移到一块微孔不锈钢布上。充、放电高原之间的电压间隙(0.3 V)较窄,并且获得了异常高的 90%的能量效率(图 6-87)。这是目前报道的锂氧电池中最低的过电势和最高的能源效率,并且在 1000 mA·h/g 的比容量下超过了 150 个高度可逆的循环。其中,VA-NCCF 纤维独特的垂直排列的珊瑚状结构提供了有效的 Li$_2$O$_2$ 沉积和增强的电子/电解质/反应物传输的大自由空间,以及具有最小接触电阻的高导电性微孔 SS 布支撑物。这项工作清楚地表明,通过使用具有明确定义的分层结构诱导的催化活性的合理设计的氧电极,可以显著提高 Li-O$_2$ 电池的性能。

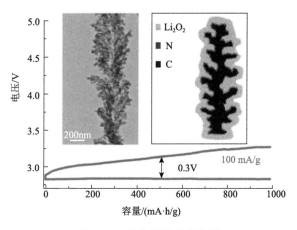

图 6-87　催化剂的充放电图

6.4.3　铝-空气电池

铝-空气电池因其理论能量密度仅次于锂-空气电池，且材料价格便宜、可以在水性电解质中放电等优点一直被人们关注。与锂-空气电池采用有机电解液不同，铝-空气电池采用的电解液一般为水性溶液，主要有中性和碱性两种。在中性水溶液电解液中，铝-空气电池的放电反应为

$$2Al + \frac{3}{2}O_2 + 3H_2O === 2Al(OH)_3 \qquad (6-11)$$

在碱性水溶液电解液中，其放电反应为

$$2Al + \frac{3}{2}O_2 + 2OH^- + 3H_2O === 2[Al(OH)_4]^- \qquad (6-12)$$

碱性溶液通常用作铝-空气电池中的电解质，以实现高功率输送，中性电解液应用于应急灯和海底电源等铝-空气电池中[240,241]。然而，由于阴极氧还原反应（ORR）的动力学缓慢，铝-空气电池的功率密度仍然不能令人满意。Pt 基贵金属材料是最著名的高效 ORR 电催化剂。然而，众所周知的高成本和自然稀缺严重地抑制了金属空气电池的商业化。此外，由于 Pt 在强碱性介质中溶解和碳腐蚀，Pt/C 的耐久性不能满足要求[242-244]。近年来，非贵金属电催化剂的研究一直是国内外的热点。

将金属嵌入多孔碳基质中是目前最常用的增加活性位点并加速质量转移的有效方法[245,246]。多孔碳基体可以限制金属的生长，并有利于活性位点完全暴露于界面，大大提高了 ORR 性能[247]。其中，金属有机骨架（MOF）被认为是制备碳基质的良好前体[248-250]。但是，直接高温分解通常会导致体系结构崩溃，并且在高温煅烧过程中金属物种会严重聚集[251-253]。因此，热解 MOF 衍生材料的合成策略需要进一步完善[254]。

Jiang 等[242]借助二氧化硅稳定化策略开发了一种嵌入氮掺杂碳骨架中的 CoNi 双金属纳米合金（称为 CoNi-NCF）。二氧化硅的稳定化有利于 CoNi 合金和碳骨架保持其原始尺寸，随后的蚀刻工艺会在 CoNi-NCF 中形成孔（图 6-88）。由于形成了较大的比表面积、丰富的孔结构和稳定的导电碳基质，CoNi-NCF 在中性和碱性电解质中的 ORR 性能均优于市售的 Pt/C。同时，NCF 坚固的多孔框架结构还可提供更多的活性位点，并促进电子和质量传递，从而导致 CoNi-NCF 的 ORR 活性高于 CoNi-NC。使用 CoNi-NCF 催化剂制造的水性和柔性准固态铝-空气电池在实际应用中显示出卓越的电池性能。

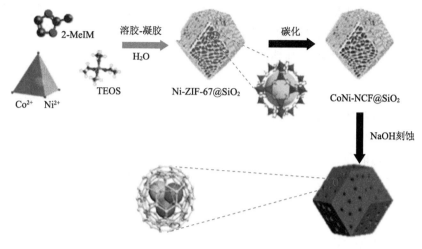

图 6-88　CoNi-NCF 的合成示意图

6.4.4　其他空气电池

1. 镁-空气电池

镁-空气电池的理论能量密度仅次于轻金属锂和铝。镁-空气电池所持能量是同等大小锂电池的 5 倍，且可采用机械充电，充电速度快捷。韩国科学技术研究院成功完成了镁-空气电池驱动汽车的路面行驶测试，在一块完整电池的驱动下能使电动汽车行驶距离达到 800 km。从理论上讲，镁空气电池能够在中性状态下提供高能量密度和放电电压条件[255,256]；同时，Mg 合金具有良好的生物吸收性，所产生的 Mg^{2+} 对环境和人体无毒性[257]。镁-空气电池所采用的电解质有水溶液和有机溶液两类。电解质不同，电池反应的机理也不同。在水溶液体系中，电池反应为

$$Mg + \frac{1}{2}O_2 + H_2O \rule[0.5ex]{1.5em}{0.4pt} Mg(OH)_2 \qquad （6-13）$$

在有机体系中电池反应为

$$Mg + \frac{1}{2}O_2 \rule[0.5ex]{1.5em}{0.4pt} MgO \qquad （6-14）$$

然而，镁-空气电池在运行期间的高极化、低库仑效率以及比理论电压低得多的工作电压限制了它们的广泛应用[256]。提高镁-空气电池性能的最重要的科学挑战之一是改变空气阴极处的氧还原反应（ORR）缓慢的动力学行为。

除了合成具有高 ORR 催化活性的催化剂外，构建快速离子和空气扩散通道也是提高 ORR 反应的一个重要挑战。对于各种纳米结构的多孔碳催化剂，碳纳米纤

维（CNF）表现出大直径、高的长径比、相互连接的离子和空气扩散纳米纤维网络[36,258-260]。然而，目前报道的 CNF 主要是微孔结构，通过经济高效且简便的方法在 CNF 中引入开放的介孔和相互连接的通道颇具挑战性。

Cheng 等[261]首次受到蟾蜍产卵的纤维线结构的启发，报道了 Fe-N$_x$ 原子偶联开孔的 N 掺杂碳纳米纤维（OM-NCNF-FeN$_x$）的可扩展合成，其中主要制造工艺包括包覆二氧化硅纳米聚集体的聚丙烯腈（PAN）溶液的电纺以及掺铁的沸石咪唑酸盐骨架（ZIF）薄层的二次涂层和碳化，这使所制造的纳米纤维具有开放的介孔结构和均匀耦合的原子 Fe-N$_x$ 催化位点（图 6-89）。在液体和固体 Mg-空气电池中均表现出了较高的功率密度和较长的稳定性。最重要的是，装有中性电解质的 Mg-空气电池组也具有高的开路电压、稳定的放电电压平稳期、高的容量、长期的使用寿命和良好的柔韧性。开放的介孔、相互连接的结构以及高的比表面积使活性 Fe-N$_x$ 的位点完全可及，改善了传质性能，同时阴极中的 3D 分层孔通道和网络结构显著增加了空气扩散路径，从而使催化剂具有良好的生物适应性以及对碱性和中性电解质的高氧电催化性能。

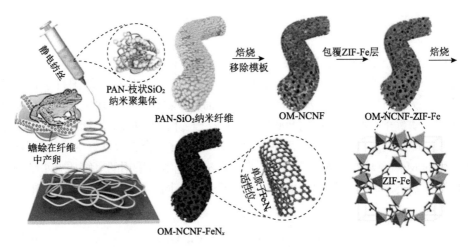

图 6-89　受蟾蜍卵纤维串结构启发的开放介孔 CNFs 的制备的示意图

2. 铁-空气电池

美国南加利福尼亚大学文理学院开发出一种铁-空气电池，成本低廉、环保可充电。用于阴雨天太阳能和风力发电厂储能。这种铁-空气电池以铁作负极，以空气电极为正极，以水溶液为电解质。电池的放电过程类似铁生锈过程，目前开发的这种电池具有存储 8～24 h 能源的能力。与市售电池相比，铁空气电池由于理论容量高（960 mA·h/g）、循环寿命长、成本低以及对环境友好的特性，在运输中具有巨大的应用潜力[262-267]。但是，在放电过程中形成钝化 $Fe(OH)_2$ 层和在充电过程中发生的析氢反应会导致实际性能、比容量和循环寿命的降低，从而严重限制了其广泛的应用。

Trinh 等[268]利用高孔隙率和大实际表面积的 α-Fe_2O_3 微粒，通过水热法合成了铁-空气电池的高性能负极材料。将合成的 Fe_2O_3 微粒与乙炔黑（AB）碳混合并制备 Fe_2O_3/AB 复合电极，进行电化学测量。具有多孔球状（urchin）和多孔板状两种结构的合成的 α-Fe_2O_3 微粒的 α-Fe_2O_3/AB 电极循环性能优于市售的 Fe_2O_3。Fe_2O_3 的形态特征和孔隙率影响了 Fe_2O_3/AB 复合电极的电化学性能，即海胆结构所提供的容量要大于多孔板所提供的容量。α-Fe_2O_3 颗粒的高孔隙率导致较大的内部电阻，并导致电极容量降低。

3. 钠-空气电池

德国吉森大学卡尔斯鲁尔研究中心与巴斯夫公司的科研人员合作，用金属钠取代目前最常用的金属锂作为电极材料，设计了一种二次钠-空气电池，并研制出电池样品。钠-空气电池的理论比能量可达 1600 W/kg，放电电压为 2.2 V。由于其高的理论比容量、高的能量密度、低成本和低的环境影响，已经有大量的研究来开发可充电钠-空气电池（SAB）[269-274]。根据系统中使用的不同电解质，分为两类 SAB，即非水和水/混合 SAB[270,275]。非水 SAB 的电化学性能受到固体放电产物（如 Na_2O 和 Na_2O_2）的不溶性的限制，这些物质会阻塞空气电极，从而阻碍长期运行[216,276-280]。而且，电池系统需要一个辅助的纯氧气罐来提供氧气并防止杂质进入电解质[281,282]。相反，混合型 SAB 可以通过使用水性电解质（如 NaOH 或由 $NaNO_3$ 和柠檬酸组成的酸性阴极电解液）来消除不溶性放电产物的影响[270,273]。NaOH 电解质按以下方式参与阴极的 ORR 和 OER

$$4NaOH（aq）\Longrightarrow 4Na+O_2+2H_2O+4e^- \qquad (6\text{-}15)$$

因此，放电产物是极易溶于水的 NaOH，从而改善了电池性能。与非水相 SAB 相比，混合型 SAB 具有更高的理论标准电池电压 3.11 V、更高的理论比容量 838 mA·h/g 和更低的过电势。Liang 等[272]首先提出了 Mn_3O_4/C 作为混合 SAB 的有效催化剂，它在 1 mA/cm^2 的电流密度下表现出 2.60 V 的放电电压。随后，具有氮掺杂的还原氧化石墨烯杂化物（dp-$MnCo_2O_4$/NrGO）的双相尖晶石 $MnCo_2O_4$ 被用作杂化 SAB 中的电催化剂，与商业化的 Pt/C 相比，具有更好的催化性能[271]。Sahgong 等[283]合成了用于混合型 SAB 的 Pt/C 涂层碳纸催化剂，在电流密度为 0.025 mA/cm^2 时显示出 2.85 V 的高且稳定的放电电压和 84.3% 的高电压效率。但是，Pt/C 的稀缺性和高成本是空气电极大规模应用的主要障碍[284]。Cheon 等[285]研究了带有不同电催化剂涂层碳纸的混合 SAB 的充放电曲线，发现尽管基于石墨纳米壳/介孔碳纳米复合物（GNS/MC）的电池表现出约 115 mV 的低充放电极化，但 ORR 活性令人不满意。而且由于复杂的合成方法，难以大规模制备该材料。Abirami 等[286]在多孔 SAB /海水电池中使用多孔氧化锰钴（CMO）纳米管作为阴极电催化剂，显示出良好的循环性能和 ORR 活性，但 CMO 催化剂显示出高的充电电压，导致在 0.01 mA/cm² 的电流密度下 0.53 V 的大电压差。

Wu 等[287]通过对多面体 ZIF-67 颗粒进行简单的热处理而获得多孔笼结构（图 6-90），与混合 SAB 中的商用 Pt/C 和 RuO₂ 相比，该催化剂表现出出色的活性和耐久性。其中，空心框架结构不仅为 O₂ 吸附提供了结构缺陷位，而且还改善了质量传输和电子传导性，从而增强了催化活性。坚固的多孔笼结构有助于提高催化剂的稳定性。高效且廉价的源自金属有机骨架的 NCNT 是一种有前途的氧电催化剂，可用于混合 SAB 和其他金属空气电池的实际应用。

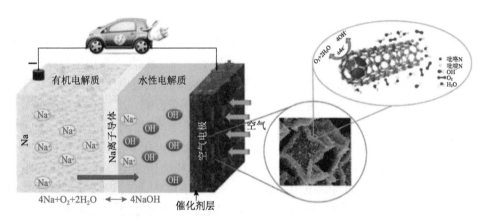

图 6-90　典型的钠-空气混合电池的示意图，以及限域在 MOF-NCNTs 中 Co 表面的 ORR 和 OER 过程

6.5　展　　望

基于"一个反应、两类导体、三相界面、四条通道"的氧还原过程典型特征和本章前面总结的相关研究可知，孔道设计在氧还原催化剂和气体多孔电极的构建过程中占据了相当重要的地位。近 20 年的时间里，伴随着大量新的材料合成方法的诞生，研究人员对材料微观、介观结构的调控已经达到一个前所未有的精确程度，氧还原催化剂的孔道正逐步从最初的随机产生、无规则分布过渡到有序、规律排布。对这些有序结构的研究大大加深了人们对不同结构孔道特征的理解，也为优化催化剂的孔道设计提供了一定指导原则。

同时，催化剂孔道的有序性大多体现在微观、介观尺度，将催化剂制备成多孔电极后，多数情况呈现的是电极催化层部分有序而非整体有序。笔者认为提升多孔电极的有序度、构筑整体有序电极是未来的主要发展趋势之一。通过一定手段，实现多孔电极的整体有序排布，既能够提升活性位点利用率，又可以实现高效传质。此外，电极的超薄化也是一个非常重要的方面，式（6-1）表明了其对于提升传质的重要作用，相应地，如何在超薄层内引入足够丰富的活性位点则是一个值得深入研究的课题。

本章 6.1 节介绍的水、气分离抗水淹传质通道，成功实现了"鱼有鱼道，虾有虾道"，是在孔道空间而非骨架内实现电极部分有序化的一个成功典范，如何构建水、气独立传输通道并提升传输效率，也值得进一步深入挖掘。

参 考 文 献

[1] Will F G. Electrochemical oxidation of hydrogen on partially immersed platinum electrodes: I. Experiments and interpretation[J]. Journal of the Electrochemical Society, 1963, 110(2): 145.

[2] Nguyen T V, White R E. Water and heat management model for proton exchange-membrane fuel cells[J]. Journal of the Electrochemical Society, 1993, 140(8): 2178-2186.

[3] Sridhar P, Perumal R, Rajalakshmi N, et al. Humidification studies on polymer electrolyte membrane fuel cell[J]. Journal of Power Sources, 2001, 101(1): 72-78.

[4] He W S, Lin G Y, van Nguyen T. Diagnostic tool to detect electrode flooding in proton-exchange-membrane fuel cells[J]. AIChE Journal, 2003, 49(12): 3221-3228.

[5] Wang C Y. Fundamental models for fuel cell engineering[J]. Chemical Reviews, 2004, 104(10): 4727-4765.

[6] Weber A Z, Newman J. Modeling transport in polymer-electrolyte fuel cells[J]. Chemical Reviews, 2004, 104(10): 4679-4726.

[7] Piela P, Springer T E, Davey J, et al. Direct measurement of iR-free individual-electrode overpotentials in polymer electrolyte fuel cells[J]. Journal of Physical Chemistry C, 2007, 111(17): 6512-6523.

[8] Wei Z D, Ji M B, Hong Y, et al. MnO_2-Pt/C composite electrodes for preventing voltage reversal effects with polymer electrolyte membrane fuel cells[J]. Journal of Power Sources, 2006, 160(1): 246-251.

[9] Ji M B, Wei Z D, Chen S G, et al. A more flooding-tolerant oxygen electrode in alkaline electrolyte[J]. Fuel Cells, 2010, 10(2): 289-298.

[10] Li A D, Chan S H, Nguyen N T. Anti-flooding cathode catalyst layer for high performance pem fuel cell[J]. Electrochemistry Communications, 2009, 11(4): 897-900.

[11] Ji M B, Wei Z D, Chen S G, et al. A novel antiflooding electrode for proton exchange membrane fuel cells[J]. Journal of Physical Chemistry C, 2009, 113(2): 765-771.

[12] Ji M B, Wei Z D, Chen S G, et al. A novel anode for preventing liquid sealing effect in dmfc[J]. International Journal of Hydrogen Energy, 2009, 34(6): 2765-2770.

[13] Ji M B, Wei Z D. A review of water management in polymer electrolyte membrane fuel cells[J]. Energies, 2009, 2(4): 1057-1106.

[14] Sperling L H. Introduction to Physical Polymer Science[M]. New Jersey: John Wiley & Sons, 2005.

[15] Chai G S, Shin I, Yu J S. Synthesis of ordered, uniform, macroporous carbons with mesoporous walls templated by aggregates of polystyrene spheres and silica particles for use as catalyst supports in direct methanol fuel cells[J]. Advanced Materials, 2004, 16(22): 2057-2061.

[16] Li W, Liu J, Zhao D Y. Mesoporous materials for energy conversion and storage devices[J]. Nature Reviews Materials, 2016, 1(6): 1-17.

[17] Liu J, Qiao S Z, Liu H, et al. Extension of the stöber method to the preparation of monodisperse resorcinol–formaldehyde resin polymer and carbon spheres[J]. Angewandte Chemie International Edition, 2011, 123(26): 6069-6073.

[18] Wang G, Sun Y H, Li D B, et al. Controlled synthesis of N-doped carbon nanospheres with tailored mesopores through self-assembly of colloidal silica[J]. Angewandte Chemie International Edition, 2015, 127(50): 15406-15411.

[19] Wang M J, Zhao T, Luo W, et al. Quantified mass transfer and superior antiflooding performance of ordered macro-mesoporous electrocatalysts[J]. AIChE Journal, 2018, 64(7): 2881-2889.

[20] Zhao D Y, Feng J L, Huo Q S, et al. Triblock copolymer syntheses of mesoporous silica with periodic 50 to 300 angstrom pores[J]. Science, 1998, 279(5350): 548-552.

[21] Li H Q, Luo J Y, Zhou X F, et al. An ordered mesoporous carbon with short pore length and its electrochemical performances in supercapacitor applications[J]. Journal of the Electrochemical Society, 2007, 154(8): A$_7$31.

[22] Mao Z X, Wang C, Shan Q, et al. An unusual low-surface-area nitrogen doped carbon for ultrahigh gravimetric and volumetric capacitances[J]. Journal of Materials Chemistry A, 2018, 6(19): 8868-8873.

[23] Sun G W, Wang J T, Liu X J, et al. Ion transport behavior in triblock copolymer-templated ordered mesoporous carbons with different pore symmetries[J]. Journal of Physical Chemistry C, 2010, 114(43): 18745-18751.

[24] Mao Z X, Zhang W, Wang M J, et al. Enhancing rate performances of carbon based supercapacitors[J]. ChemistrySelect, 2019, 4(22): 6827-6832.

[25] Jaouen F, Lefèvre M, Dodelet J P, et al. Heat-treated Fe/N/C catalysts for O$_2$ electroreduction: are active sites hosted in micropores?[J]. Journal of Physical Chemistry B, 2006, 110(11): 5553-5558.

[26] Charreteur F, Jaouen F, Ruggeri S, et al. Fe/N/C non-precious catalysts for pem fuel cells: influence of the structural parameters of pristine commercial carbon blacks on their activity for oxygen reduction[J]. Electrochimica Acta, 2008, 53(6): 2925-2938.

[27] Jaouen F, Dodelet J P. Non-noble electrocatalysts for O$_2$ reduction: how does heat treatment affect their activity and structure? part I. Model for carbon black gasification by NH$_3$: parametric calibration and electrochemical validation[J]. Journal of Physical Chemistry C, 2007, 111(16): 5963-5970.

[28] Lee S, Choun M, Ye Y, et al. Designing a highly active metal-free oxygen reduction catalyst in membrane electrode assemblies for alkaline fuel cells: effects of pore size and doping-site position[J]. Angewandte Chemie International Edition, 2015, 54(32): 9230-9234.

[29] Lee S H, Kim J, Chung D Y, et al. Design principle of Fe-N-C electrocatalysts: how to optimize multimodal porous structures?[J]. Journal of the American Chemical Society, 2019, 141(5): 2035-2045.

[30] Shui J L, Chen C, Grabstanowicz L, et al. Highly efficient nonprecious metal catalyst prepared with metal-organic framework in a continuous carbon nanofibrous network[J]. Proceedings of the National Academy of Sciences, 2015, 112(34): 10629-10634.

[31] Knox J H, Kaur B, Millward G R. Structure and performance of porous graphitic carbon in liquid chromatography[J]. Journal of Chromatography A, 1986, 352: 3-25.

[32] Shen H J, Gracia-Espino E, Ma J Y, et al. Atomically FeN$_2$ moieties dispersed on mesoporous carbon: A

new atomic catalyst for efficient oxygen reduction catalysis[J]. Nano Energy, 2017, 35: 9-16; Lu A H, Schüth F S. Nanocasting: a versatile strategy for creating nanostructured porous materials[J]. Advanced Materials, 2006,14: 1793-1805.

[33] Benzigar M R, Joseph S, Ilbeygi H, et al. Highly crystalline mesoporous C_{60} with ordered pores: a class of nanomaterials for energy applications[J]. Angewandte Chemie International Edition, 2018, 57(2): 569-573.

[34] Li Z L, Li G L, Jiang L H, et al. Ionic liquids as precursors for efficient mesoporous iron-nitrogen-doped oxygen reduction electrocatalysts[J]. Angewandte Chemie International Edition, 2015, 54(5): 1494-1498.

[35] Liang J, Zheng Y, Chen J, et al. Facile oxygen reduction on a three-dimensionally ordered macroporous graphitic C_3N_4/carbon composite electrocatalyst[J]. Angewandte Chemie International Edition, 2012, 51(16): 3892-3896.

[36] Yin Y B, Xu J J, Liu Q C, et al. Macroporous interconnected hollow carbon nanofibers inspired by golden-toad eggs toward a binder-free, high-rate, and flexible electrode[J]. Advanced Materials, 2016, 28(34): 7494-500.

[37] Li Y G, Zhou W, Wang H L, et al. An oxygen reduction electrocatalyst based on carbon nanotube-graphene complexes[J]. Nature Nanotechnology, 2012, 7(6): 394-400.

[38] Xiong W, Du F, Liu Y, et al. 3-d carbon nanotube structures used as high performance catalyst for oxygen reduction reaction[J]. Journal of the American Chemical Society, 2010, 132(45): 15839-15841.

[39] Jin C, Nagaiah T C, Xia W, et al. Metal-free and electrocatalytically active nitrogen-doped carbon nanotubes synthesized by coating with polyaniline[J]. Nanoscale, 2010, 2(6): 981-987.

[40] Wei W, Liang H, Parvez K, et al. Nitrogen-doped carbon nanosheets with size-defined mesopores as highly efficient metal-free catalyst for the oxygen reduction reaction[J]. Angewandte Chemie International Edition, 2014, 53(6): 1570-1574.

[41] Balgis R, Widiyastuti W, Ogi T, et al. Enhanced electrocatalytic activity of Pt/3d hierarchical bimodal macroporous carbon nanospheres[J]. ACS Applied Materials Interfaces, 2017, 9(28): 23792-23799.

[42] Xu J X, Yu Q M, Wu C X, et al. Oxygen reduction electrocatalysts based on spatially confined cobalt monoxide nanocrystals on holey N-doped carbon nanowires: the enlarged interfacial area for performance improvement[J]. Journal of Materials Chemistry A, 2015, 3(43): 21647-21654.

[43] Xie K, Qin X T, Wang X N, et al. Carbon nanocages as supercapacitor electrode materials[J]. Advanced Materials, 2012, 24(3): 347-352.

[44] Jiang Y F, Yang L J, Sun T, et al. Significant contribution of intrinsic carbon defects to oxygen reduction activity[J]. ACS Catalysis, 2015, 5(11): 6707-6712.

[45] Zhao Y, Hu C G, Hu Y, et al. A versatile, ultralight, nitrogen-doped graphene framework[J]. Angewandte Chemie International Edition, 2012, 51(45): 11371-11375.

[46] Fan H, Wang Y, Gao F J, et al. Hierarchical sulfur and nitrogen CO-doped carbon nanocages as efficient bifunctional oxygen electrocatalysts for rechargeable Zn-air battery[J]. Journal of Energy Chemistry, 2019, 34: 64-71.

[47] Li Y, Huang H, Chen S, et al. Nanowire-templated synthesis of FeN_x-decorated carbon nanotubes as highly efficient, universal-pH, oxygen reduction reaction catalysts[J]. Chemistry, 2019, 25(10): 2637-2644.

[48] Du P, Xiao X F, Ma F X, et al. Fe,N CO-doped mesoporous carbon nanosheets for oxygen reduction[J]. ACS Applied Nano Materials, 2020, 3(6): 5637-5644.

[49] Xin X, Qin H, Cong H P, et al. Templating synthesis of mesoporous Fe_3C-encapsulated Fe-N-doped carbon

hollow nanospindles for electrocatalysis[J]. Langmuir, 2018, 34(17): 4952-4961.

[50] Chen G, Liu P, Liao Z, et al. Zinc-mediated template synthesis of Fe-N-C electrocatalysts with densely accessible Fe-N$_x$ active sites for efficient oxygen reduction[J]. Advanced Materials, 2020, 32(8): 1907399.

[51] Kone I, Xie A, Tang Y, et al. Hierarchical porous carbon doped with iron/nitrogen/sulfur for efficient oxygen reduction reaction[J]. ACS Applied Materials Interfaces, 2017, 9(24): 20963-20973.

[52] Liang H W, Wei W, Wu Z S, et al. Mesoporous metal-nitrogen-doped carbon electrocatalysts for highly efficient oxygen reduction reaction[J]. Journal of the American Chemical Society, 2013, 135(43): 16002-16005.

[53] Yin S H, Li G, Qu X M, et al. Self-template synthesis of atomically dispersed Fe/N-codoped nanocarbon as efficient bifunctional alkaline oxygen electrocatalyst[J]. ACS Applied Energy Materials, 2020, 3(1): 625-634.

[54] Yao Y, Chen Z, Zhang A J, et al. Surface-coating synthesis of nitrogen-doped inverse opal carbon materials with ultrathin micro/mesoporous graphene-like walls for oxygen reduction and supercapacitors[J]. Journal of Materials Chemistry A, 2017, 5(48): 25237-25248.

[55] Tan H B, Li Y Q, Kim J H, et al. Sub-50 nm iron-nitrogen-doped hollow carbon sphere-encapsulated iron carbide nanoparticles as efficient oxygen reduction catalysts[J]. Advanced Science, 2018, 5(7): 1800120.

[56] Michel, P E, J F, et al. Iron-based catalysts with improvedoxygen reduction activity in polymer electrolyte fuel cells[J]. Science, 2009, 324: 71-74.

[57] Mun Y, Kim M J, Park S A, et al. Soft-template synthesis of mesoporous non-precious metal catalyst with Fe-N$_x$/C active sites for oxygen reduction reaction in fuel cells[J]. Applied Catalysis B: Environmental, 2018, 222: 191-199.

[58] Wei Q L, Zhang G X, Yang X H, et al. 3D porous Fe/N/C spherical nanostructures as high-performance electrocatalysts for oxygen reduction in both alkaline and acidic media[J]. ACS Applied Materials Interfaces, 2017, 9(42): 36944-36954.

[59] Choi J, Lee Y J, Park D, et al. Highly durable fuel cell catalysts using crosslinkable block copolymer-based carbon supports with ultralow Pt loadings[J]. Energy & Environmental Science, 2020, 13(12): 4921-4929.

[60] Zhu X H, Xia Y, Zhang X M, et al. Synthesis of carbon nanotubes@mesoporous carbon core-shell structured electrocatalysts via a molecule-mediated interfacial CO-assembly strategy[J]. Journal of Materials Chemistry A, 2019, 7(15): 8975-8983.

[61] Tan H B, Li Y Q, Jiang X F, et al. Perfectly ordered mesoporous iron-nitrogen doped carbon as highly efficient catalyst for oxygen reduction reaction in both alkaline and acidic electrolytes[J]. Nano Energy, 2017, 36: 286-294.

[62] Peng L, Hung C T, Wang S, et al. Versatile nanoemulsion assembly approach to synthesize functional mesoporous carbon nanospheres with tunable pore sizes and architectures[J]. Journal of the American Chemical Society, 2019, 141(17): 7073-7080.

[63] Tan H B, Tang J, Henzie J, et al. Assembly of hollow carbon nanospheres on graphene nanosheets and creation of iron-nitrogen-doped porous carbon for oxygen reduction[J]. ACS Nano, 2018, 12(6): 5674-5683.

[64] Hao M G, Dun R M, Su Y M, et al. Highly active Fe-N-doped porous hollow carbon nanospheres as oxygen reduction electrocatalysts in both acidic and alkaline media[J]. Nanoscale, 2020, 12(28): 15115-15127.

[65] Guo D K, Tian Z F, Wang J C, et al. Co$_2$N nanoparticles embedded N-doped mesoporous carbon as efficient electrocatalysts for oxygen reduction reaction[J]. Applied Surface Science, 2019, 473: 555-563.

[66] Hong W, Feng X, Tan L, et al. Preparation of monodisperse ferrous nanoparticles embedded in carbon aerogels via *in situ* solid phase polymerization for electrocatalytic oxygen reduction[J]. Nanoscale, 2020, 12(28): 15318-15324.

[67] Wu Z S, Yang S, Sun Y, et al. 3d nitrogen-doped graphene aerogel-supported Fe_3O_4 nanoparticles as efficient electrocatalysts for the oxygen reduction reaction[J]. Journal of the American Chemical Society, 2012, 134(22): 9082-9085.

[68] Zhao L, Sui X L, Li J Z, et al. Supramolecular assembly promoted synthesis of three-dimensional nitrogen doped graphene frameworks as efficient electrocatalyst for oxygen reduction reaction and methanol electrooxidation[J]. Applied Catalysis B: Environmental, 2018, 231: 224-233.

[69] Qiao Z, Zhang H G, Karakalos S, et al. 3D polymer hydrogel for high-performance atomic iron-rich catalysts for oxygen reduction in acidic media[J]. Applied Catalysis B: Environmental, 2017, 219: 629-639.

[70] Singh S K, Kashyap V, Manna N, et al. Efficient and durable oxygen reduction electrocatalyst based on CoMn alloy oxide nanoparticles supported over N-doped porous graphene[J]. ACS Catalysis, 2017, 7(10): 6700-6710.

[71] Wang Y Q, Zhang X R, Xi S B, et al. Rational design and synthesis of hierarchical porous Mn-N-C nanoparticles with atomically dispersed mnnx moieties for highly efficient oxygen reduction reaction[J]. ACS Sustainable Chemistry & Engineering, 2020, 8(25): 9367-9376.

[72] Fu G T, Yan X X, Chen Y F, et al. Boosting bifunctional oxygen electrocatalysis with 3D graphene aerogel-supported Ni/MnO particles[J]. Advanced Materials, 2018, 30(5): 201606534.

[73] Zheng Y, He F, Wu J M, et al. Nitrogen-doped carbon nanotube-graphene frameworks with encapsulated Fe/Fe_3N nanoparticles as catalysts for oxygen reduction[J]. ACS Applied Nano Materials, 2019, 2(6): 3538-3547.

[74] Fu Y, Xu D, Wang Y, et al. Single atoms anchored on cobalt-based catalysts derived from hydrogels containing phthalocyanine toward the oxygen reduction reaction[J]. ACS Sustainable Chemistry & Engineering, 2020, 8(22): 8338-8347.

[75] Bhange S N, Soni R, Singla G, et al. FeN_x/FeS_x-anchored carbon sheet-carbon nanotube composite electrocatalysts for oxygen reduction[J]. ACS Applied Nano Materials, 2020, 3(3): 2234-2245.

[76] Muldoon P F, Liu C, Miller C C, et al. Programmable topology in new families of heterobimetallic metal-organic frameworks[J]. Journal of the American Chemical Society, 2018, 140(20): 6194-6198.

[77] Wang H, Dong X L, Lin J Z, et al. Topologically guided tuning of Zr-MOF pore structures for highly selective separation of C_6 alkane isomers[J]. Nature Communications, 2018, 9(1): 1745.

[78] Zhang Y B, Zhou H L, Lin R B, et al. Geometry analysis and systematic synthesis of highly porous isoreticular frameworks with a unique topology[J]. Nature Communications, 2012, 3(1): 642.

[79] Yang S J, Kim T, Im J H, et al. MOF-derived hierarchically porous carbon with exceptional porosity and hydrogen storage capacity[J]. Chemistry of Materials, 2012, 24(3): 464-470.

[80] Liu B, Shioyama H, Akita T, et al. Metal-organic framework as a template for porous carbon synthesis[J]. Journal of the American Chemical Society, 2008, 130(16): 5390-5391.

[81] Liu B, Shioyama H, Jiang H, et al. Metal-organic framework (MOF) as a template for syntheses of nanoporous carbons as electrode materials for supercapacitor[J]. Carbon, 2010, 48(2): 456-463.

[82] Ahn S H, Yu X, Manthiram A. "Wiring" $Fe-N_x$-embedded porous carbon framework onto 1D nanotubes for efficient oxygen reduction reaction in alkaline and acidic media[J]. Advanced Materials, 2017, 29(26):

1606534.

[83]　Barman B K, Nanda K K. Prussian blue as a single precursor for synthesis of Fe/Fe₃C encapsulated N-doped graphitic nanostructures as Bi-functional catalysts[J]. Green Chemistry, 2016, 18(2): 427-432.

[84]　Proietti E, Jaouen F, Lefevre M, et al. Iron-based cathode catalyst with enhanced power density in polymer electrolyte membrane fuel cells[J]. Nature Communications, 2011, 2: 416.

[85]　Xia B Y, Yan Y, Li N, et al. A metal-organic framework-derived bifunctional oxygen electrocatalyst[J]. Nature Energy, 2016, 1(1): 15006.

[86]　Wang J, Wu G P, Wang W L, et al. A neural-network-like catalyst structure for the oxygen reduction reaction: carbon nanotube bridged hollow ptco alloy nanoparticles in a mof-like matrix for energy technologies[J]. Journal of Materials Chemistry A, 2019, 7(34): 19786-19792.

[87]　Najam T, Ahmad Shah S S, Ding W, et al. Enhancing by nano-engineering: hierarchical architectures as oxygen reduction/evolution reactions for zinc-air batteries[J]. Journal of Power Sources, 2019, 438: 226919.

[88]　Wang H, Li W, Zhu Z W, et al. Fabrication of an N-doped mesoporous bio-carbon electrocatalyst efficient in Zn-air batteries by an *in situ* gas-foaming strategy[J]. Chemical Communications, 2019, 55(100): 15117-15120.

[89]　Tian P F, Wang Y H, Li W, et al. A salt induced gelatin crosslinking strategy to prepare Fe-N doped aligned porous carbon for efficient oxygen reduction reaction catalysts and high-performance supercapacitors[J]. Journal of Catalysis, 2020, 382: 109-120.

[90]　Li W, Ding W, Jiang J X, et al. A phase-transition-assisted method for the rational synthesis of nitrogen-doped hierarchically porous carbon materials for the oxygen reduction reaction[J]. Journal of Materials Chemistry A, 2018, 6(3): 878-883.

[91]　Jiang H L, Liu B, Lan Y Q, et al. From metal-organic framework to nanoporous carbon: toward a very high surface area and hydrogen uptake[J]. Journal of Americian Chemicial Society, 2011, 133(31): 11854-11857.

[92]　Palaniselvam T, Biswal B P, Banerjee R, et al. Zeolitic imidazolate framework (ZIF)-derived, hollow-core, nitrogen-doped carbon nanostructures for oxygen-reduction reactions in pefcs[J]. Chemistry, 2013, 19(28): 9335-9342.

[93]　Wan X J, Wu R, Deng J H, et al. A metal-organic framework derived 3D hierarchical CO/N-doped carbon nanotube/nanoparticle composite as an active electrocatalyst for oxygen reduction in alkaline electrolyte[J]. Journal of Materials Chemistry A, 2018, 6(8): 3386-3390.

[94]　Wang W, Chen W H, Miao P Y, et al. Nacl crystallites as dual-functional and water-removable templates to synthesize a three-dimensional graphene-like macroporous Fe-N-C catalyst[J]. ACS Catalysis, 2017, 7(9): 6144-6149.

[95]　Zhang G X, Luo H X, Li H Y, et al. ZnO-promoted dechlorination for hierarchically nanoporous carbon as superior oxygen reduction electrocatalyst[J]. Nano Energy, 2016, 26: 241-247.

[96]　Liu X, Antonietti M. Moderating black powder chemistry for the synthesis of doped and highly porous graphene nanoplatelets and their use in electrocatalysis[J]. Advanced Materials, 2013, 25(43): 6284-6290.

[97]　Guo C Z, Zhou R, Li Z X, et al. Molten-salt/oxalate mediating Fe and N-doped mesoporous carbon sheet nanostructures towards highly efficient and durable oxygen reduction electrocatalysis[J]. Microporous and Mesoporous Materials, 2020, 303: 110281.

[98]　Lv M Y, Fan F H, Pan L H, et al. Molten salts-assisted fabrication of Fe, S, and N Co-doped carbon as efficient oxygen reduction reaction catalyst[J]. Energy Technology, 2020, 8(1): 1900896.

[99] Zhao S L, Yang J, Han M, et al. Synergistically enhanced oxygen reduction electrocatalysis by atomically dispersed and nanoscaled Co species in three-dimensional mesoporous Co, N-codoped carbon nanosheets network[J]. Applied Catalysis B: Environmental, 2020, 260: 118207.

[100] Cui H J, Jiao M G, Chen Y N, et al. Molten-salt-assisted synthesis of 3D holey N-doped graphene as bifunctional electrocatalysts for rechargeable Zn-air batteries[J]. Small Methods, 2018, 2(10): 1800144.

[101] Chen Y M, Wang H, Ji S, et al. Tailoring the porous structure of N-doped carbon for increased oxygen reduction reaction activity[J]. Catalysis Communications, 2018, 107: 29-32.

[102] Chen Y M, Huo S H, Wang H. Engineering morphology and porosity of N,S-doped carbons by ionothermal carbonisation for increased catalytic activity towards oxygen reduction reaction[J]. Micro & Nano Letters, 2018, 13(4): 530-535.

[103] Yang S L, Xue X Y, Zhang J J, et al. Molten salt "boiling" synthesis of surface decorated bimetallic-nitrogen doped carbon hollow nanospheres: an oxygen reduction catalyst with dense active sites and high stability[J]. Chemical Engineering Journal, 2020, 395: 125064.

[104] Hu J, Wu D, Zhu C, et al. Molten salts-assisted fabrication of Fe, S, and N Co-doped carbon as efficient oxygen reduction reaction catalyst[J]. Nano Energy, 2020, 72: 104670.

[105] Wigmans T. Industrial aspects of production and use of activated carbons[J]. Carbon, 1989, 27(1): 13-22.

[106] Huang B B, Liu Y C, Wei Q H, et al. Three-dimensional mesoporous graphene-like carbons derived from a biomolecule exhibiting high-performance oxygen reduction activity[J]. Sustainable Energy & Fuels, 2019, 3(10): 2809-2818.

[107] Sun Y N, Zhang M L, Zhao L, et al. A N, P dual-doped carbon with high porosity as an advanced metal-free oxygen reduction catalyst[J]. Advanced Materials Interfaces, 2019, 6(14): 1900592.

[108] Wu M M, Wang K, Yi M, et al. A facile activation strategy for an MOF-derived metal-free oxygen reduction reaction catalyst: direct access to optimized pore structure and nitrogen species[J]. ACS Catalysis, 2017, 7(9): 6082-6088.

[109] Ott S, Orfanidi A, Schmies H, et al. Ionomer distribution control in porous carbon-supported catalyst layers for high-power and low Pt-loaded proton exchange membrane fuel cells[J]. Nature Materials, 2020, 19(1): 77-85.

[110] Xiao C X, Luo J J, Tan M Y, et al. Co/CoN$_x$ decorated nitrogen-doped porous carbon derived from melamine sponge as highly active oxygen electrocatalysts for zinc-air batteries[J]. Journal of Power Sources, 2020, 453: 10.

[111] Yang S L, Xue X Y, Liu X H, et al. Scalable synthesis of micromesoporous iron-nitrogen-doped carbon as highly active and stable oxygen reduction electrocatalyst[J]. ACS Applied Materials Interfaces, 2019, 11(42): 39263-39273.

[112] Gao S Y, Chen Y L, Fan H, et al. Large scale production of biomass-derived N-doped porous carbon spheres for oxygen reduction and supercapacitors[J]. Journal of Materials Chemistry A, 2014, 2(10): 3317-3324.

[113] Li J C, Hou P X, Shi C, et al. Hierarchically porous Fe-N-doped carbon nanotubes as efficient electrocatalyst for oxygen reduction[J]. Carbon, 2016, 109: 632-639.

[114] Wang Y, Chen W, Nie Y, et al. Construction of a porous nitrogen-doped carbon nanotube with open-ended channels to effectively utilize the active sites for excellent oxygen reduction reaction activity[J]. Chemical Communications, 2017, 53(83): 11426-11429.

[115] Wang H F, Zhang W D, Bai P Y, et al. Ultrasound-assisted transformation from waste biomass to efficient carbon-based metal-free pH-universal oxygen reduction reaction electrocatalysts[J]. Ultrasonics Sonochemistry, 2020, 65: 105048.

[116] Tyagi A, Banerjee S, Singh S, et al. Biowaste derived activated carbon electrocatalyst for oxygen reduction reaction: effect of chemical activation[J]. International Journal of Hydrogen Energy, 2020, 45(34): 16930-16943.

[117] Xing R H, Zhou T S, Zhou Y, et al. Creation of triple hierarchical micro-meso-macroporous N-doped carbon shells with hollow cores toward the electrocatalytic oxygen reduction reaction[J]. Nano-Micro Letters, 2018, 10(1): 3.

[118] Luo E, Xiao M L, Ge J J, et al. Selectively doping pyridinic and pyrrolic nitrogen into a 3D porous carbon matrix through template-induced edge engineering: enhanced catalytic activity towards the oxygen reduction reaction[J]. Journal of Materials Chemistry A, 2017, 5(41): 21709-21714.

[119] Xu J, Xia C, Li M, et al. Porous nitrogen-doped carbons as effective catalysts for oxygen reduction reaction synthesized from cellulose and polyamide[J]. ChemElectroChem, 2019, 6(22): 5735-5743.

[120] Ratso S, Sougrati M T, Käärik M, et al. Effect of ball-milling on the oxygen reduction reaction activity of iron and nitrogen Co-doped carbide-derived carbon catalysts in acid media[J]. ACS Applied Energy Materials, 2019, 2(11): 7952-7962.

[121] Pan G, Cao F, Zhang Y, et al. N-doped carbon nanofibers arrays as advanced electrodes for supercapacitors[J]. Journal of Materials Science & Technology, 2020, 55: 144-151.

[122] Li S, Cheng C, Zhao X J, et al. Active salt/silica-templated 2D mesoporous FeCo-N_x-carbon as bifunctional oxygen electrodes for zinc-air batteries[J]. Angewandte Chemie-International Edition, 2018, 57(7): 1856-1862.

[123] Wu R, Song Y J, Huang X, et al. High-density active sites porous Fe/N/C electrocatalyst boosting the performance of proton exchange membrane fuel cells[J]. Journal of Power Sources, 2018, 401: 287-295.

[124] Zeng H J, Wang W, Li J, et al. In situ generated dual-template method for Fe/N/S Co-doped hierarchically porous honeycomb carbon for high-performance oxygen reduction[J]. ACS Applied Materials Interfaces, 2018, 10(10): 8721-8729.

[125] Mao Z X, Wang M J, Liu L, et al. $ZnCl_2$ salt facilitated preparation of FeNC: enhancing the content of active species and their exposure for highly-efficient oxygen reduction reaction[J]. Chinese Journal of Catalysis, 2020, 41(5): 799-806.

[126] Liang J, Zhou R F, Chen X M, et al. Fe-N decorated hybrids of cnts grown on hierarchically porous carbon for high-performance oxygen reduction[J]. Advanced Materials, 2014, 26(35): 6074-6079.

[127] Hong W, Shen X, Wang F, et al. A bimodal-pore strategy for synthesis of Pt_3Co/C electrocatalyst toward oxygen reduction reaction[J]. Chemical Communications, 2021, 57(35): 4327-4330.

[128] Wang Y Q, Tao L, Xiao Z H, et al. 3D carbon electrocatalysts in situ constructed by defect-rich nanosheets and polyhedrons from NaCl-sealed zeolitic imidazolate frameworks[J]. Advanced Functional Materials, 2018, 28(11): 1705356.

[129] Qiao M F, Wang Y, Wang Q, et al. Hierarchically ordered porous carbon with atomically dispersed FeN_4 for ultraefficient oxygen reduction reaction in proton-exchange membrane fuel cells[J]. Angewandte Chemie International Edition, 2020, 59(7): 2688-2694.

[130] Wei Q L, Zhang G X, Yang X H, et al. Litchi-like porous Fe/N/C spheres with atomically dispersed FeN_x

promoted by sulfur as highly efficient oxygen electrocatalysts for Zn-air batteries[J]. Journal of Materials Chemistry A, 2018, 6(11): 4605-4610.

[131] Shang L, Yu H J, Huang X, et al. Well-dispersed ZIF-derived Co,N-Co-doped carbon nanoframes through mesoporous-silica-protected calcination as efficient oxygen reduction electrocatalysts[J]. Advanced Materials, 2016, 28(8): 1668-1674.

[132] Meng Z H, Cai S C, Wang R, et al. Bimetallic-organic framework-derived hierarchically porous Co-Zn-N-C as efficient catalyst for acidic oxygen reduction reaction[J]. Applied Catalysis B: Environmental, 2019, 244: 120-127.

[133] Zang J, Wang F T, Cheng Q Q, et al. Cobalt/zinc dual-sites coordinated with nitrogen in nanofibers enabling efficient and durable oxygen reduction reaction in acidic fuel cells[J]. Journal of Materials Chemistry A, 2020, 8(7): 3686-3691.

[134] Zhang J N, Song Y, Kopec M, et al. Facile aqueous route to nitrogen-doped mesoporous carbons[J]. Journal of American Chemical Society, 2017, 139(37): 12931-12934.

[135] Zhang C L, Liu J T, Li H, et al. The controlled synthesis of Fe_3C/Co/N-doped hierarchically structured carbon nanotubes for enhanced electrocatalysis[J]. Applied Catalysis B: Environmental, 2020, 261: 118224.

[136] Ahn S H, Manthiram A. Self-templated synthesis of Co- and N-doped carbon microtubes composed of hollow nanospheres and nanotubes for efficient oxygen reduction reaction[J]. Small, 2017, 13(11): 1603437.

[137] Guan C, Sumboja A, Zang W J, et al. Decorating Co/CoN_x nanoparticles in nitrogen-doped carbon nanoarrays for flexible and rechargeable zinc-air batteries[J]. Energy Storage Materials, 2019, 16: 243-250.

[138] Xu Q C, Jiang H, Li Y H, et al. In-situ enriching active sites on Co-doped Fe-Co_4N@ NC nanosheet array as air cathode for flexible rechargeable Zn-air batteries[J]. Applied Catalysis B: Environmental, 2019, 256: 117893.

[139] Kumar R, Sahoo S, Joanni E, et al. Heteroatom doped graphene engineering for energy storage and conversion[J]. Materials Today, 2020, 39: 47-65.

[140] Zhang Y, Wang C C, Fu J L, et al. Fabrication and high ORR performance of MnO_x nanopyramid layers with enriched oxygen vacancies[J]. Chemical Communications, 2018, 54(69): 9639-9642.

[141] Li J C, Xiao F, Zhong H, et al. Secondary-atom-assisted synthesis of single iron atoms anchored on N-doped carbon nanowires for oxygen reduction reaction[J]. ACS Catalysis, 2019, 9(7): 5929-5934.

[142] Meng C, Ling T, Ma T Y, et al. Atomically and electronically coupled Pt and CoO hybrid nanocatalysts for enhanced electrocatalytic performance[J]. Advanced Materials, 2017, 29(9): 1604607.

[143] Deng X T, Yin S F, Wu X B, et al. Synthesis of PtAu/TiO_2 nanowires with carbon skin as highly active and highly stable electrocatalyst for oxygen reduction reaction[J]. Electrochimica Acta, 2018, 283: 987-996.

[144] Luo M C, Sun Y J, Zhang X, et al. Stable high-index faceted Pt skin on zigzag-like PtFe nanowires enhances oxygen reduction catalysis[J]. Advanced Materials, 2018, 30(10): 1705515.

[145] Jiang K Z, Zhao D D, Guo S J, et al. Efficient oxygen reduction catalysis by subnanometer Pt alloy nanowires[J]. Science advances, 2017, 3(2): e1601705.

[146] Wei Y, Zhang Y W, Geng W, et al. Efficient bifunctional piezocatalysis of Au/$BiVO_4$ for simultaneous removal of 4-chlorophenol and Cr (vi) in water[J]. Applied Catalysis B: Environmental, 2019, 259: 118084.

[147] Bhalla N, Pan Y W, Yang Z G, et al. Opportunities and challenges for biosensors and nanoscale analytical tools for pandemics: Covid-19[J]. ACS Nano, 2020, 14(7): 7783-7807.

[148] Wang M J, Mao Z X, Liu L, et al. Preparation of hollow nitrogen doped carbon via stresses induced orientation contraction[J]. Small, 2018, 14(52): 1804183.

[149] Grove W R. The correlation of physical forces[M]. London: Longmans Green, 1874.

[150] Schmid A, Vögele P. Die halogenelektrode[J]. Helvetica Chimica Acta, 1933, 16(1): 366-375.

[151] Antoine O, Bultel Y, Ozil P, et al. Catalyst gradient for cathode active layer of proton exchange membrane fuel cell[J]. Electrochimica Acta, 2000, 45(27): 4493-4500.

[152] Prasanna M, Cho E A, Kim H J, et al. Performance of proton-exchange membrane fuel cells using the catalyst-gradient electrode technique[J]. Journal of Power Sources, 2007, 166(1): 53-58.

[153] Lee D, Hwang S. Effect of loading and distributions of nafion ionomer in the catalyst layer for PEMFCs[J]. International Journal of Hydrogen Energy, 2008, 33(11): 2790-2794.

[154] Zhang X W, Shi P F. Dual-bonded catalyst layer structure cathode for pemfc[J]. Electrochemistry Communications, 2006, 8(8): 1229-1234.

[155] Zhang X W, Shi P F. Nafion effect on dual-bonded structure cathode of pemfc[J]. Electrochemistry Communications, 2006, 8(10): 1615-1620.

[156] Wilson M S, Gottesfeld S. Thin-film catalyst layers for polymer electrolyte fuel cell electrodes[J]. Journal of Applied Electrochemistry, 1992, 22(1): 1-7.

[157] Wilson M S, Gottesfeld S. High performance catalyzed membranes of ultra-low Pt loadings for polymer electrolyte fuel cells[J]. Journal of the Electrochemical Society, 1992, 139(2): L28-L30.

[158] Debe M K, Schmoeckel A K, Vernstrorn G D, et al. High voltage stability of nanostructured thin film catalysts for pem fuel cells[J]. Journal of Power Sources, 2006, 161(2): 1002-1011.

[159] Liu F Q, Wang C Y. Optimization of cathode catalyst layer for direct methanol fuel cells. part II: Computational modeling and design[J]. Electrochimica Acta, 2006, 52(3): 1409-1416.

[160] Yoon Y G, Park G G, Yang T H, et al. Effect of pore structure of catalyst layer in a PEMFC on its performance[J]. International Journal of Hydrogen Energy, 2003, 28(6): 657-662.

[161] Song Y, Wei Y, Xu H, et al. Improvement in high temperature proton exchange membrane fuel cells cathode performance with ammonium carbonate[J]. Journal of Power Sources, 2005, 141(2): 250-257.

[162] Fischer A, Jindra J, Wendt H. Porosity and catalyst utilization of thin layer cathodes in air operated PEM-fuel cells[J]. Journal of Applied Electrochemistry, 1998, 28(3): 277-282.

[163] Zhao J S, He X M, Wang L, et al. Addition of NH_4HCO_3 as pore-former in membrane electrode assembly for PEMFC[J]. International Journal of Hydrogen Energy, 2007, 32(3): 380-384.

[164] Oishi K, Savadogo O. New method of preparation of catalyzed gas diffusion electrode for polymer electrolyte fuel cells based on ultrasonic direct solution spray reaction[J]. Journal of New Materials for Electrochemical Systems, 2008, 11(4): 221-227.

[165] Wang S L, Sun G Q, Wu Z M, et al. Effect of nation (r) ionomer aggregation on the structure of the cathode catalyst layer of a DMFC[J]. Journal of Power Sources, 2007, 165(1): 128-133.

[166] Fernandez R, Ferreira-Aparicio P, Daza L. Pemfc electrode preparation: influence of the solvent composition and evaporation rate on the catalytic layer microstructure[J]. Journal of Power Sources, 2005, 151: 18-24.

[167] Shindo A. Studies on graphite fibre[J]. Materials Science, 1961, (317): 1-50.

[168] Ko T H, Liao Y K, Liu C H. Effects of graphitization of PAN-based carbon fiber cloth on its use as gas diffusion layers in proton exchange membrane fuel cells[J]. New Carbon Materials, 2007, 22(2): 97-101.

[169] Lee W K, Ho C H, van Zee J W, et al. The effects of compression and gas diffusion layers on the performance of a PEM fuel cell[J]. Journal of Power Sources, 1999, 84(1): 45-51.

[170] Gurau V, Bluemle M J, de Castro E S, et al. Characterization of transport properties in gas diffusion layers for proton exchange membrane fuel cells 2. Absolute permeability[J]. Journal of Power Sources, 2007, 165(2): 793-802.

[171] Wilson M S, Valerio J A, Gottesfeld S. Low platinum loading electrodes for polymer electrolyte fuel cells fabricated using thermoplastic ionomers[J]. Electrochimica Acta, 1995, 40(3): 355-363.

[172] Wang X L, Zhang H M, Zhang J L, et al. A bi-functional micro-porous layer with composite carbon black for PEM fuel cells[J]. Journal of Power Sources, 2006, 162(1): 474-479.

[173] Qi Z G, Kaufman A. Improvement of water management by a microporous sublayer for PEM fuel cells[J]. Journal of Power Sources, 2002, 109(1): 38-46.

[174] Han M, Xu J H, Chan S H, et al. Characterization of gas diffusion layers for PEMFC[J]. Electrochimica Acta, 2008, 53(16): 5361-5367.

[175] Song J M, Cha S Y, Lee W M. Optimal composition of polymer electrolyte fuel cell electrodes determined by the AC impedance method[J]. Journal of Power Sources, 2001, 94(1): 78-84.

[176] Passalacqua E, Lufrano F, Squadrito G, et al. Influence of the structure in low-Pt loading electrodes for polymer electrolyte fuel cells[J]. Electrochimica Acta, 1998, 43(24): 3665-3673.

[177] Park G G, Sohn Y J, Yang T H, et al. Effect of PtFe contents in the gas diffusion media on the performance of PEMFC[J]. Journal of Power Sources, 2004, 131(1-2): 182-187.

[178] Mirzazadeh J, Saievar-Iranizad E, Nahavandi L. An analytical approach on effect of diffusion layer on ORR for PEMFCs[J]. Journal of Power Sources, 2004, 131(1-2): 194-199.

[179] Williams M V, Kunz H R, Fenton J M. Influence of convection through gas-diffusion layers on limiting current in PEMFCs using a serpentine flow field[J]. Journal of the Electrochemical Society, 2004, 151(10): A1617-A1627.

[180] 衣宝廉. 燃料电池: 原理·技术·应用[M]. 北京: 化学工业出版社, 2003.

[181] Calvillo L, Celorrio V, Moliner R, et al. Comparative study of Pt catalysts supported on different high conductive carbon materials for methanol and ethanol oxidation[J]. Electrochimica Acta, 2013, 102: 19-27.

[182] Jung G B, Tzeng W J, Jao T C, et al. Investigation of porous carbon and carbon nanotube layer for proton exchange membrane fuel cells[J]. Applied Energy, 2013, 101: 457-464.

[183] Babu K F, Rajagopalan B, Chung J S, et al. Facile synthesis of graphene/N-doped carbon nanowire composites as an effective electrocatalyst for the oxygen reduction reaction[J]. International Journal of Hydrogen Energy, 2015, 40(21): 6827-6834.

[184] Landis E C, Hamers R J. Covalent grafting of ferrocene to vertically aligned carbon nanofibers: electron-transfer processes at nanostructured electrodes[J]. Journal of Physical Chemistry C, 2008, 112(43): 16910-16918.

[185] Zeng Y, Shao Z, Zhang H, et al. Nanostructured ultrathin catalyst layer based on open-walled PtCo bimetallic nanotube arrays for proton exchange membrane fuel cells[J]. Nano Energy, 2017, 34: 344-355.

[186] Xia Z X, Wang S L, Jiang L H, et al. Controllable synthesis of vertically aligned polypyrrole nanowires as advanced electrode support for fuel cells[J]. Journal of Power Sources, 2014, 256: 125-132.

[187] Li J, Xu G X, Luo X Y, et al. Effect of nano-size of functionalized silica on overall performance of swelling-filling modified nafion membrane for direct methanol fuel cell application[J]. Applied Energy,

2018, 213: 408-414.

[188] Liu C, Wang C C, Kei C C, et al. Atomic layer deposition of platinum nanoparticles on carbon nanotubes for application in proton-exchange membrane fuel cells[J]. Small, 2009, 5(13): 1535-1538.

[189] Zhang C X, Hu J, Wang X K, et al. High performance of carbon nanowall supported Pt catalyst for methanol electro-oxidation[J]. Carbon, 2012, 50(10): 3731-3738.

[190] Du C Y, Cheng X Q, Yang T, et al. Numerical simulation of the ordered catalyst layer in cathode of proton exchange membrane fuel cells[J]. Electrochemistry Communications, 2005, 7(12): 1411-1416.

[191] Du C Y, Yin G P, Cheng X Q, et al. Parametric study of a novel cathode catalyst layer in proton exchange membrane fuel cells[J]. Journal of Power Sources, 2006, 160(1): 224-231.

[192] Du C Y, Yang T, Shi P F, et al. Performance analysis of the ordered and the conventional catalyst layers in proton exchange membrane fuel cells[J]. Electrochimica Acta, 2006, 51(23): 4934-4941.

[193] Abedini A, Dabir B, Kalbasi M. Experimental verification for simulation study of Pt/CNT nanostructured cathode catalyst layer for pem fuel cells[J]. International Journal of Hydrogen Energy, 2012, 37(10): 8439-8450.

[194] Chisaka M, Daiguji H. Design of ordered-catalyst layers for polymer electrolyte membrane fuel cell cathodes[J]. Electrochemistry Communications, 2006, 8(8): 1304-1308.

[195] Rao S M, Xing Y. Simulation of nanostructured electrodes for polymer electrolyte membrane fuel cells[J]. Journal of Power Sources, 2008, 185(2): 1094-1100.

[196] Jiang J H, Li Y S, Liang J R, et al. Modeling of high-efficient direct methanol fuel cells with order-structured catalyst layer[J]. Applied Energy, 2019, 252: 113431.

[197] Yang W W, Zhao T S. A two-dimensional, two-phase mass transport model for liquid-feed DMFCs[J]. Electrochimica Acta, 2007, 52(20): 6125-6140.

[198] Li W Z, Wang X, Chen Z W, et al. Carbon nanotube film by filtration as cathode catalyst support for proton-exchange membrane fuel cell[J]. Langmuir, 2005, 21(21): 9386-9389.

[199] Caillard A, Charles C, Boswell R, et al. Integrated plasma synthesis of efficient catalytic nanostructures for fuel cell electrodes[J]. Nanotechnology, 2007, 18(30): 305603.

[200] Caillard A, Charles C, Boswell R, et al. Plasma based platinum nanoaggregates deposited on carbon nanofibers improve fuel cell efficiency[J]. Applied Physics Letters, 2007, 90(22): 223119.

[201] Caillard A, Charles C, Boswell R, et al. Improvement of the sputtered platinum utilization in proton exchange membrane fuel cells using plasma-based carbon nanofibres[J]. Journal of Physics D: Applied Physics, 2008, 41(18): 185307.

[202] Yang J, Goenaga G, Call A, et al. Polymer electrolyte fuel cell with vertically aligned carbon nanotubes as the electrocatalyst support[J]. Electrochemical Solid State Letters, 2010, 13(6): B55.

[203] Xu C, Wang H, Shen P K, et al. Highly ordered Pd nanowire arrays as effective electrocatalysts for ethanol oxidation in direct alcohol fuel cells[J]. Advanced Materials, 2007, 19(23): 4256-4259.

[204] Zhang M, Li J J, Pan M, et al. Catalytic performance of Pt nanowire arrays for oxygen reduction[J]. Acta Physico-Chimica Sinica, 2011, 27(7): 1685-1688.

[205] Lux K W, Rodriguez K. Template synthesis of arrays of nano fuel cells[J]. Nano Letters, 2006, 6(2): 288-295.

[206] Gao T R, Yin L F, Tian C S, et al. Magnetic properties of Co-Pt alloy nanowire arrays in anodic alumina templates[J]. Journal of Magnetism and Magnetic Materials, 2006, 300(2): 471-478.

[207] Zhang X Y, Dong D H, Li D, et al. Direct electrodeposition of Pt nanotube arrays and their enhanced electrocatalytic activities[J]. Electrochemistry Communications, 2009, 11(1): 190-193.

[208] Khudhayer W J, Kariuki N N, Wang X, et al. Oxygen reduction reaction electrocatalytic activity of glancing angle deposited platinum nanorod arrays[J]. Journal of the Electrochemical Society, 2011, 158(8): B1029.

[209] Kim O H, Cho Y H, Kang S H, et al. Ordered macroporous platinum electrode and enhanced mass transfer in fuel cells using inverse opal structure[J]. Nature Communications, 2013, 4: 2473.

[210] Jiang S F, Yi B L, Zhang C K, et al. Vertically aligned carbon-coated titanium dioxide nanorod arrays on carbon paper with low platinum for proton exchange membrane fuel cells[J]. Journal of Power Sources, 2015, 276: 80-88.

[211] Wang G L, Lei L F, Jiang J J, et al. An ordered structured cathode based on vertically aligned Pt nanotubes for ultra-low Pt loading passive direct methanol fuel cells[J]. Electrochimica Acta, 2017, 252: 541-548.

[212] Jia J, Yu H M, Gao X Q, et al. A novel cathode architecture using ordered Pt nanostructure thin film for aaemfc application[J]. Electrochimica Acta, 2016, 220: 67-74.

[213] Tian Z Q, Lim S H, Poh C K, et al. A highly order-structured membrane electrode assembly with vertically aligned carbon nanotubes for ultra-low Pt loading PEM fuel cells[J]. Advanced Energy Materials, 2011, 1(6): 1205-1214.

[214] Wang Y, Wu M M, Wang K, et al. Fe_3O_4@n-doped interconnected hierarchical porous carbon and its 3D integrated electrode for oxygen reduction in acidic media[J]. Advanced Science 2020, 7(14): 2000407.

[215] Lu Z Y, Xu W W, Ma J, et al. Superaerophilic carbon-nanotube-array electrode for high-performance oxygen reduction reaction[J]. Advanced Materials, 2016, 28(33): 7155-7161.

[216] Liu S. Chinese criminal trials: a comprehensive empirical inquiry[J]. Crime, Law and Social Change, 2014, 62(1): 87-89.

[217] Hu Y, Jensen J O, Zhang W, et al. Hollow spheres of iron carbide nanoparticles encased in graphitic layers as oxygen reduction catalysts[J]. Angewandte Chemie International Edition, 2014, 53(14): 3675-3679.

[218] Zhou Y X, Yao H B, Wang Y, et al. Hierarchical hollow Co_9S_8 microspheres: Solvothermal synthesis, magnetic, electrochemical, and electrocatalytic properties[J]. Chemistry, 2010, 16(39): 12000-12007.

[219] Song P, Wang Y, Pan J, et al. Structure-activity relationship in high-performance iron-based electrocatalysts for oxygen reduction reaction[J]. Journal of Power Sources, 2015, 300: 279-284.

[220] Liang Y Y, Li Y G, Wang H L, et al. CO_3O_4 nanocrystals on graphene as a synergistic catalyst for oxygen reduction reaction[J]. Nature Materials, 2011, 10(10): 780-786.

[221] Strickland K, Miner E, Jia Q, et al. Highly active oxygen reduction non-platinum group metal electrocatalyst without direct metal-nitrogen coordination[J]. Nature Communications, 2015, 6: 7343.

[222] Lai Q X, Zhao Y X, Liang Y Y, et al. *In situ* confinement pyrolysis transformation of ZIF-8 to nitrogen-enriched meso-microporous carbon frameworks for oxygen reduction[J]. Advanced Functional Materials, 2016, 26(45): 8334-8344.

[223] Proietti E, Jaouen F, Lefevre M, et al. Iron-based cathode catalyst with enhanced power density in polymer electrolyte membrane fuel cells[J]. Nature Communications, 2011, 2: 416.

[224] Li L J, Liu C, He G, et al. Hierarchical pore-in-pore and wire-in-wire catalysts for rechargeable Zn- and Li-air batteries with ultra-long cycle life and high cell efficiency[J]. Energy & Environmental Science, 2015, 8(11): 3274-3282.

[225] Ren G, Chen S, Zhang J, et al. N-doped porous carbon spheres as metal-free electrocatalyst for oxygen

reduction reaction[J]. Journal of Materials Chemistry A, 2021, 9(9): 5751-5758.

[226] Zhao Y X, Lai Q X, Wang Y, et al. Interconnected hierarchically porous Fe, N-codoped carbon nanofibers as efficient oxygen reduction catalysts for Zn-air batteries[J]. ACS Applied Materials Interfaces, 2017, 9(19): 16178-16186.

[227] Zhang B, Kang F, Tarascon J M, et al. Recent advances in electrospun carbon nanofibers and their application in electrochemical energy storage[J]. Progress in Materials Science, 2016, 76: 319-380.

[228] Wu J, Park H W, Yu A, et al. Facile synthesis and evaluation of nanofibrous iron-carbon based non-precious oxygen reduction reaction catalysts for Li-O$_2$ battery applications[J]. Journal of Physical Chemistry C, 2012, 116(17): 9427-9432.

[229] Li J, Chen S G, Li W, et al. A eutectic salt-assisted semi-closed pyrolysis route to fabricate high-density activesite hierarchically porous Fe/N/C catalysts for the oxygen reduction reaction[J]. Journal of Materials Chemistry A, 2018, 6(32): 15504-15509.

[230] Wang P, Wan L, Lin Y, et al. Construction of mass-transfer channel in air electrode with bifunctional catalyst for rechargeable zinc-air battery[J]. Electrochimica Acta, 2019, 320: 134564.

[231] Wang Z L, Xu D, Xu J J, et al. Graphene oxide gel-derived, free-standing, hierarchically porous carbon for high-capacity and high-rate rechargeable Li-O$_2$ batteries[J]. Advanced Functional Materials, 2012, 22(17): 3699-3705.

[232] Shao Y Y, Ding F, Xiao J, et al. Making Li-air batteries rechargeable: material challenges[J]. Advanced Functional Materials, 2013, 23(8): 987-1004.

[233] Choi N S, Chen Z, Freunberger S A, et al. Challenges facing lithium batteries and electrical double-layer capacitors[J]. Angewandte Chemie International Edition, 2012, 51(40): 9994-10024.

[234] Zhang Y N, Zhang H M, Li J, et al. The use of mixed carbon materials with improved oxygen transport in a lithium-air battery[J]. Journal of Power Sources, 2013, 240: 390-396.

[235] Li J, Zhang H M, Zhang Y Y, et al. A hierarchical porous electrode using a micron-sized honeycomb-like carbon material for high capacity lithium-oxygen batteries[J]. Nanoscale, 2013, 5(11): 4647-4651.

[236] Xiao J, Mei D H, Li X L, et al. Hierarchically porous graphene as a lithium-air battery electrode[J]. Nano Letter, 2011, 11(11): 5071-5078.

[237] Guo Z Y, Zhou D D, Dong X L, et al. Ordered hierarchical mesoporous/macroporous carbon: a high-performance catalyst for rechargeable Li-O$_2$ batteries[J]. Advanced Materials, 2013, 25(39): 5668-5672.

[238] Yang W, Qian Z, Du C, et al. Hierarchical ordered macroporous/ultrathin mesoporous carbon architecture: a promising cathode scaffold with excellent rate performance for rechargeable Li-O$_2$ batteries [J]. Carbon, 2017, 118: 139-147.

[239] Shui J L, Du F, Xue C M, et al. Vertically aligned N-doped coral-like carbon fiber arrays as efficient air electrodes for high-performance nonaqueous Li-O$_2$ batteries[J]. ACS Nano, 2014,8(3):3015-3022.

[240] Liu J, Jiang L H, Zhang B S, et al. Controllable synthesis of cobalt monoxide nanoparticles and the size-dependent activity for oxygen reduction reaction[J]. ACS Catalysis, 2014, 4(9): 2998-3001.

[241] Wen H, Liu Z, Qiao J, et al. High energy efficiency and high power density aluminum-air flow battery[J]. International Journal of Energy Research, 2020, 44(9): 7568-7579.

[242] Jiang M, Yang J, Ju J, et al. Space-confined synthesis of CoNi nanoalloy in N-doped porous carbon frameworks as efficient oxygen reduction catalyst for neutral and alkaline aluminum-air batteries[J]. Energy

Storage Materials, 2020, 27: 96-108.

[243] Zadick A, Dubau L, Sergent N, et al. Huge instability of Pt/C catalysts in alkaline medium[J]. ACS Catalysis, 2015, 5(8): 4819-4824.

[244] Wang Z, Tada E, Nishikata A. Communication—platinum ddissolution in alkaline electrolytes[J]. Journal of the Electrochemical Society, 2016, 163(14): C853-C855.

[245] Wang W, Luo J, Chen W H, et al. Synthesis of mesoporous Fe/N/C oxygen reduction catalysts through NaCl crystallite-confined pyrolysis of polyvinylpyrrolidone[J]. Journal of Materials Chemistry A, 2016, 4(33): 12768-12773.

[246] Hou H, Banks C E, Jing M, et al. Carbon quantum dots and their derivative 3D porous carbon frameworks for sodium-ion batteries with ultralong cycle life[J]. Advanced Materials, 2015, 27(47): 7861-7866.

[247] Xiao M L, Zhu J B, Feng L G, et al. Meso/macroporous nitrogen-doped carbon architectures with iron carbide encapsulated in graphitic layers as an efficient and robust catalyst for the oxygen reduction reaction in both acidic and alkaline solutions[J]. Advanced Materials, 2015, 27(15): 2521-2527.

[248] Tang J, Salunkhe R R, Liu J, et al. Thermal conversion of core-shell metal-organic frameworks: a new method for selectively functionalized nanoporous hybrid carbon[J]. Journal of the American Chemical Society, 2015, 137(4): 1572-1580.

[249] Zheng F C, Yang Y, Chen Q W. High lithium anodic performance of highly nitrogen-doped porous carbon prepared from a metal-organic framework[J]. Nature Communications, 2014, 5: 5261.

[250] Wang X J, Zhou J W, Fu H, et al. Mof derived catalysts for electrochemical oxygen reduction[J]. Journal of Materials Chemistry A, 2014, 2(34): 14064-14070.

[251] He Y, Hwang S, Cullen D A, et al. Highly active atomically dispersed CoN_4 fuel cell cathode catalysts derived from surfactant-assisted mofs: carbon-shell confinement strategy[J]. Energy & Environmental Science, 2019, 12(1): 250-260.

[252] Ning H H, Li G Q, Chen Y, et al. Porous N-doped carbon-encapsulated coni alloy nanoparticles derived from mofs as efficient bifunctional oxygen electrocatalysts[J]. ACS Applied Materials Interfaces, 2019, 11(2): 1957-1968.

[253] Zhong H X, Wang J, Zhang Y W, et al. ZIF-8 derived graphene-based nitrogen-doped porous carbon sheets as highly efficient and durable oxygen reduction electrocatalysts[J]. Angewandte Chemie International Edition, 2014, 53(51): 14235-14239.

[254] Meng F L, Wang Z L, Zhong H X, et al. Reactive multifunctional template-induced preparation of Fe-N-doped mesoporous carbon microspheres towards highly efficient electrocatalysts for oxygen reduction[J]. Advanced Materials, 2016, 28(36): 7948-7955.

[255] Jia X T, Yang Y, Wang C Y, et al. Biocompatible ionic liquid-biopolymer electrolyte-enabled thin and compact magnesium-air batteries[J]. ACS Applied Materials Interfaces, 2014, 6(23): 21110-21117.

[256] Zhang T R, Tao Z L, Chen J. Magnesium-air batteries: from principle to application[J]. Materials Horizons, 2014, 1(2): 196-206.

[257] Yu C C, Wang C Y, Liu X, et al. A cytocompatible robust hybrid conducting polymer hydrogel for use in a magnesium battery[J]. Advanced Materials, 2016, 28(42): 9349-9355.

[258] Liu Q, Wang Y B, Dai L M, et al. Scalable fabrication of nanoporous carbon fiber films as bifunctional catalytic electrodes for flexible Zn-air batteries[J]. Advanced Materials, 2016, 28(15): 3000-3006.

[259] Song L T, Wu Z Y, Zhou F, et al. Sustainable hydrothermal carbonization synthesis of iron/nitrogen-doped

carbon nanofiber aerogels as electrocatalysts for oxygen reduction[J]. Small, 2016, 12(46): 6398-6406.

[260] Gong J, Antonietti M, Yuan J. Poly(ionic liquid)-derived carbon with site-specific N-doping and biphasic heterojunction for enhanced CO_2 capture and sensing[J]. Angewandte Chemie International Edition, 2017, 56(26): 7557-7563.

[261] Cheng C, Li S, Xia Y, et al. Atomic Fe-N_x coupled open-mesoporous carbon nanofibers for efficient and bioadaptable oxygen electrode in Mg-air batteries[J]. Advanced Materials, 2018, 30(40): 1802669.

[262] Nitta N, Wu F, Lee J T, et al. Li-ion battery materials: present and future[J]. Materials Today, 2015, 18(5): 252-264.

[263] Erickson E M, Schipper F, Penki T R, et al. Review—recent advances and remaining challenges for lithium ion battery cathodes[J]. Journal of the Electrochemical Society, 2017, 164(1): A6341-A6348.

[264] Narayanan S R, Prakash G K S, Manohar A, et al. Materials challenges and technical approaches for realizing inexpensive and robust iron-air batteries for large-scale energy storage[J]. Solid State Ionics, 2012, 216: 105-109.

[265] Balogun M S, Qiu W T, Luo Y, et al. A review of the development of full cell lithium-ion batteries: the impact of nanostructured anode materials[J]. Nano Research, 2016, 9(10): 2823-2851.

[266] Kim B G, Kim H J, Back S, et al. Improved reversibility in lithium-oxygen battery: understanding elementary reactions and surface charge engineering of metal alloy catalyst[J]. Scientific Reports, 2014, 4: 4225.

[267] Manohar A K, Malkhandi S, Yang B, et al. A high-performance rechargeable iron electrode for large-scale battery-based energy storage[J]. Journal of the Electrochemical Society, 2012, 159(8): A1209-A1214.

[268] Trinh T A, Bui T H. A-Fe_2O_3 urchins synthesized by a facile hydrothermal route as an anode for an Fe-air battery[J]. Journal of Materials Engineering and Performance, 2020, 29(2): 1245-1252.

[269] Kang Y, Liang F, Hayashi K. Hybrid sodium–air cell with Na[FSA-C_2C_1im][FSA] ionic liquid electrolyte[J]. Electrochimica Acta, 2016, 218: 119-124.

[270] Hayashi K, Shima K, Sugiyama F. A mixed aqueous/aprotic sodium/air cell using a nasicon ceramic separator[J]. Journal of the Electrochemical Society, 2013, 160(9): A1467-A1472.

[271] Kang Y, Zou D, Zhang J Y, et al. Dual-phase spinel $MnCo_2O_4$ nanocrystals with nitrogen-doped reduced graphene oxide as potential catalyst for hybrid Na-air batteries[J]. Electrochimica Acta, 2017, 244: 222-229.

[272] Liang F, Hayashi K. A high-energy-density mixed-aprotic-aqueous sodium-air cell with a ceramic separator and a porous carbon electrode[J]. Journal of the Electrochemical Society, 2015, 162(7): A1215-A1219.

[273] Hwang S M, Go W, Yu H, et al. Hybrid Na-air flow batteries using an acidic catholyte: effect of the catholyte ph on the cell performance[J]. Journal of Materials Chemistry A, 2017, 5(23): 11592-11600.

[274] Khan Z, Senthilkumar B, Park S O, et al. Carambola-shaped VO_2 nanostructures: a binder-free air electrode for an aqueous Na-air battery[J]. Journal of Materials Chemistry A, 2017, 5(5): 2037-2044.

[275] Hartmann P, Bender C L, Vracar M, et al. A rechargeable room-temperature sodium superoxide (NaO_2) battery[J]. Nature Materials, 2013, 12(3): 228-232.

[276] Hashimoto T, Hayashi K. Aqueous and nonaqueous sodium-air cells with nanoporous gold cathode[J]. Electrochimica Acta, 2015, 182: 809-814.

[277] Araujo R B, Chakraborty S, Ahuja R. Unveiling the charge migration mechanism in Na_2O_2: implications for sodium-air batteries[J]. Physicial Chemistry Chemicial Physicis, 2015, 17(12): 8203-8209.

[278] Yadegari H, Banis M N, Xiao B, et al. Three-dimensional nanostructured air electrode for sodium-oxygen

batteries: a mechanism study toward the cyclability of the cell[J]. Chemistry of Materials, 2015, 27(8): 3040-3047.

[279] Yadegari H, Sun Q, Sun X L. Sodium-oxygen batteries: a comparative review from chemical and electrochemical fundamentals to future perspective[J]. Advanced Materials, 2016, 28(33): 7065-7093.

[280] Yadegari H, Norouzi Banis M, Lushington A, et al. A bifunctional solid state catalyst with enhanced cycling stability for Na and Li-O$_2$ cells: revealing the role of solid state catalysts[J]. Energy & Environmental Science, 2017, 10(1): 286-295.

[281] Lu J, Li L, Park J B, et al. Aprotic and aqueous Li-O$_2$ batteries[J]. Chemicial Reviews, 2014, 114(11): 5611-5640.

[282] Cho M H, Trottier J, Gagnon C, et al. The effects of moisture contamination in the Li-O$_2$ battery[J]. Journal of Power Sources, 2014, 268: 565-574.

[283] Sahgong S H, Senthilkumar S T, Kim K, et al. Rechargeable aqueous Na-air batteries: highly improved voltage efficiency by use of catalysts[J]. Electrochemistry Communications, 2015, 61: 53-56.

[284] Dong S M, Chen X, Wang S, et al. 1D coaxial platinum/titanium nitride nanotube arrays with enhanced electrocatalytic activity for the oxygen reduction reaction: towards Li-air batteries[J]. ChemSusChem, 2012, 5(9): 1712-1715.

[285] Cheon J Y, Kim K, Sa Y J, et al. Graphitic nanoshell/mesoporous carbon nanohybrids as highly efficient and stable bifunctional oxygen electrocatalysts for rechargeable aqueous Na-air batteries[J]. Advanced Energy Materials, 2016, 6(7): 1501794.

[286] Abirami M, Hwang S M, Yang J C, et al. A metal-organic framework derived porous cobalt manganese oxide bifunctional electrocatalyst for hybrid Na-air/seawater batteries[J]. ACS Applied Materials Interfaces, 2016, 8(48): 32778-32787.

[287] Wu Y Q, Qiu X C, Liang F, et al. A metal-organic framework-derived bifunctional catalyst for hybrid sodium-air batteries[J]. Applied Catalysis B: Environmental, 2019, 241: 407-414.